Geotechnik kompakt – Band 2: Grundbau nach Eurocode 7

Jetzt diesen Titel zusätzlich als E-Book downloaden und 70 % sparen!

Als Käufer dieses Buchtitels haben Sie Anspruch auf ein besonderes Kombi-Angebot: Sie können den Titel zusätzlich zum Ihnen vorliegenden gedruckten Exemplar für nur 30 % des Normalpreises als E-Book beziehen.

Der BESONDERE VORTEIL: Im E-Book recherchieren Sie in Sekundenschnelle die gewünschten Themen und Textpassagen. Denn die E-Book-Variante ist mit einer komfortablen Volltextsuche ausgestattet!

Deshalb: Zögern Sie nicht. Laden Sie sich am besten gleich Ihre persönliche E-Book-Ausgabe dieses Titels herunter.

In 3 einfachen Schritten zum E-Book:

❶ Rufen Sie die Website **www.beuth.de/e-book** auf.

❷ Geben Sie hier Ihren persönlichen, nur einmal verwendbaren E-Book-Code ein:

2713336D6BFKA84

❸ Klicken Sie das „Download-Feld" an und gehen dann weiter zum Warenkorb. Führen Sie den normalen Bestellprozess aus.

Hinweis: Der E-Book-Code wurde individuell für Sie als Erwerber dieses Buches erzeugt und darf nicht an Dritte weitergegeben werden. Mit Zurückziehung dieses Buches wird auch der damit verbundene E-Book-Code für den Download ungültig.

Geotechnik kompakt
Band 2: Grundbau nach Eurocode 7

Prof. Dr.-Ing. Gerd Möller

Geotechnik kompakt

Band 2: Grundbau nach Eurocode 7

Kurzinfos
Baumethoden
Beispiele
Aufgaben mit Lösungen

5., vollständig
überarbeitete Auflage

Beuth Verlag GmbH · Berlin · Wien · Zürich

Bauwerk

Berlin · Wien · Zürich
Am DIN-Platz
Burggrafenstraße 6
10787 Berlin

Telefon: +49 30 2601-0
Telefax: +49 30 2601-1260
Internet: www.beuth.de
E-Mail: kundenservice@beuth.de

Druck und Bindung:
Zakład Graficzny Colonel S.A., Kraków

Gedruckt auf säurefreiem, alterungsbeständigem Papier nach DIN EN ISO 9706.

ISBN 978-3-410-27133-8

Vorwort

Die vorliegende 5. Auflage meines Buches „Geotechnik kompakt, Grundbau“ ist, wie schon die bisherigen, als Unterlage für das Studium an Universitäten und Fachhochschulen konzipiert. Sie kann aber auch von all denjenigen, die im Berufsleben stehen, dazu benutzt werden, sich bezüglich zu bearbeitender Problemstellungen des Grundbaus zu informieren bzw. ihr Wissen zu aktualisieren. Letzteres gilt insbesondere vor dem Hintergrund der vielen neuen Normen, die nicht zuletzt auch die Bauordnung in Form der „Liste der Technischen Baubestimmungen“ betreffen, in der seit dem Jahre 2012 die rein nationalen Normen nahezu vollständig durch europäische Normen ersetzt wurden.

Seit einigen Jahren haben es Ingenieurinnen und Ingenieure im Bauwesen mit einem Normenwerk zu tun, dessen Seitenumfang und Normenanzahl gegenüber dem davor zu berücksichtigenden Normenwerk enorm zugenommen hat, und das darüber hinaus einer ständigen Veränderung bzw. Aktualisierung unterliegt. Diese Ausweitung führt u. a. dazu, dass bei der Bearbeitung einer bestimmten Aufgabenstellung oftmals gleichzeitig mehrere Normen zu berücksichtigen sind. Da diese Notwendigkeit als wenig anwenderfreundlich einzustufen ist, wurden z. B. im Bereich der Geotechnik zwei „Normen-Handbücher“ veröffentlicht, in denen der Eurocode 7, der zugehörige Nationale Anhang und eine ergänzende nationale Norm zusammengefasst werden. Diese beiden Bände (Band 1: Allgemeine Regeln, Band 2: Erkundung und Untersuchung) mit einem Gesamtumfang von 496 Seiten (aktuelle Auflage) sollen die Arbeit mit den Normen erleichtern.

Wegen der dargestellten Gegebenheiten war es für mich ein besonderes Anliegen, mit der 5. Auflage eine Unterlage zur Verfügung zu stellen, die insbesondere den Umgang mit dem neuen Regelwerk erleichtert. Dazu gehört es, wie bisher, mit einer möglichst großen Zahl von Anwendungsbeispielen und Aufgaben die jeweils behandelte Thematik transparent zu machen, da insbesondere Studierende solchen Beispielen und Aufgaben in der Regel eine große Bedeutung beimessen. Grundsätzlich wird damit das Ziel verfolgt, einige Aspekte noch einmal hervorzuheben und darüber hinaus dem Leser die Kontrolle des Gelesenen zu erleichtern und außerdem die Möglichkeit zu geben, sich in der Lösung von Problemstellungen zu üben. Die den Aufgaben beigefügten Lösungen sollen der Selbstkontrolle dienen. Sie stellen jeweils eine, aber oft nicht die einzig mögliche Lösung dar.

An der Trennungsform von Aufgaben und Lösungen wurde gegenüber den früheren Auflagen nichts geändert, da diese sich als offensichtlich sinnvoll erwiesen hat.

Gerne bitte ich meine Leser auch bezüglich der 5. Auflage um Anregungen zur Veränderung des Vorgelegten, da sich nach meiner Erfahrung jedes Buch weiter verbessern lässt.

Berlin, im Dezember 2016

Gerd Möller

Für Susanne Brecko

Inhaltsverzeichnis

1 Frost im Baugrund

1.1 Allgemeines und Regelwerke

1.1.1 Allgemeines

Sinkt die Lufttemperatur in unmittelbarer Bodennähe auf Werte unter 0 °C, beginnt sich im Baugrund Frost (Bodenfrost) auszubreiten. Der so anfangende Vereisungsvorgang des im Boden befindlichen Wassers pflanzt sich in die Tiefe des Bodens fort. Je länger die niedrigen Temperaturen anhalten, bzw. je tiefer die Temperaturen sinken, umso größer ist die Eindringtiefe des Frostes (Frosttiefe). Das Maß der Eindringung ist auch abhängig von der Wärmeleitfähigkeit des Bodens (hohe Wärmeleitfähigkeitswerte führen zu großen Frosttiefen).

Im Verkehrsbau ist der Bodenfrost von besonderer Bedeutung, da z. B. Straßen und Flugplatzbefestigungen nicht frostfrei gegründet werden.

Homogener Bodenfrost: tritt bei Böden mit geringer Kapillarwirkung auf (z. B. bei Kiesen und Sanden). Der Wassergehalt w in der Frostzone dieser Böden bleibt konstant.

Nicht homogener (geschichteter) Bodenfrost: setzt Böden mit höherer Kapillarwirkung voraus. Das Wasser kann durch diese Wirkung aus der Umgebung (geschlossenes System) oder von einem Wasservorrat (offenes System) angesaugt werden. Als Wasservorrat dient anstehendes Grundwasser und/oder örtlich versickerndes Oberflächenwasser.

Das Ansaugen von Wasser in die Frostzone erhöht dort den Wassergehalt w in unregelmäßiger Form und führt zur Bildung von Eisbändern und Eislinsen (vgl. Abb. 1-1), deren Größe vom Wassernachschub abhängt (zwischen einigen Millimetern und einigen Dezimetern).

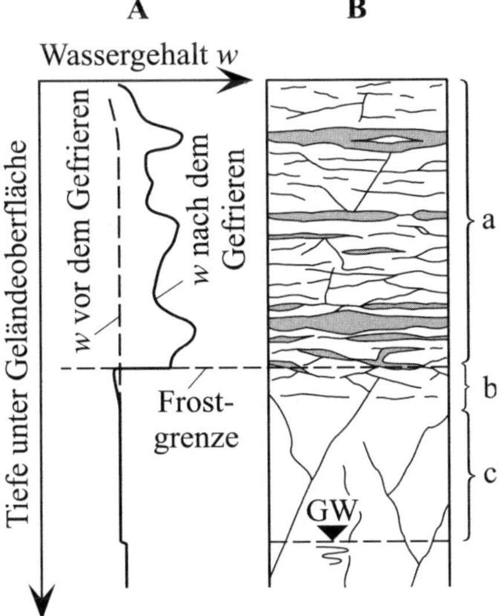

Abb. 1-1 Wassergehalt w bei nicht homogenem Bodenfrost (nach [L 6])

A Linie des Wassergehaltes der Schichten a, b, c vor und nach dem Gefrieren

B Querschnitt durch den Frostboden (von Rissen durchzogener Ton)

a Boden oberhalb der Frostgrenze (mit Eislinsen und Eisbändern)

b Übergangsbereich mit reduziertem Wassergehalt unterhalb der Frosttiefe

c Boden mit unverändertem Wassergehalt unterhalb der Frosttiefe

1.1.2 Regelwerke

Empfehlungen zu frostfreien Gründungen, zur Klassifizierung der Frostempfindlichkeit von Böden und zur Verhinderung von Frostschäden sind zu finden in

- den Normen DIN 1054 [L 30], DIN 18196 [L 68] und DIN EN 1997-1 [L 88]
- dem Merkblatt über die Verhütung von Frostschäden an Straßen [L 189] und in den ZTV E-StB 09 [L 265].

1.2 Frostkriterien und Frosttiefen

Im Allgemeinen ist Baugrund bezüglich der Frosteinwirkungen dann als unproblematisch einzustufen, wenn infolge der durch den Frost hervorgerufenen Veränderungen keine Schäden an dem jeweiligen Bauwerk zu erwarten sind. Für Kriterien wie „frostsicher“ und „frostgefährdet“ existieren keine klaren Grenzen, da die zu charakterisierenden Böden sich zum Teil sehr stark voneinander unterscheiden (z. B. in ihren Körnungslinien). Diese Unschärfen haben zu unterschiedlichen Frostkriterien wie z. B. denen von CASAGRANDE und SCHAIBLE (vgl. z. B. MÖLLER [L 198], Abschnitt 2.3) sowie zu den im Folgenden angegebenen geführt.

1.2.1 Klassifikation der Frostempfindlichkeit nach DIN 18196

Die Frostempfindlichkeit von Bodenarten klassifiziert die DIN 18196 mit den Begriffen „sehr groß“, „groß“, „groß bis mittel“, „mittel“, „gering bis mittel“, „sehr gering“ und „vernachlässigbar klein“. Nach Tabelle 4 dieser DIN gehören zur Gruppe der durch sehr große Frostempfindlichkeit gekennzeichneten Böden

- gemischtkörnige Böden mit Massenanteilen an Feinkorn > 15 % und ≤ 40 % wie Kies-Schluff-Gemische (GU*) und Sand-Schluff-Gemische (SU*)
- feinkörnige Böden mit Massenanteilen an Feinkorn > 40 % wie leicht plastische Schluffe (UL), leicht plastische Tone (TL) und mittelplastische Schluffe (UM)
- organogene Schluffe und Schluffe mit organischen Beimengungen die zur Gruppe OU zählen und Massenanteile an Feinkorn > 40 % aufweisen
- organische Böden wie zersetzte Torfe (HZ) und Schlämme (F).

Die Frostempfindlichkeit von Böden ist vernachlässigbar klein, wenn sie als grobkörnig einzustufen sind und Massenanteile an Feinkorn < 5 % aufweisen (z. B. Kiese, Sande, vulkanische Schlacke und Granitgrus).

1.2.2 Klassifikation der Frostempfindlichkeit nach ZTV E-StB 09

In den ZTV E-StB 09 werden drei Frostempfindlichkeitsklassen unterschieden (vgl. Tabelle 1-1). Die Einteilung zeigt die mögliche Frostempfindlichkeit für die Fälle, in denen Wasser in der Gefrierzone vorkommt oder der Gefrierzone zufließt oder vom Boden in die Gefrierzone nachgesaugt wird. Gemäß Abschnitt 2.3.3.1 dieser Richtlinien kann von der Einteilung der Tabelle 1-1 abgewichen werden, wenn andere Erfahrungen vorliegen.

Tabelle 1-1 Klassifikation der Frostempfindlichkeit von Bodengruppen nach ZTV E-StB 09

	Frostempfindlichkeit	**Bodengruppen (nach DIN 18196)**
F1	nicht frostempfindlich	GW, GI, GE SW, SI, SE
F2	gering bis mittel frostempfindlich	TA OT, OH, OK ST [1)], GT [1)] SU [1)], GU [1)]
F3	sehr frostempfindlich	TL, TM UL, UM, UA OU ST*, GT* SU*, GU*

Anmerkungen:

[1)] zu F1 gehörig bei einem Anteil an Korn unter 0,063 mm von 5,0 M-% bei $C_U \geq 15{,}0$ oder 15,0 M-% bei $C_U \leq 6{,}0$.

Im Bereich $6{,}0 < C_U < 15{,}0$ kann der für eine Zuordnung zu F1 zulässige Anteil an Korn unter 0,063 mm gemäß Abb. 1-2 linear interpoliert werden.

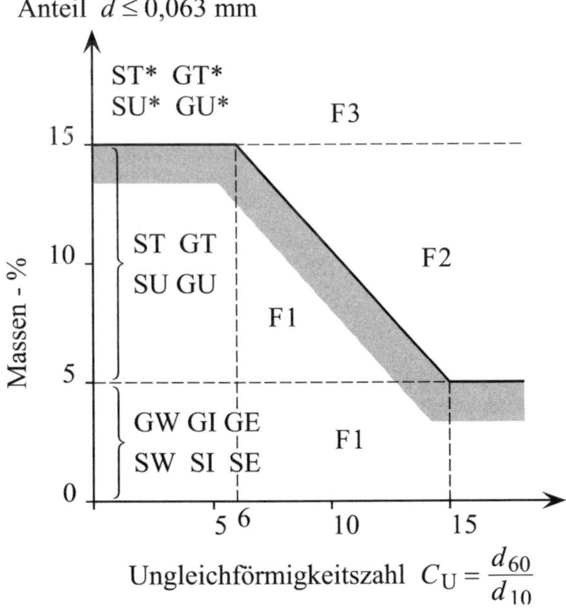

Abb. 1-2 Begrenzung des Gültigkeitsbereichs der Frostempfindlichkeitsklasse F2 bei schluffigen Kiesen und Sanden (GU und SU) und tonigen Kiesen und Sanden (GT und ST) in Abhängigkeit von der Ungleichförmigkeitszahl C_U und dem Feinkornanteil der Böden (nach ZTV E-StB 09)

1.2.3 Frosttiefen und frostfreie Gründungen

Mit Messergebnissen lässt sich zeigen (vgl. z. B. [L 126] oder MÖLLER [L 198], Tabelle 2-2), dass die in DIN 1054, 6.4 A (2) geforderte Sohllagentiefe von mindestens 0,8 m unter Gelände nicht immer zur frostfreien Anordnung der Gründungssohle von Flächengründungen führt. Bei der Festlegung der Sohltiefe sind daher örtliche Erfahrungs- oder Messwerte zu beachten.

Es sei hier erwähnt, dass in der früher geltenden DIN 1054:1976-11 [L 31] u. a. Bauwerke von untergeordneter Bedeutung (z. B. Einzelgaragen, einstöckige Schuppen, Bauwerke für vorübergehende Zwecke usw.) und geringer Flächenbelastung von der obigen Forderung ausgenommen wurden. Zwar sind auch solche Bauwerke den bodenphysikalischen Bedingungen bei Frosteinwirkung unterworfen, doch wird das diesbezügliche Risiko bewusst dem Bauherrn überlassen (vgl. [L 34]). Kommen Gerüste, fliegende Bauten u. a. nur außerhalb der Frostperiode zum Einsatz, kann auf die Beachtung der Regeln für ihre frostfreie Gründung verzichtet werden.

1.2.4 Aufgaben mit Lösungen

Aufgabe 1-1

Zur Körnungslinie eines schluffigen Kieses (GU) gehört als Ungleichförmigkeitszahl die Größe $C_U = 12$. Welche Grenzwerte für den Massenprozent-Anteil der Kornfraktion $d \leq 0{,}063$ mm müssen bei diesem Kies eingehalten sein, wenn er gemäß ZTV E-StB 09 als

a) zur Frostempfindlichkeitsklasse F1

b) zur Frostempfindlichkeitsklasse F2

gehörend eingestuft werden soll?

Aufgabe 1-2

Wie wirkt sich inhomogener Bodenfrost auf den Wassergehalt des gefrorenen Bodens aus und worauf ist das Auftreten dieser Frostformen zurückzuführen?

Aufgabe 1-3

Welche zwei Voraussetzungen müssen unbedingt erfüllt sein, damit es im Zuge einer Frostperiode zur Bildung von Eislinsen und Eisbändern kommen kann?

Aufgabe 1-4

Wann ist nach DIN 18196 von Böden mit vernachlässigbar kleiner Frostempfindlichkeit auszugehen? Zu benennen sind vier entsprechende Böden!

Lösung zu Aufgabe 1-1

Nach der Anmerkung zu Tabelle 1 der ZTV E-StB 09 (Tabelle 1-1) ist schluffiger Kies der Frostempfindlichkeitsklasse F1 (nicht frostempfindlich) zuzuordnen, wenn bis zu 5,0 Massen-% seines Korns zur Fraktion $d \leq 0{,}063$ mm gehören und für seine Ungleichförmigkeitszahl $C_U \geq 15{,}0$ gilt. Die gleiche Zuordnung gilt auch bei bis zu 15,0 Massen-% Kornanteilen der Fraktion $d \leq 0{,}063$ mm und Ungleichförmigkeitszahlen $C_U \leq 6{,}0$. Für den Ungleichförmigkeitszahl-Bereich $6{,}0 < C_U < 15{,}0$ kann der für die Zuordnung zu F1 zulässige Anteil an Korn unter 0,063 mm nach der zur Tabelle 1-1 gehörenden Abb. 1-2 linear interpoliert werden.

Die Interpolation ergibt, dass schluffige Kiese mit einer Ungleichförmigkeitszahl $C_U = 12$ zu F1 gehören, wenn für ihre Massenanteile an Korn $d \leq 0{,}063$ mm die Ungleichung

$$\text{Gew.-\%} \leq 5 + \frac{(15-5)\cdot(15-12)}{15-6} = 5 + \frac{10\cdot 3}{9} = 8{,}33$$

zutrifft.

Somit gilt für den schluffigen Kies mit der Ungleichförmigkeitszahl $C_U = 12$, dass er

a) bei $\leq 8{,}33$ M-% an Korn $d \leq 0{,}063$ mm zur Frostempfindlichkeitsklasse F1 gehört

b) bei $> 8{,}33$ M-% an Korn $d \leq 0{,}063$ mm zur Frostempfindlichkeitsklasse F2 gehört.

Lösung zu Aufgabe 1-2

Inhomogener Bodenfrost bewirkt eine unregelmäßige Erhöhung des Wassergehaltes des gefrorenen Bodens.

Diese Frostform kann bei Böden auftreten, die höhere Kapillarwirkungen aufweisen und ihren Wasservorrat aus der Umgebung (geschlossenes System) oder aus einem Wasservorrat durch kapillares Ansaugen erhöhen können.

Lösung zu Aufgabe 1-3

Im Zuge einer Frostperiode kann es zur Bildung von Eislinsen und Eisbändern kommen, wenn

- der Boden eine hinreichend große Kapillarwirkung besitzt um eine genügend große Saugwirkung erzeugen zu können.
- in der Umgebung der Frostzone ausreichend viel Wasser vorhanden ist, das aus der Umgebung angesaugt werden kann.

Lösung zu Aufgabe 1-4

Nach DIN 18196 kann bei Böden von vernachlässigbar kleiner Frostempfindlichkeit ausgegangen werden, wenn sie als grobkörnig einzustufen sind und damit Massenanteile an Feinkorn von weniger als 5 % aufweisen (vgl. Abschnitt 1.2.1).

Böden mit vernachlässigbar kleiner Frostempfindlichkeit sind z. B. Kies, Sand, vulkanische Schlacke und Granitgrus (vgl. auch MÖLLER [L 198], Abschnitt 2.3.3).

1.3 Frostschäden und Maßnahmen zu ihrer Vermeidung

Das mögliche Auftreten von Frostschäden basiert auf Voraussetzungen wie

- der Ausbildung einer Gefrierzone (Frosttiefe) durch in den Boden eindringenden Frost
- dem Anstehen von frostempfindlichem Bodenmaterial im Bereich der Gefrierzone

- dem Zutritt von zusätzlichem Wasser in die Gefrierzone
- der Erhöhung des Wassergehalts von frostempfindlichem Boden während der Frostperiode, bewirkt durch Eislinsen bzw. Eisbänder, die nach ihrer Entstehung weiterhin zutretendes Wasser sammeln und sich dadurch weiter vergrößern
- der Aufweichung des Bodens beim Tauen der Eislinsen
- der Belastung eines aus Baukonstruktion und bereichsweise aufgeweichtem Baugrund bestehenden Systems (z. B. durch Verkehr belastete Straße).

Die bei frostempfindlichen Böden zu erwartenden Schäden gehören zur Kategorie der

- Hebungsschäden (Ursache sind sich vergrößernde Eislinsen bzw. Eisbänder und die damit verbundene Auflockerung des Bodengefüges; vgl. Abb. 1-3)
- Senkungs- bzw. Rutschungsschäden als Folge der Erhöhung des Wassergehaltes im Boden durch die getauten Eislinsen bzw. Eisbänder.

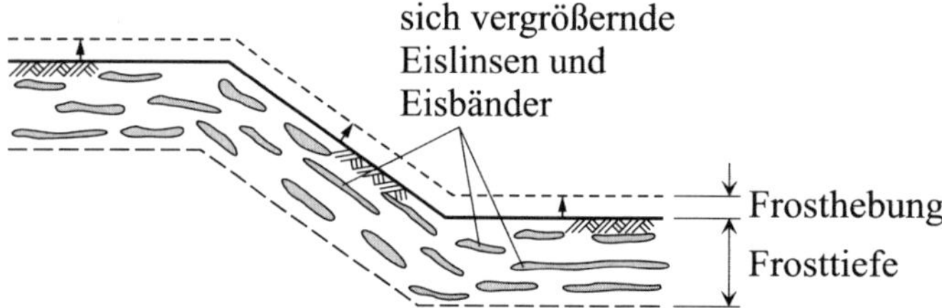

Abb. 1-3 Hebung des Bodens infolge sich vergrößernder Eislinsen und Eisbänder

1.3.1 Im Straßenbau und bei Flugplatzbefestigungen

Straßen und Flugplatzbefestigungen werden aus Wirtschaftlichkeitsgründen nicht frostfrei gegründet. Sie werden deshalb auch besonders stark beeinflusst durch ihre Wechselwirkung mit dem dem Frost ausgesetzten Baugrund. Abb. 1-4 und Abb. 1-5 zeigen die wesentlichen Problemfälle für Frostschäden im Straßenbau, die der „Hebung" und der „Tausenkung" (siehe hierzu auch [L 189], Abschnitt 3).

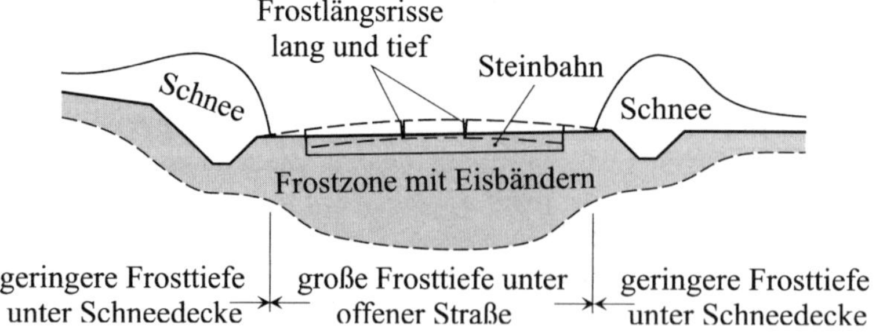

Abb. 1-4 Frosthebung einer Packlagendecke bei frostempfindlichem Untergrund (nach SCHAIBLE [L 224])

Hebungen bilden sich im Laufe der Frostperiode aus. Ihr Maximum ist erreicht, wenn sich die größte Wassermenge in Eislinsen und Eisbändern unter der Fahrbahndecke angesammelt hat.

Die bei Straßen wesentlich bedeutsameren Tausenkungsschäden treten in der Tauperiode ein und sind mit dem in Abb. 1-5 skizzierten Ablauf des Auftauvorgangs verbunden. Der Boden weicht durch das Schmelzen der Eislinsen und -bänder so stark auf, dass er keine nennenswerte Tragfähigkeit mehr besitzt. Außerdem wird er durch die noch vorhandene Eisbarriere an seiner Entwässerung gehindert. Über solchen, sich in kurzer Zeit bildenden „Schlammlöchern" treten rasch große Verformungen biegeweicher Straßen- und Flugplatzbefestigungsdecken auf. Solche Decken brechen ein, wenn sie durch Verkehr belastet werden und ihre Tragfähigkeit nicht mehr zur Lastaufnahme ausreicht. Der Vorgang wird beeinflusst durch die Größe der Verkehrslast, die Querschnittsbeschaffenheiten der Decke und die Flächengröße der aufgeweichten Zone (begrenzte Fähigkeit der Decke, die aufzunehmenden Lasten auf noch tragfähige Bodenbereiche zu verteilen).

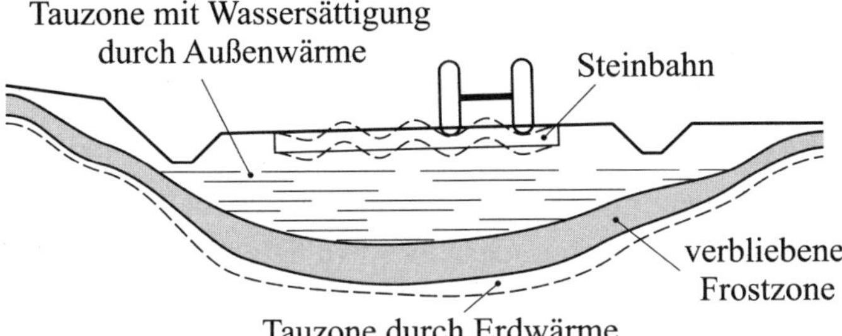

Abb. 1-5 Tausenkung unter Verkehrseinfluss bei frostempfindlichem Untergrund (nach SCHAIBLE [L 224])

Die beschriebenen Frostschäden sind vermeidbar durch die Beseitigung der Voraussetzungen für ihre Entstehung. Zu den entsprechenden Maßnahmen gehören

- die Auskofferung des frostempfindlichen Bodens im Bereich der Gefrierzone und sein Ersatz durch frostsicheres Material („Frostschutzschicht")
- die Verhinderung des Zutritts von zusätzlichem Wasser
- die Verfestigung anstehender frostempfindlicher Böden durch Zugabe von Bindemitteln (Kalk, Zement, Bitumen, ...)
- die Verstärkung der frostsicheren Tragschicht
- der Einbau einer Wärmedämmschicht (siehe z. B. MÖLLER [L 198], Abschnitt 2.5.1 sowie [L 22], [L 157] und [L 244])
- die Verkehrsbeschränkung in der Tauperiode, bis hin zum Fahrverbot.

Tabelle 1-2 Ausgangswerte für die Bestimmung der Mindestdicke des frostsicheren Oberbaus (nach RStO 12 [L 216])

Frostempfindlichkeits-klasse	Dicke bei Belastungsklasse		
	Bk100 bis Bk10	Bk3,2 bis Bk1,0	Bk0,3
F 2	55 cm	50 cm	40 cm
F 3	65 cm	60 cm	50 cm

Frostschutzschichtdicken können unter Rückgriff auf die „Richtlinien für die Standardisierung des Oberbaues von Verkehrsflächen, Ausgabe 2012 (RStO 12)" [L 216] festgelegt werden. Entsprechende Werte der Tabelle 1-2 lassen erkennen, dass die jeweils anzusetzende Größe sowohl von der Frostempfindlichkeitsklasse als auch von der Belastungsklasse (siehe RStO 12, Abschnitt 2.5 [L 216]) der entsprechenden Straße abhängt.

1.3.2 Im Hochbau

Im Hochbau sind Frostschäden oft auf nicht ausreichende Gründungstiefen zurückzuführen. Die in der gefrierenden Zone liegenden Bauteile werden durch ständig wachsende Eislinsen und Eisbänder angehoben, gedreht und zur Seite geschoben. Zu den Folgeerscheinungen gehört die Standsicherheitsgefährdung durch Risse in der Baukonstruktion sowie die Gefahr des Einsturzes von Gebäudeteilen oder gar des gesamten Gebäudes. Auf Probleme dieser Art ist besonders bei Rohbauten zu achten, die z. B. noch nicht hinterfüllt sind und/oder bei denen der Frost durch noch nicht geschlossene Maueröffnungen (Fenster, Türen, ...) in die Kellerräume eindringen kann.

Abb. 1-6 zeigt zwei mögliche Problemfälle, die durch zu geringe Einbindetiefen und die Verwendung von falschem Hinterfüllmaterial entstehen können.

Zu den Maßnahmen, mit denen sich im Hochbau Frostschäden vermeiden lassen, gehören

- die Sicherstellung frostsicherer Gründungstiefen (mindestens 0,8 m unter Gelände gemäß DIN 1054, 6.4 A (2)) durch Maßnahmen wie das Hinterfüllen von Rohbauten vor Eintritt der Frostperiode und die Verhinderung des Frosteintritts in Kellerräume durch offene oder schlecht isolierte Fenster und Türen
- der Ersatz von frostempfindlichem durch frostsicheres Material
- die Verhinderung des Zutritts von zusätzlichem Wasser in den Frostbereich
- der Einbau von Wärmedämmschichten (vor allem unter Kühlhäusern).

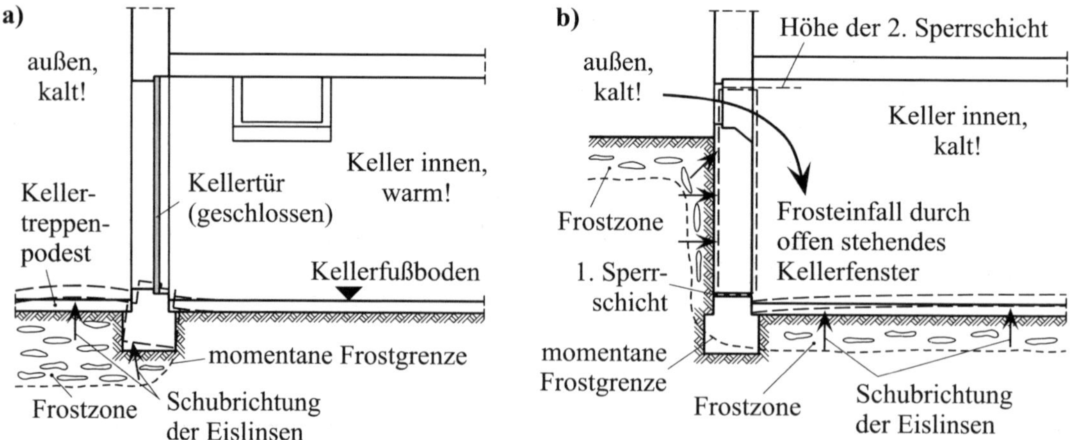

Abb. 1-6 Einwirkungen des Bodenfrostes auf Fundamente und Wände in nicht frostsicherem Baugrund (nach [L 1])
a) Fundamentdrehung bei nicht frostfrei gegründeter Kellertür
b) Wandverschiebung bei offenem Kellerfenster

1.3.3 Bei Baugruben und Böschungen

Eislinsen und -bänder verursachen bei Baugruben eine Ausdehnung des Frostbodens und damit der Baugrubenwandflächen in Richtung der Baugrube (vgl. Abb. 1-7). Bei ausgesteiften Baugruben verursacht diese Bodenausdehnung in Achsrichtung der Steifen eine Druckbelastungserhöhung, was u. U. ein Steifenversagen durch Knicken und damit einen möglichen Baugrubeneinsturz herbeiführen kann.

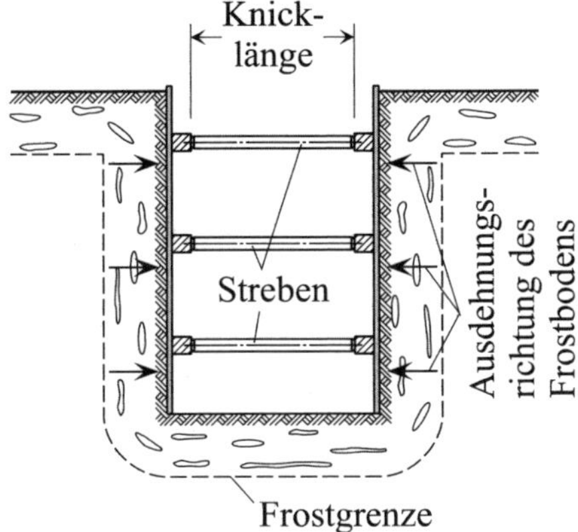

Abb. 1-7 Frosteinwirkung bei mit einem verstrebten Verbau gestützten Baugrubenwänden

Bei Böschungen können Eislinsen bzw. Eisbänder eine „Schichtung“ parallel zur Geländeoberfläche bewirken. Taut das Eis (von der Bodenoberfläche aus), kann das Tauwasser nicht durch die restliche Frostzone versickern; der Boden wird breiig und kann auf der verbliebenen Frostzone abrutschen.

Maßnahmen zur Vermeidung von Frostschäden bei Baugruben und Böschungen sind z. B.

- ausgesteifte Baugruben während der Frostperiode nicht offen stehen zu lassen
- den Boden vor Eintritt des Frostes zu entwässern (gilt besonders für Böschungen).

1.3.4 Aufgaben mit Lösungen

Aufgabe 1-5 (Lösung Seite 10)

Anzugeben ist eine Maßnahme, mit der sich die Frostschutzschichtdicke im Straßenbau reduzieren lässt! Die damit verbundenen Forderungen sind zu benennen!

Aufgabe 1-6 (Lösung Seite 10)

Unter welchen Voraussetzungen und in welcher Form können Frostschäden bei Böschungen auftreten?

Es ist eine Maßnahme zur Vermeidung dieser Schäden anzugeben.

Aufgabe 1-7 (Lösung Seite 10)

Unter welchen Bedingungen können Tausenkungsschäden im Straßenbau auftreten?

Aufgabe 1-8

Im Zuge der Planung einer Straße für land- und forstwirtschaftliche Nutzung haben Aufschlussarbeiten ergeben, dass auf einem 200 m langen Abschnitt der Trasse unterhalb einer 30 cm dicken Humusschicht frostempfindlicher bindiger Boden ansteht und dass der Grundwasserspiegel vor allem im Winter so hoch stehen kann, dass Tausenkungsschäden nicht ausgeschlossen werden können.

Zu benennen sind drei Möglichkeiten zur Vermeidung der zu befürchtenden Frostschäden an der Straße!

Lösung zu Aufgabe 1-5 (Aufgabenstellung Seite 9)

Die erforderliche Frostschutzschichtdicke kann z. B. durch Einbau einer Wärmeschutzschicht reduziert werden. Dabei ist sicherzustellen, dass diese Schicht

- der Belastung durch Auflasten stand hält
- dauerhaft wirksam bleibt (keine Veränderung der Materialeigenschaften durch Alterung, Umwelteinflüsse, ...).

Lösung zu Aufgabe 1-6 (Aufgabenstellung Seite 9)

Wenn eingetretener nicht homogener Bodenfrost eine „Schichtung" parallel zur Geländeoberfläche bewirkt hat, die obere Schicht im Zuge des Tauvorgangs breiig wird und nach unten keine Entwässerung durch die noch verbliebene Frostschicht erfolgen kann, können Frostschäden bei Böschungen auftreten. In solchen Fällen kann die aufgetaute Schicht in Höhe der verbliebenen Frostzone abrutschen.

Zur Vermeidung solcher Frostschäden ist eine Entwässerung des Bodens vor Eintritt des Frostes zu empfehlen.

Lösung zu Aufgabe 1-7 (Aufgabenstellung Seite 9)

Die Entstehung von Tausenkungsschäden im Straßenbau ist an die Voraussetzungen gebunden, dass

- nicht homogener Bodenfrost (deutlich erhöhter Wassergehalt des Bodens) vorhanden ist
- ein Tauvorgang eingetreten ist, bei dem die Wasserübersättigung in der Tauzone nicht abgebaut werden kann (wannenförmige Frostzone verhindert die Entwässerung nach unten)
- die Straßendecke einer zu hohen Verkehrsbelastung unterliegt (Überschreitung der Festigkeitsgrenzen bzw. Eintritt zu großer Verformungen).

Lösung zu Aufgabe 1-8

Als Möglichkeiten zur Vermeidung der befürchteten Frostschäden an der Straße können erwogen werden

- Auskoffern des frostempfindlichen Bodens im Bereich der Gefrierzone und Ersatz durch frostsicheres Material

- Verhinderung der Eislinsenbildung durch Dränagemaßnahmen (Verhinderung des Wasserzutritts in die Gefrierzone)
- Verkehrsbeschränkung (bis hin zum Fahrverbot) in der Tauperiode.

2 Baugrundverbesserung

2.1 Allgemeines und Regelwerke

Erfüllen die Eigenschaften anstehenden Bodens nicht die Bedingungen, die sich aus der Forderung nach Standsicherheit, Schadensfreiheit und dauerhafter Funktionstüchtigkeit eines Bauwerks ergeben, ist u. a. zu prüfen, ob sich eine Baugrundverbesserung als sinnvolle Maßnahme anbietet. Mit den dabei einzusetzenden Verfahren lässt sich die Tragfähigkeit des Baugrunds verbessern und die Verringerung der Durchlässigkeit des Baugrunds erreichen.

Als Methoden zur Baugrundverbesserung stehen üblicherweise zur Verfügung

- ► mechanische Verdichtung (Reduktion des Porenraums)
- ► Bodenaustauschverfahren
- ► Injektionsverfahren
- ► Düsenstrahlverfahren
- ► Verfestigung durch Entwässerung
- ► elektrochemische Bodenverfestigung
- ► thermische Verbesserung bindiger Böden
- ► Bodenverfestigung und -verbesserung im Straßenbau.

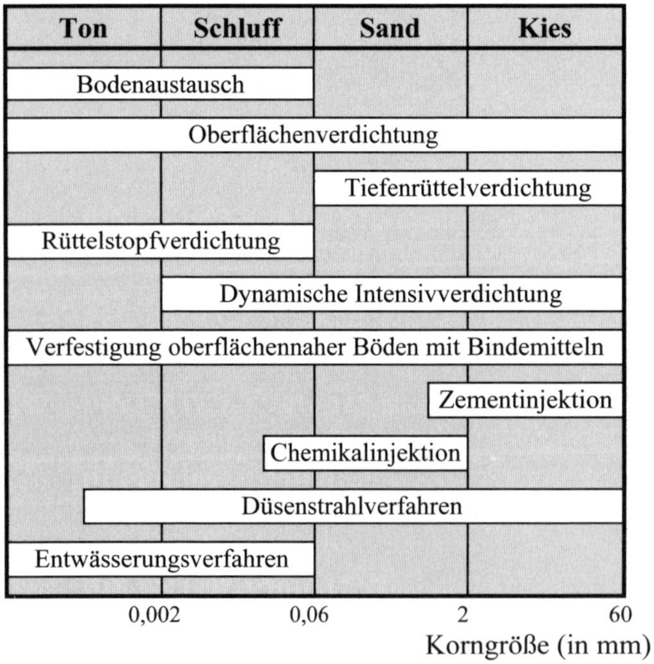

Ton | Schluff | Sand | Kies
Bodenaustausch
Oberflächenverdichtung
Tiefenrüttelverdichtung
Rüttelstopfverdichtung
Dynamische Intensivverdichtung
Verfestigung oberflächennaher Böden mit Bindemitteln
Zementinjektion
Chemikalinjektion
Düsenstrahlverfahren
Entwässerungsverfahren
0,002 0,06 2 60
Korngröße (in mm)

Abb. 2-1 Einsatzmöglichkeiten von Methoden der Baugrundverbesserung in Abhängigkeit von der Bodenart (nach [L 234])

Welches Verfahren jeweils zur Anwendung kommt, hängt vor allem von der zu verbessernden Bodenart ab (siehe Abb. 2-1). Darauf Einfluss haben aber auch Fragen wie z. B. die nach den

Auswirkungen der Maßnahmen auf ggf. vorhandene Nachbarbebauung (etwa bei Erschütterungen hervorrufenden dynamischen Verdichtungsarbeiten).

Empfehlungen zu verschiedenen, den Baugrund verbessernde Maßnahmen sind zu finden in

- DIN 4093 [L 54], DIN EN 1997-1 [L 88], DIN EN 12715 [L 94], DIN EN 12716 [L 95], DIN EN 14679 [L 101] und DIN EN 15237 [L 103]
- den EAU 2012 [L 122]
- den Merkblättern
  - für Bodenverfestigungen und Bodenverbesserungen mit Bindemitteln [L 182]
  - für die Untergrundverbesserung durch Tiefenrüttler [L 183]
  - für die Untersuchung von Bodenverdichtern (Standard-Gerätetest) [L 184]
  - für die Verdichtung des Untergrundes und Unterbaues im Straßenbau [L 185]
  - über Straßenbau auf wenig tragfähigem Untergrund [L 191]
  - über flächendeckende dynamische Verfahren zur Prüfung der Verdichtung im Erdbau [L 190]
- den ZTV E-StB 09 [L 265] und den ZTVV-StB 81 [L 267].

2.2 Verdichtung von Böden

Mit der Bodenverdichtung können z. B. zu erwartende Setzungen durch Vorwegnahme der Zusammendrückung des Bodens auf ein zulässiges Maß reduziert werden. Die damit einhergehende Verringerung des Porenanteils des Bodens führt außerdem zu einer Erhöhung des Steifemoduls E_s und des Winkels φ der inneren Reibung.

Durch Rüttlung zu verdichtender nichtbindiger Boden darf keine zu hohe Kohäsion aufweisen; sein Tonanteil sollte daher < 5 % und sein Schluffanteil < 20 % der Körnungslinie sein.

Die Verdichtungsmöglichkeit bindiger Böden wird vor allem von ihrem Wassergehalt, ihrer Plastizität und ihrer Kornzusammensetzung beeinflusst.

2.2.1 Oberflächenverdichtung nichtbindiger Böden

Vor allem im Verkehrsbau ist der Boden meist nicht bis in große Tiefen zu verdichten (vgl. Verdichtungsanforderungen der ZTV E-StB 09 anhand von Tabelle 2-1; die Anforderungen an das 10 %-Mindestquantil für den Verdichtungsgrad D_{Pr} bedeuten, dass z. B. höchstens 10 % aller im Prüflos ermittelten D_{Pr}-Werte die Größe $D_{Pr} = 98$ % unterschreiten dürfen bzw., dass wenigstens 90 % aller im Prüflos ermittelten Verdichtungsgrade den Wert $D_{Pr} = 98$ % überschreiten müssen; Analoges gilt für den Luftporenanteil n_a).

In solchen Fällen, in denen hinreichende Verdichtung nur bis in geringe Tiefen zu gewährleisten ist, wird der Baugrund von seiner Oberfläche aus verdichtet (Oberflächenverdichtung). Wegen der geringen Tiefenwirkung der einsetzbaren Geräte (Beispiele in Abb. 2-2) eignen sich diese zur lagenweisen Verdichtung eingebauter Schüttungen und zur Verdichtung von durch Baumaßnahmen in Höhe der Gründungssohle aufgelockertem Baugrund.

Tabelle 2-1 Anforderungen an das 10 %-Mindestquantil für den Verdichtungsgrad D_{Pr} bzw. an das 10 %-Höchstquantil für den Luftporenanteil n_a für Böden gemäß DIN 18196 [L 68] (nach ZTV E-StB 09)

Bereich	**Bodengruppen**	D_{Pr} in %	n_a in Vol.-%
Planum bis 1,0 m Tiefe bei Dämmen und bis 0,5 m Tiefe bei Einschnitten	GW, GI, GE SW, SI, SE GU, GT, SU, ST	100	-
1,0 m unter Planum bis Dammsohle	GW, GI, GE SW, SI, SE GU, GT, SU, ST	98	-
Planum bis Dammsohle und bis 0,5 m bei Einschnitten	GU*, GT*, SU*, ST* U, T, OU, OT	97	12

Hinweise:

Für die Bodengruppen OU und OT gelten die Anforderungen nur dann, wenn ihre Eignung und ihre Einbaubedingungen gesondert untersucht und im Einvernehmen mit dem Auftraggeber festgelegt wurden.

Die Anforderungen der Tabelle für grobkörnige Böden gelten auch für Korngemische aus gebrochenem Gestein mit jeweils entsprechender Kornzusammensetzung.

Walzenzug mit Glattmantelbandage

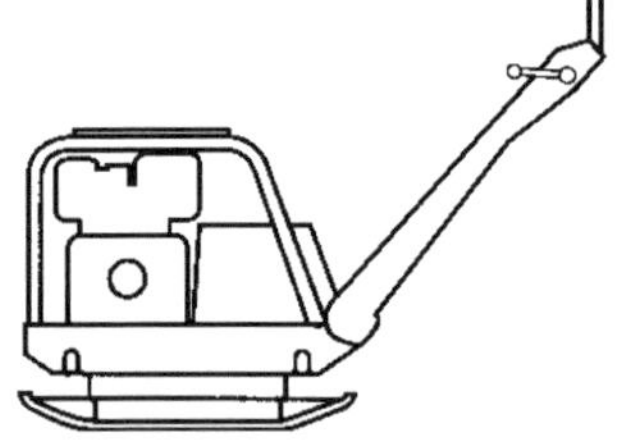

Vibrationsplatte, lenkbar und reversierbar (vor- und rückwärts)

Vibrationsstampfer

Abb. 2-2 Geräte zur Oberflächenverdichtung nichtbindiger Böden (nach [L 185])

2.2.2 Tiefenverdichtung nichtbindiger Böden mittels Rütteldruckverfahren

Tiefenverdichtungen sind empfehlenswert, wenn zulässige Sohlnormalspannungen zu erhöhen, Setzungen zu verringern oder Reibungswinkel nichtbindiger Böden zu vergrößern sind und wenn solche Forderungen Bodenschichten betreffen, die bis in größere Tiefen anstehen.

Zu den diesbezüglichen Verfahren gehört auch das „Rütteldruckverfahren" (vgl. KIRSCH in [L 125] und Abb. 2-3). Bei diesem dynamischen Verfahren wird ein mehrere Meter langer Tiefenrüttler (Außendurchmesser ca. 30 bis 40 cm) mit statischer Vorlast und Spülhilfe in den zu verdichtenden Boden versenkt. Der Rüttler überträgt die durch seine Unwucht erzeugten Schwingungen auf den Boden in seiner Umgebung und bewirkt so die Umordnung von dessem Gefüge. Die damit einhergehende Erhöhung der Lagerungsdichte ist verbunden mit einer Volumenreduzierung des Bodens, die durch Zugabe von geeignetem Bodenmaterial kompensiert wird. Am Ende des Vorgangs verbleibt ein säulenförmig verdichteter Bodenbereich, der bis in die größte Arbeitstiefe des Rüttlers reicht. Sind die Tiefenverdichtungsarbeiten abgeschlossen, ist die Oberfläche zu ebnen und mit einem Oberflächenverdichter nachzuverdichten.

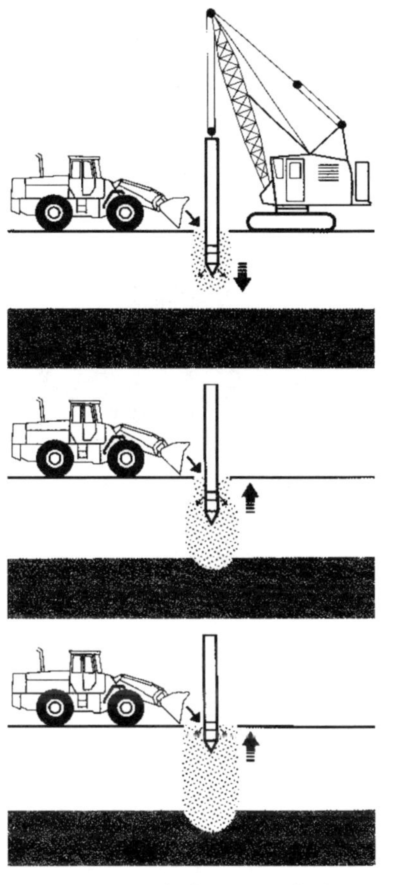

Absenkung des Rüttlers auf die gewünschte Verdichtungstiefe, unterstützt durch Vibration und Wasserspülung. Dabei kann bereits Füllmaterial zugegeben werden. In Absetztiefe werden die unteren Wasserspüldüsen abgeschaltet.

Das Wasser fließt aus den oberen Spüldüsen und unterstützt dadurch den Transport des Nachfüllmaterials zur Rüttelspitze.

Der Rüttler wird stufenweise gezogen und erzeugt dabei einen verdichteten Bodenkörper von 2 bis 4 m Durchmesser.

Abb. 2-3 Arbeitsgänge beim Rütteldruckverfahren (aus Prospekt der Fa. *Franki Grundbau* [F 5])

Da die einzelnen Verdichtungsvorgänge von im Grundriss rasterförmig angeordneten Ansatzpunkten aus erfolgen (Rasterabstände ≈ 1,5 bis 3 m, vgl. z. B. [L 183]), sind verdichtete Erdkörper mit beliebiger horizontaler Ausdehnung herstellbar. Dies gilt auch für Böden unter Wasser, die von schwimmenden Plattformen aus verdichtet werden können (siehe [L 167]).

Nach KIRSCH [L 167] sind die technischen Anwendungsgrenzen des Rütteldruckverfahrens z. B. bei Sanden dann erreicht, wenn diese einen Schluffanteil von mehr als 15 % aufweisen. Die wirtschaftlichen Anwendungstiefen des Verfahrens liegen zwischen 2 und 25 m.

2.2.3 Oberflächenverdichtung bindiger Böden

Sind bindige Böden nur bis in geringe Tiefen zu verdichten, kann die Verdichtung von der Bodenoberfläche aus erfolgen. Da hierzu einsetzbare Geräte eher geringe Tiefenwirkungen aufweisen, ist ihr Einsatz u. a. sinnvoll, wenn lagenweise eingebauter Boden zu verdichten ist (z. B. bei Basisabdichtungen von Deponien). Die Geräte (Auswahl zeigt Abb. 2-4) wirken

- entweder statisch, wie z. B. Gummiradwalzen (kneten den Boden zusätzlich), vibrationslos arbeitende Walzenzüge, handgeführte Walzen und Anhängewalzen mit Stampffuß- -oder Schaffußbandagen, die den Boden zusätzlich kneten sowie schnelllaufende Bodenverdichter (Kompaktoren) mit hohen Druck-, Schlag- und Knetkräften
- oder sie besitzen eine dynamische Wirkung, wie z. B. im Vibrationsbetrieb arbeitende handgeführte Walzen, Walzenzüge und Anhängewalzen, die mit Stampffußbandagen eine zusätzliche Knet- und Stoßwirkung erzeugen und mit Schaffußwalzen, eine gute Verdrängungs- und Knetwirkung bewirken.

Gummiradwalze | Walzenzug mit Stampffußbandage | Schnelllaufender Bodenverdichter (Kompaktor)

Abb. 2-4 Geräte zur Oberflächenverdichtung bindiger Böden (nach [L 185])

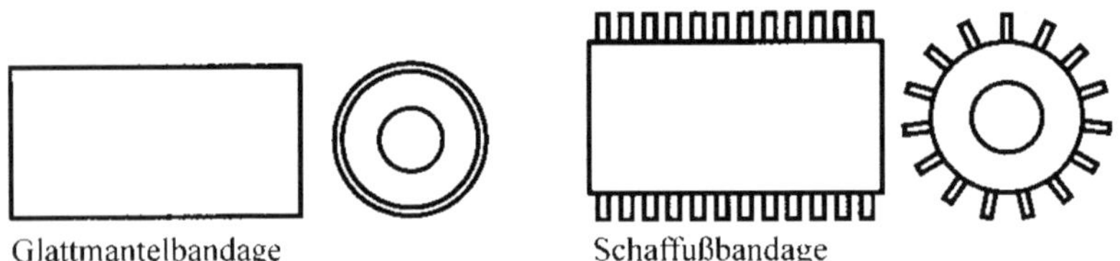

Abb. 2-5 Bandagenarten (nach [L 185])

2.2.4 Verdichtung durch Vorbelastung

Mit der Vorbelastung (statische Methode) werden bindige oder organische Böden verdichtet. Sie wird vor allem bei großflächigen Bauwerken (Straßen, Flugplätze, Dämme usw.) angewendet. Durch temporär aufgebrachte Lasten (Überschüttungen) werden zu erwartende Setzungen vorweggenommen bzw. die Gesamtsetzung auf „Restsetzungen" reduziert, die sich nach der Wegnahme der Überlast (vgl. Abb. 2-6) noch einstellen. Die Überlast presst Porenwasser aus den zu verdichtenden Bodenschichten und ist so lange aufrechtzuerhalten, bis diese Schichten hinreichend konsolidiert sind.

Das Verfahren ist ohne oder mit Konsolidierungshilfe (Dräns, Elektroosmose, ...) anwendbar. Die im Regelfall als Konsolidierungshilfe eingebauten Vertikaldräns übernehmen die Funktion von „Setzungsbeschleunigern", da sie die Abflusswege für das ausgepresste Porenwasser in dem bindigen Material verkürzen und damit die Entwässerung beschleunigen (siehe Abb. 2-6). Ihr Einsatz ist daher bei größeren Schichtmächtigkeiten bzw. in Fällen mit nur kurzen realisierbaren Vorbelastungszeiten, sehr vorteilhaft (vgl. z. B. [L 153]). Von der Beschleunigung unberührt bleiben die Sekundärsetzungen, da diese nicht auf die Änderung des Porenwasserdrucks, sondern auf das Kriechen des Bodenmaterials zurückzuführen sind.

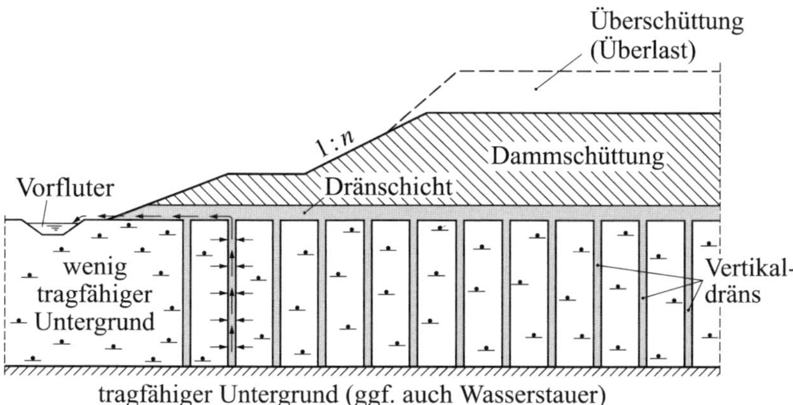

Abb. 2-6 Beschleunigte Wasserauspressung über Vertikaldräns durch Verkürzung der Abflusswege

2.2.5 Verdichtung von Böden durch Grundwasserabsenkung

Dieses statische Verfahren fußt auf der Auftriebsbeseitigung und der damit verbundenen Erhöhung der effektiven Baugrundspannungen, die zu Setzungen, entsprechend erhöhten Lagerungsdichten und vergrößerten Winkeln der inneren Reibung des Bodens führen.

Bei der Anwendung der Methode auf z. B. locker gelagerte Feinsande, erfolgt die Wasserbewegung nur aufgrund der Schwerkraft. Die Absenkung wird üblicherweise durch Dränagen realisiert. Bei feinkörnigen Böden und Durchlässigkeitsbeiwerten $k \leq 10^{-4}$ m/s (z. B. Schluff, Lehm, Ton) reicht die Schwerkraft alleine zur Entwässerung nicht aus. Bei k-Werten zwischen 10^{-4} m/s und 10^{-7} m/s muss die Absenkung durch zusätzlichen Unterdruck (Vakuumabsenkung) und bei Werten von $k \leq 10^{-7}$ m/s durch Elektroosmose bewirkt werden.

Bei jeder Verdichtungsmaßnahme ist zu prüfen, ob sie Schäden an benachbarten Gebäuden hervorrufen oder die Bodennutzung durch Austrocknung beeinträchtigen kann (z. B. Pflanzenwuchs in Parkanlagen).

2.2.6 Dynamische Intensivverdichtung

Die Dynamische Intensivverdichtung dient der Tiefenverdichtung rolliger und bindiger Böden. Auch Aufschüttungen (z. B. Müll) und unter Wasser liegende Böden können damit verdichtet werden (vgl. z. B. [L 131], [L 250]). Bei Böden mit Durchlässigkeitsbeiwerten $k < 10^{-7}$ m/s ist die Methode wegen geringer Wirksamkeit nicht mehr zu empfehlen.

Die Verdichtung erfolgt durch Stoßwellen, die der Aufprall schwerer Fallplatten (vgl. Abb. 2-7) auslöst. Die Platten werden aus großen Höhen (10 bis 40 m) wiederholt fallengelassen (bis zu fünfmal), ihre Masse liegt meistens bei 10 bis 40 t (größte bisher gewählte Masse betrug 200 t, vgl. [L 142]). Die Stoßwellen bewirken eine Bodenverdichtung, die auf der Erzeugung eines bleibenden Verspannungszustands mit begleitendem Porenwasserüberdruck (bei bindigen Böden) im Baugrund basiert. Die erzielbare Tiefenwirkung hängt ab vom anstehenden Bodenmaterial und der eingetragenen Schlagenergie (Angabe in t · m/Schlag = Fallmasse × Hubhöhe/Schlag). Übliche Fallenergien von 400 bis 700 t · m führen zu Einwirkungstiefen von

≈ 9 bis 14 m; Einflusstiefen bis etwa 30 m sind bei Spezialmaßnahmen mit Schlagenergien von bis zu 4000 t · m erreichbar.

Abb. 2-7 Dynamische Intensivverdichtung unter den Landebahnen des Dubai International Airport (aus Prospekt der Fa. *Bauer Spezialtiefbau* [F 1])

Rollige Böden lagern sich schnell in dichteres Korngefüge um. In bindigen Böden bauen sich Porenwasserüberdrücke durch Konsolidationsprozesse langsamer ab; bei der Lasteintragung sich bildende temporäre Risse wirken wie Vertikaldränagen und beschleunigen den Vorgang.

Nach [L 147], Kapitel 2.1 ist der Einsatz des Verfahrens sinnvoll bei zu verdichtenden Flächen von ca. 6000 bis 12000 m² und Tiefen bis zu ≈ 12 m. In Abhängigkeit von dem Geräteeinsatz lassen sich pro Tag ≈ 300 bis 800 m² verdichten, als Rasterabstände für die Aufprallstellen sind Längen zwischen 4 und 10 m zu empfehlen.

Das Verfahren verlangt u. a. mehrere Verdichtungsübergänge; ihre Anzahl nimmt mit dem Feinkörnigkeitsgrad des Bodens zu. Zwischen den Übergängen sind Ruhezeiten einzuhalten.

Sind Einsätze in der Nähe vorhandener Bausubstanz durchzuführen, ist vorher zu prüfen (ggf. durch Kontrollmessungen), ob die Auswirkungen der bei den Arbeiten ausgelösten Erschütterungen in tolerablen Grenzen liegen.

2.2.7 Aufgaben mit Lösungen

Aufgabe 2-1

Warum kann Boden mittels einer Grundwasserabsenkung verdichtet werden?

Aufgabe 2-2

Wie groß ist der Verdichtungsgrad D_{Pr} (Angabe in %), den mindestens 90 % aller im Prüflos ermittelbaren Verdichtungsgrade nach den ZTV E-StB 09 im Bereich von 1,0 m unter Planum bis zur Sohle eines geplanten Damms überschreiten müssen, wenn dieser aus weitgestuftem sandigem Kies hergestellt werden soll?

Lösung zu Aufgabe 2-1

Bei der Anwendung der Grundwasserabsenkung wird durch die Beseitigung des Auftriebs eine zusätzliche Belastung des Baugrunds in Form der Erhöhung der effektiven Spannungen erzeugt. Das führt zu einer dichteren Lagerung des Bodens infolge Gefügeumlagerung.

Lösung zu Aufgabe 2-2

Nach den ZTV E-StB 09 müssen im Bereich von 1,0 m unter Planum bis zur Sohle des geplanten Damms mindestens 90 % aller im Prüflos ermittelbaren Verdichtungsgrade D_{Pr} den Wert 98 % überschreiten, wenn es sich bei dem Dammmaterial um weitgestuften sandigen Kies handelt (vgl. Tabelle 2-1).

2.3 Bodenaustauschverfahren

Auch durch vollständigen oder teilweisen Bodenaustausch lässt sich Baugrund verbessern. Dieses Verfahren kann wirtschaftlich sinnvoll sein, wenn nicht tragfähiger Boden als oberflächennahe Schicht ansteht, sich das auszutauschende Bodenmaterial unproblematisch deponieren lässt und Ersatzboden preisgünstig beschafft, eingebaut und verdichtet werden kann.

Anwendung findet das Bodenaustauschverfahren als

- Bodenteilersatz (z. B. Polsterschicht – auch „Pufferschicht" genannt –, Schottersäulen und Kalkzementpfähle)
- Bodenvollersatz (z. B. Nassbaggern, Trockenbaggern und statische Verdrängung, bei der die Auflast den auszutauschenden Boden durch erzwungenen Grundbruch seitlich verdrängt).

Die Geometrie des auszutauschenden Bodenbereichs ist u. a. so zu planen, dass die auf das ausgetauschte Bodenmaterial zu gründenden Fundamente ihre Last sicher in den tragfähigen Boden abtragen können (vgl. Abb. 2-8). Die Böschungsneigung des verbleibenden nicht tragfähigen Bodens ist so zu wählen, dass für die Zeit bis zur Verfüllung mit Austauschmaterial eine ausreichende Standsicherheit besteht (siehe DIN 4124 [L 60] und [L 191]).

Wird in Grundwasserabsenkungsbereichen als Austauschmaterial erdfeuchter Sand verwendet, steigt, nach Abschluss des Austauschs und Abschaltung der Wasserhaltung, das Grundwasser wieder an und hebt dabei die scheinbare Kohäsion des Sandes auf. Dies führt zu Verdichtungseffekten (so genannten „Sackungen"), die auch bei dichten Sanden noch 1 % der Schichtdicke erreichen können (vgl. [L 219]).

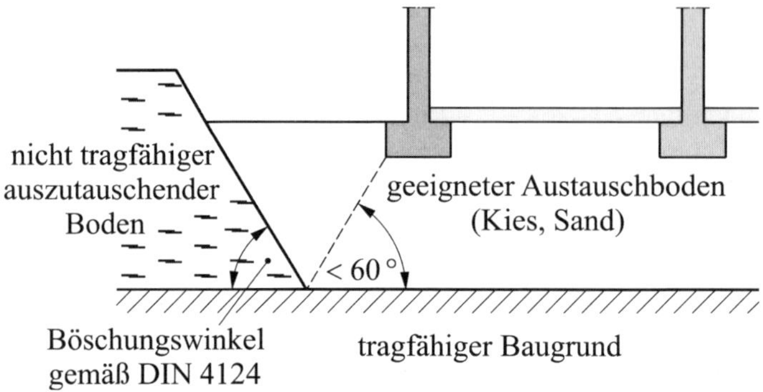

Abb. 2-8 Berücksichtigung der Spannungsausbreitung bei der Festlegung des auszutauschenden Bodenbereichs (nach SMOLTCZYK/HILMER [L 147], Kapitel 2.1)

2.3.1 Polstergründung (Bodenteilersatz)

Bei Polstergründungen wird nur der oberste Teil der nicht tragfähigen Schicht ausgetauscht. Das ist sinnvoll, wenn Setzungsberechnungen zeigen, dass die nach dem Aushub eingebaute „Polster-" oder „Pufferschicht" die zu erwartenden Setzungen hinreichend verringert und vergleichmäßigt (vgl. Abb. 2-9).

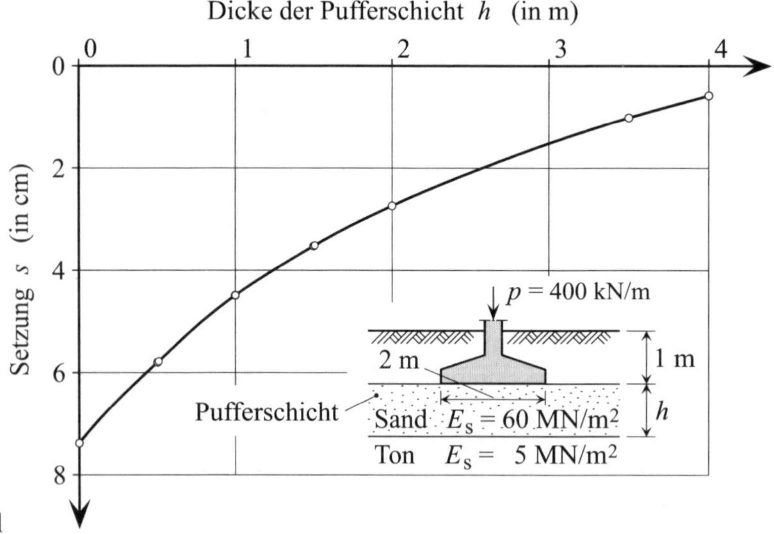

Abb. 2-9 Rechenbeispiel für setzungsmindernden Pufferschicht-Einfluss (nach SMOLTCYK/HILMER [L 147], Kapitel 3.1)

2.3.2 Tiefenverdichtung mittels Rüttelstopfverdichtung

Böden, die wegen ihres hohen Feinkornanteils mit dem Rütteldruckverfahren (vgl. Abschnitt 2.2.2) nicht mehr verdichtbar sind, lassen sich ggf. mit der „Rüttelstopfverdichtung" verbessern (vgl. Abb. 2-10). Die zum Einsatz kommenden Schleusenrüttler verdrängen den Boden vor allem zur Seite. Der Hohlraum, der beim Absenken der Rüttler entsteht, wird mit grobkörnigem Material (Kies oder Schotter) verfüllt, das ggf. auch vermörtelt ist. Das Material wird durch den Rüttelvorgang gleichzeitig verdichtet und mit dem anstehenden Boden verzahnt; nach jedem Arbeitsgang verbleibt eine Kies- bzw. Schottersäule, die über die ganze Arbeitstiefe reicht.

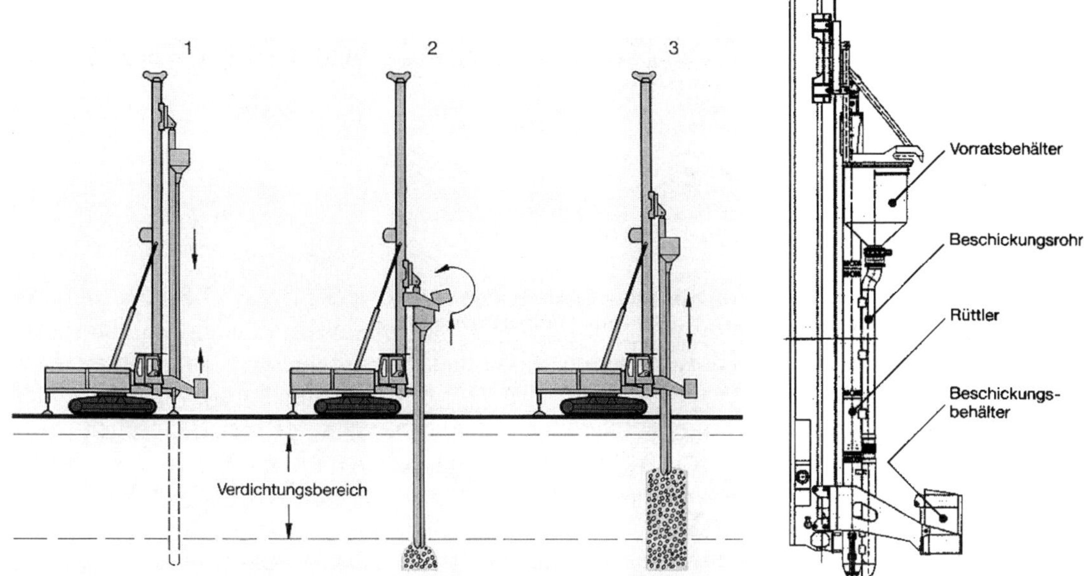

Abb. 2-10 Herstellvorgang und Gerät bei der Rüttelstopfverdichtung (aus Prospekt der Fa. *Bauer Spezialtiefbau* [F 1])

1) Rüttler auf dem Arbeitsplanum aufsetzen. Beschickungsrohr und Vorratsbehälter mit Zugabematerial füllen.
2) Rüttler auf erforderliche Tiefe absenken. Rüttler ca. 0,5 m hochziehen: Zugabematerial tritt an der Spitze aus.
3) Wiederabsenken des Rüttlers, dabei Verdichten des Zugabematerials. Wiederholen des Vorgangs bis zur Sättigung.

Durch Wiederholung dieses Arbeitsgangs entsteht ein System aus Schottersäulen und dazwischenliegendem bindigem Boden, dessen Oberfläche nach der Einebnung nachzuverdichten ist. Solche Systeme dienen z. B. zur verformungsarmen Aufnahme vertikaler Einzel- und Flächenlasten (etwa bei Plattengründungen) sowie zur Böschungssicherung durch Verdübelung möglicher Versagensflächen im Böschungsfußbereich (siehe z. B. [L 15]). Bezüglich der Bemessung solcher Systeme sei z. B. auf die Diagramme von PRIEBE [L 208] bis [L 211] und BRAUNS [L 16] hingewiesen.

Zur Größe des verbesserbaren Erdkörpers und der möglichen Gefährdung benachbarter Bausubstanz siehe die Ausführungen aus Abschnitt 2.2.2. Stopfsäulenabstände liegen in der Regel zwischen 1,2 und 2,5 m. Die Stopfsäulenlänge kann bis zu 20 m betragen.

Da unvermörtelte Säulen zur Lastaufnahme die Stützung des Säulenmaterials durch den umgebenden Boden benötigen, muss dieser eine hinreichend große undränierte Scherfestigkeit c_u besitzen, die nach [L 183] größer sein sollte als 15 bis 25 kN/m^2. Nicht angenommen werden kann dies in der Regel bei Böden, die nach DIN 18196 [L 68] zu einer der Gruppen UL, UM, TL, TM, TA, OU und OT gehören und deren Konsistenz als flüssig oder breiig einzustufen ist

(Konsistenzzahlen I_C von 0 bis 0,5). Werden solche Böden nicht durch tragfähigeres Material ersetzt, ist in diesen Bodenbereichen vermörteltes Säulenmaterial einzubauen.

Bei Böden mit undränierten Scherfestigkeiten von $c_u > 50$ kN/m² ist nach [L 147], Kapitel 2.1 die Anwendung der Rüttelstopfverdichtung aus technischen und wirtschaftlichen Gründen nicht mehr zu empfehlen.

2.4 Injektionsverfahren

2.4.1 Allgemeines

Baugrund lässt sich auch mit Injektionen verbessern. Zum Zwecke der Abdichtung und/oder Verfestigung werden durch Einpressen von Lösungen, Suspensionen, Emulsionen und Pasten Hohlräume des Untergrunds (Klüfte, Spalten, Risse und Poren) oder auch schadhafter Gründungskörper aufgefüllt und ggf. auch aufgebrochen (Verdrängungsinjektion). Zu den Abdichtungsmaßnahmen gehören z. B. die Herstellung von Sohlen wasserdichter Baugruben sowie die Unterbindung von Unter- oder Umläufigkeiten von Stauwasser bei Talsperren oder Dämmen. In den Bereich der Verfestigung gehören Unterfangungen von Gebäuden und die Sicherung des Vortriebs bei Tunneln oder Stollen. Anwendungsfälle der Verdrängung sind z. B. die Kompensation von Baugrundverlusten und die Anhebung von Baukonstruktionen (Fundamente, Fahrbahnplatten, ...).

Zur problemlosen Auffüllung von Hohlräumen muss das Einpressgut so kleine Korngrößen haben, dass es in die Hohlräume eindringen kann ohne dabei abgefiltert zu werden (vgl. Tabelle 2-2; siehe auch DIN EN 12715, Tabelle 3). Als Basis für das Einpressgut dienen Zement, Ton, Silikatgel und Kunstharz.

Tabelle 2-2 Einsatzmöglichkeiten von Einpressgut in Lockergestein (nach [L 55], Tabelle 1)

Hohlräume in	**Bodenarten** nach DIN 4022-1	**Durchlässigkeitsbeiwert k_f** in m/s	**Einpressgut**	**Einpresszweck** (Abdichtung A Verfestigung V)
Kies Grobsand Kies, sandig	G gS G, s	$> 5 \cdot 10^{-3}$	Zementsuspension	V
			Tonzementsuspension	A, V
			Tonsuspension	A
			Tonzementsuspension und Silikatgel	A, V
Sand Sand, schluffig	S S, u	$5 \cdot 10^{-3}$ bis $5 \cdot 10^{-6}$	Tonsuspension	A
			Silikatgel	A, V
			Kunstharz	A, V
Feinsand Grobschluff	fS gU	$5 \cdot 10^{-4}$ bis $1 \cdot 10^{-7}$	Silikatgel	A, V
			Kunstharz	A, V

Für Verdrängungsinjektionen sind nach DIN EN 12715 Suspensionen auf Zementbasis und Mörtel als Injektionsgut zu verwenden.

Für die Planung von Injektionsmaßnahmen sind die örtlichen Baugrundverhältnisse zu erkunden (vgl. [L 198]), wobei die entsprechenden Bestimmungen aus [L 55], Tabelle 3 (auch Tabelle 3-5 in MÖLLER [L 198]) zu berücksichtigen sind.

2.4.2 Begriffe

Die folgenden Definitionen sind der DIN EN 12715 und [L 55] entnommen.

Hohlraum: Oberbegriff für alle natürlichen und künstlichen Hohlraumstrukturen in die Injektionsgut eingepresst werden kann. Der Begriff steht z. B. bei Fels und bei festen Tonböden für Klüfte, Spalten, Risse, Poren und kavernöse Strukturen, bei Lockergestein für Poren, zwischen Bauwerk und Untergrund für die Kontaktfuge und bei Gründungskörpern für durch Schäden oder Ausführungsmängel entstandene Risse, Poren, ...

Einpressgut (*Injektionsgut*): pumpbares und zum Füllen der Hohlräume geeignetes Material, das nach dem Einpressen ansteift und erhärtet.

Einpressen: Einbringen von Einpressgut unter Druck in Hohlräume des Untergrunds, von Fundamentkörpern, ...

Einpresskörper: betrifft das Volumen im Untergrund, in dem die beabsichtigte Verfestigung und/oder Abdichtung gemäß den Anforderungen erreicht wurde.

Einpress-Reichweite: von der Einpressstelle aus radial gemessene Entfernung, bis zu der das verwendete Einpressgut vordringt.

Abdichtungsinjektion (*Poreninjektion, Imprägnation durch Porenfüllung*): durch Injektion bewirkte Verdrängung von Porenwasser oder -gas aus einem porösen Injektionskörper bei Injektionsdrücken, die so gering sind, dass keine Baugrundverdrängung auftritt.

Hohlraumverfüllung: Einbringen von Injektionsgut mit hohem Feststoffgehalt, um größere Hohlräume zu füllen.

Hydraulische Rissbildung (*Frac-Behandlung, hydraulische Spaltenbildung, hydraulische Hebung*): Einbringen von Injektionsgut oder Wasser unter einem Druck, der die örtliche Zugfestigkeit und den Begrenzungsdruck des Baugrunds überschreitet und somit die Bildung von Rissen in der Baugrundformation bewirkt.

Verdichtungsinjektion (*Kompaktionsinjektion*): Injektionsverfahren, bei dem der Baugrund verdrängt wird, um Mörtel mit hoher innerer Reibung in den Boden zu pressen, ohne ihn dabei aufzubrechen.

Kluftinjektion: Einbringung von Injektionsgut in Klüfte, Fugen, Spalten und Diskontinuitäten, insbesondere in Festgestein.

Kontaktinjektion: Einbringung von Injektionsgut in den Raum zwischen Bauwerk und Baugrund (Kontaktfläche).

Spalteninjektion: Einbringung von Injektionsgut in Spalten, Fugen, Risse und Unstetigkeitsflächen, besonders in Felsgestein.

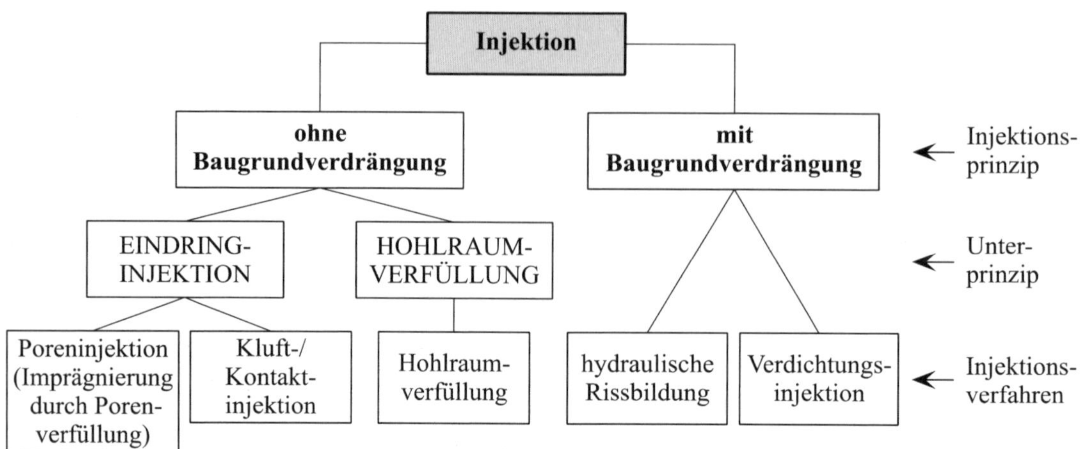

Abb. 2-11 Injektionsprinzipien und -verfahren nach DIN EN 12715

2.4.3 Einpresstechnik und Injektionsgeräte

Abhängend von den Eigenschaften des zu behandelnden Untergrunds, der Bauaufgabe und des gewählten Einpressguts erfolgt das Einpressen in ungestützte Bohrlöcher (Fels), durch Rammlanzen oder Bohrgestänge (nicht standfestes Gebirge oder Lockergestein) sowie, hauptsächlich im Lockergestein, über ein gesondert in ein Bohrloch eingeführtes Einpressrohr (z. B. Manschettenrohr).

Abstand, Tiefe und Richtung von Bohrungen sind so zu wählen, dass sich die einzelnen Einpress-Reichweiten überlappen und so ein lückenloser Einpresskörper entsteht. Dabei ist das „Verlaufen" der Bohrungen zu beachten (Lageabweichung von tatsächlich erreichter zu geplanter Bohrlochsohle).

Nach Abteufung der Bohrungen bzw. Einrammung der Einpresslanzen beginnt das Einpressen. Der Vorgang ist beendet, wenn ein vorgegebener Enddruck erreicht ist und ein vorgegebenes Einpressvolumen pro Zeiteinheit unterschritten wird.

Die für die Einpressung verwendeten Injektionsgeräte sind in der Regel aus Kunststoff oder Metall gefertigte Manschettenrohre („Ventilrohre"), die u. a. die Möglichkeit zum Nachverpressen sowie zur Herstellung aller Bohrlöcher im Voraus bieten (vgl. [L 175]). Sie besitzen Innendurchmesser von 40 bis 60 mm und Lochungen in regelmäßigen Abständen (standardmäßig 33 cm), die mit Gummimanschetten (Ventilen) überdeckt sind. Die Manschetten dichten das Rohr von außen nach innen ab und dehnen sich unter dem Injektionsdruck (Innendruck) derart, dass sie dem Injektionsgut den Weg in die Umgebung freigeben. Um den Austritt des Einpressguts entlang des Rohres zur Geländeoberfläche hin zu verhindern, wird der Ringraum zwischen Rohr und Bohrlochwandung mit einem Sperrmittel (z. B. Ton-Zement-Suspension) ausgefüllt, welches zudem das Bohrloch stabilisiert und das Ventilrohr fixiert.

Der Einsatz von im Manschettenrohr längsverschiebbaren Doppelpackern ermöglicht das gezielte seitliche Auspressen des Injektionsmittels in einen begrenzten Verpressbereich (vgl. Abb. 2-12).

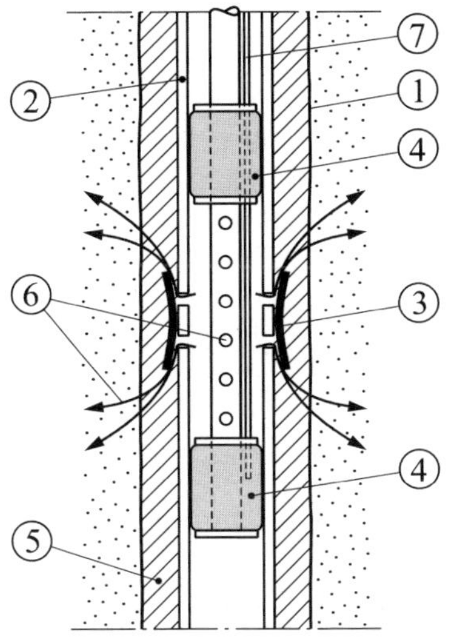

Abb. 2-12 Funktionsweise eines Manschettenrohrs mit Doppelpacker (nach [L 175])
1 Bohrlochwand
2 Ventilrohr
3 geöffnetes Ventil
4 Doppelpacker
5 Sperrmittel
6 Verpressrohr und austretendes Injektionsgut
7 Rohr zum Expandieren des Packers

2.4.4 Verpressvorgang

Der Verpressvorgang beginnt mit der Auffüllphase, bei der die Hohlräume mit Einpressgut gefüllt werden. Die Injektionsrate ist in dieser Phase sehr groß, wobei der Injektionsdruck *P* (Verpressdruck) mit zunehmendem Aktionsradius *R* (Reichweite) des Injektionsmittels bis zum vorgegebenen Höchstdruck gesteigert und in der Endphase konstant gehalten wird. Mit dem Erreichen des größten *R*-Wertes ist auch eine gegen null konvergierende Injektionsrate verbunden und das Gesamtverpressvolumen *V* weist nur noch entsprechend geringe Steigerungen auf (vgl. Abb. 2-13).

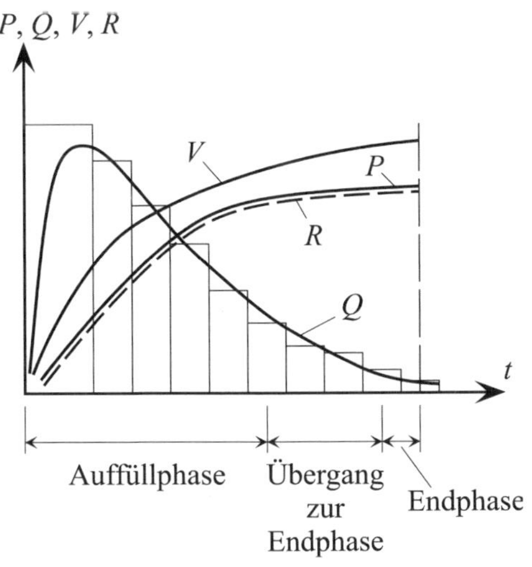

Abb. 2-13 Zusammenhang zwischen Injektionsdruck *P* (in Pa), Verpressmenge je Zeiteinheit *Q* (in m^3/s), Gesamtverpressvolumen *V* des Arbeitsganges (in m^3), Reichweite *R* (in m) und Injektionszeit *t* (in s) bei einer Auffüllinjektion (nach [L 175])

2.4.5 Zement-, Silikatgel- und Kunstharzinjektionen

Zementinjektionen dienen zur Verfestigung und zur Abdichtung von Fels und nichtbindigen Böden sowie bei Verdrängungsinjektionen. Bei Böden mit aggressivem Grundwasser sind entsprechend widerstandsfähige Zemente zu verwenden; in bindigen Böden ist dieses Verfahren nicht einsetzbar. Wegen der Gefahr des Abfilterns der Zementkörner ist normal gemahlener

Zement bei Rissen im Fels mit der Dicke < 0,1 mm und bei Sandböden mit < 0,8 mm Korngröße nicht mehr verwendbar.

Die bei Silikatgelinjektionen verwendeten chemischen Injektionsmittel sind echte Lösungen mit besonders großer Eindringfähigkeit. Sie bestehen aus mehreren Komponenten die miteinander chemisch reagieren und so verfestigende oder abdichtende Stoffe bilden.

Kunstharzinjektionen gehören, wie Silikatgelinjektionen, zu den chemischen Injektionen. Bei ihnen wird Einpressgut verwendet, das durch eine hohe Eindringfähigkeit gekennzeichnet ist und für dauerhafte Dichtungen bzw. Verfestigungen geeignet ist.

2.4.6 Anwendungsbeispiele

Zu der Vielzahl möglicher Anwendungen von Injektionen gehören auch Schirminjektionen. Sie können angewendet werden

- zu Abdichtungszwecken (z. B. gegen zu starkes Entweichen von Druckluft bei Tunnelvortrieb im Grundwasserbereich)
- zur Lastverteilung (Vergleichmäßigung der Bodenpressung).

Abb. 2-14 zeigt eine Schirminjektion, die den Boden zwischen Tunnel und Gebäudefundamenten zum Teil verfestigt und so die Gebäudelast verteilt und Schäden am unterfahrenen Gebäude (durch Setzungen) und an der Tunnelröhre vermeidet. Die Injektionen werden von einem Schacht aus durchgeführt.

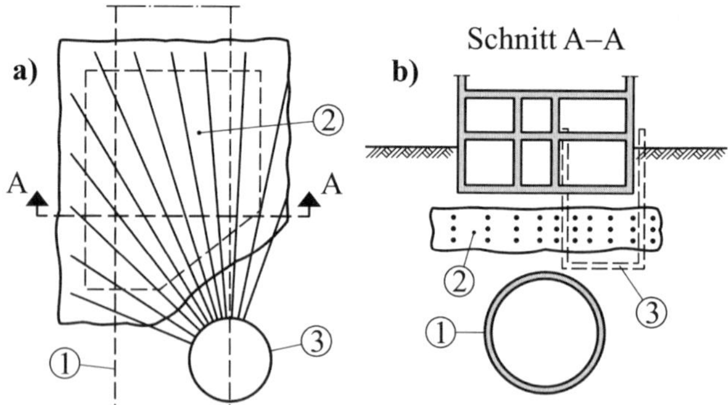

Abb. 2-14 Beispiel für eine Bauwerksunterfahrung (nach JESSBERGER [L 160])
1 U-Bahn, 2 Injektionsschirm, 3 Schacht für Verpressarbeiten

Ein zweites Einsatzgebiet für Injektionen sind Bauwerksunterfangungen, die z. B. bei der Freischachtung von Fundamenten erforderlich sein können (etwa bei der Sicherung tiefer Baugruben neben bestehender Bausubstanz). Die Abmessungen sowie die Festigkeitseigenschaften (Schub- und Druckfestigkeiten) der dabei herzustellenden Unterfangungskörper sind nach den jeweils vorliegenden Gegebenheiten festzulegen und statisch nachzuweisen (vgl. [L 175] und [L 220]). Im Bereich solcher Verpresskörper ist dafür zu sorgen, dass bei der Herstellung keine nennenswerten Fehlstellen entstehen, was eine entsprechend enge Anordnung der Bohrlöcher und Verpressventile erforderlich macht (siehe Abb. 2-15).

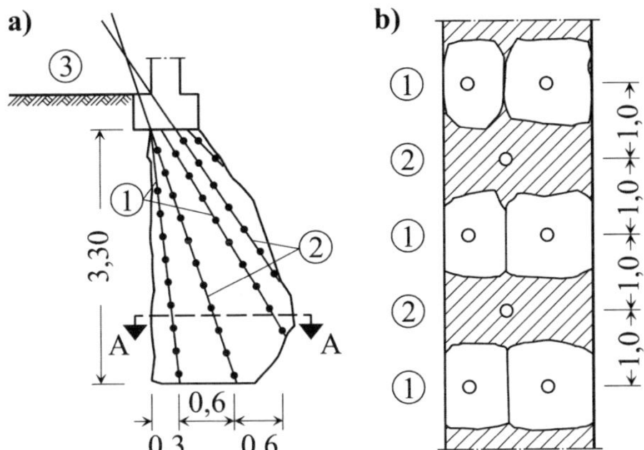

Abb. 2-15 Beispiel für die Ventilanordnung bei einem Unterfangungskörper; alle Maße in m (nach [L 175])
a) Vertikalschnitt
b) Horizontalschnitt A – A
1 Ventilrohrfächer 1, ≈ 100 Liter Verpressgut je Ventil
2 Ventilrohrfächer 2, ≈ 200 Liter Verpressgut je Ventil
3 Arbeitsebene

Zu den weiteren Anwendungsgebieten von Injektionen zählen z. B. Dichtungsschürzen unter Staudämmen, Staumauern und Wehren, mit denen die Unter- und Umläufigkeit solcher Konstruktionen reduziert wird (Beispiel hierfür in [L 179]; vgl. auch MÖLLER [L 198], Abschnitt 3.4.9).

2.4.7 Prüfungen und Nachweise

Nach DIN 4093, DIN EN 12715 und [L 55] sind vor Beginn, bei der Durchführung und nach Abschluss der Injektionsarbeiten Kontrollen und Prüfungen durchzuführen. Hierzu gehören u. a.

- vor Beginn der Einpressarbeiten die Prüfung der Verträglichkeit des vorgesehenen Einpressguts mit dem Untergrund, die Kontrolle der Ausgangsstoffe des Einpressguts (wie Anmachwasser, Zuschläge und Zusatzstoffe) bezüglich ihrer einzuhaltenden Eigenschaften und die Prüfung des festgelegten Mischungsverhältnisses des Einpressguts
- Labor- und Feldversuche zur Prüfung hergestellter Einpresskörper bezüglich ihrer zeitlichen Beständigkeit, Festigkeit, Maßhaltigkeit (bei Verfestigungen) und Kraftschlüssigkeit (z. B. bei Unterfangungskörpern), ihrer Durchlässigkeit, Erosionsbeständigkeit und ihres Schwindmaßes (bei Abdichtungen) sowie ihrer erreichten Größe und Qualität.

In den oben genannten Normen finden sich weiterhin Angaben zu Grundsatz-, Eignungs- und Kontrollprüfungen.

Für die äußeren Standsicherheitsnachweise von Einpresskörpern (Grundbruch, Gleiten, Kippen, ...) gelten die üblichen Regeln der DIN 1054 [L 30]. Nachweise der inneren Standsicherheit sind nach DIN 4093, DIN EN 12715 und [L 55] zu führen.

2.4.8 Aufgaben mit Lösungen

Aufgabe 2-3

Es ist anzugeben, für welche Zwecke Tonsuspensionen bei der Anwendung von Injektionsverfahren in Lockergestein nach [L 55] eingesetzt werden können und bei welchen Bodenarten ihr Einsatz sinnvoll ist.

Aufgabe 2-4

Zu benennen sind die Baugrundverhältnisse, die nach [L 55] für die Planung von Einpressmaßnahmen in Lockergestein bekannt sein müssen!

Lösung zu Aufgabe 2-3

Nach [L 55], Tabelle 1 (entspricht Tabelle 2-2) können Tonsuspensionen bei der Anwendung von Injektionsverfahren zum Zwecke der Abdichtung eingesetzt werden. Ihr Einsatz ist gemäß dieser Tabelle sinnvoll bei

- Kies (G), Grobsand (gS) und sandigem Kies (Gs) mit Durchlässigkeitsbeiwerten der Größe $5 \cdot 10^{-3}$ m/s $< k_f$
- Sand (S) und schluffigem Sand (Su) mit einem Bereich der Durchlässigkeitsbeiwerte k_f von $5 \cdot 10^{-3}$ m/s bis $5 \cdot 10^{-6}$ m/s.

Lösung zu Aufgabe 2-4

Für die Planung von Einpressmaßnahmen in Lockergestein müssen nach [L 55], Tabelle 3 bekannt sein bzw. bestimmt werden

- die Folge und Raumstellung der Bodenschichten
- die Korngößenverteilung, der Porenanteil und die Lagerungsdichte des zu injizierenden Schichtmaterials
- der Grundwasserstand (einschließlich der Schwankungen)
- die chemische Grundwasserzusammensetzung (mögliche Angriffe auf Gestein und Einpressgut) für den Fall, dass der Verfestigungskörper in den Grundwasserbereich reicht.

2.5 Düsenstrahlverfahren

2.5.1 Allgemeines

Bei dem auch auf Schluffe und Tone anwendbarem Düsenstrahlverfahren (vgl. Abb. 2-1) wird der Boden durch einen mit Drücken bis zu 600 bar (60 MN/m^2 bzw. 60 Mpa) erzeugten Düsenstrahl gezielt „aufgeschnitten“. Bei dieser Methode, die auch „Hochdruckinjektion“ (kurz: HDI), „Soilcrete“ oder „Jet Grouting“ genannt wird, werden ausschließlich Zementsuspensionen (ggf. mit Zusatzmitteln und Zusatzstoffen) verwendet. Deshalb ist das Verfahren insbesondere bei feinkörnigen Böden preisgünstig einsetzbar.

Empfehlungen zur Ausführung, Prüfung und Überwachung von Düsenstrahlarbeiten sind in der DIN EN 12716 zu finden.

2.5.2 Herstellungsweise und Eigenschaften der vermörtelten Elemente

Zur Herstellung der meist säulenförmigen Körper (Elemente) aus vermörteltem Boden wird gemäß Abb. 2-16 ein mit seitlichen Düsen versehenes Rohr bis zur Endteufe in den Baugrund gebohrt (in der Regel mit Wasserspülung). Beim Ziehen des Gestänges, das meistens mit einer gleichzeitigen Drehung verbunden ist, wird durch die Düsen im unteren Teil des Düsgestänges unter Hochdruck eine Zementsuspension ausgepresst, die den Boden in der Umgebung aufschneidet und sich mit den Bodenteilchen vermischt. Überschüssiges Zement-Wasser-Bodengemisch entweicht dabei kontrolliert über den Bohrlochringraum zum Bohrlochmund und kann ggf. in aufbereiteter Form wieder verwendet werden (vgl. [L 245]). Der Durchmesser eines so entstehenden Düsenstrahlelements ist u. a. abhängig von den Bodengegebenheiten (insbesondere der Lagerungsdichte der nichtbindigen bzw. der Konsistenz der bindigen Böden), der Höhe des Pumpendrucks (400 bis 600 bar beim HDI-Verfahren), dem Düsendurchmesser (1,5 bis 4,0 mm), der Ziehgeschwindigkeit des Gestänges (8,5 bis 50 cm/min) und der Drehfrequenz des Gestänges (5 bis 60 Umdrehungen/min). Wird das Gestänge beim Ziehen nicht gedreht, entstehen wandscheibenförmige Elemente (Düsenstrahllamellen).

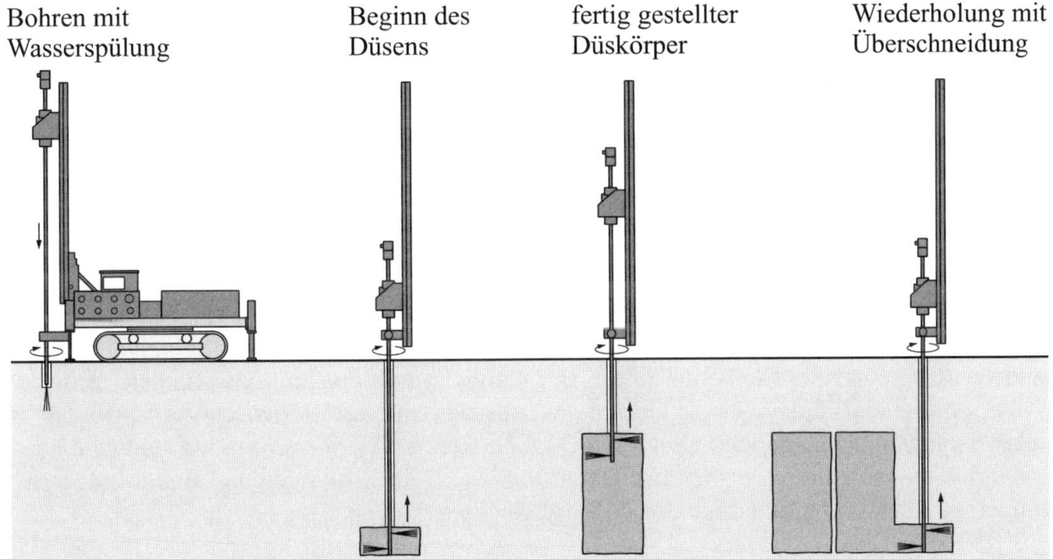

Abb. 2-16 Herstellung von verfestigten Bodenkörpern mit dem Düsenstrahlverfahren

Abhängig vom Typ des anstehenden Bodens und vom Anwendungszweck, stehen etwa beim HDI-Verfahren der Fa. *Bauer Spezialtiefbau* [F 1] unterschiedliche Anwendungsformen zur Auswahl. Ihr Charakteristikum ist

- ein unter Hochdruck stehender Zementsuspensionsstrahl mit dem die Bodenstruktur aufgeschnitten und vermörtelt wird (Verfahren 1, Einphasensystem nach DIN EN 12716)
- das gleichzeitige Einpressen von Zementsuspension und Luft durch zwei separate Düsen (Variante 1.1, Zweiphasensystem nach DIN EN 12716); die Druckluftzugabe vergrößert die Reichweite des Düsenstrahls
- das Lösen des Bodens mit einem Hochdruckwasserstrahl aus einer Düse und die Verfüllung mit Zementsuspension bei geringem Druck über separate Düsen (Verfahren 2, Zweiphasensystem nach DIN EN 12716)

- die analog zur Variante 1.1 erfolgende Vergrößerung der Schneidwirkung des Wasserstrahls durch zusätzlich aufgebrachte Druckluft und die Verfüllung mit Zementsuspension bei geringem Druck über separate Düsen (Variante 2.1; Dreiphasensystem nach DIN EN 12716).

Während das Verfahren 1 hauptsächlich bei nichtbindigen Böden zum Einsatz kommt, wird das Verfahren 2 vorwiegend bei Maßnahmen in bindigen Böden verwendet. Vergleichbare Varianten des Düsenstrahlverfahrens werden auch von anderen Firmen angeboten.

Mit dem verlängerbarem Bohrgestänge sind Injektionskörper bis in große Tiefen herstellbar.

Die Festigkeiten vermörtelter Elemente nehmen mit kleiner werdender Korngröße ab. Erreichbar sind Werte von ca. 3 MN/m^2 bei organischen Böden und bis zu 25 MN/m^2 bei Kies. Die von der anstehenden Bodenart abhängigen Wasserdurchlässigkeitsbeiwerte k der Elemente liegen zwischen 10^{-7} und 10^{-9} m/sec.

Bezüglich der Fehler, die bei der Ausführung des Düsenstrahlverfahrens auftreten können (zu kleine, zu große oder zu kurze Säulendurchmesser, Abweichungen der Säulenachsen von der Sollneigung, ...) und der Möglichkeiten zu ihrer Beseitigung sei auf [L 172] verwiesen. Ausführungen zur Bauüberwachung sowie zu Prüfungen und Kontrollen sind in DIN EN 12716 zu finden.

2.5.3 Anwendungsmöglichkeiten

Mit dem Düsenstrahlverfahren sind sowohl säulenförmige als auch wandartige Elemente einzeln oder in Gruppen herstellbar. Sie können unterschiedliche Längen (Höhen) besitzen und sich auch miteinander verzahnen; die Neigung der Einzelelemente ist beliebig wählbar.

Wegen der großen Variabilität des Verfahrens und der unproblematischen Möglichkeit der Aneinanderreihung einzelner Elemente, sind z. B. „Wände" aus überschnittenen Säulen, „Körper" aus überschnittenen Säulen, überschnittene Wandscheiben oder Bodenscheiben aus sich in gleicher Tiefe überschneidenden Säulenscheiben herstellbar. Damit verbunden sind eine Vielzahl möglicher Anwendungen wie etwa Unterfangungen, Abdichtungen und Baugrundverbesserungen. In Abb. 2-17 sind einige dieser Möglichkeiten dargestellt.

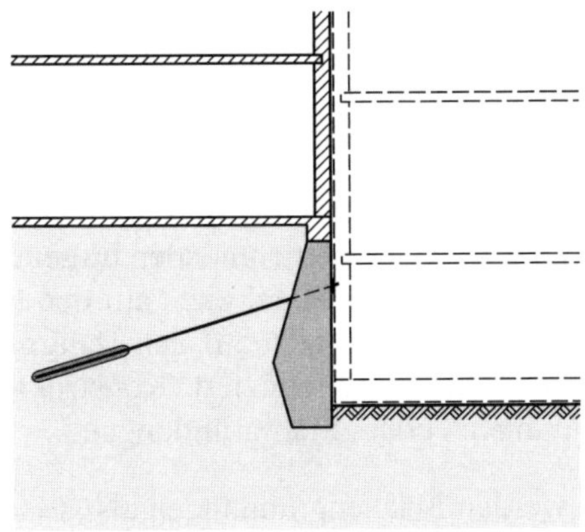

Unterfangung

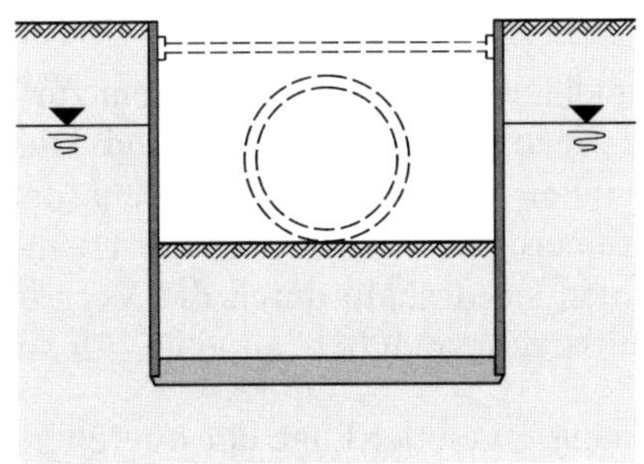

tief liegende Sohle

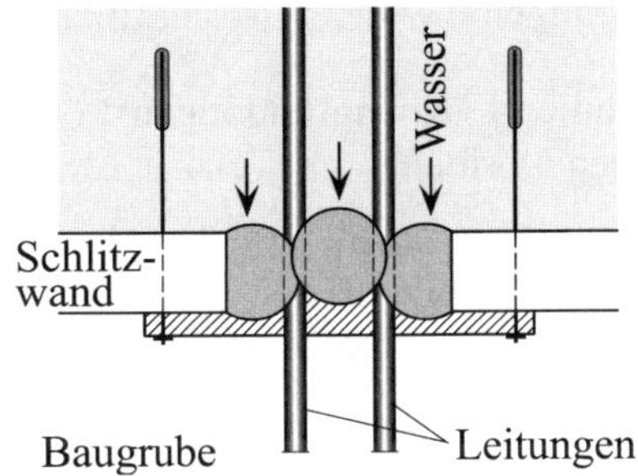

Lückenschließung für Baugrubenverbau

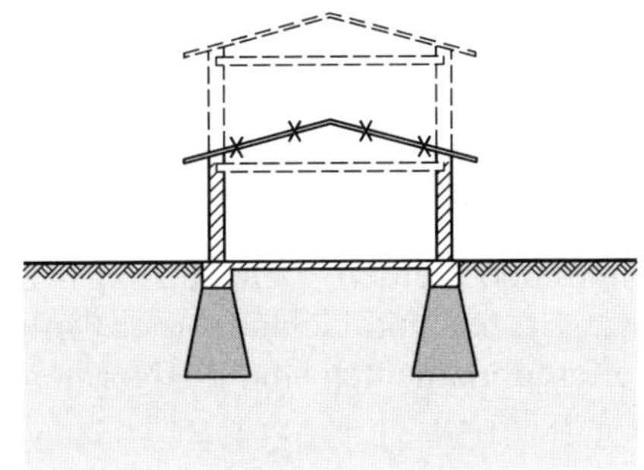

Fundamentverbesserung bei Lasterhöhung oder Setzungsschäden

Abb. 2-17 Anwendungsmöglichkeiten des Düsenstrahlverfahrens (nach Prospekt der Fa. *Bauer Spezialtiefbau* [F 1])

3 Flachgründungen

3.1 Allgemeines und Regelwerke

Grundbauwerke dienen vor allem zur Übertragung von Bauwerkslasten (Eigenlasten, Nutzlasten, ...) auf tragfähigen Baugrund. Diese Lasten erzeugen in den sie übernehmenden tragenden Bauteilen Spannungen in Größenordnungen, in denen sie sich in aller Regel nicht auf den Boden übertragen lassen. Bei der Lastübertragung über Wände und Stützen auf den Baugrund werden sie deshalb durch die Vergrößerung der Übertragungsfläche reduziert. Konstruktive Realisierungsmöglichkeiten hierfür sind „Flächengründungen" oder „Pfahlgründungen".

Abhängig von der Lage der tragfähigen Bodenschicht werden Flächengründungen als „Flachgründungen", „Tiefgründungen" und „schwimmende Gründungen" ausgeführt. Welche der Varianten im Einzelfall in Frage kommt, hängt ab von Kriterien wie der Größe der Belastungen, der Standsicherheit, der Größe der zu erwartenden Setzungen und der Wirtschaftlichkeit.

Empfehlungen zur Berechnung der Sohldruckverteilung unter Flächengründungen können, einschließlich Erläuterungen und Berechnungsbeispielen, den Normen

- DIN 4018 [L 41] und DIN 4018 Beiblatt 1 [L 42]

entnommen werden. Den Setzungs- und Standsicherheitsberechnungen (Gleiten und Kippen sowie Grund- und Geländebruch) sowie den geotechnischen Untersuchungen zu Einzel- und Streifenfundamenten sind die Normen

- DIN 1054 [L 30], DIN 1054/A1 [L 30], DIN 1054/A2 [L 30], DIN 4017 [L 38], DIN 4017 Beiblatt 1 [L 39], DIN 4019 [L 43], DIN 4020 [L 46], DIN 4020 Beiblatt 1 [L 47], DIN 4084 [L 51], DIN 4084 Beiblatt 1 [L 52], DIN EN 1997-1 [L 88], DIN EN 1997-1/NA [L 89], DIN EN 1997-2 [L 90] und DIN EN 1997-2/NA [L 91]

zugrunde zu legen. In den aufgeführten Beiblättern dieser Normen sind Erläuterungen und Berechnungsbeispiele enthalten.

Für die Bemessung der Beton- und Stahlbetonfundamente sind die Bestimmungen aus

DIN 1045-3 [L 29], DIN EN 1992-1-1 [L 83], DIN EN 1992-1-1/NA [L 84] und DIN EN 13670 [L 97]
zu berücksichtigen.

3.2 Begriffe und Grundlagen

Flächengründung: die Lasten (Bauwerkslasten plus Eigenlast des Grundbauwerks) werden durch Gründungskörper wie Einzelfundamente, Streifenfundamente, Gründungsbalken, Gründungsplatten usw. überwiegend über deren horizontale oder wenig geneigte Sohlflächen (Aufstandsflächen) in den Baugrund eingeleitet. Auf diese Weise sind senkrechte, geneigte, zentrische oder exzentrische Kräfte übertragbar. Die sich dabei einstellenden vorwiegend vertikalen Bodenreaktionen in der Sohlfläche werden „Sohlspannungen" genannt. Nach DIN 4018, 3 sind Flächengründungen Gründungsplatten und Gründungsstreifen, bei denen ein Nachweis der Biegemomente erforderlich ist.

Pfahlgründung: die Bauwerkslasten werden durch Pfähle aufgenommen und von diesen, über Spitzendruck und/oder Mantelreibung, in den sie umgebenden Baugrund abgetragen.

Gründungstiefe (*Einbindetiefe*): senkrechter Abstand zwischen Geländeoberfläche bzw. Kellersohle und Gründungssohle.

Flachgründung: Flächengründungen mit geringen Gründungstiefen, bei denen die Gebäudelasten ausschließlich in Sohlflächen auf den direkt unter dem Bauwerk anstehenden tragfähigen Baugrund übertragen werden.

Tiefgründung: besitzt der Baugrund eine tragfähige Schicht, die weit unterhalb des Bauwerks liegt, wird die Last auf diese Schicht in der Regel durch Pfähle übertragen. In Fällen, in denen dennoch eine Flächengründung gewählt wird, ist dies meist mit dem Einsatz eines besonderen Gründungsverfahrens, wie z. B. der Senkkastengründung, verbunden.

Schwimmende Gründung: sehr selten vorkommende Gründungsmethode, die ggf. realisiert wird, wenn tragfähiger Baugrund nicht mit wirtschaftlich vertretbaren Maßnahmen erreichbar ist. Das Grundbauwerk wird dann als Hohlkasten ausgebildet, dessen erforderliches Volumen sich aus der Forderung ergibt, dass die Last aus der ursprünglichen Erdauflast gleich ist der Last aus Hohlkastenlast und Bauwerkslast (incl. Verkehrslasten). Da wegen der geringen Tragfähigkeit des den Hohlkasten umgebenden Baugrunds mit Verkantungen der Gründungskonstruktion zu rechnen ist, sind Vorrichtungen (z. B. Pressen) zu installieren mit denen sich das Bauwerk im Bedarfsfall nachrichten lässt.

3.2.1 Untersuchungen des Baugrunds

Bei den Baugrunduntersuchungen ist nach DIN EN 1997-2, 2.2 zwischen Vor- und Hauptuntersuchungen zu unterscheiden. Voruntersuchungen sind vor allem bezüglich der Standortwahl und der Vorplanung des zu errichtenden Bauobjekts erforderlich. Hauptuntersuchungen hingegen dienen als Grundlage für den Entwurf, die Ausschreibung und die Baudurchführung.

Der Aufwand der Untersuchungen hängt ab von den Schwierigkeitsgraden der Konstruktion, den Baugrundverhältnissen und der Wechselwirkung zwischen Bauwerk und Umgebung, die nach den geotechnischen Kategorien 1, 2 oder 3 unterschieden werden. Kleine, einfache Bauobjekte gehören zur Kategorie 1, Objekte der Kategorie 3 sind als schwierig einzustufen und verlangen für ihre Bearbeitung besondere Kenntnisse und Erfahrungen auf speziellen Gebieten der Geotechnik. Hinsichtlich der erforderlichen Maßnahmen siehe z. B. Möller [L 195], Kapitel 3.

3.2.2 Konstruktionen bei großen zu erwartenden Setzungsunterschieden

Große Setzungsunterschiede sind bei Baukonstruktionen zu erwarten, die z. B. stark unterschiedliche Bauhöhen einzelner Bauwerksteile aufweisen und damit entsprechend unterschiedlich große Belastungen in den Baugrund abtragen. Auch stark unterschiedliche Zusammendrückbarkeiten des Baugrunds im Bereich der Lasteintragung kann die Ursache für solche Setzungsunterschiede sein.

Zur Vermeidung von Schäden bzw. der Beeinträchtigung der Gebrauchsfähigkeit des Bauwerks lassen sich

- mehrere Bauwerksteile auf einer gemeinsamen Platte gründen (vgl. Abb. 3-1)
- einzelne Bauwerksteile durch Bewegungsfugen trennen (vgl. Abb. 3-2)

- unterschiedliche Bauwerksteile durch Gelenkplatten (Schlepp-Platten) bzw. Gelenkketten verbinden
- Gründungsbereiche durch Anordnung von Trägerrosten aussteifen.

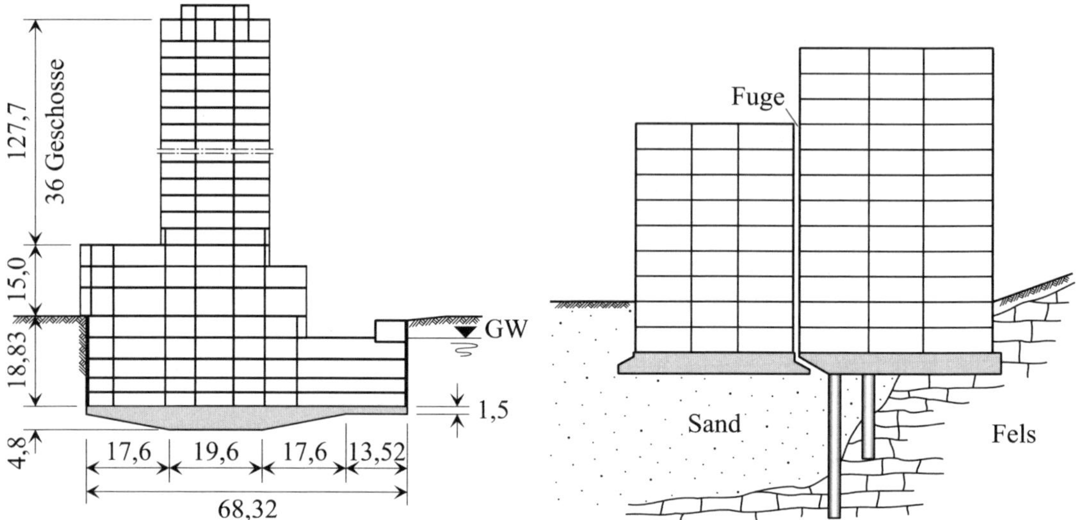

Abb. 3-1 Auf einer gemeinsamen Sohlplatte gegründetes BfG-Hochhaus in Frankfurt/Main; alle Maße in m (nach [L 9])

Abb. 3-2 Anordnung einer Bewegungsfuge zur Trennung von Bauteilen mit einem großen zu erwartenden Setzungsunterschied (nach [L 242])

3.2.3 Dehnfugen

Bei ausgedehnten Baukörpern aus Beton können durch Temperaturänderungen, unterschiedliche Setzungen benachbarter Bauteile sowie durch Kriechen und Schwinden des Betons so große Zwänge entstehen, dass sich in der Konstruktion unkontrollierbare Risse ausbilden. Zur Vermeidung solcher Risse, werden Gebäude durch Dehnfugen unterteilt. Sie müssen durch das ganze Bauwerk einschließlich der Bekleidung und des Daches gehen; ihre Anzahl ist aus technischen und wirtschaftlichen Gründen auf das unbedingt erforderliche Mindestmaß zu begrenzen. Besonderen Anforderungen sind die Dehnfugen in Bauwerken oder Bauwerksteilen unterworfen, die im Grundwasserbereich liegen.

Fugenabstand und -breite sind so zu wählen, dass die Spannungen in den Bauteilen die zulässigen Größen nicht überschreiten und das Dichtungsmaterial in den Fugen seine Funktion dauerhaft erfüllen kann. Nach [L 141] können bei unterirdischen Linienbauwerken (z. B. Tunneln) als Anhaltswerte

- ca. 10 bis 15 m bei Bauwerken aus wasserundurchlässigem Beton
- ca. 25 bis 30 m bei Bauwerken mit Hautabdichtung

verwendet werden (zu weiteren Anhaltswerten für Fugenabstände und -breiten siehe z. B. [L 168] sowie Tabelle 4-1 in MÖLLER [L 198]).

Dass es u. U. sinnvoll ist, auch die Gründungskonstruktion selbst durch die Anordnung einer Dehnfuge zu trennen zeigt Abb. 3-2. Bei der dargestellten Konstruktion kann an der Fuge ein

Setzungssprung auftreten, da für die beiden Bauteile unterschiedlich große Setzungen zu erwarten sind. Die Größe dieses Sprungs lässt sich verringern, indem zuerst der Gebäudeteil hergestellt wird, für den die größeren Setzungen zu erwarten sind.

3.3 Entwurf, Auswahl und konstruktive Forderungen

3.3.1 Entwurfsgrundlagen

Für den Entwurf von Flachgründungen sind u. a. sowohl Angaben zu dem zu gründenden Bauwerk (Form, Größe, Belastung, Funktionalität, ...) als auch die Kenntnis der Baugrundgegebenheiten erforderlich. Wegen der wechselseitigen konstruktiven Beeinflussung von Gründung und Bauwerk ist es zweckmäßig, zu Beginn der Planung einen Vorentwurf aufzustellen, der im Zuge der weiteren Planung zu vervollständigen und ggf. zu modifizieren ist.

Bei zu planenden Bauwerken der geotechnischen Kategorie 2 oder 3 (DIN 1054, A 2.1.2 sowie DIN 4020, A 2.2.2, A 2.2.3 und A Anhang AA), muss für den Vorentwurf mindestens eine grobe Beschreibung und Bewertung der Kenngrößen und Eigenschaften des vor Ort anstehenden Baugrunds vorliegen. Hierzu gehören Bodenprofile mit Informationen zu den Schichtdicken, Schichtgrenzenverläufen, Bodenarten, Grundwasserständen (ggf. auch Gründe für ihre Schwankungen) und Grundwasserbeschaffenheiten (Aggressivität). Außerdem sind Angaben zur allgemeinen Bauwerksbeschreibung erforderlich, wie z. B. Nutzungsbeschreibung, Lageplan, Geschosspläne und Schnitte sowie die sich daraus ergebenden Belastungsgrößen, die über die Gründungskonstruktionen in den Baugrund abzutragen sind (unter Beachtung ihrer Aufteilung in ständige und nicht ständige Lasten gemäß der Bemessungssituationen BS-P, BS-T und BS-A von DIN 1054).

Anzugeben sind auch besondere Bedingungen wie bauaufsichtliche Auflagen, Forderungen aus der Nachbarbebauung, die Lage vorhandener oder geplanter unterirdischer Leitungen, einzuhaltende Maßgrößen für die Anordnung der Gründungskonstruktion, für Setzungen, Verschiebungen und Neigungen einzuhaltende Grenzwerte, spezielle Forderungen an die Baugrube (Wasserhaltung, Dichtigkeit von Trogbauwerken, ...), bei der Bauausführung zu beachtende besondere Termine sowie zu erwartende Einschränkungen der geplanten Bauabläufe (durch Frost, Verkehr, Wasserstandsschwankungen, andere Baumaßnahmen, ...).

3.3.2 Auswahlkriterien

Ob eine Flachgründung des geplanten Bauwerks aus technischer und wirtschaftlicher Sicht sinnvoll ist, ist schon beim Vorentwurf zu klären. Da dies eine unmittelbar unter der Gründungssohle anstehende ausreichend mächtige und tragfähige Schicht verlangt, ist ggf. auch zu prüfen, ob sich ein solcher Zustand mit Maßnahmen der Bodenverbesserung (z. B. Bodenverdichtung) herstellen lässt. Hierzu werden die zur Auswahl stehenden Gründungsversionen für die ungünstigste Lastfallkombination dimensioniert und danach miteinander verglichen.

Bezüglich der technischen Realisierbarkeit ist u. a. zu untersuchen ob bei Verwendung von Einzel- oder Streifenfundamenten deren erforderliche Standsicherheiten gegeben und ihre zu erwartenden Setzungen und Setzungsdifferenzen noch akzeptabel sind oder ob eine Plattengründung erforderlich wird und ob sich die Wirkung der absoluten Setzungen durch eine geeignete Zeitablaufgestaltung der Baumaßnahmen abschwächen lässt (Vorwegnahme eines

Teils der Setzungen).

Die Wirtschaftlichkeit wird durch den Vergleich verschiedener technisch in Frage kommender Fundamente geprüft. Zusammenzustellen sind dabei u. a. die jeweils anfallenden Personal-, Material- und Gerätekosten für den Aushub, den Abtransport und die Deponierung von, sowie die Wiederverfüllung mit Bodenmaterial. Hinzu kommen die Kosten für Schalung, Beton, Bewehrung, Dichtung und Isolierung, für die Bodenverdichtungsarbeiten, für Maßnahmen zur Wasserhaltung und Baugrubensicherung, für Fugenkonstruktionen und für die u. U. erforderliche Sicherung benachbarter Bausubstanz (z. B. Unterfangungen).

3.3.3 Konstruktive Forderungen

Bei Flachgründungen ist sicherzustellen, dass der Baugrund in der Sohlfläche nicht durch strömendes Wasser ausgewaschen oder aufgelockert wird. Anstehender bindiger Boden darf während der Bauzeit weder aufweichen noch auffrieren.

Lageveränderungen fertig gestellter Bauwerke durch Gefrieren oder Auftauen des Bodens sind durch frostfreie Gründungen zu verhindern, d. h. die Gründungssohlen müssen unterhalb der Gefrierzone liegen (nach DIN 1054, 6.4 A (2) mindestens 0,8 m unter Gelände). Nicht frostfrei gegründete Fundamente im Inneren von noch nicht fertig gestellten oder noch nicht genutzten Bauwerken sind in den Wintermonaten vor eindringendem Frost zu schützen.

Da beim Baugrubenaushub der Boden in Gründungssohlenhöhe meist gelockert wird, ist er, besonders bei höher belasteten Fundamenten, vor der Fundamentherstellung zu verdichten.

Sollen Fundamente oder Gründungsplatten aus Stahlbeton, mit Stahleinlagen auf der Unterseite, unmittelbar auf dem Baugrund hergestellt werden, ist dieser, nach DIN 1045-3, 2.6.1, zuvor mit einer mindestens 5 cm dicken Sauberkeitsschicht (Magerbeton) abzudecken, wenn keine anderen Maßnahmen zur Sicherung der Mindestbetondeckung getroffen werden. Nach DIN EN 1992-1-1, 4.4 ergibt sich das Nennmaß der Betondeckung zu

$$c_{nom} = c_{min} + \Delta c_{dev} \qquad \text{Gl. 3-1}$$

c_{min} bzw. Δc_{dev} sind die Mindestbetondeckung (Sicherstellung vom Schutz der Bewehrung und der Übertragung von Verbundkräften) bzw. das Vorhaltemaß (berücksichtigt unplanmäßige Abweichungen), deren Größe abhängig ist von der Expositionsklasse des Bauteils.

Anwendungsbeispiel

Zu ermitteln ist das Nennmaß c_{nom} der Betondeckung eines schlaff zu bewehrenden und in einer nassen, selten trockenen Umgebung herzustellenden Fundaments aus Normalbeton C25/30 für eine Nutzungsdauer von 50 Jahren. Die Stabdurchmesser der Betonstahlbewehrung haben die Größe $\varphi = 18$ mm.

Lösung

Zu dem Fundament gehört gemäß

- DIN EN 1992-1-1, Tabelle 4.1 die Expositionsklasse XC2 (nasse, selten trockene Umgebung),

- DIN EN 1992-1-1/NA, NDP Zu 4.4.1.2 (5) die Anforderungsklasse S3 (Nutzungsdauer von 50 Jahren).

Wegen des für das Fundament verwendeten Betons C25/30 ergibt sich nach DIN EN 1992-1-1/NA, Tabelle 4.4DE als Mindestbetondeckung (Anforderungsklasse S3)

$$c_{\text{min}} = 20\,\text{mm}$$

Da nach DIN EN 1992-1-1, Tabelle 4.2 außerdem

$$c_{\text{min}} \geq \varphi = 18\,\text{mm}$$

gilt, ergibt sich die Mindestbetondeckung zu $c_{\text{min}} = 20\,\text{mm}$. Das Vorhaltemaß hat nach DIN EN 1992-1-1/NA, NPD Zu 4.4.1.3 (1)P die Größe $\Delta c_{\text{dev}} = 15\,\text{mm}$ und muss, gemäß 4.4.1.3 (4) von EN 1992-1-1 und EN 1992-1-1/NA, bei Vorhandensein einer Sauberkeitsschicht um mindestens $k_1 = 20\,\text{mm}$ und bei der Herstellung unmittelbar auf dem Baugrund um mindestens $k_2 = 50\,\text{mm}$ erhöht werden. Damit ergeben sich als Nennmaße

$$c_{\text{nom}} = c_{\text{min}} + \Delta c_{\text{dev}} = 20 + (15 + 20) = 55\,\text{mm} \qquad \text{(mit Sauberkeitsschicht)}$$

$$c_{\text{nom}} = c_{\text{min}} + \Delta c_{\text{dev}} = 20 + (15 + 50) = 85\,\text{mm} \qquad \text{(ohne Sauberkeitsschicht)}$$

3.4 Einwirkungen und Widerstände

3.4.1 Einwirkungen

Die Nachweise der Tragfähigkeit (ULS) und Gebrauchstauglichkeit (SLS) von Flach- und Flächengründungen erfordern die Kenntnis der resultierenden Beanspruchungen in deren Sohlflächen. Diese resultieren z. B. aus (Abb. 3-3)

- Gründungslasten aufliegender Bauwerke gemäß DIN 1054, A 2.4.2.3 A (1) (wirken als Beanspruchungen an der Oberkante der Gründungskörper)
- geotechnischen Einwirkungen gemäß DIN EN 1997-1, 2.4.2 (4) und DIN 1054, A 2.4.2.2 (z. B. Eigenlast des Gründungsbauwerks, Erddruck, Wasserdruck, …)
- ggf. zu berücksichtigenden Bodenreaktionen an der Stirnseite des Gründungskörpers.

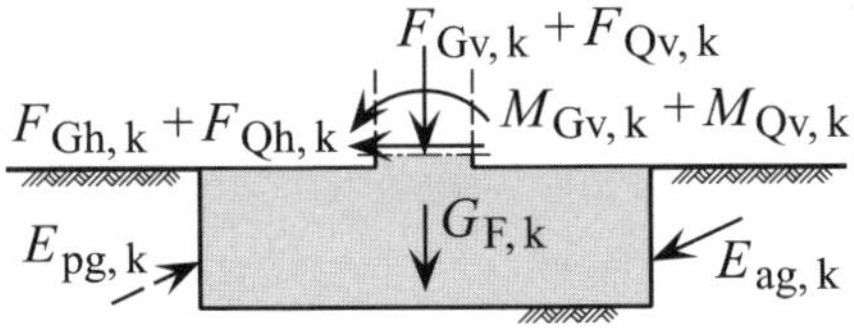

$F_{\text{Gv,k}} + F_{\text{Qv,k}}$; $F_{\text{Gh,k}} + F_{\text{Qh,k}}$; $M_{\text{Gv,k}} + M_{\text{Qv,k}}$; $G_{\text{F,k}}$; $E_{\text{pg,k}}$; $E_{\text{ag,k}}$

Abb. 3-3 Charakteristische Beanspruchungen (*F*, *M*) und Einwirkungen (*G*, *E*) eines Einzelfundaments

Die charakteristischen Einwirkungen aus Abb. 3-3 sind ersetzbar durch die statisch äquivalenten Kräfte $V_{\text{G,k}}$ (ständiger Anteil) und $V_{\text{Q,k}}$ (ungünstiger veränderlicher Anteil), die rechtwinklig zur Sohlfläche und im Allgemeinen exzentrisch angreifen, sowie die entsprechenden, parallel zur Sohlfläche angreifenden Kräfte $H_{\text{G,k}}$ und $H_{\text{Q,k}}$. Die Multiplikation dieser Kräfte mit den Teilsicherheitsbeiwerten γ_{G} (ständige Einwirkungen allgemein) und γ_{Q} (ungünstige veränderliche Einwirkungen) führt zu den Bemessungswerten der Beanspruchung (Abb. 3-4)

$$V_{\text{d}} = V_{\text{G,k}} \cdot \gamma_{\text{G}} + V_{\text{Q,k}} \cdot \gamma_{\text{Q}} \quad \text{und} \quad H_{\text{d}} = H_{\text{G,k}} \cdot \gamma_{\text{G}} + H_{\text{Q,k}} \cdot \gamma_{\text{Q}} \qquad \text{Gl. 3-2}$$

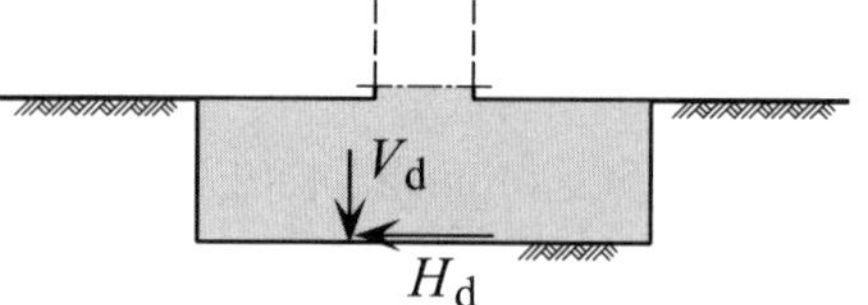

Abb. 3-4 Zu Abb. 3-3 gehörende Bemessungswerte der Beanspruchung in der Sohlfuge

3.4.2 Widerstände des Baugrunds

Widerstände des Baugrunds, die am Gründungsbauwerk anzusetzen sind, hängen ab von der zu betrachtenden Versagensform. Sie wirken parallel oder normal zur Sohlfläche und ggf. auch an der Stirnfläche des Fundaments.

Zu unterscheiden ist zwischen den Fällen Gleiten (in der Sohlfläche ist der Gleitwiderstand R_h und an der Fundamentstirnseite ggf. der Erdwiderstand R_p als Schnittlast anzusetzen; Weiteres siehe Abschnitt 6.5.3 von DIN EN 1997-1 und DIN 054) und Grundbruch (als Schnittlast anzusetzen ist der normal zur Sohlfläche wirkende Grundbruchwiderstand R_v, die ggf. an der Fundamentstirnseite anzusetzende Bodenreaktion B ist nach DIN 054, 6.5.2.2 A (10) als Einwirkung zu behandeln; Weiteres siehe Abschnitt 6.5.2 von DIN EN 1997-1 und DIN 1054).

Eine mögliche Lage der Bemessungswerte der verschiedenen Widerstände zeigt Abb. 3-5. Sie berechnen sich mit den Teilsicherheitsbeiwerten γ_{Gl} (Gleitwiderstand), γ_{Ep} (Erdwiderstand) und γ_{Gr} (Grundbruchwiderstand) sowie den entsprechenden charakteristischen Werten zu

$$R_{h,d} = \frac{R_{h,k}}{\gamma_{R,h}} \qquad R_{p,d} = \frac{R_{p,k}}{\gamma_{R,e}} \qquad R_{v,d} = \frac{R_{v,k}}{\gamma_{R,v}} \qquad \text{Gl. 3-3}$$

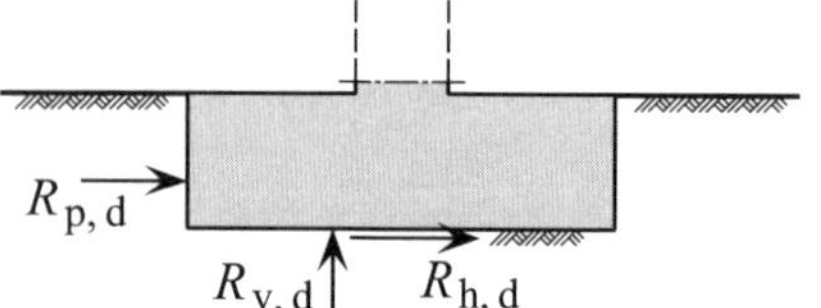

Abb. 3-5 Mögliche Lage der Baugrundwiderstände (Bemessungsgrößen) bei einem Einzelfundament

3.5 Äußere Tragfähigkeit und Gebrauchstauglichkeit

Nach der Vorbemessung des Fundaments mit geschätzter Fundamenteigenlast und geschätzter Erdauflast, sind die endgültigen Nachweise seiner Tragfähigkeit und Gebrauchstauglichkeit führbar. Zu bearbeiten sind dabei die folgenden Punkte.

- Bei Gründungen auf nichtbindigen und bindigen Böden ist die Kippsicherheit gemäß DIN 1054, 6.5.4 A (3) nachzuweisen (Grenzzustand EQU). Der Nachweis erfolgt mit Hilfe von

$$E_{dst,d} \le E_{stb,d} \qquad \text{bzw.} \qquad \mu = \frac{E_{dst,d}}{E_{stb,d}} \le 1 \qquad \text{Gl. 3-4}$$

wobei $E_{dst,d}$ bzw. $E_{stb,d}$ für die Bemessungswerte der destabilisierenden bzw. stabilisierenden Einwirkungen (Momente) um eine fiktive Kippkante am Fundamentrand und μ für den Ausnutzungsgrad stehen. Da die tatsächliche „Kippkante" in der Fundamentfläche liegt (ihr Abstand von der fiktiven Kippkante hängt ab von der Steifigkeit und Scherfestigkeit des Baugrunds), ist der Nachweis mittels Gl. 3-4 um die Nachweise der Gebrauchstauglichkeit (Grenzzustand SLS) gemäß DIN 1054, A 6.6.5 zu ergänzen. Hierzu ist für die Bemessungssituation BS-P und ggf. auch für BS-T die maßgebende Sohldruckresultierende zu ermitteln (weist die größte Ausmittigkeit auf). Sie ergibt sich aus der ungünstigsten Kombination der charakteristischen bzw. repräsentativen Einwirkungen und darf,

- ▷ bei ausschließlich ständigen Einwirkungen, nicht außerhalb der 1. Kernweite liegen, da sonst ein Klaffen der Sohlfuge auftritt
- ▷ bei ständigen und veränderlichen Einwirkungen, nicht außerhalb der 2. Kernweite liegen, da sonst die Klaffung der Gründungssohle über den Sohlflächenschwerpunkt hinausgeht (die Gründungssohle des Fundaments bleibt nicht mehr bis zu ihrem Schwerpunkt durch Druck belastet).

Zur 1. und 2. Kernweite sowie zu zulässigen Ausmittigkeiten siehe DIN 1054, A 6.6.5.

- ► Ausreichende Sicherheit gegen Grundbruch ist für den Grenzzustand GEO-2 mittels

$$V_{\mathrm{d}} \leq R_{\mathrm{v,d}} \qquad \text{Gl. 3-5}$$

nachzuweisen (zu den verwendeten Größen siehe Abschnitt 3.4). Einzelheiten zu der Nachweisführung sind in Abschnitt 6.5.2 von DIN EN 1997-1 und DIN 1054 sowie in DIN 4017, und DIN 4017 Bbl 1 zu finden.

- ► Der Gleitsicherheitsnachweis, verlangt die Erfüllung der Bedingung

$$H_{\mathrm{d}} \leq R_{\mathrm{h,d}} + R_{\mathrm{p,d}} \qquad \text{Gl. 3-6}$$

für den Grenzzustand GEO-2 (zu den verwendeten Größen siehe Abschnitt 3.4). Einzelheiten zu der Nachweisführung sind in Abschnitt 6.5.3 von DIN EN 1997-1 und DIN 1054 zu finden. Bezüglich der zulässigen Verschiebungen beim Nachweis der Gebrauchstauglichkeit (Grenzzustand SLS) ist auf DIN 1054, A 6.6.6 zu verweisen.

- ► Setzungen sind nach DIN EN 1997-1, 6.6.2 und DIN 1054, 6.6.2 A(3) im Rahmen der Gebrauchstauglichkeit und unter Berücksichtigung von DIN 4019 zu ermitteln. Für die Bemessung des Tragwerks sind sie als charakteristische Werte anzugeben in Form vorsichtiger Schätzwerte des Mittelwerts oder der kleinsten und der größten zu erwartenden Setzungen. Könnten ungleichmäßige Setzungen Schäden am Bauwerk oder an dessen Umgebung hervorrufen, sind diese Verdrehungen nach Abschnitt 6.6.2 von DIN EN 1997-1 und DIN 1054 zu ermitteln.
- ► Liegen einfache Fälle gemäß DIN 1054, A 6.10 vor, dürfen Erfahrungswerte des Bemessungswerts $\sigma_{\mathrm{R,d}}$ des Sohlwiderstands in Ansatz gebracht werden. Überschreiten die vorhandenen Bemessungswerte $\sigma_{\mathrm{E,d}}$ der Sohldruckbeanspruchung die zulässigen Größen aus DIN 1054, A 6.10.2 (nichtbindiger Boden) und DIN 1054, A 6.10.3 (bindiger Boden) nicht, dürfen die Sicherheitsnachweise zum Grundbruch und zum Gleiten entfallen. Auch auf die Berechnung zu erwartender Setzungen und Setzungsunterschiede kann verzichtet werden, wenn die diesbezüglichen zulässigen Größen die in DIN 1054, A 6.10.2 und DIN 1054, A 6.10.3 angegebenen ungefähren Setzungswerte nicht unterschreiten.
- ► Taucht der Gründungskörper in Grundwasser ein bzw. liegt der Grundwasserspiegel oberhalb der Gründungssohle, ist ggf. eine ausreichende Sicherheit gegen Aufschwimmen (Grenzzustand des Versagens durch Aufschwimmen, UPL) nachzuweisen.

- Bei Fundamenten als Gründungskörper turmartiger Bauwerke, sind Stabilitätsnachweise gemäß den Ausführungen in MÖLLER [L 195], Abschnitt 13.3.5 zu führen.
- Für Fundamente an Geländesprüngen bzw. in oder auf Böschungen ist der Nachweis der Gesamtstandsicherheit (Grenzzustand GEO-3) gemäß DIN EN 1997-1, 11 und DIN 4084 zu führen.

3.6 Einzelfundamente

Einzelfundamente dienen zur Abtragung von Lasten aus Konstruktionen wie Stützen, Treppenhauskernen, Türmen und Schornsteinen auf Baugrund mit ausreichender Tragfähigkeit.

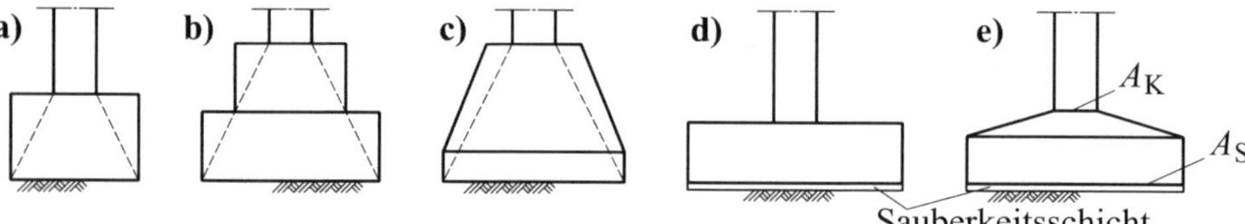

Abb. 3-6 Ansichten von Einzelfundamenten
Unbewehrter Beton: a) rechteckig, b) abgetreppt, c) abgeschrägt
Stahlbeton: d) rechteckig, e) abgeschrägt

Da zulässige Beanspruchungen für Baugrund in der Regel geringer sind als für das Material der lastabtragenden Konstruktion, fungiert das Fundament als „Spannungstransformator". Es übernimmt die Konstruktionslast gemäß Abb. 3-6 e) über eine relativ kleine Kontaktfläche A_K (hohe Spannungen) und überträgt sie über eine größere Fläche A_S (Sohlfläche) auf den Baugrund (kleine Spannungen). Solche „Konstruktionsverbreiterungen" werden heute üblicherweise aus unbewehrtem Beton oder Stahlbeton hergestellt.

3.6.1 Unbewehrte Betonfundamente

Fundamente aus unbewehrtem Beton werden direkt auf der ausgehobenen Sohlfläche hergestellt, auf eine Sauberkeitsschicht kann verzichtet werden. Steht hinreichend standfester Boden an, kann direkt gegen die abgestochenen Seitenwände betoniert werden.

Für die Dimensionierung unbewehrter Betonfundamente ist der Winkel α unter dem sich der Bemessungswert $V_{S,d}$ der Last aus der Konstruktion in das Fundament ausbreitet bedeutsam, da er einerseits die Zugspannungen in der Fundamentunterseite erheblich beeinflusst und andererseits solche Fundamente nur geringe Zugspannungen aufnehmen können. Der zulässige tan-Wert (Verhältnis der Fundamenthöhe h_F zur Auskragungslänge a, vgl. Abb. 3-7) hängt ab von der aus $V_{S,d}$ sich ergebenden Druckspannung $\sigma_{E,d}$ in der Sohlfuge und der Festigkeitsklasse des zu verwendenden Betons bzw. dem Bemessungswert der Zugfestigkeit des Betons nach DIN EN 1992-1-1, 12.3.1 und DIN EN 1992-1-1/NA, NDP Zu 12.3.1

$$f_{ctd,pl} = \frac{0,7 \cdot f_{ctk,0,05}}{\gamma_C} \qquad \text{Gl. 3-7}$$

$f_{ctk,0,05}$ ist darin der charakteristische Wert des 5 %-Quantils der zentrischen Betonzugfestigkeit und γ_C der Teilsicherheitsbeiwert des Betons. Wegen der geringen Verformungsfähigkeit unbewehrten Betons ist nach DIN EN 1992-1-1/NA, Tabelle NA.2.1 für ständige und vorübergehende Bemessungssituationen $\gamma_C = 1{,}5$ und für außergewöhnliche Bemessungssituationen $\gamma_C = 1{,}3$ anzusetzen. Nach DIN EN 1992-1-1/NA, NCI Zu 12.6 ist für den Beton rechnerisch keine höhere Festigkeitsklasse als C35/45 oder LC20/22 anzunehmen.

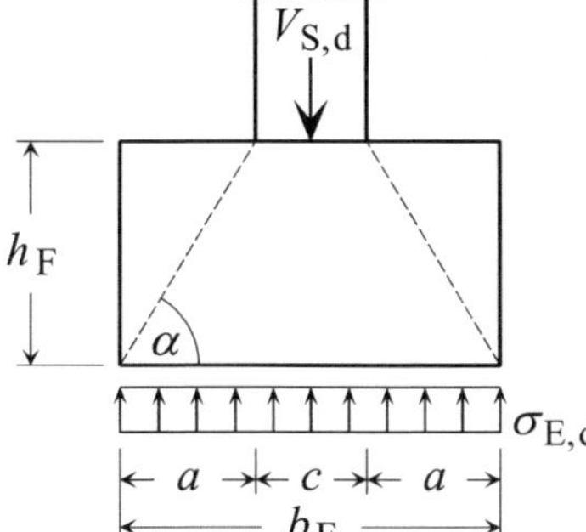

Abb. 3-7 Einzelfundament mit Belastungen und geometrischen Abmessungen

Für die Bemessung solcher unbewehrter Betonbauteile dürfen nach DIN EN 1992-1-1 zulässige Fundamentschlankheiten gemäß

$$\text{zul}\, n = \text{zul} \tan \alpha = \frac{h_F}{a} \geq \frac{1}{0{,}85} \cdot \sqrt{\frac{3 \cdot \sigma_{E,d}}{f_{ctd,pl}}} \qquad \text{Gl. 3-8}$$

verwendet werden ($\sigma_{E,d}$ und $f_{ctd,pl}$ sind in gleicher Dimension einzusetzen). Statt Gl. 3-8 erlaubt die DIN EN 1992-1-1 auch den vereinfachenden Ansatz

$$n = \frac{h_F}{a} \geq 2 \qquad \text{Gl. 3-9}$$

Wird ein Fundament breiter ausgeführt (n-Wert unterschreitet den zulässigen Wert), ist es auf Biegung zu bemessen und der Nachweis gegen Durchstanzen zu führen.

Mit Gl. 3-8 bzw. Gl. 3-9 ergibt sich als Mindesthöhe des Fundaments mit konstanten Sohlspannungen $\sigma_{E,d}$

$$\text{erf}\, h_F \geq a \cdot \text{zul}\, n = \frac{a}{0{,}85} \cdot \sqrt{\frac{3 \cdot \sigma_{E,d}}{f_{ctd,pl}}} \quad \text{bzw.} \quad \text{erf}\, h_F \geq 2 \cdot a \qquad \text{Gl. 3-10}$$

In Abb. 3-8 wird für Normalbeton der Festigkeitsklassen C12/15 bis C35/45 der Verlauf der unteren Begrenzungslinien für zulässige n-Werte dargestellt (vgl. auch Anwendungsbeispiel auf Seite 54). Die Begrenzung auf $n \geq 1$ wird von LITZNER [L 178] empfohlen.

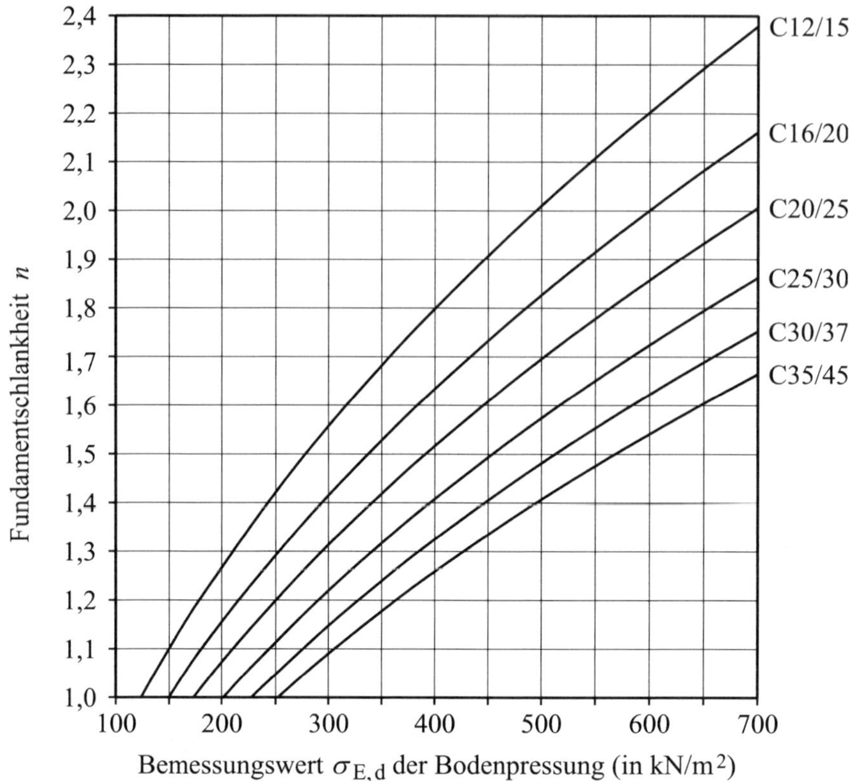

Abb. 3-8 Zulässige Fundamentschlankheiten *n* für unbewehrte Einzelfundamente aus Normalbeton sowie ständige und vorübergehende Bemessungssituationen ($\gamma_C = 1{,}5$)

3.6.2 Stahlbetonfundamente

Der Einsatz von Stahlbetonfundamenten wird in der Regel erforderlich, wenn große Kräfte und Momente abzutragen sind (Abb. 3-9).

Da bei diesem Fundamenttyp Biegezugspannungen nicht von dem Beton, sondern durch die Bewehrung aufgenommen werden, erfordert er im Vergleich zum Typ des unbewehrten Betonfundaments eine deutlich geringere Konstruktionshöhe und damit einen geringeren Aushub und Betonbedarf. Von Vorteil ist die geringere Aushubtiefe auch in den Fällen, in denen Wasserhaltungsmaßnahmen erforderlich sind, da sie weniger große Absenktiefen verlangt und damit zu geringeren Fördermengen führt (vgl. hierzu auch Abschnitt 7.9).

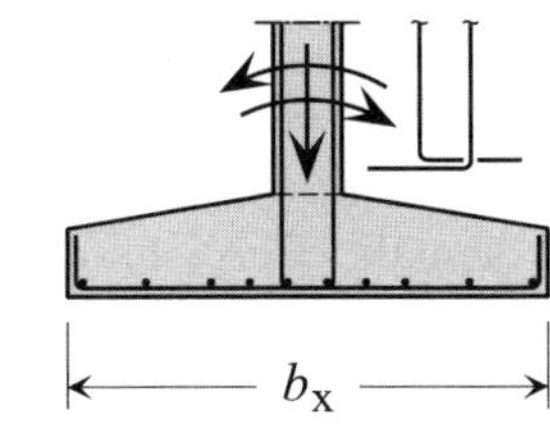

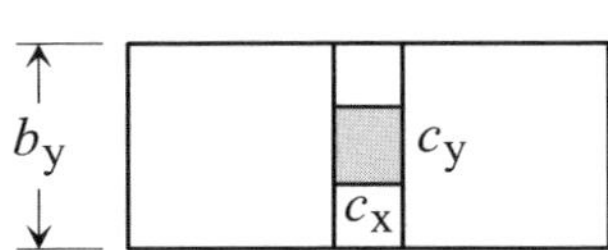

Abb. 3-9 Schnitt und Draufsicht eines Einzelfundaments zur Aufnahme von Stützenkräften und zusätzlichen Momenten (nach [L 177])

Bei sehr mangelhaftem oder gar fehlendem Verbund von Beton und Bewehrung (z. B. wegen starker Verschmutzung der Bewehrung vor Betonierbeginn) bildet sich im Beton ein Gewölbe aus, das mit der Bewehrung wie ein „Sprengwerk mit Zugband" wirkt (siehe Abb. 3-10). Da sich solche Effekte nicht gänzlich vermeiden lassen, ist die erforderliche Biegezugbewehrung über die gesamte Fundamentlänge ungestaffelt anzuordnen und am Ende entsprechend zu verankern.

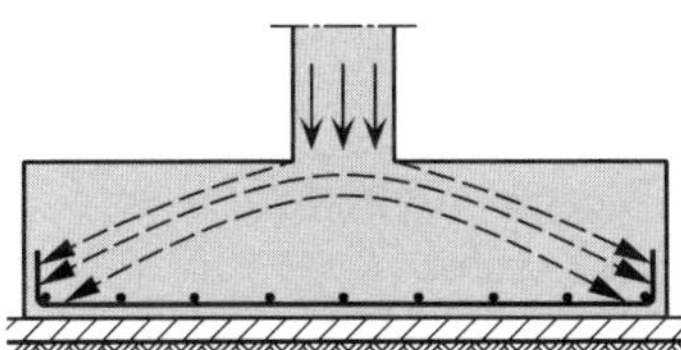

Abb. 3-10 Lastabtragung über „Sprengwerk mit Zugband"

In der Regel werden Einzelfundamente mit rechteckigem oder quadratischem Grundriss und kreuzweiser Bewehrung ausgeführt. Bei höheren Belastungen sind, zur Rissbreitenverringerung, achteckige Grundrissformen mit auf vier Lagen verteilter Bewehrung vorteilhaft.

Unterliegt ein Einzelfundament einer ständigen exzentrischen Beanspruchung (Beanspruchungskomponenten V, H und M am Stützenfuß), ist seine Lage zur Beanspruchungseinleitungsstelle so zu wählen, dass die Resultierende R der Beanspruchung durch den Schwerpunkt der Sohlfläche des Fundaments verläuft (vgl. Abb. 3-11).

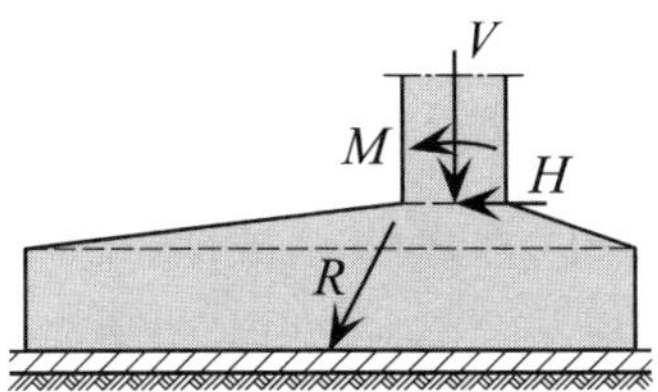

Abb. 3-11 Fundamentanordnung bei ständig ausmittiger Last

3.6.3 Gestaltung

Bei der Gestaltung von Einzelfundamenten ist darauf zu achten, dass die Abtragung der aus der Überbaukonstruktion aufgenommenen und an den Baugrund weitergeleiteten Lasten so erfolgt, dass die vertikale Komponente der Lastresultierenden im Inneren des Kernbereichs der Sohlfuge wirkt und eine möglichst kleine Exzentrizität aufweist (Minimierung der Momentenwirkung durch Wahl einer Fundamentgrundrissfläche mit entsprechend großer Kernweite) und dass die horizontale Komponente der Lastresultierenden möglichst weit oberhalb der Sohlfuge aufgenommen wird (z. B. durch Bodenplatte oder Anker). Außerdem sollte, auch aus Herstellungsgründen, ein möglichst einfacher Grundriss (doppelsymmetrische Formen bevorzugen!) und ein möglichst einfacher Querschnitt so gewählt werden, dass sich eine gleichmäßige Steifigkeit des Fundaments ergibt und so eine einfache und wirklichkeitsnahe Berechnung der Sohlspannungen und der Schnittlasten des Fundaments erfolgen kann (vgl. Abb. 3-12).

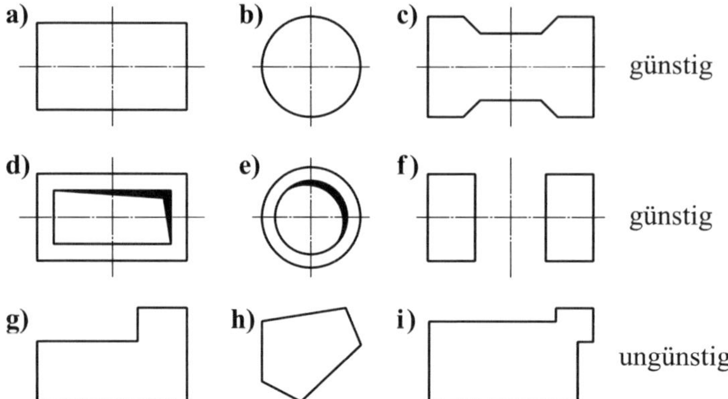

Abb. 3-12 Bewertung von Fundament-Grundrissformen (nach SMOLTCZYK/NETZEL [L 148], Kapitel 3.1)

a), b): Regelformen; d), e): günstige Kernweiten zur Vermeidung klaffender Fugen; c), f): überwiegende Momentenwirkung um eine Achse; g), h), i): Verkantungen zu erwarten

Bei enger benachbarten Fundamenten ist die gegenseitige Beeinflussung bei der Lastabtragung und den damit verbundenen Setzungen und Standsicherheiten zu beachten. Besitzen die Fundamente sehr unterschiedliche Größen, ist das große vor dem kleinen zu gründen, da das große Fundament insbesondere das Setzungsverhalten des kleinen bestimmt.

Anwendungsbeispiel

Bezüglich des Einflusses der Grundrissgeometrie auf die Größe der klaffenden Sohlfuge sind zwei Fundamente zu vergleichen, die auf mitteldicht gelagertem nichtbindigem Boden herzustellen sind und je für sich durch die charakteristischen ständigen Beanspruchungen $F_{G,k}$ (erfasst auch die Eigenlast des Fundaments) und $M_{G,k}$ gemäß Abb. 3-13 belastet sind.

Für beide Fundamente ist zu prüfen, ob sie die Anforderungen der DIN 1054, A 6.6.5 bezüglich ihrer Gebrauchstauglichkeit erfüllen. Während der Grundriss des ersten Fundaments von quadratischer Form ist und die Seitenlängen $a_1 = b_1 = 2$ m besitzt, hat das zweite Fundament zwar die gleiche Grundrissflächengröße ($A = a_2 \cdot b_2 = a_1 \cdot b = 4$ m^2), aber eine rechteckige Grundrissform mit den Seitenlängen $a_2 = 2{,}5$ m und $b_2 = 1{,}6$ m.

Lösung

Die Exzentrizität der äquivalenten Belastung (unterer Teil der Abb. 3-13) beträgt für beide Fundamente

$$e = \frac{M_{G,k}}{F_{G,k}} = \frac{1\ \mathrm{MN \cdot m}}{2{,}5\ \mathrm{MN}} = 0{,}4\ \mathrm{m}$$

Da für die halbe Kernweite des ersten Fundaments

$$\frac{a_1}{6} = \frac{2\ \mathrm{m}}{6} = 0{,}33\ \mathrm{m} < e = 0{,}4\ \mathrm{m}$$

gilt, liegt die Normalkraft $F_{G,k}$ außerhalb des Kerns, was zu einer Klaffung der Sohlfuge des quadratischen Fundaments führt, die gemäß DIN 1054, A 6.6.5 A (2) bei charakteristischen Beanspruchungen aus ständigen Einwirkungen nicht zulässig ist. Im Falle des zweiten Fundaments gilt für die halbe Kernweite

$$\frac{a_2}{6} = \frac{2{,}5\ \mathrm{m}}{6} = 0{,}417\ \mathrm{m} > e = 0{,}4\ \mathrm{m}$$

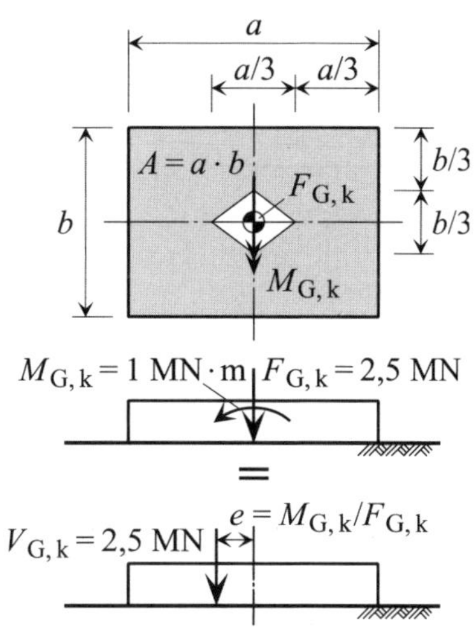

Abb. 3-13 Einzelfundament mit Normalkraft- und Momentenbeanspruchung

was dazu führt, dass die Normalkraft $F_{G,k}$ innerhalb des Kerns liegt und somit keine Klaffung der Sohlfuge auftritt. Die entsprechende Bedingung der DIN 1054, A 6.6.5 A (2) wird also bei dem rechteckförmigen Fundament für die charakteristischen Beanspruchungen aus ständigen Einwirkungen eingehalten.

3.6.4 Sohldruckverteilung

Bei genaueren Untersuchungen kann die Sohldruckverteilung nach der Halbraumtheorie berechnet werden, wobei das Fundament als elastisch gebetteter Körper modelliert wird. Bei diesen Berechnungen treten vor allem in den Randzonen relativ steifer Fundamente Plastizierungsvorgänge im Boden auf. Sie verhindern eine Konzentration der Sohldruckverteilung in diesen Bereichen und müssen mit Hilfe von Bruchbedingungen und Gleichgewichtsbetrachtungen erfasst werden.

Dass die bei vielen praktischen Aufgabenstellungen getroffene und in der Regel auch ausreichende Annahme geradlinig verlaufender Sohldruckverteilungen eine eher grobe Vereinfachung darstellt, lässt sich z. B. mit Messungen zeigen. Das Schema der qualitativen Veränderungen der Sohlspannungsverteilung bei steigender Belastung ist in Abb. 3-14 dargestellt.

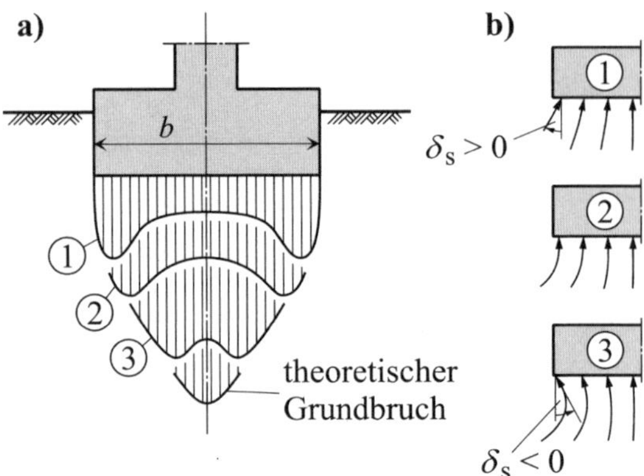

Abb. 3-14 Schema der Sohlspannungsentwicklung unter einem Fundament bei Laststeigerung bis zum Grundbruch (aus SMOLTCZYK/NETZEL [L 148], Kapitel 3.1)
a) Verteilung
b) Spannungstrajektorien

3.6.5 Biegebemessung von Stahlbetonfundamenten

Das Bemessungsmoment, das zur Ermittlung der Biegebewehrung von Einzelfundamenten nach den Regeln aus DIN EN 1992-1-1 und [L 144] erforderlich ist, ergibt sich zu

$$M_{\mathrm{E,d}} = \frac{V_{\mathrm{E,d}} \cdot b}{8} \cdot \left(1 - \frac{c}{b}\right) \qquad \text{Gl. 3-11}$$

Die Gleichung basiert, gemäß Abb. 3-15, auf der Annahme einer gleichmäßigen Verteilung der Stützenkraft

$$V_{\mathrm{E,d}} = \gamma_{\mathrm{G}} \cdot V_{\mathrm{G,k}} + \gamma_{\mathrm{Q}} \cdot V_{\mathrm{Q,k}} \qquad \text{Gl. 3-12}$$

über den Stützenquerschnitt und der zugehörigen Sohldruckspannung über die Sohlfläche (γ_{G} und γ_{Q} sind Teilsicherheitsbeiwerte, die zu den charakteristischen Stützenlasten $V_{\mathrm{G,k}}$ und $V_{\mathrm{Q,k}}$ gehören).

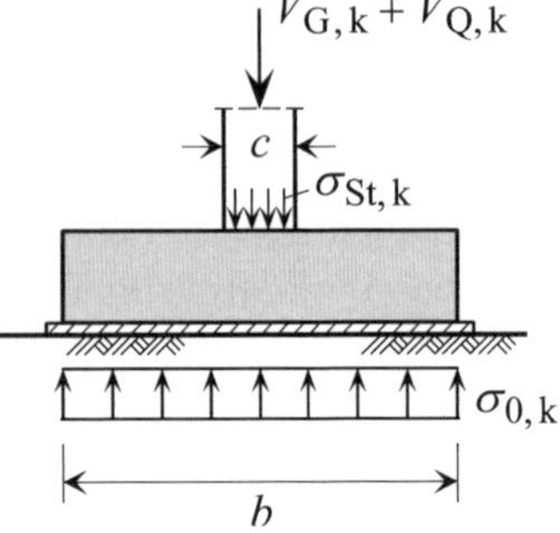

Abb. 3-15 Spannungsverteilung in der Stütze und in der Sohlfuge für die Herleitung des Bemessungsmoments

Damit ergibt sich die Herleitung der Gleichung des Bemessungsmoments in der Stützenmitte nach den Regeln der Statik

$$M_{\mathrm{E,d}} = \frac{V_{\mathrm{E,d}}}{2} \cdot \frac{b}{4} - \frac{V_{\mathrm{E,d}}}{2} \cdot \frac{c}{4} = \frac{V_{\mathrm{E,d}}}{8} \cdot (b-c) = \frac{V_{\mathrm{E,d}} \cdot b}{8} \cdot \left(1 - \frac{c}{b}\right) \qquad \text{Gl. 3-13}$$

In Abb. 3-16 ist für das Beispiel des Gesamtmoments $M_{\mathrm{E,d,x}}$ der Momentenverlauf über die Seitenlänge b_{x} dargestellt. Außerdem wird die Verteilung von $M_{\mathrm{E,d,x}}$ im Schnitt A–A angegeben. Sie ist eine Empfehlung zur Verteilung der zu $M_{\mathrm{E,d,x}}$ gehörenden und parallel zur Seitenlänge b_{x} zu verlegenden Biegebewehrung über die Seitenlänge b_{y}.

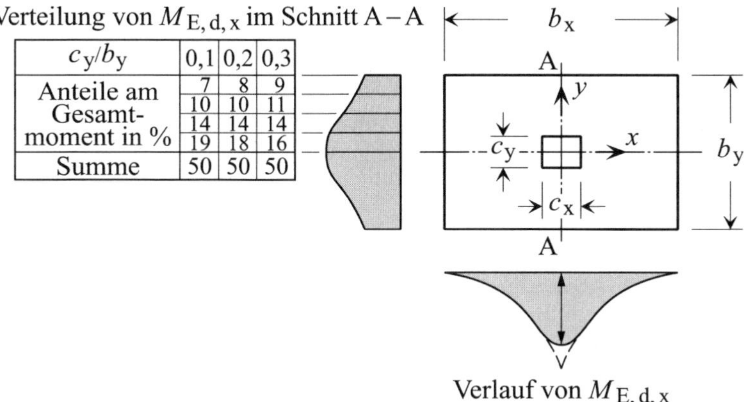

$c_{\mathrm{y}}/b_{\mathrm{y}}$	0,1	0,2	0,3
Anteile am Gesamt-moment in %	7	8	9
	10	10	11
	14	14	14
	19	18	16
Summe	50	50	50

Abb. 3-16 Verlauf und Verteilung des Gesamtbiegemoments $M_{\mathrm{E,d,x}}$ (erzeugt Normalspannungen in x-Richtung) für mittig belastete rechteckige Fundamente (nach [L 144])

Von DIETERLE und ROSTÁSY [L 28] wurden Untersuchungen an quadratischen Stahlbetonfundamenten auf der Basis der klassischen Theorie dünner Platten durchgeführt. Die auch durch Versuche gestützten Ergebnisse zeigen, dass wirklichkeitsnähere Schnittlasten unter der Annahme ermittelt werden können, dass die Übertragung der Stützenkraft V_{St} nicht durch gleichmäßig über den Stützenquerschnitt verteilte Spannungen, sondern durch vier Einzellasten erfolgt, die in den Eckpunkten der Stütze anzusetzen sind (vgl. Abb. 3-17). Ursache hierfür ist die Durchbiegung der Platte, der die sehr viel steifere Stütze nicht in gleichem Maße folgen kann (sie „stützt" sich nur noch in ihren Ecken auf die verformte Platte ab) sowie in den Kraftanteilen der Stützenlängsbewehrung, die in den Stützenecken eingeleitet werden.

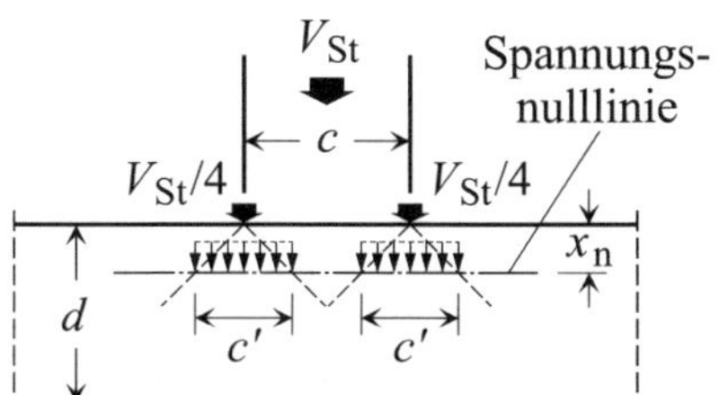

Abb. 3-17 Idealisierter Kräfteübergang von der Stütze in die Platte für die Schnittlastenberechnung (nach [L 27])

Bleibt die Verteilung der vier Teilkräfte gemäß Abb. 3-17 unberücksichtigt ($c' = 0$), ergibt sich aus dem Momentengleichgewicht das Gesamtbiegemoment in Fundamentmitte zu

$$M_{(\text{Mitte})} = \frac{V_{\text{St}}}{2} \cdot \frac{b}{4} - \frac{V_{\text{St}}}{2} \cdot \frac{c}{2} = \frac{V_{\text{St}}}{8} \cdot (b - 2 \cdot c) = \frac{V_{\text{St}} \cdot b}{8} \cdot \left(1 - \frac{2 \cdot c}{b}\right) \quad \text{Gl. 3-14}$$

Die Größe dieses Moments wird überschritten durch die des Gesamtmoments am Stützenrand, das sich mit

$$\max M = \frac{V_{\text{St}}}{b} \cdot \left(\frac{b}{2} - \frac{c}{2}\right) \cdot \frac{1}{2} \cdot \left(\frac{b}{2} - \frac{c}{2}\right) = \frac{V_{\text{St}} \cdot b}{8} \cdot \left(1 - \frac{c}{b}\right)^2 \quad \text{Gl. 3-15}$$

als Moment berechnen lässt, das für die Bemessung ausschlaggebend ist.

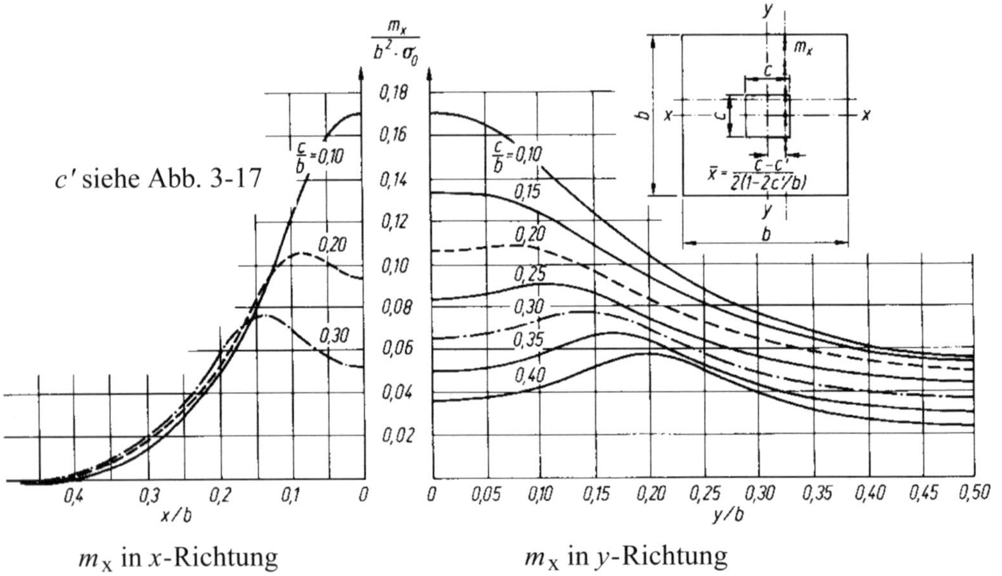

Abb. 3-18 Verlauf der Biegemomente m_x (Moment pro Längeneinheit) in Abhängigkeit von c/b (aus SMOLTCZYK/NETZEL [L 148], Kapitel 3.1)

Wie sich dieses Moment, das sich durch die Integration der Momente m über die Fundamentseitenlänge b ergibt, in Abhängigkeit von dem Verhältnis c/b, über die Tiefe (y-Richtung) des quadratischen Fundaments verteilt, zeigt der rechte Teil von Abb. 3-18 für den Fall des Moments M_x (ergibt sich aus der Integration der Momente m_x). Im linken Abbildungsteil ist der Verlauf von m_x über die Koordinate x dargestellt.

3.6.6 Nachweis gegen Durchstanzen bei Stahlbetonfundamenten

Als Schubnachweis ist bei Einzelfundamenten der Nachweis gegen Durchstanzen gemäß DIN EN 1992-1-1 und DIN EN 1992-1-1/NA mit Modellen zu führen, wie sie in Abb. 3-19 für die Fälle der Lasteinleitung über kreisrunde bzw. quadratische Stützen gezeigt sind. Für den Abstand a_{crit} des kritischen Rundschnitts vom Stützenrand gilt dabei in Abhängigkeit von der Fundamentschlankheit

$$\lambda = \frac{a_\lambda}{d} \quad \text{Gl. 3-16}$$

(d steht für die mittlere statische Nutzhöhe des Fundaments und ist der Mittelwert der statischen Nutzhöhen in x- und y-Richtung), dass bei Schlankheiten von $\lambda > 2$ der Rundschnittabstand mit

$$a_{\text{crit}} = 1{,}0 \cdot d \qquad \text{Gl. 3-17}$$

vereinbart werden darf (DIN EN 1992-1-1/NA, NCI Zu 6.4.4 (2)). Bei Fundamenten mit Schlankheiten $\lambda \leq 2$ ist a_{crit} iterativ zu ermitteln (mit der Iteration ist der Rundschnittabstand zu ermitteln, zu dem der kleinste Wert des Querkraftwiderstands ohne Querkraftbewehrung $V_{\text{R,d,c}}$ gehört).

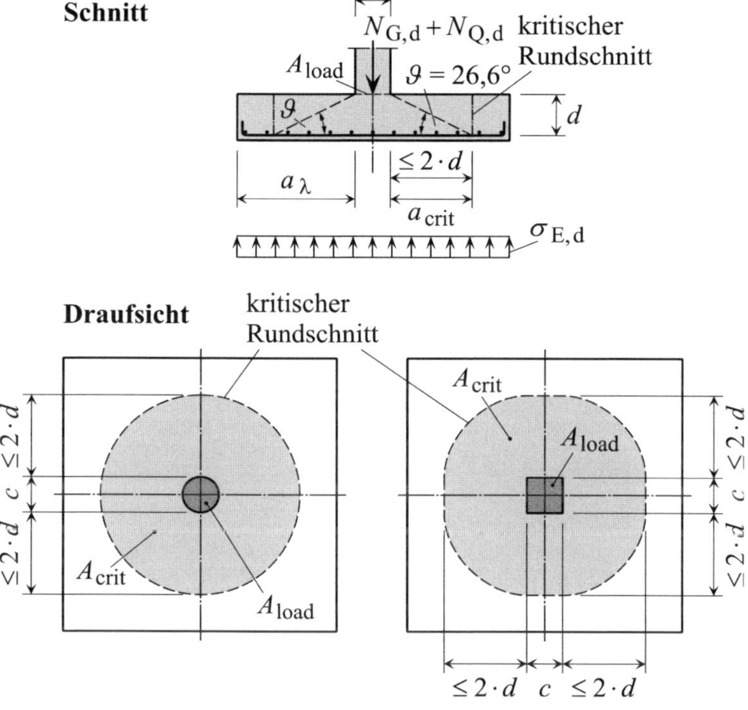

Abb. 3-19 Bemessungsmodelle von DIN EN 1992-1-1 für den Nachweis gegen Durchstanzen von Einzelfundamenten

Die Lasteinleitungsfläche A_{load} und die innerhalb des kritischen Rundschnitts liegende Fläche A_{crit} berechnen sich für die Fälle aus Abb. 3-19 mit Hilfe von

$$A_{\text{load}} = \frac{\pi \cdot c^2}{4} \quad \text{und} \quad A_{\text{crit}} \leq \pi \cdot \left(\frac{c}{2} + a_{\text{crit}}\right)^2 \quad \text{(kreisrunde Stütze)}$$

$$A_{\text{load}} = c^2 \quad \text{und} \quad A_{\text{crit}} \leq c^2 + 4 \cdot c \cdot a_{\text{crit}} + \pi \cdot a_{\text{crit}}^2 \quad \text{(quadratische Stütze)} \qquad \text{Gl. 3-18}$$

Für den Umfang des kritischen Rundschnitts ergeben sich

$$u \leq 2 \cdot \left(\frac{c}{2} + a_{\text{crit}}\right) \cdot \pi \quad \text{(kreisrunde Stütze)}$$

$$u \leq 4 \cdot c + 2 \cdot a_{\text{crit}} \cdot \pi \quad \text{(quadratische Stütze)} \qquad \text{Gl. 3-19}$$

Bezüglich der Abmessungen des kritischen Rundschnitts bei anderen Stützenquerschnittsformen sei auf 6.4.2 von DIN EN 1992-1-1 und DIN EN 1992-1-1/NA verwiesen.

Für Fundamente mit Schlankheiten $\lambda > 2$ sind die Formeln für A_{crit} und u aus Gl. 3-18 und Gl. 3-19 zu ersetzen durch

$$A_{crit} = \pi \cdot \left(\frac{c}{2} + d\right)^2 \quad \text{(kreisrunde Stütze)}$$

$$A_{crit} = c^2 + 4 \cdot c \cdot d + \pi \cdot d^2 \quad \text{(quadratische Stütze)} \qquad \text{Gl. 3-20}$$

und

$$u = 2 \cdot \left(\frac{c}{2} + d\right) \cdot \pi \quad \text{(kreisrunde Stütze)}$$

$$u = 4 \cdot c + 2 \cdot d \cdot \pi \quad \text{(quadratische Stütze)} \qquad \text{Gl. 3-21}$$

Für die Nachweisführung wird von Versagensformen gemäß Abb. 3-20 ausgegangen (vgl. hierzu auch [L 25]). Die Darstellungen a) und c) gehören zu gedrungenen Fundamenten ($\lambda \leq 2$) und die Darstellungen b) und d) zu schlanken Fundamenten ($\lambda > 2$). Die Stanzkegelneigung der schlanken Fundamente wird mit $\vartheta = 45°$ angenommen, bei gedrungenen Fundamenten ist sie iterativ zu ermitteln (Neigungswinkel $\vartheta \geq 26{,}6°$).

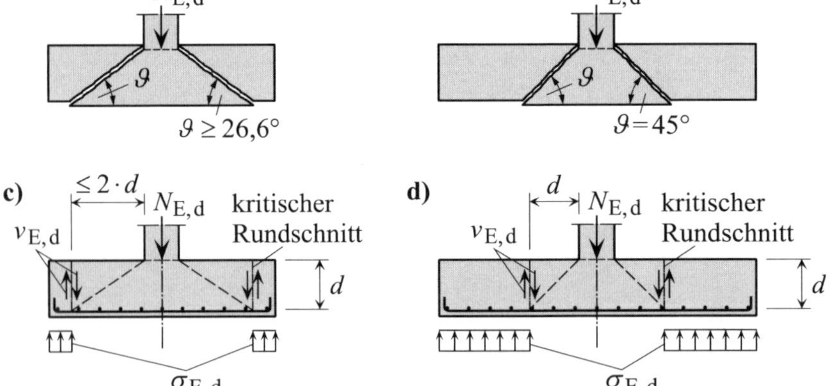

Abb. 3-20 Zu gedrungenen Fundamenten (a) und c)) und schlanken Fundamenten (b) und d)) gehörende Bruchmodelle für den Durchstanznachweis gemäß DIN EN 1992-1-1/NA

Das Bemessungsverfahren für Durchstanzen aus DIN EN 1992-1-1 ist für den kritischen Rundschnitt (Abb. 3-19 und Abb. 3-20) oder affin zu ihm verlaufende Nachweisschnitte zu führen. Dabei wird unterschieden zwischen Fundamenten ohne und mit Durchstanzbewehrung.

Für die Nachweisführung entlang des kritischen Rundschnitts u_1 ist nach 6.4.3 (2) von DIN EN 1992-1-1 und DIN EN 1992-1-1/NA die im Rundschnitt wirkende Querkraft mit

$$V_{E,d,red} = \beta \cdot (V_{E,d} - \Delta V_{E,d}) \qquad \text{Gl. 3-22}$$

anzusetzen, wobei der Faktor (siehe DIN EN 1992-1-1/NA, NCI Zu 6.4.4 (2))

$$\beta = 1{,}10 \qquad \text{Gl. 3-23}$$

die einwirkende Querkraft (in kN)

$$V_{\mathrm{E,\,d}} = N_{\mathrm{E,\,d}} \qquad \text{Gl. 3-24}$$

sowie die nach oben gerichtete und durch die Sohlspannung hervorgerufene Querkraftkomponente

$$\Delta V_{\mathrm{E,\,d}} = A_{\mathrm{crit}} \cdot \sigma_{\mathrm{E,d}} \qquad \text{Gl. 3-25}$$

zu verwenden sind.

In die Berechnung von $\sigma_{\mathrm{E,\,d}}$ geht die Fundamenteigenlast nicht ein, da diese, bei linear verlaufender Sohlspannungsverteilung, in dem Fundament keine Schnittlasten bewirkt.

Als in der Fläche des kritischen Rundschnitts (Schnittlänge und -höhe *u* und *d*) wirkende Schubspannung ergibt sich somit

$$v_{\mathrm{E,\,d}} = \frac{V_{\mathrm{E,\,d,\,red}}}{u \cdot d} \qquad \text{Gl. 3-26}$$

Die eigentliche Nachweisführung erfolgt mit den Bemessungswerten der in DIN EN 1992-1-1, 6.4.3 definierten Durchstanzwiderstände (in kN/m^2)

- $v_{\mathrm{R,\,d,\,c}}$ (Fundamente ohne Durchstanzbewehrung, nach DIN EN 1992-1-1, Gl. 6.47)
- $v_{\mathrm{R,\,d,\,cs}}$ (Fundamente mit Durchstanzbewehrung)
- $v_{\mathrm{R,\,d,\,max}}$ (maximaler Widerstand).

Ob für das betrachtete Fundament Durchstanzbewehrung erforderlich ist, ergibt sich aus dem Vergleich der Einwirkung $v_{\mathrm{E,\,d}}$ mit dem Widerstand $v_{\mathrm{R,\,d,\,c}}$. Während bei

$$v_{\mathrm{E,\,d}} \leq v_{\mathrm{R,\,d,\,c}} \qquad \text{Gl. 3-27}$$

keine Durchstanzbewehrung erforderlich ist (weitere Einzelheiten siehe DIN EN 1992-1-1, 6.4.4), muss bei

$$v_{\mathrm{E,\,d}} > v_{\mathrm{R,\,d,\,c}} \qquad \text{Gl. 3-28}$$

eine solche Bewehrung angeordnet werden. Zu Einzelheiten siehe 6.4.5 von DIN EN 1992-1-1 und DIN EN 1992-1-1/NA.

Bezüglich der Durchstanzbewehrung ist zu empfehlen, Fundamentdicke und Materialgüte so zu wählen, dass auf Bewehrung verzichtet werden kann (vgl. hierzu GRASSER und THIELEN [L 144]).

3.6.7 Nachweise der Gebrauchstauglichkeit nach DIN EN 1992-1-1

Für zu bemessende Einzelfundamente muss auch die Gebrauchstauglichkeit gemäß DIN EN 1992-1-1 und DIN EN 1992-1-1/NA nachgewiesen werden. Danach ist das nutzungsgerechte und dauerhafte Verhalten eines Bauwerks dadurch zu gewährleisten, dass durch die

- Einhaltung von Spannungsgrenzen für den Beton und die Betonstahlbewehrung, die übermäßige Schädigung des Betongefüges sowie nichtelastische Verformungen des Betonstahls vermieden werden (nach DIN EN 1992-1-1/NA können diese Nachweise bei nicht vorgespannten Tragwerken des üblichen Hochbaus ggf. entfallen)
- Beschränkung der Rissbreite bei der nahezu unvermeidbaren Rissbildung in der Betonzugzone, die Folgen der Risse weder die ordnungsgemäße Nutzung des Tragwerks noch sein Erscheinungsbild und seine Dauerhaftigkeit beeinträchtigen (zur Rissbreitenbeschränkung gehört u. a. eine Mindestbewehrung)
- Begrenzung der auftretenden Verformungen, das Erscheinungsbild und die ordnungsgemäße Funktion der Gründungskonstruktion selbst oder daran angrenzender Bauteile beeinträchtigt werden.

Weitere Einzelheiten hierzu sind z. B. DIN EN 1992-1-1, DIN EN 1992-1-1/NA und [L 25] zu entnehmen.

3.6.8 Aufgaben mit Lösungen

Aufgabe 3-1

Welche Problematik kann bei einem Stahlbetonfundament auftreten, dessen Biegebewehrung auf der Unterseite liegt und wie wirkt diese sich auf das Tragverhalten des Fundaments aus?

Aufgabe 3-2

Welche Einflussfaktoren bestimmen unter welchen Bedingungen die Wahl der Einbindetiefe von Fundamenten maßgeblich, wenn Belastung und Baugrundverhältnisse bekannt sind?

Aufgabe 3-3

Zu benennen sind jeweils zwei Vor- und Nachteile, die bewehrte Fundamente gegenüber unbewehrten Fundamenten besitzen.

Aufgabe 3-4

Es ist anzugeben, wie bei einem Stahlbetonfundament mit unten liegender Biegebewehrung dem Problem der Bewehrungsverschmutzung zu begegnen ist!

Lösung zu Aufgabe 3-1

Die unten liegende Bewehrung des Stahlbetonfundaments kann verschmutzen. Das führt

- zu einem mangelhaften Verbund von Beton und Bewehrung, so dass sich
- bei gut verankerter Biegebewehrung im Beton ein Gewölbe ausbilden kann, das in Verbindung mit der Biegebewehrung wie ein „Sprengwerk mit Zugband“ wirkt.

Lösung zu Aufgabe 3-2

Sind die Belastung und die Baugrundverhältnisse bekannt, wird die Wahl der Einbindetiefe von Fundamenten maßgeblich bestimmt durch

- die einzuhaltende Frosttiefe (nach DIN 1054 mindestens 0,8 m, wenn die Fundamente z. B. nicht Teil von Bauwerken mit untergeordneter Bedeutung sind und geringe Flächenbelastungen aufweisen vgl. Abschnitte 1.2.3 und 3.3.3), wenn die Konstruktionen der Einwirkung durch Frost unterworfen sein können; kommen Konstruktionen wie Gerüste oder fliegende Bauten nur außerhalb der Frostperiode zum Einsatz, kann dieser Einflussfaktor unberücksichtigt bleiben
- die zu gewährleistende Standsicherheit in Form der Grundbruchsicherheit nach DIN 4017 und der Gleitsicherheit nach DIN 1054, wenn Horizontallasten unter Mitwirkung des passiven Erddrucks abzutragen sind (vgl. Abschnitt 3.5).

Lösung zu Aufgabe 3-3

Zu den Vorteilen, die bewehrte Fundamente gegenüber unbewehrten Fundamenten besitzen zählt, dass sie

- auf Grund der Bewehrung große Biegezugspannungen aufnehmen können
- bei gleicher Belastung mit wesentlich geringeren Bauhöhen auskommen und damit geringere Aushubarbeiten erfordern.

Zu den Nachteilen, die bewehrte Fundamente gegenüber unbewehrten Fundamenten besitzen zählt, dass

- bei ihrem Einsatz eine Sauberkeitsschicht unverzichtbar ist
- zur Aufnahme der Biegezugspannungen Bewehrung eingebaut werden muss.

Lösung zu Aufgabe 3-4

Um die Verschmutzung von unten liegender Bewehrung und damit die Verringerung der Tragfähigkeit des Stahlbetonfundaments zu verhindern, ist

- eine mindestens 5 cm dicke Sauberkeitsschicht (in der Regel aus Magerbeton) einzubauen und darüber hinaus
- die Biegebewehrung ungeschwächt durchzuführen und gut zu verankern (resultiert aus der durch Verschmutzung entstehenden Wirkung eines „Sprengwerkes mit Zugband").

3.7 Streifenfundamente

Bei ausreichend tragfähigem Baugrund sind Streifenfundamente die üblichen Gründungskörper zur Abtragung von Beanspruchungen aus Wänden. Wie bei Einzelfundamenten gilt auch bei ihnen, wegen der in der Regel geringeren zulässigen Beanspruchung des Baugrunds im Vergleich zum Wandmaterial, dass die Wandlast (Übertragung in der Fläche A_K, vgl. Abb. 3-21) durch das Fundament auf eine größere Fläche (Sohlfläche A_S, vgl. Abb. 3-21) zu übertragen ist. Streifenfundamente werden, wiederum analog zu den Einzelfundamenten, als Stahlbeton- oder unbewehrte Betonfundamente ausgeführt.

Die in Abb. 3-21 angedeuteten Wände können in den Fällen d) und e) auch biegesteif mit den Stahlbetonfundamenten verbunden sein, was eine entsprechende Bewehrung erfordert.

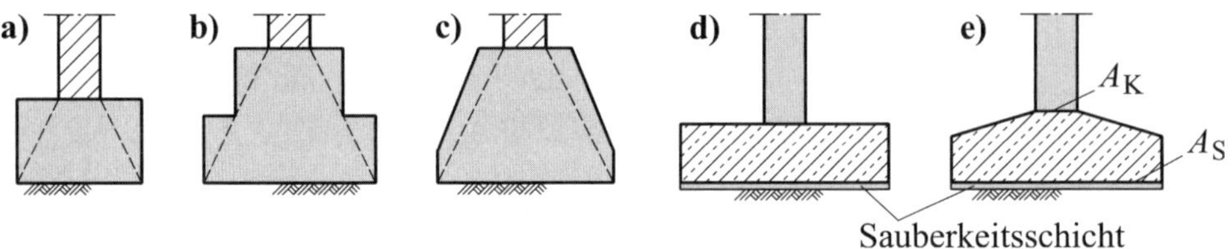

Abb. 3-21 Querschnitte von Streifenfundamenten
Unbewehrter Beton: a) rechteckig, b) abgetreppt, c) abgeschrägt
Stahlbeton: d) rechteckig, e) abgeschrägt

3.7.1 Unbewehrte Betonfundamente

Dieser Typ stellt für Wände kleinerer Hochbauten die „normale" Gründungsform dar, da bei diesen Bauten die aus den Wänden kommenden Beanspruchungen in der Regel klein sind und somit Fundamente erfordern, die, bezogen auf die Wanddicke, nur geringfügig verbreitert werden müssen.

Hinsichtlich der zu berücksichtigenden Kriterien zur Lastausbreitung (n-Werte) können die Betrachtungen zu den Einzelfundamenten aus Abschnitt 3.6.1 sinngemäß angewendet werden.

Anwendungsbeispiel

Für die Gründung einer 24 cm dicken und zentrisch belasteten Kellermauer ist ein $b = 50$ cm breites unbewehrtes Streifenfundament vorgesehen, das aus einem Beton der Festigkeitsklasse C16/20 hergestellt und mittig unter der Kellermauer angeordnet werden soll.

Wie hoch muss das Streifenfundament nach DIN EN 1992-1-1 mindestens ausgeführt werden, wenn mit dem Bemessungswert $\sigma_{0,\mathrm{d}} = 385\ \mathrm{kN/m^2}$ einer gleichmäßig verteilten Druckspannung in der Sohlfuge zu rechnen ist, die sich infolge der zentrischen Fundamentbelastung ergibt.

Lösung

Aus Abb. 3-8 ergibt sich für die Betonfestigkeitsklasse C16/20 des zu verwendeten Betons und für den Bemessungswert $\sigma_{0,\mathrm{d}} = 385\ \mathrm{kN/m^2}$ der Bodenpressung die Größe der zulässigen Fundamentschlankheit $n = 1{,}60$. Damit ergibt sich mit

$$n = 2 \cdot \frac{h}{b - 24} = 1{,}60$$

die gesuchte Mindesthöhe des Streifenfundaments

$$\min h = \frac{n}{2} \cdot (b - 24) = \frac{1{,}60}{2} \cdot (50 - 24) = 20{,}8\ \mathrm{cm}$$

In Bereichen, in denen die lasteintragenden Wände über durchgehenden unbewehrten Streifenfundamenten unterbrochen sind (z. B. bei Wandöffnungen für Kellertüren), werden die Fundamente nur durch die Sohlfugenspannungen belastet und wirken in diesen Bereichen wie von unten belastete eingespannte Träger, die Biegezug- und Schubspannungen aufnehmen müssen und dafür zu bewehren sind. Eine Möglichkeit zur entsprechenden konstruktiven Ausgestaltung zeigt Abb. 3-22.

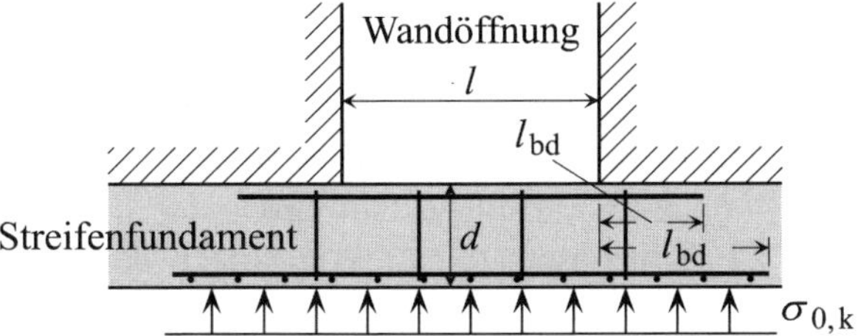

Abb. 3-22 Bewehrung von Streifenfundamenten im Bereich von Wandöffnungen (nach [L 177])

Nach [L 177] ist für die Bemessung der oberen Bewehrung als charakteristisches Moment (Feldmoment)

$$M_{\mathrm{o,k}} = \frac{1}{16} \cdot \sigma_{0,\mathrm{k}} \cdot l^2 \quad (\text{in kN} \cdot \text{m/m}) \qquad \text{Gl. 3-29}$$

und für die Bemessung der unteren Bewehrung als charakteristisches Moment (Stützmoment)

$$M_{\mathrm{u,k}} = \frac{1}{10} \cdot \sigma_{0,\mathrm{k}} \cdot l^2 \quad (\text{in kN} \cdot \text{m/m}) \qquad \text{Gl. 3-30}$$

pro m Fundamentbreite anzusetzen.

Bei der Wahl der in Abb. 3-22 angegebenen Bemessungswerte l_{bd} der Verankerungslängen sind die Bestimmungen von DIN EN 1992-1-1, 8.4 und die zugehörigen Ausführungen von DIN EN 1992-1-1/NA zu beachten.

3.7.2 Stahlbetonfundamente

Streifenfundamente aus Stahlbeton sind im Vergleich zu entsprechenden unbewehrten Fundamenten wesentlich schlanker, d. h. weniger hoch ausführbar. Da die von der Bewehrung aufgenommenen Biegezugspannungen auf der Unterseite der Fundamente auftreten, ist zur Verhinderung der Verschmutzung der Stahleinlagen eine mindestens 5 cm dicke Sauberkeitsschicht erforderlich, sofern keine anderen Maßnahmen zur Sicherung der Mindestbetondeckung getroffen werden (vgl. hierzu Abschnitt 3.3.3).

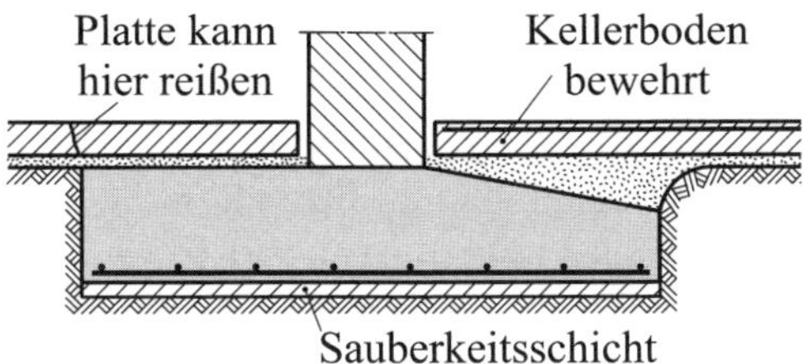

Abb. 3-23 Ausbildung von Streifenfundamenten und überdeckenden Bodenplatten (nach [L 177])

Das in Abb. 3-23 dargestellte Fundament zeigt, wie sich durch Abschrägung der Fundamentoberfläche die Lagerung der Kellerbodenplatte so verbessern lässt, dass kein Reißen der

Bodenplatte befürchtet werden muss. Abschrägungen dieser Art sind ohne obere Schalung bis zu einem Winkel von etwa 20° möglich, wenn der Beton steif eingebaut wird.

3.7.3 Einseitige Fundamente

An Grundstücksgrenzen ist oft eine zentrische Anordnung der Fundamente unter den Wänden und damit eine entsprechende Lasteinleitung der Wandlasten in die Fundamente nicht möglich. Stattdessen sind einseitige Fundamente („Stiefelfundamente") zur Lastabtragung auf den Baugrund erforderlich (vgl. z. B. Abb. 3-24), was zu recht ungünstigen Verteilungen der Sohldruckspannungen führen kann.

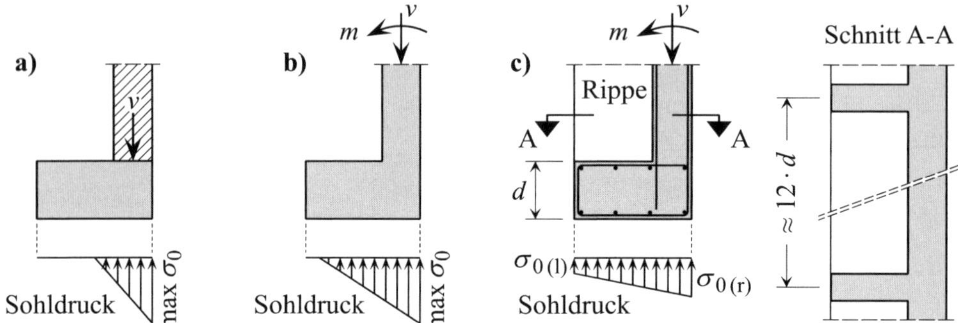

Abb. 3-24 Einseitige Streifenfundamente und Sohldruckverteilungen
a) Fundament ohne Verbund mit aufsitzender Wand
b) Fundament mit biegesteif angeschlossener Wand
c) Fundament mit biegesteif angeschlossener Wand und aussteifenden Rippen

Der in Abb. 3-24 a) dargestellte Lasteintrag über eine ohne Verbund auf dem Fundament aufsitzende Wand führt zu einer relativ starken Verkantung des Fundaments und zu einer besonders ungünstigen Sohlspannungsverteilung. Vergleichsweise günstiger ist eine mit dem Fundament biegesteif verbundene Wand, wie sie in Abb. 3-24 b) zu sehen ist. Die konstruktive Möglichkeit der Aussteifung mit Rippen (Abb. 3-24 c)) führt einerseits zwar zu einer noch weitergehenden Verbesserung der Sohlspannungsverteilung, erfordert aber andererseits die Anordnung von Torsionsbewehrung.

3.7.4 Bemessungsmomente von Stahlbetonfundamenten

Im Zuge der Bemessung von Streifenfundamenten aus Stahlbeton sind Tragfähigkeitsnachweise zu führen, die sowohl die Biegung als auch die Querkraft betreffen.

Für die Ermittlung der erforderlichen Biegezugbewehrung sei auf die entsprechenden Bestimmungen der DIN EN 1992-1-1, 6.1 hingewiesen. Die dabei zugrunde zu legende Größe der Biegemomente für Fundamente unter zentrischer Belastung (pro lfdm)

$$v_{E,d} = \gamma_G \cdot v_{G,k} + \gamma_Q \cdot v_{Q,k} \qquad \text{Gl. 3-31}$$

($v_{G,k}$ und $v_{Q,k}$ sind die charakteristischen Beanspruchungen, γ_G und γ_Q die zum Grenzzustand STR gehörenden Teilsicherheitsbeiwerte aus DIN 1054, Tabelle A 2.1) und konstanter Sohlspannungsverteilung mit dem Bemessungswert $\sigma_{E,d}$ ist nach [L 177] abhängig von dem verwendeten Wandmaterial. So ergibt sich als Bemessungsmoment unter einer Mauerwerkswand in Wandmitte (vgl. Abb. 3-25)

$$m_{\mathrm{E,d\,(Wandmitte)}} = \frac{\sigma_{\mathrm{E,d}} \cdot b \cdot (b-c)}{8} = \frac{v_{\mathrm{E,d}} \cdot (b-c)}{8} \qquad \text{Gl. 3-32}$$

Die Gleichung basiert auf der in Abb. 3-26 dargestellten vereinfachten (konstanten) Verteilung der Spannungen in der Wand und in der Sohlfuge.

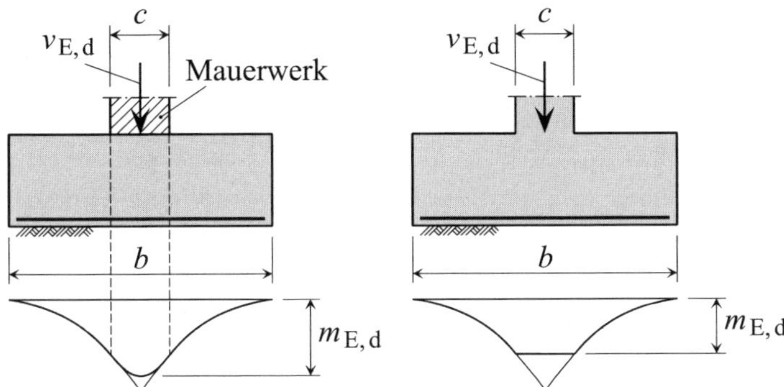

Abb. 3-25 Maßgebende Biegemomente für die Fundamentbewehrung bei zentrischer Belastung $v_{\mathrm{E,d}}$ (pro lfdm) und konstanter Sohlspannungsverteilung $\sigma_{\mathrm{E,d}}$ (nach [L 177])

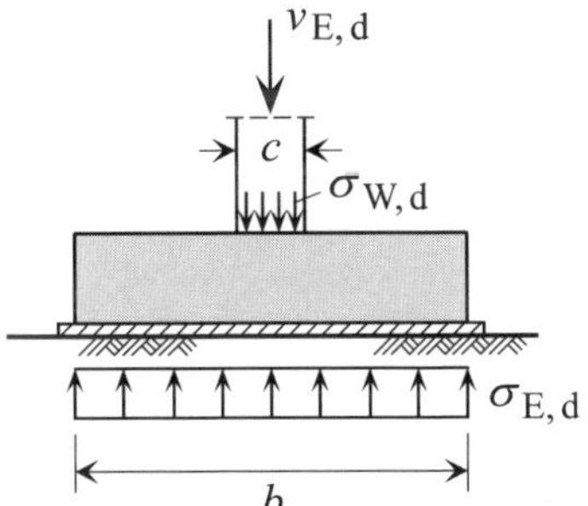

Abb. 3-26 Spannungsverteilung in der Wand und der Sohlfuge für die Herleitung der Bemessungsmomente

Das Bemessungsmoment einer aufgehenden Stahlbetonwand

$$m_{\mathrm{E,d\,(Wandrand)}} = \sigma_{\mathrm{E,d}} \cdot \frac{(b-c)^2}{8} = \frac{v_{\mathrm{E,d}} \cdot (b-c)^2}{8 \cdot b} \qquad \text{Gl. 3-33}$$

ergibt sich am Wandrand und ist deshalb von der Spannungsverteilung im Bereich der Wanddicke unabhängig.

Gl. 3-32 und Gl. 3-33 lassen sich herleiten unter Berücksichtigung der Beziehung

$$\sigma_{\mathrm{E,d}} \cdot b = \sigma_{\mathrm{W,d}} \cdot c = v_{\mathrm{E,d}} \qquad \text{Gl. 3-34}$$

3.7.5 Tragfähigkeitsnachweis für Querkraft bei Stahlbetonfundamenten

Wird der zu Querkräften gehörende Tragfähigkeitsnachweis für Streifenfundamente aus Stahlbeton gemäß DIN EN 1992-1-1, 6.2 geführt, sind als Bemessungswerte der mobilisierbaren Querkraftwiderstände $V_{R,d,c}$ (Bauteile ohne Querkraftbewehrung) bzw. $V_{R,d,s}$ (durch die Tragfähigkeit der Querkraftbewehrung begrenzter Querkraftwiderstand) zu verwenden.

Für Fundamentquerschnitte, in denen mit dem Bemessungswert $V_{E,d}$ der in ihnen wirkenden Querkraft

$$V_{E,d} \leq V_{R,d,c} \qquad \text{Gl. 3-35}$$

gilt, ist rechnerisch keine Querkraftbewehrung erforderlich. Überschreitet der Bemessungswert $V_{E,d}$ die Größe $V_{R,d,c}$ in einem Querschnitt, ist eine Querkraftbewehrung gemäß DIN EN 1992-1-1, 6.2 vorzusehen. Darüber hinaus sind die Regeln für die erforderliche Mindestquerkraftbewehrung nach DIN EN 1992-1-1/NA, NDP Zu 9.2.2 (5) und NCI Zu 9.3.2 (2) zu berücksichtigen.

Die Größe des Bemessungswerts $V_{E,d}$ berechnet sich gemäß Abb. 3-27 zu (zur besseren Unterscheidung von Einwirkung und Querkraftwirkung wurde für die Einwirkung statt der sonst üblichen Bezeichnung $v_{E,d}$, die Bezeichung $n_{E,d}$ verwendet)

$$V_{E,d} = \frac{n_{E,d} - \sigma_{E,d} \cdot (c + 2 \cdot d)}{2} \qquad \text{Gl. 3-36}$$

Der Schubnachweis erfolgt in den Schnitten mit dem Abstand (c/2 + d) von der Fundamentmitte.

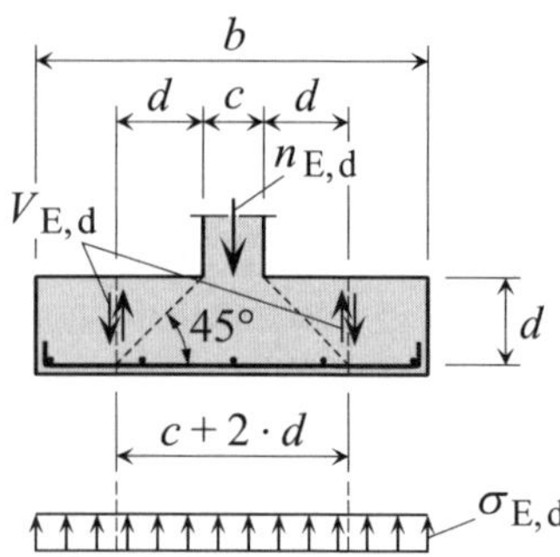

Abb. 3-27 Tragwerksmodell zur Ermittlung des Querkraftbemessungswertes $V_{E,d}$ (pro lfdm) für den Tragfähigkeitsnachweis

Zwei Varianten für die Anordnung von ggf. erforderlicher Schubbewehrung zeigt Abb. 3-28. Die Bewehrung ist in Form von zusätzlichen aufgebogenen Matten oder Bügelreihen am Beginn der wahrscheinlichen, unter 45° verlaufenden Schubrissausbildung einzubauen.

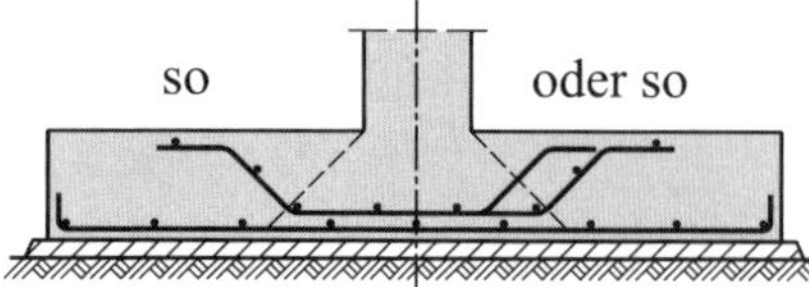

Abb. 3-28 Flaches Streifenfundament mit zwei Anordnungsvarianten für erforderliche Schubbewehrung (nach [L 177])

3.7.6 Aufgaben mit Lösungen

Aufgabe 3-5 (Lösung Seite 60)

Für die Gründung einer 30 cm dicken Kellermauer mit zentrischer Belastung ist ein $h = 30$ cm hohes unbewehrtes Streifenfundament vorgesehen.

Wie breit darf das Streifenfundament nach DIN EN 1992-1-1 höchstens ausgeführt werden, wenn für das Fundament Beton der Festigkeitsklasse C12/15 verwendet wird und mit einer gleichmäßig verteilten Bodenpressung der Größe $\sigma_{E,d} = 250$ kN/m² zu rechnen ist?

Aufgabe 3-6 (Lösung Seite 60)

Für das Streifenfundament der Abb. 3-29 ist die Fundamentbreite b (in m) zu ermitteln, die nach DIN 1054 erforderlich ist, wenn

- der Bemessungswert der Belastung für die Bemessungssituation BS-P gegeben ist durch

  $v_d = 280$ kN/lfdm
- das Fundament auf halbfestem Geschiebemergel gegründet wird
- das Fundament die charakteristische Wichte

  $\gamma_{F,k} = 24$ kN/m³

  aufweist
- auf einen gesonderten Nachweis der Setzung und der Grundbruchsicherheit verzichtet werden soll.

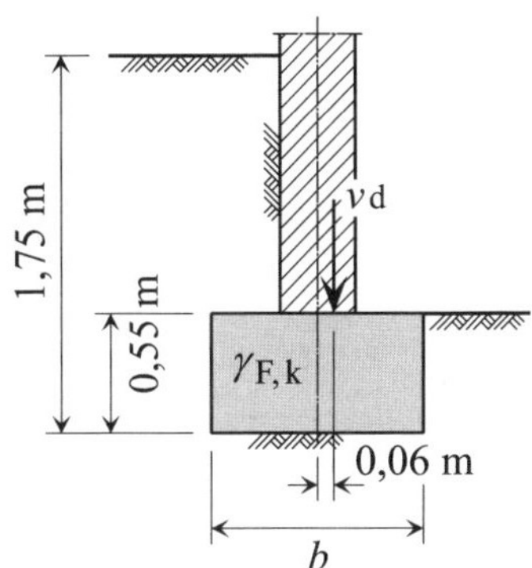

Abb. 3-29 Unter einer Kellermauer angeordnetes Streifenfundament

Aufgabe 3-7 (Lösung Seite 61)

Zu betrachten ist ein in den Grundwasserbereich einbindendes und im Querschnitt rechteckiges Streifenfundament.
Es ist mit Erläuterung anzugeben, welche Sohlspannungen bekannt sein müssen um

- das Fundament bemessen und die Setzungen berechnen zu können.

Aufgabe 3-8 (Lösung Seite 61)

Für die Gründung einer 24 cm dicken und zentrisch belasteten Kellermauer ist ein $h = 35$ cm hohes und $b = 80$ cm breites unbewehrtes Streifenfundament vorgesehen.

Zu welcher Festigkeitsklasse muss der Fundamentbeton nach DIN EN 1992-1-1 mindestens gehören, wenn mit einer gleichmäßig verteilten Bodenpressung von $\sigma_{E,d} = 300$ kN/m² zu rechnen und der mögliche Lastausbreitungswinkel des Fundaments auszunutzen ist?

Lösung zu Aufgabe 3-5 (Aufgabenstellung Seite 59)

Aus Abb. 3-8 kann für die Betonfestigkeitsklasse C12/15 des zu verwendeten Fundamentbetons und für den Bemessungswert $\sigma_{E,d} = 250$ kN/m^2 der Bodenpressung die Größe der zulässigen Fundamentschlankheit mit $n = 1{,}11$ abgelesen werden. Damit ergibt sich mit

$$n = 2 \cdot \frac{h}{b - 30{,}0} = 1{,}42$$

die gesuchte größte zulässige Breite

$$\max b = 2 \cdot \frac{h}{n} + 30{,}0 = 2 \cdot \frac{30{,}0}{1{,}42} + 30 = 42{,}3 + 30{,}0 = 72{,}3 \text{ cm}$$

Lösung zu Aufgabe 3-6 (Aufgabenstellung Seite 59)

Gemäß DIN 1054, Tabelle A 6.6 ergibt sich bei der Einbindetiefe von 0,55 m als Bemessungswert des Sohlwiderstands die Größe

$$\sigma_{R,d} = 310 + \frac{390 - 310}{0{,}5} \cdot 0{,}05 = 318 \text{ kN/m}^2$$

Mit der charakteristischen Eigenlast des Fundaments

$$g_{F,k} = V_F \cdot \gamma_{F,k} = b \cdot 0{,}55 \cdot 1{,}00 \cdot 24 = b \cdot 13{,}2 \text{ kN/lfdm}$$

und dem zum Grenzzustand GEO-2 und der Bemessungssituation BS-P gehörenden Teilsicherheitsbeiwert (DIN 1054, Tabelle A 2.1)

$$\gamma_G = 1{,}35$$

ergibt sich als Bemessungswert der resultierenden Belastung

$$v_{ges,d} = v_d + g_{F,k} \cdot \gamma_G = 280 + b \cdot 13{,}2 \cdot 1{,}35 = (280 + b \cdot 17{,}82) \text{ kN/lfdm}$$

Ihre Exentrizität hat die Größe

$$e_{ges} = \frac{v_d \cdot 0{,}06}{v_{ges,d}} = \frac{280 \cdot 0{,}06}{280 + b \cdot 17{,}82} = \frac{16{,}8}{280 + b \cdot 17{,}82} \text{ m}$$

Mit dieser Exzentrizität beträgt die reduzierte Sohlflächenbreite auf der die zulässige Sohlflächenspannung wirkt (vgl. [L 195], Abb. 8-6)

$$b' = b - 2 \cdot e_{ges} = b - \frac{2 \cdot 16{,}8}{280 + b \cdot 17{,}82} = b - \frac{336}{280 + b \cdot 17{,}82} \text{ m}$$

Für die Gesamtlast pro lfdm Fundament und die zugehörige Resultierende des nach DIN 1054 über b' gleichmäßig verteilt anzunehmenden Sohlwiderstands gilt dann

$$v_{ges,d} = \sigma_{R,d} \cdot b' \cdot 1{,}00 = 318 \cdot \left(b - \frac{33{,}6}{280 + b \cdot 17{,}82} \right) \cdot 1{,}00 \text{ kN/lfdm}$$

Mit der Gleichgewichtsbedingung der vertikalen Kräfte ergibt sich der Ausdruck

$$v_{\mathrm{d}} = v_{\mathrm{ges,d}} - g_{\mathrm{F,d}} = 318 \cdot \left(b - \frac{33{,}6}{280 + b \cdot 17{,}82} \right) \cdot 1{,}00 - b \cdot 17{,}82 = 290\,\mathrm{kN/lfdm}$$

der zu der quadratischen Gleichung

$$5\,349{,}2 \cdot b^2 + 79\,061 \cdot b - 89\,085 = 0$$

führt. Eine ihrer beiden Lösungen ist die erforderliche Fundamentbreite

$$\mathrm{erf}\, b = \frac{1}{2 \cdot 5349{,}2} \cdot \left(-79061 + \sqrt{79061^2 + 4 \cdot 5349{,}2 \cdot 89085} \right) = 1{,}05\,\mathrm{m}$$

Die auszuführende Fundamentbreite wird mit $b = 1{,}10$ m gewählt.

Lösung zu Aufgabe 3-7 (Aufgabenstellung Seite 59)

Die totalen Spannungen sind die Sohlspannungen, die Schnittlasten erzeugen, die bei der Fundamentbemessung zu berücksichtigen sind. Diese Spannungen werden z. T. „neutralisiert“ durch die in entgegengesetzter Richtung wirkenden Eigenlasten des Fundaments.

Zur Setzungsberechnung müssen die Sohlspannungen bekannt sein, die Setzungen hervorrufen. Dies sind die effektiven Spannungen, die sich durch Abminderung der totalen Spannungen um die Porenwasserdrücke und ggf. um die vor der Fundamentherstellung vorhandenen effektiven Spannungen (aus Vorlast) ergeben.

Lösung zu Aufgabe 3-8 (Aufgabenstellung Seite 59)

Der minimale Lastausbreitungswinkel beträgt bei den vorgesehenen Fundamentquerschnittswerten

$$\min n = \frac{2 \cdot h}{b - 24{,}0} = \frac{2 \cdot 35{,}0}{80{,}0 - 24{,}0} = 1{,}25$$

Bei einer Bodenp1ressung von $\sigma_{\mathrm{E,d}} = 300$ kN/m² ist dieser Winkel nach Abb. 3-8 zulässig, wenn der verwendete Beton mindestens zur Festigkeitsklasse C25/30 gehört. Für diesen Beton gilt nämlich

$$\min n = 1{,}25 > \mathrm{zul}\, n_{\mathrm{C25/30}} = 1{,}22$$

3.8 Gründungsbalken

Dieser Fundamenttyp (auch „Fundamentbalken“, „Gurtbalken“ oder „Gründungsstreifen“) ist mit dem Streifenfundament verwand, wird aber nicht durch Wände (Linienlasten), sondern durch Stützen (Einzellasten) belastet. Demzufolge ist bei ihm, im Gegensatz zum Streifenfundament, eine statisch nachzuweisende Längsbewehrung erforderlich (vgl. Abb. 3-30).

Nach den Regeln der Statik ist ein auf deformierbarem Baugrund kontinuierlich gelagerter Gründungsbalken ein „gebetteter Balken“. Die Größe und der Verlauf seiner Schnittgrößen sind in starkem Maße von der Verteilung der Sohlspannungen abhängig, die nach DIN 4018 mit Hilfe verschiedener Verfahren berechnet werden kann. Hierzu gehört, neben dem Bettungsmodulverfahren (siehe Abschnitt 3.9.6) und dem Steifemodulverfahren (siehe Abschnitt 3.9.7) auch das Spannungstrapezverfahren, mit dem auf statisch bestimmtem Weg geradlinig begrenzte Bodenpressungen in der Sohlfuge berechnet werden können (siehe Abb. 3-32 des nachstehenden Anwendungsbeispiels).

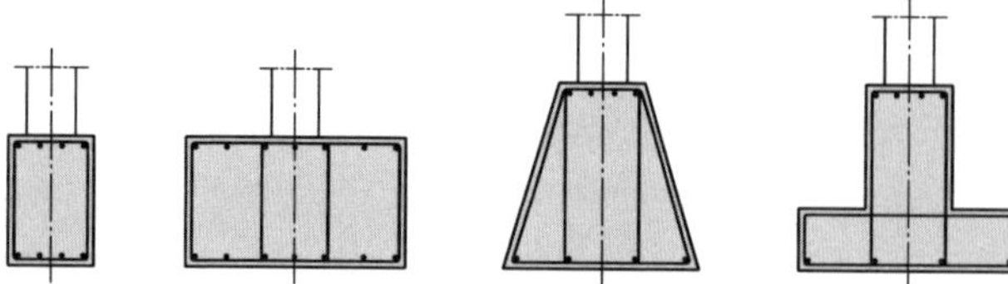

Abb. 3-30 Beispiele für Querschnittsformen von Gründungsbalken

Anwendungsbeispiel

Für den Gründungsbalken aus Abb. 3-31 sind die sich infolge der eingeprägten Einzellasten ergebenden Sohlspannungen nach dem Spannungstrapezverfahren zu berechnen.

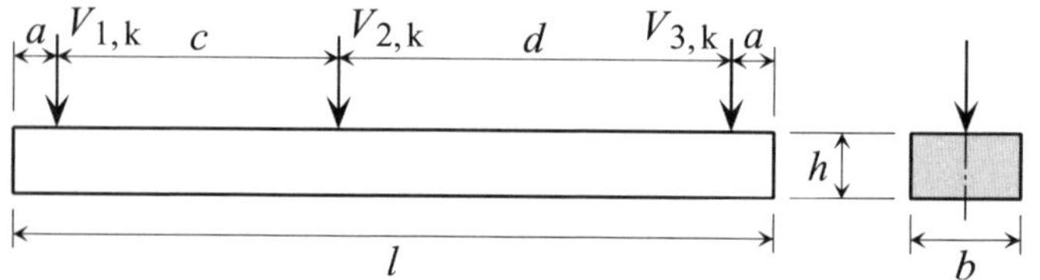

Abb. 3-31 Gründungsbalken mit Abmessungen und Belastung (Ansicht und Querschnitt)

Für die Berechnung anzusetzen sind als charakteristische Belastungen

$V_{1,k} = 350$ kN $\quad V_{2,k} = 410$ kN $\quad V_{3,k} = 380$ kN

und als Abmessungen

$a = 0{,}40\,\text{m} \quad c = 2{,}60\,\text{m} \quad d = 3{,}60\,\text{m} \quad b = 1{,}00\,\text{m}$

Lösung

Zur Ermittlung der charakteristischen Sohlspannungen $\sigma_{0,k(l)}$ und $\sigma_{0,k(r)}$ am linken und rechten Balkenrand dienen die Gleichungen

$$\sigma_{0,k(l)} = \frac{V_k}{A} + \frac{M_{M,k}}{W} \quad \text{und} \quad \sigma_{0,k(r)} = \frac{V_k}{A} - \frac{M_{M,k}}{W}$$

Verwendet werden darin die Resultierende der Einzellasten

$$V_k = V_{1,k} + V_{2,k} + V_{3,k} = 350 + 410 + 380 = 1140 \text{ kN}$$

die Sohlfläche mit der Größe

$$A = b \cdot l = 1{,}00 \cdot (2 \cdot 0{,}40 + 2{,}60 + 3{,}60) = 1{,}00 \cdot 7{,}00 = 7{,}00 \text{ m}^2$$

das gegen den Uhrzeigersinn drehende charakteristische Moment um den Mittelpunkt M der Sohlfläche (Abb. 3-32)

$$M_{M,k} = V_{1,k} \cdot (3{,}5 - 0{,}4) + V_{2,k} \cdot (3{,}5 - 0{,}4 - 2{,}6) - V_{3,k} \cdot (3{,}5 - 0{,}4)$$
$$= 350 \cdot 3{,}1 + 410 \cdot 0{,}5 - 380 \cdot 3{,}1 = 112 \text{kN} \cdot \text{m}$$

und das Widerstandsmoment der Sohlfläche

$$W = \frac{b \cdot l^2}{6} = \frac{1{,}00 \cdot 7{,}00^2}{6} = 8{,}167 \text{ m}^3$$

Die einzelnen Größen der in Abb. 3-32 gezeigten Sohlspannungsverteilung ergeben sich dann wie folgt.

Das Einsetzen der ermittelten Zahlenwerte in die beiden ersten Gleichungen liefert die charakteristischen Randspannungen

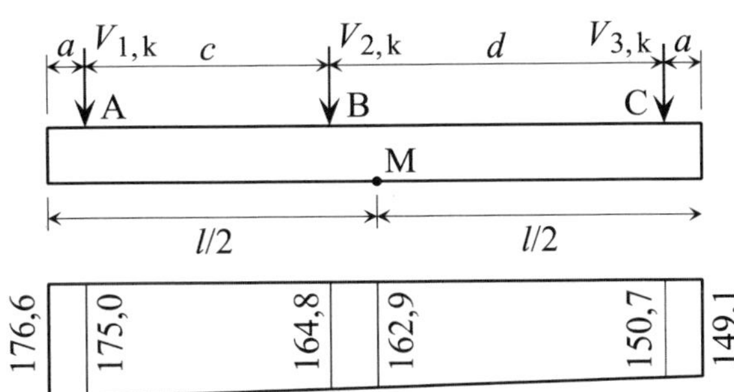

Abb. 3-32 Gründungsbalken mit Belastung und zugehöriger Sohlspannungsverteilung nach dem Spannungstrapezverfahren (in kN/m²)

$$\sigma_{0,k(l)} = \frac{1\,140}{7{,}00} + \frac{112}{8{,}167} = 176{,}6 \text{ kN/m}^2 \quad \text{und} \quad \sigma_{0,k(r)} = \frac{1\,140}{7{,}00} - \frac{112}{8{,}167} = 149{,}1 \text{ kN/m}^2$$

Die Ordinaten der charakteristischen Spannungen unter den Einzellasten und in der Mitte des Gründungsstreifens (Punkt M) berechnen sich zu

$$\sigma_{0,k(A)} = 149{,}1 + \frac{(176{,}6 - 149{,}1) \cdot (7{,}0 - 0{,}4)}{7{,}0} = 175{,}0 \text{ kN/m}^2$$

$$\sigma_{0,k(B)} = 149{,}1 + \frac{(176{,}6 - 149{,}1) \cdot (7{,}0 - 0{,}4 - 2{,}6)}{7{,}0} = 164{,}8 \text{ kN/m}^2$$

$$\sigma_{0,k(M)} = 149{,}1 + \frac{(176{,}6 - 149{,}1) \cdot (7{,}0 - 3{,}5)}{7{,}0} = 162{,}9 \text{ kN/m}^2$$

$$\sigma_{0,k(C)} = 149{,}1 + \frac{(176{,}6 - 149{,}1) \cdot (7{,}0 - 0{,}4 - 2{,}6 - 3{,}6)}{7{,}0} = 150{,}7 \text{ kN/m}^2$$

3.8.1 Aufgaben mit Lösungen

Aufgabe 3-9 (Lösung Seite 64)

Für den in Abb. 3-33 gezeigten Gründungsbalken aus Stahlbeton mit der charakteristischen Wichte

$$\gamma_{b,k} = 24 \text{ kN/m}^3$$

und der charakteristischen Belastung

$$V_{1,k} = 300 \text{ kN}$$

$$V_{2,k} = 600 \text{ kN}$$

$$V_{3,k} = 300 \text{ kN}$$

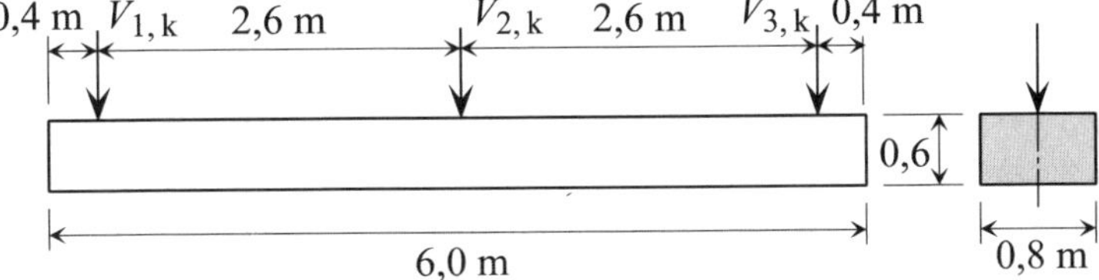

Abb. 3-33 Stahlbeton-Gründungsbalken mit Abmessungen und Belastung

ist nach dem Spannungstrapezverfahren der Verlauf der charakteristischen Sohldruckspannungen zu berechnen, der für Setzungsberechnungen des Gründungsbalkens zu verwenden ist. Weiterhin sind die Lage und die Größe der charakteristischen Biegemomente M_k zu ermitteln, die für die Bemessung der oben und unten liegenden Bewehrung des Gründungsbalkens zu verwenden sind.

Aufgabe 3-10 (Lösung Seite 65)

Wodurch unterscheiden sich Gründungsbalken und Streifenfundamente?

Lösung zu Aufgabe 3-9 (Aufgabenstellung Seite 63)

Das Spannungstrapezverfahren liefert für den vorliegenden Fall der aus $V_{1,k}$, $V_{2,k}$ und $V_{3,k}$ bestehenden symmetrischen Belastung einen konstanten Verlauf der charakteristischen Sohlspannungen über die Länge des Gründungsstreifens. Die Größe dieser Sohlspannungen kann mit

$$\sigma_{0V,k} = \frac{V_k}{A}$$

ermittelt werden.

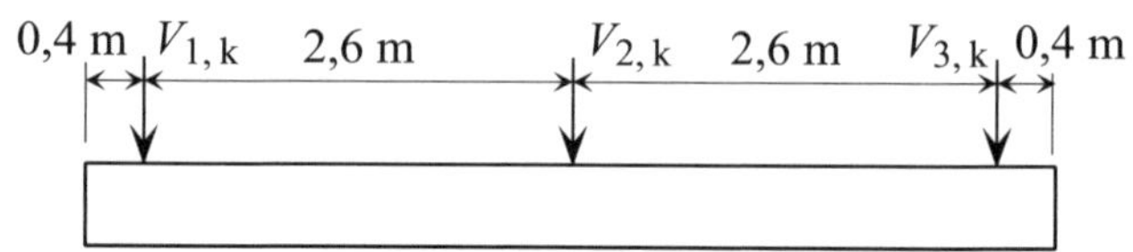

Sohlspannungsverlauf

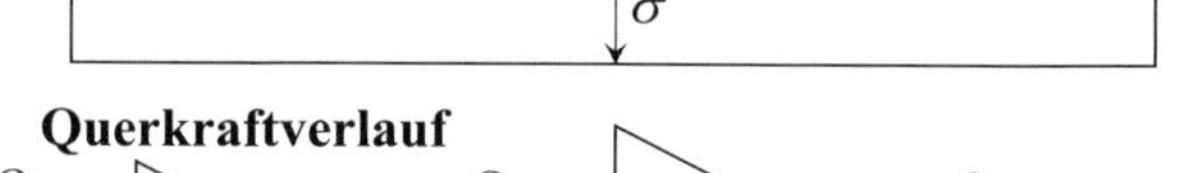

Querkraftverlauf

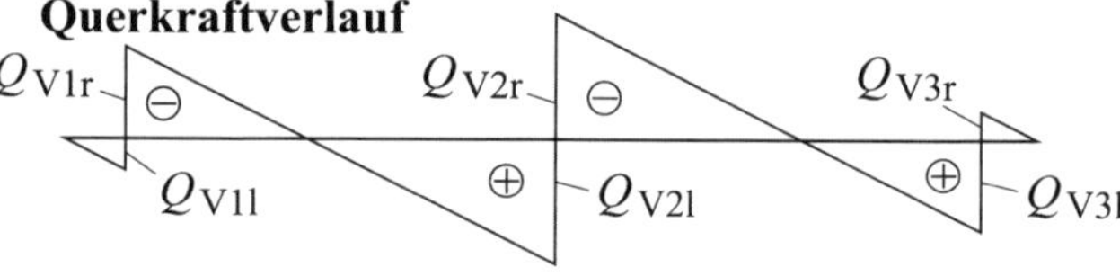

Abb. 3-34 Gründungsbalken mit Sohlspannungs- und Querkraftverlauf

Die Summe der Einzelkräfte

$$V_k = V_{1,k} + V_{2,k} + V_{3,k}$$
$$= 4 \cdot 300 = 1200 \text{kN}$$

und die Sohlfläche

$$A = l \cdot b = 6{,}0 \cdot 0{,}8 = 4{,}8 \text{ m}^2$$

führen zu dem Wert der Normalspannungen in der Sohlfuge des Gründungsbalkens

$$\sigma_{0V,k} = \frac{1200}{4{,}8} = 250 \text{ kN/m}^2$$

Dieser Teil der Sohldruckspannung ist für die Bemessung des Gründungsbalkens, nicht aber für die Berechnung von dessen Setzung maßgebend. Die für die Setzungsermittlung anzusetzende gesamte Sohldruckspannung besitzt die gleiche Verlaufscharakteristik wie $\sigma_{0V,k}$ und berechnet sich mit der Gründungsbalkenhöhe $h = 0{,}6$ m zu

$$\sigma_{0S,k} = \sigma_{0V,k} + \gamma_{b,k} \cdot h = 250{,}0 + 24 \cdot 0{,}6 = 264{,}4 \text{ kN/m}^2$$

Mit der charakteristischen Bemessungssohlspannung $\sigma_{0V,k}$ ergibt sich der in der obigen Abbildung dargestellte grundsätzliche Querkraftverlauf mit den Querkraftordinaten unter den drei Einzellasten (Antimetrie des Verlaufs beachten)

$$Q_{A,l,k} = 250{,}0 \cdot 0{,}8 \cdot 0{,}4 = 80{,}0 \text{ kN} = -Q_{C,r,k}$$
$$Q_{A,r,k} = 80{,}0 - 300{,}0 = -220{,}0 \text{ kN} = -Q_{C,l,k}$$
$$Q_{B,l,k} = -220{,}0 + 250{,}0 \cdot 0{,}8 \cdot 2{,}6 = 300{,}0 \text{ kN} = -Q_{B,r,k}$$

Maximale Momente, die für die Bemessung der Bewehrung zu verwenden sind, treten auf in den Querkraftnullpunkten unter den Einzellasten bzw. im Abstand

$$e = 0{,}4 + \frac{220{,}0}{250{,}0 \cdot 0{,}8} = 0{,}4 + 1{,}1 = 1{,}5 \text{ m}$$

vom linken bzw. rechten Gründungsstreifenrand. Die an diesen Stellen auftretenden charakteristischen Momente sind (Symmetrie des Momentenverlaufs beachten)

$$M_{A,k} = Q_{A,l,k} \cdot 0{,}4 \cdot 0{,}5 = 80{,}0 \cdot 0{,}2 = 16 \text{ kN} \cdot \text{m} = M_{C,k}$$
$$M_{e,k} = M_{A,k} - Q_{A,r,k} \cdot (e - 0{,}4) \cdot 0{,}5 = 16 - 220{,}0 \cdot (1{,}5 - 0{,}4) \cdot 0{,}5 = -105{,}0 \text{ kN} \cdot \text{m}$$
$$M_{B,k} = M_{e,k} + Q_{B,l,k} \cdot (3{,}0 - e) \cdot 0{,}5 = -105{,}0 + 300{,}0 \cdot (3{,}0 - 1{,}5) \cdot 0{,}5 = 120{,}0 \text{ kN} \cdot \text{m}$$

Biegezugspannungen werden von $M_{A,k}$, $M_{B,k}$ und $M_{C,k}$ auf der Unterseite des Gründungsbalkens und von $M_{e,k}$ auf der Oberseite des Gründungsbalkens erzeugt. Daher sind $M_{A,k}$ und $M_{B,k}$ für die Bemessung der unten und $M_{e,k}$ für die Bemessung der oben liegenden Bewehrung des Gründungsbalkens zu verwenden.

Lösung zu Aufgabe 3-10 (Aufgabenstellung Seite 64)

Im Gegensatz zu Streifenfundamenten sind Gründungsbalken

- belastet durch Einzellasten (Stützen) und nicht durch Linienlasten (Wände)
- mit einer statisch nachzuweisenden Längsbewehrung zu versehen.

3.9 Gründungsplatten

3.9.1 Allgemeines

Für die Ausführung einer Plattengründung kann es unterschiedliche Gründe geben, wie etwa

- die Tragfähigkeit des Baugrunds, die ggf. so gering ist, dass die Übertragung der Bauwerkslast mittels Einzel- oder Streifenfundamenten nicht möglich ist oder so große Abmessungen verlangt, dass sich eine Plattengründung ohnehin anbietet. Dem Nachteil u. U. mehr Kubikmeter Beton einbauen zu müssen, stehen dabei die einfacheren Aushubarbeiten, der geringere Aufwand für Schalung und die konstruktiv wesentlich einfachere Bewehrung (z. B. Matten statt Einzelstäbe) als Vorteile gegenüber
- die Beständigkeit der Baugrubensohle gegen Witterungseinflüsse, die durch den ebenen Aushub auch bei Böden gegeben ist, die empfindlich sind gegen strömendes Wasser
- die Abdichtung gegen aufsteigendes Grundwasser, die durch die weitgehend fugenlos ausgeführten Gründungsplatten erleichtert wird
- die Abdichtung gegen drückendes Grundwasser, die mit Gründungsplatten möglich ist, welche z. B. als Böden von „weißen Wannen" wirksam werden
- das Verhindern großer Setzungsunterschiede, die, bezogen auf die größte Setzung, bei Plattengründungen um ca. 30 % kleiner sind als bei aufgelösten Gründungen, zwischen denen der Boden eine unbehinderte Verformungsmöglichkeit hat
- die schadlose Überbrückung von „Schwachstellen" bei der Lastabtragung in den Baugrund, die von Plattengründungen wegen ihrer räumlichen Tragwirkung in stärkerem Maße erfolgt als bei Einzel- oder Streifenfundamenten.

Gründungsplatten werden in der Regel mit konstanter Dicke ausgeführt (vgl. Abb. 3-35), da die Herstellung und auch die Berechnung (konstantes Widerstandsmoment) unproblematisch ist. Die Bewehrung ist einfach oder doppelt möglich, wobei bei weichen Platten meist eine durchgehende obere und eine untere Bewehrung unter den Wänden bzw. Stützen genügt.

Bei großen Spannweiten kann die Platte durch Rippen (Balken) verstärkt werden, die oben oder unten angeordnet sein können. Ausführungen solcher Verstärkungen sind sowohl kreuzweise als auch nur in einer Richtung möglich (siehe Abb. 3-35). In großen Räumen mit Pilzdecken wird die Gründungsplatte häufig als umgekehrte Pilzdecke ausgeführt

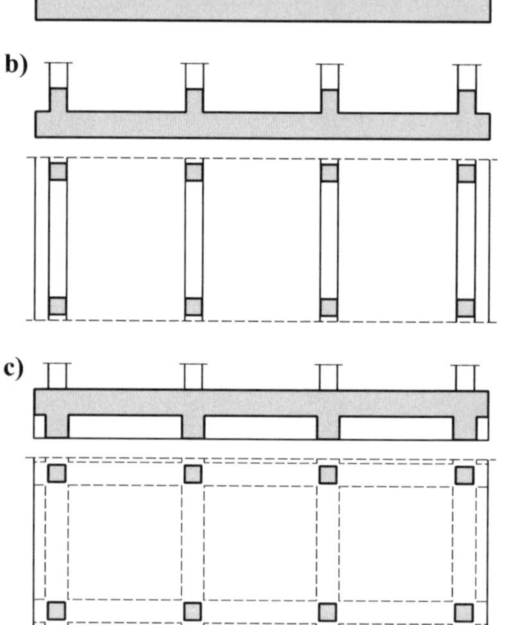

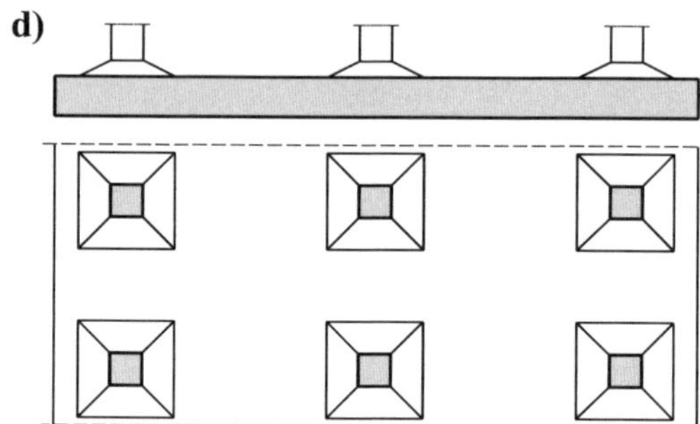

Abb. 3-35 Querschnitte und Draufsichten von Gründungsplatten
a) Platte konstanter Dicke
b) durch obere Rippen verstärkte Platte
c) durch untere Rippen (kreuzweise Anordnung) verstärkte Platte
d) Verstärkung der Platte unter den Stützen

3.9.2 Berechnungsverfahren für Gründungsbalken und -platten

Die zur Bemessung eines flächenhaft gelagerten Gründungsbauwerks erforderliche Schnittgrößenermittlung verlangt die Kenntnis der Spannungsverteilung in der Kontaktfuge zwischen Bauwerk und Baugrund. Deren wirklichkeitsnahe Berechnung erfordert bei Gründungsbalken und Gründungsplatten die Behandlung gebetteter Systeme. Für ihre rechnerische Behandlung werden in DIN 4018 Verfahren vorgeschlagen, die sich in zwei Gruppen gliedern. Zu der ersten Gruppe, die auf vorgegebenen Sohldruckverteilungen basiert, gehören

- das Spannungstrapezverfahren (bei leichten Bauwerken mit hinreichend gleichmäßiger Lastverteilung)
- die Sohldruckverteilung nach BOUSSINESQ (bei sehr biegesteifen Bauwerken, die auf tiefreichenden Bodenschichten mit konstanten Steifemodulen E_S gegründet sind)
- die belastungsgleiche Verteilung (bei sehr weichen Baukörpern).

Die Verfahren der zweiten Gruppe gehen aus von verformungsabhängigen Sohldruckverteilungen. Hierzu gehören

- das Bettungsmodulverfahren (Baugrund wird als Federsystem modelliert)
- das Steifemodulverfahren (Baugrund wird durch Halbraum repräsentiert)
- die kombinierten Verfahren (Beschreibung des Baugrunds mit Kombinationen aus Feder- und Halbraummodellen)
- die Methode der finiten Elemente (FEM), bei der Baugrund und Bauwerk bezüglich ihrer Geometrie und ihrem Materialverhalten durch zusammengefügte Elemente endlicher Abmessungen modelliert werden (siehe hierzu z. B. [L 206] und [L 207]).

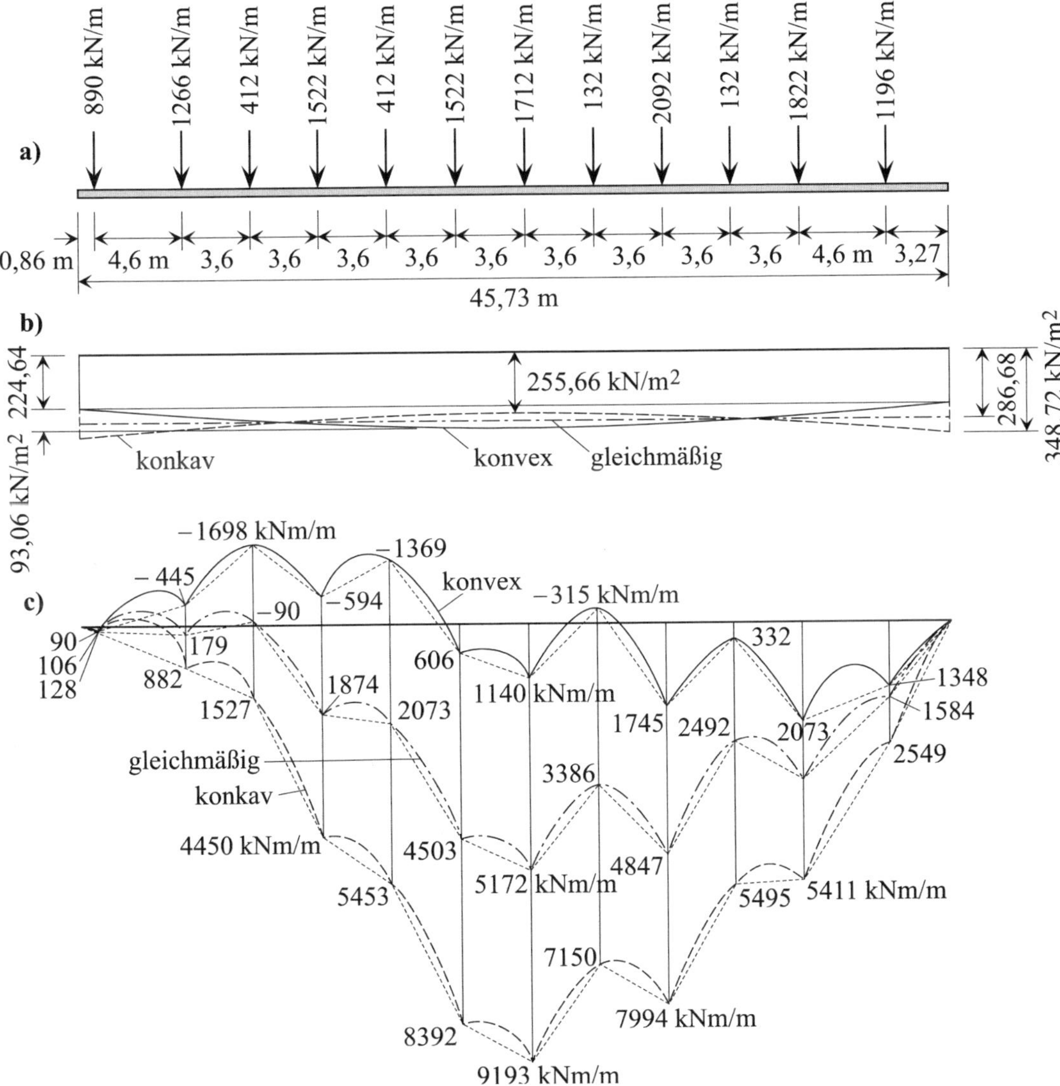

Abb. 3-36 Einfluss geringer Veränderungen einer angenommenen Sohldruckverteilung auf die Biegemomente (nach DIN 4018 Bbl 1)
a) Belastung einer Gründungsplatte, b) Sohldruckverteilung, c) Momentenfläche

Die Bedeutung einer wirklichkeitsnahen Erfassung der Sohldruckverteilung für die Bemessung der Gründungsplatte verdeutlicht der Fall aus Abb. 3-36. Er zeigt, dass der für die Plattenbemessung maßgebende Biegemomentenverlauf auf kleine Änderungen der Sohldruckverteilung empfindlich reagiert. Das verdeutlicht die Problematik, die aus den Vereinfachungen der für die Berechnung verwendeten Baugrundmodelle resultiert, die diese gegenüber der Wirklichkeit

3.9.3 Belastungsgleiche Verteilung

Gründungskörper deren Steifigkeit im Vergleich zu der Steifigkeit des Baugrunds sehr klein ist (weiche Gründungskörper), entsprechen näherungsweise dem Grenzfall des schlaffen Bauwerks, bei dem eingeprägte Flächenlasten und die dazugehörenden Sohldrücke gleich groß sind. Analog dazu ist auch die Größe der sich unter den Lasten einstellenden Biegeverformungen solcher Bauwerke gleich der Größe der zugehörigen Setzungen (vgl. Abb. 3-37).

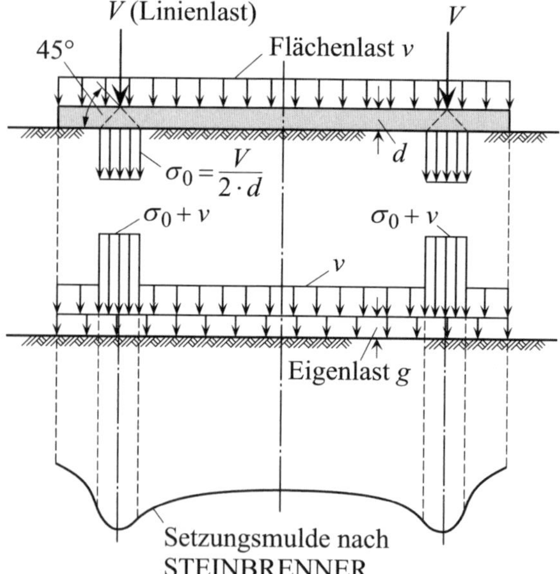

Abb. 3-37 Setzungsmulde unter einem schlaffen Bauwerk (nach DIN 4018 Bbl 1)

3.9.4 Spannungstrapezverfahren

Bei diesem Verfahren, das auf leichte Bauwerke mit weitgehend gleichmäßiger Lastverteilung angewendet werden kann, werden weder für das Gründungsbauwerk noch für den Baugrund Formänderungsbetrachtungen angestellt. Überlegungen bezüglich der Steifigkeitsrelationen zwischen Baugrund und Bauwerk entfallen somit. Bei der Ermittlung der als eben begrenzt angenommenen Bodenpressungen muss nachgewiesen werden, dass die elementaren Gleichgewichtsbedingungen $\Sigma V = 0$ und $\Sigma M = 0$ erfüllt sind. Belastungen, die bezüglich der Grundrissgeometrie des Fundaments symmetrisch sind, erzeugen konstante Sohlspannungsverteilungen. Bei allen anderen Belastungen entstehen keilförmige Sohlspannungskörper.

3.9.5 Verteilung nach BOUSSINESQ

Diese sich nach den Gleichungen von BOUSSINESQ (siehe z. B. [L 11], [L 12], [L 128] und

[L 195]) ergebende Verteilung (vgl. Abb. 3-38) ist bei sehr biegesteifen Gründungsbauwerken auf tiefreichenden zusammendrückbaren Bodenschichten (Schichtdicke > Fundamentbreite) mit konstanten Steifemodulen E_s anzusetzen. Vor allem bei ausgedehnten Gründungsflächen nähert sich die Verteilung der Sohldruckspannungen mit abnehmender Schichtdicke einer Gleichverteilung an.

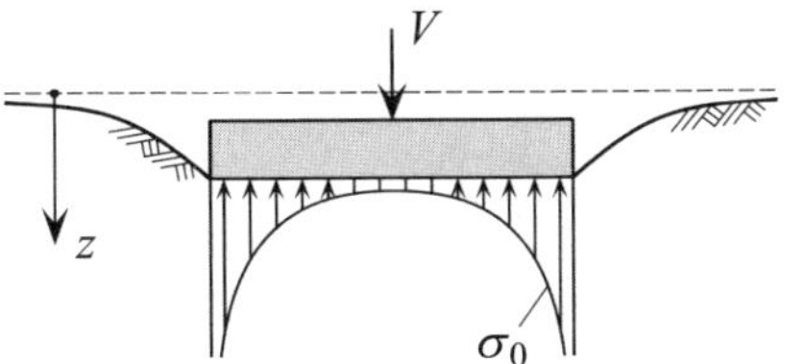

Abb. 3-38 Sohldruckspannungen σ_0 nach BOUSSINESQ unter starrer Fundamentplatte

3.9.6 Bettungsmodulverfahren

Die Grundlagen dieses Verfahrens wurden im Jahre 1867 von WINKLER formuliert. Er ging davon aus, dass sich unter einem beliebigem prismatischem Balken, der auf einer elastischen Unterlage ruht, an einer Stelle x ein Sohldruck $\sigma_0(x)$ einstellt, der proportional ist zur Einsenkung $s(x)$ an dieser Stelle. Diese Annahme lässt sich in der Form

$$\sigma_0(x) = k_s(x) \cdot s(x) \qquad \Rightarrow \qquad k_s(x) = \frac{\sigma_0(x)}{s(x)} \qquad \text{Gl. 3-37}$$

darstellen, wobei k_s ein Proportionalitätsfaktor ist.

Die Definition der Gl. 3-37 für den „Bettungsmodul" k_s gilt für eine beliebige Stelle der Sohlfläche des Gründungskörpers. Sie macht deutlich, dass der Modul in der gesamten Gründungssohle verschieden große Werte annehmen kann, da in der Regel nicht nur der Sohldruck, sondern auch die Setzungen ungleichmäßig verteilt sind. Aus der Definition geht außerdem hervor, dass k_s keine reine Bodenkonstante ist, sondern als Funktion von Sohldruck und Setzung gleichzeitig auch von der jeweiligen Schichtung des Baugrunds und der Geometrie des Fundamentgrundrisses beeinflusst wird und damit von den Bedingungen eines jeden Einzelfalls abhängt.

Für den Fall, dass z. B. bei der Berechnung eines Fundamentkörpers der Breite b ein konstanter Bettungsmodul angesetzt werden soll, kann die in der Praxis bewährte Näherungsberechnung benutzt werden, bei der die zum charakteristischen Punkt gehörende Setzung

$$s = \frac{\sigma_0 \cdot b}{E_m} \cdot f \qquad \text{Gl. 3-38}$$

mit dem mittleren Steifemodul E_m und dem Einflusswert f berechnet wird (vgl. hierzu z. B. [L 195]). Durch Gleichsetzung dieser Setzungsgröße mit $s = \sigma_0 / k_s$ ergibt sich für den Bettungsmodul

$$k_s = \frac{E_m}{b \cdot f} \qquad \text{Gl. 3-39}$$

Das zum Bettungsmodulverfahren gehörende Baugrundmodell verkörpert mechanisch ein System vertikal angeordneter Federn, die axial belastbar sind und sich unabhängig voneinander zusammendrücken lassen. Dem Bettungsmodul k_s kommt dabei die Funktion einer Federkonstanten zu, die z. B. als konstante Größe oder auch über die Auflagerfläche veränderlich vereinbart werden kann (vgl. Abb. 3-39). Bei diesem einfachen Baugrundmodell, welches in der Literatur auch als „WINKLERscher Halbraum" bezeichnet wird, können die Einflüsse benachbarter Sohldrücke durch das Modell nicht erfasst werden.

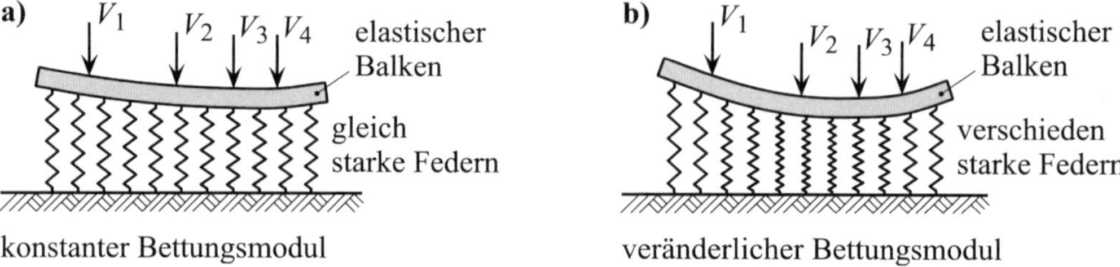

Abb. 3-39 Baugrundmodelle des Bettungsmodulverfahrens (nach GRAßHOFF/KANY [L 148], Kapitel 3.2)

Für die Modellierung elastischer Flächengründungen wird beim Bettungsmodulverfahren im Allgemeinen die Gültigkeit der HOOKE'schen Formänderungsgesetze vorausgesetzt.

Für einen unendlich langen und linear-elastischen Gründungsbalken der Breite b, der auf dem Halbraum von WINKLER gelagert ist und durch eine Einzellast V belastet wird (siehe Abb. 3-40), gelten für die Biegelinie $s(x)$ und das Biegemoment $M(x)$ die Differentialgleichungen

$$\frac{d^2 M}{d x^2} = \sigma_0(x) \cdot b \qquad \text{und} \qquad M(x) = -E_b \cdot I \cdot \frac{d^2 s}{d x^2} \qquad \text{Gl. 3-40}$$

Die Größen E_b und I stehen dabei für den Elastizitätsmodul des Balkenmaterials und das Trägheitsmoment des Balkenquerschnitts. Mit

$$E_b \cdot I \cdot \frac{d^4 s}{d x^4} = -\sigma_0(x) \cdot b \qquad \text{Gl. 3-41}$$

und Gl. 3-37 ergibt sich daraus die endgültige Differentialgleichung vierter Ordnung für die Setzung (Durchbiegung) des elastisch gelagerten Balkens

$$E_b \cdot I \cdot \frac{d^4 s}{d x^4} = -k_s \cdot s(x) \cdot b \qquad \text{Gl. 3-42}$$

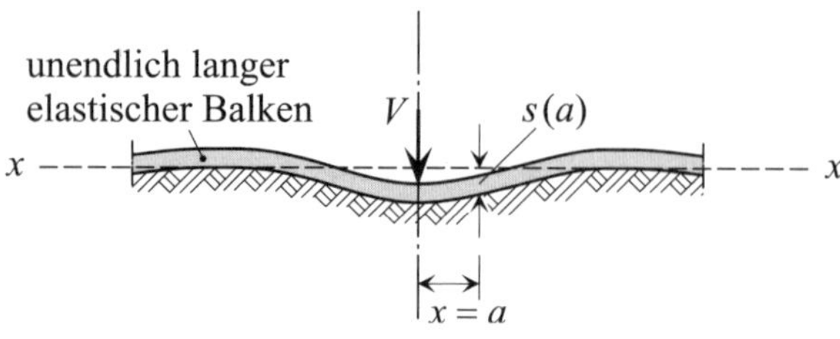

Abb. 3-40 Verformungen eines mit einer Einzellast belasteten, unendlich langen und elastischen Gründungsbalkens auf dem Halbraum von WINKLER (nach GRAßHOFF/KANY [L 148], Kapitel 3.2)

Als Lösungen der Gl. 3-42 mit der die Setzung des elastisch gelagerten Balkens erfasst wird, ergeben sich mit der als „elastische Länge“ bezeichneten Konstanten

$$L = \sqrt[4]{\frac{4 \cdot E_{\mathrm{b}} \cdot I}{k_{\mathrm{s}} \cdot b}} \qquad \text{Gl. 3-43}$$

für den Sohldruck an der Stelle x

$$\sigma_0(x) = \frac{V}{2 \cdot L \cdot b} \cdot \mathrm{e}^{-x/L} \cdot \left(\cos \frac{x}{L} + \sin \frac{x}{L} \right) = \frac{V}{L \cdot b} \cdot \zeta \qquad \text{Gl. 3-44}$$

das Biegemoment an der Stelle x

$$M(x) = \frac{V \cdot L}{4} \cdot \mathrm{e}^{-x/L} \cdot \left(\cos \frac{x}{L} - \sin \frac{x}{L} \right) = V \cdot L \cdot \eta \qquad \text{Gl. 3-45}$$

und die Querkraft an der Stelle x

$$Q(x) = \frac{V}{2} \cdot \mathrm{e}^{-x/L} \cdot \cos \frac{x}{L} = V \cdot \varepsilon \qquad \text{Gl. 3-46}$$

Die Einflusswerte ζ (Sohldruck), η (Biegemoment) und ε (Querkraft) sind in vielen Veröffentlichungen tabellarisch und als Diagramme zu finden (siehe z. B. [L 145] und [L 263]).

Die Lösungen setzen voraus, dass in der gesamten Gründungsfläche Druckspannungen übertragen werden, bzw. dass weder Fugenklaffungen noch Zugspannungen auftreten.

Das Bettungsmodulverfahren führt nach DIN 4018, 6.3.1 zu „hinreichend genauen Ergebnissen bei langen biegsamen Gründungsbalken und ausgedehnten biegsamen Gründungsplatten mit jeweils wenigen Einzellasten, deren Angriffspunkte in ihrer Höhenlage gegeneinander verschieblich sind, sowie bei mit der Tiefe linear von null zunehmendem Steifemodul oder bei dünnen weichen Schichten auf harter Unterlage.“

Die Anwendung des Verfahrens erfolgt heute in aller Regel im Rahmen von Computerprogrammen, wobei sie insbesondere im Rahmen von FEM-Programmen (FEM = Methode der finiten Elemente) zum Tragen kommt in deren Elementkatalog sowohl Balken- als auch Plattenelemente mit elastischer Bettung bereitgestellt werden (vgl. hierzu u. a. KANY [L 147], Kapitel 2.16 und GRAßHOFF/KANY [L 148], Kapitel 3.2).

3.9.7 Steifemodulverfahren

Die Berechnung der Bauwerksverformung mit dem Steifemodulverfahren verlangt, dass im Sohlfugenbereich die sich unter der Last $v(x, y)$ einstellende Form der Biegefläche des Gründungskörpers (Biegelinie beim Gründungsbalken) mit der Form der zugehörigen Setzungsmulde übereinstimmt. Für die Differenz der Durchbiegung des Gründungskörpers Δw an zwei beliebigen Punkten seiner Sohlfläche und der Setzungsdifferenz Δs dieser Punkte muss

$$\Delta s = \Delta w \qquad \text{Gl. 3-47}$$

gelten. Für das Beispiel eines Gründungsbalkens mit konstanter Biegesteifigkeit $E \cdot I$ ergibt sich als Gleichung der elastischen Linie die Differentialgleichung 4. Ordnung

$$\frac{d^4 w(x)}{d x^4} = \frac{1}{E \cdot I} \cdot \left[v(x) - \sigma_0(x) \right] \qquad \text{Gl. 3-48}$$

Da die Form der Setzungsmulde des Baugrunds auch durch benachbarte Sohldrücke beeinflusst wird, ging die Entwicklung des Steifemodulverfahrens von der Behandlung des elastisch-isotropen Halbraums aus. Das Verfahren bietet daher die Möglichkeit, die Einflüsse benachbarter Sohldrücke auf die Setzungen zu berücksichtigen. Es führt, nach den bisherigen Erfahrungen, zu Ergebnissen, die in der Regel die wirklichen Spannungs- und Deformationsverhältnisse des Gesamtsystems Bauwerk – Baugrund besser erfassen als die Resultate des Bettungsmodul- und insbesondere des Spannungstrapezverfahrens, mit dem sich Spannungsspitzen in den Randzonen der Fundamente nicht berechnen lassen und das für solche Fälle zu kleine Bemessungsmomente liefert (vgl. Abb. 3-42).

Die Berechnung der Setzungsmuldenform auf der Basis des elastisch-isotropen Halbraums beruht auf der für den Fall der Einzellast V geltenden Gleichung von BOUSSINESQ

$$w(x,y,z) = \frac{V \cdot (1+\nu)}{2 \cdot \pi \cdot E \cdot R} \cdot \left[2 \cdot (1-\nu) + \frac{z^2}{R^2} \right] \quad \text{mit} \quad R = \sqrt{x^2 + y^2 + z^2} \qquad \text{Gl. 3-49}$$

der Querkontraktionszahl ν und dem Elastizitätsmodul E. Für die Oberfläche des Halbraums $(z = 0)$ ergibt sich aus Gl. 3-49

$$w(x,y) = \frac{V \cdot (1-\nu^2)}{\pi \cdot E \cdot r} \quad \text{mit} \quad r = \sqrt{x^2 + y^2} \qquad \text{Gl. 3-50}$$

Für den Fall, dass in dem $l \times b$ großen Rechteckbereich des Gründungsbalkens eine nur in Richtung der x-Koordinate veränderliche Flächenbelastung $\sigma_0(x)$ wirkt (ebenes Problem), ergibt sich für die Setzung an der Stelle x (vgl. Abb. 3-41) nach SCHULTZE [L 235]

$$s(x) = w(x) = \frac{(1-\nu^2)}{\pi \cdot E} \cdot \int_{u=-l/2}^{u=+l/2} \sigma_0(u) \cdot f(u,x)\, du \qquad \text{Gl. 3-51}$$

mit dem Ausdruck

$$f(u,x) = \int_{e=-b/2}^{e=+b/2} \frac{de}{\sqrt{(u-x)^2 + e^2}} \qquad -\frac{l}{2} \le x \le \frac{l}{2} \qquad \text{Gl. 3-52}$$

der in der Mathematik „Kernfunktion“ und in der Statik „Einflusslinie“ genannt wird.

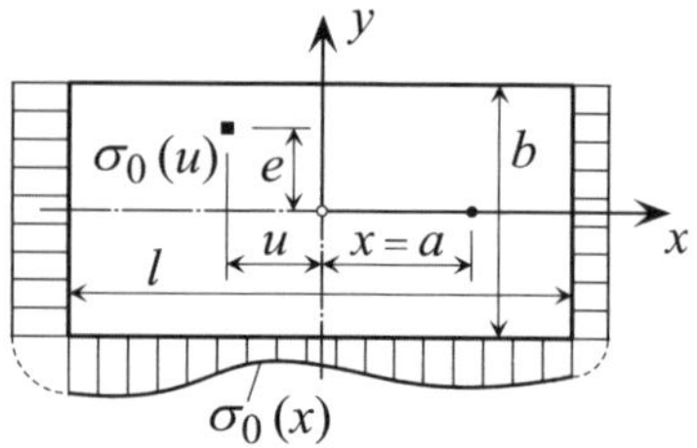

Abb. 3-41 Setzung an der Stelle $x = a$ infolge der einachsig verteilten Sohlpressung $\sigma_0(x)$

Lastart	Einzellast P in der Mitte		2 Einzellasten $P/2$ in Randnähe		gleichförmige Flächenlast $g = P/(A \cdot B)$	
	a) biegsam	b) praktisch starr	c) biegsam	d) praktisch starr	e) biegsam	f) praktisch starr
Steifigkeit	V, $0 < E \cdot I < \infty$, s	V, $E \cdot I \approx \infty$, s	$V/2$, $0 < E \cdot I < \infty$, $V/2$, s, f, s	$V/2$, $E \cdot I \approx \infty$, $V/2$, s, f, s	$g = \sigma_0$, f, $0 < E \cdot I < \infty$	$g = \sigma_0$, f, $E \cdot I \approx \infty$
Sohldruckverteilung	$\sigma_0 = \frac{V}{a \cdot b}$	σ_0	σ_0	σ_0	σ_0, b	$\sigma_0 = g$
Biegemomentenverteilung	$M_{s,S}$, $M_{s,B}$, $M_{s,o}$	$M_{s,o} = M_{s,B}$, $M_{s,S}$	$M_{f,S}$, $M_{f,B}$, $M_{f,o}$, $M_{s,S}$, $M_{s,B}$, $M_{s,o}$	$M_{f,o} = M_{f,B}$, $M_{f,S}$, $M_{s,o} = M_{s,B}$, $M_{s,S}$	$M_{f,B} = M_{f,o} = 0$, $M_{f,S}$	$M_{f,B} = M_{f,o} = 0$, $M_{f,S}$
Vergleich (S) mit einfacher Annahme (o)	$M_{s,o} > M_{s,S}$	$M_{s,o} < M_{s,S}$	$M_{s,o} > M_{s,S}$ $M_{f,o} < M_{f,S}$	$M_{s,o} < M_{s,S}$ $M_{f,o} > M_{f,S}$	$M_{f,o} < M_{f,S}$	$M_{f,o} < M_{f,S}$
Vergleich (S) mit Bettungsmodulverfahren (B)	$M_{s,B} \approx M_{s,S}$	$M_{s,B} < M_{s,S}$	$M_{s,B} \approx M_{s,S}$ $M_{f,B} \approx M_{f,S}$	$M_{s,B} < M_{s,S}$ $M_{f,B} > M_{f,S}$	$M_{f,B} < M_{f,S}$	$M_{f,B} < M_{f,S}$
Erläuterung	-------- einfache Annahme (o)		.... Bettungsmodulverfahren (B)		———— Steifemodulverfahren (S)	

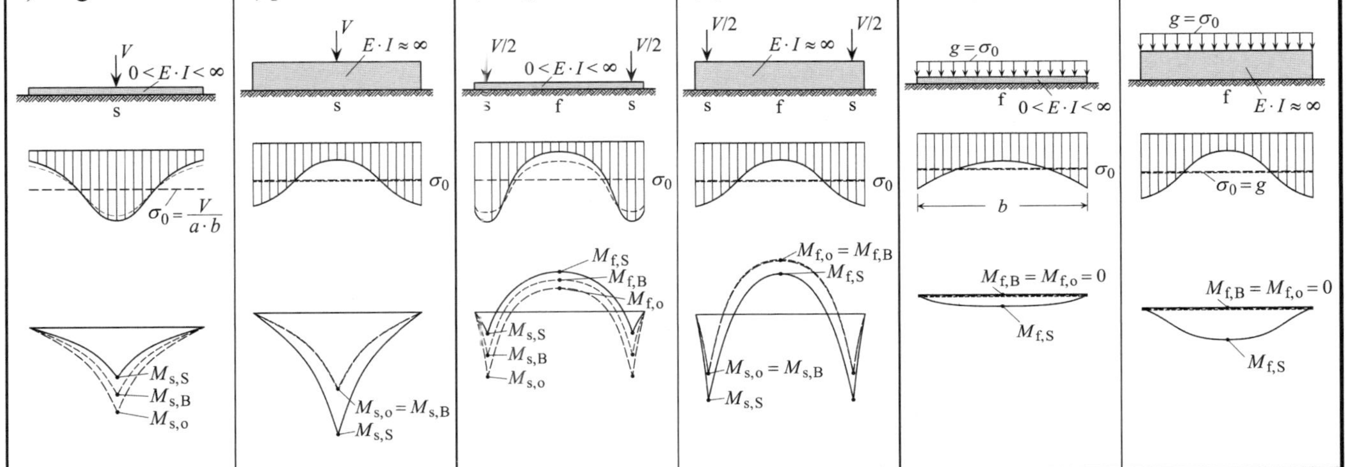

Abb. 3-42 Vergleich der Sohldrücke und Biegemomente bei Anwendung verschiedener Rechenverfahren gegenüber dem Steifemodulverfahren (aus GRAẞHOFF/KANY [L 148], Kapitel 3.2)

Das Einsetzen von Gl. 3-51 und Gl. 3-52 in die Differentialgleichung Gl. 3-48 der elastischen Linie des Gründungsbalkens führt zu einer Gleichung für die Sohldruckverteilung $\sigma_0(x)$. Diese stellt ein gemischtes Randwertproblem des Halbraums dar, bei dem an der Halbraumoberfläche außerhalb der Sohlfuge ein spannungsfreier Zustand herrscht und im Bereich der Sohlfuge die zu bestimmende Sohldruckspannung $\sigma_0(x)$ wirksam ist. Die bei der Lösung dieses Problems auftretenden mathematischen Schwierigkeiten sind, insbesondere bei der Verwendung plattenartiger Gründungskörper, so groß, dass es bisher nur für wenige Fälle gelungen ist, theoretisch strenge Lösungen zu finden (siehe z. B. Zusammenstellung in [L 235]). Hierzu gehören u. a. die auf Reihenentwicklungen basierenden Lösungen von BOROWICKA [L 11] für Kreisplatten und Plattenstreifen, die durch Gleich- oder Einzellasten belastet sind. Die genannten Schwierigkeiten vergrößern sich, wenn das den Gleichungen zugrunde liegende elastisch-isotrope Materialverhalten eines Halbraums im Hinblick auf reale Baugrundverhältnisse zu erweitern ist. Letzteres ist vielfach erforderlich, da z. B. die Steifemodule über die Tiefe des Baugrunds in der Regel nicht konstant sind, sondern meistens mit ihr anwachsen, da der Baugrund Schichtungen mit unterschiedlichen Materialkennwerten aufweist und da sehr hohe Spannungen im Baugrund durch Fließen umgelagert werden und somit plastisches Materialverhalten vorliegt.

Um die vorstehenden Betrachtungen dennoch nicht nur auf wenige Spezialfälle, sondern auf beliebige Problemstellungen anwenden zu können, wurden schon früh Näherungsverfahren entwickelt, deren Anwendung allerdings mit erheblichem Rechenaufwand verbunden war. Inzwischen wurden diese Verfahren erweitert und in Rechenprogramme umgesetzt. In dieser Form stehen sie dem Ingenieur heute zur unproblematischen Bearbeitung entsprechender Aufgaben zur Verfügung. (vgl. z. B. KANY [L 147], Kapitel 2.16 und GRAẞHOFF/KANY [L 148], Kapitel 3.2).

3.9.8 Aufgaben mit Lösungen

Aufgabe 3-11

Zwei im Querschnitt rechteckige Streifenfundamente, die

- einmal als biegeweich und einmal als starr zu betrachten sind
- die Höhe h und die mittlere charakteristische Wichte $\gamma_{F,k}$ besitzen

werden durch eine jeweils symmetrisch wirkende charakteristische Gleichstreckenlast q_k belastet.

Es ist zu erläutern, warum bei der Ermittlung der charakteristischen Schnittlasten beider Fundamente deren Eigenlast nicht zu berücksichtigen ist, wenn die Sohlspannungsverteilung nach dem Bettungsmodulverfahren mit konstantem Bettungsmodul berechnet werden soll.

Aufgabe 3-12

Zu benennen sind vier Gründe für die Wahl einer Plattengründung!

Aufgabe 3-13

Zwei im Querschnitt rechteckige Einzelfundamente mit quadratischem Grundriss, die

- einmal als biegeweich und einmal als starr zu betrachten sind
- die Höhe h und die mittlere charakteristische Wichte $\gamma_{F,k}$ besitzen

werden durch eine jeweils zentrisch wirkende charakteristische Einzellast V_k beansprucht.

Es ist zu erläutern, warum bei der Ermittlung der charakteristischen Schnittlasten beider Fundamente außer der Einzellast auch die Eigenlast zu berücksichtigen ist, wenn die Sohlspannungsverteilung nach dem Steifemodulverfahren ermittelt wird!

Lösung zu Aufgabe 3-11

Die konstante Höhe des jeweiligen Fundaments über seine Breite führt zur konstanten charakteristischen Flächenbelastung

$$g_{F,k} = \gamma_{F,k} \cdot h$$

aus der Fundamenteigenlast, zu der sich nach dem Bettungsmodulverfahren mit konstantem Bettungsmodul dann eine entgegengesetzt wirkende charakteristische Sohlspannung $\sigma_{0,g,k}$ gleicher Größe einstellt, wenn die Bettung über die ganze Breite um das gleiche Maß gestaucht wird. Da dies sowohl bei starren als auch bei biegeweichen Fundamenten unter konstanten Flächenlasten der Fall ist (vgl. Abb. 3-42), kompensieren sich die jeweils gleich großen und entgegengesetzt gerichteten Größen $g_{F,k}$ und $\sigma_{0,g,k}$ in ihrer statischen Wirkung und rufen somit keine Schnittlasten in den Fundamenten hervor. Dies führt auch dazu, dass die Eigenlasten der Fundamente auch nicht in deren Bemessung eingehen.

Lösung zu Aufgabe 3-12

Die Entscheidung für eine Plattengründung kann z. B. erfolgen, weil

- die Tragfähigkeit des anstehenden Baugrunds so gering ist, dass die Übertragung der Bauwerkslasten über Einzel- und Streifenfundamente nicht mehr möglich ist
- die Kosten für Aushub, Schalung und Bewehrung geringer sind als die für eine Gründung aus Einzel- und Streifenfundamenten (gilt vor allem bei Platten konstanter Dicke und bei Gründungsflächen der Einzel- und Streifenfundamente, die in ihrer Summe nicht wesentlich kleiner sind als die Gründungsfläche der Platte)
- die Abdichtung gegen aufsteigendes Grundwasser bei einer Plattengründung technisch einfach und sicher und meist auch sehr kostengünstig ist
- der anstehende Baugrund bereichsweise geringe Lagerungsdichten aufweist und größere Setzungsunterschiede vermieden werden sollen (Überbrückungseffekt der Plattengründung).

Lösung zu Aufgabe 3-13

Die konstante Höhe des jeweiligen Fundaments über seine Breite führt zur konstanten charakteristischen Flächenbelastung

$$g_{F,k} = \gamma_{F,k} \cdot h$$

aus der Fundamenteigenlast, zu der sich nach dem Steifemodulverfahren, sowohl beim starren als auch beim biegeweichen Fundament, jeweils entgegengesetzt wirkende aber nicht konstant verlaufende charakteristische Sohlspannungen $\sigma_{0,g,k}$ ergeben (vgl. Abb. 3-42). Die Wirkungen von $g_{F,k}$ und $\sigma_{0,g,k}$ kompensieren sich zwar hinsichtlich ihrer Resultierenden ($\Sigma V = 0$), nicht aber in ihrem Verlauf über die Sohlfläche und rufen deshalb unterschiedlich große charakteristische Schnittlasten in dem Fundament hervor. Da deren Differenzen mit Schub- und Biegespannungsbeanspruchungen des jeweiligen Fundaments verbunden sind, muss die Eigenlast bei der Bemessung beider Fundamente berücksichtigt werden.

4 Pfähle

4.1 Allgemeines und Regelwerke

4.1.1 Allgemeines

Bauwerkslasten wie Eigen- und Nutzlasten können über Flächengründungen oder Pfahlgründungen auf den tragfähigen Baugrund übertragen werden, wobei in Abhängigkeit von der Lage der tragfähigen Bodenschicht zwischen Flachgründungen, Tiefgründungen und schwimmenden Gründungen zu unterscheiden ist (vgl. Abschnitt 3.1).

Liegt die tragfähige Bodenschicht weit unterhalb des Bauwerks und erweist sich eine Verbesserung des sie überlagernden Baugrunds als nicht sinnvoll, erfolgt die Lastübertragung auf diese Schicht meist durch Pfähle (vgl. Abb. 4-1). Diese, neben der Flachgründung, älteste Gründungsform, ist der am häufigsten angewendete und vielseitigste Tiefgründungstyp. Bei ihm werden die Lasten durch den Spitzendruck und/oder die Mantelreibung der Pfähle in den Boden übertragen.

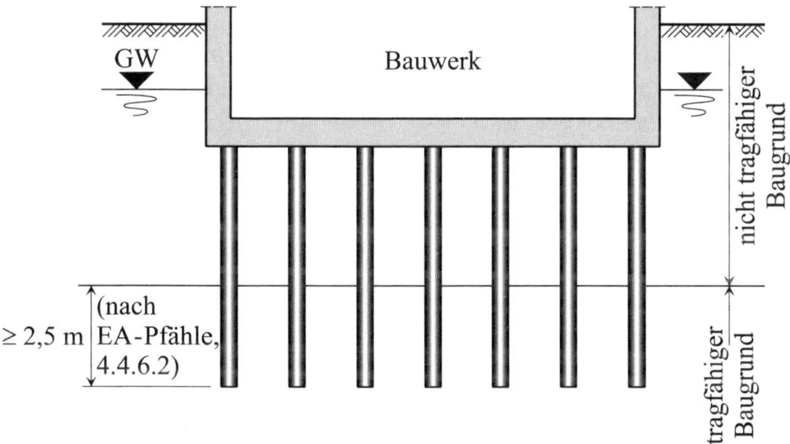

Abb. 4-1 Pfahlgründung zur Abtragung der Bauwerkslasten in tragfähigen Baugrund mit Hilfe von Bohrpfählen (Prinzipskizze)

4.1.2 Regelwerke

Empfehlungen zum Entwurf von Pfahlgründungen, zu ihrer Herstellung und Bemessung sowie zur Ermittlung der zulässigen Belastung von Pfählen (Bohr-, Ramm-, Verdrängungs-, Verpress- und Mikropfählen) können entnommen werden den Normen

- DIN 1054 [L 30], DIN 1054/A1 [L 30], DIN 1054/A2 [L 30], DIN 4020 [L 46], DIN 4020 Beiblatt 1 [L 47], DIN 4126 [L 62], DIN EN 1536 [L 76], DIN EN 1538 [L 79], DIN EN 1993-5 [L 86], DIN EN 1993-5/NA [L 87], DIN EN 1997-1 [L 88], DIN EN 1997-1/NA [L 89], DIN EN 1997-2 [L 90], DIN EN 1997-2/NA [L 91], DIN EN 12699 [L 93], DIN EN 12794 [L 96], DIN EN 14199 [L 98], DIN SPEC 18140 [L 106], DIN SPEC 18538 [L 109] und DIN SPEC 18 539 [L 110]

sowie z. B. den

- EA-Pfähle [L 120]
- EAU 2012 [L 122]

4.2 Einteilungen der Pfähle

Pfähle können nach unterschiedlichsten Gesichtspunkten in Gruppen eingeteilt werden. Im Folgenden werden einige dieser Einteilungsmöglichkeiten dargestellt.

4.2.1 Nach der Art der vorwiegenden Lastabtragung

Bauwerkslasten werden von Pfählen in der Regel über Normalkräfte aufgenommen, deren Abtragung auf den Baugrund in Form von Spitzendruck und/oder Reibung erfolgt.

Spitzendruckpfähle: tragen Bauwerkslasten auf tiefer liegende, tragfähige Bodenschichten vorwiegend durch den Spitzendruck σ ab (vgl. Abb. 4-2 a)). Bewegen sich Teilbereiche des den Pfahl umgebenden Bodens relativ zum Pfahl nach unten (z. B. bei starker Zusammendrückung weicher Schichten infolge zusätzlicher Auflasten), kehrt sich die Wirkungsrichtung der Reibung in diesen Bereichen um; es tritt dann den Pfahl zusätzlich belastende „negative Pfahlmantelreibung" auf.

Reibungspfähle: tragen Bauwerkslasten auf die tragfähigen Bodenschichten vorwiegend durch Reibung im Bereich der Pfahlmantelfläche (Pfahlmantelreibung τ) ab. Die Abtragung von Zugkräften erfolgt ausschließlich über Mantelreibung (siehe Abb. 4-2 c)).

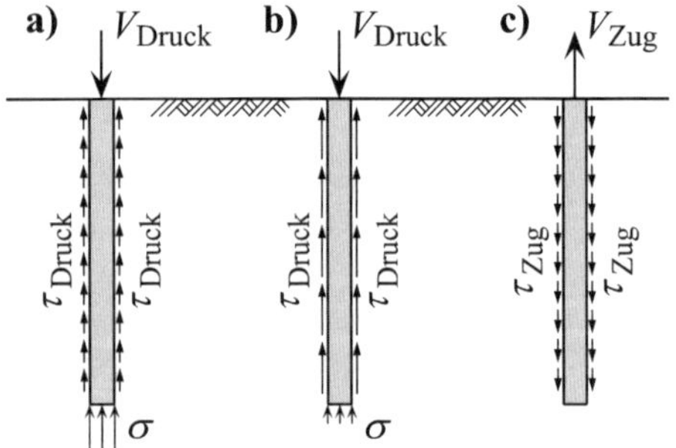

Abb. 4-2 Pfahlarten
a) Spitzendruckpfahl, stehender Pfahl
σ = Spitzendruck
τ = Mantelreibung
b) Reibungspfahl, schwebender Pfahl
c) Reibungspfahl, Zugpfahl

4.2.2 Nach der Lage der tragfähigen Schicht bei Druckpfählen

Pfahllasten werden dort übertragen, wo hinreichend tragfähige Schichten im Baugrund die Pfahllasten in Form von Spitzendruck und/oder Reibung aufnehmen können.

Stehende Pfähle: übertragen Bauwerkslasten auf tiefer liegende, tragfähige Bodenschichten.

Schwebende (schwimmende) Pfähle: Bei der Abtragung von Bauwerkslasten erreichen sie mit ihrer Spitze keine Schicht mit hoher Tragfähigkeit, da eine solche bis in große Tiefen nicht ansteht oder mit der Pfahlspitze nur mit unvertretbar hohem Aufwand erreichbar ist; die sich aufbauenden Spitzendrücke sind daher sehr klein (vgl. Abb. 4-2 b)). Der Einsatz der Pfähle sollte möglichst vermieden werden bzw. nur erfolgen, wenn tragfähiger Baugrund so tief unter bindigen zusammendrückbaren Schichten liegt, dass er mit wirtschaftlich vertretbarem Aufwand von den Pfahlspitzen nicht erreicht werden kann.

4.2.3 Nach ihrer Lage im Boden

Lasten können auch von Pfählen in den Baugrund übertragen werden, die ganz oder nur zum Teil im Boden stehen.

Grundpfähle: stehen in ihrer ganzen Länge im Boden.

Langpfähle (*frei stehende Pfähle*): stehen nur mit ihrem unteren Ende im Boden, mit dem oberen Ende hingegen stehen sie frei und werden deshalb auch auf Knicken beansprucht (z. B. Pfähle welche die Lasten durch freies Wasser in festeren Untergrund übertragen).

4.2.4 Nach dem Baustoff, aus dem sie hergestellt sind

Aus technischen und wirtschaftlichen Gründen werden Pfähle aus unterschiedlichen Baustoffen hergestellt. Unterschieden werden Holz-, Beton-, Stahlbeton-, Spannbeton- und Stahlpfähle. Bezüglich der Vor- und Nachteile von Holz-, Stahl- und Stahlbetonpfählen sei auf FRANKE [L 148], Kapitel 3.3 verwiesen (vgl. auch Tabelle 5-1 in MÖLLER [L 198]).

4.2.5 Nach ihrer Herstellung und der Art ihres Einbaus

Aspekte wie die Anzahl der einzubringenden Pfähle, auf der Baustelle vorhandener Platz, Entfernung der Nachbarbebauung usw. beeinflussen nicht nur die Frage nach der Art der Herstellung, sondern auch nach der Art des Einbaus der Pfähle.

Fertigpfähle: solche Pfähle werden in ihrer vollständigen Länge oder in Teillängen vor Ort hergestellt oder in vorgefertigter Form angeliefert. An ihrem vorgesehenen Einsatzort können sie in den Baugrund gerammt, gespült, gerüttelt, gepresst, geschraubt oder in vorbereitete Bohrlöcher eingestellt werden.

Ortpfähle: zu diesem Typus zählende Pfähle werden an Ort und Stelle in einem Hohlraum des Baugrunds hergestellt, der z. B. gebohrt, gerammt oder eingepresst wurde. In Abhängigkeit von der Art der Hohlraumherstellung wird zwischen Bohr-, Ramm-, Ortbeton-Ramm-, Pressrohr- oder Rüttelpfählen unterschieden.

Bohrpfähle: sie werden als Ortbetonpfähle in einem in den Baugrund gebohrten Hohlraum durch Einbringen von Beton, ggf. mit Bewehrung, hergestellt. Im Zuge der Hohlraumherstellung kann ggf. der den jeweiligen Pfahl umgebende Boden aufgelockert werden.

Verdrängungspfähle: Pfähle, die in der Regel ohne Bohren oder Aushub von Bodenmaterial in den Baugrund eingebracht werden und dabei den sie umgebenden Boden verdrängen und verdichten.

Einpresspfähle: als Fertigpfähle werden sie in den Baugrund gedrückt oder, wie z. B. beim *Franki*-Pressrohrpfahl, als stahlrohrummantelter Ortpfahl verwendet (das Stahlrohr wird dabei schussweise in den Boden eingepresst und nach jedem Schuss ausbetoniert).

4.2.6 Nach der Art ihrer Beanspruchung

Verläuft die Wirkungslinie der auf den Einzelpfahl einwirkenden Lastresultierenden nicht durch die Pfahlachse, wird der Pfahl auch auf Biegung beansprucht.

Axial beanspruchte Zugpfähle: sie übertragen die Pfahlzugkraft durch Mantelreibung auf den Baugrund (Einsatzbeispiele: Auftriebssicherung von Docksohlen, Aufnahme der Seilkräfte bei abgespannten Konstruktionen).

Axial beanspruchte Druckpfähle: mit ihnen werden die Pfahldruckkräfte durch Mantelreibung und/oder Spitzendruck auf den Baugrund abgetragen.

Auf Biegng beanspruchte Pfähle: sie tragen nur normal zu ihrer Achse wirkende Lasten ab. Ein Anwendungsbeispiel ist die Stabilisierung von Böschungen mit zu geringer Böschungsbruchsicherheit durch Verdübelungs- oder Pflugwirkung (vgl. Abb. 4-3).

Axial und auf Biegung beanspruchte Pfähle: sie werden z. B. unter Brückenwiderlagern angeordnet, wo sie sowohl die vertikalen Brückenlasten als auch die horizontal wirkenden Erddruckkräfte aufzunehmen haben.

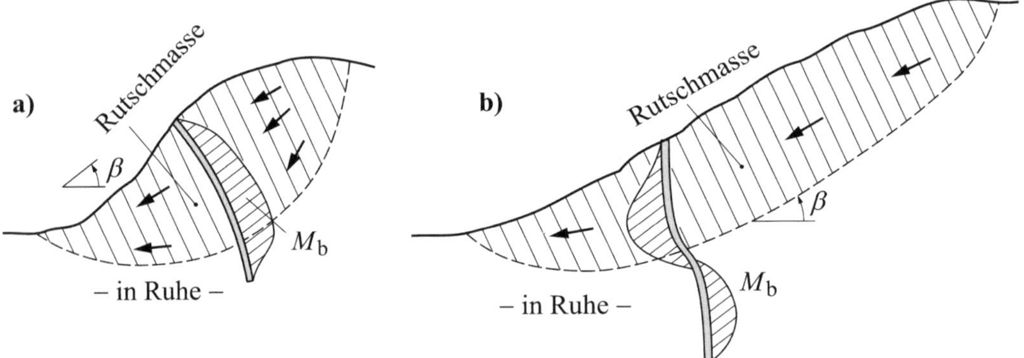

Abb. 4-3 Stabilisierung von Böschungen (Böschungswinkel β) mit Pfählen als Dübel (nach SMOLTCZYK/LÄCHLER [L 148] Kapitel 3.4)
a) bei plastizierter Rutschmasse, b) bei starrer Rutschmasse

4.2.7 Aufgaben mit Lösungen

Aufgabe 4-1

Welche Pfahltypen sind bezüglich der Lastübertragung zu unterscheiden und wie überträgt der jeweilige Pfahltyp die Bauwerkslasten auf tragfähigen Baugrund?

Aufgabe 4-2

Wodurch unterscheiden sich axial beanspruchte Pfähle von auf Biegung beanspruchten Pfählen und axial beanspruchte Zugpfähle von axial beanspruchten Druckpfählen?

Lösung zu Aufgabe 4-1

Hinsichtlich der Lastübertragung zu unterscheiden sind

a) Reibungspfähle und
b) Spitzendruckpfähle.

Übertragen werden die Bauwerkslasten bei

a) Reibungspfählen im Wesentlichen durch Mantelreibung am Pfahlumfang auf die tragfähigen Baugrundschichten
b) Spitzendruckpfählen vorwiegend durch den Spitzendruck auf den tragfähigen Baugrund.

Lösung zu Aufgabe 4-2

Axial beanspruchte Pfähle tragen nur in ihrer Längsachse wirkende Zug- oder Druckkräfte auf den Baugrund ab, auf Biegung beanspruchte Pfähle hingegen nur normal zu ihrer Längsachse wirkende Belastungen (vgl. Abschnitt 4.2.6).

Während axial beanspruchte Zugpfähle die von ihnen aufgenommenen Zugkräfte ausschließlich über Mantelreibung auf den Baugrund abtragen, gilt dies bei der Lastabtragung axial beanspruchter Druckpfähle nur im Sonderfall, da Druckpfähle die von ihnen aufgenommenen Druckkräfte in der Regel sowohl über Mantelreibung als auch über Spitzendruck auf den Baugrund abtragen (vgl. Abschnitt 4.2.6).

4.3 Verdrängungspfähle

4.3.1 Begriffe nach DIN EN 12699

Verdrängungspfähle: vorgefertigte Pfähle, Ortbetonpfähle oder eine Kombination davon, die ohne Aushub oder Entfernen von Bodenmaterial im Boden hergestellt werden. Die Pfähle werden durch Rammen, Einrütteln, Einpressen oder Eindrehen in den Boden eingebracht (Kombinationen dieser Verfahren sind ebenfalls möglich).

Vorgefertigte Verdrängungspfähle: werden vor dem Einbringen in einem Stück oder in Pfahlschüssen hergestellt.

Ortbetonverdrängungspfähle: bei ihnen wird durch Einbringung eines am Ende verschlossenen Vortreibrohrs (temporäres oder bleibendes) ein Hohlraum erzeugt, der mit bewehrtem oder unbewehrtem Beton verfüllt wird.

Schraubpfähle: weisen am unteren Pfahlende bzw. Vortreibrohrende Schraubgänge auf und werden durch eine Kombination von Drehen und vertikalem Vorschub eingebracht. Beim Eindreh- und ggf. auch beim Ausdrehvorgang verdrängen die Pfähle den Boden im Wesentlichen zur Seite hin, ein Aushub findet dabei praktisch nicht statt.

Eingepresste Fertigpfähle: werden durch statische Kräfte in den Boden eingepresst.

4.3.2 Pfahlabstände und -neigungen

Die Festlegung der Pfahlabstände und -neigungen sollte so erfolgen, dass eine nennenswerte Wechselwirkung der Pfähle vermieden wird. Liegen dazu örtliche oder vergleichbare Erfahrungen vor, sollten diese berücksichtigt werden.

Zur Vermeidung schädlicher Rückwirkungen auf benachbarte Pfähle oder Bauten ist nach [L 48] die Einhaltung der Mindestabstände gemäß Abb. 4-4 erforderlich, wenn es sich bei den Pfählen um vorgefertigte gerammte Verdrängungspfähle (Rammpfähle) handelt. Darüber hinaus ist auch die Reihenfolge des Rammens zu beachten.

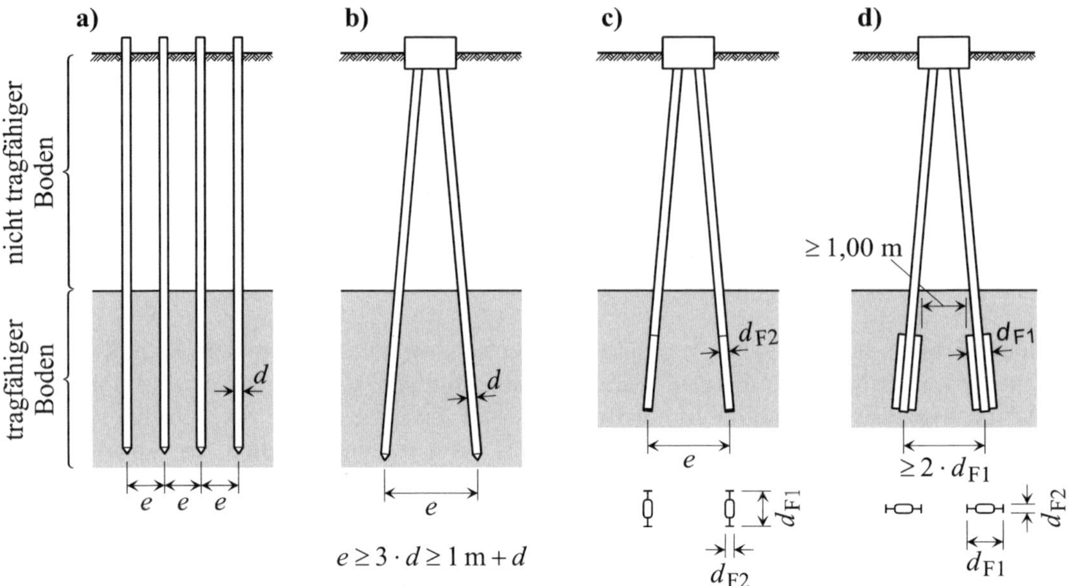

Abb. 4-4 Mindestabstände von Rammpfählen gemäß [L 48]
a) gleichgerichtete Pfähle, b) gespreizte Pfähle,
c) + d) gespreizte Pfähle mit angeschweißten Flügeln als Fußverstärkung

4.3.3 Holzpfähle

Verdräng4ungspfähle aus Holz werden meist nur bei vorübergehenden Bauten wie etwa Baubrücken verwendet. Ihr Einsatz bei Bauwerken mit großer Lebensdauer ist nur dann zweckmäßig, wenn sie unter der Fäulnisgrenze enden und Holzschädlinge nicht einwirken können. Deshalb ist u. a. zu prüfen, ob der Grundwasserspiegel z. B. durch Bauarbeiten, Flussregulierungen usw. sinken oder schwanken kann.

Nach DIN EN 12699 und DIN SPEC 18538 müssen zugerichtete Holzpfähle gleichmäßig konisch sein. Werden Pfähle eingerammt, ist das Zerfasern/Aufsplittern des Pfahlkopfs durch Maßnahmen wie die Anordnung eines Pfahlrings (vgl. Abb. 4-5) zu verhindern.

Der auf der halben Pfahllänge zu messende mittlere Pfahldurchmesser ist nach [L 48] auf die Pfahllänge l abzustimmen. Für seine Größe (in cm) gilt

- 25 cm ± 2 cm bei $l < 6$ m
- 20 cm + 0,01 · l (in cm) ± 2 cm bei $l \geq 6$ m

Der Zopf-Durchmesser von Holzpfählen sollte nach [L 49] ≥ 20 cm betragen. Die Lieferlängen der Pfähle sind in der Regel auf 22 bis 23 m begrenzt (vgl. [L 2]).

Für den Einsatz in schwer rammbaren Böden (z. B. Kies) lassen sich die Pfahlspitzen durch Pfahlschuhe schützen (vgl. Abb. 4-5).

Vorteile von Holzpfählen sind u. a. ihr geringes Gewicht und ihre Langlebigkeit (bei vollständig und dauerhaft in Wasser stehenden Pfählen, die geschützt sind vor Befall durch Holzschädlinge). Gefährdet sind Holzrammpfähle, wenn festere Bodenschichten durchrammt werden müssen, bzw. Pfähle in festere Böden einzurammen sind.

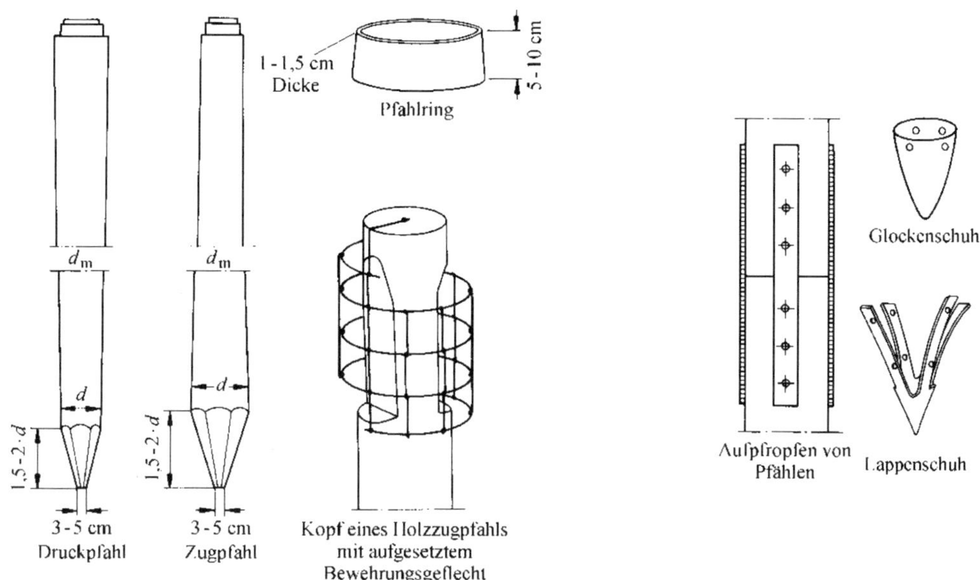

Abb. 4-5 Verdrängungspfähle aus Holz (nach FRANKE [L 148], Kapitel 3.3)

4.3.4 Allgemeines zu Betonfertigpfählen

Während die Funktionstüchtigkeit von Holzpfählen in den meisten Fällen nur für relativ kurze Zeit zu gewährleisten ist, müssen Stahlbeton- und Spannbetonpfähle, im Zusammenwirken mit langlebigen Bauwerken, die ihnen zugeordneten Aufgaben dauerhaft und ohne Einschränkungen erfüllen.

Die Querschnitte von Stahl- und Spannbetonpfählen können quadratisch, rechteckig, vieleckig, kreisförmig oder gegliedert sein (vgl. Abb. 4-6). Sie müssen den Beanspruchungen beim Transport und beim Rammen standhalten (die Beförderung verlangt Sorgfalt, also nicht ruckweise kanten oder anheben und nicht werfen).

Nach DIN EN 12699, 6.2.1 müssen die Baustoffe und die Herstellung der Betonfertigpfähle der für vorgefertigte Gründungspfähle geltenden DIN EN 12794 entsprechen (u. a. ist danach für Stahl- oder Spannbetonpfähle mindestens ein Beton der Festigkeitsklasse C35/45 zu verwenden).

Vorteile gerammter Betonfertigpfähle sind nach FRANKE ([L 148], Kapitel 3.3) u. a. die gute Bodenverdichtung beim Rammen, ihre Belastbarkeit unmittelbar nach dem Einbringen, die „Güteprüfung" des Pfahlmaterials durch den Rammvorgang und die Prüfung der Tragfähigkeit des Baugrunds durch den „Sondierungseffekt" der Rammung.

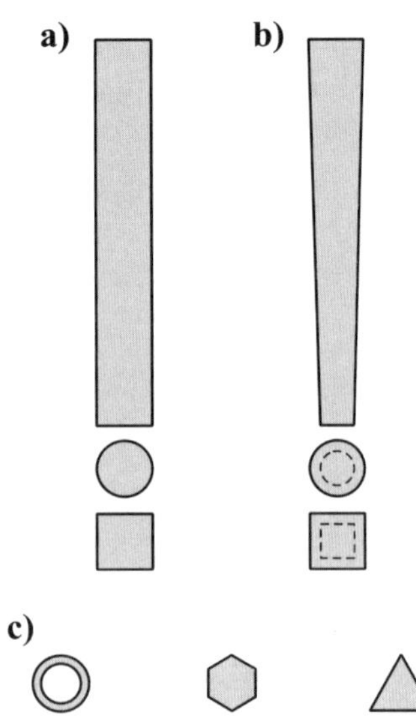

Abb. 4-6 Beispiele für vorgefertigte Betonpfähle (nach DIN EN 12699, Anhang A)
a) Pfahlschaft gerade, runder oder quadratischer Querschnitt
b) Pfahlschaft konisch, runder oder quadratischer Querschnitt
c) weitere mögliche Querschnittsformen

4.3.5 Stahlbeton- und Spannbetonpfähle

Für Hochbaugründungen werden meist quadratische Stahlbetonfertigrammpfähle mit üblichen Querschnittsabmessungen von 35 cm × 35 cm verwendet. Als obere Grenze für massive Stahlbetonpfähle gilt der 40 cm × 40 cm-Pfahl für Größtlängen von ca. 25 m. Der Pfahlbeton muss nach DIN EN 12794 mindestens zur Festigkeitsklasse C35/45 gehören. Die vor dem Transport zum Einsatzort und die vor dem Einbau zu erreichende Mindestdruckfestigkeit des Pfahls ist festzulegen (Näheres hierzu siehe DIN EN 12794).

Die Bewehrungsführung bei Pfählen entspricht derjenigen von Stützen. Wegen der dynamischen Druckbeanspruchung des Pfahls beim Rammen soll die Querbewehrung die Längsbewehrung straff umschließen.

Nach DIN EN 12794 sind für die Längsbewehrung Stäbe mit Durchmessern ≥ 8 mm zu verwenden. Bei Pfählen mit polygonalem Querschnitt ist in jeder Polygonecke mindestens ein Stab einzubringen und bei kreisförmigem Querschnitt sind mindestens sechs Stäbe gleichmäßig auf den Kreisumfang zu verteilen.

Für die Querbewehrung sind Stähle mit Nenndurchmessern ≥ 4 mm zu verwenden, wenn das Quermaß des Pfahls ≤ 300 mm ist, bei Quermaßen von ≥ 300 mm sind Stähle mit Nenndurchmessern ≥ 5 mm einzubauen. Eine Querbewehrung ist im

- Pfahlkopfbereich über eine Länge von ≥ 50 cm einzubringen (≥ 9 Bügel anordnen)
- Pfahlfußbereich von Pfählen, deren Pfahlfuß in Schwemmablagerungen eingebracht wird über eine Länge von ≥ 20 cm einzubringen (≥ 5 Bügel anordnen)
- Pfahlfußbereich von Pfählen, die auf Hartgestein oder auf Moräneschichten stehen über eine Länge von ≥ 50 cm einzubringen (Bügelanzahl entsprechend anzupassen)
- restlichen Pfahlschaftbereich gleichmäßig zu verteilen (Bügelabstand ≤ 3faches des kleinsten Pfahlschaftquerschnittsmaßes).

Die angegebenen Bedingungen für die Querbewehrung gelten nicht für Pfähle oder Pfahlsegmente der Klasse 2 (Bewehrung mit einem einzelnen, mittig angeordneten Stab).

Überschreitet die Länge *l* der Pfähle ein gewisses Maß, werden sie meist vorgespannt (nach [L 169] > 12 m bei schwierigen Rammungen, und nach [L 242] 15 bis 20 m). Die Vorspannung σ_V reduziert die Rissbildungsgefahr beim Anheben und beim Transport (nach [L 169] sollte $3{,}0\ MN/m^2 \leq \sigma_V \leq 5{,}5\ MN/m^2$ gelten). Außerdem zeichnen sich Spannbetonpfähle gegenüber Stahlbetonpfählen u. a. aus durch einen geringeren Bewehrungsanteil, geringere Querschnittsgrößen und geringeres Gewicht, größere mögliche Pfahllängen sowie eine größere Unempfindlichkeit beim Rammen.

4.3.6 Stahlpfähle

Verdrängungspfähle aus Stahl sind gegenüber Holz- und Stahlbetonpfählen relativ teuer und werden hauptsächlich dann verwendet, wenn Eigenschaften zu fordern sind, die andere Pfahlarten nicht in gleichem Maße aufweisen. Dies sind z. B. die Sicherheit gegen Schädlingsbefall, Fäulnis und aggressive Wässer, die gute Rammbarkeit auch in Böden mit nicht zu schweren Hindernissen (Mauerreste, dünne Felsplatten u. Ä.), das geringe Gewicht bei gleichzeitig hohen Werten für Tragkraft, Festigkeit und Elastizität sowie großer Widerstandsfähigkeit beim Rammen, die gute Eignung zur Aufnahme von Biegebeanspruchungen im eingebauten Zustand wie auch beim Transport und die nahezu beliebige Länge (bisher bis zu 34 m).

Die Querschnittsform von Stahlrammpfählen kann die von Rohren, IPB-Trägern sowie Spundwand- und Spezialprofilen sein (vgl. Abb. 4-7). Die Spundwandprofile können an ihren Schlössern verschweißt sein (Kastenpfähle). Stahlpfähle mit Z-Profil sind als Zugpfähle sehr wirtschaftlich, da sie bei geringem Gewicht eine große Umfangsfläche besitzen.

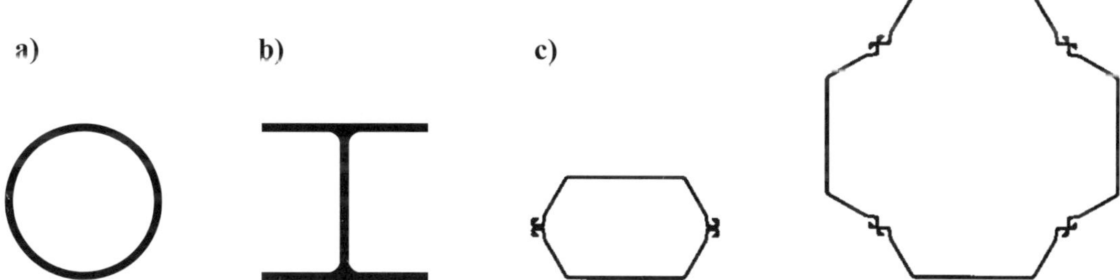

Abb. 4-7 Querschnittsformen von Stahlpfählen (die beiden rechten Darstellungen aus Informationsmaterial der Fa. *HSP* [F 8])
a) Stahlrohr, b) I-Profil,
c) geschweißte LARSSEN-Spundbohlen: LP-Pfahl (links), LV-Pfahl (rechts)

Als Pfahlmaterial ist möglichst wenig rostempfindlicher Stahl zu verwenden. Ist mit einem nennenswerten Verlust der Stahldicke durch Korrosion zu rechnen, sind Maßnahmen zu treffen wie die Wahl größerer Stahldicken als Korrosionsreserve, Schutzanstriche bei frei stehenden Pfählen (gewöhnlicher Anstrich, Epoxidharzanstrich, Verpressmörtel oder Verzinken), kathodischer Schutz oder auch Ummantelung mit einem Betonrohr.

Stahlpfähle können durch geschweißte Stöße mit aufgeschweißten Laschen verlängert, große Hohlpfähle durch angeschweißte Spitzen oder Fußplatten verschlossen werden. Bei Pfählen mit kleineren Querschnitten und ohne Verschluss, verdichtet und verspannt sich der in den Pfahlhohlraum eindringende Boden beim Rammen u. U. so, dass er von dem Pfahl mit in die

Tiefe genommen wird und die Spitzendruckfläche des Pfahls auf die dem Vollquerschnitt entsprechende Fläche vergrößert.

4.3.7 Ortbetonpfähle

Die Herstellung von Ortbetonpfählen erfolgt durch Einrammung oder Einrüttlung eines den Boden verdrängenden Stahlrohrs mit geschlossener Spitze (Vortreibrohr), das nach Erreichen der Solltiefe mit einem Bewehrungskorb versehen und ausbetoniert wird. Das Rohr wird entweder wiedergewonnen oder es verbleibt, z. B. als Schutz gegen betonschädliche Bodenbestandteile, im Baugrund (Rohrpfähle).

Die Rammung erfolgt als Kopframmung auf eine auf der Rohroberkante sitzende Rammhaube oder als Freifall-Innenrammung mit einem Fallbären auf einen Betonpfropfen im Rohrfuß (geringere Lärmentwicklung und Rammerschütterung).

Bei der Kopframmung verschließt eine verlorene Spitze bzw. Platte (siehe Abb. 4-8) oder eine Fußkappe das Rammrohr nach unten. Da sich beim Rammen vor der Stahlplatte eine Spitze verdichteten Bodens ausbildet, ist die erforderliche Rammarbeit bei Rohren mit Spitze oder Platte etwa gleich groß. Wegen ihres geringeren Preises werden Stahlplatten bevorzugt bei weichen oder mittelharten Böden verwendet. Bei schweren Böden (z. B. Felsbänder) werden sie durch kreuzweise aufgeschweißte Stahlbleche spitzenartig verstärkt.

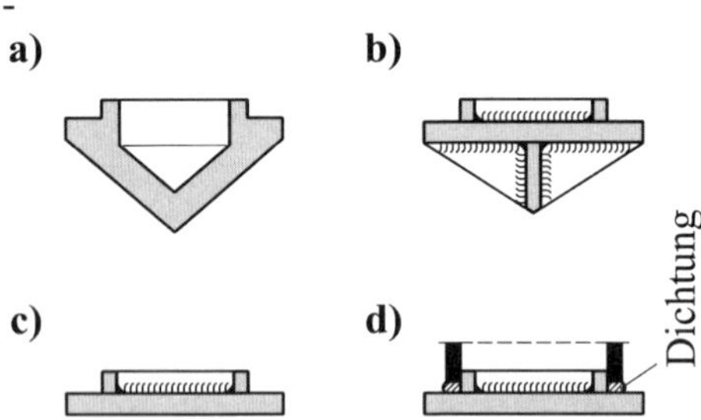

Abb. 4-8 Verlorene Spitzen für Ortbetonrammpfähle (nach [L 242])
a) gegossene Stahlspitze
b) spitzenartig verstärkte Stahlplatte
c) Stahlplatte
d) Abdichtung der Fuge zwischen Spitze und Vortreibrohr (z. B. mit Teerstrick)

Bei der Herstellung eines *Franki*-Pfahls gemäß Abb. 4-9 gilt, dass das Vortreibrohr Durchmesser von 42 bis 61 cm aufweist, die Höhe des angestampften, erdfeuchten Betonpfropfens etwa dem 3fachen des Vortreibrohrdurchmessers entspricht und die Fallhöhe des Freifallbären (Masse: 2 bis 6 t) bei ca. 6 bis 10 m liegt. Die Göße der zu diesen Pfählen gehörenden charakteristischen Pfahlwiderstände $R_{c,k}$ der äußeren Tragfähigkeiten wird insbesondere beeinflusst durch die vorliegenden Baugrundverhältnisse und die gewählten Vortreibrohrdurchmesser und liegt, nach Angaben der Fa. *Franki Grundbau* [F 5], bei Druckpfählen zwischen 1700 und 5200 kN und bei Zugpfählen zwischen 800 und 1800 kN.

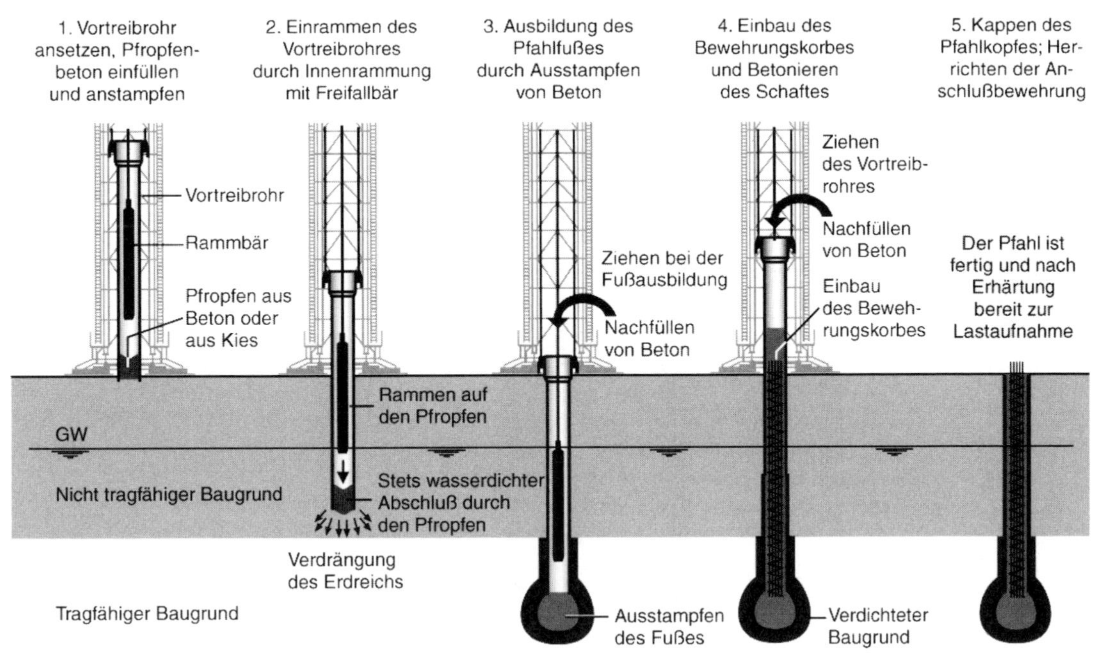

Abb. 4-9 Herstellverfahren beim *Franki*-Pfahl (aus Prospekt der Fa. *Franki Grundbau* [F 5])

4.3.8 Bohrverdrängungspfähle

Bohrverdrängungspfähle (auch „Vollverdränger" genannt) werden in Hohlräumen hergestellt, die unter vollständiger Verdrängung des Bodens ausgeformt werden. Sie besitzen eine verlorene Spitze, die das wiedergewinnbare Bohrrohr nach unten wasserdicht verschließt; beim Fundex-Pfahl z. B. (siehe Abb. 4-10) besteht sie aus Gusseisen und dient außerdem als Schraubspitze, die gegenüber dem nachlaufenden Bohrrohr übersteht. Zu den Vorzügen von Bohrverdrängungspfählen gehört es, dass sie sich erschütterungsfrei und unter normalem Baulärmpegel herstellen lassen.

Die charakteristischen Widerstände von Bohrverdrängungspfählen im Gebrauchszustand sind vergleichbar mit denen von Ortbetonrammpfählen entsprechender Durchmesser. Abhängig von den Baugrundverhältnissen und dem Pfahldurchmesser liegen sie nach EA-Pfähle, 2.2.4.3 beim Fundex-Pfahl zwischen 0,5 und 1,5 MN.

Beim Herstellen eines Fundex-Pfahls kann1 das Drehmoment gemessen werden; sein Vergleich mit den Ergebnissen der Baugrundaufschlüsse lässt Rückschlüsse auf die äußere Tragfähigkeit des jeweiligen Pfahls zu.

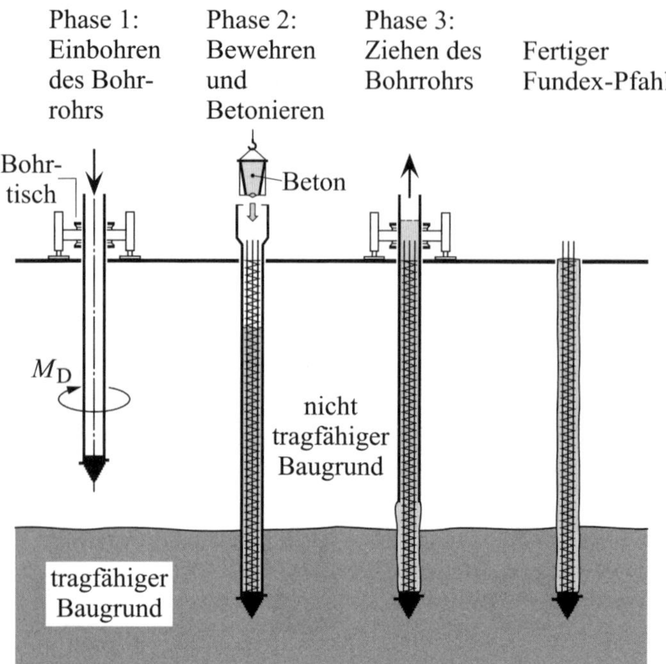

Abb. 4-10 Herstellungsphasen des Fundex-Pfahls (nach Prospekt der Fa. *Hammers* [F 7])

4.3.9 Presspfähle

Presspfähle werden durch schussweises Einpressen hergestellt, wobei der Boden durch die Pfähle vollständig verdrängt wird, Erschütterungen und Lärmentwicklungen vermieden werden und schließlich nur geringe Bauhöhen erforderlich sind.

Als Widerlager zur Abtragung der Pressendrücke dienen nach Möglichkeit Gebäudeteile wie etwa Kellerdecken, Stürze, usw. Die Länge der bei den einzelnen Schüssen einzubringenden Pfahlsegmente lässt sich unproblematisch an die vorhandenen Arbeitsraumhöhen anpassen.

Wegen der kompakten Bauweise und ihrer schon genannten Eigenschaften werden Presspfähle vorwiegend bei Nachgründungen eingesetzt und da zu Zwecken wie der Stabilisierung abgängiger Bauwerke bzw. Bauwerksteile, der Rückstellung von Setzungen durch Hebung sowie der Erhöhung der Tragfähigkeit bei erhöhten Lasteintragungen (z. B. bei Umbauten).

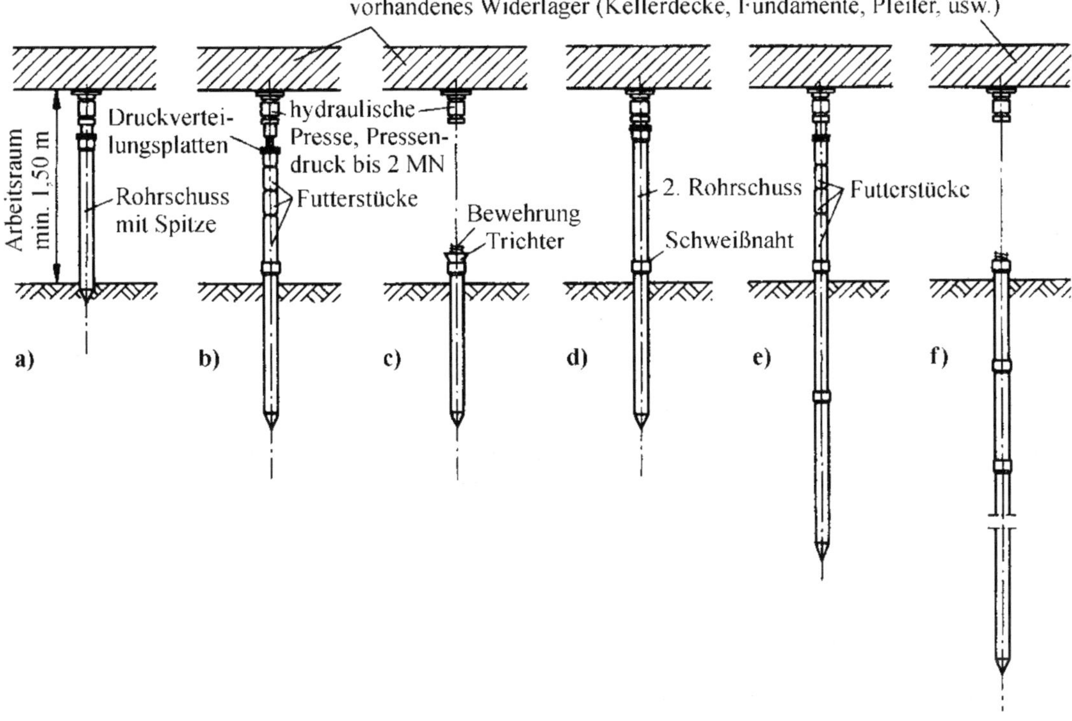

Abb. 4-11 Herstellung des *Franki*-Presspfahls

a) + b) Eindrücken des ersten Rohrschusses mittels einer hydraulischen Presse und unter Verwendung von Futterstücken

c) Ausbetonieren des Rohrschusses (mit oder ohne Bewehrung bzw. mit oberer Anschlussbewehrung)

d) Aufsetzen des nächsten Rohrschusses und Verschweißung mit dem vorigen

e) + f) Fortführen der Schritte a) bis d) bis die endgültige Tiefe erreicht ist

4.3.10 Aufgaben mit Lösungen

Aufgabe 4-3

Zu benennen sind vier Typen vorgefertigter Verdrängungspfähle. Es ist darüber hinaus anzugeben, welchen Vorteil sie gegenüber Ortbetonverdrängungspfählen aufweisen und welcher Vorteil sich ergibt, wenn die Einbringung durch Rammung erfolgt!

Aufgabe 4-4

Anzugeben sind drei Gründe, die für den Einsatz von Holzpfählen sprechen, und zwei Bedingungen, bei denen die Verwendung von Holzpfählen nicht zu empfehlen ist!

Lösung zu Aufgabe 4-3

Als mögliche Typen können Holz-, Stahlbeton-, Spannbeton-- und Stahlpfähle unterschieden werden.

Gegenüber Ortbetonverdrängungspfählen haben vorgefertigte Verdrängungspfähle den Vorteil, dass ihr Werkstoff unmittelbar nach dem Einbringen belastet werden kann.

Werden vorgefertigte Verdrängungspfähle eingerammt, ergibt sich durch den „Sondierungseffekt" der Rammung eine Prüfung der Tragfähigkeit des Baugrunds.

Lösung zu Aufgabe 4-4

Für den Einsatz von Holzpfählen spricht z. B.

- ihr relativ geringer Preis
- die unproblematische Änderung ihrer Länge
- ihre Unempfindlichkeit beim Transport.

Nicht zu empfehlen ist die Verwendung von Holzpfählen, wenn z. B.

- schwankende Grundwasserstände dazu führen, dass die Pfähle nicht ständig vollständig vom Wasser umgeben werden (Verringerung der Lebensdauer)
- harte Schichten zu durchrammen sind.

4.4 Bohrpfähle

4.4.1 Definitionen und Anwendungsbereiche

Bohrpfähle nach DIN EN 1536 sind durch Einbringen von Beton (ggf. bewehrt) in vorher in den Baugrund gebohrte oder ausgehobene Hohlräume hergestellte Ortbetonpfähle. Die Hohlraumerzeugung darf verrohrt, unverrohrt, unverrohrt mit Stützflüssigkeit oder unverrohrt mit Bohrschnecke erfolgen. Die Pfähle haben Schaftdurchmesser zwischen 0,3 und 3 m, die bei verrohrtem Bohren dem äußeren Bohrrohrdurchmesser und bei unverrohrtem Bohren dem größten Bohrwerkzeugdurchmesser entsprechen und sie sind als Einzelpfähle nicht flacher als 4:1 (Pfähle mit bleibender Verrohrung 3 : 1). Im tragfähigen Baugrund besitzen die Pfähle Mindestlängen von 5 m oder dem 5fachen Pfahldurchmesser (maßgebend ist der jeweils größere Wert) und können, wenn sie den genannten Bedingungen genügen, auch einen nicht kreisförmigen Querschnitt aufweisen, wie z. B. Schlitzwandelemente nach DIN 4126 und DIN EN 1538.

Bohrpfähle sind insbesondere dann einzusetzen, wenn Erschütterungen und Lärmbelästigungen, wie sie beim Rammen entstehen, vermieden werden müssen, wenn Rammhindernisse und Rammerschwernisse zu erwarten sind und wenn große Pfahldurchmesser gefordert werden.

Bohrpfähle mit Schaftdurchmessern < 0,5 m sind meist teurer als Fertigrammpfähle aus Stahlbeton und Rammortpfähle gleicher Abmessungen, da der Boden beim Bohrvorgang entspannt und sogar aufgelockert wird, wodurch sich die Tragfähigkeit gebohrter Pfähle im Vergleich zu den Verdrängungspfählen reduziert.

4.4.2 Gestütztes und ungestütztes Bohren

Beim gestützten und auch beim ungestützten Bohren ist das unkontrollierte Eindringen von Boden und/oder Wasser in das Bohrloch zu verhindern. Damit werden z. B. Bodenauflockerungen, die Entstehung von Störzonen im Betonierbereich oder auch die Beeinträchtigung der Lastabtragung benachbarter Gründungen durch Bodenentzug unterbunden. Das Eindringen kann ggf. verhindert werden, indem das Bohrloch mit einer Verrohrung, mit stützender Flüssigkeit oder auch mit einer durchgehenden Bohrschnecke gestützt wird.

Eine Verrohrung ist beim Bohren (verrohrtes Bohren)

- erforderlich, wenn durch die Verrohrung Auflockerungen in der Umgebung des Bohrpfahls beim Bohren eingeschränkt werden sollen
- in der Regel erforderlich, wenn es sich bei den Pfählen um Schrägpfähle mit Neigungswinkeln gegenüber der Horizontalen von ≤ 86° (Neigungsverhältnisse ≤ 15 : 1) handelt
- zwingend erforderlich, wenn der zu durchbohrende Boden auch bei Verwendung von stützender Flüssigkeit nicht standsicher ist und mit Ausbrüchen gerechnet werden muss.

Die Verrohrung muss dabei dem Bohrfortschritt in der Regel voreilen, um zu verhindern dass während des Bohrvorgangs Auflockerungen des Bodens eintreten, die bis unter die Bohrung reichen. Das dabei zu berücksichtigende Voreilmaß sollte bis zu einem halben Rohrdurchmesser betragen und bei zu befürchtendem Sohleintrieb noch größer gewählt werden.

Ohne Stützung darf nach DIN EN 1536 gebohrt werden (ungestütztes Bohren), wenn der Boden beim Bohren standfest bleibt und mit einem Einbrechen von Boden in das Bohrloch nicht zu rechnen ist und wenn der obere Teil der Bohrung zur Führung des Bohrwerkzeugs und wegen des Einflusses des Baubetriebs im Regelfall durch ein Schutzrohr gesichert wird. Die Bohrung ist mit Bohrwerkzeugen durchzuführen, die raue Bohrungswände erzeugen.

Sind beim ungestützten Bohren Bodenschichten zu durchfahren, die nicht standfest sind, muss die Bohrlochwand in diesen Bereichen durch Flüssigkeitsüberdruck gestützt werden.

Werden ungestützte Bohrungen mit durchgehender Schnecke ausgeführt, sind der Vorschub und die Drehzahl so auf die Bodenverhältnisse abzustimmen, dass die seitliche Stützung der unverrohrten Bohrlochwand gewährleistet ist.

4.4.3 Aufnahme großer konzentrierter Lasten

Sind große konzentrierte Lasten aufzunehmen, wie etwa die von Brückenpfeilern oder Stützenkonstruktionen von Industriebauten (z. B. Kranbahnlasten), ist der Einsatz von Bohrpfählen mit Schaftdurchmessergrößen von mehr als 0,5 m und Tragkräften von mehr als 3 MN oft wirtschaftlicher als die Verwendung von Gruppen kleinerer Ramm- oder Bohrpfähle. Dies gilt vor allem dann, wenn die Lasten direkt in die Pfähle abgetragen werden und so auf entsprechende lastverteilende Kopfplatten verzichtet werden kann, in denen Kräfte bei der Lastabtragung unwirtschaftlich „spazierengeführt“ werden müssen (vgl. Abb. 4-12).

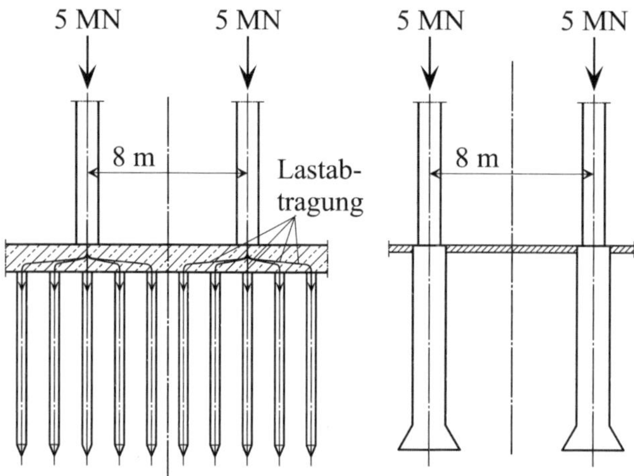

Abb. 4-12 Anpassungen von Lasten und Pfahlarten bei einer Gruppe kleinerer Pfähle und dem wirtschaftlicheren Einsatz von Bohrpfählen mit großem Durchmesser (nach FRANKE [L 148], Kapitel 3.3)

Abb. 4-13 Freigelegte mantel- und fußverpresste Großbohrpfähle Durchmesser 120 cm der Fa. *Bilfinger Berger* (Fotomaterial der Fa. *Bilfinger SE* [F 3])

Zur Minimierung der erforderlichen Pfahlanzahl bzw. zur Erreichung möglichst hoher Einzelpfahltraglasten, dienen z. B. Mantelverpressungen (vgl. [L 174]). Dazu werden Rohre mit Manschettenventilen am Bewehrungskorb befestigt und nach beginnendem Erhärten des Pfahlbetons mit Zementsuspension ausgepresst; für gezieltes und ggf. mehrmaliges Nachverpressen, sind Verpresssysteme mit Spülmöglichkeit einzusetzen (vgl. [L 199]). Das über die Pfahloberfläche sich verteilende Auspressgut vergrößert die Pfahlabmessungen (im Fall der Abb. 4-13 wurde die Pfähle umgebender kiesiger Sand in einer Dicke von 10 bis 15 cm flächenhaft vermörtelt). Bei gleichen Setzungen können Mantelverpressungen sowie über eine Injektionskammer und ein Schottergerüst im Pfahlfußbereich ausgeführte Fußverpressungen zu Traglasterhöhungen von 50 bis 100 % führen (vgl. [L 231]).

4.4.4 Schneckenbohrpfähle

Die auch „Teilverdränger" genannten Schneckenbohrpfähle (vgl. Abb. 4-14) werden ohne Verrohrung hergestellt, da angenommen wird, dass der Boden auf den Bohrschneckenwindungen die Bohrungswand stützt. Sie weisen in der Pfahlumgebung verdichteten Boden auf, da der im Bohrloch anstehende Boden durch das Innenrohr, das beim Bohren unten verschlossen ist, nach außen verdrängt wird, wobei das Maß dieser Verdrängung abhängig ist von dem Rohrdurchmesser. Nach DIN EN 1536, 8.2.5.2 sollen mit durchgehender Bohrschnecke hergestellte Schneckenbohrpfähle in der Regel mit mindestens 84° (10:1) gegenüber der Horizontalen geneigt sein. Bei anstehenden instabilen Bodenschichten mit Mächtigkeiten von jeweils mehr als dem Pfahldurchmesser dürfen die Pfähle nur dann ausgeführt werden, wenn die Machbarkeit der Herstellung vorher durch Probepfähle oder örtliche Erfahrungen nachgewiesen wurde (siehe DIN EN 1536, 8.2.5.4).

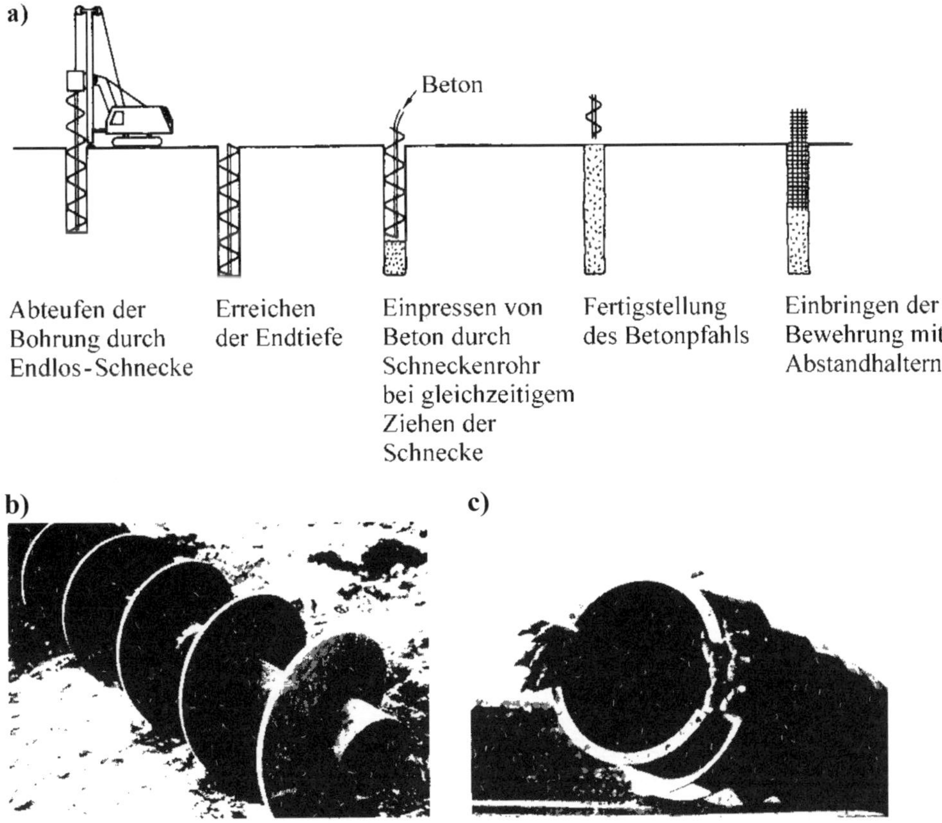

Abb. 4-14 Schneckenbohrpfähle (aus FRANKE [L 148], Kapitel 3.3)
a) Schema der Herstellung, b) Endlos-Schneckenbohrer mit kleinem Innenrohr,
c) Endlos-Schneckenbohrer mit großem Innenrohr

4.5 Mikropfähle

Mikropfähle nach DIN EN 14199 sind gebohrte Pfähle (Spülbohrung, Schlagbohrung, ...) mit Schaftdurchmessern $D < 300$ mm (größter Außendurchmesser des Bohrwerkzeugs). Im Gegensatz zu früheren Versionen erfasst die Norm nicht mehr durch Rammen, Pressen, ... eingebrachte Verdrängungspfähle mit Schaftdurchmessern bzw. Querschnittsbreiten ≤ 150 mm; bezüglich deren Herstellung wird in DIN EN 14199 ausdrücklich auf DIN EN 12699 verwiesen.

Die auch als „Wurzelpfähle“ bezeichneten Mikropfähle werden als Ortbeton- und Verbundpfähle eingesetzt, weisen relativ hohe axiale Tragfähigkeiten, aber nur geringe Biegesteifigkeiten auf (ungeeignet zur Aufnahme von quer zur Pfahlachse gerichteten Beanspruchungen), übertragen ihre Lasten im Regelfall vor allem über Pfahlmantelreibung auf den Baugrund und können in praktisch allen Baugrundgegebenheiten eingesetzt werden.

Als Druck- oder Zugpfähle kommen Mikropfähle u. a. zum Einsatz bei der Gründung neuer Bauwerke, der Verbesserung der Lastabtragung bestehender Bauwerke (Unterfangungen) und zur Bauwerkssicherung gegen Aufschwimmen (Trogbauwerke, Schleusen, ...). Sie sind auch unter sehr beengten Verhältnissen (z. B. in Kellerräumen) ausführbar und unterliegen in ihrer Länge, ihrer Achsenneigung und ihrem Schlankheitsgrad keinen Beschränkungen. Wirtschaftlich erreichbare Tiefen liegen in praktisch allen Böden bei ca. 30 m.

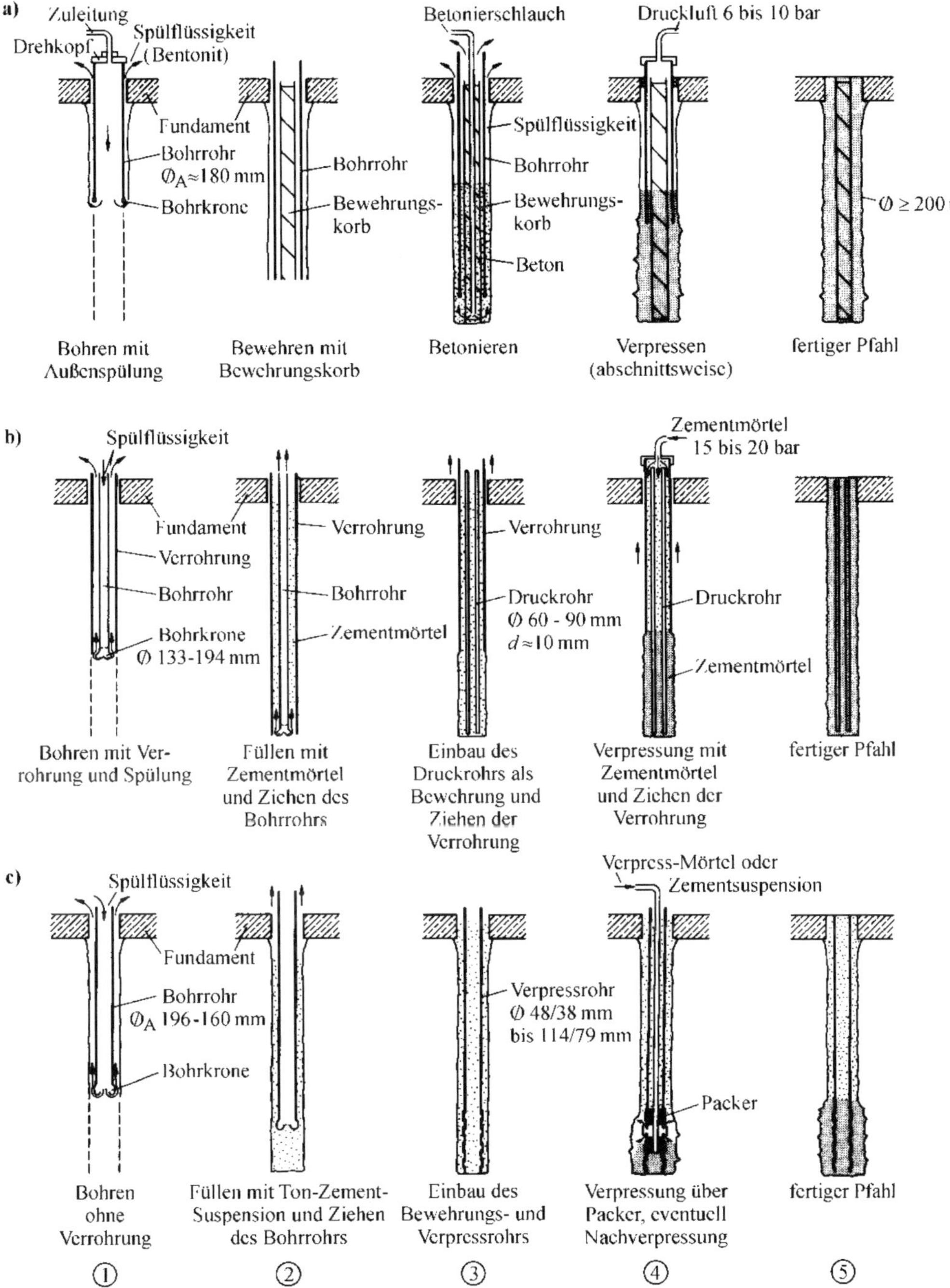

Abb. 4-15 Systeme von Verpresspfählen (nach FRANKE [L 148], Kapitel 3.3)
a) Stahlbetontyp, b) Anker-Typ, c) Mehrfach-Injektionspfahl

Verschiedene Systeme von Mantelreibungs-Mikropfählen, die durch Verpressen aufgeweitet werden, zeigt Abb. 4-15. Für diese Pfähle verwendeter Beton muss mindestens die Festigkeitsklasse C25/30 aufweisen.

4.6 Pfahlkopfanschlüsse

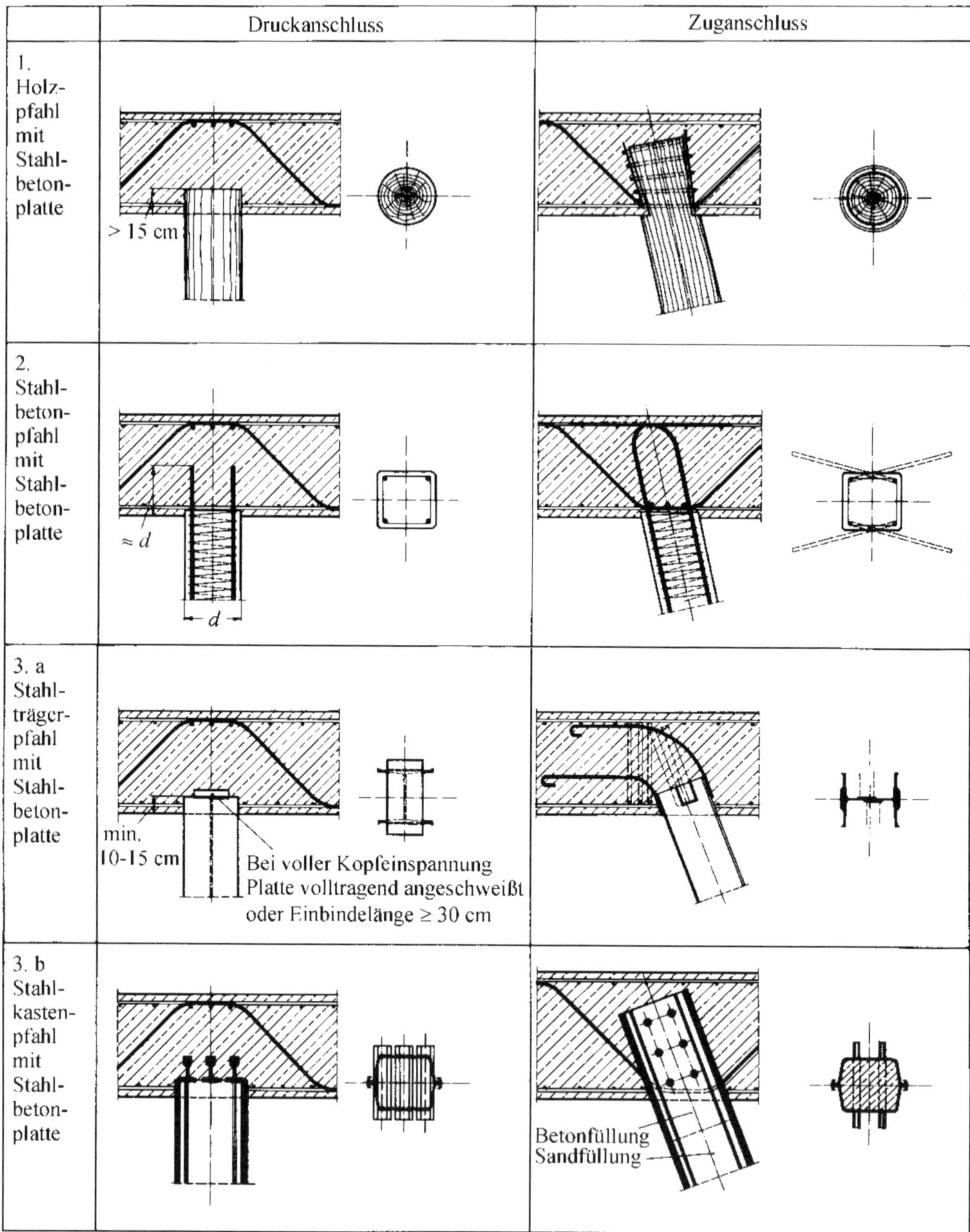

Abb. 4-16 Druck- und Zuganschlüsse von Pfählen (nach FRANKE [L 148], Kapitel 3.3)

Die Art der von den Pfählen auf den Baugrund abzutragenden Bauwerkslasten verlangt unterschiedliche konstruktive Lösungen im Verbindungsbereich der Konstruktion und den sie tragenden Pfählen (vgl. Abb. 4-16). Dort muss die Übertragung der entsprechenden Kräfte und

Momente unproblematisch und dauerhaft funktionieren. Zu beachten ist dabei, dass Schnittlasten nicht nur von der Konstruktion auf die Pfähle, sondern auch von den Pfählen auf die Konstruktion übertragen werden (z. B. bei Systemen deren Pfähle einer passiven Horizontalbelastung durch horizontale Bodenbewegungen unterworfen sind; vgl. Abschnitt 4.9.2).

Handelt es sich bei der Pfahlgründung um einen Pfahlrost (vgl. Abschnitt 5.1), ist die Rostplatte über den Pfählen so dick auszuführen, dass ein unproblematischer Pfahlanschluss möglich ist. Beim Einsatz von Holz- und Stahlpfählen bedeutet das eine Mindestdicke von 0,6 m und beim Einsatz von Stahlbetonpfählen von 0,5 m (vgl. FRANKE [L 148], Kapitel 3.3).

4.7 Tragverhalten von Pfählen

4.7.1 Inneres Tragverhalten

Das innere Tragverhalten von Pfählen wird durch die Konstruktionsgestaltung bestimmt. Abmessungen und Baustoffeigenschaften der Pfähle sind so zu wählen, dass sie sich schadensfrei transportieren (Fertigteilpfähle) und in den Baugrund einbringen lassen. Ohne dabei Schaden zu nehmen, müssen sie außerdem die auf sie entfallenden Bauwerkslasten dauerhaft und sicher aufnehmen, d. h., dass ihre innere Tragfähigkeit hinreichend groß sein muss.

4.7.2 Äußeres Tragverhalten

Das äußere Tragverhalten von Pfählen wird durch die Abhängigkeit zwischen ihrem Widerstand und ihrer Kopfverschiebung bzw. Kopfverdrehung beschrieben. Der Widerstand ist vor allem abhängig von

- den Eigenschaften des den Pfahl umgebenden Bodens
- der Mächtigkeit und Festigkeit der Deckschichten
- den Grundwasserverhältnissen
- der Form und der Querschnittsflächengröße des Pfahls
- dem Pfahlbaustoff
- der Einbringungsart der Pfähle
- der Einbindetiefe des Pfahls in die tragfähigen Schichten und deren Mächtigkeit
- der Beschaffenheit der Pfahlmantelfläche und der Ausbildung des Pfahlfußes
- der Pfahlstellung und dem Abstand zwischen den Pfählen.

Im Gegensatz zum inneren gibt es für die Beurteilung des äußeren Widerstands keine allgemeinen Bemessungsregeln, da für seine befriedigende Vorausberechnung bisher keine Theorien vorliegen. Alle verfügbaren Methoden, inkl. der Methode der finiten Elemente (FEM), erfordern eine versuchsgestützte Anpassung an die verschiedenen Wechselwirkungsmöglichkeiten zwischen den Pfahl- und Bodenarten. Wesentliche Gründe hierfür sind u. a., dass sich beim Einbringen der Pfähle in den Boden (Rammen, Bohren, ...) dessen ursprünglich vorhandene Eigenschaften besonders in der Pfahlumgebung in kaum erfassbarer Weise verändern, dass unter Pfählen Pfahlspitzendrücke bis 2 MN/m^2 und mehr auftreten können, die in grobkörnigen Böden schon Kornzertrümmerung und damit eine Verstärkung der Bodenzusammendrückbarkeit hervorrufen können (führt bei zunehmender Belastung zu einer Abnahme der Reibungswinkel φ' unter den Pfählen) und dass die Pfahlbelastung durch die Wechselwirkung zwischen Spitzendruck σ_s und Mantelreibung τ_m eine Bodenverspannung gemäß der Abb. 4-17 bewirkt.

Da das Herstellungsverfahren die Lastübertragung der Pfähle auf den Baugrund stark beeinflusst, ist z. B. bei den charakteristischen axialen Pfahlwiderständen aus Erfahrungswerten gemäß DIN 1054 zu unterscheiden zwischen den Widerständen von Bohrpfählen, von gerammten Verdrängungspfählen und von verpressten Mikropfählen (vgl. hierzu auch Abschnitte 4.8.7 und 4.8.8).

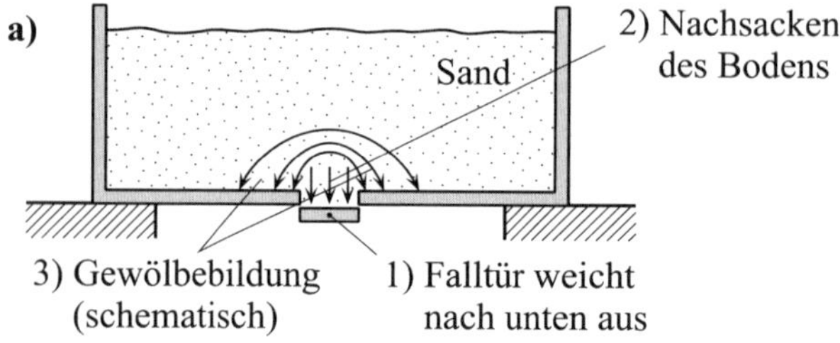

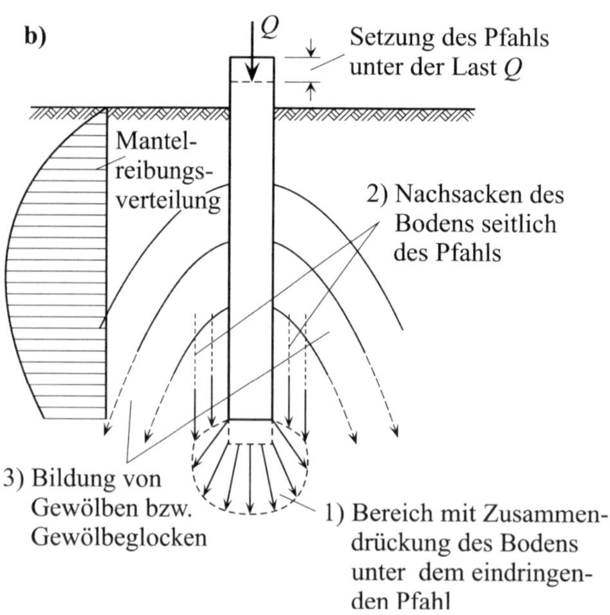

Abb. 4-17 „Gewölbe"-Wirkung in der Pfahlumgebung und etwa parabolische Mantelreibungsverteilung infolge Falltüreffekt (Abb. a)) durch Bodenzusammendrückung bzw. seitliche Verquetschung des Bodens unter dem Pfahlfuß (nach FRANKE [L 148], Kapitel 3.3)

4.8 Tragverhalten von Pfählen gemäß DIN EN 1997-1

4.8.1 Allgemeines

Die Bestimmungen von DIN 1997-1 und DIN 1054 zum Tragverhalten von Pfählen gelten für Bohrpfähle nach DIN EN 1536, für Verdrängungspfähle nach DIN EN 12699, für vorgefertigte Gründungspfähle aus Beton nach DIN EN 12794 und für Pfähle mit kleinen Durchmessern (Mikropfähle und Verdrängungspfähle) nach DIN EN 14199 und DIN EN 12699. Obwohl DIN 1997-1 und DIN 1054 pfahlähnliche Gründungselemente wie Betonrüttelsäulen, vermörtelte Stopfsäulen oder nach dem Düsenstrahlverfahren hergestellte säulenförmige Elemente nicht behandelt, können nach EA-Pfähle, 2.3 die für Pfahlgründungen angegebenen Nachweise auf solche Gründungstypen übertragen werden. Dies gilt nicht, wenn in der bauaufsichtlichen Zulassung des jeweiligen Gründungselements andere Nachweise gefordert werden. Insbesondere dürfen die in EA-Pfähle, 5.4 angegebenen Erfahrungswerte für die Tragfähigkeit von Pfahlgründungen auf diese Gründungselemente nicht angewendet werden.

Zur Erfassung des Tragverhaltens der Pfahlgründungen werden sowohl die Einwirkungen und Beanspruchungen als auch die Widerstände der Pfahlkonstruktionen benötigt.

4.8.2 Einwirkungen und Beanspruchungen

Mögliche Einwirkungen bzw. Beanspruchungen sind

- statisch berechnete Gründungslasten des aufliegenden Tragwerks in Form charakteristischer und repräsentativer Beanspruchungen für die Grenzzustände der Tragfähigkeit (ULS) und Gebrauchstauglichkeit (SLS) (siehe auch EA-Pfähle, 4.2)
- grundbauspezifische Einwirkungen, wie Eigenlasten von Grundbauwerken, Erd- und Wasserdrücke, veränderliche statische Einwirkungen auf das Grundbauwerk (z. B. aus Nutz lasten, Wind, Schnee, Eis und Wellengang) und auch Baugrundverformungen infolge der Beanspruchung durch das Bauwerk selbst bzw. der Belastung des benachbarten Bodens oder infolge untertägiger Massenentnahmen (Bergbau)
- infolge waagerechter Bodenbewegungen bei vertikalen Pfählen bzw. infolge von Bodensetzungen oder -hebungen bei Schrägpfählen entstehender Seitendruck, der gemäß EA-Pfähle, 4.5 und 4.6 mit charakteristischen Bodenkenngrößen zu ermitteln ist als Resultierende der Differenz der auf gegenüberliegende Flächen eines Bauteils einwirkenden Erddrücke oder als Fließdruck des plastizierenden Bodens als Folge des Vorbeifließens des Bodens an einem Bauteil bei voll ausgeschöpfter Scherfestigkeit (maßgebend ist der kleinere der beiden berechneten Werte)
- negative Mantelreibung nach EA-Pfähle, 4.4, die nicht größer zu erwarten ist als die positive Mantelreibung $q_{s,k}$. Sie ist in Form von Schubkräften auf die Seiten- oder Mantelflächen eines im Boden eingebetteten Bauteils anzusetzen, wenn mit einer Bewegung des Bodens zu rechnen ist, die relativ zum Bauteil überwiegend vertikal erfolgt. Näherungsweise darf nach EA-Pfähle, 4.4.2 als charakteristische negative Mantelreibung bei bindigen Böden die totale Spannung

  $$\tau_{n,k} = c_{u,k} \qquad \text{Gl. 4-1}$$

  und bei bindigen und nichtbindigen Böden die effektive Spannung

$$\tau_{n,k} = K_0 \cdot \tan \varphi'_k \cdot \sigma'_v = \beta \cdot \sigma'_v \qquad \text{Gl. 4-2}$$

angenommen werden ($c_{u,k}$ = charakteristische Scherfestigkeit des undränierten Bodens, σ'_v = effektive Vertikalspannung, K_0 = Erdruhedruckbeiwert, φ'_k = charakteristischer Wert des Reibungswinkels, β = Faktor, der bei nichtbindigen Böden oftmals mit 0,25 bis 0,30 angesetzt wird). Negative Mantelreibung kann schon bei Relativverschiebungen von wenigen Millimetern zwischen Wand und Boden auftreten

- als veränderliche statische Einwirkungen zu berücksichtigende übliche dynamische Einwirkungen auf den Baugrund, die aus Regellasten auf Verkehrsflächen, aus Baubetrieb sowie aus dynamischen Bauwerksbelastungen resultieren (siehe auch DIN 1054, A 2.4.2.1 A (8a) und EA-Pfähle, 4.1)
- erhebliche dynamische Einwirkungen auf Bauteile infolge von Stößen durch Auf- und Anprall sowie durch Druckwellen in Luft oder Wasser oder z. B. durch Maschinen hervorgerufene Schwingungen; hier ist die Frage zu prüfen, ob diese Lasten durch statische Ersatzlasten berücksichtigt werden dürfen oder ob besondere Untersuchungen zur Erfassung von Trägheits- und Entfestigungseffekten notwendig sind (siehe auch DIN 1054, A 2.4.2.1 A (8a) und EA-Pfähle, 4.1).

Zu untersuchen sind die vermutlich maßgebenden Kombinationen aus ständigen und veränderlichen Einwirkungen. Eigenlasten von Druckpfählen dürfen nach EA-Pfähle, 6.3.1 unberücksichtigt bleiben.

4.8.3 Bemessungswerte der Beanspruchungen

Bemessungswerte der Einwirkungen (axial F, quer zur Pfahlachse H, Moment M) bzw. Beanspruchungen E, die im Grenzzustand des Versagens von Bauwerken, Bauteilen und Baugrund (STR und GEO-2) anzusetzen sind, berechnen sich gemäß EA-Pfähle, 6.2 mit

$$\begin{aligned} F_d &= F_{G,k} \cdot \gamma_G + F_{Q,rep} \cdot \gamma_Q \\ H_d &= H_{G,k} \cdot \gamma_G + H_{Q,rep} \cdot \gamma_Q \\ M_d &= M_{G,k} \cdot \gamma_G + M_{Q,rep} \cdot \gamma_Q \\ E_d &= E_{G,k} \cdot \gamma_G + E_{Q,rep} \cdot \gamma_Q \end{aligned} \qquad \text{Gl. 4-3}$$

Für γ_G und γ_Q sind dabei die jeweiligen Teilsicherheitsbeiwerte aus DIN 1054, Tabelle A 2.1 zu verwenden. Für Druckpfähle gilt insbesondere

$$\begin{aligned} F_{c,d} &= F_{c,G,k} \cdot \gamma_G + F_{c,Q,rep} \cdot \gamma_Q \\ E_{c,d} &= E_{c,G,k} \cdot \gamma_G + E_{c,Q,rep} \cdot \gamma_Q \end{aligned} \qquad \text{Gl. 4-4}$$

und für nur auf Zug beanspruchte Pfähle

$$\begin{aligned} F_{t,d} &= F_{t,G,k} \cdot \gamma_G + F_{t,Q,rep} \cdot \gamma_Q \\ E_{t,d} &= E_{t,G,k} \cdot \gamma_G + E_{t,Q,rep} \cdot \gamma_Q \end{aligned} \qquad \text{Gl. 4-5}$$

Bei der Ermittlung der Bemessungswerte der Beanspruchungen von Zugpfahlgruppen, die weder infolge des Herausziehens der Einzelpfähle im Grenzzustand GEO-2 noch infolge des Abhebens der Pfahlgruppe als Bodenblock im Grenzzustand UPL versagen dürfen sind die Ausführungen der EA-Pfähle, 8.1.2 zu beachten.

Beim Nachweis der Gebrauchstauglichkeit (SLS) dürfen nach EA-Pfähle, 6.4 die zu den charakteristischen und repräsentativen Beanspruchungen $E_{G,k}$ und $E_{Q,rep}$ gehörenden Bemessungswerte angesetzt werden mit

$$E_d = E_{G,k} + E_{Q,rep} \qquad \text{Gl. 4-6}$$

4.8.4 Pfahlwiderstände (Allgemeines)

Zur Erfassung des äußeren Tragverhaltens der Pfähle müssen die axialen Pfahlwiderstände R_c (Druckpfähle) und R_t (Zugpfähle) in Richtung der Pfahlachse bekannt sein. Sie sind abhängig von der axialen Pfahlkopfverschiebung s (bei Druckpfählen eine Pfahlkopfsetzung und bei Zugpfählen eine Pfahlkopfhebung) und werden durch

$$R_c = R_c(s) \quad \text{und} \quad R_t = R_t(s) \qquad \text{Gl. 4-7}$$

angegeben. Dabei wird R_c nicht wie in DIN 1997-1, 1.6 als Druckwiderstand im Grenzzustand der Tragfähigkeit, sondern nur als von der Pfahlkopfsetzung abhängiger Druckwiderstand verstanden. Bei den axialen Widerständen ist zu unterscheiden zwischen denen aus Ergebnissen statischer Pfahlprobebelastungen (EA-Pfähle, 5.2 und 9), aus dynamischen Pfahlprobebelastungen (EA-Pfähle, 5.3 und 10) und aus Erfahrungswerten (EA-Pfähle, 5.4).

Im Grenzzustand der Tragfähigkeit (GEO-2) tritt bei Pfahlkopfverschiebungen s_{ult} und Pfahlwiderständen

$$R_{c,k} = R(s_{ult}) = R(\text{ULS}) \qquad \text{Gl. 4-8}$$

ein Versagen ein, das durch den Tragfähigkeitsverlust des Bodens in der Pfahlumgebung herbeigeführt wird. Die Größe $R_{c,k}$ ist der Grenzzustandswiderstand nach DIN EN 1997-1, 7.6.2, die Größen s_{ult} und $R(\text{ULS})$ sind den EA-Pfähle, 3.1.1 (6) entnommen.

In Querrichtung zur Pfahlachse wird das äußere Tragverhalten angegeben durch den von der horizontalen Pfahlkopfverschiebung y abhängigen Pfahlwiderstand

$$R_{tr} = R_{tr}(y) \qquad \text{Gl. 4-9}$$

oder durch den von einer entsprechenden Pfahlkopfverdrehung α abhängenden Widerstand

$$R_{tr} = R_{tr}(\alpha) \qquad \text{Gl. 4-10}$$

Für die zum Grenzzustand der Gebrauchstauglichkeit (SLS) gehörenden Nachweise sind die Pfahlwiderstände $R = R_{SLS}$ anzusetzen (vgl. Abschnitt 4.8.11 und EA-Pfähle, 5.2.1 (6); gegenüber den EA-Pfähle ist die Schreibweise leicht verändert).

4.8.5 Axiale Pfahlwiderstände (statische Pfahlprobebelastungen)

Nach DIN 1054, 7.6 A (1) werden axiale Widerstände von Einzelpfählen durch Widerstands-Setzungs-Linien (Druckpfähle) bzw. Widerstands-Hebungs-Linien (Zugpfähle) beschrieben. Diese Linien sollten sich auf die Ergebnisse statischer Probebelastungen (siehe hierzu Abschnitt 4.12) stützen, bzw. auf Erfahrungen mit anderen Probebelastungen, die unter vergleichbaren Bedingungen durchgeführt wurden. Zu berücksichtigen ist dabei auch das Kriechen unter konstanter Last. Abb. 4-18 zeigt eine Widerstands-Setzungs-Linie, wie sie sich nach EA-Pfähle bei Belastungsversuchen mit grundsätzlichen Anforderungen ergeben kann.

Bezüglich der bei erhöhten und hohen Versuchsanforderungen für eine Probebelastung zu planenden Belastungsstufen und -geschwindigkeiten, die zur Erreichung des zu erwartenden Grenzwiderstands erforderlich sind, sei auf EA-Pfähle verwiesen (siehe auch MÖLLER [L 198], Bild 5-33).

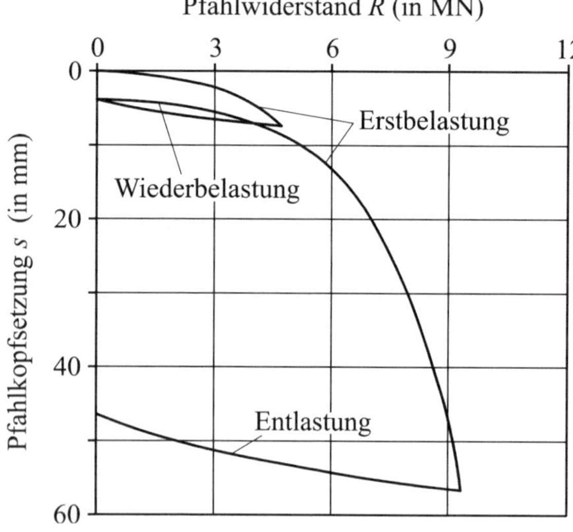

Abb. 4-18 Widerstands-Setzungs-Linie eines Belastungsversuchs mit grundsätzlicher Anforderung (nach EA-Pfähle, 9.2.6)

Axiale Probebelastungen liefern von der axialen Pfahlkopfverschiebung s abhängige Pfahlwiderstände $R(s)$, die sich, bei geeigneter Instrumentierung im Versuch, jeweils auch in Pfahlfußwiderstand $R_b(s)$ und Pfahlmantelwiderstand $R_s(s)$ trennen lassen (vgl. EA-Pfähle).

Zur Auswertung von Probebelastungsergebnissen bezüglich des charakteristischen Pfahlwiderstands $R_{c,k}$ bzw. $R_{t,k}$ im Grenzzustand der Tragfähigkeit (GEO-2) siehe DIN EN 1997-1, 7.6.2 bzw. 7.6.3.

4.8.6 Axiale Pfahlwiderstände (Erfahrungswerte, Allgemeines)

Wird, etwa aus Wirtschaftlichkeitsgründen, auf eine Probebelastung verzichtet und liegen auch keine Erfahrungen aus anderen Probebelastungen vor, die unter vergleichbaren Verhältnissen durchgeführt wurden, dürfen die charakteristischen axialen Pfahlwiderstände von Einzelpfählen nach DIN 1054, 7.6.1.1 aus allgemeinen Erfahrungswerten mit Pfahlprobebelastungen bestimmt werden. Voraussetzung hierfür ist es, dass die Verhältnisse dieser Pfahlprobebelastungen mit denen des zu bemessenden Pfahls vergleichbar sind. Bei Zugpfählen ist dies nur nur in Ausnahmefällen zulässig (Näheres siehe z. B. DIN 1054, 7.6.3.3 A (1)).

In DIN 1054, 7.6.2.3 A (8a) wird darauf hingewiesen, dass die in EA-Pfähle aufgeführten Erfahrungswerte für unterschiedliche Pfahlarten verwendet werden dürfen.

Im Folgenden wird auf entsprechende Widerstände von Bohr- und Fertigrammpfählen in bindigen und nicht bindigen Böden eingegangen. Bezüglich weiterer Fälle wie z. B. Pfähle in Fels oder Ortbetonrammpfähle sei auf EA-Pfähle, 5.4 verwiesen.

4.8.7 Axiale Pfahlwiderstände (Erfahrungswerte, Bohrpfähle)

Die Berechnung charakteristischer axialer Pfahlwiderstände von Bohrpfählen unter Druckbeanspruchung erfolgt nach EA-Pfähle, 5.4.6 unter Verwendung von Widerstands-Setzungs-Linien (vgl. Abb. 4-19). Die Berechnung basiert auf der Annahme, dass es sich jeweils um einen Einzelpfahl handelt, der mit anderen Pfählen nicht in Wechselwirkung steht und dass sich der von der Pfahlkopfsetzung s abhängige Widerstand $R_c(s)$ aus den unabhängig voneinander ermittelbaren Anteilen des Pfahlfußwiderstands $R_b(s)$ und des Pfahlmantelwiderstands $R_s(s)$ nach der Gleichung

$$R_c(s) = R_b(s) + R_s(s) = q_{b,k} \cdot A_b + \sum_{i=1}^{n} q_{s,k,i} \cdot A_{s,i} \qquad \text{Gl. 4-11}$$

ermitteln lässt. Die weiteren Größen in Gl. 4-11 sind der Nennwert A_b der Pfahlfußfläche und der charakteristische mobilisierbare Pfahlspitzenwiderstand $q_{b,k}$, sowie der Nennwert $A_{s,i}$ der Pfahlmantelfläche und der charakteristische Wert $q_{s,k,i}$ der mobilisierbaren Pfahlmantelreibung in der i-ten der n berücksichtigten Schichten.

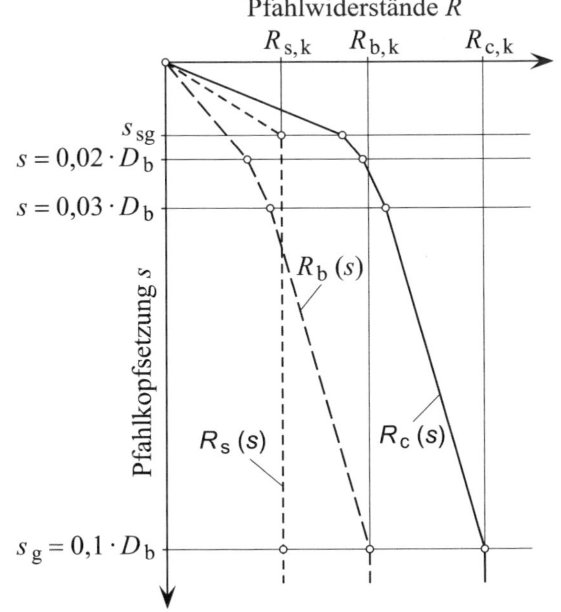

Abb. 4-19 Widerstands-Setzungs-Linie, Ermittlung nach EA-Pfähle, unter Verwendung der Tabellen für die Pfahlspitzenwiderstände und die Pfahlmantelreibung; bei Pfählen ohne Fußaufweitung gilt $D_b = D_s$

Nach EA-Pfähle, 5.4.1 ist die Anwendbarkeit der Erfahrungswerte für Bohrpfähle bei einer entsprechenden Baumaßnahme von einem Sachverständigen für Geotechnik zu bestätigen.

Zur Berechnung des Pfahlfuß- und Pfahlmantelwiderstands von in nichtbindige und bindige Böden eingebrachten Bohrpfählen können Tabelle 4-1 und Tabelle 4-2 verwendet werden. Sie gelten für Bohrpfähle und Schlitzwandelemente, die mindestens 2,50 m in eine tragfähige Schicht einbinden und Pfahlschaftdurchmesser D_s bzw. Pfahlfußdurchmesser D_b zwischen 0,3 und 3,0 m besitzen. Für die Widerstandsermittlung wird darüber hinaus vorausgesetzt, dass unterhalb der Pfahlsohle eine tragfähige Schicht ansteht, deren Mächtigkeit mindestens drei Pfahldurchmesser bzw. 1,5 m beträgt und deren Tragfähigkeit bei nichtbindigem Boden durch Spitzenwiderstände $q_c \geq 7{,}5$ MN/m² der Drucksonde und bei bindigem Boden durch charakteristische Werte $c_{u,k} \geq 100$ kN/m² der Kohäsion des undränierten Bodens nachgewiesen ist. Die Werte der beiden Tabellen dürfen auch für Bohrpfahl- und Schlitzwände verwendet werden (Näheres hierzu siehe EA-Pfähle, 5.4.6.5).

Werden die genannten Mächtigkeitswerte nicht erreicht, ist nachzuweisen, dass eine hinreichende Sicherheit gegen das Durchstanzen des jeweiligen Pfahls gegeben ist und dass der darunterliegende Boden das Setzungsverhalten nicht beeinträchtigt.

Die in Tabelle 4-1 und Tabelle 4-2 verwendeten Spitzenwiderstände q_c der Drucksonde dürfen nach DIN 1054, 7.6.2.3 A (8a) auch mit anderen Sondenarten ermittelt werden, wenn deren Untersuchungsergebnisse z. B. mittels entsprechender Korrelationsfunktionen nach DIN 4094-2 [L 56] und [L 57] in q_c-Werte umgerechnet werden (vgl. Abb. 4-20). Die in den beiden Tabellen ebenfalls verwendeten $c_{u,k}$-Werte dürfen mit Laborversuchen und auch mit Flügelsondierungen gemäß DIN 4094-4 [L 58] bestimmt werden.

Tabelle 4-1 Erfahrungswertspannen für mobilisierbare charakteristische Pfahlspitzendrücke $q_{b,k}$ von Bohrpfählen in nichtbindigen und bindigen Böden, abhängig von der auf den Pfahlschaft- bzw. Pfahlfußdurchmesser bezogenen Pfahlkopfsetzung s/D_s bzw. s/D_b und dem mittleren Spitzenwiderstand q_c der Drucksonde bzw. der Scherfestigkeit $c_{u,k}$ nichtbindiger bzw. bindiger Böden (nach EA-Pfähle, 5.4.6.2); D_b gilt für Pfähle mit Fußaufweitung

Bezogene Pfahlkopf-set-zung s/D_s bzw. s/D_b	**Pfahlspitzendruck $q_{b,k}$ für nichtbindige Böden (in kN/m²)**			**Pfahlspitzendruck $q_{b,k}$ für bindige Böden (in kN/m²)**		
	bei mittlerem Spitzenwiderstand q_c der Drucksonde (in MN/m²)			bei Scherfestigkeit $c_{u,k}$ des undränierten Bodens (in kN/m²)		
	7,5	15	7,5	100	150	250
0,02	550– 800	1050–1400	1750–2300	350– 450	600– 750	950–1200
0,03	700–1050	1350–1800	2250–2950	450– 550	700– 900	1200–1450
0,10 ($\triangleq s_g$)	1600–2300	3000–4000	4000–5300	800–1000	1200–1500	1600–2000
Zwischenwerte dürfen geradlinig interpoliert werden. Bei Bohrpfählen mit Fußverbreiterung sind die Werte auf 75 % abzumindern.						

Tabelle 4-2 Erfahrungswertspannen für mobilisierbare charakteristische Bruchwerte $q_{s,k}$ der Pfahlmantelreibung von Bohrpfählen in nichtbindigen (linker Tabellenteil und bindigen (rechter Tabellenteil) Böden; abhängig von dem mittleren Spitzenwiderstand q_c der Drucksonde und der charakteristischen Scherfestigkeit $c_{u,k}$ des undränierten Bodens (nach EA-Pfähle, 5.4.6.2)

Mittlerer Spitzenwiderstand q_c der Drucksonde in MN/m²	**Bruchwert $q_{s,k}$ der Pfahlmantelreibung für nichtbindige Böden in MN/m²**
7,5	55 – 80
15	105 – 140
≥ 25	130 – 170
Zwischenwerte geradlinig interpolieren.	

Scherfestigkeit $c_{u,k}$ des undränierten Bodens in MN/m²	**Bruchwert $q_{s,k}$ der Pfahlmantelreibung für bindige Böden in MN/m²**
60	30 – 40
150	50 – 65
≥ 250	65 – 85
Zwischenwerte geradlinig interpolieren.	

Werden die $c_{u,k}$-Werte auf der Basis von Flügelsondierungen nach DIN 4094-4 [L 58] im Feld bestimmt, sind zunächst die maximalen Scherwiderstände c_{fv} (in MN/m²) zu ermitteln. Aus ihnen ergeben sich die undränierten Flügelscherfestigkeiten mit

$$c_{fu} = \mu \cdot c_{fv} = c_{u,k} \qquad \text{Gl. 4-12}$$

Der in der Gleichung verwendete Korrekturfaktor μ ist abhängig von den jeweils vorliegenden Bodengegebenheiten und kann unterschiedlich große Werte annehmen. Tabelle 4-3 bietet für weiche erstbelastete bindige Böden Möglichkeiten zur Festlegung der Größe von μ in Abhängigkeit von der Größe der Plastizitätszahl I_p.

Tabelle 4-3 Von der Plastizitätszahl I_p abhängige Korrekturfaktoren μ für weiche, erstbelastete Böden (nach EAU, E 88)

I_P	0	30	60	90	120
μ	1,0	0,8	0,65	0,575	0,50

Erfüllt ein Pfahl und der ihn umgebende Boden die oben angegebenen Bedingungen, kann der zum Widerstand $R_c(s)$ des Pfahls (hier eines Druckpfahls) beitragende Pfahlfußwiderstand $R_{b,k}(s)$ nach EA-Pfähle durch eine stückweise linear verlaufende Funktion beschrieben werden. Die Berechnung der Eckpunkte des Polygonzugs (vgl. Abb. 4-19), der vom Nullpunkt der Widerstands-Setzungs-(Hebungs-)Linie ausgeht, kann mit Hilfe von Tabelle 4-1 erfolgen (vgl. auch nachstehendes Anwendungsbeispiel). Bezüglich der unter dem Pfahlfuß anstehenden tragfähigen Schicht ist dabei zwischen nichtbindigem und bindigem Boden zu unterscheiden.

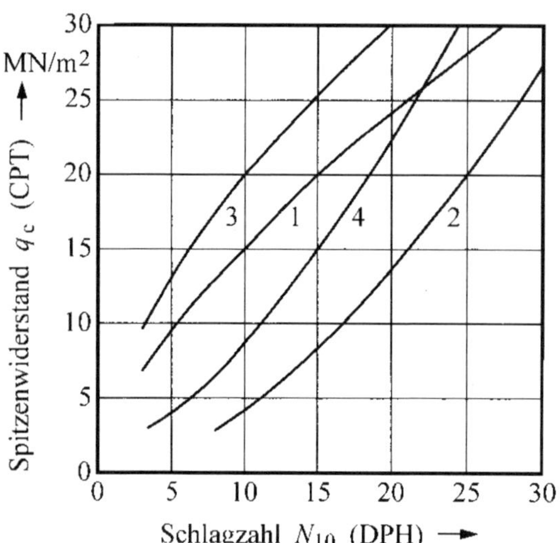

Abb. 4-20 Korrelationen zwischen der Anzahl N_{10} der Schläge pro 10 cm Eindringung der schweren Rammsonde (DPH) und dem Spitzenwiderstand q_c der Drucksonde CPT für enggestufte Sande SE (Ungleichförmigkeitszahl $C_U \leq 3$) sowie Sand-Kies-Gemische SW/GW mit weit gestuften ($C_U \geq 6$) Sanden SW und Kiesen GW (nach [L 57])
1 SE über Grundwasser
2 SW/GW über Grundwasser
3 SE im Grundwasser
4 SW/GW im Grundwasser

Zur Festlegung der bilinear ansetzbaren Funktion des Pfahlmantelwiderstands $R_s(s)$ des Einzelpfahls (vgl. Abb. 4-19) sind die zu den einzelnen Baugrundschichten gehörenden charakteristischen Bruchwerte $q_{s,k,i}$ der Mantelreibung erforderlich. Ihre zahlenmäßige Ermittlung kann mittels Tabelle 4-2 erfolgen, wobei zu unterscheiden ist zwischen bindigem und nichtbindigem Boden, der den Pfahl im Bereich des Pfahlschafts umgibt (vgl. auch nachstehendes Anwendungsbeispiel). Ausgehend vom Nullpunkt der Widerstands-Setzungs-(Hebungs-) Linie liefern diese Bruchwerte eine Funktion, die bis zum Maximalwert des Widerstands linear verläuft.

Die Ermittlung der Widerstands-Setzungs-Linie $R_c(s)$ des Gesamtpfahls auf der Grundlage der Zahlenwerte der Tabellen für die charakteristischen Pfahlspitzenwiderstände (Tabelle 4-1) und der charakteristischen Bruchwerte der Pfahlmantelreibung (Tabelle 4-2) zeigt Abb. 4-19. Aus ihr geht hervor, dass sich $R_c(s)$ aus der Summation der Widerstands-Setzungs-Linien $R_b(s)$ des Pfahlfußwiderstands und $R_s(s)$ des Pfahlmantelwiderstands nach Gl. 4-11 ergibt.

Die zum Grenzzustand der Tragfähigkeit (GEO-2) gehörenden Widerstände $R_{b,k}(s)$ und $R_{s,k}(s)$ treten bei unterschiedlich großen Grenzsetzungen auf. Die Grenzsetzung im Bruchzustand, die zum

- charakteristischen Widerstand der Pfahlmantelreibung $R_{s,k}$ gehört, kann bei Druckpfählen mit (Angabe in cm)

$$s_{sg} = 0{,}5 \cdot R_{s,k} + 0{,}5 \leq 3 \text{ cm} \qquad \text{Gl. 4-13}$$

und bei Zugpfählen mit (Angabe in cm)

$$s_{sg,t} = 1{,}30 \cdot s_{sg} \qquad \text{Gl. 4-14}$$

berechnet werden; die in MN einzusetzende Größe (vgl. Gl. 4-11)

$$R_{s,k} = R_s(s_{sg}) = \sum_{i=1}^{n} q_{s,k,i} \cdot A_{s,i} \qquad \text{Gl. 4-15}$$

des Bruchzustands ist unter Verwendung von Tabelle 4-2 zu ermitteln (über jeden der n gewählten Pfahlschaftabschnitte ist der Mittelwert des Spitzenwiderstands q_c der Drucksonde bzw. der Scherfestigkeit $c_{u,k}$ des undränierten Bodens zu mitteln; vgl. auch nachstehendes Anwendungsbeispiel)

- charakteristischen Pfahlfußwiderstand $R_{b,k}$ und zum charakteristischen Widerstand $R_{c,k}$ des Gesamtpfahls (Grenzsetzung s_g) gehört, ist mit den Beziehungen

$$s_g = 0{,}1 \cdot D_s \quad \text{bzw.} \quad s_g = 0{,}1 \cdot D_b \qquad \text{Gl. 4-16}$$

ermittelbar; D_s und D_b erfassen den Pfahlschaftdurchmesser und den Pfahlfußdurchmesser. Die zur Setzung s_g gehörenden charakteristischen Widerstände des Pfahlfußes bzw. des Gesamtpfahls im Grenzzustand der Tragfähigkeit (GEO-2) sind

$$R_{b,k} = R_b(s_g) \quad \text{bzw.} \quad R_{c,k} = R_c(s_g) \qquad \text{Gl. 4-17}$$

Die Polygonzüge der einzelnen Widerstände verlaufen ab deren jeweiliger Grenzsetzung senkrecht nach unten weiter (vgl. Abb. 4-19).

Anwendungsbeispiel

Auf der Basis von Erfahrungswerten ist für einen verrohrt hergestellten 10,2 m langen Bohrpfahl (Druckpfahl mit dem Durchmesser 0,9 m) unter vertikalen Pfahlbeanspruchungen die Widerstands-Setzungs-Linie zu ermitteln. Die Pfahlgeometrie sowie das Bodenprofil und das Sondierdiagramm die der Berechnung zugrunde zu legen sind, können der Abb. 4-21 entnommen werden.

Wegen geringer Größe darf der Sondierwiderstand der Auffüllung bei der Berechnung vernachlässigt werden. Für die Tonschicht ist die Kohäsion im undränierten Zustand c_u maßgebend ($c_{u,k} = 0{,}1$ MN/m²). Zur Bestimmung der Bodenfestigkeit im Bereich der Sandschicht wird der Sondierwiderstandsverlauf nach Abb. 4-21 in 3 Abschnitte mit bereichsweise konstantem „vorsichtigem Mittelwert" unterteilt.

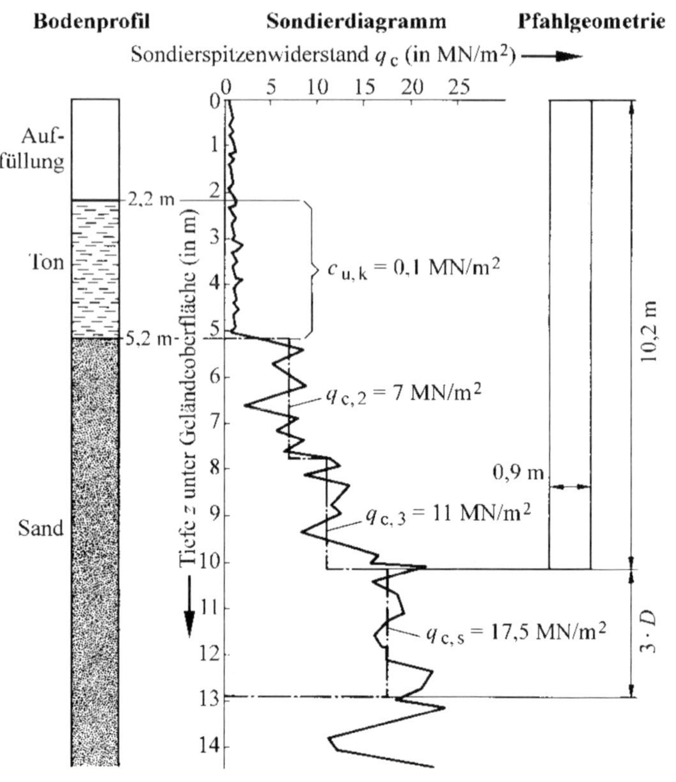

Abb. 4-21 Bodenprofil, Sondierdiagramm und Maße für das Anwendungsbeispiel zur Ermittlung der Widerstands-Setzungslinie (nach [L 37])

Lösung

1 Bestimmung des charakteristischen Pfahlmantelwiderstands $R_{s,k}$

Aus Abb. 4-21 der Aufgabenstellung lassen sich für die drei Bereiche mit gleichen Mittelwerten für die Kohäsion bzw. den Sondierwiderstand die Werte der Tabelle 4-4 entnehmen. Die Pfahlmantelfläche im Bereich der Schicht i wurde berechnet mit Hilfe von

$$A_{s,i} = U \cdot \Delta d_i = \pi \cdot D \cdot \Delta d_i = \pi \cdot 0{,}9 \cdot \Delta d_i = 2{,}83 \cdot \Delta d_i \text{ m}^2$$

Tabelle 4-4 Geometrische Größen und Sondierergebnisse von Bodenschichten im Mantelbereich des Pfahls

Schicht Nr.	Einbindetiefe in m	Δd_i in m	$c_{u,k,i}$ bzw. $q_{c,i}$ in kN/m²	$A_{s,i}$ in m²
1	2,2 bis 5,2	3,0	100	8,48
2	5,2 bis 7,7	2,5	7000	7,07
3	7,7 bis 10,2	2,5	11000	7,07

Mit dem mittleren charakteristischen Kohäsionswert $c_{u,k,1} = 100\ \text{kN/m}^2$ des undränierten Tons der 1. Schicht ergibt sich nach Tabelle 4-2 (für bindige Böden) eine Wertespanne der charakteristischen mobilisierbaren Mantelreibung von $q_{s,k} = 38{,}9 - 51{,}1\ \text{kN/m}^2$. Für die weitere Berechnung gewählt wird der kleinste Wert als charakteristischer Bruchwert der Mantelreibung

$$q_{s,k,1} = 38{,}9\ \text{kN/m}^2$$

In Verbindung mit der Tabelle 4-2 (nichtbindige Böden) führen die gemittelten Sondierspitzenwiderstände $q_{c,i}$ in den beiden im Sand liegenden Abschnitten (Schichten 2 und 3) zu den charakteristischen Bruchwerten $q_{s,k,i}$ der Mantelreibung. Mit der Tabelle 4-2 ergeben sich durch lineare Interpolation als kleinste Mantelreibungsbruchwerte

$$q_{s,k,2} = 51{,}3\ \text{kN/m}^2 \quad \text{und} \quad q_{s,k,3} = 78{,}3\ \text{kN/m}^2$$

Für den Pfahlabschnitt der i-ten Schicht liefert die Multiplikation des Werts $q_{s,k,i}$ mit der jeweiligen Pfahlumfangsfläche $A_{s,i}$ den zugehörigen Pfahlmantelwiderstand $R_{s,k,i}$. Die Addition dieser Widerstände ergibt den charakteristischen Wert $R_{s,k} = R_s(s_{sg})$ des Mantelwiderstands vom Gesamtpfahl im Grenzzustand der Tragfähigkeit (GZ 1B) aus Tabelle 4-5.

Tabelle 4-5 Grenzwerte des charakteristischen Pfahlmantelwiderstands des Pfahls (als $q_{s,k,i}$-Werte wurden die kleinsten der jeweiligen Spanne gewählt)

Schicht Nr.	$A_{s,i}$ in m²	$q_{s,k,i}$ in kN/m²	$R_{s,k,i}$ in kN
1	8,48	38,9	329,9
2	7,07	51,3	362,7
3	7,07	78,3	553,6

$$R_{s,k} = R_s(s_{sg}) = 1246{,}1\ \text{kN}$$

Die Pfahlkopfsetzung s_{sg} (in cm) infolge der zum Bruchwert $R_{s,k} = R_s(s_{sg}) = 1{,}2461$ MN des Pfahlmantelwiderstands des Gesamtpfahls gehörenden Pfahlmantelreibung ergibt sich zu (Gl. 4-13)

$$s_{sg} = 0{,}5 \cdot R_{s,k} + 0{,}5 = 0{,}5 \cdot 1{,}2461 + 0{,}5 = 1{,}1 \leq 3\ \text{cm}$$

2 Bestimmung des charakteristischen Pfahlfußwiderstands $R_b(s)$

Zur Ermittlung des Pfahlfußwiderstands $R_b(s)$ wird im Bereich von $3 \cdot D_s$ unter dem Pfahlfuß (hier: $3 \cdot 0{,}9 = 2{,}7$ m) eine mittlere Bodenfestigkeit angesetzt. Das Sondierdiagramm aus Abb. 4-21 liefert für diesen Bereich den mittleren Sondierspitzenwiderstand $q_c = 17{,}5$ MN/m², mit dem, unter Verwendung des für nichtbindige Böden geltenden Teils der Tabelle 4-1, die charakteristischen Pfahlspitzenwiderstände $q_{b,k}$ für drei bezogene Setzungen berechnet werden. Die Multiplikation dieser Werte mit der Pfahlfußfläche

$$A_b = \pi \cdot \frac{D_s^{\ 2}}{4} = \frac{0{,}9^2}{4} = 0{,}636\,\text{m}^2$$

ergibt die entsprechenden, in Tabelle 4-6 aufgeführten Pfahlfußwiderstände $R_b(s)$.

Tabelle 4-6 Pfahlfußwiderstände $R_{b,k}(s)$ des Pfahls für drei bezogene Setzungen

Bezogene Setzung s/D_s	$q_{b,k}$ in kN/m²	A_b in m²	R_b in kN
0,02	1225		779,1
0,03	1575	0,636	1001,7
0,10	3250		2067,0

3 Bestimmung und Darstellung des charakteristischen Pfahlwiderstands $R_c(s)$

Mit der Annahme, dass zwischen den getrennt ermittelten Funktionsverläufen des charakteristischen Pfahlmantelwiderstands $R_s(s)$ und des charakteristischen Pfahlfußwiderstands $R_b(s)$ keine Wechselwirkung besteht, ergibt sich der charakteristische Pfahlwiderstand $R_c(s)$ aus der Addition von $R_s(s)$ und $R_b(s)$. Da die Verläufe von $R_s(s)$ und $R_b(s)$ durch Polygonzüge beschrieben werden, ergibt sich auch für den Pfahlwiderstand $R_c(s)$ eine polygonzugförmige Funktion (vgl. Abb. 4-22). Hinsichtlich der einzelnen bezogenen Setzungswerte liefert die Addition diskrete Werte des von der Pfahlkopfsetzung abhängigen Pfahlwiderstands $R_c(s)$ (siehe Tabelle 4-7).

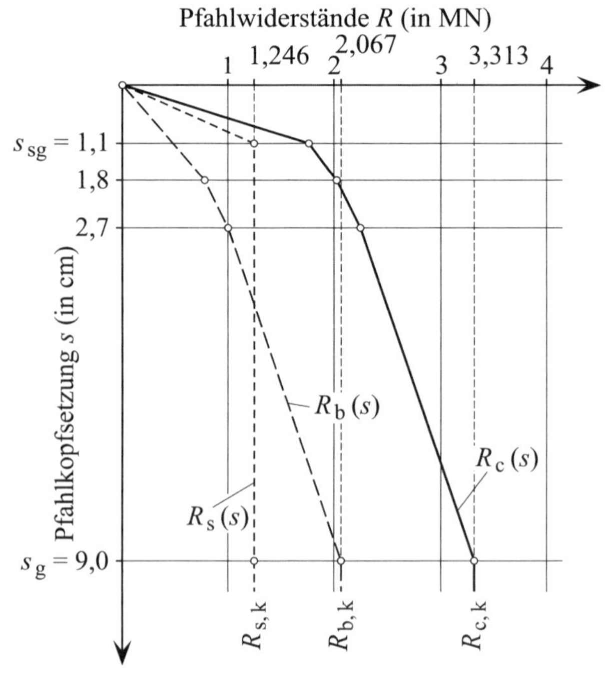

Abb. 4-22 Widerstands-Setzungslinie des Bohrpfahls

Tabelle 4-7 Pfahlwiderstände des Pfahls bezogen auf die Pfahlkopfsetzung

Bezogene Setzung s/D_s	**Pfahlkopfsetzung** in cm	R_s in kN	R_b in kN	R_c in kN
	$s_{rg} = 1{,}2$	1246,1	519,4	1765,5
0,02	1,8	1246,1	779,1	1765,5
0,03	2,7	1246,1	1001,7	2247,8
0,10	$s_g = 9{,}0$	1246,1	2067,0	3313,1

Bezüglich weiterer Berechnungen zu diesem Pfahl sei auf die Anwendungsbeispiele auf den Seiten 115 und 117 hingewiesen.

4.8.8 Axiale Pfahlwiderstände (Erfahrungswerte, Fertigrammpfähle)

Charakteristische axiale Pfahlwiderstände aus Erfahrungswerten dürfen für Fertigrammpfähle (vorgefertigte Verdrängungspfähle) gemäß den EA-Pfähle, 5.4.4.1 ermittelt werden mit

$$R_c(s) = R_b(s) + R_s(s) = \eta_b \cdot q_{b,k} \cdot A_b + \sum_{i=1}^{n} \eta_s \cdot q_{s,k,i} \cdot A_{s,i} \qquad \text{Gl. 4-18}$$

(die Gleichung gilt nicht für Holz- und Gusseisenpfähle). Die Gleichungsgrößen sind die zum Grenzzustand GEO-2 gehörenden und von der die von der Pfahlkopfsetzung s abhängigen Widerstände R_c (s) des Pfahls, R_b (s) des Pfahlfußes und R_s (s) des Pfahlmantels sowie der charakteristische Wert des mobilisierbaren Pfahlspitzendrucks $q_{b,k}$ (Tabelle 4-8) und der Nennwert A_b der Pfahlfußfläche, der charakteristische Wert der Pfahlmantelreibung $q_{s,k,i}$ (Tabelle 4-9) und der Nennwert $A_{s,i}$ der Pfahlmantelfläche in der i-ten der n berücksichtigten Schichten und schließlich die Modellfaktoren η_b des Pfahlspitzendrucks und η_s der Pfahlmantelreibung (Tabelle 4-10). Gl. 4-18 wird nur auf Fertigrammpfähle aus Stahl- oder Spannbeton und Stahl angewendet (zur Datenbasis für die Anwendung bei bindigen Böden siehe EA-Pfähle, 5.4.4.2). Der Vergleich von Abb. 4-19 und Abb. 4-23 zeigt insbesondere unterschiedliche Funktionsverläufe der Pfahlmantelwiderstände R_s (s).

Abb. 4-23 zeigt, dass die charakteristischen Widerstände $R_{b,k}$ und $R_{s,k}$ des Grenzzustands der Tragfähigkeit (GEO-2) zur Grenzsetzung s_g gehören. Die wesentlichen Setzungsgrößen, die bei der Konstruktion der Polygonzüge der Widerstände von Fertigrammpfählen (hier von Druckpfählen) bekannt sein müssen, sind die Setzung s_{g*} und die Grenzsetzung s_g. Die Setzung s_{g*} ist insbesondere für die Konstruktion der Widerstands-Setzungs-Linie des Pfahlmantels zu berücksichtigen und ergibt sich gemäß EA-Pfähle 5.4.4.1 mit

$$s_{sg*} = 0{,}5 \cdot R_{s,k} \leq 1 \text{ cm} \qquad \text{Gl. 4-19}$$

(Angabe in cm) sowie der in MN einzusetzenden und mittels Tabelle 4-9 für s_{g*} zu ermittelnden Größe

$$R_{s,k} = R_s(s_{sg*}) = \sum_{i=1}^{n} \eta_s \cdot q_{s,k,i} \cdot A_{s,i} \qquad \text{Gl. 4-20}$$

Die Setzung s_g ist die Grenzsetzung, bei der alle charakteristischen Widerstände eines Fertigrammpfahls im Grenzzustand der Tragfähigkeit (GEO-2) auftreten. Dies sind der Widerstand $R_{s,k} = R_s(s_g)$ der Mantelreibung, der Widerstand $R_{b,k} = R_b(s_g)$ des Pfahlfußes und der Widerstand $R_{c,k} = R_c(s_g)$ des Gesamtpfahls. Die Größe der Grenzsetzung ergibt sich zu

$$s_g = 0{,}1 \cdot D_{eq} \qquad \text{Gl. 4-21}$$

wobei D_{eq} den äquivalenten Pfahlfußdurchmesser erfasst, der bei quadratischen Pfahlquerschnitten (Seitenlänge a) bzw. rechteckigen Pfahlquerschnitten (a_s = kurze und a_l = lange Seitenlänge) gemäß EA-Pfähle 5.4.4.1 mit

$$D_{eq} = 1{,}13 \cdot a \quad \text{bzw.} \quad D_{eq} = 1{,}13 \cdot a_s \cdot \sqrt{\frac{a_l}{a_s}} \qquad \text{Gl. 4-22}$$

zu berechnen ist. Zur Ermittlung von D_{eq} bei Stahlprofilpfählen siehe EA-Pfähle, 5.4.4.1.

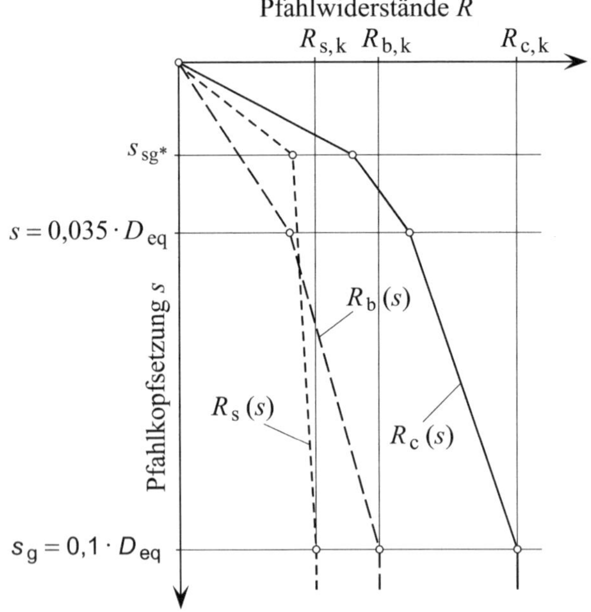

Abb. 4-23 Widerstands-Setzungs-Linie eines Fertigrammpfahls als Druckpfahl; Ermittlung nach EA-Pfähle, unter Verwendung von Tabelle 4-8 (Pfahlspitzendruck) und Tabelle 4-9 (Pfahlmantelreibung)

Tabelle 4-8 Erfahrungswertspannen für mobilisierbare charakteristische Pfahlspitzendrücke $q_{b,k}$ von Fertigrammpfählen in nichtbindigen und bindigen Böden, abhängig von der auf den äquivalenten Pfahlfußdurchmesser bezogenen Pfahlkopfsetzung s/D_{eq} und dem mittleren Spitzenwiderstand q_c der Drucksonde bzw. der charakteristischen Scherfestigkeit $c_{u,k}$ nichtbindiger bzw. bindiger Böden (nach EA-Pfähle, 5.4.4.2)

Bezogene Pfahlkopfsetzung s/D_{eq}	**Pfahlspitzendruck $q_{b,k}$ für nichtbindige Böden (in kN/m²)**			**Pfahlspitzendruck $q_{b,k}$ für bindige Böden (in kN/m²)**		
	bei mittlerem Spitzenwiderstand q_c der Drucksonde (in MN/m²)			bei Scherfestigkeit $c_{u,k}$ des undränierten Bodens (in kN/m²)		
	7,5	15	25	100	150	250
0,035	2200–5000	4000–6500	4500–7500	350–450	550–700	800–950
0,10 ($\triangleq s_g$)	4200–6000	7600–10200	8750–11500	600–750	850–1100	1150–1500
Zwischenwerte dürfen geradlinig interpoliert werden.						

Tabelle 4-9 Erfahrungswertspannen für mobilisierbare charakteristische Pfahlmantelreibungen $q_{s,k}$ von Fertigrammpfählen in nichtbindigen bzw. bindigen Böden; abhängig von dem mittleren Spitzenwiderstand q_c der Drucksonde bzw. der charakteristischen Scherfestigkeit $c_{u,k}$ undränierten Bodens (nach EA-Pfähle, 5.4.4.2)

Pfahlkopfsetzung	**Pfahlmantelreibung $q_{s,k}$ für nichtbindige Böden (in kN/m²)**			**Pfahlmantelreibung $q_{s,k}$ für bindige Böden (in kN/m²)**		
	bei mittlerem Spitzenwiderstand q_c der Drucksonde (in MN/m²)			bei Scherfestigkeit $c_{u,k}$ des undränierten Bodens (in kN/m²)		
	7,5	15	25	60	150	250
s_{sg^*}	30–40	65–90	85–120	20–30	35–50	45–65
$s_g = 0{,}1 \cdot D_{eq}$ ($\triangleq s_{sg}$)	40–60	95–125	125–160	20–35	40–60	55–80
Zwischenwerte dürfen geradlinig interpoliert werden.						

Mit Hilfe von Tabelle 4-8 und Tabelle 4-9 und unter Berücksichtigung von Tabelle 4-10 (siehe auch Gl. 4-18) lassen sich die Stützstellen der Polygonzüge der Widerstände (siehe Abb. 4-23) und damit die charakteristischen Widerstände $R_{s,k}$, $R_{b,k}$ und $R_{c,k}$ von Fertigrammpfählen ermitteln.

Die Werte der Tabelle 4-8 und der Tabelle 4-9 gelten nach EA-Pfähle, 5.4.4.2 für

- vorgefertigte Rammpfähle aus Stahl- und Spannbeton mit äquivalenten Pfahldurchmessern $D_{eq} = 0{,}25$ bis $0{,}50$ m
- geschlossene Stahlrohrpfähle mit Durchmessern bis 800 mm
- offene Stahlrohr- und Hohlkastenpfähle mit Durchmessern von 300 bis 1600 mm

- Stahlträgerprofilpfähle mit Flanschbreiten von 300 bis 500 mm und Profilhöhen von 290 bis 1000 mm
- Kastenpfähle

die mindestens 2,50 m in eine tragfähige Schicht einbinden. Die Schicht muss unterhalb der Pfahlfußfläche noch eine Mächtigkeit von $\geq 5 \cdot D_{eq}$ und $\geq 1{,}50$ m aufweisen, in der ein Spitzenwiderstand der Drucksonde von $q_c \geq 7{,}5$ MN/m^2 bzw. eine charakteristische Scherfestigkeit des undränierten Bodens von $c_{u,k} \geq 100$ kN/m^2 nachgewiesen wurde. Bei geringeren Mächtigkeiten der tragfähigen Schicht ist ein Nachweis gegen Durchstanzen zu führen und darüber hinaus zu zeigen, dass der darunterliegende Boden das Setzungsverhalten nicht maßgeblich beeinflusst.

Tabelle 4-10 Modellfaktoren η_b bzw. η_s für Pfahlspitzendruck und Pfahlmantelreibung von Fertigrammpfählen bei Verwendung der Werte aus Tabelle 4-8 und Tabelle 4-9 (nach EA-Pfähle, 5.4.4.2)

Pfahltyp		η_b	η_s
Stahlbeton und Spannbeton		1,00	1,00
Stahlträgerprofil [1)] ($h \leq 0{,}50$ m, $h/b_F \leq 1{,}5$ m)	$s = 0{,}035 \cdot D_{eq}$	$0{,}61 - 0{,}30 \cdot h/b_F$	0,60
	$s = 0{,}10 \cdot D_{eq}$	$0{,}78 - 0{,}30 \cdot h/b_F$	
doppeltes Stahlträgerprofil		0,25	0,60
offenes Stahlrohr und Hohlkasten ($0{,}3\ \text{m} \leq D_b \leq 1{,}6$ m)		$0{,}95 \cdot e^{-1{,}2 \cdot D_b}$	$1{,}1 \cdot e^{-0{,}63 \cdot D_b}$
geschlossenes Stahlrohr ($D_b \leq 0{,}8$ m)		0,80	0,60
[1)] h = Höhe des Stahlträgerprofils, b_F = Flanschbreite des Stahlträgerprofils			

4.8.9 Bemessungswerte der axialen Pfahlwiderstände

Ermittelte charakteristische Pfahlwiderstände $R_{c,k}$ bzw. $R_{t,k}$ (z. B. gemäß den Abschnitten 4.8.4 bis 4.8.8) lassen sich für den Grenzzustand GEO-2 mit

$$R_{c,d} = \frac{R_{c,k}}{\gamma_t} \quad \text{bzw.} \quad R_{t,d} = \frac{R_{t,k}}{\gamma_{s,t}} \qquad \text{Gl. 4-23}$$

in entsprechende Bemessungswerte umrechnen. Die Teilsicherheitsbeiwerte γ_t und $\gamma_{s,t}$ sind DIN 1054, Tabelle A 2.3 zu entnehmen. Dabei muss beachtet werden, dass die Werte von der Art der Pfahlwiderstandsermittlung abhängen (Probebelastung oder Erfahrungswerte) und unterschiedlich groß sind.

Im Grenzzustand SLS (Gebrauchstauglichkeit) gilt für den charakteristischen Pfahlwiderstand und den entsprechenden Bemessungswert

$$R_{c,d} = R_{c,k} \quad \text{bzw.} \quad R_{t,d} = R_{t,k} \qquad \text{Gl. 4-24}$$

4.8.10 Tragfähigkeitsnachweis axial belasteter Einzelpfähle

Nach DIN EN 1997-1, 7.6.2.1 und 7.6.3.1 wird der Nachweis ausreichender Sicherheit gegen Versagen durch Bruch des Bodens in der Pfahlumgebung (GEO-2) durch die Erfüllung der Bedingungen

$$E_{c,d} \leq R_{c,d} \quad \text{bzw.} \quad \mu = \frac{E_{c,d}}{R_{c,d}} \leq 1$$

$$E_{t,d} \leq R_{t,d} \quad \text{bzw.} \quad \mu = \frac{E_{t,d}}{R_{t,d}} \leq 1 \qquad \text{Gl. 4-25}$$

erbracht. Darin sind $E_{c,d}$ (Druck) sowie $E_{t,d}$ (Zug) Bemessungswerte der Beanspruchung (vgl. Abschnitt 4.8.3) und $R_{c,d}$ (Druck) sowie $R_{t,d}$ (Zug) Bemessungswerte des Widerstands (siehe Abschnitt 4.8.9) eines Einzelpfahls. μ erfasst den Ausnutzungsgrad.

Steht ein Druckpfahl teilweise frei oder bindet er in weichen Boden mit der charakteristischen Scherfestigkeit $c_{u,k} \leq 10\,\text{kN/m}^2$ ein, ist zusätzlich seine Knicksicherheit nachzuweisen (EA-Pfähle, 5.10.3).

Die Sicherheit gegen Materialversagen des Pfahls wird nach EA-Pfähle, 6.3.3 mit

$$E_d \leq R_{M,d} \qquad \text{Gl. 4-26}$$

nachgewiesen. E_d bzw. $R_{M,d}$ ist der maßgebende Bemessungswert der Beanspruchung bzw. des Bauteilwiderstands.

Anwendungsbeispiel

Für den axial belasteten Bohrpfahl (Druckpfahl) des Anwendungsbeispiels von Seite 107 ist nach DIN 1054 die Tragfähigkeit für die Bemessungssituation BS-P nachzuweisen. Die charakteristischen Beanspruchungen sind die zu ständigen Einwirkungen gehörende Kraft $E_{c,G,k} = 1{,}05$ MN und die zu ungünstigen veränderlichen Einwirkungen gehörende Kraft $E_{c,Q,k} = 0{,}60$ MN.

Lösung

Mit den zur Bemessungssituation BS-P gehörenden Teilsicherheitsbeiwerten (DIN 1054, Tabelle A 2.1)

$$\gamma_G = 1{,}35 \quad \text{und} \quad \gamma_Q = 1{,}50$$

ergibt sich als Bemessungswert der Beanspruchung

$$E_{c,d} = E_{c,G,k} \cdot \gamma_G + E_{c,Q,k} \cdot \gamma_Q = 1{,}05 \cdot 1{,}35 + 0{,}6 \cdot 1{,}50 = 2{,}32 \text{ MN}$$

und mit dem zur Bemessungssituation BS-P gehörenden Teilsicherheitsbeiwert (DIN 1054, Tabelle A 2.3)

$$\gamma_t = 1{,}40$$

der für Erfahrungswerte (vgl. Tabelle 4-7) geltende Bemessungswert des Widerstands

$$R_{c,d} = \frac{R_{c,k}}{\gamma_t} = \frac{R_c(s_g)}{1{,}40} = \frac{3{,}313}{1{,}40} = 2{,}37 \text{ MN}$$

Der Vergleich der Bemessungswerte gemäß Gl. 4-25

$$E_{c,d} = 2{,}32 < 2{,}37 = R_{c,d} \qquad \text{bzw.} \qquad \mu = \frac{E_{c,d}}{R_{c,d}} = \frac{2{,}32}{2{,}37} = 0{,}99 < 1$$

zeigt, dass der Bohrpfahl eine ausreichende Sicherheit gegen das Versagen durch Bruch des Bodens in der Pfahlumgebung (GEO-2) besitzt.

Ein weiteres Anwendungsbeispiel zu diesem Pfahl ist auf Seite 117 zu finden.

4.8.11 Nachweis der Gebrauchstauglichkeit axial belasteter Pfähle

Ist davon auszugehen, dass die Verformungen der Pfahlgründung eine nennenswerte Auswirkung auf das Gesamtbauwerk haben, ist nachzuweisen, dass ausreichende Sicherheit gegen den Verlust der Gebrauchstauglichkeit (SLS) besteht. Gemäß EA-Pfähle, 6.4.1 (1) erfolgt dieser Nachweis mit Hilfe von (gegenüber EA-Pfähle ist die Schreibweise leicht verändert)

$$E_{SLS,d} = E_{SLS,k} \le R_{SLS,d} = R_{SLS,k} \qquad \text{bzw.} \qquad \mu = \frac{E_{SLS,d}}{R_{SLS,d}} = \frac{E_{SLS,k}}{R_{SLS,k}} \le 1 \qquad \text{Gl. 4-27}$$

Alternativ kann der Nachweis auch mit

$$\text{vorh.}s_k \le \text{zul.}s_k \qquad \text{bzw.} \qquad \mu = \frac{\text{vorh.}s_k}{\text{zul.}s_k} \le 1 \qquad \text{Gl. 4-28}$$

geführt werden. Die dabei verwendete Göße zul. s_k ist eine zulässige Setzung unter charakteristischen Beanspruchungen im Gebrauchszustand, die im Rahmen der Tragwerksplanung festgelegt wird.

Weisen eingesetzte Pfahlsysteme im Gebrauchslastbereich nur geringe Setzungen auf, darf pauschal davon ausgegangen werden, dass ihre Gebrauchstauglichkeit mit dem Tragfähigkeitsnachweis ebenfalls nachgewiesen ist.

Die Ermittlung der Größe des charakteristischen Pfahlwiderstands $R_{SLS,k}$ hängt nach EA-Pfähle, 6.4.1 von der Frage ab, ob die zu erwartenden Differenzen der Setzungen zwischen den Einzelpfählen oder Pfahlgruppen als gering oder als erheblich einzustufen sind. Im Fall der geringen Setzungsdiffrenzen ist $R_{SLS,k}$ unter Vorgabe einer aufnehmbaren charakteristischen Setzung s_k gemäß der Abb. 4-24 abzuleiten. Diese Vorgehensweise entspricht nach [L 165] der bisher geübten Praxis, bei der die Ableitung mit einer aus der Tragwerksplanung als zulässig vorgegebenen Setzung (hier zul. s_k) erfolgt. Zur Vorgehensweise bei zu erwartenden erheblichen Setzungsdifferenzen sei auf EA-Pfähle, 6.4.1 (4) verwiesen.

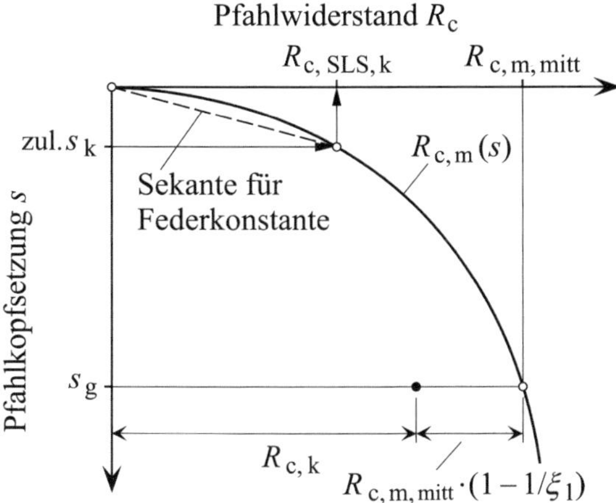

Abb. 4-24 Ermittlung des charakteristischen Pfahlwiderstands $R_{SLS,k}$ von Einzelpfählen (Druckpfählen) im Gebrauchszustand aus Versuchs- bzw. Messwerten von Widerstands-Setzungs-Linien, abhängig von vorgegebenen Setzungen zul. s_k bei zu erwartenden geringen Setzungsdifferenzen zwischen den Einzelpfählen der Gründung (nach EA-Pfähle, 6.4.1); zu $R_{c,m,mitt}$ und ξ_1 siehe auch DIN EN 1997-1, 7.6.2.2

Sind benachbarte bauliche Anlagen (Gebäude, Rohreinführungen, usw.) vorhanden, ist bei der Nachweisführung zu prüfen, ob die Verformungen der Einzelpfähle oder der Pfahlgruppen, die für den Gebrauchszustand erwartet werden, an diesen Anlagen einen Grenzzustand der Tragfähigkeit (GZ 1B) oder der Gebrauchstauglichkeit (GZ 2) hervorrufen können.

Anwendungsbeispiel

Für den axial belasteten Bohrpfahl aus dem Anwendungsbeispiel von Seite 107 ist gemäß EA-Pfähle die Gebrauchstauglichkeit nachzuweisen (SLS). Dazu ist die Setzungsgröße $s_k = 2$ cm zu verwenden, die sich aus der Tragwerksplanung als zulässige charakteristische Setzung ergab.

Lösung

Wird die zulässige charakteristische Setzung zul. $s_k = 2$ cm gemäß Abb. 4-24 in Abb. 4-22 eingetragen, führt das zu Abb. 4-25. Mit den Zahlenwerten für die zu $s = 1{,}8$ cm und $s = 2{,}7$ cm gehörenden charakteristischen Pfahlwiderstände aus Tabelle 4-7 berechnet sich der charakteristische Pfahlwiderstand durch lineare Interpolation zu

$$R_{c,SLS,k} = R_c(1{,}8\,\text{cm}) + \left[R_c(2{,}7\,\text{cm}) - R_c(1{,}8\,\text{cm})\right] \cdot \frac{\text{zul.}\, s_k - 1{,}8}{2{,}7 - 1{,}8}$$

$$= 2{,}025 + (2{,}248 - 2{,}025) \cdot \frac{2{,}0 - 1{,}8}{2{,}7 - 1{,}8} = 2{,}075\ \text{MN}$$

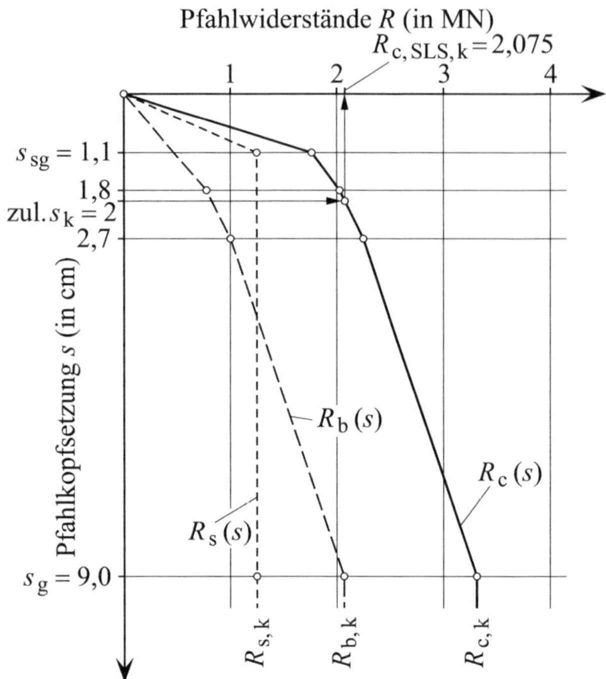

Abb. 4-25 Ermittlung des charakteristischen Pfahlwiderstands $R_{2,\mathrm{k}}$

Mit der zu ständigen Einwirkungen gehörenden Schnittgröße $E_{\mathrm{c,G,k}} = 1{,}05$ MN und der zu ungünstigen veränderlichen Einwirkungen gehörenden Schnittgröße $E_{\mathrm{c,Q,k}} = 0{,}60$ MN aus dem Anwendungsbeispiel von Seite 115 ergibt sich nach Gl. 4-27

$$E_{\mathrm{c,k}} = E_{\mathrm{c,G,k}} + E_{\mathrm{c,Q,k}} = 1{,}05 + 0{,}60 = 1{,}65 \text{ MN}$$

Die Beziehungen

$$E_{\mathrm{c,k}} = 1{,}65 \text{ MN} \leq R_{\mathrm{c,SLS,k}} = 2{,}075 \text{ MN} \qquad \text{bzw.} \qquad \mu = \frac{E_{\mathrm{c,k}}}{R_{\mathrm{c,SLS,k}}} = \frac{1{,}65}{2{,}075} = 0{,}8 \leq 1$$

zeigen, dass für den Bohrpfahl auch die Gebrauchstauglichkeit nachgewiesen ist.

4.9 Horizontalbelastungen von Pfählen

4.9.1 Aktive Horizontalbelastung

Vertikale Pfähle bzw. leicht geneigte Pfähle, die belastet werden durch am Pfahlkopf angreifende Momente und horizontale Kräfte (ggf. die Horizontalkomponenten schräg angreifender Kräfte), unterliegen einer „aktiven" Horizontalbelastung (vgl. Abb. 4-26 a)). Die Belastung beansprucht den Pfahlschaft auf Biegung und wird über dessen seitliche Bettung auf den Baugrund abgetragen.

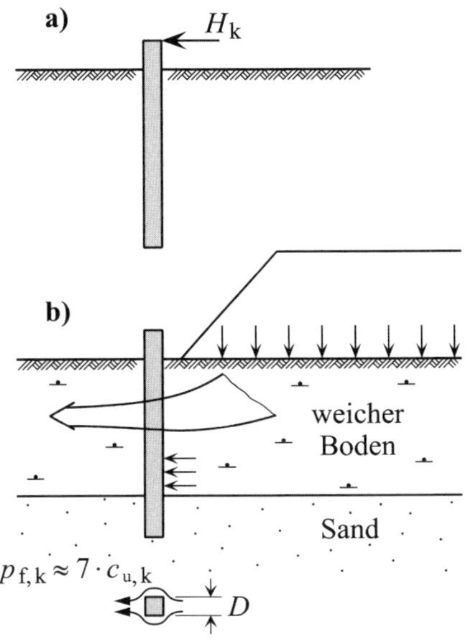

Abb. 4-26 Charakteristische Horizontalbelastungen von Pfählen nach DE BEER (nach FRANKE [L 148], Kapitel 3.3)
a) „aktive" Horizontalbelastung (am Pfahlkopf angreifende Horizontallast H)
b) „passive" Horizontalbelastung (Fließdruckspannungen p_f infolge Bodenbewegung um den Pfahlschaft)

4.9.2 Passive Horizontalbelastung

Auf vertikale oder leicht geneigte Pfähle einwirkende horizontale Belastungen, die vorwiegend auf horizontale Bodenbewegungen zurückzuführen sind (vgl. Abb. 4-26 b)), werden als „passive" Horizontalbelastungen bezeichnet.

Solche Bewegungen, die die Pfähle zusätzlich auf Biegung beanspruchen, werden im Allgemeinen durch die Aufbringung ungleichmäßig großer Flächenlasten auf eine weiche, oberhalb des tragfähigen Baugrunds liegende Bodenschicht hervorgerufen. Einwirkende Lasten sind z. B. Belastungen in Form von Aufschüttungen neben einer Pfahlgründung oder auch Entlastungen durch seitlichen Aushub (vgl. Abb. 4-27).

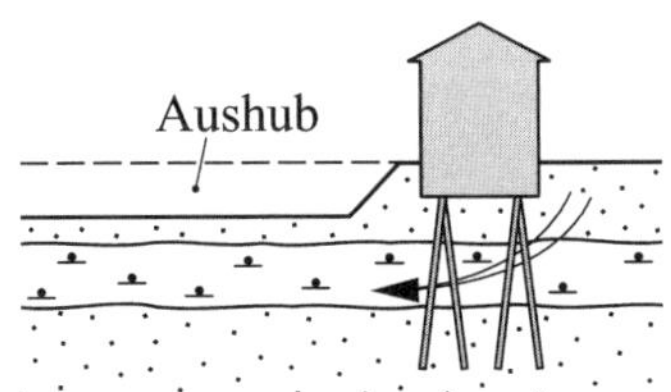

Abb. 4-27 Beispiel für den Lastfall „Seitendruck auf Pfähle" (nach FEDDERS [L 127])

Dass die horizontale Kriechbewegung s_h des Bodens zu einer mit der Zeit sich um ΔE vergrößernden Erddruckkraft und damit zu Veränderungen ΔQ der in den Pfählen wirkenden Längskräfte führen kann, zeigt Abb. 4-28.

Zur Berechnung des auf die Pfahllänge bezogenen Fließdrucks ist nach [L 187] die Beziehung

$$P_f = 7 \cdot c_u \cdot b \quad \text{(in kN/m)} \qquad \text{Gl. 4-29}$$

zu verwenden. Darin sind c_u die undränierte Kohäsion des Baugrunds und b die Pfahlbreite senkrecht zur Fließrichtung.

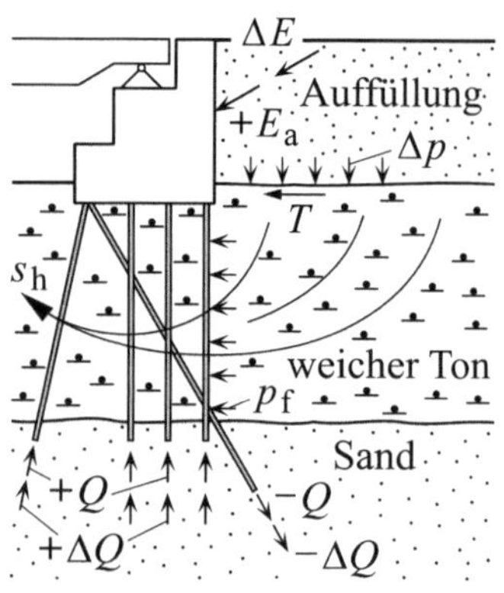

Abb. 4-28 Auffüllung Δp kann im Laufe der Zeit mit Bewegungen s_h Schubkraft T verursachen; T hat Erhöhung um ΔE und der Pfahlkräfte um ΔQ zur Folge (nach FRANKE [L 148], Kapitel 3.3)

4.9.3 Berechnungsmethoden für Einzelpfähle mit aktiver Horizontallast

Zur Berechnung der zur Pfahlbemessung benötigten Schnittlastenverläufe sowie der Kopfverschiebungen und -verdrehungen von Einzelpfählen unter aktiver Horizontalbelastung stehen in der Praxis Verfahren zur Berechnung von Dalben (vgl. z. B. EAU, E 69), das Bettungsmodulverfahren und die Elastizitätstheorie zur Verfügung. Alle Methoden verlangen die Erfassung des Bodenverhaltens durch empirisch gewonnene Parameter, da auch für horizontal belastete Pfähle bisher keine Theorie vorliegt, mit der sich die Veränderungen im Boden genügend genau angeben lassen, die durch die Pfahleinbringung bewirkt werden.

4.9.4 Bettungsmodulverfahren bei Einzelpfählen

Dieses Verfahren, das, nach DIN 1054, 7.7.1 A (1), auch für Tragfähigkeitsnachweise quer zur Pfahlachse belasteter Pfähle erlaubt ist, setzt voraus, dass die charakteristische horizontale Pressung $\sigma_{h,k}$ zwischen Pfahlschaft und Boden proportional ist der seitlichen Verschiebung w des Pfahls. Allgemein gilt in der Tiefe z

$$\sigma_{h,k}(z) = k_{s,k}(z) \cdot w(z) \qquad \text{GL. 4-30}$$

Für den als „Bettungsmodul" bezeichneten charakteristischen Proportionalitätsfaktor $k_{s,k}$ gibt es eine Reihe von Vorschlägen, mit denen sich sein Verlauf über die Tiefe z erfassen lässt (vgl. hierzu [L 230]). Eine dieser Funktionen ist die von TITZE angegebene Parabel

$$k_{s,k}(z) = k_{s,k}(d) \cdot \sqrt{\frac{z}{d}} \qquad \text{GL. 4-31}$$

nach der $k_{s,k}$ mit zunehmender Tiefe z auf den größten Wert $k_{s,k}(d)$ anwächst (d = Pfahleinbindetiefe). Nach EA-Pfähle, 6.3.2 kann der charakteristische Bettungsmodul bei Kenntnis des charakteristischen Steifemoduls $E_{s,k}$ mittels

$$k_{s,k} = \frac{E_{s,k}}{D_s} \qquad \text{GL. 4-32}$$

berechnet werden, wenn es lediglich um die hinreichend zutreffende Pfahlbemessung und damit die genügend genaue Ermittlung der Schnittlasten geht. Nach DIN 1054, 7.7.3 A (3) ist die Anwendung der Gleichung auf Fälle mit rechnerischen charakteristischen Horizontalverschiebungen von ≤ 2 cm oder $\leq 0{,}03 \cdot D_s$ zu beschränken, wobei der kleinere der beiden Grenzwerte maßgebend ist. Ist die Verformung der Pfahlgründung für das Tragverhalten des Bauwerks von Bedeutung und liegen keine Erfahrungen vor, müssen die Größe und die Verteilung des charakteristischen Bettungsmodulwerts $k_{s,k}$ längs des Pfahls im Boden durch Probebelastungen ermittelt werden.

Nach DIN 1054, 7.7.1 A (1) dürfen Querwiderstände nur für Pfähle mit Schaftdurchmessern $D_s \geq 0{,}3$ m bzw. Kantenlängen $a_s \geq 0{,}3$ m angesetzt werden.

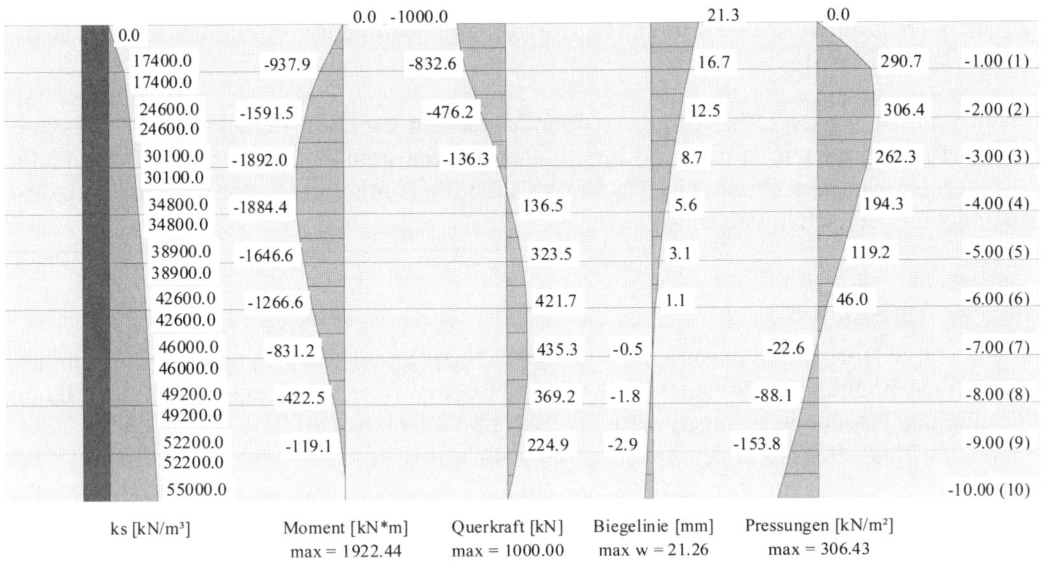

Abb. 4-29 Verläufe der Momente, Querkräfte, Horizontalverformungen und Pressungen eines 10 m langen, durch eine Horizontalkraft von 1 MN am Pfahlkopf belasteten Vertikalpfahls (Durchmesser 1,2 m) bei einer Verteilung des Bettungsmoduls $k_{s,k}$ nach TITZE (Berechnung mit dem Programm „Pfahl" der Fa. *GGU* [F 6])

Geht es außer um die Bemessung des Pfahls auch noch um die Einhaltung vorgegebener Horizontalverschiebungen bzw. Winkelverdrehungen des Pfahlkopfs, ist die Größe und Verteilung des Bettungsmoduls auf der Basis von Ergebnissen horizontaler Probebelastungen zu ermitteln. Darüber hinaus darf er auch auf der Grundlage von Erfahrungen mit anderen, unter vergleichbaren Verhältnissen durchgeführten Probebelastungen festgelegt werden. Bei der Behandlung stoßartiger horizontaler Einwirkung in Form von Aufprall darf näherungsweise mit den gleichen Bettungsmodulwerten wie bei statischen Einwirkungen gerechnet werden, wenn die Berechnung mit statischen Ersatzlasten durchgeführt wird (vgl. EA-Pfähle, 13.6.3).

4.9.5 Aufgaben mit Lösungen

Aufgabe 4-5

Wodurch unterscheiden sich aktive und passive Horizontalbelastungen von Pfählen?

Für die passive Horizontalbelastung sind zwei Beispiele anzugeben!

Aufgabe 4-6

Es ist anzugeben, in welcher Form aktive Horizontalbelastungen von Pfählen auf den Baugrund abgetragen werden!

Mit welchem, auch nach DIN 1054 zulässigen Verfahren kann die Berechnung der Lastabtragung erfolgen und wie kann das Abtragungsverhalten gemäß DIN 1054 über die Tiefe erfasst werden, wenn im Zuge der Berechnung auch die Einhaltung vorgegebener Horizontalverschiebungen nachzuweisen ist?

Lösung zu Aufgabe 4-5

Während aktive Horizontalbelastungen von vertikal oder leicht schräg angeordneten Pfählen am jeweiligen Pfahlkopf eingeleitet werden, sind passive Horizontalbelastungen der Pfähle auf horizontale Bodenbewegungen zurückzuführen; die Horizontallast wird dabei über Teilbereiche des Pfahlschafts auf den jeweiligen Pfahl übertragen.

Passive Horizontalbelastungen von Pfählen können z. B. auftreten, wenn

- auf eine weiche, oberhalb des tragfähigen Baugrunds liegende Bodenschicht eine einseitige Aufschüttung aufgebracht wird (vgl. Abb. 4-28)
- eine weiche, oberhalb des tragfähigen Baugrunds liegende Bodenschicht durch einseitigen Aushub entlastet wird (vgl. Abb. 4-27).

Lösung zu Aufgabe 4-6

Wird ein Pfahl einer aktiven Horizontalbelastung unterworfen, treten Biegeverformungen des Pfahlschafts auf, die mit seitlichen Verschiebungen w gegen das Bodenmaterial verbunden sind. Der Baugrund wirkt in solchen Fällen als Bettung des Pfahlschafts, über die die Horizontallast aufgenommen wird.

Die Größe der durch die Biegeverformung w hervorgerufenen Pressung zwischen Pfahlschaft und Boden ist abhängig von der Tiefe z und kann nach DIN 1054 mit dem Bettungsmodulverfahren berechnet werden. Im allgemeinen Fall wird die charakteristische Horizontalbelastung dabei mit

$$\sigma_{\mathrm{h,k}}(z) = k_{\mathrm{s,k}}(z) \cdot w(z)$$

erfasst, wobei $k_{\mathrm{s,k}}$ einen als Bettungsmodul bezeichneten Proportionalitätsfaktor darstellt.

Die Größe und Verteilung des Bettungsmoduls ist gemäß DIN 1054 z. B. mit Hilfe horizontaler Probebelastungen zu ermitteln.

4.10 Äußeres Tragverhalten axial belasteter Vertikalpfahlgruppen

4.10.1 Wechselwirkung zwischen Einzelpfählen in Pfahlgruppen

Ob eine Wechselwirkung zwischen axial belasteten Vertikalpfählen eintritt, die in Gruppen angeordnet sind, hängt u. a. ab von dem Achsabstand a der Pfähle, dem Pfahlschaftdurchmesser D bzw. dem Pfahlfußdurchmesser D_b, der Pfahllänge l, der Dehnsteifigkeit $E \cdot F$ der Pfähle und dem Verhältnis des Pfahlmantelwiderstands zum Pfahlfußwiderstand.

Nach FRANKE [L 148], Kapitel 3.3 besteht eine Wechselwirkung, wenn bei Pfahlgruppen in ungeschichteten Böden die Verhältniswerte a/D bzw. a/D_b Größen < 6 bis 8 annehmen.

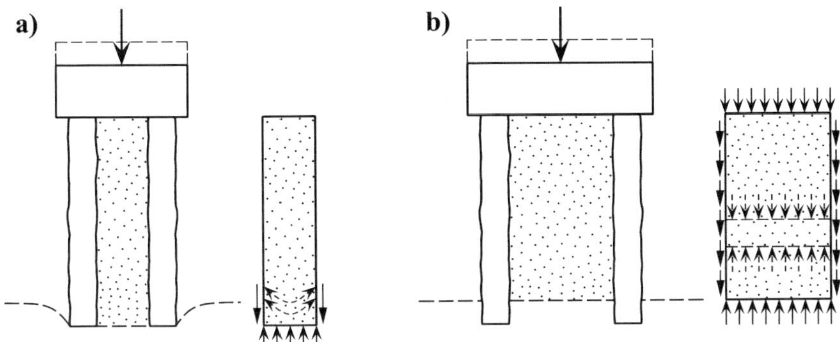

Abb. 4-30 Modelle zur Wechselwirkung zwischen den Pfählen einer Gruppe und dem von ihnen eingeschlossenen Boden (nach [L 231])
a) Mitnahme der Bodensäule infolge Verspannung zwischen den Pfahlfüßen
b) Stauchung der Bodensäule durch Pfahlkopfplatte und Mantelreibung infolge Einstanzen der Pfahlfüße in die Aufstandsebene

4.10.2 Tragfähigkeits- und Gebrauchstauglichkeitsnachweise

Für den Tragfähigkeitsnachweis axial belasteter Druckpfahlgruppen und Pfahlroste ist die Pfahlkopfplatte bzw. der Überbau so zu bemessen, dass ein unterschiedliches Widerstands-Setzungs-Verhalten der Einzelpfähle innerhalb der Gruppe ausgeglichen wird und sich die Lasten entsprechend umlagern können.

DIN EN 1997-1, 7.6.2.1 (3)P verlangt für den Nachweis der Tragfähigkeit von Druckpfahlgruppen im Grenzzustand GEO-2, dass ausreichender Widerstand der Einzelfpähle und ausreichender Widerstand der Pfähle und des dazwischen vorhandenen Bodens als Block mobilisiert werden kann. Der erste Nachweis entspricht den bisherigen Ausführungen zur Tragsicherheit von Einzelpfählen. Der zweite Nachweis kann mit den Ungleichungen

$$E_{c,d} \leq \sum R_{c,d,i} \quad \text{bzw.} \quad \mu = \frac{E_{c,d}}{\sum R_{c,d,i}} \leq 1 \qquad \text{GL. 4-33}$$

oder

$$E_{c,d} \le R_{c,d,G} = \frac{R_{c,k,G}}{\gamma_t} \quad \text{bzw.} \quad \mu = \frac{E_{c,d}}{R_{c,d,G}} = \frac{E_{c,d} \cdot \gamma_t}{R_{c,k,G}} \le 1 \qquad \text{GL. 4-34}$$

aus EA-Pfähle, 8.3.1.1 (2) geführt werden. Die darin verwendeten Bemessungswerte sind die Summe $\Sigma R_{c,d,i}$ der Einzelpfahlwiderstände und der Widerstand $R_{c,d,G}$ der Pfahlgruppe (als Widerstand eines großen Ersatzpfahls). Darüber hinaus sind μ der jeweilige Ausnutzungsgrad (zu berücksichtigen ist jeweils der Nachweis mit dem größeren μ-Wert), γ_t der zum Grenzzustand GEO-2 gehörende Teilsicherheitsbeiwert aus DIN 1054, Tabelle A 2.3 und $R_{c,k,G}$ der charakteristische Widerstand

$$R_{c,k,G} = q_{b,k} \cdot \Sigma A_{b,i} + \Sigma q_{s,k,j} \cdot A^*_{s,j} \qquad \text{GL. 4-35}$$

mit dem charakteristischen Wert $q_{b,k}$ des Pfahlspitzendrucks im Bruchzustand für den Einzelpfahl, den Nennwerten $A_{b,i}$ der Einzelpfähle, den charakteristischen Pfahlmantelreibungen $q_{b,k,j}$ im Bruchzustand der Einzelpfähle in der Schicht j, bezogen auf die abgewickelte Mantelfläche $A^*_{s,j}$ dieser Schicht im Bereich des Ersatzeinzelpfahls (Abb. 4-31).

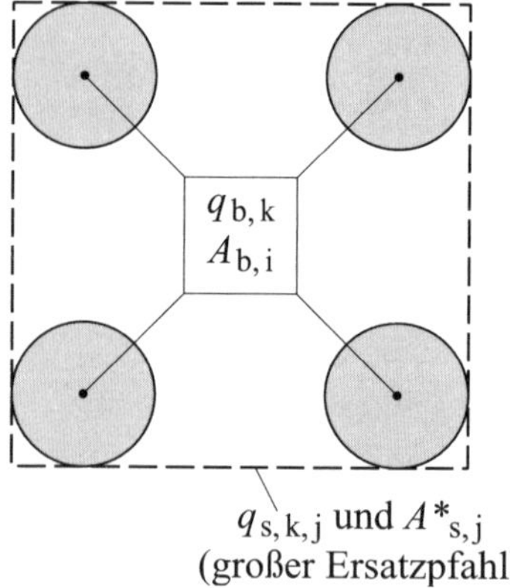

Abb. 4-31 Beispiel für den Ansatz der Widerstandsanteile einer Pfahlgruppe als großer Ersatzeinzelpfahl (nach EA-Pfähle, 8.3.1.1 (6))

Bezüglich der Gebrauchstauglichkeit (SLS) ist bei überwiegend aus Spitzendruckpfählen bestehenden Pfahlgruppen die Setzung gemäß Abschnitt 4.8.11 nachzuweisen. Die gegenüber dem Einzelpfahl größere Gesamtsetzung der Pfahlgruppe ergibt sich dabei aus der Setzung des Gründungsbauwerks insgesamt (im Sinne einer tiefliegenden Flächengründung) und der einzelnen Pfähle.

Der zum Gründungsbauwerk insgesamt gehörende Setzungsanteil tritt in der Pfahlfußebene auf und darf mit einer Lastebene gemäß Abb. 4-32 ermittelt werden. Schrägpfähle der Pfahlgruppe sind in der Berechnung nur dann zu berücksichtigen, wenn der nach außen zeigende Abstand ihrer Spitzen von den Spitzen der vertikalen Randpfähle nicht größer ist als der mittlere Achsabstand der Lotpfähle.

Setzungen von Pfahlgruppen, die überwiegend aus Reibungspfählen bestehen, werden in hohem Maße von der Zusammendrückung des Bodens zwischen und neben den Pfählen mitbestimmt, die sich aus der Pfahlmantelreibung ergibt. Diese Setzung ist abzuschätzen und zu dem zum Gründungsbauwerk insgesamt gehörenden Setzungsanteil (s. oben) hinzuzufügen.

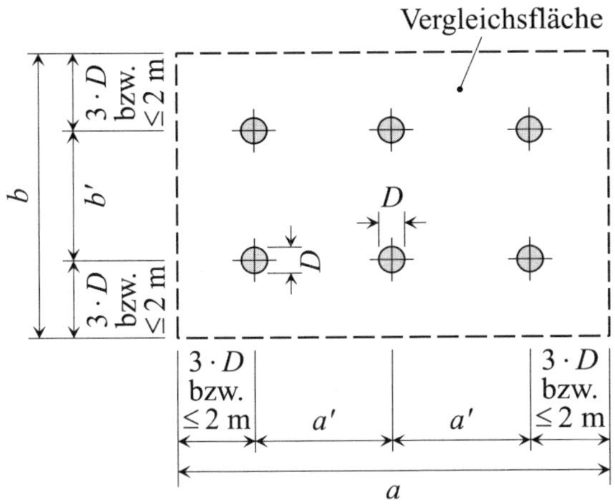

Abb. 4-32 Beispiel für Vergleichsfläche zur Ermittlung der Setzung des Gesamtbauwerks bei einer Gruppe axial belasteter Vertikalpfähle gemäß DIN 1054

4.11 Vertikalpfahlgruppen, Abtragung von Horizontallasten

4.11.1 Abminderungsfaktoren

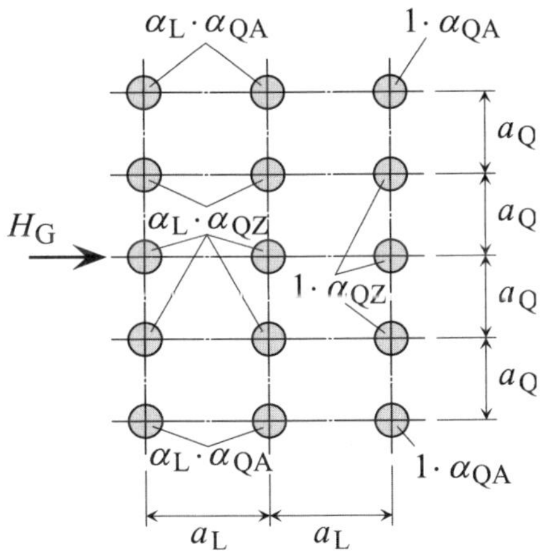

Abb. 4-33 Gruppe aus doppelsymmetrisch angeordneten vertikalen Pfählen mit Abminderungsfaktoren α_i in Abhängigkeit von der Lage der Pfähle innerhalb der Gruppe (nach DIN 1054)

Bei horizontal belasteten und aus vertikalen Pfählen bestehenden Pfahlgruppen deren horizontale Pfahlkopfverschiebungen alle in etwa gleich groß sind, beteiligen sich die einzelnen Pfähle in ungleichem Maße an der Aufnahme der auf die Gruppe wirkenden Horizontallast. Für doppelsymmetrische Gruppen mit n gleichen Pfählen (Beispiel in Abb. 4-33) gilt nach EA-Pfähle, 8.2.3

$$\frac{H_i}{H_G} = \frac{\alpha_i}{\sum_{i=1}^{n} \alpha_i} \quad \text{bzw.} \quad H_i = H_G \cdot \frac{\alpha_i}{\sum_{i=1}^{n} \alpha_i} \qquad \text{Gl. 4-36}$$

zwischen der auf die Gruppe einwirkenden Gesamtkraft H_G und dem davon auf den i-ten Pfahl entfallenden Anteil H_i. Die Abminderungsfaktoren α_i ergeben sich aus dem Produkt

$$\alpha_i = \alpha_L \cdot \alpha_Q \qquad \text{Gl. 4-37}$$

der Abminderungsfaktoren α_L und α_Q, die u. a. abhängen von den Pfahlachsabständen a_L und a_Q in und quer zur Kraftrichtung sowie von der Lage des i-ten Bohrpfahls in der Gruppe (vgl. Abb. 4-33).

Die Größe der Abminderungsfaktoren α_L und α_Q ist zudem abhängig von den Verhältnissen der entsprechenden Pfahlachsabstände und dem Pfahlschaftdurchmesser D_s. Die Größe der Abminderungsfaktoren α_L werden durch die Achsabstände a_L und die Größe der Abminderungsfaktoren α_Q durch die Achsabstände a_Q bestimmt (vgl. Abb. 4-34 und Abb. 4-35).

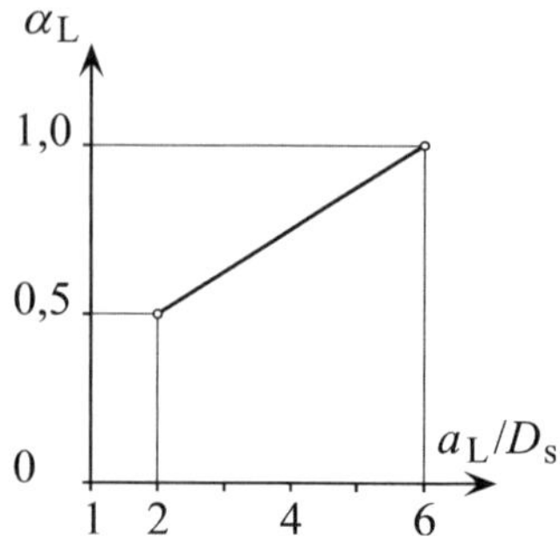

Abb. 4-34 Abminderungsfaktor α_L für das Verhältnis a_L zu D_s; bei $a_L/D_s < 2$ ist $a_L = 0$ zu setzen (nach DIN 1054)

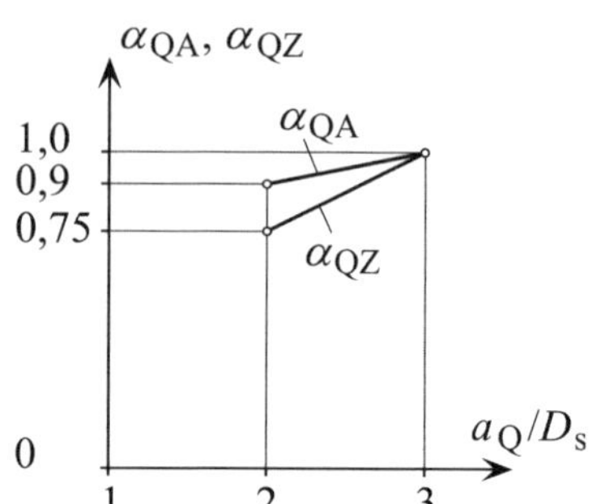

Abb. 4-35 Abminderungsfaktoren α_{QA} und α_{QZ} für das Verhältnis a_Q zu D_s; bei $a_Q/D_s < 2$ gelten die Bedingungen einer durchgehenden Wand (nach DIN 1054)

4.11.2 Bettungsmodule

Der Bettungsmodul, der den Abminderungsfaktoren α_i des i-ten Bohrpfahls in einer Gruppe entspricht, lässt sich nach EA-Pfähle, 8.2.3 für den linear mit der Tiefe z zunehmenden oder den über die Tiefe konstanten Bettungsmodul ermitteln. Für den linear zunehmenden charakteristischen Modul (als Näherung für Bohrpfähle annehmbar, die in normalkonsolidierten bindigen und in nichtbindigen Bodenarten hergestellt wurden) gilt die Beziehung

$$k_{s,k}(z) = k_{hE,k} \cdot \frac{z}{D_s} \qquad \text{Gl. 4-38}$$

Darin steht $k_{hE,k}$ für den charakteristischen Wert des Bettungsmoduls des Einzelpfahls in der Tiefe D_s (D_s = Pfahlschaftdurchmesser).

Mit der Biegesteifigkeit $E \cdot I$ eines Einzelpfahls einer horizontal belasteten Pfahlgruppe ergibt sich dessen elastische Länge zu

$$L_E = \sqrt[5]{\frac{E \cdot I}{k_{hE,k}}} \qquad \text{Gl. 4-39}$$

Von ihrem Verhältnis zur Länge L (Einbindetiefe) des Einzelpfahls i hängt die Größe des charakteristischen Werts des Bettungsmoduls in der Tiefe D_s, die dem i-ten Pfahl zuzuordnen ist

$$k_{\text{hi,k}} = \alpha_{\text{i}}^{1{,}67} \cdot k_{\text{hE,k}} \quad \text{für } \frac{L}{L_{\text{E}}} \geq 4$$

$$k_{\text{hi,k}} = \alpha_{\text{i}} \cdot k_{\text{hE,k}} \quad \text{für } \frac{L}{L_{\text{E}}} \leq 2 \qquad \text{Gl. 4-40}$$

ab (für $4 > L/L_{\text{E}} > 2$ darf zwischen den $k_{\text{hi,k}}$-Größen linear interpoliert werden). Der in Gl. 4-40 verwendete Ausdruck α_{i} ist mit Gl. 4-37 zu berechnen.

Der in der Tiefe z anzusetzende charakteristische Wert des Bettungsmoduls des i-ten Pfahls berechnet sich gemäß Gl. 4-38.

Für einen über die Tiefe z konstanten Bettungsmodul (obere Grenze für Pfähle in überkonsolidierten bindigen Böden) gelten

$$k_{\text{s,k}}(z) = k_{\text{s,k}} = \text{const.} \qquad \text{Gl. 4-41}$$

und für den i-ten Einzelpfahl der Länge L

$$k_{\text{si,k}} = \alpha_{\text{i}}^{1{,}33} \cdot k_{\text{sE,k}} \quad \text{für } \frac{L}{L_{\text{E}}} \geq 4$$

$$k_{\text{si,k}} = \alpha_{\text{i}} \cdot k_{\text{sE,k}} \quad \text{für } \frac{L}{L_{\text{E}}} \leq 2 \qquad \text{Gl. 4-42}$$

Die Größe α_{i} des Einzelpfahls berechnet sich mit Gl. 4-37 und seine elastische Länge mit

$$L_{\text{E}} = \sqrt[4]{\frac{E \cdot I}{k_{\text{sE,k}} \cdot D_{\text{s}}}} \qquad \text{Gl. 4-43}$$

Auch hier darf für $4 > L/L_{\text{E}} > 2$ zwischen den $k_{\text{hi,k}}$-Größen linear interpoliert werden.

Anwendungsbeispiel

Für die Pfahlgruppe aus Abb. 4-36 ist die Größe der zulässigen horizontalen charakteristischen Lasten $H_{\text{a,k}}$ und $H_{\text{b,k}}$ unter der Voraussetzung zu ermitteln, dass diese Lasten unabhängig voneinander auf das System einwirken.

Für die Berechnung ist die zu einem Einzelpfahl gehörende charakteristische Last $H_{\text{E,k}}$ anzunehmen, die im Zuge seiner Probebelastung für eine vorgegebene zulässige horizontale Kopfpunktverschiebung ermittelt wurde.

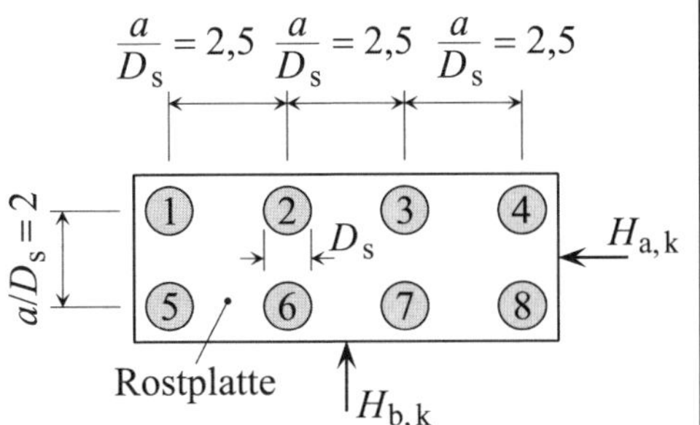

Abb. 4-36 Pfahlgruppe mit charakteristischen Horizontalbelastungen $H_{\text{a,k}}$ und $H_{\text{b,k}}$

Lösung

1 Ermittlung der zulässigen charakteristischen Belastung $H_{\text{a,k}}$

Nach EA-Pfähle gilt

für $\frac{a_L}{D_s} = 2,5$ ergibt sich aus Abb. 4-34 $\alpha_L = 0,5 + 0,5 \cdot \frac{0,5}{4,0} = 0,563$

für $\frac{a_Q}{D_s} = 2,0$ ergibt sich aus Abb. 4-35 $\alpha_{QA} = 0,9$

Gemäß Abb. 4-33 nehmen damit die Pfähle 1 und 5 die charakteristischen Horizontalkräfte

$$H_{1,k} = H_{5,k} = H_{E,k} \cdot 1,0 \cdot \alpha_{QA} = H_{E,k} \cdot 1,0 \cdot 0,9 = 0,9 \cdot H_{E,k}$$

und die Pfähle 2, 3, 4, 6, 7 und 8 die Horizontalkräfte

$$H_{2,k} = H_{3,k} = H_{4,k} = H_{6,k} = H_{7,k} = H_{8,k} = H_{E,k} \cdot \alpha_L \cdot \alpha_{QA} = H_{E,k} \cdot 0,5625 \cdot 0,9 = 0,506 \cdot H_{E,k}$$

auf. Die zulässige charakteristische Horizontalkraft des Gesamtsystems hat dann die Größe

$$\text{zul}\, H_{a,k} = (H_{1,k} + H_{5,k}) + (H_{2,k} + H_{3,k} + H_{4,k} + H_{6,k} + H_{7,k} + H_{8,k}) = 2 \cdot 0,9 \cdot H_{E,k} + 6 \cdot 0,506 \cdot H_{E,k} = 4,84 \cdot H_{E,k}$$

2 Ermittlung der zulässigen charakteristischen Belastung $H_{b,k}$

Nach EA-Pfähle gilt

für $\frac{a_L}{D_s} = 2,0$ ergibt sich aus Abb. 4-34 $\alpha_L = 0,5$

für $\frac{a_Q}{D_s} = 2,5$ ergibt sich aus Abb. 4-35 $\alpha_{QA} = 0,95$

für $\frac{a_Q}{D_s} = 2,5$ ergibt sich aus Abb. 4-35 $\alpha_{QZ} = 0,875$

Gemäß Abb. 4-33 nehmen damit die Pfähle 1 und 4 die Horizontalkräfte

$$H_{1,k} = H_{4,k} = H_{E,k} \cdot 1,0 \cdot \alpha_{QA} = H_{E,k} \cdot 1,0 \cdot 0,95 = 0,95 \cdot H_{E,k}$$

die Pfähle 2 und 3 die Horizontalkräfte

$$H_{2,k} = H_{3,k} = H_{E,k} \cdot 1,0 \cdot \alpha_{QZ} = H_{E,k} \cdot 1,0 \cdot 0,875 = 0,875 \cdot H_{E,k}$$

die Pfähle 5 und 8 die Horizontalkräfte

$$H_{5,k} = H_{8,k} = H_{E,k} \cdot \alpha_L \cdot \alpha_{QA} = H_{E,k} \cdot 0,5 \cdot 0,95 = 0,475 \cdot H_{E,k}$$

und die Pfähle 6 und 7 die Horizontalkräfte

$$H_{6,k} = H_{7,k} = H_{E,k} \cdot \alpha_L \cdot \alpha_{QA} = H_{E,k} \cdot 0,5 \cdot 0,875 = 0,4375 \cdot H_{E,k}$$

auf. Die zulässige charakteristische Horizontalkraft des Gesamtsystems hat dann die Größe

$$\text{zul}\, H_{b,k} = (H_{1,k} + H_{4,k}) + (H_{2,k} + H_{3,k}) + (H_{5,k} + H_{8,k}) + (H_{6,k} + H_{7,k}) = 2 \cdot (0,95 + 0,875 + 0,475 + 0,4375) \cdot H_{E,k} = 5,48 \cdot H_{E,k}$$

Das Berechnungsergebnis liefert für die gegebene Pfahlanordnung zwei unterschiedlich große zulässige horizontale charakteristische Belastungen zul $H_{a,k}$ und zul $H_{b,k}$.

4.11.3 Aufgaben mit Lösungen

Aufgabe 4-7

Gemäß EA-Pfähle sind die Größen der Pfahlachsabstände a_L und a_Q zu ermitteln (Angabe in m), die bei dem in Abb. 4-37 gezeigten Pfahlrost mindestens eingehalten sein müssen, wenn die vier gleichlangen Pfähle

- mit dem Schaftdurchmesser $D_s = 1{,}0$ m
- die charakteristische Horizontalkraft H_k wie Einzelpfähle abtragen sollen.

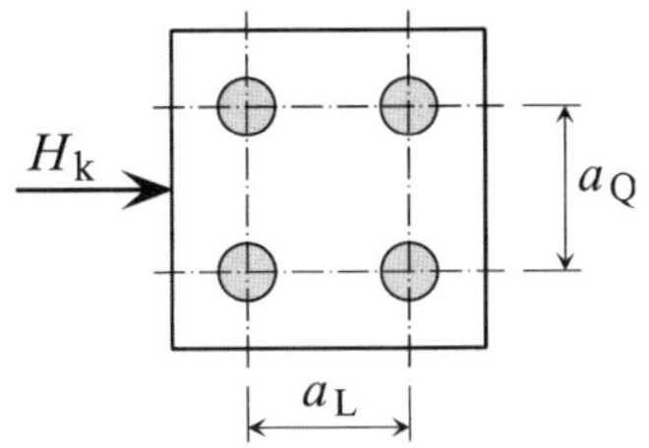

Abb. 4-37 Pfahlrost mit 4 Pfählen

Aufgabe 4-8

Geplant ist ein Pfahlrost mit vier Bohrpfählen, die gemäß Abb. 4-38 angeordnet sind. Zu ermitteln ist der größte zulässige Pfahlschaftdurchmesser D_s (Angabe in m), der sich nach EA-Pfähle für die vier gleichlangen Pfähle des Pfahlrostes ergibt, wenn als Pfahlachsabstände

$a_L = 6{,}20$ m und $a_Q = 3{,}20$ m

gewählt wurden und die verrohrt hergestellten Pfähle die charakteristische Horizontalkraft H_k wie Einzelpfähle abtragen sollen.

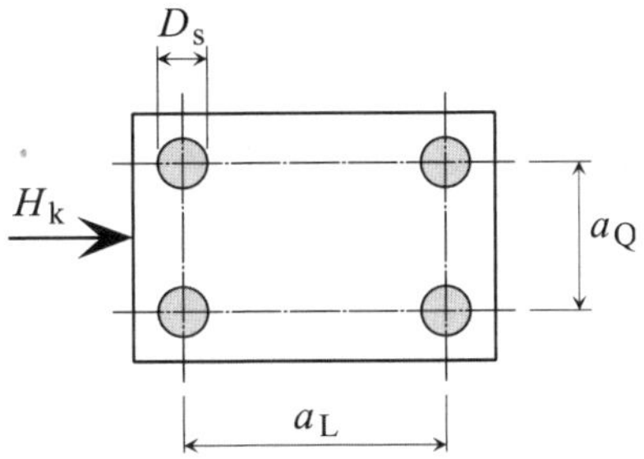

Abb. 4-38 Pfahlrost mit 4 Bohrpfählen

Lösung zu Aufgabe 4-7

Um sicherzustellen, dass die vier Pfähle die charakteristische Horizontalkraft H_k gemäß EA-Pfähle wie Einzelpfähle abtragen, müssen die zu wählenden Achsabstände mindestens die beiden Größen

$\min a_L = 6 \cdot D_s$ (vgl. Abb. 4-34)

$\min a_Q = 3 \cdot D_s$ (vgl. Abb. 4-35)

aufweisen.

Mit dem Pfahlschaftdurchmesser $D_s = 1{,}0$ m der vorliegenden Pfähle ergeben sich somit die beiden entsprechenden Zahlenwerte

$\min a_L = 6 \cdot 1{,}0 = 6{,}0$ m und $\min a_Q = 3 \cdot 1{,}0 = 3{,}0$ m

Lösung zu Aufgabe 4-8

Sollen die vier Bohrpfähle die charakteristische Horizontalkraft H_k gemäß EA-Pfähle wie Einzelpfähle abtragen, darf der zu wählende Pfahlschaftdurchmesser höchstens die Größen

$$\max D_{s,L} = \frac{a_L}{6} \qquad \text{(vgl. Abb. 4-34)}$$

$$\max D_{s,Q} = \frac{a_Q}{3} \qquad \text{(vgl. Abb. 4-35)}$$

aufweisen. Mit den Pfahlachsabständen $a_L = 6{,}20$ m und $a_Q = 3{,}20$ m ergeben sich für sie die beiden Zahlenwerte

$$\max D_{s,L} = \frac{6{,}20}{6} = 1{,}03 \text{ m} \qquad \text{und} \qquad \max D_{s,Q} = \frac{3{,}20}{3} = 1{,}07 \text{ m}$$

und damit der gesuchte zulässige Größtwert des Pfahlschaftdurchmessers

$$\max D_s = \max D_{s,L} = 1{,}03 \text{ m}$$

4.12 Probebelastung von Pfählen

4.12.1 Allgemeines

Wegen fehlender anerkannter Verfahren zur Berechnung von Pfahlwiderständen wird auch in DIN 1054 verlangt, dass die Widerstände von Pfählen im Regelfall mit Probebelastungen ermittelt werden. Ihre Berechnung auf der Basis von Erfahrungswerten stellt Ausnahmefälle dar, die aber auch auf Ergebnissen von Pfahlprobebelastungen basieren. Beim Vorliegen statischer Probebelastungen, die bezüglich des Pfahltyps und der Baugrundverhältnisse vergleichbar sind, dürfen diese nach DIN 1054, 7.6.2.2 A (15) wie am Standort ausgeführte Probebelastungen behandelt werdenm, wenn dies auf der Basis von Sachkunde und Erfahrung auf dem Gebiet der Geotechnik bestätigt werden kann.

Nach DIN EN 1997-1 und DIN 1054 ist generell zu unterscheiden zwischen

- statischen Pfahlprobebelastungen (Einzelheiten siehe z. B. Abschnitt 7.5.2 von DIN EN 1997-1 und DIN 1054) und
- dynamischen Pfahlprobebelastungen (Einzelheiten siehe z. B. Abschnitt 7.5.3 von DIN EN 1997-1 und DIN 1054)

bei deren Anwendung die Empfehlungen aus EA-Pfähle, 9 und 10 zu beachten sind. Gegenüber analytischen Verfahren haben diese Belastungen den Vorteil der wirklichkeitsnaheren Erfassung der Baugrundverhältnisse und der Pfahlherstellung samt der zugehörigen Bodenveränderung.

Probebelastungen dienen dem Ziel, an Probepfählen die charakteristischen Widerstände der Pfähle zuverlässig zu ermitteln, die für das jeweilige Bauwerk tatsächlich verwendet werden. Aus diesem Grunde ist dafür zu sorgen, dass die Probepfähle an Stellen eingebracht werden, an denen die charakteristischen Baugrundverhältnisse für das Baugelände vorliegen und dass sie den Bauwerkspfählen so weit wie möglich entsprechen (gleiche Pfahlart, gleiches Herstellungsverfahren, gleiche Ausführungsbedingungen und Herstellungsfristen, gleiche geometrische Abmessungen). Für die Probebelastungen ist es daher ggf. sinnvoll, statt spezieller Probepfähle entsprechende Bauwerkspfähle heranzuziehen. Durch die Belastungen dürfen allerdings weder Pfahlschäden noch eine Beeinträchtigung der späteren Verwendbarkeit der Pfähle für das Bauwerk hervorgerufen werden.

4.12.2 Widerstands-Setzungs-Linien und Pfahlkopfbewegungen

Axiale Probebelastungen liefern Widerstands-Setzungs-Linien und von der Belastung abhängige Zeitsetzungs- bzw. -hebungslinien. Da diese Linien bei Spitzendruckpfählen relativ schwach gekrümmt sind, lässt sich aus ihnen meistens kein eindeutiges Versagen ablesen. Nach EA-Pfähle, 5.2.2 (3) ist dann das Versagen und damit der Pfahlwiderstand $R_{c,m}$ dem Setzungsmaß

$$s_g = 0{,}10 \cdot D_b \qquad \text{Gl. 4-44}$$

zuzuordnen (D_b ist der Pfahlfußdurchmesser).

Horizontale Probebelastungen von Pfählen liefern zu Verschiebungen und Verdrehungen der Pfahlköpfe gehörende Last-Verformungs-Linien und ggf. auch Biegelinien und Biegemomente über die Pfahllänge. Nach DIN 1054, 7.7.1 A (1) dürfen Querwiderstände nur für Pfähle mit Pfahlschaftdurchmessern $D_s \geq 0{,}30$ cm bzw. Kantenlängen $a_s \geq 0{,}30$ cm angesetzt werden. Die Länge eines Probepfahls braucht nach [L 229] nicht größer zu sein als

$$L_{max} = 4 \cdot L_E \qquad \text{Gl. 4-45}$$

da sich eine Vergrößerung der Länge des Pfahls über L_{max} hinaus nicht mehr auf sein Tragverhalten auswirkt. Die in der Gleichung verwendete elastische Länge L_E kann, abhängig von den Bodengegebenheiten bzw. dem angenommenen Verlauf des Bettungsmoduls über die Einbindetiefe, mit Gl. 4-40 (mit der Tiefe linear zunehmender Bettungsmodul) bzw. Gl. 4-42 (über die Tiefe konstanter Bettungsmodul) berechnet werden.

Probepfähle sind an Stellen einzubringen, an denen die charakteristischen Baugrundverhältnisse für das Baugelände vorliegen. Dabei ist darauf zu achten, dass sich die Einbringungsorte in der Nähe von einer oder mehreren Aufschlussbohrungen befinden; wo dies nicht möglich ist, ist nahe bei dem jeweiligen Probepfahl eine neue Bohrung niederzubringen.

4.12.3 Anzahl der Probepfähle

Die Anzahl und die Verteilung der zu belastenden Probepfähle richten sich u. a. nach der Bauwerksgestalt und der Baugrundbeschaffenheit. Nach EA-Pfähle, 9.2.2.2 ist für jede Pfahlart und jede geotechnisch einheitliche Baugrundsituation mindestens ein Probepfahl vorzusehen (die genaue Anzahl der Probepfähle mit einem geotechnischen Sachverständigen festzulegen). Darüber hinaus sind bei Bauwerken mit mehr als 100 Pfählen mindestens zwei Probebelastungen durchzuführen.

Probebelastungen an Mikropfählen sollten mindestens an ≥ 2 Pfählen und wenigstens an 3 % aller Pfähle durchgeführt werden (siehe DIN 1054, 7.6.2.2 A (1a) und 7.6.3.2 A (3a)).

4.12.4 Zeitpunkt der Probebelastung

Generell sind die Untersuchungen so zu terminieren, dass sich aufgrund der Ergebnisse erforderlich werdende Änderungen des Gründungsentwurfs noch sinnvoll umsetzen lassen.

Nach EA-Pfähle, 9.2.1 (7) und 9.3.3.1 (10) dürfen statische Probebelastungen von Verdrängungspfählen nicht unmittelbar nach dem Einbringen vorgenommen werden. In nichtbindigen Böden sollen die Belastungen frühestens drei Tage, in bindigen Böden frühestens drei Wochen nach dem Einbringen, oder besser noch später begonnen werden. Bei Ortbetonpfählen ist das Erreichen der für die Belastungen vorgesehenen Betonfestigkeit abzuwarten. Bei der Untersuchung von Verdrängungspfählen in bindigem Boden muss nach [L 229] der durch die Pfahlherstellung bewirkte Porenwasserüberdruck abgebaut sein, bevor mit den Probebelastungen begonnen werden darf.

4.12.5 Belastungseinrichtungen für axiale Probebelastungen

Über die Belastungseinrichtungen sind die Belastungen mit Pressen so aufzubringen, dass sie genau in der Pfahllängsachse wirken, während der Versuche nicht schwanken und gegen Kippen gesichert sind. Steigerungen und Reduzierungen der Kräfte sind langsam und vorsichtig vorzunehmen. Als Widerlager für Pressenlasten können Traversen, Belastungsstühle oder auch Totlasten (bei kleineren Lasten ggf. noch wirtschaftlich) eingesetzt werden.

Die Belastungsvorrichtung ist so auszulegen, dass mit ihr die zu erwartende Grenzlast des Pfahls sicher erreichbar ist. Konstruktionselemente wie z. B. Verankerungen dürfen das Lastabtragungsverhalten des Probepfahls nicht beeinflussen (vgl. Abb. 4-39).

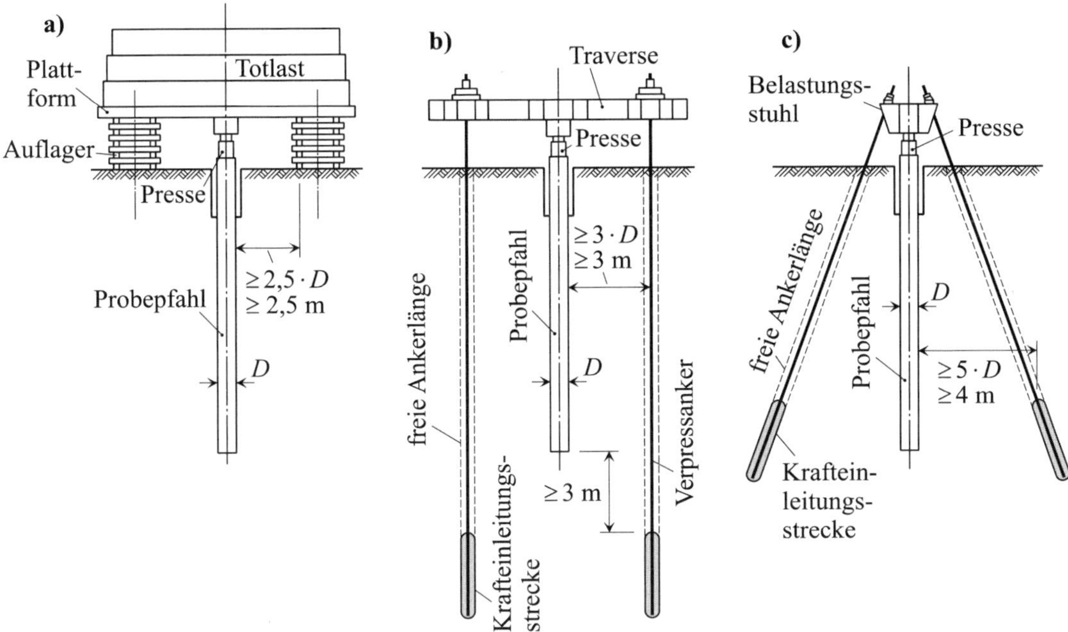

Abb. 4-39 Mindestabstände zwischen Belastungseinrichtung und Probepfahl (nach EA-Pfähle, 9.2.3)
a) Auflager von Totlasten
b) parallel zum Probepfahl angeordnete Verpressanker mit tief liegenden Krafteinleitungsstrecken
c) sternförmig angeordnete, gespreizte Verpressanker mit hoch liegenden Krafteinleitungsstrecken

4.12.6 Belastungseinrichtungen für horizontale Probebelastungen

Probepfähle für horizontale Probebelastungen brauchen, im Gegensatz zu Pfählen bei Vertikalbelastungen, nach [L 229] nur in einer maximalen Länge von

$$L_{\max} = 4 \cdot L_{\mathrm{E}} \qquad \text{Gl. 4-46}$$

hergestellt werden, die ggf. kleiner ist als die Länge der geplanten Bauwerkspfähle. Die Größe L_{E} steht dabei für die elastische Länge gemäß Gl. 4-40 bzw. Gl. 4-42.

Eine Versuchseinrichtung mit einfacher Messvorrichtung, wie sie für horizontale Probelastungen einsetzbar ist, zeigt Abb. 4-40. Gemäß der Abbildung können zwei benachbarte Pfähle mit einer hydraulischen Presse gegeneinander belastet werden, weshalb keine besonderen Widerlager zur Aufnahme der Reaktionskräfte erforderlich sind.

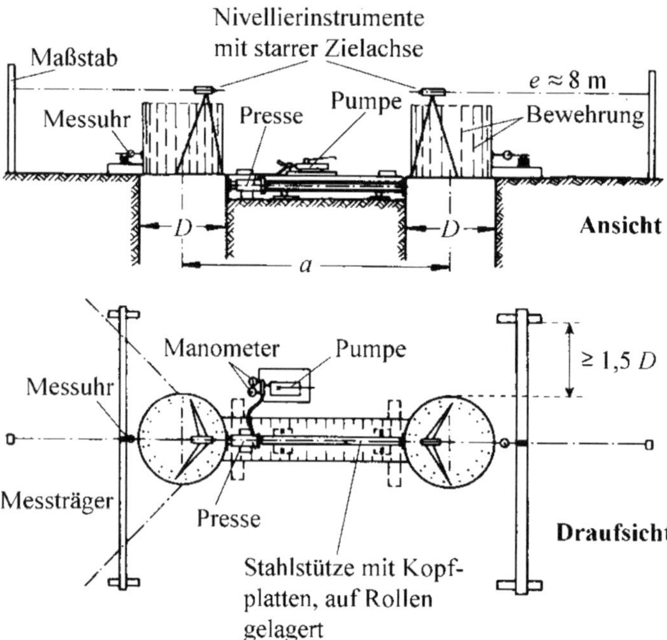

Abb. 4-40 Versuchseinrichtungen für eine horizontale Probebelastung an Bauwerkspfählen mit einfacher Messvorrichtung (nach [L 240])

4.12.7 Instrumentierung und Messverfahren

Die Instrumentierung ist von einem geotechnischen Sachverständigen festzulegen.

Die Pfahlbelastung darf die Lage der für Setzungs- und Hebungsmessungen (axial belastete Pfähle) bzw. Verschiebungs- und Verdrehungsmessungen (horizontal belastete Pfähle) eingesetzten Geräte und der zum Vergleich dienenden Festpunkte nicht verändern. Die Messungen sind mit Geräten durchzuführen, deren Messbereiche so groß sind, dass ein Umsetzen während des Versuchs nicht erforderlich wird. Die Messungen axial belasteter Pfähle sind nach EA-Pfähle, 9.2.4.1 (5) mit einer Genauigkeit von ≤ 0,2 mm durchzuführen. Für horizontal belastete Pfähle wird in [L 229] eine Genauigkeit für die Pfahlkopfverschiebungen von ≤ 0,1 mm (in EA-Pfähle, 9.3.5.1 (5) sind es ± 0,2 mm) und für die Pfahlkopfverdrehungen von ≤ 0,05 % verlangt.

Für die Kraftmessungen am Pfahlkopf sind nach den EA-Pfähle, 9.2.4.2 grundsätzlich Kraftmessdosen einzusetzen. Die Registrierung hydraulischer Pressendrücke dient dabei ausschließlich der Kontrolle.

Die verwendeten Messvorrichtungen sind u. a. auch gegen Witterungseinflüsse zu schützen.

4.12.8 Verlauf der Probebelastung

Die Last ist stufenweise zu steigern. Die Laststufen sind dabei so zu wählen, dass die Darstellung der Last-Setzungslinie bzw. Last-Hebungslinie einwandfrei möglich ist. Nach der Aufbringung jeder Laststufe ist die jeweils erreichte Last so lange zu halten, bis der Pfahl praktisch zur Ruhe gekommen ist (bei erhöhten und hohen Versuchsanforderungen bedeutet dies eine maximale Pfahlkopfverschiebungsgeschwindigkeit < 0,1 mm pro 5 Minuten; Näheres siehe EA-Pfähle, 9.2.5.1 (6)). Zur Vermeidung eines zu schnellen Absinkens des Pfahls bei wachsender Belastung, sind die Laststufen zu verkleinern, sobald die Setzungen größer werden. Die Probebelastung ist möglichst bis zur Erreichung der Grenzlast zu steigern.

Um die bleibenden Setzungen des Probepfahls erfassen zu können bedarf es mehrerer Zwischenentlastungen. Zur Auswertung der Probebelastungen siehe z. B. EA-Pfähle, 9.2.6.

4.13 Dynamische Integritätsprüfung bei Pfählen

Während Rammpfähle durch die Inaugenscheinnahme vor dem Einbau (Erkennung von Herstellungsmängeln wie z. B. Betonierfehler und Risse) und die Einbringung selbst (Stoßkraft durch Rammschlag und damit verbundene Eindringung in den Boden) geprüft werden können, ist die Entdeckung von Fehlerquellen bei Ortpfählen wesentlich schwieriger. Dies gilt insbesondere auch im Hinblick auf die Erschwernisse bei der Herstellung von Ortbetonpfählen bezüglich der Einhaltung der geplanten Schaftgeometrie (z. B. Gefahr der Querschnitteinschnürung des Pfahls durch aus der Bohrlochwand nachbrechendes Bodenmaterial) und des Vermeidens von Betonierfehlern (z. B. Bildung von Kiesnestern).

Zur Entdeckung solcher Abweichungen von den Sollwerten durch zerstörungsfreie Prüfung dient als seismisches Verfahren die „Low-strain-Methode" (auch „Impact-Echo-Methode" genannt); bezüglich weiterer Verfahren siehe z. B. [L 239]. Das grundlegende Prinzip dieser Methode ist die Reflexion einer sich in Pfahllängsrichtung (eindimensional) ausbreitenden Stoßwelle (vgl. Abb. 4-41). Die meist durch einen Handhammerschlag auf den Pfahlkopf ausgelöste Welle läuft durch den Pfahl und wird am Pfahlfuß, aber auch an Schadstellen (vgl. Abb. 4-42), mehr oder weniger stark reflektiert. Die diesbezügliche Stoßwellengeschwindigkeit und Reflexionsintensität werden am Pfahlkopf über die Zeit gemessen und aufgezeichnet.

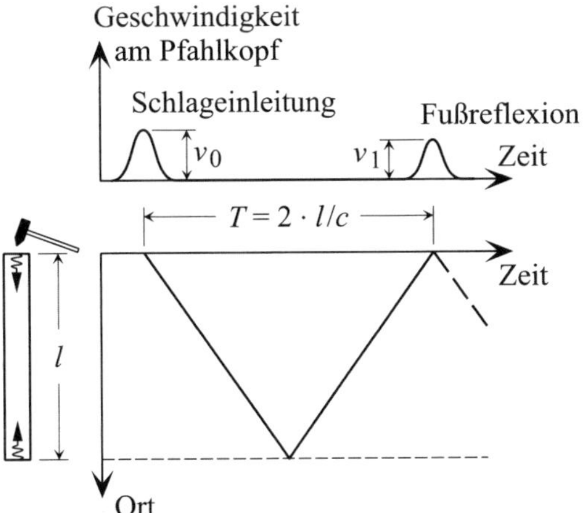

Abb. 4-41 Grundlegendes Prinzip der Integritätsprüfung mit der Hammerschlagmethode (nach [L 170])

Mit diesem, auch in der DIN EN 1997-1, 7.9 erwähnten Verfahren, das im Regelfall für die Integritätsprüfung von Ortbetonpfählen eingesetzt wird (aber auch zur Prüfung von Beton-Fertigteil-Rammpfählen auf Rammschäden), lassen sich Pfähle schnell und kostengünstig prüfen (viele Pfähle pro Tag). Nach [L 133] sind für die Durchführung und Auswertung einer solchen dynamischen Integritätsprüfung entsprechende Fachleute mit ausreichenden theoretischen Kenntnissen und Erfahrungen erforderlich.

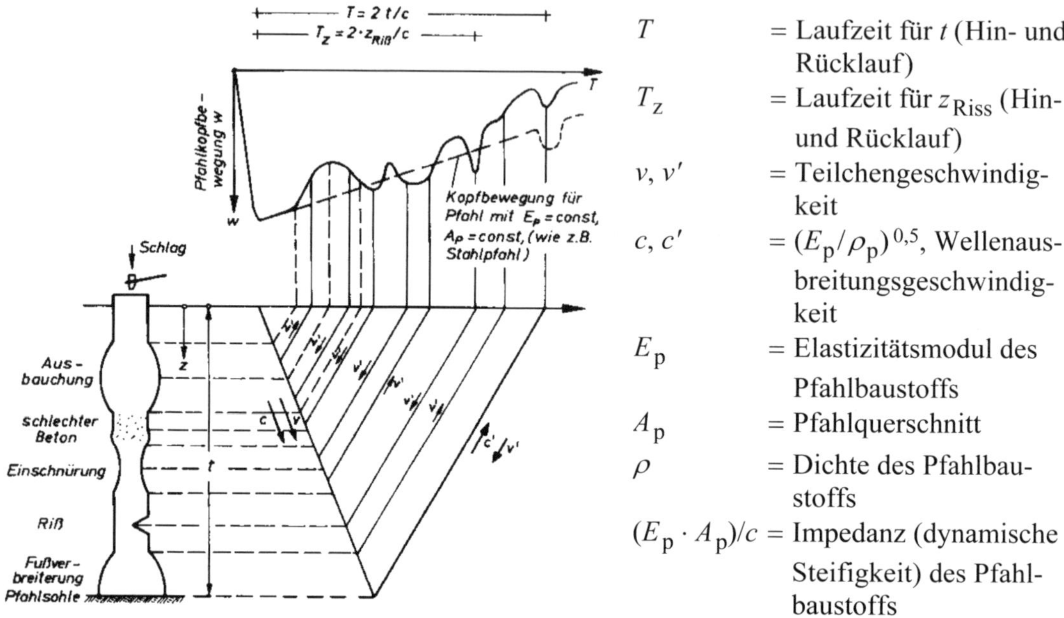

T	= Laufzeit für t (Hin- und Rücklauf)
T_z	= Laufzeit für z_{Riss} (Hin- und Rücklauf)
v, v'	= Teilchengeschwindigkeit
c, c'	= $(E_p/\rho_p)^{0,5}$, Wellenausbreitungsgeschwindigkeit
E_p	= Elastizitätsmodul des Pfahlbaustoffs
A_p	= Pfahlquerschnitt
ρ	= Dichte des Pfahlbaustoffs
$(E_p \cdot A_p)/c$	= Impedanz (dynamische Steifigkeit) des Pfahlbaustoffs

Abb. 4-42 Schematische Darstellung der schadenanzeigenden Wellenreflexionen am Pfahlkopf bei Schlagprobebelastung (nach FRANKE [L 148], Kapitel 3.3)

Pfahlkopfbeschleunigung, -geschwindigkeit und -verschiebung werden mit Beschleunigungsaufnehmern gemessen. Die Auswertung der Messschriebe liefert Informationen über den Zustand des untersuchten Pfahls. Diese lassen u. U. erkennen, dass der Pfahl ordnungsgemäß hergestellt wurde oder dass eindeutig auf Fehlstellen geschlossen werden kann. Wegen der Komplexität der möglichen Untersuchungsgegebenheiten kann es vorkommen, dass Fehlstellen sich nicht ausschließen lassen und das Ergebnis nicht deutbar ist (vgl. [L 133]).

In welcher Form sich Pfahlimperfektionen wie Ausbauchungen, bereichsweise schlechte Betonqualität, Einschnürungen und Risse auf die Stoßwellenreflexion auswirken können, zeigt Abb. 4-42 im Schema. Mögliche Schlussfolgerungen zu bestimmten Verlaufsformen der gemessenen Pfahlkopfbewegung, können der Tabelle 4-11 entnommen werden.

Sehr detaillierte Ausführungen zur Signalinterpretation sind z. B. in [L 133] und [L 231] zu finden. In [L 231] wird auch auf die Möglichkeit eingegangen, die Auswertung in Verbindung mit einer vollständigen Computersimulation durchzuführen.

Anwendungsgrenzen des Verfahrens liegen nach [L 133] in der

- Längenbestimmung, die nur mit einer Genauigkeit bis ≈ 5 % möglich ist
- auf etwa 15 bis 20 m begrenzten Länge der untersuchbaren Pfähle
- die mögliche Messlänge reduzierenden Wirkung anstehender felsartiger Böden und von Diskontinuitäten in den oberen Pfahlmetern

- begrenzten Möglichkeit zu unterscheiden, ob Querschnitts- oder Materialveränderungen vorliegen.

Tabelle 4-11 Schematische Zuordnung von Schäden bzw. Querschnittsänderungen eines Pfahls und den Pfahlkopfbewegungen dw (nach FRANKE [L 148], Kapitel 3.3)

Art des Schadens		**Änderung der Steifigkeit** $A_p \cdot E_p$	**überlagerte Welle mit** c' **und** v'	**Auslenkung relativ zur Grundlinie** $dw = v' \cdot dt$
Ausbauchung:	Anfang	A_p nimmt zu	Druckwelle	< 0
	ab Mitte	A_p nimmt ab	Zugwelle	> 0
Einschnürung:	Anfang	A_p nimmt ab	Zugwelle	> 0
	ab Mitte	A_p nimmt zu	Druckwelle	< 0
Riss		A_p nimmt ab	Zugwelle	> 0
Fußverbreiterung		A_p nimmt zu	Druckwelle	< 0
Schlechter Beton		E_p nimmt ab	Zugwelle	> 0

5 Pfahlroste

5.1 Allgemeines

Pfahlroste sind Tiefgründungen, deren charakteristisches Merkmal die so genannte „Rostplatte“ ist, mit der jeweils mehrere Pfähle oder Pfahlgruppen zur Gesamtkonstruktion „Pfahlrost“ verbunden werden. Die zu gründenden Bauwerke werden auf Rostplatten errichtet, welche die Bauwerkslasten aufnehmen und auf die Pfähle übertragen.

5.2 Einteilungen von Pfahlrosten

5.2.1 Tiefe und hohe Pfahlroste

Pfahlroste werden u. a. unterschieden nach „tiefen“ und „hohen“ Pfahlrosten, womit die relative Lage von der Rostplatte zur Bodenoberfläche erfasst wird (vgl. Abb. 5-1). Tiefe Pfahlroste dienen als Gründungen für Hochhäuser, Türme, Brückenpfeiler, Trockendocks, Ufermauern, Unterwassertunnel usw. Hohe Pfahlroste finden sich u. a. bei Kaimauern, Anlegebrücken und Kranbahnen.

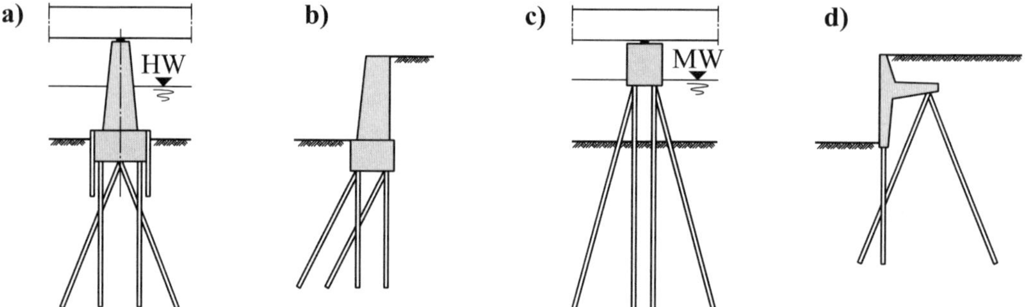

Abb. 5-1 Tiefe und hohe Pfahlroste (nach SMOLTCZYK/LÄCHLER [L 148], Kapitel 3.4)
a) und b) tiefe Pfahlroste (tiefster Oberflächenpunkt des Bodens in dem das Bauwerk gegründet ist, liegt nicht tiefer als die Rostplatte)
c) und d) hohe Pfahlroste (mindestens ein Teil der Pfahlköpfe liegt über der ursprünglichen Geländeoberfläche oder dem Spiegel des Niedrigwassers)

5.2.2 Statisch bestimmte Pfahlroste

Da bei statisch bestimmten ebenen oder räumlichen Pfahlrosten angenommen wird, dass die Pfähle die Systembelastung nur über Normalkräfte (axiale Zug- oder Druckkräfte) auf den Baugrund abtragen, dürfen die Pfähle aus statischer Sicht wie Stäbe mit Gelenken an den Stabenden (Pendelstäbe) behandelt werden (vgl. z. B. Abb. 5-2).

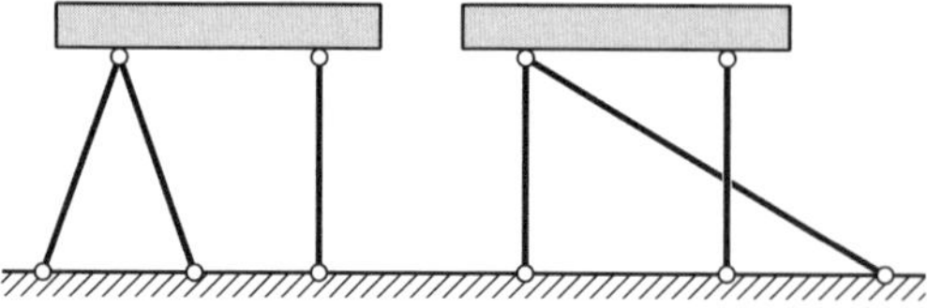

Abb. 5-2 Statisch bestimmte ebene Pfahlroste

Ein „ebener Pfahlrost“ besitzt ausschließlich Pfähle, die in einer Ebene liegen (vgl. Abb. 5-2) und wird nur belastet durch in dieser Ebene liegende Kräfte und/oder durch Momente, deren Vektoren normal zu dieser Ebene stehen. Solche Pfahlroste sind statisch bestimmt, wenn sie 3 Pfähle besitzen, die so angeordnet sind, dass

- sich höchstens 2 Pfahlachsen in einem Punkt schneiden
- höchstens 2 Pfahlachsen zueinander parallel stehen.

Die „räumlichen Pfahlroste“ des allgemeinen dreidimensionalen Falls sind statisch bestimmt, wenn sie 6 Pfähle besitzen, die so angeordnet sind (vgl. Abb. 5-3), dass

- sich höchstens 3 Pfahlachsen in einem Punkt schneiden
- höchstens 3 Pfahlachsen zueinander parallel stehen
- die Pfahlachsen in mindestens 3 verschiedenen Ebenen stehen.

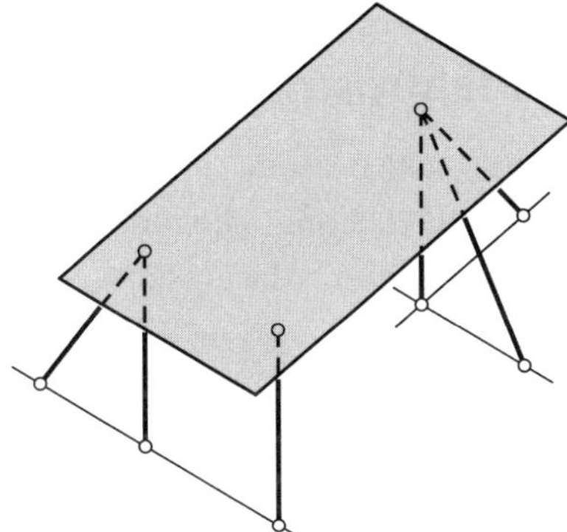

Abb. 5-3 Statisch bestimmter räumlicher Pfahlrost

5.2.3 Kinematisch unbestimmte Pfahlroste

Von kinematisch unbestimmten Pfahlrosten werden die für statisch bestimmte Pfahlroste geltenden Bedingungen nicht eingehalten. Diese beiden Gruppen unterscheiden sich vor allem dadurch, dass an kinematisch unbestimmten Pfahlrosten

- zwängungsfreie Verschiebungen und Drehungen möglich sind (vgl. Abb. 5-4), für die
- durch Pfahlnormalkräfte allein kein Gleichgewicht erzielt werden kann.

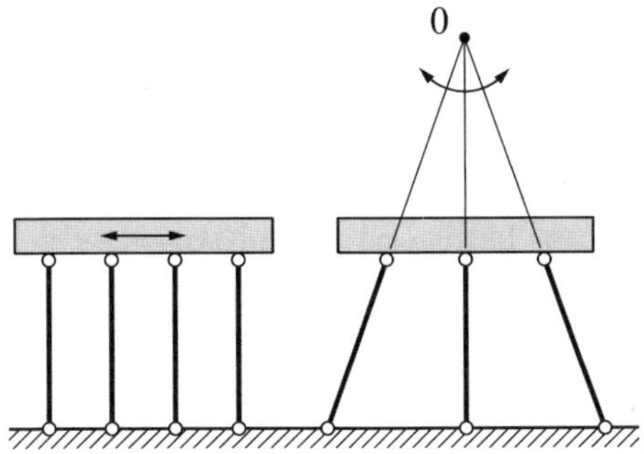

Abb. 5-4 Kinematisch einfach unbestimmte ebene Pfahlroste mit der Eintragung der zwängungsfreien Bewegungsmöglichkeiten

5.2.4 Statisch unbestimmte Pfahlroste

Für die Ermittlung von zu beliebigen Lasten gehörenden Schnittlasten statisch unbestimmter Pfahlroste (vgl. Abb. 5-5) gilt, dass

- die Gleichgewichtsbedingungen allein nicht ausreichen
- zusätzlich Last-Verformungsbedingungen zu berücksichtigen sind.

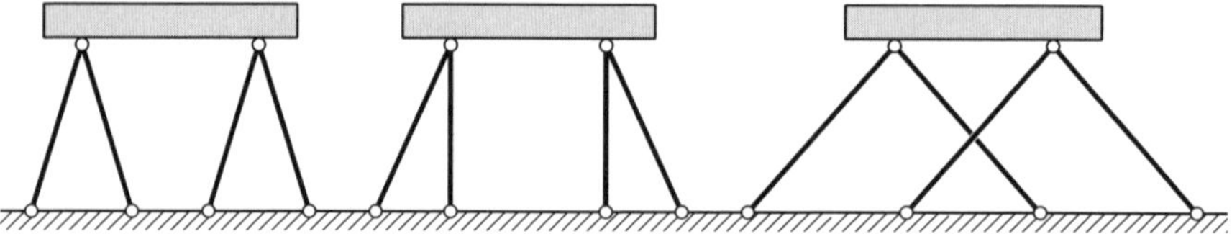

Abb. 5-5 Einfach statisch unbestimmte ebene Pfahlroste

5.3 Kriterien zur Wahl und Anordnung der Pfahlrostpfähle

Bei der Wahl der für Pfahlroste verwendeten Pfähle sind als Kriterien u. a. zu beachten

- die Belastung hinsichtlich Größe und Art (Druck, Zug, Wechselbelastung, Biegung)
- die geplante Nutzungszeit der Konstruktion (kann z. B. wesentlich durch die Aggressivität von Wasser und Boden sowie Schädlingsbefall beeinflusst werden)
- die Baugrundverhältnisse (bestimmen Lastabtragung über Spitzendruck und/oder Pfahlmantelreibung)
- die Höhenlage des Grundwasserspiegels oder des Spiegels von freiem Wasser während der Bauausführung bzw. der Bauwerksnutzung
- die Länge, der Abstand und die Neigung der einzubauenden Pfähle (senkrecht, schräg, Neigungsgröße und -richtung)
- die Lage der eingebrachten Pfähle im Boden (in ganzer Länge im Baugrund stehende Grund- oder frei stehende Langpfähle)
- die Art, Nähe, Tiefe und der Zustand benachbarter Gründungen (Entscheidung ob Bohr-, Ramm- oder Einpresspfähle)
- mögliche, auch spätere, Veränderungen im Umfeld des Bauwerks wie z. B. Grundwasserabsenkungen (Gefährdung von Holzpfählen), Bodenaushub oder Auffüllung (können passive Horizontalbelastungen bewirken), ...
- die mechanischen Beanspruchungen (Schiffsstöße, Sandschliff, Eisschub, ...)
- der Pfahleinbau (vom Land oder vom Wasser aus)
- die Gegebenheiten für den Geräteeinsatz (örtliche Raumverhältnisse, Bauablauf, ...)
- die realisierbaren Leistungen in Verbindung mit den einzuhaltenden Terminen.

Bei der Anordnung der Pfähle in Pfahlrosten ist zu beachten, dass unwirtschaftliche Kraftumleitungen durch möglichst dichte Positionierung der Pfahlköpfe am Kraftangriffsort zu vermeiden sind (bei Einzellasten sind die Pfähle direkt unter der lasteintragenden Konstruktion anzuordnen, unter großen Einzellasten können Pfahlgruppen zum Einsatz kommen), dass die Pfähle unter Streifen- oder Flächenlasten gleichmäßig zu verteilen sind und dass die Pfahllasten möglichst gleichmäßig und großflächig in den Untergrund zu übertragen sind (größere Pfahlfußabstände wählen, vgl. Abb. 5-6).

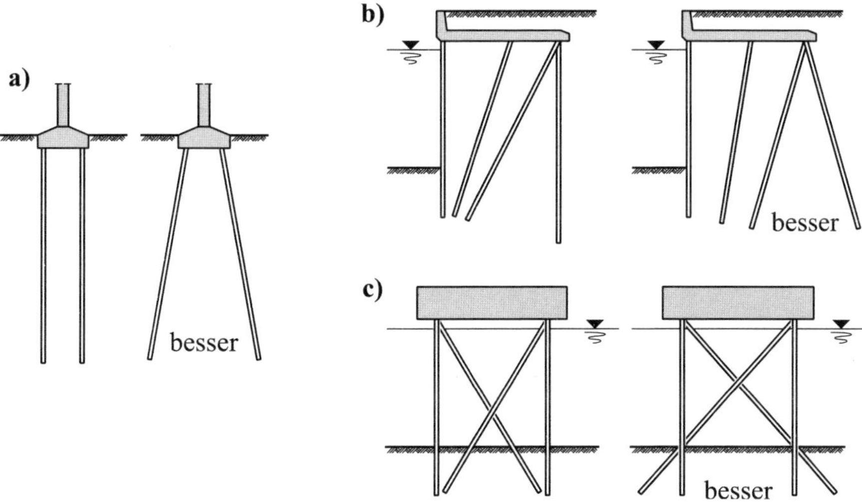

Abb. 5-6 Schlechtere und bessere Pfahlanordnungen (nach SMOLTCZYK/LÄCHLER [L 148], Kapitel 3.4)

5.4 Pfahlkraftermittlung statisch bestimmter ebener Pfahlroste

5.4.1 Analytische Ermittlung

Die Ermittlung der Pfahlkräfte statisch bestimmter ebener Pfahlroste kann z. B. mit Hilfe der Gleichgewichtsbedingungen nach den üblichen Regeln der Statik erfolgen.

Im Fall des Systems von dem in Abb. 5-7 gezeigten Beispiel ergibt sich die Bestimmungsgleichung für die Pfahlkraft R_1 aus dem Momentengleichgewicht um den Schnittpunkt A der Wirkungslinien von den Pfahlkräften R_2 und R_3 des Positivbildes (alle in der Abbildung eingetragenen Schnittkräfte der Pfähle sind als positive Zugkräfte dargestellt) zu

$$R_1 = \frac{-F \cdot \sin 70° \cdot (7{,}00 - 2{,}94 - 1{,}5)}{7{,}00 - 1{,}2 - 1{,}5} = -391{,}6 \text{ kN} \quad \text{(Druck)} \qquad \text{Gl. 5-1}$$

Die Bestimmungsgleichung für die Pfahlkraft R_2 des 3:1 geneigten Pfahls P_2 (Neigungswinkel gegenüber der Horizontalen 71,57°) liefert das Momentengleichgewicht um den Schnittpunkt B der Pfahlkraftwirkungslinien der Pfähle P_1 und P_3 des Positivbildes

$$R_2 = \frac{-F \cdot [(2{,}94 - 1{,}2) \cdot \sin 70° + (7{,}0 - 1{,}2 - 1{,}5) \cdot 3 \cdot \cos 70°]}{(7{,}0 - 1{,}2 - 1{,}5) \cdot (\sin 71{,}57° + 3 \cdot \cos 71{,}57°)} \qquad \text{Gl. 5-2}$$

$$= -518{,}9 \text{ kN} \quad \text{(Druck)}$$

Das Momentengleichgewicht um den Schnittpunkt C der Pfahlkraftwirkungslinien der Pfähle P_1 und P_2 des Positivbildes führt zu der Bestimmungsgleichung für die Pfahlkraft R_3 des 3:1 geneigten Pfahls P_3 (Neigungswinkel gegenüber der Horizontalen 71,57°)

$$R_3 = \frac{F \cdot [(7{,}0 - 1{,}2 - 1{,}5) \cdot 3 \cdot \cos 70° - (2{,}94 - 1{,}2) \cdot \sin 70°]}{(7{,}0 - 1{,}2 - 1{,}5) \cdot (\sin 71{,}57° + 3 \cdot \cos 71{,}57°)} = 238{,}3 \text{ kN} \quad \text{(Zug)} \qquad \text{Gl. 5-3}$$

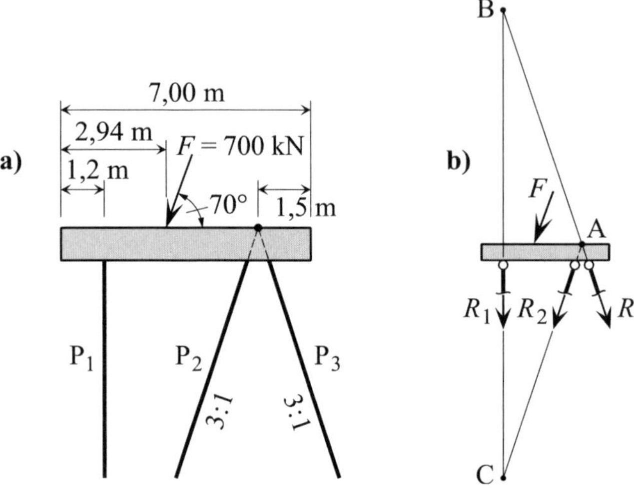

Abb. 5-7 Statisch bestimmter ebener Pfahlrost
a) System, b) Positivbild der Pfahlkräfte

5.4.2 Grafische Ermittlung nach CULMANN

Eine weitere Möglichkeit zur Ermittlung der Pfahlkräfte besteht in der grafischen Lösung von CULMANN, die für den Fall des Momentengleichgewichts um den Punkt D (Schnittpunkt der Wirkungslinie von F und der Achse des Pfahls P_1) in Abb. 5-8 gezeigt ist.

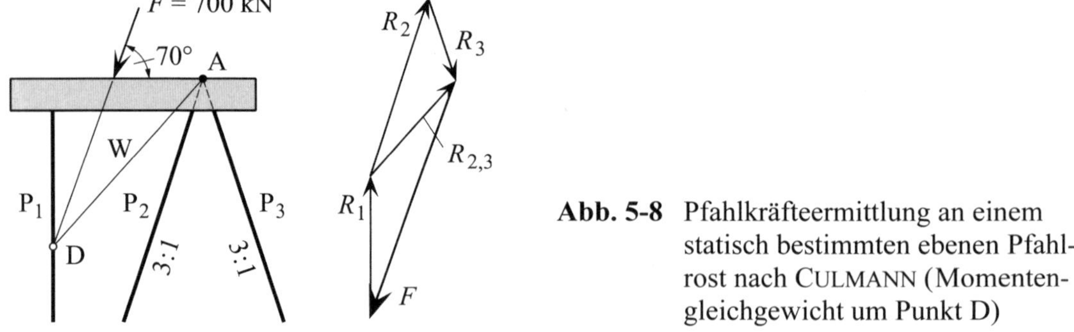

Abb. 5-8 Pfahlkräfteermittlung an einem statisch bestimmten ebenen Pfahlrost nach CULMANN (Momentengleichgewicht um Punkt D)

Da bei der Lösung der Abb. 5-8 weder die einwirkende Kraft F noch die Pfahlkraft R_1 ein Moment um den Punkt D erzeugt, darf aus Gründen des Momentengleichgewichts um diesen Punkt auch die Resultierende $R_{2,3}$ der Pfahlkräfte R_2 und R_3 kein Moment um D erzeugen. Diese Forderung wird erfüllt, wenn die Wirkungslinie der Resultierenden durch den Punkt D verläuft. Die Lage der Wirkungslinie W ist damit festgelegt, da die Resultierende außerdem auch durch den Punkt A (Schnittpunkt der Achsen der Pfähle P_1 und P_2) verlaufen muss.

Wegen dieser Überlegungen ist es möglich, zunächst ein geschlossenes Krafteck (Kräftegleichgewicht in horizontaler und vertikaler Richtung) aus der Kraft F, der Pfahlkraft R_1 und der Resultierenden von R_2 und R_3 (in der Abbildung der Vektor $R_{2,3}$) zu konstruieren. Danach lässt sich $R_{2,3}$ in die Kraftkomponenten R_2 und R_3 zerlegen (statisches Äquivalent), womit sowohl die Größe als auch die Wirkungsrichtung der gesuchten drei Pfahlkräfte bestimmt ist. Aus dem Krafteck lassen sich dann die Pfahlkräfte $R_1 = 392$ kN (Druck), $R_2 = 522$ kN (Druck) und $R_3 = 241$ kN (Zug) ablesen. Der Vergleich mit den analytisch ermittelten Pfahlkräften zeigt eine gute Übereinstimmung.

Zu bemerken ist, dass die Bearbeitung der Aufgabe mit dem CULMANNschen Verfahren in analoger Weise auch für den Schnittpunkt der Kraft F mit einer der anderen beiden Pfahlachsen möglich ist.

Anwendungsbeispiel

Für den in Abb. 5-9 gezeigten ebenen Pfahlrost sind die Pfahlkräfte pro lfdm nach CULMANN grafisch zu ermitteln.

Der Pfahlkraftermittlung sind die Größen

Vertikallast $q = 50{,}0$ kN/lfdm
Moment $m = 22{,}5$ kN · m/lfdm
Lastabstand $a = 3{,}35$ m

zugrunde zu legen.

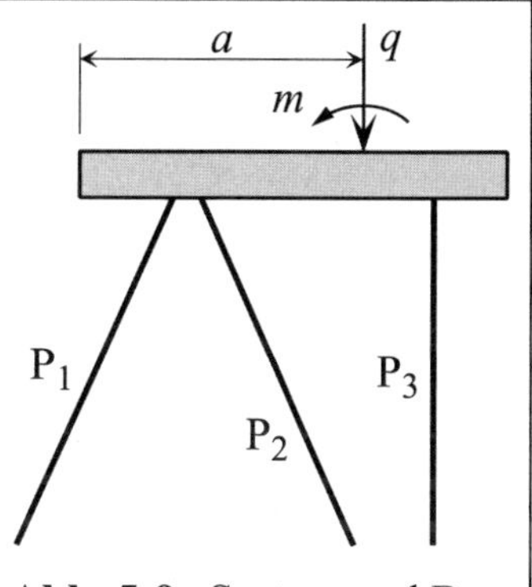

Abb. 5-9 System und Belastung eines ebenen statisch bestimmten Pfahlrostes

Lösung

Da die grafische Pfahlkraftermittlung nach CULMANN mit der Resultierenden der Gesamtlast durchzuführen ist, muss q um das Maß

$$\Delta a = \frac{m}{q} = \frac{22{,}5}{50{,}0} = 0{,}45 \text{ m}$$

nach links versetzt werden, um so die Wirkung des Moments statisch äquivalent zu ersetzen. Mit dem sich dann für q ergebenden Abstand

$$b = a - \Delta a = 3{,}35 - 0{,}45 = 2{,}90 \text{ m}$$

vom linken Rostplattenrand, können, auf der Basis der Gleichgewichtsbedingung $\Sigma m = 0$ um den Schnittpunkt von q und der Achse der Pfähle P_1 (Punkt A), die gesuchten Pfahlkräfte nach CULMANN ermittelt werden (vgl. Abb. 5-10).

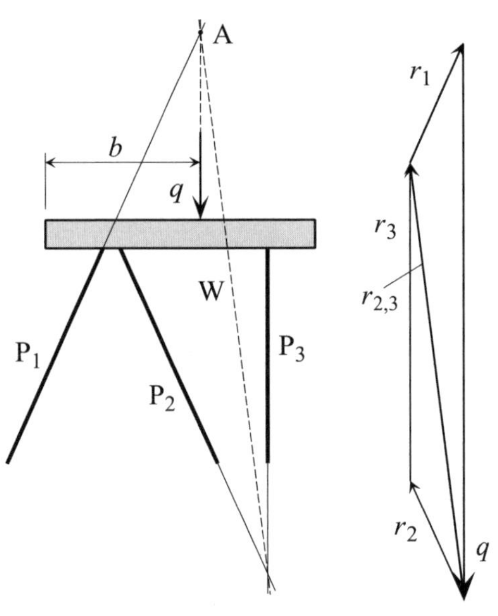

Abb. 5-10 Pfahlkräfteermittlung nach CULMANN (Momentengleichgewicht um Punkt A)

Durch Ablesung aus dem Krafteck ergeben sich die Pfahlkräfte

$r_1 = 11{,}9$ kN/lfdm (Druck)

$r_2 = 11{,}9$ kN/lfdm (Druck)

$r_3 = 28{,}6$ kN/lfdm (Druck)

5.4.3 Aufgaben mit Lösungen

Aufgabe 5-1 (Lösung Seite 145)

Zu betrachten ist der in Abb. 5-11 im Querschnitt gezeigte ebene Pfahlrost zur Abtragung von Linienlasten. Für ihn sind die Kräfte R_1, R_2 und R_3 der Pfähle P_1, P_2 und P_3 zu berechnen, die sich für den Lastfall

$q_v = 100$ kN/lfdm

$q_h = \ \ 30$ kN/lfdm

$m = 200$ kN · m/lfdm

und die Eigenlast der Rostplatte ($\gamma_b = 25$ kN/m³) ergeben, wenn die Achsabstände in Pfahlrostlängsrichtung bei den zu P_1 gehörenden Pfählen 4,00 m, bei den zu P_2 gehörenden Pfählen 2,00 m und bei den zu P_3 gehörenden Pfählen 4,00 m betragen.

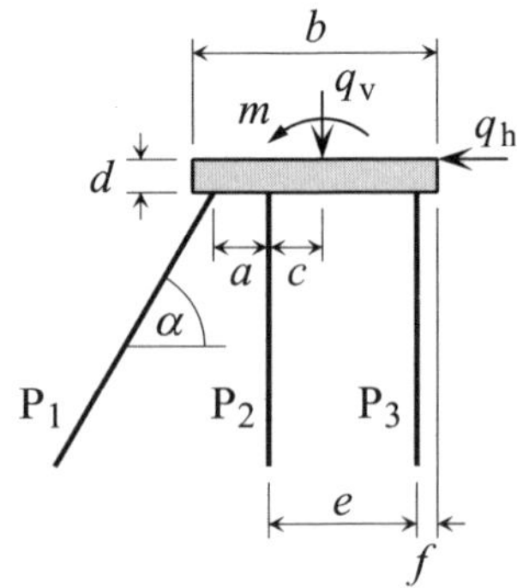

Abb. 5-11 Ebener Pfahlrost zur Abtragung von Linienlasten

Als weitere Systemabmessungen sind zu verwenden

$b = 4{,}00$ m

$c = 1{,}00\,\text{m}$
$d = 0{,}60\,\text{m}$
$a = 0{,}70\,\text{m}$
$e = 2{,}50\,\text{m}$
$f = 0{,}40\,\text{m}$
$\alpha = 60°$

Aufgabe 5-2 (Lösung Seite 146)

Grafisch zu ermitteln sind die Pfahlkräfte des in Abb. 5-12 gezeigten Pfahlrostsystems unter der Voraussetzung, dass

- die Steifigkeiten der Pfähle P_3 und P_4 gleich groß sind
- die Systembelastung durch $F = 200\,\text{kN}$ gegeben ist

Der gewählte Lösungsweg ist im Einzelnen zu erläutern!

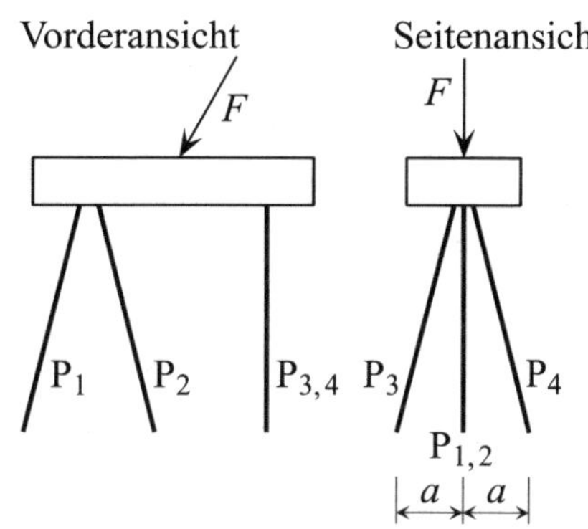

Abb. 5-12 Pfahlrost mit Belastung

Lösung zu Aufgabe 5-1 (Aufgabenstellung Seite 144)

Bei dem zu betrachtenden ebenen Pfahlrost handelt es sich um ein statisch bestimmtes System, dessen freigeschnittener Zustand der Abb. 5-13 (Positivbild der Pfahlkräfte) entspricht.

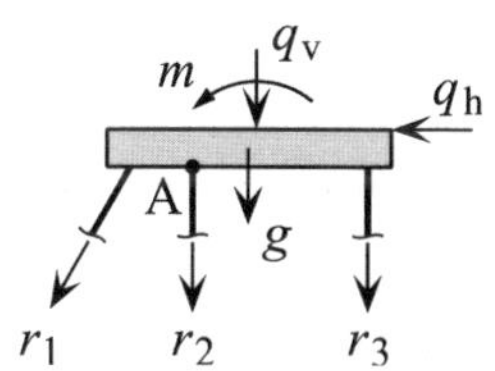

Abb. 5-13 Ebener Pfahlrost mit Belastung und Pfahlkräften (Positivbild)

Aus dem horizontalen Kräftegleichgewicht pro lfdm Pfahlrost

$$\sum F_{\text{h}} = 0 = q_{\text{h}} + r_{1\text{h}}$$

ergibt sich für die Horizontalkomponente von q_1

$$r_{1\text{h}} = -q_{\text{h}} = -30\ \text{kN/lfdm}$$

und damit

$$r_1 = \frac{r_{1\text{h}}}{\cos\alpha} = \frac{-30}{\cos 60°} = -60{,}0\ \text{kN/lfdm}\ \text{(Druck)}$$

Die in Mitte der Rostplatte wirkende Eigenlast hat die Größe

$$g = b \cdot d \cdot 1{,}0 \cdot \gamma_{\text{b}} = 4{,}0 \cdot 0{,}6 \cdot 1{,}0 \cdot 25{,}0 = 60{,}0\ \text{kN/lfdm}$$

Das Momentengleichgewicht um den Kopfpunkt des Pfahls P_2 (Punkt A)

$$\sum m_{\text{A}} = 0 = q_{\text{h}} \cdot d + m + r_{1\text{v}} \cdot a - r_3 \cdot e - q_{\text{v}} \cdot c - g \cdot \left(e + f - \frac{b}{2}\right)$$

liefert

$$r_3 = \frac{q_h \cdot d + m + r_{1v} \cdot a - q_v \cdot c - g \cdot \left(e + f - \frac{b}{2}\right)}{e}$$

$$= \frac{q_h \cdot d + m + r_{1h} \cdot \tan\alpha \cdot a - q_v \cdot c - g \cdot \left(e + f - \frac{b}{2}\right)}{e}$$

$$= \frac{30{,}0 \cdot 0{,}60 + 200{,}0 - 30{,}0 \cdot \tan 60° \cdot 0{,}70 - 100{,}0 \cdot 1{,}0 - 60{,}0 \cdot \left(2{,}5 + 0{,}4 - \frac{4{,}0}{2}\right)}{2{,}5}$$

$$= 11{,}05 \text{ kN/lfdm (Zug)}$$

Mit der Gleichgewichtsbedingung der Vertikalkräfte

$$\Sigma F_v = 0 = r_{1v} + r_2 + q_v + g + r_3 = r_{1h} \cdot \tan\alpha + r_2 + q_v + g + r_3$$

ergibt sich durch entsprechende Umstellung die pro lfdm Pfahlrost geltende Pfahlkraft

$$r_2 = -(r_{1h} \cdot \tan\alpha + q_v + g + r_3) = 30{,}0 \cdot \tan 60° - 100{,}0 - 60{,}0 - 11{,}05$$

$$= -119{,}1 \text{ kN/lfdm} \quad \text{(Druck)}$$

Für die im Längsabstand von 4,0 m (P_1), 2,0 m (P_2) und 4,0 m P_3) angeordneten Pfähle ergeben sich somit die Pfahlkräfte

$$R_1 = r_1 \cdot 4{,}0 = -60{,}0 \cdot 4{,}0 = -240{,}0 \text{ kN} \quad \text{(Druck)}$$

$$R_2 = r_2 \cdot 2{,}0 = -119{,}1 \cdot 2{,}0 = -238{,}2 \text{ kN} \quad \text{(Druck)}$$

$$R_3 = r_3 \cdot 4{,}0 = 11{,}05 \cdot 4{,}0 = 44{,}2 \text{ kN} \quad \text{(Zug)}$$

Lösung zu Aufgabe 5-2 (Aufgabenstellung Seite 145)

Bei dem Pfahlrost handelt es sich um ein System, das hinsichtlich seiner Geometrie und seiner Steifigkeit symmetrisch ist zu der durch die Achsen der Pfähle P_1 und P_2 aufgespannten Ebene. Da der resultierende Belastungsvektor F in dieser Symmetrieebene liegt, kann das System wie ein statisch bestimmtes ebenes System behandelt werden, das die Pfähle P_1, P_2 und $P_{3,4}$ besitzt. Der Pfahl $P_{3,4}$ repräsentiert dabei einen vertikal angeordneten „Ersatzpfahl", der die ebenfalls vertikal wirkende Resultierende der Pfahlkräfte R_3 und R_4 aufnimmt.

Für das so definierte Ersatzsystem kann die Pfahlkraftermittlung nach CULMANN durchgeführt werden, die auf der Gleichgewichtsbedingung $\Sigma M=0$ um den Schnittpunkt von F und $P_{3,4}$ (Punkt A) basiert und u. a. die Pfahlkraft $R_{3,4}$ liefert. Diese Ersatzpfahlkraft wird im weiteren Lösungsverlauf in die Pfahlkräfte R_3 und R_4 der tatsächlich vorhandenen Pfähle P_3 und P_4 zerlegt (vgl. Abb. 5-14).

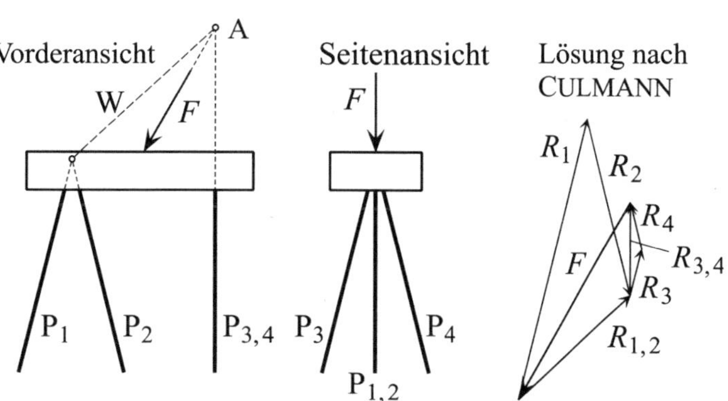

Abb. 5-14 Pfahlkraftermittlung nach CULMANN mit anschließender Zerlegung der Kraft $R_{3,4}$ in die Pfahlkräfte R_3 und R_4

Durch Ablesung aus der grafischen Gesamtlösung der Abb. 5-14 ergeben sich die gesuchten Pfahlkräfte

$R_1 =$ 254 kN (Druck)

$R_2 =$ 160 kN (Zug)

$R_3 = R_4 =$ 43 kN (Druck)

5.5 Berechnung statisch unbestimmter Pfahlroste

5.5.1 Allgemeines

Für die Berechnung der Schnittlasten und Deformationen von Pfahlrosten wird in der Regel von linear-elastischem Systemverhalten ausgegangen. Im Einzelnen wird angenommen, dass

- die Pfähle ein linear-elastisches Last-Verformungsverhalten besitzen
- die Pfähle hinreichend tief in tragfähigen und unverschieblichen Baugrund eingebunden sind (Grundlage für die Annahme, dass die Pfahlfußpunkte unverschieblich sind)
- die Pfähle nur axial und nicht in Querrichtung belastet werden (sie dürfen daher als Pendelstäbe – Stäbe mit Gelenken an den Stabenden – behandelt werden, die ausschließlich Druck- oder Zugkräfte aufnehmen)
- sich die Rostplatten wie starre Körper verhalten.

Muss die Annahme der Unverschieblichkeit der Pfahlfußpunkte entfallen, kann nicht mehr von einem linear-elastischem Systemverhalten ausgegangen werden.

Dass sich die Rostplatte des Pfahlrostes wie ein Starrkörper verhält, darf angenommen werden, wenn die Plattenverformungen klein sind gegenüber den Pfahlstauchungen und deshalb vernachlässigt werden können (vgl. hierzu z. B. SMOLTCZYK/LÄCHLER [L 148], Kapitel 3.4). Ist die Rostplatte gegenüber den Pfählen nicht steif genug, muss sie z. B. als Trägerrost oder mit Hilfe der Methode der finiten Elemente (FEM) berechnet werden.

5.5.2 Geometrie der axial belasteten Pfähle

Zur Pfahlrostberechnung müssen u. a. die geometrische Lage der Pfähle, die Richtungen der Pfahlkräfte und die Größen der Momentenwirkungen der Pfahlkräfte bekannt sein. Den Einheitsvektor $\mathbf{n}_i = \{n_{xi}, n_{yi}, n_{zi}\}$, der in Richtung der Achse des im Punkt A beginnenden i-ten Pfahls eines Pfahlrostes weist, zeigt Abb. 5-15. Bezogen auf ein globales x, y, z-Koordinatensystem, dessen Ursprung in der Rostplatte liegt, wird mit ihm die Wirkungsrichtung von jeder Pfahlnormalkraft des i-ten Pfahls festgelegt. Mit dem Richtungswinkel ω_i (rechtsdrehend = positiv) und dem Winkel der Pfahlneigung ϑ_i (positiv gegen die Vertikale) ergeben sich die einzelnen Komponenten von $\mathbf{n}_i$ zu

$$n_{xi} = \sin\vartheta_i \cdot \cos\omega_i$$
$$n_{yi} = \sin\vartheta_i \cdot \sin\omega_i \qquad \text{Gl. 5-4}$$
$$n_{zi} = \cos\vartheta_i$$

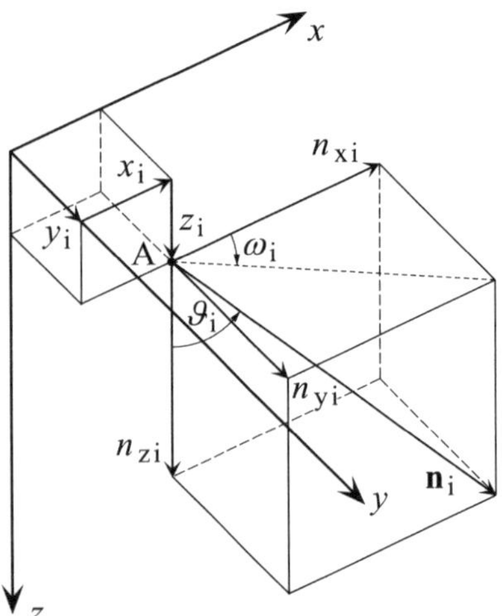

Abb. 5-15 Einheitsvektor $\mathbf{n}_i$, der in der Achse des i-ten Pfahls eines Pfahlrostes liegt

Mit dem Ortsvektor $\mathbf{a}_i = \{x_i, y_i, z_i\}$ des Pfahlkopfs (Punkt A) lässt sich die Momentenwirkung der Pfahlnormalkraft bezüglich der x-, y- und z-Achse des globalen Koordinatensystems durch das Vektorprodukt

$$\mathbf{m}_i = \mathbf{a}_i \times \mathbf{n}_i \qquad \text{Gl. 5-5}$$

angeben. Die Komponenten des Vektors $\mathbf{m}_i = \{m_{xi}, m_{yi}, m_{zi}\}$ haben dann die Größen

$$m_{xi} = y_i \cdot n_{zi} - z_i \cdot n_{yi}$$
$$m_{yi} = z_i \cdot n_{xi} - x_i \cdot n_{zi} \qquad \text{Gl. 5-6}$$
$$m_{zi} = x_i \cdot n_{yi} - y_i \cdot n_{xi}$$

Die vollständige Transformation in das globale System wird für die Pfahlkraft des einzelnen Pfahls durch den Vektor $\mathbf{s}_i$ (im Folgenden als Spaltenmatrix dargestellt) und für das aus n Pfählen bestehende Gesamtsystem durch die Matrix **S** beschrieben

$$\mathbf{s}_i = \begin{Bmatrix} n_{xi} \\ n_{yi} \\ n_{zi} \\ m_{xi} \\ m_{yi} \\ m_{zi} \end{Bmatrix}, \qquad \mathbf{S} = \left[\mathbf{s}_1, \ldots, \mathbf{s}_i, \ldots, \mathbf{s}_n\right] = \begin{bmatrix} n_{x1} & \cdots & n_{xi} & \cdots & n_{xn} \\ n_{y1} & \cdots & n_{yi} & \cdots & n_{yn} \\ n_{z1} & \cdots & n_{zi} & \cdots & n_{zn} \\ m_{x1} & \cdots & m_{xi} & \cdots & m_{xn} \\ m_{y1} & \cdots & m_{yi} & \cdots & m_{yn} \\ m_{z1} & \cdots & m_{zi} & \cdots & m_{zn} \end{bmatrix} \qquad \text{Gl. 5-7}$$

5.5.3 Einwirkungen auf das System

Zur eindeutigen Festlegung aller Einwirkungen werden diese zur Resultierenden F zusammengefasst. Wird diese als Vektor $\mathbf{v}_F = \{F_x, F_y, F_z\}$ dargestellt, beziehen sich dessen Komponenten auf das mit seinem Ursprung in der Rostplatte liegende globale x, y, z-Koordinatensystem. Da die Wirkungslinie von F im Allgemeinen nicht durch den Koordinatenursprung verläuft und zum Angriffspunkt von F der Ortsvektor $\mathbf{a}_F = \{x_F, y_F, z_F\}$ gehört, lässt sich der Vektor der von F erzeugten Momente um die Koordinatenachsen durch das Vektorprodukt

$$\mathbf{v}_M = \mathbf{a}_F \times \mathbf{v}_F \qquad \text{Gl. 5-8}$$

bestimmen. Die Komponenten des Vektors $\mathbf{v}_M = \{M_x, M_y, M_z\}$ berechnen sich dann zu

$$\begin{aligned} M_x &= y_F \cdot F_z - z_F \cdot F_y \\ M_y &= z_F \cdot F_x - x_F \cdot F_z \\ M_z &= x_F \cdot F_y - y_F \cdot F_x \end{aligned} \qquad \text{Gl. 5-9}$$

Die im Ursprung des globalen Koordinatensystems wirkenden Kräfte und Momente lassen sich somit zusammenfassen in dem Belastungsvektor (dargestellt in Matrizenschreibweise)

$$\mathbf{f}^t = \{F_x, F_y, F_z, M_x, M_y, M_z\} \qquad \text{Gl. 5-10}$$

5.5.4 Steifigkeiten der axial belasteten Einzelpfähle

Da bei der Berechnung statisch unbestimmter Pfahlroste auch Last-Verformungsbedingungen zu berücksichtigen sind, müssen die Steifigkeiten der deformierbaren Systemelemente (alle einzelnen Pfähle) bekannt sein. Bei dem für die Pfähle unterstelltem linear-elastischen Materialverhalten (HOOKEsches Gesetz) hat ein axial belasteter Pfahl i mit konstanten Materialeigenschaften und Querschnittsabmessungen (bei abschnittsweiser Veränderlichkeit siehe z. B. SMOLTCZYK/LÄCHLER [L 148], Kapitel 3.4) die Steifigkeit (z. B. in MN/m)

$$k_i = \frac{E_i \cdot A_i}{l_i} \qquad \text{Gl. 5-11}$$

Die in der Gleichung verwendeten Größen des Pfahls sind sein Elastizitätsmodul E_i (in MN/m^2), seine Querschnittsfläche A_i (in m^2) und seine Länge l_i (in m).

5.5.5 Steifigkeitsmatrix des Pfahlrostes

Die Steifigkeiten k_i aller n Einzelpfähle des Pfahlrostes werden zusammengefasst in der $n \times n$ großen Diagonalmatrix

$$\mathbf{D}_k = \begin{bmatrix} k_1 & 0 & \dots & 0 \\ 0 & k_2 & \dots & 0 \\ \vdots & \vdots & \ddots & \vdots \\ 0 & 0 & \dots & k_n \end{bmatrix} \qquad \text{Gl. 5-12}$$

Durch Linksmultiplikation mit der $6 \times n$ Matrix **S** und durch anschließende Rechtsmultiplikation mit der Transponierten $\mathbf{S}^t$ von **S**, ergibt sich aus ihr die um ihre Hauptdiagonale symmetrische 6×6 Steifigkeitsmatrix des Gesamtsystems ($k_{ik} = k_{ki}$)

$$\mathbf{K} = \mathbf{S} \cdot \mathbf{D}_k \cdot \mathbf{S}^t = \begin{bmatrix} k_{xx} & k_{xy} & k_{xz} & k_{x\alpha} & k_{x\beta} & k_{x\gamma} \\ & k_{yy} & k_{yz} & k_{y\alpha} & k_{y\beta} & k_{y\gamma} \\ & & k_{zz} & k_{z\alpha} & k_{z\beta} & k_{z\gamma} \\ & & & k_{\alpha\alpha} & k_{\alpha\beta} & k_{\alpha\gamma} \\ & \text{sym.} & & & k_{\beta\beta} & k_{\beta\gamma} \\ & & & & & k_{\gamma\gamma} \end{bmatrix} \qquad \text{Gl. 5-13}$$

Die mechanische Bedeutung der 21 unterschiedlichen Elemente von **K** bezieht sich nur auf das mit seinem Ursprung in der Rostplatte liegende x, y, z-Koordinatensystem. Es sind z. B.

- k_{xy} in der x-Achse wirkende resultierende Reaktionskraft des Pfahlrostes, hervorgerufen durch eine der starren Rostplatte eingeprägte Verschiebung $v_y = 1$
- $k_{x\beta}$ in der x-Achse wirkende resultierende Reaktionskraft des Pfahlrostes, hervorgerufen durch eine der starren Rostplatte eingeprägte Drehung um die y-Achse $\varphi_y = 1$
- $k_{\alpha\beta}$ um die x-Achse wirkendes resultierendes Reaktionsmoment des Pfahlrostes, hervorgerufen durch eine der starren Rostplatte eingeprägte Drehung um die y-Achse $\varphi_y = 1$

5.5.6 Gleichungssystem des Pfahlrostes

Die durch die Belastung des Pfahlrostes (Vektor **f**) hervorgerufene Bewegung der starren Rostplatte kann durch die in dem Vektor (dargestellt als einspaltige Matrix)

$$\mathbf{u}^t = \{v_x, v_y, v_z, \varphi_x, \varphi_y, \varphi_z\} \qquad \text{Gl. 5-14}$$

zusammengestellten Translationen v in x-, y- und z-Richtung und Rotationen φ um die x-, y- und z-Achse erfasst werden. Das Gleichungssystem des Pfahlrostes besitzt dann die Form

$$\mathbf{K}\cdot\mathbf{u}=\mathbf{f}=\begin{bmatrix} k_{xx} & k_{xy} & k_{xz} & k_{x\alpha} & k_{x\beta} & k_{x\gamma} \\ & k_{yy} & k_{yz} & k_{y\alpha} & k_{y\beta} & k_{y\gamma} \\ & & k_{zz} & k_{z\alpha} & k_{z\beta} & k_{z\gamma} \\ & & & k_{\alpha\alpha} & k_{\alpha\beta} & k_{\alpha\gamma} \\ & \text{sym.} & & & k_{\beta\beta} & k_{\beta\gamma} \\ & & & & & k_{\gamma\gamma} \end{bmatrix}\cdot\begin{Bmatrix} v_x \\ v_y \\ v_z \\ \varphi_x \\ \varphi_y \\ \varphi_z \end{Bmatrix}=\begin{Bmatrix} F_x \\ F_y \\ F_z \\ M_x \\ M_y \\ M_z \end{Bmatrix} \qquad \text{Gl. 5-15}$$

5.5.7 Berechnung der Pfahlkopfbewegungen und der Pfahlkräfte

Sind die Steifigkeitsmatrix **K** des Systems und der Belastungsvektor **f** bekannt, lässt sich die Rostplattenbewegung (Vektor **u**), unter Verwendung der Inversen $\mathbf{K}^{-1}$ der Steifigkeitsmatrix **K**, ermitteln durch

$$\mathbf{u}=\mathbf{K}^{-1}\cdot\mathbf{f} \qquad \text{Gl. 5-16}$$

Mit dem bekannten Vektor **u** berechnen sich die in dem Vektor (einspaltige Matrix)

$$\mathbf{w}^{t}=\{w_1,\ldots,w_i,\ldots,w_n\} \qquad \text{Gl. 5-17}$$

zusammengefassten Kopfpunktbewegungen in Richtung der Pfahlachsen (Längenänderungen) aller n Pfähle des Pfahlrostes mit Hilfe der Matrizenmultiplikation

$$\mathbf{w}=\mathbf{S}^{t}\cdot\mathbf{u} \qquad \text{Gl. 5-18}$$

Für die Verschiebung des Kopfpunkts des i-ten Einzelpfahls in Richtung seiner Achse gilt

$$w_i=\mathbf{s}_i^{t}\cdot\mathbf{u} \qquad \text{Gl. 5-19}$$

Stellen die noch zu bestimmenden n Pfahlkräfte R_i die Elemente des Vektors (Spaltenmatrix)

$$\mathbf{r}^{t}=\{R_1,\ldots,R_i,\ldots,R_n\} \qquad \text{Gl. 5-20}$$

dar, ist dieser mit dem schon berechneten Vektor **w** ermittelbar durch

$$\mathbf{r}=\mathbf{D}_k\cdot\mathbf{S}^{t}\cdot\mathbf{u}=\mathbf{D}_k\cdot\mathbf{w} \qquad \text{Gl. 5-21}$$

Die Kraft in dem i-ten Einzelpfahl besitzt die Größe

$$R_i=k_i\cdot\mathbf{s}_i^{t}\cdot\mathbf{u}=k_i\cdot w_i \qquad \text{Gl. 5-22}$$

5.5.8 Pfahlroste mit senkrechten axial belasteten Pfählen

Pfahlroste, die nur vertikal angeordnete und axial belastete Pfähle besitzen (vgl. Abb. 5-16), können nur vertikale Kräfte F_z sowie Momente M_x und M_y aufnehmen. Zur Aufnahme horizontaler Kräfte F_x und F_y bzw. Momente M_z sind sie nicht in der Lage, da sie in Richtung dieser Belastungen Verschiebungen bzw. Drehungen zwängungsfrei ausführen können (kinematische Unbestimmtheit).

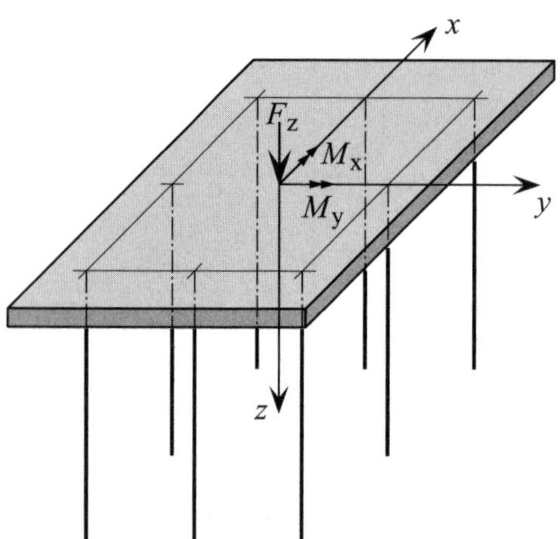

Abb. 5-16 Doppelsymmetrischer Pfahlrost mit ausschließlich vertikalen und axial belasteten Pfählen

Die geometrischen Gegebenheiten der n einzelnen Pfähle führen zu der Matrix

$$\mathbf{S} = \begin{bmatrix} 0 & \dots & 0 & \dots & 0 \\ 0 & \dots & 0 & \dots & 0 \\ n_{z1} & \dots & n_{zi} & \dots & n_{zn} \\ m_{x1} & \dots & m_{xi} & \dots & m_{xn} \\ m_{y1} & \dots & m_{yi} & \dots & m_{yn} \\ 0 & \dots & 0 & \dots & 0 \end{bmatrix} \qquad \text{Gl. 5-23}$$

des Pfahlrostes und damit zu der Steifigkeitsmatrix

$$\mathbf{K} = \mathbf{S} \cdot \mathbf{D}_k \cdot \mathbf{S}^t = \begin{bmatrix} 0 & 0 & 0 & 0 & 0 & 0 \\ & 0 & 0 & 0 & 0 & 0 \\ & & k_{zz} & k_{z\alpha} & k_{z\beta} & 0 \\ & & & k_{\alpha\alpha} & k_{\alpha\beta} & 0 \\ & \text{sym.} & & & k_{\beta\beta} & 0 \\ & & & & & 0 \end{bmatrix} \qquad \text{Gl. 5-24}$$

des zu berechnenden Systems. Das Gleichungssystem des Pfahlrostes mit ausschließlich vertikalen und axial belasteten Pfählen reduziert sich somit auf die Form

$$\mathbf{f}_r = \mathbf{K}_r \cdot \mathbf{u}_r = \begin{Bmatrix} F_z \\ M_x \\ M_y \end{Bmatrix} = \begin{bmatrix} k_{zz} & & \text{sym.} \\ k_{\alpha z} & k_{\alpha\alpha} & \\ k_{\beta z} & k_{\beta\alpha} & k_{\beta\beta} \end{bmatrix} \cdot \begin{Bmatrix} v_z \\ \varphi_x \\ \varphi_y \end{Bmatrix} \qquad \text{Gl. 5-25}$$

Bei einem Pfahlrost mit den Steifigkeiten k_i der n Einzelpfähle sowie den globalen Koordinaten x_i und y_i der Pfahlachsen ergibt sich als Besetzung der reduzierten Steifigkeitsmatrix

$$\mathbf{K}_r = \begin{bmatrix} \sum_{i=1}^{n} k_i & & \text{sym.} \\ \sum_{i=1}^{n} k_i \cdot y_i & \sum_{i=1}^{n} k_i \cdot y_i^2 & \\ -\sum_{i=1}^{n} k_i \cdot x_i & -\sum_{i=1}^{n} k_i \cdot x_i \cdot y_i & \sum_{i=1}^{n} k_i \cdot x_i^2 \end{bmatrix}$$ Gl. 5-26

Der reduzierte Vektor der Rostplattenbewegung kann mit Hilfe von

$$\mathbf{u}_r = \mathbf{K}_r^{-1} \cdot \mathbf{p}_r$$ Gl. 5-27

berechnet werden. Mit ihm ermitteln sich der Vektor der Pfahlkopfbewegungen durch

$$\mathbf{w} = \mathbf{S}_r^{\,t} \cdot \mathbf{u}_r = \begin{Bmatrix} w_1 \\ \vdots \\ w_i \\ \vdots \\ w_n \end{Bmatrix} = \begin{bmatrix} n_{z1} & m_{x1} & m_{y1} \\ \vdots & \vdots & \vdots \\ n_{zi} & m_{xi} & m_{yi} \\ \vdots & \vdots & \vdots \\ n_{zn} & m_{xn} & m_{yn} \end{bmatrix} \cdot \begin{Bmatrix} v_z \\ \varphi_x \\ \varphi_y \end{Bmatrix}$$ Gl. 5-28

und der Vektor der Pfahlkräfte durch

$$\mathbf{r} = \mathbf{D}_k \cdot \mathbf{w}$$ Gl. 5-29

5.5.9 Symmetrische Pfahlroste mit senkrechten axial belasteten Pfählen

Bei Pfahlrosten mit ausschließlich senkrecht angeordneten und axial belasteten Pfählen, die bezüglich ihrer Geometrie und Steifigkeit symmetrisch zur globalen x, z-Ebene oder y, z-Ebene sind, vereinfacht sich das Gleichungssystem des allgemeinen Falls (Gl. 5-25) in Abhängigkeit von der Lage der Symmetrieebene.

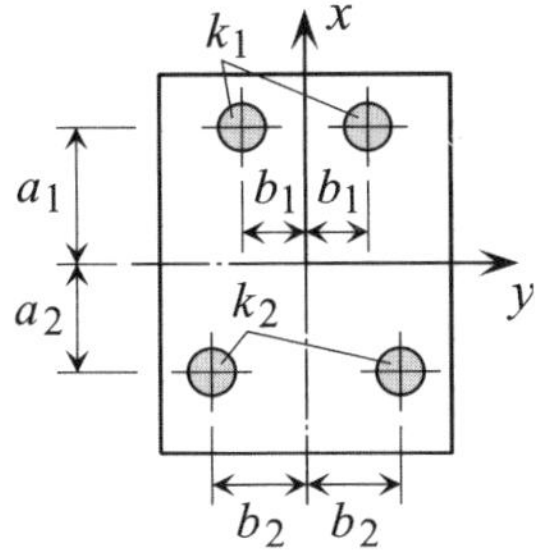

Abb. 5-17 Grundriss eines symmetrischen Pfahlrostes (x, z-Ebene ist Symmetrieebene)

Bei symmetrischen Systemen, deren Symmetrieebene durch die x, z-Ebene repräsentiert wird (vgl. Abb. 5-17), gilt für die Elemente $k_{z\alpha}$ und $k_{\alpha z}$ der Steifigkeitsmatrix

$$k_{z\alpha} = k_{\alpha z} = \sum_{i=1}^{n} k_i \cdot y_i = 0$$ Gl. 5-30

Das Gleichungssystem aus Gl. 5-25 vereinfacht sich damit zu

$$\mathbf{f}_r = \mathbf{K}_r \cdot \mathbf{u}_r = \begin{Bmatrix} F_z \\ M_x \\ M_y \end{Bmatrix} = \begin{bmatrix} k_{zz} & & \text{sym.} \\ 0 & k_{\alpha\alpha} & \\ k_{\beta z} & k_{\beta\alpha} & k_{\beta\beta} \end{bmatrix} \cdot \begin{Bmatrix} v_z \\ \varphi_x \\ \varphi_y \end{Bmatrix} \qquad \text{Gl. 5-31}$$

Zur y, z-Ebene symmetrische Systeme (vgl. Abb. 5-18) weisen als Null-Elemente der Steifigkeitsmatrix die Größen

$$k_{z\beta} = k_{\beta z} = -\sum_{i=1}^{n} k_i \cdot x_i = 0 \qquad \text{Gl. 5-32}$$

auf. Das Gleichungssystem aus Gl. 5-25 erhält somit die Form

$$\mathbf{f}_r = \mathbf{K}_r \cdot \mathbf{u}_r = \begin{Bmatrix} F_z \\ M_x \\ M_y \end{Bmatrix} = \begin{bmatrix} k_{zz} & & \text{sym.} \\ k_{\alpha z} & k_{\alpha\alpha} & \\ 0 & k_{\beta\alpha} & k_{\beta\beta} \end{bmatrix} \cdot \begin{Bmatrix} v_z \\ \varphi_x \\ \varphi_y \end{Bmatrix} \qquad \text{Gl. 5-33}$$

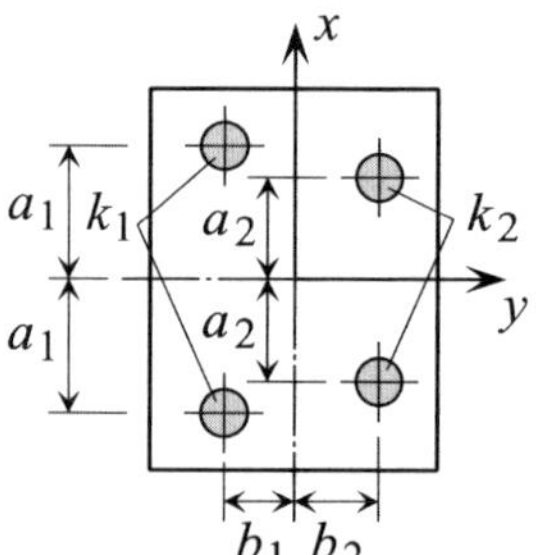

Abb. 5-18 Grundriss eines symmetrischen Pfahlrostes (y, z-Ebene ist Symmetrieebene)

Bei Pfahlrosten, die bezüglich ihrer Geometrie und Steifigkeit sowohl zur x, z-Ebene als auch zur y, z-Ebene symmetrisch sind (Doppelsymmetrie), werden alle Nebendiagonalelemente der Steifigkeitsmatrix zu Null-Elementen. Da nur noch die Hauptdiagonalelemente Größen $\neq 0$ besitzen, ergibt sich für diese Systeme das vollständig entkoppelte Gleichungssystem

$$\mathbf{f}_r = \mathbf{K}_r \cdot \mathbf{u}_r = \begin{Bmatrix} F_z \\ M_x \\ M_y \end{Bmatrix} = \begin{bmatrix} k_{zz} & 0 & 0 \\ 0 & k_{\alpha\alpha} & 0 \\ 0 & 0 & k_{\beta\beta} \end{bmatrix} \cdot \begin{Bmatrix} v_z \\ \varphi_x \\ \varphi_y \end{Bmatrix} \qquad \text{Gl. 5-34}$$

Die unbekannten Bewegungsgrößen können in solchen Fällen mit

$$v_z = \frac{F_z}{k_{zz}} \qquad \varphi_x = \frac{M_x}{k_{\alpha\alpha}} \qquad \varphi_y = \frac{M_y}{k_{\beta\beta}} \qquad \text{Gl. 5-35}$$

berechnet werden.

Damit ergeben sich für den i-ten Pfahl die Pfahlkopfverschiebung

$$w_i = v_z + y_i \cdot \varphi_x - x_i \cdot \varphi_y \qquad \text{Gl. 5-36}$$

und die Pfahlkraft

$$R_i = k_i \cdot w_i$$ Gl. 5-37

5.5.10 Ebene Pfahlroste mit axial belasteten Pfählen

Statisch unbestimmte Pfahlroste mit axial belasteten Pfählen die ausschließlich in der globalen x, z-Ebene liegen, können Kräfte F_x und F_z sowie Momente M_y aufnehmen. Zur Aufnahme von Kräften F_y bzw. Momenten M_x und M_z sind sie nicht geeignet, da sie in Richtung dieser Belastungen Verschiebungen bzw. Drehungen zwängungsfrei ausführen können (kinematische Unbestimmtheit).

Die geometrische Lage der n Einzelpfähle führt im allgemeinen Fall (alle Pfahlkopfkoordinaten y_i und alle Richtungswinkel ω_i sind null) zu der reduzierten Matrix

$$\mathbf{S}_r = \begin{bmatrix} n_{x1} & \cdots & n_{xi} & \cdots & n_{xn} \\ n_{z1} & \cdots & n_{zi} & \cdots & n_{zn} \\ m_{y1} & \cdots & m_{yi} & \cdots & m_{yn} \end{bmatrix}$$ Gl. 5-38

des Pfahlrostes und damit zu der reduzierten Steifigkeitsmatrix

$$\mathbf{K}_r = \mathbf{S}_r \cdot \mathbf{D}_k \cdot \mathbf{S}_r^t = \begin{bmatrix} k_{xx} & k_{xz} & k_{x\beta} \\ & k_{zz} & k_{z\beta} \\ \text{sym.} & & k_{\beta\beta} \end{bmatrix}$$ Gl. 5-39

des zu berechnenden Systems. Das Gleichungssystem des ebenen Pfahlrostes mit ausschließlich in der x, z-Ebene liegenden Pfählen reduziert sich somit auf die Form

$$\mathbf{f}_r = \mathbf{K}_r \cdot \mathbf{u}_r = \begin{Bmatrix} F_x \\ F_z \\ M_y \end{Bmatrix} = \begin{bmatrix} k_{xx} & & \text{sym.} \\ k_{zx} & k_{zz} & \\ k_{\beta x} & k_{\beta z} & k_{\beta\beta} \end{bmatrix} \cdot \begin{Bmatrix} v_x \\ v_z \\ \varphi_y \end{Bmatrix}$$ Gl. 5-40

Bei einem Pfahlrost mit den Steifigkeiten k_i der n Einzelpfähle, den globalen Koordinaten x_i und z_i der Pfahlköpfe sowie den Pfahlneigungswinkeln ϑ_i (positiv gegen die Vertikale) ergeben sich die Elemente der Steifigkeitsmatrix zu

$$k_{xx} = \sum_{i=1}^{n} k_i \cdot \sin^2 \vartheta_i$$

$$k_{xz} = k_{zx} = \sum_{i=1}^{n} k_i \cdot \sin \vartheta_i \cdot \cos \vartheta_i$$

$$k_{x\beta} = k_{\beta x} = \sum_{i=1}^{n} k_i \cdot (z_i \cdot \sin^2 \vartheta_i - x_i \cdot \sin \vartheta_i \cdot \cos \vartheta_i)$$

$$k_{zz} = \sum_{i=1}^{n} k_i \cdot \cos^2 \vartheta_i \qquad \text{Gl. 5-41}$$

$$k_{z\beta} = k_{\beta z} = \sum_{i=1}^{n} k_i \cdot (z_i \cdot \sin \vartheta_i \cdot \cos \vartheta_i - x_i \cdot \cos^2 \vartheta_i)$$

$$k_{\beta\beta} = \sum_{i=1}^{n} k_i \cdot (x_i^2 \cdot \cos^2 \vartheta_i + z_i^2 \cdot \sin^2 \vartheta_i - 2 \cdot x_i \cdot z_i \cdot \sin \vartheta_i \cdot \cos \vartheta_i)$$

5.5.11 Ebene symmetrische Pfahlroste mit axial belasteten Pfählen

Statisch unbestimmte Pfahlroste mit Pfahlachsen, die ausschließlich in der globalen x, z-Ebene liegen und für die die z-Achse bezüglich ihrer Geometrie und ihrer Steifigkeiten eine Symmetrieachse ist (vgl. Abb. 5-19), können weder Kräfte F_y noch Momente M_x und M_z aufnehmen, da sie in Richtung dieser Belastungen zwängungsfreie Verschiebungen bzw. Drehungen ausführen können.

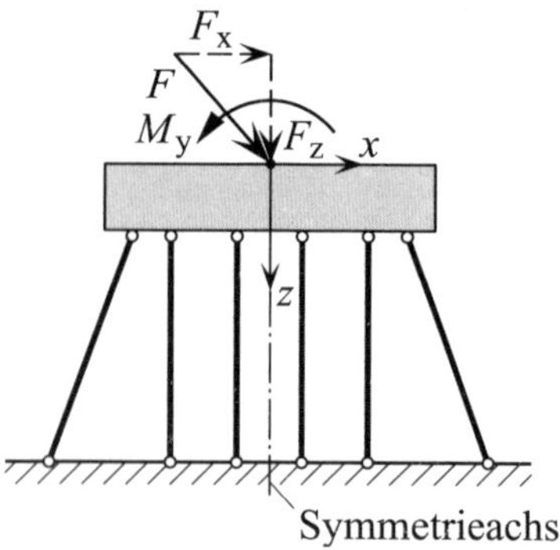

Abb. 5-19 Zur z-Achse symmetrischer, statisch unbestimmter ebener Pfahlrost

Das Gleichungssystem des allgemeinen ebenen Falls (Gl. 5-40) vereinfacht sich zu der teilweise entkoppelten Form

$$\begin{Bmatrix} F_x \\ F_z \\ M_y \end{Bmatrix} = \begin{bmatrix} k_{xx} & & \text{sym.} \\ 0 & k_{zz} & \\ k_{\beta x} & 0 & k_{\beta\beta} \end{bmatrix} \cdot \begin{Bmatrix} v_x \\ v_z \\ \varphi_y \end{Bmatrix} \qquad \text{Gl. 5-42}$$

Die Gleichung zeigt, dass die Verschiebung v_x nur mit der Drehung φ_y gekoppelt ist; die Verschiebung v_z ist lediglich von F_z abhängig. Die Größen der Hauptdiagonalelemente und der Elemente $k_{\beta x} = k_{x\beta}$ sind nach den Formeln der Gl. 5-41 zu berechnen.

Anwendungsbeispiel

Für das in Abb. 5-20 gezeigte System eines als ebener Pfahlrost behandelbaren Falls sind die nachstehenden Punkte zu bearbeiten.

1. Herleitung des für statisch unbestimmte und in der x, z-Ebene liegende ebene Pfahlroste geltenden allgemeinen Gleichungssystems aus den Gleichungen des dreidimensionalen Falls.
2. Herleitung des allgemeinen Gleichungssystems statisch unbestimmter und in der x, z-Ebene liegender ebener Pfahlroste die zur z-Achse symmetrisch sind.
3. Aufstellung und Lösung des Gleichungssystems und Ermittlung der Pfahlkräfte für den gegebenen Pfahlrost.

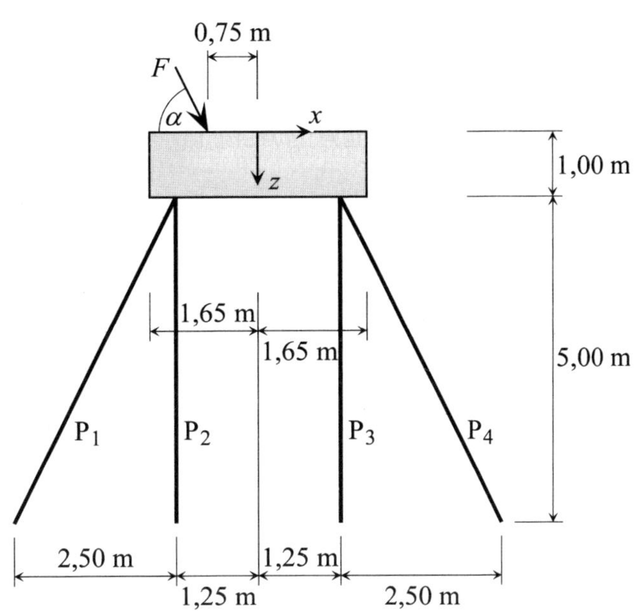

Abb. 5-20 System und Abmessungen eines auf Pfählen gegründeten linienförmigen Gründungskörpers

Der Berechnung sind als

Pfahlquerschnittsfläche	$A = 0{,}3 \times 0{,}3 = 0{,}09\ \mathrm{m}^2$
Elastizitätsmodul der Pfähle	$E = 34\,000\ \mathrm{MN/m}^2$
Resultierende Kraft (incl. Rostplatteneigenlast)	$F = 300\ \mathrm{kN/lfdm}$
Neigungswinkel von F	$\alpha = 63{,}43°$

zugrunde zu legen. Darüber hinaus ist ein Pfahlabstand in Fundamentlängsrichtung (y-Richtung) von 1,5 m anzunehmen.

Lösung

1 Allgemeines Gleichungssystem für statisch unbestimmte und in der x, z-Ebene liegende ebene Pfahlroste

1.1 Ermittlung der Vektoren $\mathbf{n}_i$ und der Vektoren $\mathbf{m}_i$

In einem ebenen und in der x, z-Ebene liegenden Pfahlrost können als Richtungswinkel

$$\omega_i = 0° \quad \Rightarrow \quad \cos\omega_i = +1 \quad \text{und} \quad \sin\omega_i = 0$$

oder

$$\omega_i = 180° \quad \Rightarrow \quad \cos\omega_i = -1 \quad \text{und} \quad \sin\omega_i = 0$$

auftreten. Damit ergeben sich die Komponenten des Einheitsvektors $\mathbf{n}_i$ für den i-ten Pfahl des allgemeinen dreidimensionalen Falls mit den Gleichungen (Gl. 5-4) zu

$$n_{xi} = \cos\omega_i \cdot \sin\vartheta_i = \pm 1 \cdot \sin\vartheta_i = \pm\sin\vartheta_i \quad (\text{positiv bei } \omega_i = 0, \text{ negativ bei } \omega_i = 180°)$$

$$n_{yi} = \sin\omega_i \cdot \sin\vartheta_i = 0 \cdot \sin\vartheta_i = 0$$

$$n_{zi} = \cos\vartheta_i$$

Mit diesen Ausdrücken lassen sich unter Berücksichtigung von

$$y_i = 0$$

die Komponenten des Vektors $\mathbf{m}_i$ ermitteln, der die Momentenwirkung der Pfahlnormalkraft des i-ten Pfahls um die globalen Koordinatenachsen erfasst (Gl. 5-5 und Gl. 5-6).

$$m_{xi} = y_i \cdot n_{zi} - z_i \cdot n_{yi} = 0 \cdot n_{zi} - z_i \cdot 0 = 0$$

$$m_{yi} = z_i \cdot n_{xi} - x_i \cdot n_{zi} = \pm z_i \cdot \sin\vartheta_i - x_i \cdot \cos\vartheta_i$$

$$m_{zi} = x_i \cdot n_{yi} - y_i \cdot n_{xi} = x_i \cdot 0 - 0 \cdot n_{xi} = 0$$

1.2 Besetzung der Transformationsvektoren $\mathbf{s}_i$ und der Transformationsmatrix $\mathbf{S}$

Mit den bisher ermittelten Größen haben die Transformationsvektoren $\mathbf{s}_i$ und die Transformationsmatrix $\mathbf{S}$ die Besetzung (Gl. 5-7)

$$\mathbf{s}_i = \begin{Bmatrix} n_{xi} \\ n_{yi} \\ n_{zi} \\ m_{xi} \\ m_{yi} \\ m_{zi} \end{Bmatrix} = \begin{Bmatrix} \pm\sin\vartheta_i \\ 0 \\ \cos\vartheta_i \\ 0 \\ \pm z_i \cdot \sin\vartheta_i - x_i \cdot \cos\vartheta_i \\ 0 \end{Bmatrix}, \quad \mathbf{S} = \left[\mathbf{s}_1, \ldots, \mathbf{s}_i, \ldots, \mathbf{s}_n\right] = \begin{bmatrix} n_{x1} & \cdots & n_{xi} & \cdots & n_{xn} \\ 0 & \ldots & 0 & \ldots & 0 \\ n_{z1} & \cdots & n_{zi} & \cdots & n_{zn} \\ 0 & \ldots & 0 & \ldots & 0 \\ m_{y1} & \cdots & m_{yi} & \cdots & m_{yn} \\ 0 & \ldots & 0 & \ldots & 0 \end{bmatrix}$$

1.3 Besetzung der Matrix $\mathbf{D}_k$ und Ermittlung der Matrix $\mathbf{K}$

Aus der Diagonalmatrix $\mathbf{D}_k$ der Steifigkeiten der Einzelpfähle (Gl. 5-12 und Gl. 5-11)

$$\mathbf{D}_k = \begin{bmatrix} k_1 & 0 & \ldots & 0 \\ 0 & k_2 & \ldots & 0 \\ \vdots & \vdots & \ddots & \vdots \\ 0 & 0 & \ldots & k_n \end{bmatrix} \quad \text{mit} \quad k_i = \frac{E_i \cdot A_i}{l_i}$$

ergibt sich, nach Linksmultiplikation mit der Matrix $\mathbf{S}$ und Rechtsmultiplikation mit der Transponierten $\mathbf{S}^t$ von $\mathbf{S}$, die Steifigkeitsmatrix (Gl. 5-13)

$$\mathbf{K} = \mathbf{S} \cdot \mathbf{D}_k \cdot \mathbf{S}^t = \mathbf{H}_k \cdot \mathbf{S}^t$$

Ihre Komponenten berechnen sich nach dem Matrizenmultiplikationsschema von FALK zu

$$\begin{bmatrix} n_{x1} & n_{x2} & \dots & n_{xn} \\ 0 & 0 & \dots & 0 \\ n_{z1} & n_{z2} & \dots & n_{zn} \\ 0 & 0 & \dots & 0 \\ m_{y1} & m_{y2} & \dots & m_{yn} \\ 0 & 0 & \dots & 0 \end{bmatrix} \begin{bmatrix} k_1 & 0 & \dots & 0 \\ 0 & k_2 & & 0 \\ \vdots & \vdots & \ddots & \vdots \\ 0 & 0 & \dots & k_n \end{bmatrix} = \begin{bmatrix} n_{x1} \cdot k_1 & n_{x2} \cdot k_2 & \dots & n_{xn} \cdot k_n \\ 0 & 0 & \dots & 0 \\ n_{z1} \cdot k_1 & n_{z2} \cdot k_2 & \dots & n_{zn} \cdot k_n \\ 0 & 0 & \dots & 0 \\ m_{y1} \cdot k_1 & m_{y2} \cdot k_2 & \dots & m_{yn} \cdot k_n \\ 0 & 0 & \dots & 0 \end{bmatrix} = \mathbf{H}_k$$

und

$$\begin{bmatrix} n_{x1} \cdot k_1 & n_{x2} \cdot k_2 & \dots & n_{xn} \cdot k_n \\ 0 & 0 & \dots & 0 \\ n_{z1} \cdot k_1 & n_{z2} \cdot k_2 & \dots & n_{zn} \cdot k_n \\ 0 & 0 & \dots & 0 \\ m_{y1} \cdot k_1 & m_{y2} \cdot k_2 & \dots & m_{yn} \cdot k_n \\ 0 & 0 & \dots & 0 \end{bmatrix} \begin{bmatrix} n_{x1} & 0 & n_{z1} & 0 & m_{y1} & 0 \\ n_{x2} & 0 & n_{z2} & 0 & m_{y2} & 0 \\ \vdots & \vdots & \vdots & \vdots & \vdots & \vdots \\ n_{xn} & 0 & n_{zn} & 0 & m_{yn} & 0 \end{bmatrix} = \begin{bmatrix} \sum_{i=1}^{n} n_{xi}^2 \cdot k_i & 0 & \sum_{i=1}^{n} n_{xi} \cdot k_i \cdot n_{zi} & 0 & \sum_{i=1}^{n} n_{xi} \cdot k_i \cdot m_{yi} & 0 \\ 0 & 0 & 0 & 0 & 0 & 0 \\ \sum_{i=1}^{n} n_{xi} \cdot k_i \cdot n_{zi} & 0 & \sum_{i=1}^{n} n_{zi}^2 \cdot k_i & 0 & \sum_{i=1}^{n} n_{zi} \cdot k_i \cdot m_{yi} & 0 \\ 0 & 0 & 0 & 0 & 0 & 0 \\ \sum_{i=1}^{n} n_{xi} \cdot k_i \cdot m_{yi} & 0 & \sum_{i=1}^{n} n_{zi} \cdot k_i \cdot m_{yi} & 0 & \sum_{i=1}^{n} m_{yi}^2 \cdot k_i & 0 \\ 0 & 0 & 0 & 0 & 0 & 0 \end{bmatrix} = \mathbf{K}$$

1.4 Vektor **f** der Einwirkungen und Vektor **u** der Rostplattenbewegung

Durch Zusammenfassung der äußeren Lasten und Momente zu den Resultierenden F_x, F_z und M_y ergibt sich, unter Berücksichtigung der für den ebenen Fall geltenden Größen

$$F_y = 0, \qquad M_x = 0, \qquad M_z = 0$$

der transponierte Vektor der Einwirkungen (Belastungsvektor)

$$\mathbf{f}^t = \{F_x, 0, F_z, 0, M_y, 0\}$$

In analoger Weise ergibt sich mit den Bewegungsgrößen der Rostplatte im ebenen Fall

$$v_y = 0, \qquad \varphi_x = 0, \qquad \varphi_z = 0$$

der transponierte Vektor der Rostplattenbewegungen (Verschiebungsvektor)

$$\mathbf{u}^t = \{v_x, 0, v_z, 0, \varphi_y, 0\}$$

1.5 Gleichungssystem von in der x, z-Ebene liegenden ebenen Pfahlrosten

Mit den bisher ermittelten Größen ergibt sich das allgemeine Gleichungssystem statisch unbestimmter und in der x, z-Ebene liegender ebener Pfahlroste.

$$\begin{bmatrix} k_{xx} & 0 & k_{xz} & 0 & k_{x\beta} & 0 \\ 0 & 0 & 0 & 0 & 0 & 0 \\ k_{zx} & 0 & k_{zz} & 0 & k_{z\beta} & 0 \\ 0 & 0 & 0 & 0 & 0 & 0 \\ k_{\beta x} & 0 & k_{\beta z} & 0 & k_{\beta\beta} & 0 \\ 0 & 0 & 0 & 0 & 0 & 0 \end{bmatrix} \cdot \begin{Bmatrix} v_x \\ 0 \\ v_z \\ 0 \\ \varphi_y \\ 0 \end{Bmatrix} = \begin{Bmatrix} k_{xx} \cdot v_x + k_{xz} \cdot v_z + k_{x\beta} \cdot \varphi_y \\ 0 \\ k_{zx} \cdot v_x + k_{zz} \cdot v_z + k_{z\beta} \cdot \varphi_y \\ 0 \\ k_{\beta x} \cdot v_x + k_{\beta z} \cdot v_z + k_{\beta\beta} \cdot \varphi_y \\ 0 \end{Bmatrix} = \begin{Bmatrix} F_x \\ 0 \\ F_z \\ 0 \\ M_y \\ 0 \end{Bmatrix}$$

$$\mathbf{K} \cdot \mathbf{u} = \mathbf{f}$$

Die gleichen Ergebnisse für die Komponenten $\neq 0$ des Belastungsvektors **f** liefert

$$\begin{bmatrix} k_{xx} & k_{xz} & k_{x\beta} \\ k_{zx} & k_{zz} & k_{z\beta} \\ k_{\beta x} & k_{\beta z} & k_{\beta\beta} \end{bmatrix} \cdot \begin{Bmatrix} v_x \\ v_z \\ \varphi_y \end{Bmatrix} = \begin{Bmatrix} k_{xx} \cdot v_x + k_{xz} \cdot v_z + k_{x\beta} \cdot \varphi_y \\ k_{zx} \cdot v_x + k_{zz} \cdot v_z + k_{z\beta} \cdot \varphi_y \\ k_{\beta x} \cdot v_x + k_{\beta z} \cdot v_z + k_{\beta\beta} \cdot \varphi_y \end{Bmatrix} = \begin{Bmatrix} F_x \\ F_z \\ M_y \end{Bmatrix}$$

$$\mathbf{K}_e \cdot \mathbf{u}_e = \mathbf{f}_e$$

Diese Beziehung stellt die übliche Form des allgemeinen Gleichungssystems statisch unbestimmter und in der x, z-Ebene liegender ebener Pfahlroste dar.

2. Allgemeines Gleichungssystem statisch unbestimmter und in der x, z-Ebene liegender ebener Pfahlroste die zur z-Achse symmetrisch sind

2.1 Ermittlung der Transformationsvektoren $\mathbf{s}_{ej(l)}$ und $\mathbf{s}_{ej(r)}$

Bei allen ebenen Pfahlrosten die in der x, z-Ebene liegen, zur z-Achse symmetrisch sind und Pfähle aufweisen, deren Achsen nicht parallel zur z-Achse angeordnet sind, gibt es zu allen nicht in der Symmetrieachse selbst liegenden Pfählen ein symmetrisches „Gegenstück". Zu diesen „Pfahlpaaren" gehören die beiden Transformationsvektoren

$$\mathbf{s}_{e\,j(l)} = \begin{Bmatrix} n_{xj(l)} \\ n_{zj(l)} \\ m_{yj(l)} \end{Bmatrix} = \begin{Bmatrix} \pm \sin \vartheta_{j(l)} \\ \cos \vartheta_{j,l} \\ \pm z_{j(l)} \cdot \sin \vartheta_{j(l)} - x_{j(l)} \cdot \cos \vartheta_{j(l)} \end{Bmatrix}$$

$$\mathbf{s}_{e\,j(r)} = \begin{Bmatrix} n_{xj(r)} \\ n_{zj(r)} \\ m_{yj(r)} \end{Bmatrix} = \begin{Bmatrix} \mp \sin \vartheta_{j(l)} \\ \cos \vartheta_{j(l)} \\ \mp z_{j(l)} \cdot \sin \vartheta_{j(l)} + x_{j(l)} \cdot \cos \vartheta_{j(l)} \end{Bmatrix}$$

des j-ten „Pfahlpaares" von denen $\mathbf{s}_{ej(l)}$ zum links und $\mathbf{s}_{ej(r)}$ zum rechts neben der Symmetrieachse liegenden Pfahls gehört.

Aus den beiden Vektoren lassen sich als Beziehungen ablesen

$$n_{x\,j(l)} = -n_{x\,j(r)}$$
$$n_{z\,j(l)} = +n_{z\,j(r)}$$
$$m_{y\,j(l)} = -m_{y\,j(r)}$$

2.2 Ermittlung der Steifigkeitsmatrix $\mathbf{K}_e$ von symmetrischen Pfahlrosten

Die Beziehungen des Abschnitts 2.1 und die Bedingungen für in der z-Achse liegende Pfähle

$n_{x\,i} = 0$ und $m_{y\,i} = 0$

führen zu den Gleichungen

$$k_{xz} = k_{zx} = \sum_{i=1}^{n} n_{x\,i} \cdot k_i \cdot n_{z\,i} = 0 \qquad \text{und} \qquad k_{z\beta} = k_{\beta z} = \sum_{i=1}^{n} n_{z\,i} \cdot k_i \cdot m_{y\,i} = 0$$

und damit zu der Steifigkeitsmatrix des ebenen und zur z-Achse symmetrischen Pfahlrostes

$$\mathbf{K}_e = \begin{bmatrix} \sum_{i=1}^{n} n_{x\,i}^2 \cdot k_i & 0 & \sum_{i=1}^{n} n_{x\,i} \cdot k_i \cdot m_{y\,i} \\ 0 & \sum_{i=1}^{n} n_{z\,i}^2 \cdot k_i & 0 \\ \sum_{i=1}^{n} n_{x\,i} \cdot k_i \cdot m_{y\,i} & 0 & \sum_{i=1}^{n} m_{y\,i}^2 \cdot k_i \end{bmatrix} = \begin{bmatrix} k_{xx} & 0 & k_{x\beta} \\ 0 & k_{zz} & 0 \\ k_{\beta x} & 0 & k_{\beta\beta} \end{bmatrix}$$

2.3 Gleichungssystem von zur z-Achse symmetrischen ebenen Pfahlrosten

Mit den bisher ermittelten Größen ergibt sich das allgemeine Gleichungssystem statisch unbestimmter und in der x, z-Ebene liegender ebener Pfahlroste die zur z-Achse symmetrisch sind.

$$\begin{bmatrix} k_{xx} & 0 & k_{x\beta} \\ 0 & k_{zz} & 0 \\ k_{\beta x} & 0 & k_{\beta\beta} \end{bmatrix} \cdot \begin{Bmatrix} w_x \\ w_z \\ \varphi_y \end{Bmatrix} = \begin{Bmatrix} k_{xx} \cdot w_x + k_{x\beta} \cdot \varphi_y \\ k_{zz} \cdot w_z \\ k_{\beta x} \cdot w_x + k_{\beta\beta} \cdot \varphi_y \end{Bmatrix} = \begin{Bmatrix} P_x \\ P_z \\ M_y \end{Bmatrix}$$

$$\mathbf{K}_e \cdot \mathbf{u}_e = \mathbf{f}_e$$

3 Aufstellung und Lösung des Gleichungssystems und Ermittlung der Pfahlkräfte für den gegebenen Pfahlrost

3.1 Ermittlung der Transformationsvektoren $\mathbf{s}_{e\,i}$ und der Matrix $\mathbf{S}_e$ der Pfähle P_1 bis P_4

Für die in den Abschnitten 1.1 und 2.1 angegebenen Beziehungen für die Transformationsvektoren $\mathbf{s}_{ei}$ und die Transformationsmatrix $\mathbf{S}_e$ ergeben sich die Größen

$$n_{x4} = -n_{x1} = \cos\omega_4 \cdot \sin\vartheta_4 = 1 \cdot \sin 26{,}565° = 0{,}447$$
$$n_{z4} = +n_{z1} = \cos\vartheta_4 = \cos 26{,}565° = 0{,}894$$
$$m_{y4} = -m_{y1} = z_4 \cdot \sin\vartheta_4 - x_4 \cdot \cos\vartheta_4 = 1{,}0 \cdot \sin 26{,}565° - 1{,}25 \cdot \cos 26{,}565° = -0{,}671\ \text{m}$$

$$n_{x3} = -n_{x2} = \cos\omega_3 \cdot \sin\vartheta_3 = 1 \cdot \sin 0° = 0$$

$$n_{z3} = +n_{z2} = \cos\vartheta_3 = \cos 0° = 1$$

$$m_{y3} = -m_{y2} = z_3 \cdot \sin\vartheta_3 - x_3 \cdot \cos\vartheta_3 = 1{,}0 \cdot \sin 0° - 1{,}25 \cdot \cos 0° = -1{,}25 \text{ m}$$

Mit ihnen lassen sich als Transformationsvektoren angeben

$$\mathbf{s}_{e1} = \begin{Bmatrix} -0{,}447 \\ 0{,}894 \\ 0{,}671\,\text{m} \end{Bmatrix}, \quad \mathbf{s}_{e2} = \begin{Bmatrix} 0 \\ 1 \\ 1{,}25\,\text{m} \end{Bmatrix}, \quad \mathbf{s}_{e3} = \begin{Bmatrix} 0 \\ 1 \\ -1{,}25\,\text{m} \end{Bmatrix}, \quad \mathbf{s}_{e4} = \begin{Bmatrix} 0{,}447 \\ 0{,}894 \\ -0{,}671\,\text{m} \end{Bmatrix}$$

Die Transformationsmatrix des gegebenen Systems erhält damit die Form

$$\mathbf{S}_e = \begin{bmatrix} -0{,}447 & 0 & 0 & 0{,}447 \\ 0{,}894 & 1 & 1 & 0{,}894 \\ 0{,}671\,\text{m} & 1{,}25\,\text{m} & -1{,}25\,\text{m} & -0{,}671\,\text{m} \end{bmatrix}$$

3.2 Besetzung der Matrix $\mathbf{D}_{ke}$ und Ermittlung der Matrix $\mathbf{K}_e$

Mit den Längen der vier Pfähle

$$l_1 = l_4 = \frac{2{,}5}{\sin 26{,}565°} = 5{,}59 \text{ m} \qquad \text{und} \qquad l_2 = l_3 = 5{,}00 \text{ m}$$

ergeben sich die Steifigkeiten der einzelnen Pfähle

$$k_1 = k_4 = \frac{E \cdot A}{l_1} = \frac{34\,000\,000 \cdot 0{,}09}{5{,}59} = 547\,389 \text{ kN/m}$$

$$k_2 = k_3 = \frac{E \cdot A}{l_2} = \frac{34\,000\,000 \cdot 0{,}09}{5{,}00} = 612\,000 \text{ kN/m}$$

und damit die Matrix

$$\mathbf{D}_{ke} = \begin{bmatrix} 547\,389\text{ kN/m} & 0 & 0 & 0 \\ 0 & 612\,000\text{ kN/m} & 0 & 0 \\ 0 & 0 & 612\,000\text{ kN/m} & 0 \\ 0 & 0 & 0 & 547\,389\text{ kN/m} \end{bmatrix}$$

aus der sich nach Linksmultiplikation mit der Matrix $\mathbf{S}_e$ und Rechtsmultiplikation mit der Transponierten $\mathbf{S}_e^t$ von $\mathbf{S}_e$ die Steifigkeitsmatrix

$$\mathbf{K}_e = \mathbf{S}_e \cdot \mathbf{D}_{ke} \cdot \mathbf{S}_e^t$$

ergibt. Ihre zahlenmäßige Besetzung hat die Form

$$\mathbf{K}_e = \begin{bmatrix} 218956\text{ kN/m} & 0 & -328434\text{ kN} \\ 0 & 2099823\text{ kN/m} & 0 \\ -328434\text{ kN} & 0 & 2405150\text{ kN}\cdot\text{m} \end{bmatrix}$$

3.3 Vektor $\mathbf{f}_e$ der äußeren Lasten

Die unter dem Winkel $\alpha = 63{,}43°$ gegen die Horizontale geneigte Resultierende F der Belastung liefert bezüglich des Koordinatenursprungs die Komponenten pro 1,5 lfdm (Pfahlabstand in y-Richtung) des Streifenfundaments

$$F_x = 1{,}5 \cdot F \cdot \cos\alpha = 1{,}5 \cdot 300 \cdot \cos 63{,}43° = 201{,}28 \text{ kN}$$

$$F_z = 1{,}5 \cdot F \cdot \sin\alpha = 1{,}5 \cdot 300 \cdot \sin 63{,}43° = 402{,}47 \text{ kN}$$

$$M_y = 0{,}75 \cdot 1{,}5 \cdot F \cdot \sin\alpha = 0{,}75 \cdot 1{,}5 \cdot 300 \cdot \sin 63{,}43° = 301{,}86 \text{ kN} \cdot \text{m}$$

des Belastungsvektors

$$\mathbf{f}_e = \begin{Bmatrix} 201{,}28 \text{ kN} \\ 402{,}47 \text{ kN} \\ 301{,}86 \text{ kN} \cdot \text{m} \end{Bmatrix}$$

3.4 Erstellung und Lösung des Gleichungssystems des ebenen Pfahlrostes

Mit den bisher ermittelten Größen ergibt sich als Gleichungssystem des ebenen Pfahlrostes

$$\begin{bmatrix} 218956 \text{ kN/m} & 0 & -328434 \text{ kN} \\ 0 & 2099823 \text{ kN/m} & 0 \\ -328434 \text{ kN} & 0 & 2405150 \text{ kN} \cdot \text{m} \end{bmatrix} \cdot \begin{Bmatrix} v_x \\ v_z \\ \varphi_y \end{Bmatrix} = \begin{Bmatrix} 201{,}28 \text{ kN} \\ 402{,}47 \text{ kN} \\ 301{,}85 \text{ kN} \cdot \text{m} \end{Bmatrix}$$

$$\mathbf{K}_e \cdot \mathbf{u}_e = \mathbf{f}_e$$

Der Verschiebungsvektor $\mathbf{u}_e$ mit den gesuchten Bewegungsgrößen der Rostplatte kann, unter Verwendung der Inversen $\mathbf{K}_e^{-1}$ der Steifigkeitsmatrix $\mathbf{K}_e$, mit Hilfe von

$$\mathbf{u}_e = \mathbf{K}_e^{-1} \cdot \mathbf{f}_e$$

ermittelt werden. Das führt mit

$$\mathbf{K}_e^{-1} = \begin{bmatrix} 0{,}000\,005\,74 \dfrac{\text{m}}{\text{kN}} & 0 & 0{,}000\,000\,78 \dfrac{1}{\text{kN}} \\ 0 & 0{,}000\,000\,48 \dfrac{\text{m}}{\text{kN}} & 0 \\ 0{,}000\,000\,78 \dfrac{1}{\text{kN}} & 0 & 0{,}000\,000\,52 \dfrac{1}{\text{kN} \cdot \text{m}} \end{bmatrix}$$

zu

$$\mathbf{u}_e = \begin{Bmatrix} 0{,}00139 \text{ m} \\ 0{,}00019 \text{ m} \\ 0{,}0003157 \end{Bmatrix}$$

3.5 Berechnung der Kräfte in den Pfählen P_1 bis P_4

Mit dem bekannten Verschiebungsvektor $\mathbf{u}_e$ können die Kräfte in den vier Pfählen mittels

$$R_i = -k_i \cdot \mathbf{s}_{ei}^t \cdot \mathbf{u}_e \qquad i = 1, \ldots, 4$$

berechnet werden. Für die einzelnen Pfahlkräfte ergeben sich somit die Größen

$R_1 = +131{,}20\,\text{kN}$ (Zug)

$R_2 = -358{,}81\,\text{kN}$ (Druck)

$R_3 = +124{,}21\,\text{kN}$ (Zug)

$R_4 = -318{,}88\,\text{kN}$ (Druck)

5.5.12 Ebene Pfahlroste mit senkrechten axial belasteten Pfählen

Statisch unbestimmte ebene Pfahlroste mit ausschließlich senkrecht angeordneten und axial belasteten Pfählen können, wenn sie etwa in der globalen x, z-Ebene liegen, nur Kräfte F_z und Momente M_y aufnehmen.

Die ausschließlich vertikale Anordnung der n Einzelpfähle führt zu der reduzierten Matrix

$$\mathbf{S}_r = \begin{bmatrix} n_{z1} & \cdots & n_{zi} & \cdots & n_{zn} \\ m_{y1} & \cdots & m_{yi} & \cdots & m_{yn} \end{bmatrix} \qquad \text{Gl. 5-43}$$

des Pfahlrostes und damit zu der reduzierten Steifigkeitsmatrix

$$\mathbf{K}_r = \mathbf{S}_r \cdot \mathbf{D}_k \cdot \mathbf{S}_r^t = \begin{bmatrix} k_{zz} & k_{z\beta} \\ \text{sym.} & k_{\beta\beta} \end{bmatrix} \qquad \text{Gl. 5-44}$$

des zu berechnenden Systems. Das Gleichungssystem des ebenen Pfahlrostes mit ausschließlich in der x, z-Ebene liegenden Pfählen reduziert sich somit auf die Form

$$\mathbf{f}_r = \mathbf{K}_r \cdot \mathbf{u}_r = \begin{Bmatrix} F_z \\ M_y \end{Bmatrix} = \begin{bmatrix} k_{zz} & \text{sym.} \\ k_{\beta z} & k_{\beta\beta} \end{bmatrix} \cdot \begin{Bmatrix} v_z \\ \varphi_y \end{Bmatrix} = \begin{bmatrix} \sum\limits_{i=1}^{n} k_i & \text{sym.} \\ -\sum\limits_{i=1}^{n} k_i \cdot x_i & \sum\limits_{i=1}^{n} k_i \cdot x_i^2 \end{bmatrix} \cdot \begin{Bmatrix} v_z \\ \varphi_y \end{Bmatrix} \qquad \text{Gl. 5-45}$$

Liegt der Ursprung des globalen x, z-Koordinatensystems auf der elastischen Schwerachse der Pfähle (vgl. Abb. 5-21), gelten als Nebendiagonalelemente der Steifigkeitsmatrix $\mathbf{K}_r$

$$k_{z\beta} = k_{\beta z} = 0 \qquad \text{Gl. 5-46}$$

Zu Systemen diesen Typs gehört das vollständig entkoppelte Gleichungssystem

$$\begin{Bmatrix} F_z \\ M_y \end{Bmatrix} = \begin{bmatrix} k_{zz} & 0 \\ 0 & k_{\beta\beta} \end{bmatrix} \cdot \begin{Bmatrix} v_z \\ \varphi_y \end{Bmatrix} = \begin{bmatrix} \sum\limits_{i=1}^{n} k_i & 0 \\ 0 & \sum\limits_{i=1}^{n} k_i \cdot x_i^2 \end{bmatrix} \cdot \begin{Bmatrix} v_z \\ \varphi_y \end{Bmatrix} \qquad \text{Gl. 5-47}$$

Damit ergeben sich die unbekannten Bewegungsgrößen zu

$$v_z = \frac{F_z}{k_{zz}} = \frac{F_z}{\sum\limits_{i=1}^{n} k_i} \qquad \varphi_y = \frac{M_y}{k_{\beta\beta}} = \frac{M_y}{\sum\limits_{i=1}^{n} k_i \cdot x_i^2} \qquad \text{Gl. 5-48}$$

und die Pfahlkraft des i-ten der n Pfahlrostpfähle zu

$$R_i = k_i \cdot w_i = \frac{k_i \cdot F_z}{\sum\limits_{j=1}^{n} k_j} - \frac{k_i \cdot x_i \cdot M_y}{\sum\limits_{j=1}^{n} k_j \cdot x_j^2} \qquad \text{Gl. 5-49}$$

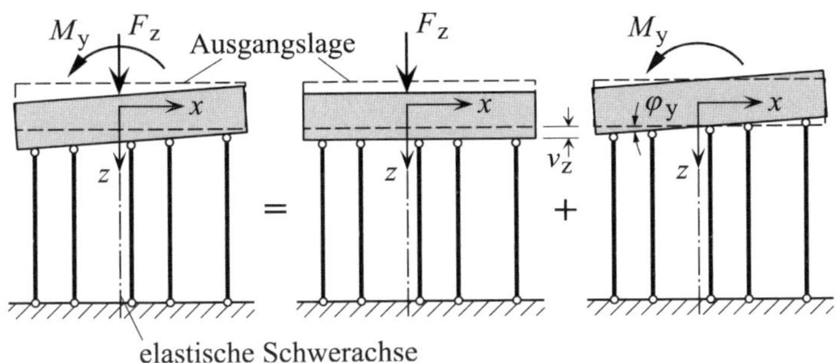

Abb. 5-21 Verformungsentkopplung bei Lage des globalen Koordinatenursprungs auf elastischer Schwerachse

Anwendungsbeispiel

Zu betrachten ist der in Abb. 5-22 gezeigte ebene Pfahlrost, mit den Größen

l = 11,0 m
a = 2,8 m
$E \cdot A_1 = 3{,}30 \cdot 10^6$ kN/lfdm
$E \cdot A_2 = 2{,}64 \cdot 10^6$ kN/lfdm
f_z = 5 500 kN/lfdm
m_y = 3 500 kN · m/lfdm

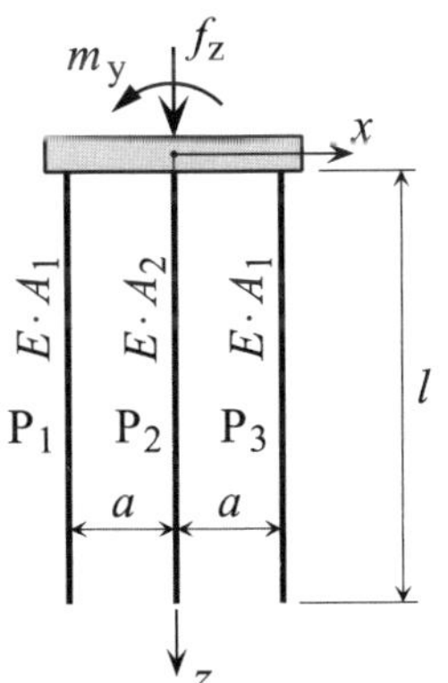

Abb. 5-22 Ebener Pfahlrost mit Einwirkungen und Koordinatensystem

Unter der Annahme, dass seine Rostplatte sich wie ein Starrkörper verhält, ist das Gleichungssystem dieses Pfahlrostes in Matrizenschreibweise anzugeben. Darüber hinaus ist der sich infolge der Belastung ergebende Vektor **u** der Rostplattenbewegung zahlenmäßig zu ermitteln.

Lösung

Da der zu betrachtende ebene Pfahlrost ausschließlich vertikal angeordnete Pfähle besitzt, kann er nur Einwirkungen in der angegebenen Form (Kräfte f_z und Momente m_y) aufnehmen. Das entsprechende Gleichungssystem hat damit die Form (Gl. 5-45)

$$\mathbf{f} = \begin{Bmatrix} f_z \\ m_y \end{Bmatrix} = \mathbf{K} \cdot \mathbf{u} = \begin{bmatrix} k_{zz} & \text{sym.} \\ k_{\beta z} & k_{\beta\beta} \end{bmatrix} \cdot \begin{Bmatrix} v_z \\ \varphi_y \end{Bmatrix}$$

Die Steifigkeiten der drei Pfähle haben die Größen (Gl. 5-11)

$$k_1 = k_3 = \frac{E \cdot A_1}{l} = \frac{3{,}3 \cdot 10^6}{11} = 3{,}0 \cdot 10^5 \ \frac{\text{kN/m}}{\text{lfdm}}$$

$$k_2 = \frac{E \cdot A_2}{l} = \frac{2{,}64 \cdot 10^6}{11} = 2{,}4 \cdot 10^5 \ \frac{\text{kN/m}}{\text{lfdm}}$$

Da wegen der Symmetrie um die Achse des Pfahls P_2 (z-Achse) für die Nebendiagonalelemente (Gl. 5-45)

$$k_{\beta z} = k_{z\beta} = -\sum_{i=1}^{3} k_i \cdot x_i = -\left[k_1 \cdot a + k_2 \cdot 0 + k_1 \cdot (-a)\right] = 0$$

gilt und die beiden verbleibenden Systemsteifigkeitselemente die Größen

$$k_{zz} = \sum_{i=1}^{3} k_i = 2 \cdot k_1 + k_2 = 2 \cdot 3{,}0 \cdot 10^5 + 2{,}4 \cdot 10^5 = 8{,}4 \cdot 10^5 \ \frac{\text{kN/m}}{\text{lfdm}}$$

$$k_{\beta\beta} = \sum_{i=1}^{3} k_i \cdot x_i^2 = 2 \cdot k_1 \cdot a^2 = 2 \cdot 3{,}0 \cdot 10^5 \cdot 2{,}8^2 = 47{,}04 \cdot 10^5 \ \frac{\text{kN} \cdot \text{m}}{\text{lfdm}}$$

besitzen, entkoppelt sich das Gleichungssystem des ebenen Pfahlrostes. Mit den ermittelten Zahlenwerten der Systemsteifigkeiten hat es die Form

$$\mathbf{f} = \begin{Bmatrix} f_z \\ m_y \end{Bmatrix} = \begin{bmatrix} 8{,}4 \cdot 10^5 & 0 \\ 0 & 47{,}04 \cdot 10^5 \end{bmatrix} \cdot \begin{Bmatrix} v_z \\ \varphi_y \end{Bmatrix}$$

Wegen der Entkopplung des Systems ergibt sich als Vertikalverschiebung der Rostplatte

$$v_z = \frac{f_z}{k_{zz}} = \frac{5500}{8{,}4 \cdot 10^5} = 0{,}00655 \text{ m} = 0{,}655 \text{ cm}$$

und als Rostplattendrehung um die y-Achse (in Bogenmaß)

$$\varphi_y = \frac{m_y}{k_{\beta\beta}} = \frac{3500}{47{,}04 \cdot 10^5} = 0{,}000\,744$$

Der gesuchte Vektor der Rostplattenbewegung ist damit gegeben durch

$$\mathbf{u} = \begin{Bmatrix} v_z \\ \varphi_y \end{Bmatrix} = \begin{Bmatrix} 0{,}655 \text{ cm} \\ 7{,}44 \cdot 10^{-4} \end{Bmatrix}$$

5.5.13 Ebene Pfahlroste mit zwei unter α_1 und α_2 geneigten Pfahlgruppen

Von ebenen Systemen die zwei Pfahlgruppen mit zwei unterschiedlichen Pfahlrichtungen besitzen, können alle in der Ebene auftretenden Belastungen aufgenommen werden.

Zur rechnerischen Behandlung des Pfahlrostes ist es sinnvoll, die Resultierende F der eingeprägten äußeren Belastung des Systems auf den Punkt „0“ zu beziehen, der sich als Schnittpunkt der elastischen Schwerachsen der beiden Pfahlachsen ergibt (vgl. Abb. 5-23) und als „elastischer Schwerpunkt“ oder „System-Nullpunkt“ bezeichnet wird. Nach TROSTEL [L 249] ist dieser Punkt dadurch charakterisiert, dass

- eine reine Momentenbelastung M des Systems eine Starrkörperbewegung der Rostplatte in Form einer reinen Drehung um den elastischen Schwerpunkt hervorruft
- eine beliebige in ihm angreifende Kraft F eine reine Starrkörpertranslation bewirkt.

Liegen die Pfähle des ebenen Pfahlrostes alle in der x,z-Ebene eines kartesischen Koordinatensystems, können die Koordinaten x_0 und z_0 des elastischen Schwerpunkts mit Hilfe der Gleichungen

$$x_0 = \frac{k_{xz} \cdot k_{x\beta} - k_{xx} \cdot k_{z\beta}}{k_{xx} \cdot k_{zz} - k_{xz}^2} \qquad z_0 = \frac{k_{x\beta} \cdot k_{zz} - k_{xz} \cdot k_{z\beta}}{k_{xx} \cdot k_{zz} - k_{xz}^2} \qquad \text{Gl. 5-50}$$

berechnet werden.

Zur Ermittlung der einzelnen Pfahlkräfte in den beiden Pfahlgruppen werden zuerst die in den elastischen Schwerachsen der Pfahlgruppen wirkenden Pfahlkraftresultierenden R_M und R_N ermittelt. Danach lässt sich, mit den Steifigkeiten k_i der Einzelpfähle sowie der auf die elastische Schwerachse der jeweiligen Pfahlgruppe bezogenen Exzentrizität e_i der entsprechenden Pfahlachse, die Pfahlkraft

$$R_i = \frac{k_i \cdot R_M}{\sum_{j=1}^{m} k_j} + \frac{k_i \cdot F \cdot e_F}{\sum_{j=1}^{n} k_j \cdot e_j^2} \cdot e_i \qquad i = 1, \ldots, m \qquad \text{Gl. 5-51}$$

für den i-ten Pfahl der linken Pfahlgruppe (Pfähle P_1 bis P_m) und die Pfahlkraft

$$R_i = \frac{k_i \cdot R_N}{\sum_{j=m+1}^{n} k_j} + \frac{k_i \cdot F \cdot e_F}{\sum_{j=1}^{n} k_j \cdot e_j^2} \cdot e_i \qquad i = m+1, \ldots, n \qquad \text{Gl. 5-52}$$

für den i-ten Pfahl der rechten Pfahlgruppe (Pfähle P_{m+1} bis P_n) berechnen.

Zur Herleitung von Gl. 5-51 und Gl. 5-52 siehe MÖLLER [L 198], Abschnitt 6.5.13.

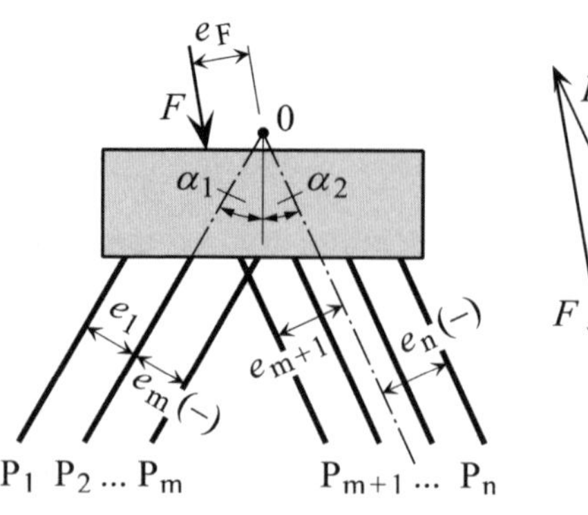

Abb. 5-23 Krafteck aus der Belastungsresultierenden F und den Resultierenden R_M und R_N der Pfahlkräfte der beiden Pfahlgruppen (nach SMOLTCZYK/LÄCHLER [L 148], Kapitel 3.4)

Anwendungsbeispiel

Für den ebenen Pfahlrost aus Abb. 5-24 sind pro lfdm die Kräfte der Pfähle P_1, P_2, P_3 und P_4 zu der Einwirkungskombination zu berechnen, die aus den Lastanteilen q_v, q_h und der Rostplatteneigenlast besteht. Für die Berechnung sind die geometrischen Größen

$a = 2{,}50\,\text{m}$
$b = 6{,}00\,\text{m}$
$c = 1{,}00\,\text{m}$
$d = 0{,}80\,\text{m}$
$f = 0{,}50\,\text{m}$
$l_1 = 11{,}00\,\text{m}$
$l_2 = 10{,}00\,\text{m}$
$\alpha_1 = 60°$

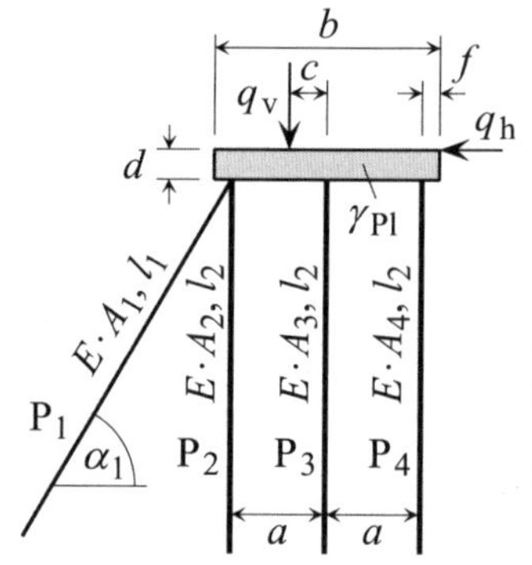

Abb. 5-24 Ebener Pfahlrost im Querschnitt

die Belastungs- und Steifigkeitsgrößen

$q_h = 150\,\text{kN/lfdm}$
$q_v = 750\,\text{kN/lfdm}$
$E \cdot A_1 = 3\,300\,\text{MN/lfdm}$
$E \cdot A_2 = 3\,000\,\text{MN/lfdm}$
$E \cdot A_3 = 4\,000\,\text{MN/lfdm}$
$E \cdot A_4 = 5\,000\,\text{MN/lfdm}$

sowie die Wichte der Rostplatte

$\gamma_{Pl} = 25{,}0\,\text{kN/m}^3$

zu verwenden.

Lösung

Bei dem System der Aufgabenstellung handelt es sich um den ebenen Sonderfall eines statisch unbestimmten Pfahlrostes mit den Pfahlrichtungen gegenüber der Horizontalen $\alpha_1 = 60°$ und $\alpha_2 = 90°$.

Die Steifigkeiten der Pfähle haben die Größen (Gl. 5-11)

$$k_1 = \frac{E \cdot A_1}{l_1} = \frac{3300}{11} = 300 \frac{\text{MN/m}}{\text{lfdm}} = 300\,000 \frac{\text{kN/m}}{\text{lfdm}}$$

$$k_2 = \frac{E \cdot A_2}{l_2} = \frac{3000}{10} = 300 \frac{\text{MN/m}}{\text{lfdm}} = 300\,000 \frac{\text{kN/m}}{\text{lfdm}}$$

$$k_3 = \frac{E \cdot A_3}{l_2} = \frac{4000}{10} = 400 \frac{\text{MN/m}}{\text{lfdm}} = 400\,000 \frac{\text{kN/m}}{\text{lfdm}}$$

$$k_4 = \frac{E \cdot A_4}{l_2} = \frac{5000}{10} = 500 \frac{\text{MN/m}}{\text{lfdm}} = 500\,000 \frac{\text{kN/m}}{\text{lfdm}}$$

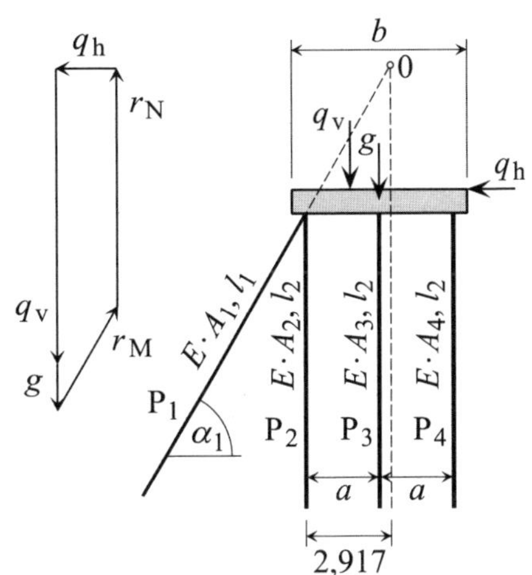

Abb. 5-25 Lage der elastischen Schwerachsen der zwei Pfahlgruppen und ihres Schnittpunkts 0 sowie Krafteck zur Bestimmung von r_M und r_N

Die Lage der elastischen Schwerachsen der beiden Pfahlgruppen ist bei der 1. Gruppe (besteht nur aus dem Pfahl P_1) durch die Achse des Pfahls P_1 gegeben und bei der zweiten Gruppe (besteht aus den Pfählen P_2, P_3 und P_4) durch die im Abstand

$$x_{S2} = \frac{k_3 \cdot a + k_4 \cdot 2 \cdot a}{k_2 + k_3 + k_4} = \frac{400 \cdot 2{,}5 + 500 \cdot 2 \cdot 2{,}5}{300 + 400 + 500}$$
$$= 2{,}917 \text{ m}$$

von der Achse des Pfahls P_2 verlaufende Achse (siehe Abb. 5-25). Der elastische Schwerpunkt, in dem sich die beiden elastischen Schwerachsen schneiden (Punkt 0 in Abb. 5-25), liegt damit

$$2{,}917 \cdot \tan 60° - 0{,}80 = 4{,}252 \text{ m}$$

über der Oberkante der Rostplatte.

Die Pfahlkräfte besitzen zum elastischen Schwerpunkt die Exzentrizitäten (vgl. Abb. 5-23)

$$e_2 = 2{,}917 \text{ m}$$
$$e_3 = 2{,}917 - 2{,}5 = 0{,}417 \text{ m}$$
$$e_4 = -2 \cdot 2{,}50 + 2{,}917 = -2{,}083 \text{ m}$$

Als Summationswerte zur Berechnung der Pfahlkräfte sind

$$Sk = \sum_{i=2}^{4} k_i = 300\,000 + 400\,000 + 500\,000 = 1\,200\,000 \frac{\text{kN/m}}{\text{lfdm}}$$

$$Ske = k_2 \cdot e_2^2 + k_3 \cdot e_3^2 + k_4 \cdot e_4^2 = 300\,000 \cdot 2{,}917^2 + 400\,000 \cdot 0{,}417^2 + 500\,000 \cdot 2{,}083^2$$
$$= 4\,791\,667 \text{ kN} \cdot \text{m/lfdm}$$

zu verwenden und als Eigenlast der Rostplatte die Größe

$$g = b \cdot d \cdot 1{,}0 \cdot \gamma_{Pl} = 6{,}0 \cdot 0{,}8 \cdot 1{,}0 \cdot 25{,}0 = 120 \text{ kN/lfdm}$$

Mit ihnen ergeben sich das entgegen dem Uhrzeigersinn drehende Moment der Lastanteile um den elastischen Schwerpunkt

$$m = q_{\text{v}} \cdot (c + e_3) + g \cdot e_3 - q_{\text{h}} \cdot 4{,}252 = 750 \cdot (1{,}0 + 0{,}417) + 120 \cdot 0{,}417 - 150 \cdot 4{,}252$$
$$= 475{,}0 \text{ kN} \cdot \text{m/lfdm}$$

und die Resultierenden der Pfahlkräfte der beiden Pfahlgruppen

$$r_{\text{M}} = \frac{q_{\text{v}}}{\cos 60°} = \frac{150}{\cos 60°} = 300{,}0 \text{ kN/lfdm}$$

$$r_{\text{N}} = q_{\text{v}} + g - q_{\text{h}} \cdot \tan 60° = 750 + 120 - 150 \cdot \tan 60° = 610{,}19 \text{ kN/lfdm}$$

Als Pfahlkräfte berechnen sich jetzt (Gl. 5-51 und Gl. 5-52)

$$r_1 = r_{\text{M}} = 300 \text{ kN/lfdm} \quad \text{(Druck)}$$

$$r_2 = k_2 \cdot \left(\frac{r_{\text{N}}}{Sk} + \frac{m \cdot e_2}{Ske} \right) = 300\,000 \cdot \left(\frac{610{,}19}{1\,200\,000} + \frac{475{,}0 \cdot 2{,}917}{4\,791\,667} \right) = 239{,}3 \text{ kN/lfdm} \quad \text{(Druck)}$$

$$r_3 = k_3 \cdot \left(\frac{r_{\text{N}}}{Sk} + \frac{m \cdot e_3}{Ske} \right) = 400\,000 \cdot \left(\frac{610{,}19}{1\,200\,000} + \frac{475{,}0 \cdot 0{,}417}{4\,791\,667} \right) = 219{,}9 \text{ kN/lfdm} \quad \text{(Druck)}$$

$$r_4 = k_4 \cdot \left(\frac{r_{\text{M}}}{Sk} + \frac{m \cdot e_4}{Ske} \right) = 500\,000 \cdot \left(\frac{610{,}19}{1\,200\,000} + \frac{475{,}0 \cdot (-2{,}083)}{4\,791\,667} \right) = 151{,}0 \text{ kN/lfdm} \quad \text{(Druck)}$$

5.5.14 Aufgaben mit Lösungen

Aufgabe 5-3 (Lösung Seite 172)

Für den ebenen und geometrisch symmetrischen Pfahlrost mit starrer Rostplatte aus Abb. 5-26 sind die Pfahlkräfte pro lfdm zu berechnen, die sich infolge der Belastung q ergeben.

Für die Berechnung ist davon auszugehen, dass

- alle drei Pfähle die gleiche Länge l aufweisen
- die Beziehung

$$E \cdot A_1 = E \cdot A_3 = \frac{E \cdot A_2}{1{,}5}$$

  gilt
- sich die Pfähle linear-elastisch verhalten
- die Belastung durch die Pfähle ausschließlich über Normalkräfte auf den Baugrund abgetragen wird.

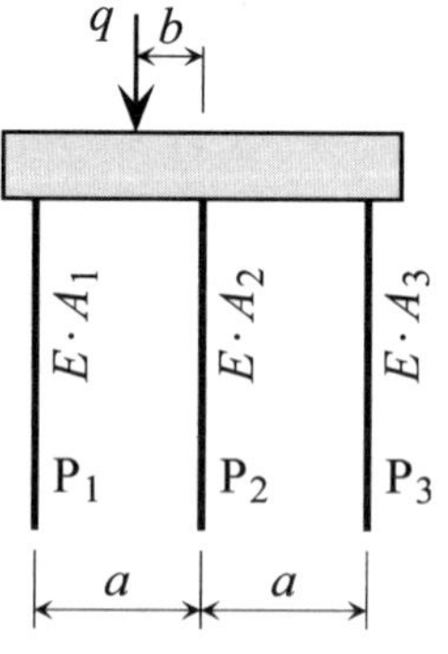

Abb. 5-26 Ebener Pfahlrost im Querschnitt

Darüber hinaus sind die Größen

$q = 140$ kN/lfdm
$a = 3{,}50$ m
$b = 1{,}50$ m

anzusetzen.

Aufgabe 5-4 (Lösung Seite 174)

Für den in Abb. 5-27 gezeigten Pfahlrost sind die Pfahlkräfte infolge der Belastung $F_z = 100$ kN zu berechnen.

Für die Berechnung gelten die Abmessungen

$a_1 = 2{,}58$ m

$a_2 = 2{,}00$ m

$b = 3{,}00$ m

$l_v = 8{,}00$ m

Außerdem ist anzunehmen, dass

- das System bezüglich Geometrie und Steifigkeit doppelsymmetrisch ist
- die Belastung F_z in der Symmetrieachse wirkt
- sich die Rostplatte starr verhält
- die 4 Pfähle die Belastung ausschließlich über Normalkräfte auf den Baugrund abtragen.

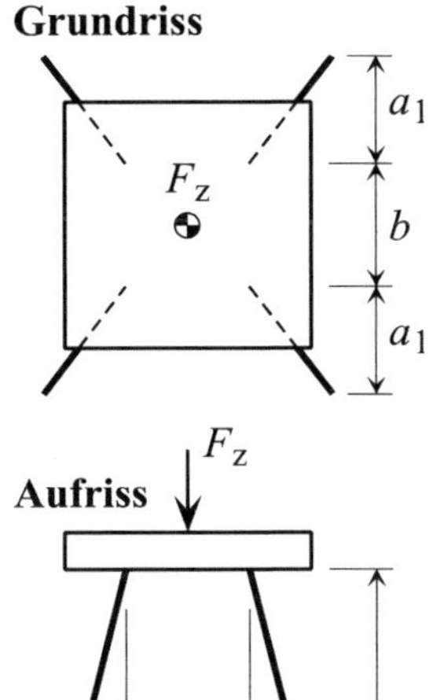

Abb. 5-27 System und Abmessungen eines Pfahlrostes

Aufgabe 5-5 (Lösung Seite 174)

Zu betrachten ist der in der Abb. 5-28 gezeigte ebene Pfahlrost, mit den Größen

$l = 12{,}0$ m

$a = 2{,}8$ m

$E \cdot A_1 = 2{,}40 \cdot 10^6$ kN/lfdm

$E \cdot A_2 = 2{,}16 \cdot 10^6$ kN/lfdm

Unter der Annahme einer starren Rostplatte ist das Gleichungssystem des Pfahlrostes in Matrizenschreibweise anzugeben. Zusätzlich ist die zulässige Größe von m_y pro lfdm für den Fall zu ermitteln, dass die Vertikallast

$q_z = 5000$ kN/lfdm

beträgt und für die Pfahlkopfsetzung des Pfahls P_1 der Gesamtwert $w_1 \leq 1{,}2$ cm gilt.

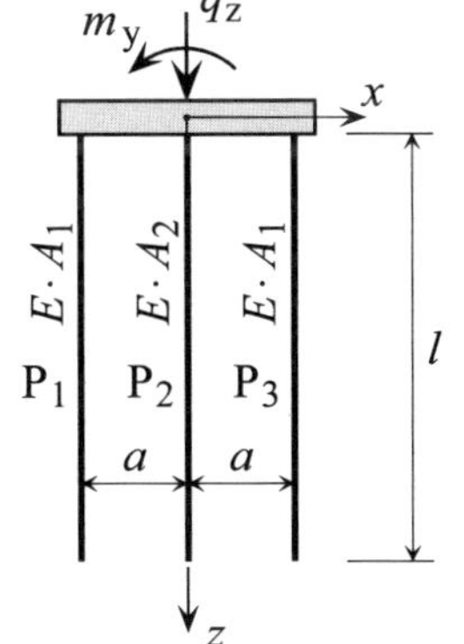

Abb. 5-28 System, Abmessungen und Belastungen eines ebenen Pfahlrostes

Aufgabe 5-6 (Lösung Seite 175)

Zu berechnen sind die Pfahlkräfte des in der Abb. 5-29 gezeigten räumlichen Pfahlrostes, die sich aus der Belastung P_z und der Eigenlast der starren Stahlbeton-Rostplatte ($\gamma_b = 25$ kN/m^3) ergeben.

Für die Berechnung ist anzunehmen, dass sich die Pfähle linear-elastisch verhalten, für die Pfahlsteifigkeiten die Beziehung

$$E \cdot A_1 = E \cdot A_4 = 1{,}1 \cdot E \cdot A_2 = 1{,}1 \cdot E \cdot A_3$$

zu verwenden ist und die vier Pfähle die Belastung ausschließlich über Normalkräfte auf den Baugrund abtragen.

Als Systemgrößen sind anzusetzen

$P_z = 200$ kN

$a = 1{,}0$ m

$b = 2{,}5$ m

$d = 1{,}0$ m

$l = 7{,}5$ m

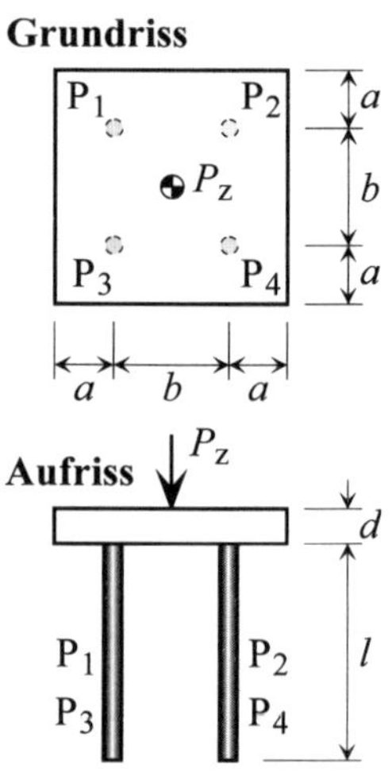

Abb. 5-29 System eines Pfahlrostes

Lösung zu Aufgabe 5-3 (Aufgabenstellung Seite 170)

Da der Pfahlrost ein symmetrisches System verkörpert (Symmetrie ist bezüglich der Geometrie und auch hinsichtlich der Steifigkeit gegeben), kann die Einwirkung q in einen symmetrischen und einen antimetrischen Einwirkungsfall gemäß Abb. 5-30 zerlegt werden. Beide Fälle werden zunächst je für sich behandelt und danach durch Superposition zusammengefasst.

1 Symmetrischer Einwirkungsfall

Bei diesem Einwirkungsfall wirken zwei Kräfte $q/2$ im jeweiligen Abstand b vom mittleren Pfahl P_2 (Symmetrieachse).

Für das System gilt, dass die symmetrische Belastung an dem symmetrischen System eine symmetrische Verformung erzwingt (alle drei Pfähle werden um das gleiche Maß s zusammengedrückt) und dass die Summe der drei Pfahlkräfte aus Gleichgewichtsgründen der äußeren Belastung $q/2 + q/2 = q$ entsprechen muss. Mit den Pfahlsteifigkeiten

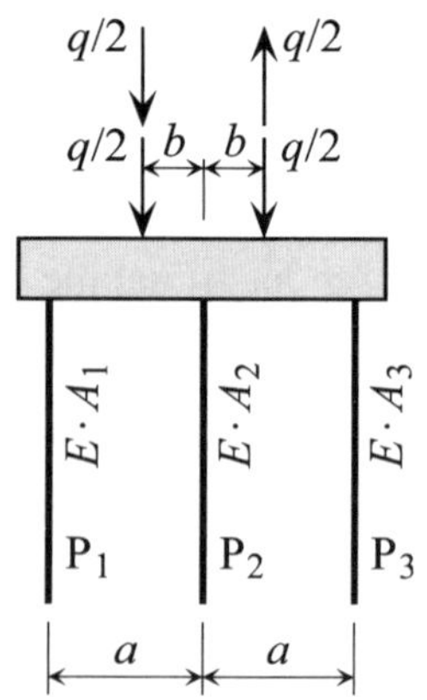

Abb. 5-30 Lastzerlegung in symmetrischen und antimetrischen Anteil

$$k_1 = k_3 = \frac{E \cdot A_1}{l} \qquad \text{und} \qquad k_2 = \frac{E \cdot A_2}{l} = 1{,}5 \cdot \frac{E \cdot A_1}{l} = k_1$$

ergeben sich die die Pfahlkräfte des symmetrischen Lastfalls zu

$$r_{1\,\text{sym}} = r_{3\,\text{sym}} = k_1 \cdot s$$

$$r_{2\,\text{sym}} = k_2 \cdot s = 1{,}5 \cdot k_1 \cdot s$$

Aus der Gleichgewichtsbedingung der vertikalen Kräfte

$$q = -r_{1\,\mathrm{sym}} - r_{2\,\mathrm{sym}} - r_{3\,\mathrm{sym}} = -3{,}5 \cdot k_1 \cdot s$$

ergibt sich

$$k_1 = -\frac{q}{3{,}5 \cdot s}$$

und damit

$$r_{1\,\mathrm{sym}} = r_{3\,\mathrm{sym}} = k_1 \cdot s = -\frac{q}{3{,}5} = -\frac{140}{3{,}5} = -40 \text{ kN/lfdm} \quad \text{(Druck)}$$

$$r_{2\,\mathrm{sym}} = 1{,}5 \cdot k_1 \cdot s = -1{,}5 \cdot \frac{q}{3{,}5} = -1{,}5 \cdot \frac{140}{3{,}5} = -60 \text{ kN/lfdm} \quad \text{(Druck)}$$

2 Antimetrischer Einwirkungsfall

Dieser Einwirkungsfall ist ein Kräftepaar aus den jeweils im Abstand b vom mittleren Pfahl wirkenden Belastungen $q/2$ (links) und $-q/2$ (rechts), die das gegen den Uhrzeigersinn drehende Moment

$$m = \frac{q}{2} \cdot 2 \cdot b = q \cdot b = 140 \cdot 1{,}5 = 210 \text{ kN/lfdm}$$

hervorrufen.

Eine antimetrische Belastung eines symmetrischen Systems erzeugt auch eine antimetrische Verformung. Im vorliegenden Fall bedeutet das, dass der in der Symmetrieebene liegende Pfahl P_2 nicht zusammengedrückt wird und dass der Pfahl P_1 eine Stauchung erfährt, die betragsmäßig gleich ist der sich ergebenden Verlängerung des Pfahls P_3. Die Aufnahme des Moments m erfolgt durch das in den Pfählen P_1 und P_3 entstehende Kräftepaar. Somit gilt

$$r_{1\,\mathrm{anti}} = -\frac{m}{2 \cdot a} = -\frac{210}{2 \cdot 3{,}5} = -30{,}0 \text{ kN/lfdm} \quad \text{(Druck)}$$

$$r_{2\,\mathrm{anti}} = 0 \text{ kN/lfdm}$$

$$r_{3\,\mathrm{anti}} = \frac{m}{2 \cdot a} = \frac{210}{2 \cdot 3{,}5} = 30{,}0 \text{ kN/lfdm} \quad \text{(Zug)}$$

Die zu der Gesamtlast gehörenden Pfahlkräfte ergeben sich durch Superposition der zu den beiden Teillastfällen gehörenden Pfahlkräfte. Damit gelten

$$r_1 = r_{1\,\mathrm{sym}} + r_{1\,\mathrm{anti}} = -40{,}0 - 30{,}0 = -70{,}0 \text{ kN/lfdm} \quad \text{(Druck)}$$

$$r_2 = r_{2\,\mathrm{sym}} + r_{2\,\mathrm{anti}} = -60{,}0 + 0{,}0 = -60{,}0 \text{ kN/lfdm} \quad \text{(Druck)}$$

$$r_3 = r_{3\,\mathrm{sym}} + r_{3\,\mathrm{anti}} = -40{,}0 + 30{,}0 = -10{,}0 \text{ kN/lfdm} \quad \text{(Druck)}$$

Lösung zu Aufgabe 5-4 (Aufgabenstellung Seite 171)

Mit

$$a = \sqrt{a_1^2 + a_2^2} = \sqrt{2{,}58^2 + 2{,}0^2} = 3{,}264 \text{ m}$$

ergibt sich der Neigungswinkel α der vier Pfähle gegenüber der Horizontalen zu

$$\alpha = \arctan\frac{l_v}{a} = \arctan\frac{8{,}00}{3{,}264} = 67{,}8°$$

Da es sich bei dem statisch unbestimmten Pfahlrost um ein doppelsymmetrisches System handelt, stellt sich infolge der vertikalen Einwirkung F_z nur eine vertikale Translationsbewegung w der Rostplatte ein. Dies ist verbunden mit einer gleich starken Stauchung aller vier Pfähle sowie gleich großen Pfahlkräften.

Bei der Zerlegung der jeweiligen Pfahlkraft in eine Horizontal- und eine Vertikalkomponente wird die Horizontalkomponente von der Rostplatte aufgenommen, während die Vertikalkomponente in das Gleichgewicht mit F_z eingeht. Die in jedem der vier Pfähle wirkende Normalkraft (Druckkraft) berechnet sich somit zu

$$R_{\text{Pfahl}} = \frac{-F_z}{4 \cdot \sin\alpha} = \frac{-100}{4 \cdot \sin 67{,}8°} = -27 \text{ kN}$$

Lösung zu Aufgabe 5-5 (Aufgabenstellung Seite 171)

Da der zu betrachtende ebene Pfahlrost ausschließlich vertikal angeordnete Pfähle besitzt und darüber hinaus die z-Achse eine Symmetrieachse des Systems darstellt, ergibt sich als Gleichungssystem des ebenen Pfahlrostes (Gl. 5-47)

$$\mathbf{p} = \begin{Bmatrix} q_z \\ m_y \end{Bmatrix} = \mathbf{K} \cdot \mathbf{u} = \begin{Bmatrix} k_{zz} & 0 \\ 0 & k_{\beta\beta} \end{Bmatrix} \cdot \begin{Bmatrix} v_z \\ \varphi_y \end{Bmatrix}$$

Mit den Steifigkeiten der drei Pfähle (Gl. 5-11)

$$k_1 = k_3 = \frac{E \cdot A_1}{l} = \frac{2{,}40 \cdot 10^6}{12} = 2{,}0 \cdot 10^5 \, \frac{\text{kN/m}}{\text{lfdm}}$$

$$k_2 = \frac{E \cdot A_2}{l} = \frac{2{,}16 \cdot 10^6}{12} = 1{,}8 \cdot 10^5 \, \frac{\text{kN/m}}{\text{lfdm}}$$

ergeben sich die Elemente der Systemsteifigkeitsmatrix pro lfdm

$$k_{zz} = \sum_{i=1}^{3} k_i = 2 \cdot k_1 + k_2 = 2 \cdot 2{,}0 \cdot 10^5 + 1{,}8 \cdot 10^5 = 5{,}8 \cdot 10^5 \, \frac{\text{kN/m}}{\text{lfdm}}$$

$$k_{\beta\beta} = \sum_{i=1}^{3} k_i \cdot x_i^2 = 2 \cdot k_1 \cdot a^2 = 2 \cdot 2{,}0 \cdot 10^5 \cdot 2{,}8^2 = 3{,}136 \cdot 10^6 \, \frac{\text{kN} \cdot \text{m}}{\text{lfdm}}$$

Das Gleichungssystem des Pfahlrostes besitzt somit die Form

$$\mathbf{f} = \begin{Bmatrix} 5000 \ \dfrac{\text{kN}}{\text{lfdm}} \\ m_{\text{y}} \end{Bmatrix} = \begin{bmatrix} 5{,}8 \cdot 10^{5} \ \dfrac{\text{kN/m}}{\text{lfdm}} & 0 \\ 0 & 3{,}136 \cdot 10^{6} \ \dfrac{\text{kN} \cdot \text{m}}{\text{lfdm}} \end{bmatrix} \cdot \begin{Bmatrix} v_{\text{z}} \\ \varphi_{\text{y}} \end{Bmatrix}$$

Wegen der Entkopplung des Systems ergibt sich als Vertikalverschiebung der Rostplatte

$$v_{\text{z}} = \frac{5\,000}{5{,}8 \cdot 10^{5}} = 0{,}00862 \ \text{m}$$

und als Rostplattendrehung um die y-Achse

$$\varphi_{\text{y}} = \frac{m_{\text{y}}}{3{,}136 \cdot 10^{6} \ \dfrac{\text{kN} \cdot \text{m}}{\text{lfdm}}}$$

Der Vektor der Rostplattenbewegung besitzt damit die Form

$$\mathbf{u} = \begin{Bmatrix} v_{\text{z}} \\ \varphi_{\text{y}} \end{Bmatrix} = \begin{Bmatrix} 0{,}00862 \, \text{m} \\ \dfrac{m_{\text{y}}}{3{,}136 \cdot 10^{6} \ \dfrac{\text{kN} \cdot \text{m}}{\text{lfdm}}} \end{Bmatrix}$$

Mit dem Vektor **u** und dem zum Pfahl P_1 gehörenden Vektor (Gl. 5-7)

$$\mathbf{s}_1 = \begin{Bmatrix} n_{\text{z1}} \\ m_{\text{y1}} \end{Bmatrix} = \begin{Bmatrix} \cos \vartheta_1 \\ -x_1 \cdot n_{\text{z1}} \end{Bmatrix} = \begin{Bmatrix} 1 \\ a \cdot 1 \end{Bmatrix} = \begin{Bmatrix} 1 \\ 2{,}8 \ \text{m} \end{Bmatrix}$$

ergibt sich die Pfahlkopfverschiebung (Gl. 5-19)

$$w_1 = w_{\text{z1}} = \mathbf{s}_1^{\,\text{t}} \cdot \mathbf{u} = \{1, \ 2{,}8 \ \text{m}\} \cdot \begin{Bmatrix} 0{,}00862 \ \text{m} \\ \dfrac{m_{\text{y}}}{3{,}136 \cdot 10^{6} \ \dfrac{\text{kN} \cdot \text{m}}{\text{lfdm}}} \end{Bmatrix} = 0{,}00862 \ \text{m} + \frac{m_{\text{y}} \cdot 2{,}8}{3{,}136 \cdot 10^{6} \ \dfrac{\text{kN}}{\text{lfdm}}}$$

Mit der Bedingung

$$w_1 \le 1{,}2 \ \text{cm} = 0{,}012 \ \text{m}$$

ergibt sich als Größe des gesuchten zulässigen Moments

$$\text{zul}\, m_{\text{y}} \le \frac{(0{,}012 - 0{,}00862) \cdot 3{,}136 \cdot 10^{6}}{2{,}8} = 3\,785{,}6 \ \frac{\text{kN} \cdot \text{m}}{\text{lfdm}}$$

Lösung zu Aufgabe 5-6 (Aufgabenstellung Seite 172)

Da es sich bei dem statisch unbestimmten Pfahlrost um ein doppelsymmetrisches System handelt (die beiden Symmetrieebenen enthalten die Achsen der Pfähle P_1 und P_4 bzw. P_2 und P_3), ergibt sich eine Entkopplung des Gleichungssystems. Da darüber hinaus die vertikale Belastungsresultierende in der Symmetrieachse wirkt, tritt nur eine vertikale Bewegung w der Rostplatte ein, was mit einer gleich starken Stauchung aller vier Pfähle einhergeht.

Mit den Steifigkeiten

$$k_1 = \frac{E \cdot A_1}{l} = \frac{E \cdot A_4}{l} = k_4 = 1{,}1 \cdot k_2 = 1{,}1 \cdot \frac{E \cdot A_2}{l} = 1{,}1 \cdot \frac{E \cdot A_3}{l} = 1{,}1 \cdot k_3$$

der vier Pfähle und der Vertikalbewegung w ihrer Pfahlköpfe ergeben sich die vier Pfahlkräfte

$$R_2 = w \cdot k_2$$

$$R_1 = w \cdot k_1 = w \cdot 1{,}1 \cdot k_2 = 1{,}1 \cdot R_2$$

$$R_3 = w \cdot k_3 = w \cdot k_2 = R_2$$

$$R_4 = w \cdot k_4 = w \cdot 1{,}1 \cdot k_2 = 1{,}1 \cdot R_2$$

Die Gesamtlast

$$F_{\text{z ges}} = P_z + (2 \cdot a + b)^2 \cdot d \cdot \gamma_b = 200 + (2{,}00 + 2{,}50)^2 \cdot 1{,}00 \cdot 25 = 706{,}25 \text{ kN}$$

und die Gleichgewichtsbedingung

$$\sum F_z = 0$$

liefern die Gleichung

$$F_{\text{z ges}} + R_1 + R_2 + R_3 + R_4 = F_{\text{z ges}} + 2 \cdot 1{,}1 \cdot R_2 + 2 \cdot R_2 = F_{\text{z ges}} + 4{,}2 \cdot R_2 = 0$$

Aus ihr ergeben sich die gesuchten Größen der Pfahlkräfte

$$R_2 = R_3 = -\frac{F_{\text{z ges}}}{2 + 2{,}2} = -\frac{706{,}25}{4{,}2} = -168{,}15 \text{ kN} \quad (\text{Druck})$$

$$R_1 = R_4 = -168{,}15 \cdot 1{,}1 = -184{,}97 \text{ kN} \quad (\text{Druck})$$

5.6 Geländebruch bei Stützkonstruktionen mit Pfahlrosten

Bei Pfahlrosten die als Teile von Bauwerken zur Stützung von Geländesprüngen fungieren, muss die Sicherheit gegen Geländebruch gemäß der DIN 4084 [L 51] nachgewiesen werden. Dabei ist zwischen zwei Fällen zu unterscheiden, bei denen, unabhängig von dem angenommenen Bruchmechaninsmus, die kritische Bruchfläche die Pfähle nicht schneidet bzw. die kritische Bruchfläche einzelne Pfähle schneidet (siehe Abb. 5-31).

Bei den nach DIN 4084 [L 51] zu führenden Nachweisen der Geländebruchsicherheit in den Fällen der Abb. 5-31, muss bei der Ermittlung der Widerstände die Wirkung der Reibkräfte in der Gleitfuge in Ansatz gebracht werden. Im Fall b) kommt noch der „Pflug“- oder Scherwiderstand (maßgebend ist der geringere Wert) des Pfahls hinzu, der die Gleitfläche durchdringt.

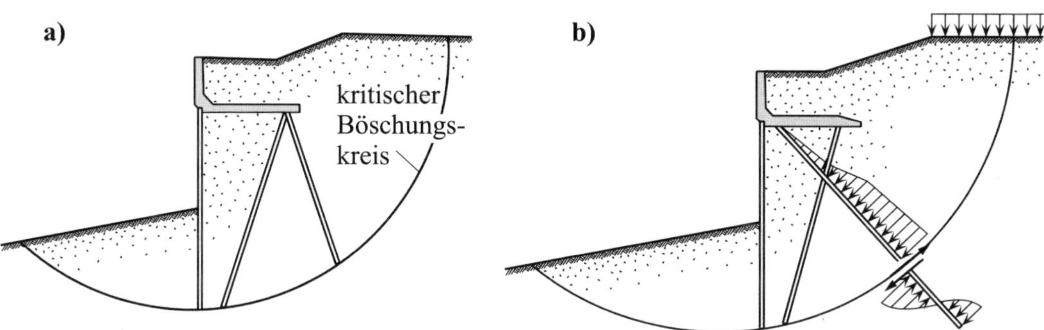

Abb. 5-31 Geländebruch bei Stützkonstruktionen mit Pfahlrosten (nach SMOLTCZYK/LÄCHLER [L 148], Kapitel 3.4)
a) kritische Bruchfläche schneidet die Pfähle nicht
b) kritische Bruchfläche schneidet einzelne Pfähle

5.7 Ausführungsbeispiel für Pfahlroste

Abb. 5-32 zeigt eine als hoher Pfahlrost ausgeführte Kaimauer in Cuxhaven. Die Lasten aus der Winkelstützmauer werden hier nicht nur von den Pfählen, sondern auch von einer vorderen Spundwand abgetragen. Der Vorteil dieser Spundwandanordnung besteht u. a. im Schutz der hinter ihr angeordneten Pfähle des Pfahlrostes gegen Schiffsstöße. Wie solche Kaimauern ggf. hergestellt werden, zeigt Abb. 5-33.

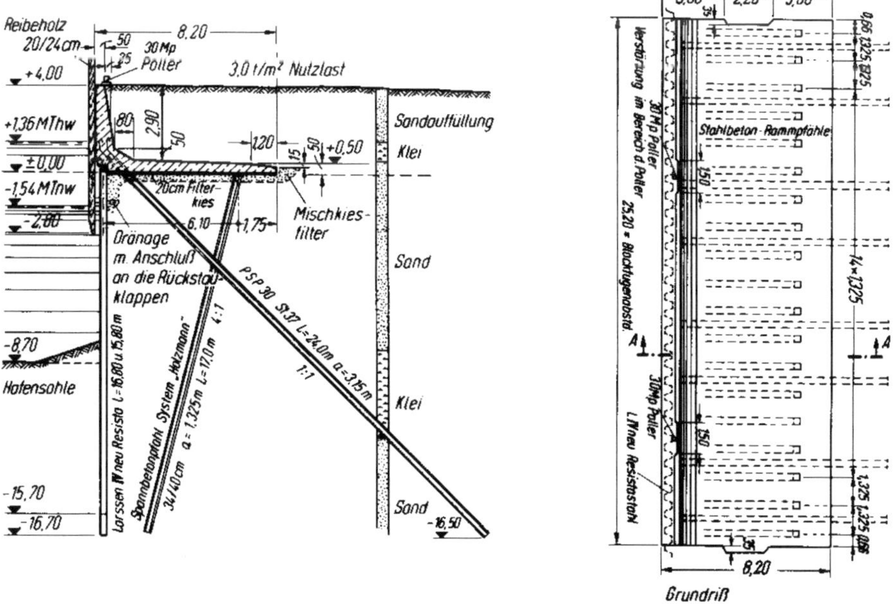

Abb. 5-32 Schnitt A-A und Grundriss der Kaimauer „Neuer Fischereihafen“ in Cuxhaven (aus [L 226])

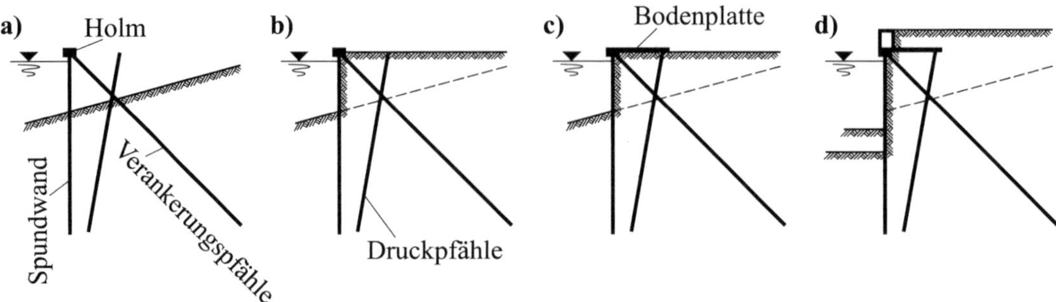

Abb. 5-33 Herstellungsphasen einer Kaimauer (nach [L 225])

a) Schwimmende Rammung der Druckpfähle, Spundbohlen und Verankerungspfähle sowie Betonieren eines Stahlbetonholms

b) Bodenhinterfüllung bis Unterkante Platte

c) Herstellung der Stahlbeton-Bodenplatte auf dem hinterfüllten Boden

d) Betonieren der Mauer mit Versorgungskanal und Resthinterfüllung

6 Verankerungen

6.1 Allgemeines und Regelwerke

Früher wurde z. B. der Verbau von Baugruben in aller Regel durch Steifen gesichert. Dies führte u. a. zu erheblichen Behinderungen der Bauarbeiten und zu aufwändigen Aussteifungskonstruktionen bei breiten Baugruben. Die in Deutschland im Jahre 1958 begonnene Entwicklung der Verpressanker (vgl. Beitrag von OSTERMAYER in [L 125]) beendete diesen Missstand.

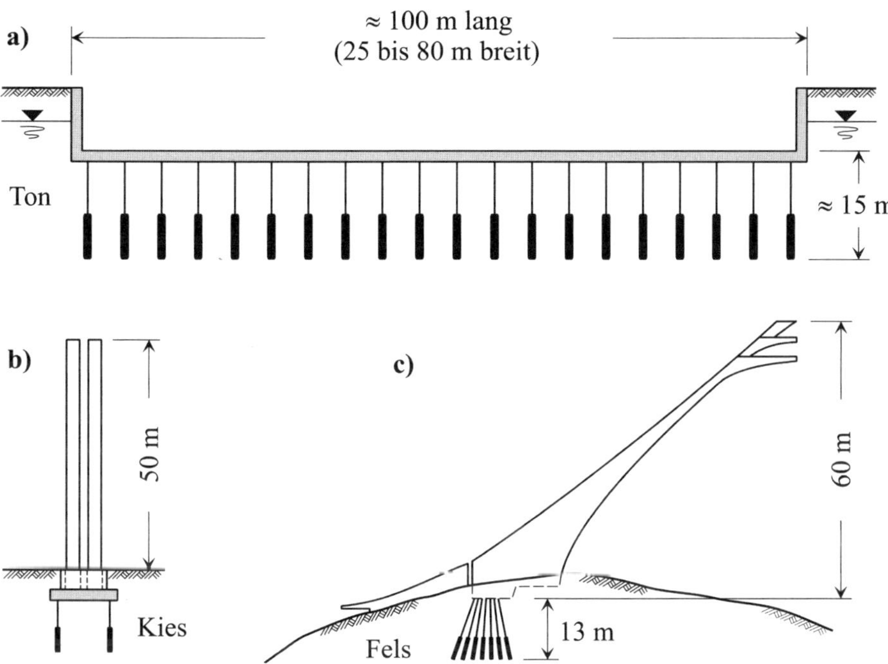

Abb. 6-1 Anwendungsbeispiele von Verpressankern (Dauerankern) in Boden und Fels
a) Auftriebssicherung eines Grundwassertrogs in München (nach [L 204])
b) Erhöhung der Kippsicherheit bei einer Gruppe von vier Schornsteinen (nach OSTERMAYER [L 149], Kapitel 2.5)
c) Anlaufturm der Skiflugschanze in Oberstdorf (nach [L 204])

Inzwischen sind Verpressanker bei Baugruben nicht mehr wegzudenken, dies gilt vor allem für tiefe und breite Baugruben. Auch in andere Bereiche des Spezialtiefbaus haben Verpressanker Einzug gehalten; so werden sie z. B. zur Auftriebssicherung bei Trogbauwerken (Kompensation der zu geringen Eigenlast) oder bei der Abtragung von Zugkräften aus Zeltdachkonstruktionen eingesetzt; weitere Beispiele sind u. a. in Abb. 6-1 dargestellt. Zur inzwischen erreichten Verbreitung der Methode sei erwähnt, dass Ende des vergangenen Jahrhunderts die weltweit erreichte Gesamtlänge ausgeführter Anker auf 6000 km pro Jahr geschätzt wird (vgl. [L 262]).

Empfehlungen zum Entwurf sowie zur Bemessung, Ausführung, Prüfung und Überwachung von Verpressankern sind in

- DIN 1054 [L 30], DIN EN 1537 [L 77], DIN EN 1997-1 [L 88], DIN EN 1997-1/NA [L 89], E DIN EN ISO 22477-5 [L 105] sowie in DIN SPEC 18537 [L 107]

zu finden. Zur Bemessung, Ausführung und Prüfung von Gebirgsankern, die für den Bergbau und den Tunnelbau geeignet sind sei verwiesen auf die Normen

- DIN 21521-1 [L 74] und DIN 21521-2 [L 75].

Weitere Regelwerke für Verankerungen sind

- die EAB [L 118] sowie die EAU 2012 [L 122].

6.2 Abtragung von Verankerungskräften

6.2.1 Abtragung über Ankerelemente

Werden zur Ankerkraftabtragung Ankerelemente (z. B. eine Ankerwand; auch „toter Mann“ genannt) verwendet, ist deren Einbau unproblematisch, wenn ihre Zugglieder möglichst unmittelbar auf der Erdoberfläche oder in Schlitzen verlegt werden. Beim Verlegen in gebohrten oder gespülten Ankerlöchern ist, wegen möglicher Bohrkanalabweichungen von der geplanten Lage (Verlaufen der Bohrung), mit Erschwernissen beim Einbau zu rechnen.

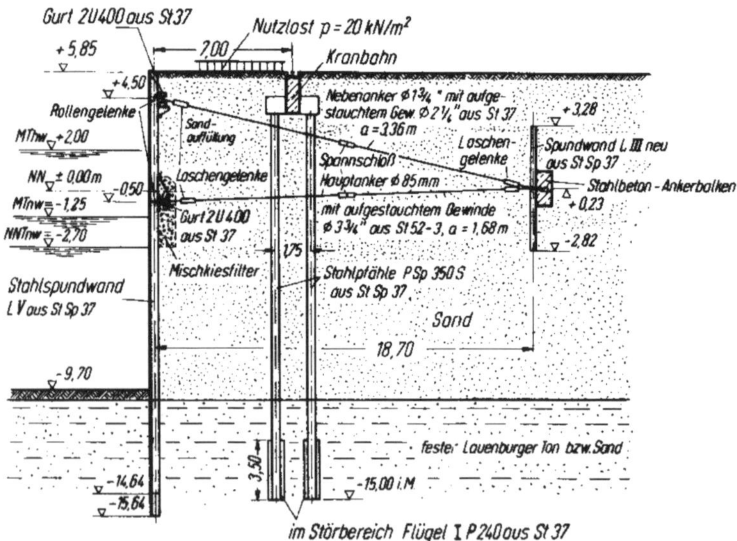

Abb. 6-2 Ausführungsbeispiel einer verankerten Spundwand (aus [L 231])

6.2.2 Abtragung über Bohrlochwand

In Bohrlöcher eingebaute Anker übertragen ihre Verankerungskraft von dem Ankerzugglied auf die Bohrlochwand. Sie können ausgeführt werden als

- Verpressanker
- mechanisch wirkende Anker (verkrallen sich im Bereich eines Spreizmechanismus punktförmig in einem für die Verankerung herzustellenden Bohrloch)
- Klebeanker (werden am Ankerfuß oder über die ganze Ankerlänge z. B. durch Kunststoff oder Zementmörtel mit dem Gebirge verklebt, s. auch DIN 21521-1 und DIN 21521-2).

Mechanisch wirkende Anker und Klebeanker werden ausschließlich zur Verhinderung der Auflockerungen von Fels eingesetzt.

6.3 Begriffe für Verpressanker

Verpressanker: ausschließlich auf Zug beanspruchtes Bauteil, das seine Zugkraft auf eine tragfähige Baugrundschicht abträgt. Durch Einpressen von Verpressmörtel um den hinteren Teil eines in den Baugrund eingebrachten Stahlzugglieds wird ein Verpresskörper hergestellt, der über das Stahlzugglied und den Ankerkopf mit dem zu verankernden Bauteil oder Gebirgsteil verbunden ist. Die vom Anker aufzunehmende Last wird im Bereich des Verpresskörpers in den Baugrund abgetragen. Die Tragfähigkeit des Verpressankers wird durch Spannen überprüft.

6.3.1 Ankerarten

Die folgenden Definitionen für Ankerarten sind DIN EN 1537 und [L 61] entnommen.

Verpressanker im Boden: Verpressanker, dessen Krafteinleitungslänge in nichtbindigem oder in bindigem Boden liegt.

Verpressanker im Fels: Verpressanker, dessen Krafteinleitungslänge im Fels liegt.

Kurzzeitanker: Verpressanker, der nur für den vorübergehenden Gebrauch bestimmt ist, in der Regel < 2 Jahre.

Daueranker: Verpressanker, der für den dauernden Gebrauch bestimmt ist.

Verbundanker: vom luftseitigen Ende der Verankerungslänge aus wird die Ankerkraft von dem Stahlzugglied unmittelbar auf den Verpresskörper übertragen (siehe Abb. 6-3 a)).

Druckrohranker: über ein Stahldruckrohr, das am Ankerfuß mit dem Stahlzugglied verbunden ist, wird die Ankerkraft des Stahlzugglieds vom Ankerfuß aus auf den Verpresskörper übertragen (siehe Abb. 6-3 b)).

Einzelstabanker: Verpressanker, bei dem das Zugglied aus einem Rundstahl (mit warm aufgewalzten Gewinderippen) besteht.

Mehrstabanker: Verpressanker, bei dem das Zugglied aus mehreren runden gerippten vergüteten Spannstählen besteht.

Litzenanker: Anker mit Stahlzuggliedern, die aus mehreren Litzen bestehen, welche durch Verseilung von je sieben glatten Einzelspanndrähten hergestellt werden.

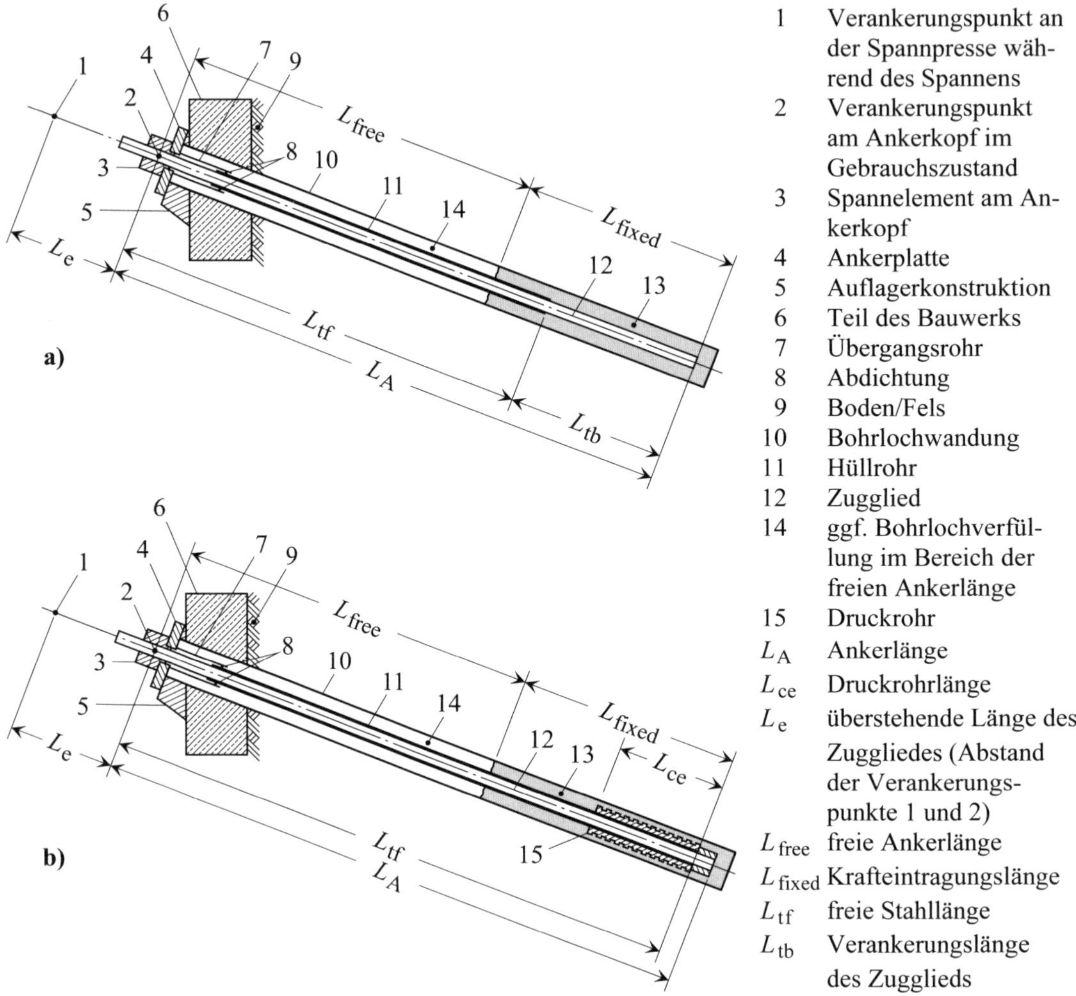

Abb. 6-3 Schematische Darstellung von Verbund- und Druckrohranker; ohne Details der Ankerköpfe und deren Korrosionsschutz (nach DIN EN 1537)
a) Verbundanker, b) Druckrohranker

6.3.2 Längen

Bezüglich der bei Verpressankern zu berücksichtigenden Längen, ist nach DIN EN 1537 und [L 61] zwischen den nachstehenden Größen zu unterscheiden.

Ankerlänge L_A: Abstand des Verankerungspunkts des Zugglieds am Ankerkopf und dem Ankerfuß (vgl. Abb. 6-3).

Freie Ankerlänge L_{free}: Abstand des Verankerungspunkts des Zugglieds am Ankerkopf und dem Anfang der Krafteinleitungslänge (vgl. Abb. 6-3).

Rechnerische freie Stahllänge L_{app}: vom umgebenden Verpressmörtel als vollständig entkoppelt abgeschätzte und aus der Linie der elastischen Verschiebungen rechnerisch ermittelte Zuggliedlänge (s. DIN EN 1537, 9.8.2 und E DIN EN ISO 22477-5, Anhang D).

Freie Stahllänge L_{tf}: Abstand vom Verankerungspunkt am Ankerkopf zum Anfang der Verankerungslänge des Zuggliedes in dem sich das Zugglied unter der Ankerkraft unbehindert dehnen kann (vgl. Abb. 6-3). Die vorgesehene freie Stahllänge L_{tf} kann von der „rechnerischen freien Stahllänge“ L_{app} abweichen.

Krafteintragungslänge L_{fixed}: planmäßiger Ankerlängenanteil, über den die Ankerkraft vom Verpresskörper in den Baugrund abgetragen wird (vgl. Abb. 6-3).

Verankerungslänge des Stahlzugglieds L_{tb}: Anteil der Länge eines Verbundankers, über den die aufgebrachte Ankerkraft vom Stahlzugglied auf den Verpresskörper übertragen wird (vgl. Abb. 6-3 a).

Druckrohrlänge L_{ce}: Länge des Stahldruckrohrs eines Druckrohrankers, über das die Ankerkraft auf den Verpresskörper übertragen wird (vgl. Abb. 6-3 b).

Verpresskörperlänge beim Druckrohranker L_{dv}: Verpresskörperlänge, über die bei einem Druckrohranker die planmäßige Kraftabtragung auf den Baugrund erfolgt.

Überstehende Länge des Zugglieds L_e: Abstand vom Verankerungspunkt an der Spannpresse während des Spannens zum Verankerungspunkt am Ankerkopf im Gebrauchszustand (vgl. Abb. 6-3).

6.3.3 Kräfte

Zu den Kräften, die für die Prüfung sowie den Trag- und den Gebrauchstauglichkeitsnachweis eines Ankers anzusetzen sind, gehören

Charakteristische Ankerkraft P_k (in DIN 1054: Ankerbeanspruchung): aus Einwirkungen (Gründungslasten, Erddrücke, Wasserdrücke, ...) resultierende Beanspruchung (Schnittgröße).

Charakteristischer Herausziehwiderstand (äußerer Herausziehwiderstand) $R_{a,k}$: durch Versuche zu ermittelnde kleinste Kraft, die ein Kriechmaß $k_s = 2$ mm (vgl. Gl. 6-2) hervorruft.

Charakteristischer Widerstand des Stahlzugglieds (innerer Ankerwiderstand) $R_{t,k}$: Kraft, die eine bleibende Dehnung von 0,1 % des Stahlzugglieds hervorruft.

Charakteristischer Ankerwiderstand R_k: kleinerer Wert der Widerstände $R_{a,k}$ und $R_{t,k}$.

Prüfkraft P_p: maximale Kraft, die bei Untersuchungs-, Eignungs- oder Abnahmeprüfungen auf einen Anker aufgebracht wird (vgl. Abschnitte 6.6.2 und 6.6.3).

Festlegekraft P_0: unmittelbar nach dem Spannen auf den Ankerkopf aufgebrachte Kraft.

Kritische Kriechkraft P_c: Ankerkraft, die zum Ende des ersten geradlinigen Astes des Diagramms „Kriechmaß gegen Ankerkraft“ gehört (vgl. Abb. 6-14).

6.4 Korrosionsschutz für Verpressanker

Die Korrosionsgefahr bei den Stahlelementen von Verpressankern wird durch unterschiedliche Faktoren beeinflusst. Hierzu zählen u. a. die Aggressivität von Wasser, Boden und Atmosphäre, die Höhenlage des Grundwasserspiegels, die Durchlässigkeit des Untergrunds sowie die chemische Zusammensetzung und Festigkeit der für die Anker verwendeten Stähle. Die Vielfalt der Faktoren macht den Korrosionsschutz besonders wichtig, der während der gesamten Verwendungszeit der Verpress- und vor allem der Daueranker sicherzustellen ist.

6.4.1 Verankerungslängen von Kurzzeitankern

Mit Hilfe von Abstandhaltern oder Zentrierteilen kann nach DIN EN 1537, 6.2.5 dafür gesorgt werden, dass das Stahlzugglied im Bereich der Verankerungslänge von einer hinreichend dicken Zementsteinschicht umhüllt wird. Die Mindestdicke dieser Zementmörtelüberdeckung gegen die Bohrlochwand muss nach DIN EN 1537, Tabelle C.1 ≥ 10 mm betragen (bei aggressiven Baugrundgegebenheiten empfiehlt es sich ggf., das Zugglied zusätzlich durch ein einfaches geripptes Hüllrohr zu schützen). Die Abstandhalter sind mit dem Stahlzugglied unverschieblich zu verbinden und so anzuordnen, dass die richtige Lage des Zugglieds im Bohrloch sichergestellt ist, die Mindestanforderungen an die Mörteldeckung eingehalten werden und das offene Volumen vollständig mit Verpressmörtel verfüllt wird.

6.4.2 Freie Stahllängen von Kurzzeitankern

Die in Tabelle C.1 von DIN EN 1537 beschriebenen Korrosionsschutzsysteme müssen im Bereich der freien Stahllänge die Bewegung des Zugglieds im Bohrloch ermöglichen und geringe Reibeigenschaften besitzen. Entsprechende Schutzsysteme sind z. B.

- Kunststoffverrohrungen für jedes einzelne Zugglied mit Endabdichtungen gegen Wassereintritt
- Kunststoffverrohrungen für jedes einzelne Zugglied, die vollständig mit Korrosionsschutzmasse verfüllt sind
- Sammelverrohrungen aus Kunststoff oder Stahl für alle Zugglieder, mit Endabdichtungen gegen Wassereintritt
- Sammelverrohrungen aus Kunststoff oder Stahl für alle Zugglieder, die vollständig mit Korrosionsschutzmasse verfüllt sind.

Außen liegende gerippte Hüllrohre müssen nach DIN EN 1537, 6.5.1 eine Mindestwanddicke von 1,0 mm (Innendurchmesser ≤ 80 mm), 1,2 mm (Innendurchmesser > 80 mm und ≤ 120 mm) und 1,5 mm (Innendurchmesser > 120 mm) besitzen. Die Mindestwanddicken außen liegender glatter Sammelhüllrohre müssen 1 mm größer sein als die gerippter Hüllrohre. Die Wanddicken innen liegender glatter Hüllrohre müssen ≥ 1 mm betragen, die gerippter Hüllrohre $\geq 0{,}8$ mm.

6.4.3 Ankerkopfbereich von Kurzzeitankern

Wird die freie Stahllänge durch Kunststoffumhüllungen geschützt, ist der Übergangsbereich zwischen diesen und der Auflagerkonstruktion so zu überbrücken, dass kein Wasser an das Stahlzugglied gelangen kann (vgl. Abb. 6-4).

Unzugängliche Ankerköpfe sind mit einer Schutzkappe gemäß Abb. 6-4 abzudecken.

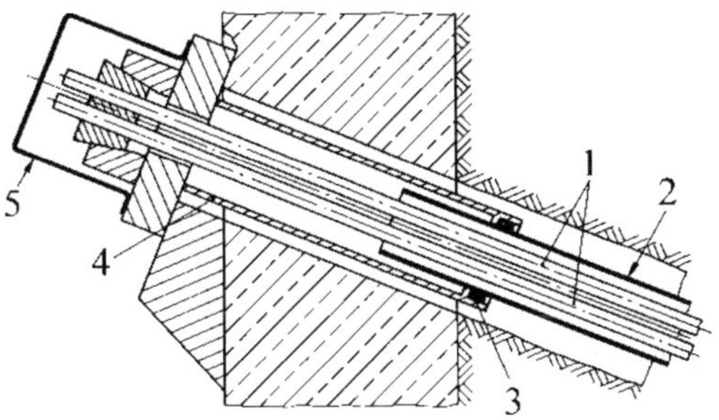

Abb. 6-4 Beispiel für den Korrosionsschutz im Ankerkopfbereich bei Kurzzeitankern (nach [L 61])
1 Stahlzugglied
2 Hüllrohr
3 Abdichtung
4 Übergangsrohr
5 Schutzkappe

6.4.4 Daueranker

Wegen der langen Einsatzdauer von Dauerankern sind sie mit einem lückenlosen und dauerhaften Korrosionsschutz und mit einem zusätzlichen mechanischen Schutz zu versehen. Für die zu planende Funktionszeit ist so sicherzustellen, dass die Anker funktionstüchtig bleiben.

In diesem Zusammenhang ist darauf hinzuweisen, dass gemäß DIN EN 1537, Tabelle C.2 jedes Korrosionsschutzsystem zum Nachweis seiner Wirksamkeit entsprechenden Prüfungen unterzogen werden muss. Die Prüfungsergebnisse sind zu dokumentieren und zur Überprüfung bereitzuhalten.

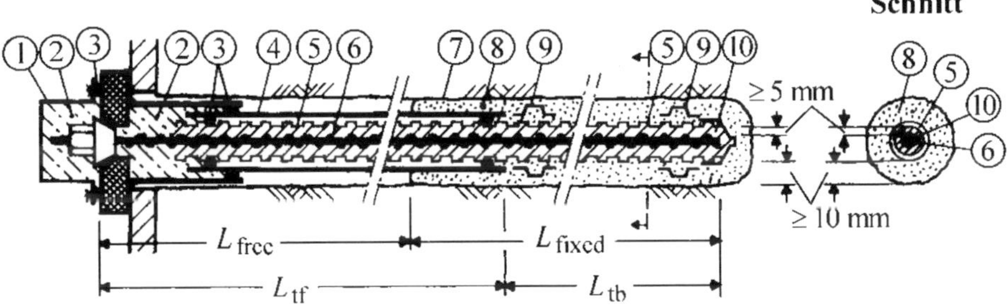

Abb. 6-5 Schema eines Dauerankers als Verbundanker mit einem Kunststoff-Ripprohr (nach OSTERMAYER [L 149], Kapitel 2.5)
1 Schutzkappe, 2 Korrosionsschutzmasse, 3 Dichtung, 4 Kunststoff-Glattrohr, 5 Kunststoff-Ripprohr, 6 Zugglied, 7 Bohrloch, 8 Verpresskörper, 9 Abstandhalter, 10 Zementmörtel im Kunststoff-Ripprohr

Zu den Schutzschichtvarianten für Verankerungslänge und freie Stahllänge gehören gemäß DIN EN 1537, Tabelle C2

- ein einzelnes, das Zugglied (die Zugglieder) umschließendes geripptes Kunststoffhüllrohr, das mit Zementmörtel vorverpresst ist (die Zementmörtelüberdeckung zwischen Hüllrohr und Stabzugglied muss mindestens 5 mm betragen, das Zugglied muss dabei eine durchlaufend gerippte Oberfläche besitzen, siehe Abb. 6-5),
- zwei konzentrisch angeordnete gerippte Kunststoffrohre, die das Zugglied umschließen und vor dem Einbau im Ringraum zwischen den Rohren und innerhalb des Kerns mit Zement oder Kunstharz verfüllt werden,
- ein einzelnes geripptes, das eingefettete Stahlzugglied eng umschließendes Stahlhüllrohr (Druckrohr); das Hüllrohr und die Kunststoffkappe an der Befestigungsmutter sind durch

sie umgebenden Zementmörtel zu schützen, dessen Dicke mindestens 10 mm beträgt (vgl. Abb. 6-6).

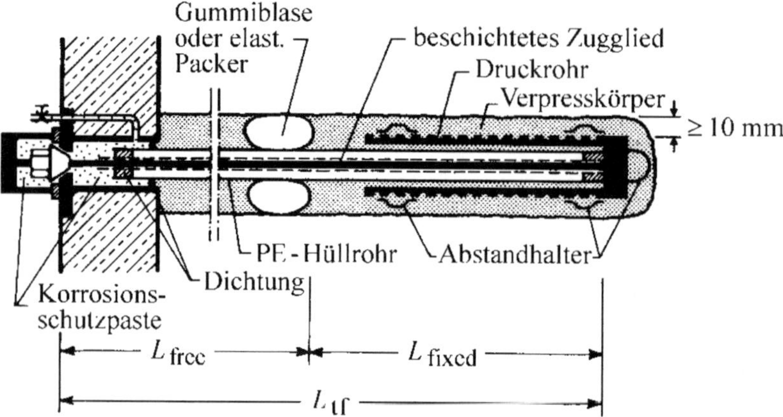

Abb. 6-6 Schema eines Dauerankers als Druckrohranker (nach [L 149], Kapitel 2.5)

Da Zugglieder von Druckrohrankern (siehe Abb. 6-6), im Gegensatz zu denen von Verbundankern (vgl. Abb. 6-5), im Bereich der Verankerungslänge keine Verbundspannungen zu übertragen haben, können sie auf ihrer ganzen Länge beschichtet und durch glatte Kunststoffhüllrohre zusätzlich mechanisch geschützt werden. Darüber hinaus können auch plastische Korrosionsschutzmittel zwischen Stahlzugglied und Hüllrohr eingepresst werden.

Besonders wichtig ist der Korrosionsschutz im Bereich des Ankerkopfs selbst, da bisher bekannt gewordene Schäden vor allem in diesem Bereich aufgetreten sind. Der Schutz kann z. B. mit beschichteten und/oder verzinkten Schutzkappen aus Stahl oder festen Kunststoffkappen erfolgen, die mit Zementmörtel oder Kunstharz zu füllen sind und mit der Auflagerplatte verbunden werden.

Einzelheiten zu den jeweiligen bauaufsichtlich zugelassenen Daueranker (und auch Kurzzeitankern) sind in den entsprechenden Zulassungsbescheiden zu finden, die bei den einzelnen Firmen (oft vom Internet herunterladbar) sowie beim *DIBt* [F 4] zu erhalten sind. Eine Zusammenstellung bauaufsichtlich zugelassener Daueranker zeigt z. B. die Tabelle 7-2 in MÖLLER [L 198].

6.4.5 Aufgabe mit Lösung

Aufgabe 6-1

Zu benennen sind

- vier Faktoren, welche die Korrosionsgefahr für Stahlelemente von vorübergehend eingesetzten Verbundankern beeinflussen sowie
- vier Beispiele für diesbezügliche mögliche Schutzmaßnahmen gemäß DIN EN 1537.

Lösung zu Aufgabe 6-1

Zu den Faktoren von denen die Gefahr des Korrodierens der Stahlelemente vorübergehend eingesetzter Verbundanker (Kurzzeitanker) beeinflusst wird, zählen die (siehe Seite 183 unten)

- Aggressivität von Wasser, Boden und Atmosphäre
- Höhenlage des Grundwasserspiegels (im Allgemeinen zeitveränderlich)
- Durchlässigkeit des Untergrunds
- chemische Zusammensetzung und Festigkeit der für die Anker verwendeten Stähle.

Beispiele möglicher Maßnahmen zum Schutz der Stahlelemente der Kurzzeitanker gegen Korrosion sind gemäß DIN EN 1537

- die im Bereich der Verankerungslänge durch Abstandhalter sicherzustellende Überdeckung des Stahlzugglieds durch eine mindestens 10 mm dicke Zementsteinschicht (Abstandhalter sind so anzuordnen, dass die richtige Lage des Zugglieds im Bohrloch sichergestellt ist, die Mindestanforderungen an die Mörteldeckung eingehalten werden und das offene Volumen sollständig mit Verpressmörtel verfüllt wird)
- Kunststoffverrohrungen für jedes einzelne Zugglied mit Endabdichtungen gegen Wassereintritt im Bereich der freien Stahllänge
- Sammelverrohrungen aus Kunststoff oder Stahl für alle Zugglieder, die vollständig mit Korrosionsschutzmasse verfüllt sind (im Bereich der freien Stahllänge)
- Abdeckung unzugänglicher Ankerköpfe durch Schutzkappen (vgl. z. B. Abb. 6-4).

6.5 Herstellung von Verpressankern

6.5.1 Bohrlöcher

Für jeden einzelnen Verpressanker ist die Anordnung (Ansatzpunkt, Richtung und Länge) des Bohrlochs festzulegen, das in der Regel mit einem Durchmesser zwischen ≈ 80 und 150 mm hergestellt wird. Der gewählte Bohrlochdurchmesser muss mindestens 5 mm größer sein als der Durchmesser des geplanten Verpresskörpers. Die Bohrlochneigung gegen die Horizontale sollte nach DIN EN 1537, 7.4 nicht zwischen $+10°$ und $-10°$ liegen.

Bei der Wahl des Bohrverfahrens sind die Gegebenheiten des anstehenden Baugrunds und ggf. vorhandener Nachbarbebauungen zu berücksichtigen. Übliche Verfahren sind die Dreh- oder Schlagbohrung mit stützendem Bohrrohr und verlorener Spitze (Außenspülung) gemäß Abb. 6-7a), die „Überlagerungsbohrung“ mit stützendem Bohrrohr und innerem Hohlgestänge und Bohrkrone (Innenspülung) gemäß Abb. 6-7b), die unverrohrte Schneckenbohrung mit oder ohne Hohlschaft für die Spülung gemäß Abb. 6-7c) und die unverrohrte Bohrung mit Hohlgestänge für Spülung und Vollbohrkrone.

Die verrohrt ausgeführte Schlag- oder Drehschlagbohrung und die „Überlagerungsbohrung“ gemäß Abb. 6-7a) und Abb. 6-7b) eignen sich nach OSTERMAYER [L 149], Kapitel 2.5 für den Einsatz in bindigen und nichtbindigen Böden. Bei dichter Lagerung nichtbindiger Böden kann mit Wasserspülung gearbeitet werden, wobei das Wasser im Falle der Außenspülung bei der

Schlag- oder Drehschlagbohrung über die Bohrkrone zwischen die Bohrlochwand und die Rohrwand gepresst wird und von dort, mit dem Bohrgut, abfließt. Bei der „Überlagerungsbohrung" fließt die Spülflüssigkeit zwischen Gestänge und Bohrrohr zurück (Innenspülung).

Mit möglichen Richtungsabweichungen der hergestellten Bohrlöcher von der Solllage muss bei Schlagbohrungen in nichtbindigen Böden mit bis zu 5 % nach oben und unten gerechnet werden. Die Abweichungen lassen sich mit dem Doppeldrehbohrverfahren bei bindigen Böden bis auf etwa 1 % reduzieren, bei dem das äußere Rohr und das innere Hohlgestänge (vgl. Abb. 6-7b)) gegenläufig gedreht werden.

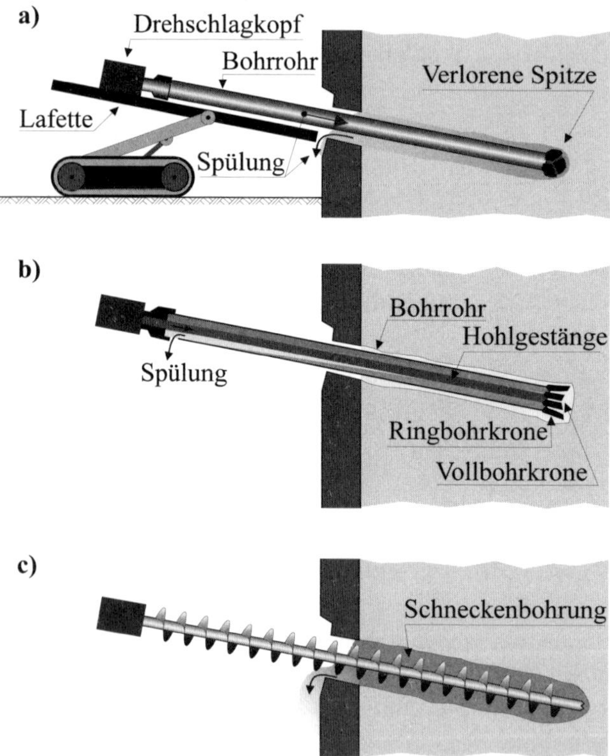

Abb. 6-7 Bohrverfahren (Informationsmaterial der Fa. *Keller Grundbau* [F 9])
a) Dreh- oder Drehschlagbohrverfahren mit stützendem Bohrrohr und verlorener Spitze (Außenspülung)
b) „Überlagerungsbohrung" mit stützendem Bohrrohr, innerem Bohrgestänge und Bohrkrone (Innenspülung)
c) unverrohrte Schneckenbohrung mit oder ohne Hohlschaft für Spülung

6.5.2 Einbau, Verpressung und Nachverpressung

Die Arbeitsschritte zum Einbau und Verpressen (auch Nachverpressen) der Anker sind in den Prinzipskizzen von Abb. 6-8 zusammengestellt.

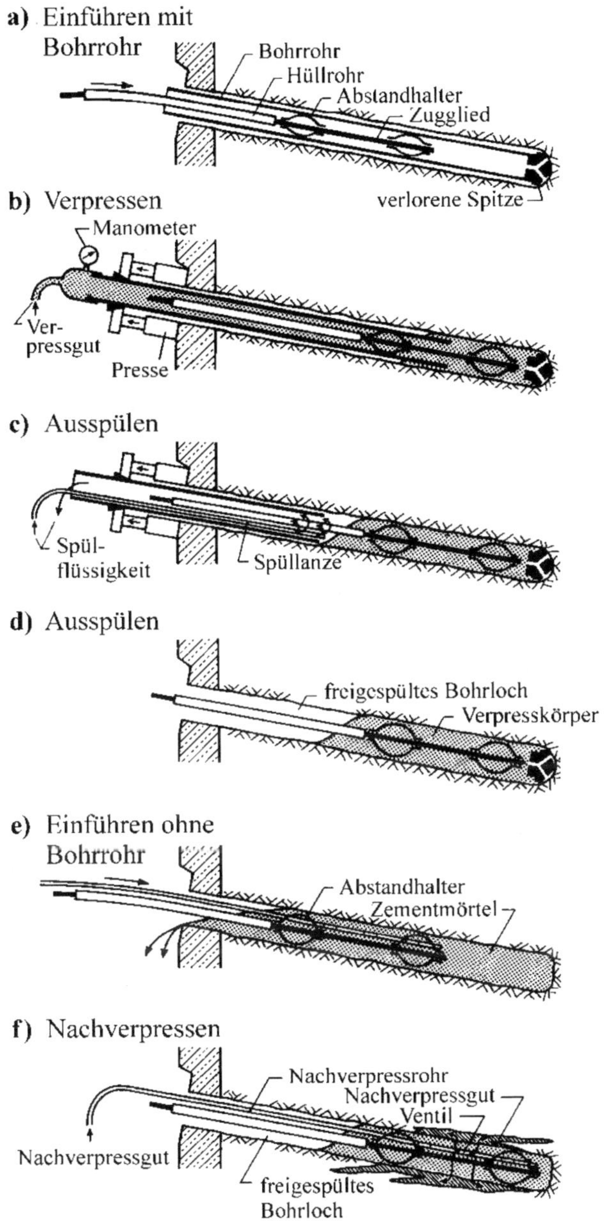

Abb. 6-8 Einbau und Verpressen von Ankern (nach [L 149], Kapitel 2.5)

a) Einführen des Zugglieds in das Bohrrohr
b) Verpressen von Zementmörtel und Ziehen des Bohrrohrs
c) Wasser- oder Bentonit-Spülung zur Begrenzung des Verpresskörpers
d) fertiger Anker
e) Einführen des Zugglieds in ein unverrohrt hergestelltes, mit Zementmörtel gefülltes Bohrloch
f) Nachverpressen nach Erhärtung der ersten Bohrlochfüllung

Nach Fertigstellung des Bohrloches wird, gemäß Abb. 6-8 a), zuerst das Zugglied in das Bohrrohr eingeführt (die Abstände zur Bohrlochwand halten die Abstandhalter ein). Danach erfolgt die Einpressung von Zementmörtel in das Bohrrohr, das dabei Zug um Zug bis zum Ende der geplanten Krafteinleitungslänge L_{fixed} herausgezogen wird (Abb. 6-8 b)). Ist das Verpressgut in dem verbliebenen Verrohrungsbereich mit Wasser oder Bentonitsuspension ausgespült (Abb. 6-8 c)), besitzt der Verpresskörper seine vorgesehene Länge. Der abschließende Ausbau des Bohrrohrs hinterlässt den fertigen Verpressanker (Abb. 6-8 d)).

Die Ankerherstellung bei unverrohrtem Bohrloch (in standfesten bindigen Böden oder in Fels) zeigt Abb. 6-8 e). In diesen Fällen wird der Anker in das mit Zementmörtel gefüllte Bohrloch eingeführt, wobei die Beseitigung des überschüssigen Mörtels wieder durch Spülung analog zu Abb. 6-8 c) erfolgen kann.

Bei der in Abb. 6-8 f) dargestellten Nachverpressung wird der erhärtete Zementmörtel der ersten Bohrlochfüllung durch eingepresste Zementsuspension aufgesprengt und die radial gerichtete Verspannung des Verpresskörpers gegen den ihn umgebenden Boden vergrößert. Damit erhöhen sich die Scherspannungen, die über die Mantelfläche des Verpresskörpers (wird zusätzlich leicht vergrößert) übertragbar sind. Bei nichtbindigen Böden mit geringer Tragfähigkeit und vor allem bei bindigen Böden wird so eine wesentliche Vergrößerung der Belastbarkeit der fertigen Anker erreicht (vgl. [L 117] und Abb. 6-12). Das Maß der Vergrößerung hängt einerseits ab von dem jeweils verwendeten Nachverpresssystem und der Wiederholungshäufigkeit der Nachverpressung und andererseits von den Bedingungen (z. B. den Bodengegebenheiten), die an der Baustelle vorliegen (L 155).

In Abb. 6-9 sind verschiedene Systeme dargestellt, die beim Nachverpressen zum Einsatz kommen können.

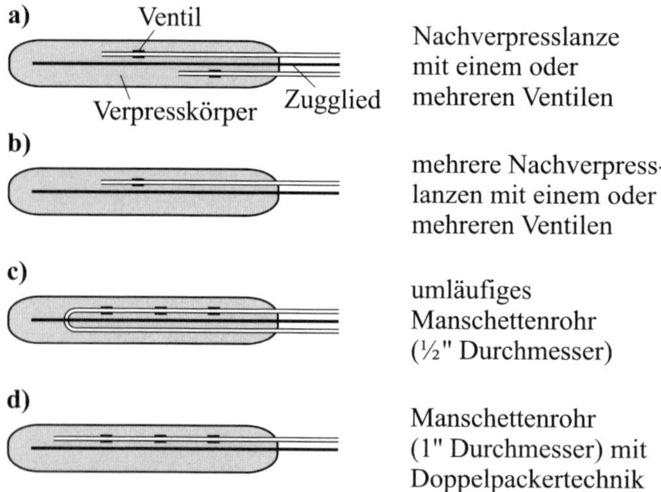

Abb. 6-9 Prinzipskizzen von verschiedenen Nachverpresssystemen (nach [L 155])

Belastbar sind die Verpressanker einige Tage nach ihrer Herstellung, wobei die erforderliche Abbindezeit von dem verwendeten Zement abhängt. So können Anker nach [L 149], Kapitel 2.5 schon nach drei bis vier Tagen belastet werden, wenn z. B. Portlandzement CEM I 32,5 R oder CEM I 42,5 R für den Verpresskörpermörtel verwendet wurden.

6.6 Bemessung und Nachweise für Verpressanker

6.6.1 Einwirkungen und Beanspruchungen

Die charakteristischen Beanspruchungen (charakteristische Schnittgrößen) von Verpresskörpern resultieren aus Einwirkungen (Gründungslasten, grundbauspezifische und dynamische

Einwirkungen; vgl. Abschnitt 2.4.2 von DIN EN 1997-1 und DIN 1054) auf die verankerten Bauwerke oder Bauteile. Nach DIN 1054, 8.5.5 A (2) sind solche Beanspruchungen charakteristische Gebrauchskräfte, die mit P_k bezeichnet werden. Die zugehörigen Bemessungswerte P_d ergeben sich durch Multiplikation von P_k mit den jeweiligen Teilsicherheitsbeiwerten nach DIN 1054, Tabelle A 2.1.

Die Gebrauchskräfte der Verpressanker ergeben sich aus den Standsicherheitsnachweisen für das jeweilige verankerte Bauwerk bzw. den jeweiligen Bauteil oder Felskörper. Die zu berücksichtigenden Beanspruchungen werden im Regelfall verursacht durch

- Erddruck in Form von aktivem oder erhöhtem aktiven Erddruck bzw. Erdruhedruck (z. B. bei Baugruben)
- Festlegungen auf der Grundlage felsmechanischer Untersuchungen
- Wasserdruck
- Seilkräfte
- am Ankerkopf angreifende Lasten
- Kombination gleichzeitig möglicher Einwirkungen (Einwirkungskombinationen).

Außer zwischen den oben erwähnten unterschiedlichen Teilsicherheitsbeiwerten der DIN 1054 ist auch zwischen den einzelnen Bemessungssituationen zu unterscheiden. So erfasst z. B. bei Baugruben die Bemessungssituation

- BS-P den Vollaushubzustand der Baugrubenkonstruktion
- BS-T alle Vorbauzustände bis zum Erreichen des Vollaushubzustands und alle Rückbauzustände bis zur Wiederverfüllung der Baugrube.

6.6.2 Widerstände

Die charakteristischen Widerstände eines Verpressankers sind der Herausziehwiderstand $R_{a,k}$ im Grenzzustand GEO-2 (Widerstand des Verpresskörpers bei der Zugkraftabtragung auf den Boden) und der Widerstand $R_{t,k}$ des Stahlzugglieds.

Die zu diesen Widerständen gehörenden Bemessungswerte ergeben sich mit den Teilsicherheitsbeiwerten γ_a und γ_M der Tabelle A 2.3 der DIN 1054 aus

$$R_{a,d} = \frac{R_{a,k}}{\gamma_a} \quad \text{und} \quad R_{t,d} = \frac{R_{t,k}}{\gamma_M} \qquad \text{Gl. 6-1}$$

Der charakteristische Herausziehwiderstand $R_{a,k}$ ist nach DIN 1054, 8.7 A (5) auf der Basis einer Eignungsprüfung (nach dem Prüfverfahren 1, siehe DIN EN 1537, 9.4 und E DIN EN ISO 22477-5, 8.3) an mindestens drei Ankern zu ermitteln, bei denen der zu prüfende Anker bis zur Prüfkraft P_p belastet wird (Näheres siehe E DIN EN ISO 22477-5, 8.3). Als $R_{a,k}$ wird in DIN 1054, 8.7 A (8) die kleinste der Kräfte bezeichnet, die in den einzelnen Zugversuchen jeweils ein Kriechmaß der Größe $k_s = 2$ mm hervorrufen. Das Kriechmaß berechnet sich dabei mit

$$k_s = \frac{s_b - s_a}{\lg t_b - \lg t_a} = \frac{s_b - s_a}{\lg \frac{t_b}{t_a}} \qquad \text{Gl. 6-2}$$

Die Größen s_a und s_b sind die Ankerkopfverschiebungen, die zu den Beobachtungszeiten t_a und t_b ($t_a < t_b$) im Versuch ermittelt wurden.

Der charakteristische Widerstand des Stahlzugglieds ergibt sich nach DIN 1054, 8.5.4, A Anmerkung zu (2)P bei Zuggliedern aus Spannstahl mittels

$$R_{t,k} = A_t \cdot f_{t,0.1,k} \qquad \text{Gl. 6-3}$$

Darin sind A_t die Querschnittsfläche des Stahlzugglieds und $f_{t,0.1,k}$ der charakteristische Wert der Spannung, die eine bleibende Dehnung des Stahlzugglieds von 0,1 % bewirkt.

6.6.3 Tragfähigkeits- und Gebrauchstauglichkeitsnachweis

Die Tragfähigkeit eines einzelnen Ankers im Grenzzustand der Tragfähigkeit (GEO-2 bzw. STR) ist mittels der Bedingung

$$P_d \le R_d \quad \text{bzw.} \quad \mu = \frac{R_d}{P_d} \le 1 \qquad \text{Gl. 6-4}$$

nachzuweisen. Der Bemessungswert R_d ist dabei der kleinere der Widerstände $R_{a,d}$ und $R_{t,d}$ (vgl. Gl. 6-1). μ ist der Ausnutzungsgrad. Gehört der Anker zu einer gleichartigen Gruppe bzw. zu einer Verankerungslage, darf jedem dieser Anker als Bemessungswert der Einwirkung P_d die gleiche Größe zugewiesen werden.

Für den Nachweis der Sicherheit gegen Bodenversagen bei Verpressankergruppen ist der ungünstigste der zu erwartenden Bruchmechanismen zu verwenden. Nach DIN 1054, A 8.5.6 gilt, dass

- bei stark geneigt oder lotrecht angeordneten Ankern der Nachweis ausreichender Sicherheit gegen Abheben maßgebend ist (vgl. auch Abschnitt 7.6.3.1 von DIN EN 1997-1 und DIN 1054, sowie Abschnitt 6.12.1 dieses Buchs)
- bei wenig geneigt oder waagerecht angeordneten Ankern der Nachweis der Standsicherheit in der tiefen Gleitfuge maßgebend ist (vgl. auch Abschnitt 6.12.2 und DIN 1054, A 9.7.9)
- für die Prüfkräfte P_p von Ankern aus Spannstahl, die zu Untersuchungs-, Eignungs- oder Abnahmeprüfungen herangezogen werden

  $$P_p \le 0{,}8 \cdot A_t \cdot f_{t,k} \quad \text{bzw.} \quad P_p \le 0{,}95 \cdot A_t \cdot f_{t,0.1,k} \qquad \text{Gl. 6-5}$$

  gelten muss (der kleinere Wert ist maßgebend). In den Ungleichungen steht A_t für die Querschnittsfläche des Stahlzugglieds, $f_{t,k}$ für den charakteristischen Wert der Zugfestigkeit des Stahlzugglieds und $f_{t,0.1,k}$ für den charakteristischen Wert der Spannung, die eine bleibende Dehnung des Stahlzugglieds von 0,1 % bewirkt.

Die Gebrauchstauglichkeit eines Einzelankers wird nach DIN 1054, 8.6 A (7) durch dessen Abnahmeprüfung gemäß dem Verfahren 1 aus DIN EN 1537 nachgewiesen.

Nach [L 78], D.4 gehört zur Ankerbemessung auch die Bestimmung der Festlegekraft P_o. Diese ist so zu wählen, dass für die Ankerkraft P während der gesamten Nutzungsdauer des verankerten Bauwerks

$$P \leq 0{,}65 \cdot P_{t,k} \quad \text{Gl. 6-6}$$

gilt ($P_{t,k}$ ist die charakteristische Bruchkraft des Stahlzugglieds). Die Festlegekraft selbst muss der Bedingung

$$P_o \leq 0{,}60 \cdot P_{t,k} \quad \text{Gl. 6-7}$$

genügen.

Bezüglich weiterer Ausführungen zur Bemessung von Verankerungen sowie zu berücksichtigender und nachzuweisender Grenzzustände sei auf die EAB sowie Abschnitt 8.2 von DIN EN 1997-1 und DIN 1054 hingewiesen.

6.7 Prüfungen von Verpressankern gemäß DIN EN 1537

Nach DIN 1054 sind die nachstehenden Prüfungen gemäß DIN EN 1537:2001-01 [L 78] durchzuführen (DIN 1054, 8.1.2.5, 8.7 A (5) und 8.8 A (4)). Nach [L 78], 9.1 und DIN EN 1537, 9.1 sind bei Belastungsprüfungen von Verpressankern auf der Baustelle

- Untersuchungsprüfung
- Eignungsprüfung und
- Abnahmeprüfung

zu unterscheiden. Die Überwachung und Beurteilung dieser Prüfungen hat ein Fachmann zu übernehmen, der über ausreichende Kenntnisse und Erfahrungen mit Verpressankern verfügt.

Bei allen Prüfungen sind Zugversuche durchzuführen (vgl. Abb. 6-10). Bei Berechnungen der theoretischen elastischen Stahldehnungen ist zu berücksichtigen, dass das Zugglied für die Prüfung um das Maß L_e verlängert werden muss. Damit besitzt die freie Stahllänge während der Prüfung die der Berechnung zugrunde zu legende Größe

$$L'_{tf} = L_{tf} + L_e \quad \text{Gl. 6-8}$$

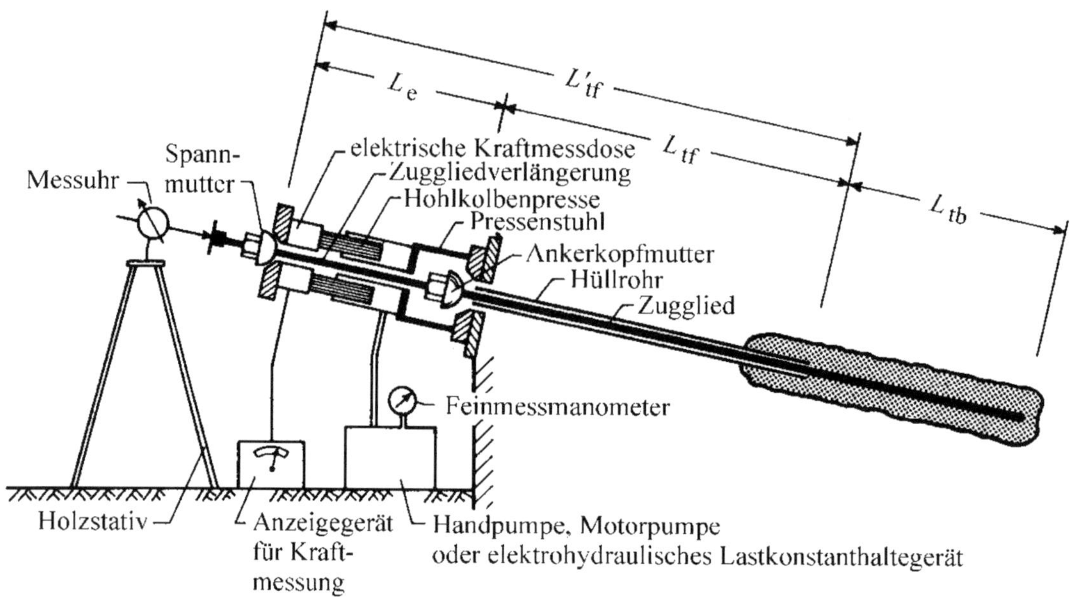

Abb. 6-10 Messanordnung bei Zugversuchen (nach [L 149], Kapitel 2.5)

6.7.1 Untersuchungsprüfung

Nach DIN 1054 sind Untersuchungsprüfungen an Verpressankern gemäß [L 78] durchzuführen, bevor diese als Bauwerksanker ausgeführt werden (siehe auch DIN EN 1537, 9.5). Solche Untersuchungen können dazu dienen,

- neue Ankertypen bis zum Versagen an der Baugrund-Verpressmörtel-Fuge zu prüfen
- den Herausziehwiderstand geplanter Anker in Abhängigkeit von den Baugrundbedingungen und den verwendeten Baustoffen zu ermitteln
- die Fachkompetenz der Ausführenden festzustellen.

Erforderlich werden Untersuchungsprüfungen, wenn die Anker in Baugrundverhältnissen zum Einsatz kommen sollen, für die bis dahin keine Untersuchungsprüfungen vorgenommen wurden bzw. wenn die Anker Gebrauchslasten aufnehmen sollen, die höher sind als bisherige in vergleichbaren Baugrundverhältnissen.

Zu den Ergebnissen von Untersuchungsprüfungen gehören

- der Herausziehwiderstand $R_{a,\,Bruch}$ des Verpressankers an der Baugrund-Verpresskörper-Fuge (in [L 78] und DIN EN 1537 mit R_a bezeichnet)
- die kritische Kriechkraft P_c des Ankersystems (vgl. Abb. 6-14)
- das Kriechverhalten des Ankersystems bis zum Versagen
- der Spannkraftabfall des Ankersystems im Grenzzustand der Gebrauchstauglichkeit
- die rechnerische freie Stahllänge L_{app}.

Im Rahmen von Untersuchungsprüfungen sind die Anker bis zum Bruch ($R_{a,\,Bruch}$) oder bis zur Prüfkraft (P_p) zu belasten.

Weitere Einzelheiten zu Untersuchungsprüfungen finden sich in E DIN EN ISO 22477-5, 8.2 und [L 78], 9.5.

6.7.2 Eignungsprüfung

Nach [L 78], 9.6 und DIN EN 1537, 9.6 sollten Eignungsprüfungen erst durchgeführt werden, wenn die Ergebnisse vorliegender Untersuchungsprüfungen genau analysiert wurden. Durchzuführen sind die Prüfungen an mindestens drei Ankern, deren Herstellung unter Ausführungsbedingungen erfolgte, die denen der Bauwerksanker entsprechen.

Für den jeweiligen Bemessungsfall sind mit den Eignungsprüfungen die Ergebnisse der Untersuchungsprüfungen bezüglich

- des Nachweises der Tragfähigkeit bei der Prüfkraft P_p
- der Einhaltung des zulässigen Kriechmaßes oder des Spannkraftabfalls bei der Prüflast (hängt von dem gewählten Prüfverfahren ab)
- der rechnerischen freien Stahllänge L_{app}

zu bestätigen.

Zu weiteren Einzelheiten von Eignungsprüfungen siehe z. B. E DIN EN ISO 22477-5, 8.3 und [L 78], 9.6.

6.7.3 Abnahmeprüfung

Durch die Abnahmeprüfung, die keine Abnahme im Sinne der VOB, sondern eine technische Abnahmeprüfung ist, werden die Tragfähigkeit und das Verhalten von jedem einzelnen eingebauten Verpressanker überprüft.

Im Zuge der Prüfungen sollte die Prüfkraft P_p in mindestens drei gleich großen Stufen aufgebracht werden. Danach ist der Anker auf die Vorbelastung P_a zu entspannen, um dann auf die Festlegekraft P_0 gespannt und festgelegt zu werden.

Im Einzelnen kann mit den Prüfungen

- nachgewiesen werden, dass die Prüfkraft P_p von dem Anker aufgenommen werden kann (Tragfähigkeitsnachweis)
- die rechnerische freie Stahllänge L_{app} des Ankers ermittelt werden
- das Kriechmaß oder das Kraftabfallmaß des Ankers im Grenzzustand der Gebrauchstauglichkeit (SLS) bestimmt werden (abhängig von dem gewählten Prüfverfahren).

Weitere Einzelheiten von Abnahmeprüfungen sind z. B. in E DIN EN ISO 22477-5, 8.4 und [L 78], 9.7 zu finden.

6.7.4 Nachprüfung

Mit Hilfe einer Nachprüfung wird das Verhalten des verankerten Bauteils bzw. das Tragverhalten des eingebauten Verpressankers nach der Ankerabnahme kontrolliert. Die Beurteilung erfolgt anhand der Ergebnisse von Beobachtungen des Bauwerks und/oder Messungen der Ankerkraft.

Nachprüfungen sind erforderlich, wenn im System Bauwerk – Anker – Baugrund Verformungen zu erwarten sind, die zu Dehnungs- und Kräfteänderungen im Anker führen können, welche sich ungünstig auf das Bauwerk oder die Anker auswirken. Ggf. kann es erforderlich sein Anker nachzuspannen.

6.8 Herausziehwiderstände und Kriechmaß

Zur Planung verankerter Konstruktionen nach technischen und wirtschaftlichen Gesichtspunkten gehört u. a. die hinreichend genaue Abschätzung der erforderlichen Ankeranzahl.

6.8.1 Herausziehwiderstände beim Bruch in nichtbindigen Böden

Für einwandfrei hergestellte Verpressanker stehen zur Abschätzung von deren Herausziehwiderständen ihrer Verpresskörper in nichtbindigen Böden Diagramme zur Verfügung (vgl. Abb. 6-11), deren Zahlenwerte auf den Ergebnissen zahlreicher Untersuchungen basieren. Aus Gründen der Eindeutigkeit wird der Herausziehwiderstand beim Bruch in den Grenzflächen zwischen ihren Verpresskörpern und dem Baugrund im Folgenden mit $R_{a,\,Bruch}$ und nicht, wie in DIN EN 1537 und [L 78], mit R_a bezeichnet.

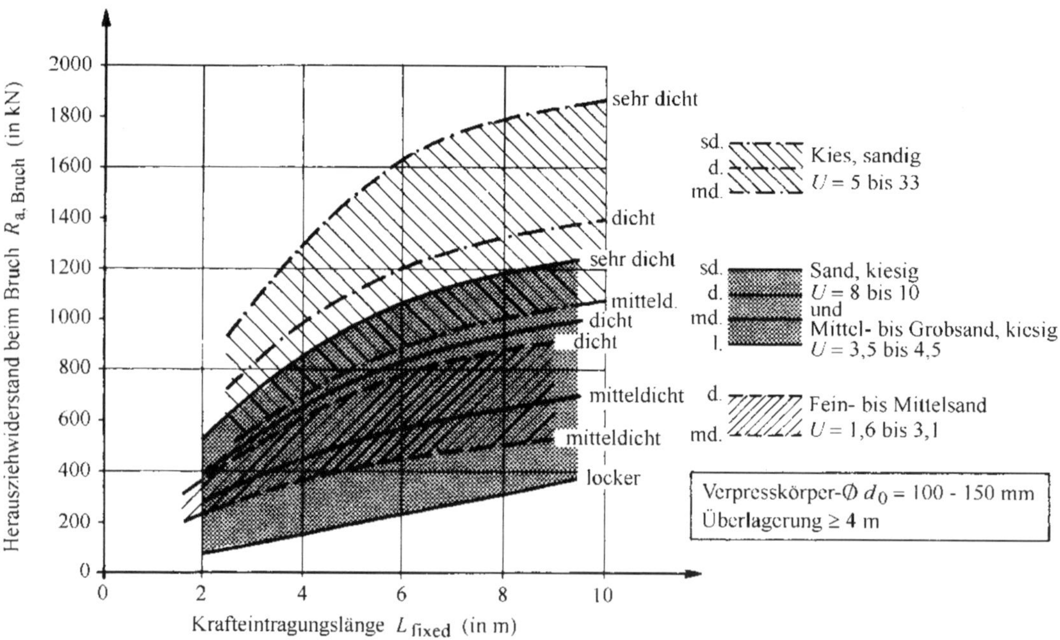

Abb. 6-11 Herausziehwiderstand von Verpressankern beim Bruch in den Grenzflächen zwischen ihren Verpresskörpern und nichtbindigem Baugrund (nach [L 149], Kapitel 2.5)

Anwendungsbeispiel

Zu ermitteln ist der Herausziehwiderstand $R_{a,\,Bruch}$ beim Bruch eines Verpressankers mit einem Verpresskörperdurchmesser d_0 = 120 mm, der in mitteldicht gelagertem Mittelsand (Ungleichförmigkeitszahl $C_U = 2{,}0$) und mit einer Krafteinleitungslänge $L_{fixed} = 6$ m hergestellt werden soll. Der Verpresskörper des Ankers liegt mehr als 4 m unter der Geländeoberfläche.

Lösung

Aus dem Diagramm der Abb. 6-11 lässt sich, für den in der Aufgabenstellung beschriebenen Fall, als gesuchter Herausziehwiderstand

$$R_{a,\,Bruch} = 450 \text{ kN}$$

ablesen.

6.8.2 Herausziehwiderstände beim Bruch in bindigen Böden

Auch für Verpressanker in bindigen Böden existieren Diagramme, mit deren Hilfe Herausziehwiderstände ermittelt werden können. Aus den beiden in Abb. 6-12 gezeigten Diagrammen lassen sich z. B. mittlere Mantelreibungswerte $\tau_{M,\,Bruch}$ im Bereich der Verpresskörperoberfläche entnehmen, die zum Herausziehwiderstand beim Bruch in den Grenzflächen zwischen den Verpresskörpern und dem Baugrund gehören. Die Diagramme gelten für zweifache Nachverpressung bzw. ohne Nachverpressung, wobei zu erkennen ist, dass die $\tau_{M,\,Bruch}$-Werte der Mantelreibung durch Nachverpressen erheblich vergrößert werden können.

a)

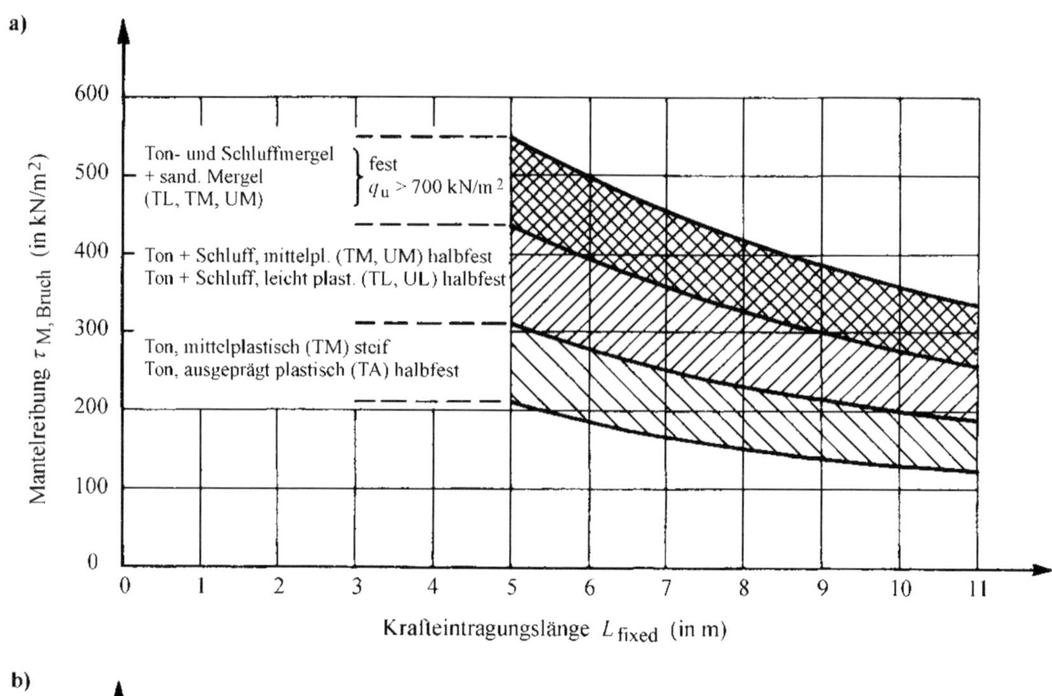

b)

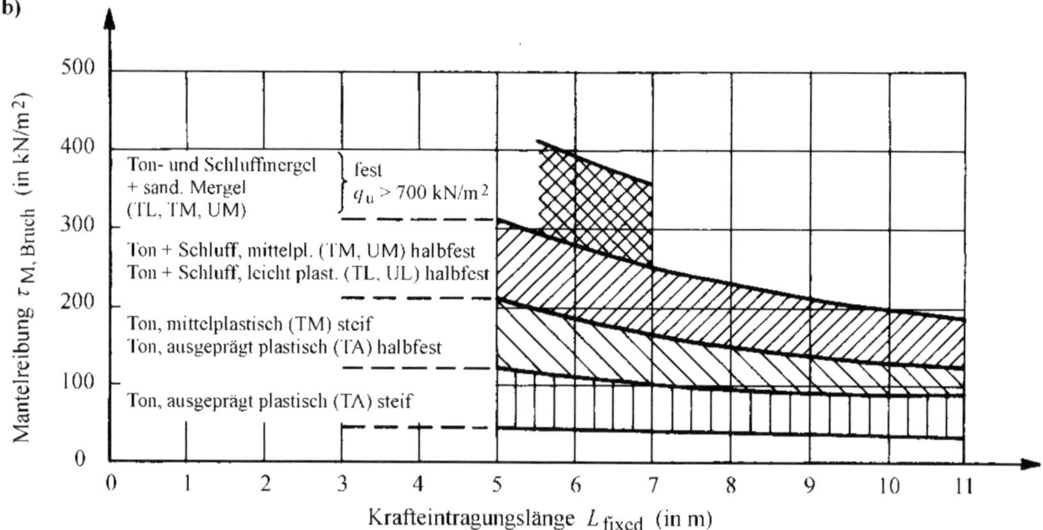

Abb. 6-12 Mittlere Mantelreibungswerte $\tau_{M,Bruch}$ im Bereich von Verpresskörperoberflächen mit und ohne Nachverpressung, die zu Herausziehwiderständen von Verpressankern beim Bruch zwischen ihren Verpresskörpern und bindigem Baugrund gehören (nach [L 149], Kapitel 2.5)
a) mit zweifacher Nachverpressung ohne Packer, b) ohne Nachverpressung

6.8.3 Herausziehwiderstand $R_{a,k}$ und Kriechmaß k_s

Im Zuge von Eignungsprüfungen werden Zeit-Verschiebungslinien ermittelt (vgl. Abb. 6-13), mit denen das Kriechmaß k_s und der charakteristische Herausziehwiderstand $R_{a,k}$ (kleinste

Kraft, die bei Versuchen das Kriechmaß $k_s = 2$ mm verursacht) bestimmt werden können (vgl. Abb. 6-14). Außerdem lassen sich daraus auch die Bewegungen der Ankerköpfe (und damit des Bauwerks an diesen Stellen) bzw. die Ankerkraftverluste abschätzen, die infolge der zu erwartenden künftigen Kriechverformungen eintreten.

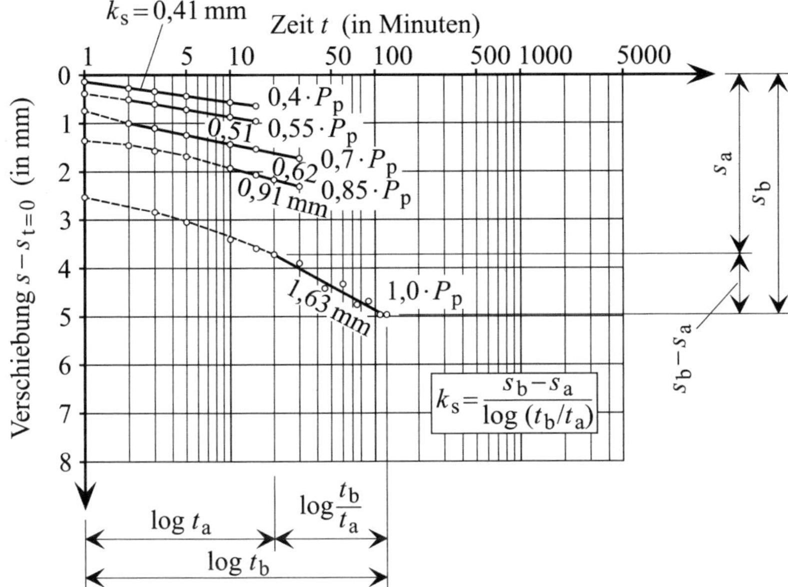

Abb. 6-13 Beispiel für Zeit-Verschiebungslinien zur Ermittlung der Kriechmaße k_s eines Dauerankers in bindigem Boden (nach [L 150], Kapitel 2.6)

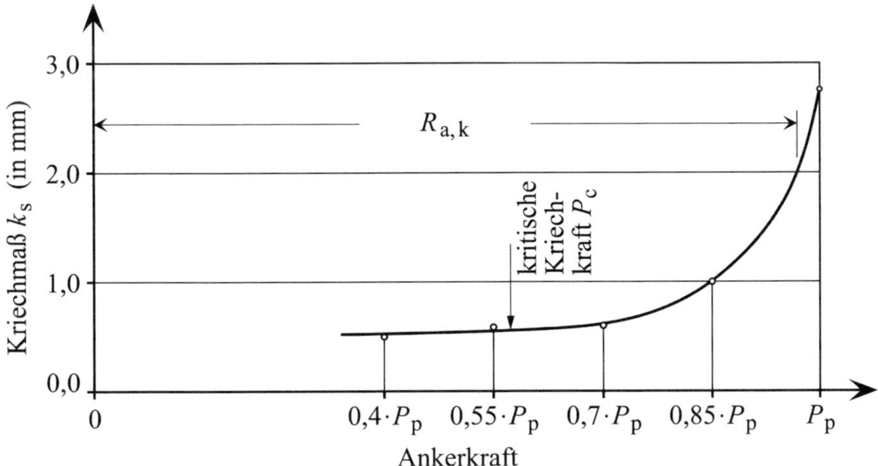

Abb. 6-14 Kriechmaß k_s als Funktion der Prüflast zur Bestimmung des charakteristischen Herausziehwiderstands $R_{a,k}$ (nach [L 149], Kapitel 2.5)

Mit den aus Eignungsprüfungen gewonnenen Kriechmaßen können die für längere Zeiträume zu erwartenden Kriechverformungen durch Extrapolation abgeschätzt werden. So berechnet sich bei einem ermittelten Kriechmaß von $k_s = 0{,}6$ mm die Kriechverformung für den Zeitraum zwischen 30 Minuten und 50 Jahren nach der Lastaufbringung zu

$$\Delta s = k_s \cdot \log \frac{t_2}{t_1} = 0{,}6 \cdot \log \frac{50 \cdot 365 \cdot 24 \cdot 60}{30} = 3{,}6 \text{ mm} \qquad \text{Gl. 6-9}$$

Soll für Entwurfszwecke die Größe des charakteristischen Herausziehwiderstands $R_{a,k}$ abgeschätzt werden, zu dem im Zugversuch ein Kriechmaß $k_s = 2$ mm gehört, kann das Diagramm aus Abb. 6-15 verwendet werden, wenn es sich bei dem anstehenden Boden um Tone oder Sande handelt. Die gesuchte Größe von $R_{a,k}$ wird dabei mit Hilfe von $k_s = 2$ mm und dem bezogenen Widerstand $R_a/R_{a,\text{Bruch}}$ ermittelt, dessen Nenner $R_{a,\text{Bruch}}$ aus anderen Diagrammen zu entnehmen ist.

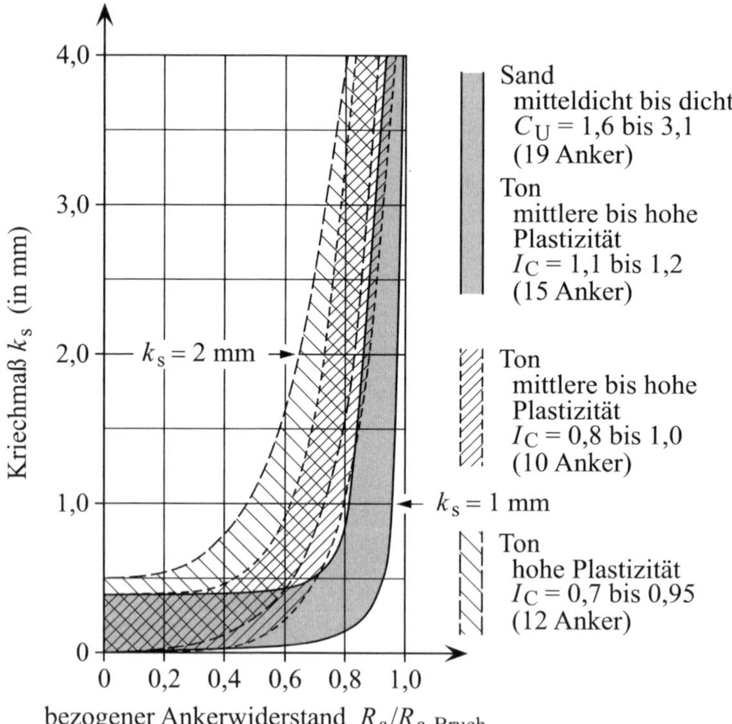

Abb. 6-15 Kriechmaß k_s als Funktion des bezogenen Ankerwiderstands für Tone und Sande (nach [L 149], Kapitel 2.5)

Für den Fall eines Verpressankers in mitteldicht gelagertem Mittelsand mit der Ungleichförmigkeitszahl $C_U = 2{,}0$ und der Krafteinleitungslänge $L_{\text{fixed}} = 6$ m ergibt sich aus dem Diagramm von Abb. 6-11 der Herausziehwiderstand $R_{a,\text{Bruch}} = 450$ kN. Diese Kraftgröße und die zu dem Kriechmaß $k_s = 2$ mm gehörende Ablesung $R_a/R_{a,\text{Bruch}} = 0{,}86$ aus dem Diagramm von Abb. 6-15 liefert als charakteristischen Herausziehwiderstand

$$R_{a,k} = R_a(k_s = 2 \text{ mm}) = 0{,}86 \cdot 450 = 387 \text{ kN} \qquad \text{Gl. 6-10}$$

Der zugehörige Bemessungswert in der Bemessungssituation BS-P berechnet sich mit dem Teilsicherheitsbeiwert $\gamma_a = 1{,}1$ aus DIN 1054, Tabelle A 2.3 zu

$$R_{a,d} = \frac{R_{a,k}}{\gamma_a} = \frac{387}{1{,}1} = 352\,\text{kN}$$ Gl. 6-11

6.8.4 Aufgaben mit Lösungen

Aufgabe 6-2

Unter Verwendung entsprechender Gleichungen ist die rechnerische Ermittlung des Bemessungswerts R_d des Widerstands eines Verpressankers darzustellen, der gemäß DIN 1054 für den Nachweis der Tragfähigkeit anzusetzen ist; die dabei verwendeten Größen sind zu erläutern.

Aufgabe 6-3

Anzugeben sind die Grenzen des Herausziehwiderstands $R_{a,\text{Bruch}}$ beim Bruch in der Grenzfläche zwischen dem Verpresskörper und locker bis mitteldicht gelagertem, weitgestuftem ($C_U = 10$) kiesigem Sand, wenn

- seine Krafteinleitungslänge $L_{\text{fixed}} = 6$ m beträgt
- für den Verpresskörperdurchmesser $d_0 = 120$ mm gilt
- der Anker von Bodenschichten mit einer Gesamtmächtigkeit von ≥ 4 m überlagert ist.

Lösung zu Aufgabe 6-2

Um den Bemessungswert R_d des Widerstands eines Verpressankers nach DIN 1054 berechnen zu können, müssen die charakteristischen Widerstände

- $R_{a,k}$ gegen Herausziehen des Verpresskörpers (kleinste der Kräfte, die in den Zugversuchen jeweils ein Kriechmaß der Größe $k_s = 2$ mm hervorrufen)
- $R_{t,k}$ des Stahlzugglieds (ergibt sich bei Ankern aus Spannstahl mit dem charakteristischen Wert $f_{t,0.1,k}$ der Spannung, die eine bleibende Dehnung des Stahlzugglieds von 0,1 % bewirkt und der Querschnittsfläche A_t des Stahlzugglieds zu $R_{t,k} = f_{t,0.1,k} \cdot A_t$)

und die vom jeweiligen Lastfall nach DIN 1054 abhängigen Teilsicherheitsbeiwerten γ_a und γ_M der Tabelle A 2.3 der DIN 1054 bekannt sein.

Der nach DIN 1054 für den Nachweis der Tragfähigkeit anzusetzende Bemessungswert R_d des Verpressankerwiderstands ist dann der kleinere der beiden Werte, die sich ergeben aus den Ansätzen für den Verpresskörper und für das Stahlzugglied

$$R_{a,d} = \frac{R_{a,k}}{\gamma_a} \quad \text{und} \quad R_{i,d} = \frac{R_{t,k}}{\gamma_M}$$

Lösung zu Aufgabe 6-3

Aus dem Diagramm der Grenzlast für Anker in nichtbindigen Böden (Abb. 6-11) können als Grenzwerte für den in der Aufgabenstellung beschriebenen Fall

$$\min R_{a,\text{ Bruch}} = 223 \text{ kN} = 0{,}223 \text{ MN}$$

$$\max R_{a,\text{ Bruch}} = 577 \text{ kN} = 0{,}557 \text{ MN}$$

abgelesen werden.

6.9 Voraussetzungen für die Verwendung von Verpressankern

Zu den Voraussetzungen für die Verwendung von Verpressankern gehört, dass

- in der erforderlichen Tiefe eine zur Aufnahme von Ankerkräften geeignete Boden- oder Felsschicht mit ausreichender Mächtigkeit ansteht und deren Lage und deren mechanische Eigenschaften (Korngrößenverteilung und Dichte bzw. Plastizität, Konsistenz und Druckfestigkeit der Bodenschicht bzw. Gesteinsart, Abstand und Richtung der Klüfte, Verwitterungsgrad und Festigkeit der Felsschicht, ...) zuverlässig ermittelt worden sind
- im Bereich des Verpresskörpers anstehendes Grund- oder Schichtwasser nach DIN 4030-1 [L 50] nicht betonangreifend ist (davon ausgenommen sind Kurzzeitanker bei schwachem Angriffsgrad)
- die Anordnung der Anker geometrisch möglich ist unter Berücksichtigung bestehender Bauwerke (Art und Tiefenlage der Gründung, Gesamtgewicht, baulicher Zustand, Verformungs- und Erschütterungsempfindlichkeit), vorhandener Leitungen, möglicher späterer Baumaßnahmen auf benachbarten Grundstücken (z. B. Bodenaushub und Erschütterungen) usw.
- Risiken für das Bauwerk, die sich durch die Ankerherstellung ergeben, beherrschbar bleiben (z. B. Risiken aus Setzungen durch Bodenentnahme, Spülung oder Erschütterungen, aus Hebungen durch Nachverpressen in bindigen Schichten, aus weitreichenden Verpressungen durchlässiger Schichten oder Klüfte sowie aus dem Verfüllen von Kanälen oder Kellerräumen)
- für Verankerungen im Baugrund des Nachbarn, dieser mit dem Einbau einverstanden ist.

6.10 Wahl geeigneter Ankersysteme

Bei der Auswahl geeigneter Ankerbauarten und Ausführungsverfahren für ein Bauwerk sind u. a. die folgenden Punkte zu beachten:

- die Einsatzdauer, über die sich Kurzzeit- und Daueranker unterscheiden
- der maximal ansetzbare Widerstand des Stahlzugglieds
- die Wahl der günstigsten Art der Kraftübertragung in den Baugrund in Abhängigkeit von der Art des anstehenden Bodens und von der vorgesehenen Gebrauchslast (z. B. Verbund- oder Druckrohranker mit oder ohne Nachverpressung)
- die Möglichkeit zur nachträglichen Tragkrafterhöhung in Form von Nachverpressungen oder der Herstellung von Zusatzankern, wenn z. B. die Abnahmeprüfung eine unzureichende Tragfähigkeit ergibt

- die Möglichkeit, die Ankerkraft über längere Zeiträume kontrollieren und den Anker im Bedarfsfall nachspannen zu können
- vorliegende Erfahrungen bezüglich der Tragkraft und der Verformungen des gewählten Ankersystems unter vergleichbaren Bodengegebenheiten
- die Bedingungen zur Ankerherstellung auf der Baustelle, die z. B. bei beengten Raumverhältnissen die Verwendung flexibler Spanndrähte oder Litzenbündel statt steifer Einzelstäbe erforderlich machen
- die Eignung des gewählten Bohr- und Verpressverfahrens bezüglich gegebener örtlicher Verhältnisse wie Bodenauflockerung oder -aufweichung, Erschütterungen, Setzungen oder Hebungen des Baugrunds und deren Wirkungen auf davon betroffene Bauwerke
- die Dehnfähigkeit des Zugglieds und die damit verbundene Änderung der Ankerkraft infolge Kriechens, die möglichst klein sein sollte
- die Möglichkeit zum Rückbau (Ausbau) von Ankern (siehe hierzu [L 139]) nach ihrem Gebrauch, da sie Baumaßnahmen im Verankerungsbereich erheblich behindern können
- der Zeitbedarf für die Herstellung und die Prüfung der Anker.

6.11 Entwurfsregeln für Verpressankerlänge und -anordnung

Die Festlegung der Ankeranordnung erfolgt in der Regel in Abhängigkeit von der Systemgeometrie (z. B. Trägerabstand und Länge von Schlitzwandelementen) und auf der Basis einer wirtschaftlich möglichst günstigen Wahl von Ankerabstand und verankerter Konstruktion (Gurte, Träger, Sohl- oder Wandplatten usw.). Dabei hängt die Tragfähigkeit und Verschiebung jedes einzelnen Ankers einer Gruppe sowie ihr Einfluss auf bestehende Bauwerke u. a. ab von der Lage und dem gegenseitigen Abstand der Verpresskörper. Zur Schaffung klarer Gegebenheiten dient im Allgemeinen die Einhaltung von Entwurfsregeln wie

- die Gewährleistung der planmäßigen Einleitung der Vorspannkräfte in den Baugrund (Verhinderung des Kraftkurzschlusses von der Erdseite aus in das Widerlager) durch die Wahl einer freien Ankerlänge L_{free} von mindestens 5 m (vgl. Abb. 6-16 a))
- eine mindestens 4 m unter der Geländeoberfläche festgelegte Lage der Verpresskörper (siehe Abb. 6-16 b))
- die Vermeidung der Lage der Verpresskörper (Krafteinleitungslänge) in verschiedenen Bodenschichten bzw. die Sicherstellung, dass die Krafteinleitungslängen vollständig in bindigem oder nichtbindigem Boden oder in Fels liegen (vgl. Abb. 6-16 c))
- die Vermeidung der gegenseitigen Beeinflussung der Krafteinleitungen infolge möglicher Richtungsabweichungen des Bohrlochs durch die Wahl hinreichend großer planmäßiger Achsabstände der Verpresskörper (bei 15 bis 20 m langen Ankern Mindestwerte von $a = 1{,}5$ m; vgl. Abb. 6-17 a))
- die mögliche Erzielung planmäßiger Mindestabstände von 1,5 m durch Spreizung der Anker einer Reihe (siehe Abb. 6-17 b))
- die Einhaltung des planmäßigen Mindestabstands von 3 m zwischen Verpresskörpern und bestehenden Bauwerken oder auch empfindlichen Leitungen; um bei Ankern und verformungsempfindlichen Bauwerken Schäden infolge der konzentrierten Krafteinleitung und Zerrung des Bodens zu verhindern, ist eine Staffelung der Ankerlängen zu empfehlen (vgl. Abb. 6-17 c))

- die Wahl der Ankerlängen mit denen bei besonders empfindlichen Bauwerken oder bei der Gefahr des Auftretens größerer Verschiebungen des ganzen Bodenblocks erreicht wird, dass die Verpresskörper nicht unter solchen Bauwerken liegen

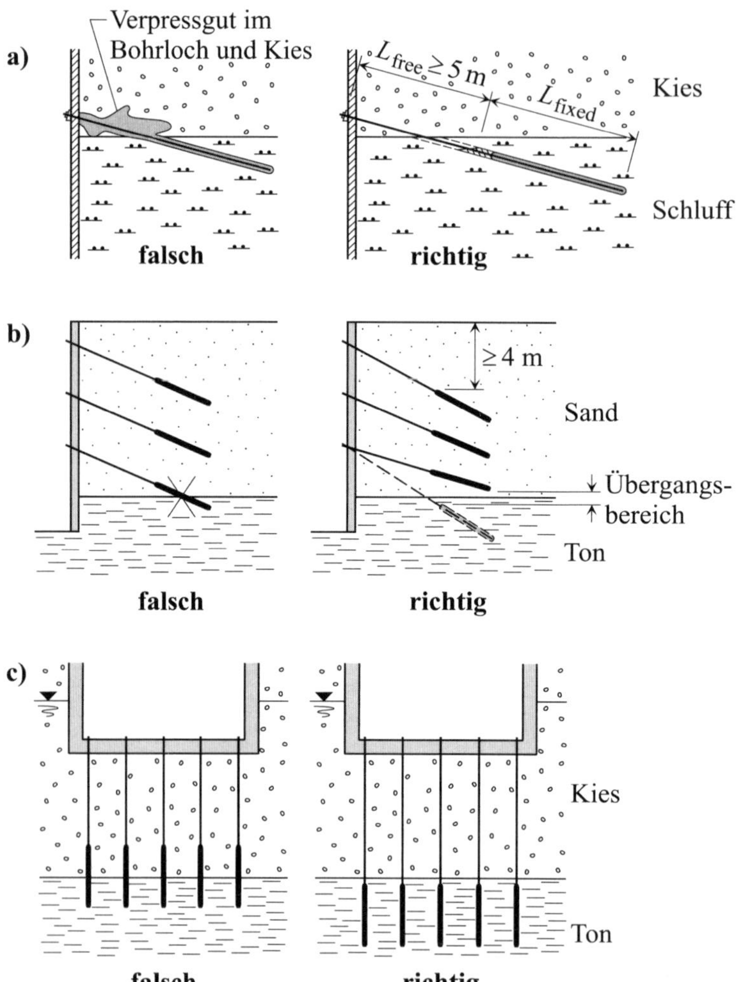

Abb. 6-16 Richtige und falsche Anordnungen der Verpresskörper an Schichtgrenzen (nach [L 149], Kapitel 2.5)

- die Festlegung der Ankerneigungen gegenüber der Horizontalen mit ≥ 10°; in Böden mit wechselnden Schichten sollten die Neigungen mindestens 15° bis 20° betragen
- die Aufrechterhaltung der durch Bruch oder Kriechen eines einzelnen Ankers ggf. gefährdeten Standsicherheit der gesamten verankerten Konstruktion oder benachbarter Bausubstanz; zu diesbezüglichen möglichen Maßnahmen gehören der Einsatz biegesteifer Konstruktionen, die Verwendung durchlaufender Gurte und der Einbau mehrerer Anker anstelle eines einzelnen Hochlastankers
- die zugfeste Ausbildung von in die Baugrube einspringenden Wandecken (z. B. mit über die Ecke durchlaufenden Gurten) und die Wahl von Ankeranordnungen, die dazu führt,

dass die zueinander senkrechten Anker einen ausreichenden Abstand aufweisen und die Verpresskörper nicht im aktiven Gleitkeil der parallel zu den Ankern verlaufenden Wand liegen (Abb. 6-18 a); andernfalls muss ein gegenüber dem aktiven Grenzwert erhöhter Erddruck angesetzt und die Zusatzbelastung der Wand infolge der eingeleiteten Ankerkräfte der Verpresskörper berücksichtigt werden (Abb. 6-18 b)).

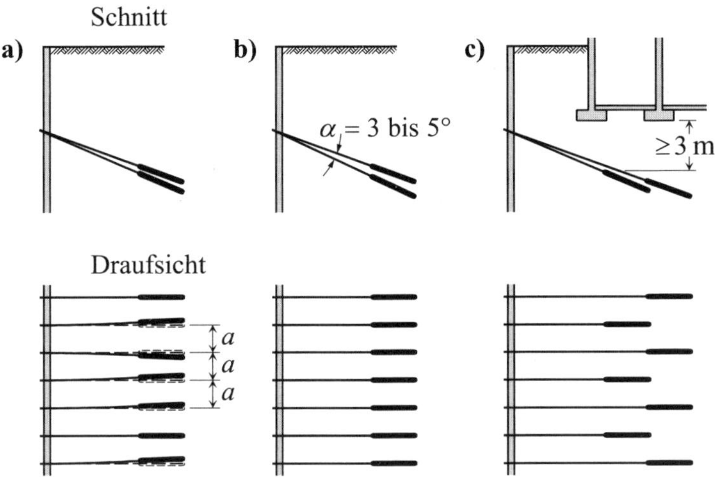

Abb. 6-17 Spreizung und Staffelung von Verpressankern (nach [L 149], Kapitel 2.5)

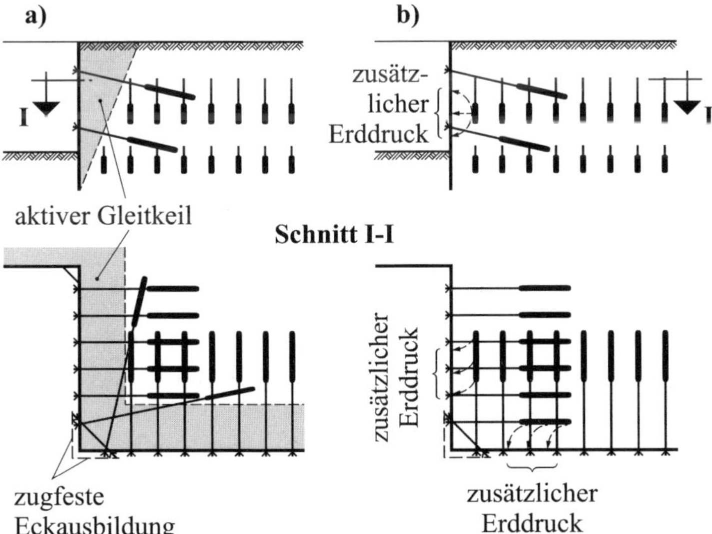

Abb. 6-18 Verankerung einer in die Baugrube einspringenden Wandecke (nach [L 149], Kapitel 2.5)

a) verankerte Ecke bei $E = E_a$

b) verankerte Ecke bei $E > E_a$

6.12 Standsicherheit des Gesamtsystems bei Ankergruppen

Die Richtung und die Länge der in eine Konstruktion einzubauenden Anker sind so zu wählen, dass sich für das Gesamtsystem (Bauwerk, Anker und der von den Ankern erfasste Boden- oder Felskörper) eine ausreichende Standsicherheit ergibt. In Abhängigkeit von dem angenommenen bzw. zu betrachtenden Versagensmodell (Annahme der Gleitflächen und Sicherheitsdefinitionen) muss mit unterschiedlichen Sicherheitsnachweisen gearbeitet werden.

6.12.1 Verankerung äußerer Lasten

Zum Nachweis der sicheren Verankerung äußerer Lasten wie z. B. Auftrieb oder zu Hängebrücken, Flugzeughallen oder Zeltdächern gehörende Abspannkräfte (Seilzugkräfte) können mobilisierbare Körper in vereinfachter Form angenommen werden (vgl. z. B. Abb. 6-19).

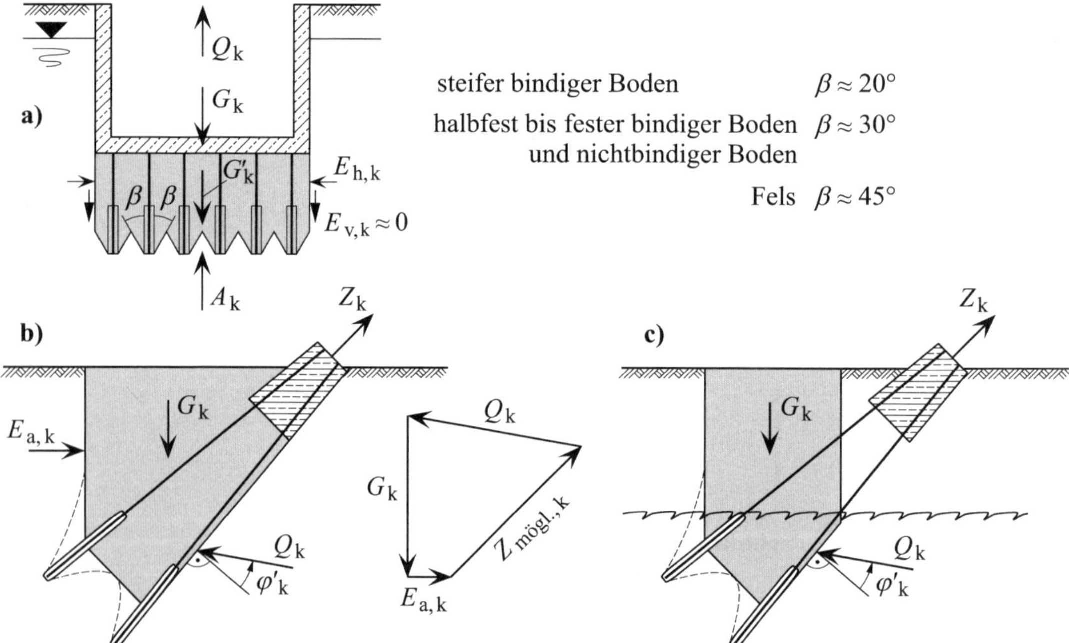

Abb. 6-19 Ermittlung der Standsicherheit des Gesamtsystems bei verankerten Bauwerken und äußerer Last (nach [L 149], Kapitel 2.5)
a) Verankerung von Auftriebskräften, b) Seilzuglastverankerung im Boden,
c) Seilzuglastverankerung im Fels

Für das in Abb. 6-19 a) gezeigte System (enger Ankerabstand) wird die Sicherheit gegen Aufschwimmen nachgewiesen durch die für den Grenzzustand UPL geltende Beziehung

$$A_k \cdot \gamma_{G,dst} + Q_k \cdot \gamma_{G,dst} = A_d + Q_d \le G_{d,stb} + G_{E,d} = (G_{k,stb} + G_{E,k}) \cdot \gamma_{G,stb} \qquad \text{Gl. 6-12}$$

Bei den einzelnen Größen handelt es sich um die Bemessungswerte (charakteristischen Werte) A_d (A_k) des Auftriebs, Q_d (Q_k) möglicher ungünstiger veränderlicher, lotrecht aufwärts gerichteter Einwirkungen, $G_{d,stb}$ ($G_{k,stb}$) des unteren Werts günstiger ständiger Einwirkungen (stabilisierende Einwirkungen; Index stb) und $G_{E,d}$ ($G_{E,k}$) der Eigenlast des „anhängenden“

Bodenblocks sowie die Teilsicherheitsbeiwerte $\gamma_{G,dst}$, $\gamma_{Q,dst}$ (destabilisierende Einwirkungen; Index dst) und $\gamma_{G,stb}$ aus DIN 1054, Tabelle A 2.1.

Alternativ kann der Nachweis auch geführt werden mit dem Ausnutzungsgrad

$$\mu = \frac{G_{d,stb} + G_{E,d}}{A_d + Q_d} \leq 1 \qquad \text{Gl. 6-13}$$

Bei der Berechnung des den Boden erfassenden charakteristischen Gewichtsanteils G'_k nach [L 149], Kapitel 2.5 sind die in Abb. 6-19 a) angegebenen Werte des Winkels β zu berücksichtigen; darüber hinaus ist zu beachten, dass der Boden unterhalb des Grundwasserspiegels liegt (Auftrieb). Wird G'_k nach DIN 1054 berechnet, sind die zu Pfahlgruppen gehörenden Festlegungen (siehe Abschnitt 7.6.3.1 von DIN EN 1997-1 und DIN 1054) zu beachten. Dies gilt auch für den Fall der Berücksichtigung von günstig wirkenden Scherkräften.

Bei der Verankerung von Seilzugkräften mit Hilfe von im Boden liegenden Verpresskörpern (vgl. Abb. 6-19 b)) kann die Tragsicherheit von Systemen, deren zugehörige Kraftecke ausschließlich zu ständigen Einwirkungen gehörende Kräfte beinhalten, mit

$$Z_{G,d} = Z_{G,k} \cdot \gamma_G \leq \frac{Z_{\text{mögl},k}}{\gamma_{R,e}} = Z_{\text{mögl},d} \qquad \text{Gl. 6-14}$$

und von Systemen, deren Kraftecke zu ständigen und zu veränderlichen Einwirkungen gehörende Kräfte aufweisen, mit

$$Z_d = Z_{G,k} \cdot \gamma_G + Z_{Q,k} \cdot \gamma_Q \leq \frac{Z_{\text{mögl},k}}{\gamma_{R,e}} = Z_{\text{mögl},d} \qquad \text{Gl. 6-15}$$

nachgewiesen werden. Alternativ können die Nachweisführungen auch über die Ausnutzungsgrade

$$\mu_G = \frac{Z_{G,d}}{Z_{\text{mögl},d}} \leq 1 \quad \text{bzw.} \quad \mu = \frac{Z_d}{Z_{\text{mögl},d}} \leq 1 \qquad \text{Gl. 6-16}$$

erfolgen.

Diese Beziehung gilt grundsätzlich auch für den in Abb. 6-19 c) dargestellten Fall. Da bei diesem, nur wenig unter der Felsoberkante liegenden Verpresskörper ein Aufbrechen der oberen Felsschichten zu verhindern ist, muss nur die unmittelbar auf dem möglichen Aufbruchkörper aufliegende Bodenlast (vgl. Abb. 6-19 c)) berücksichtigt werden.

6.12.2 Verankerte Baugrubenwände (tiefe Gleitfuge)

Werden Wände mit Verpressankern verankert, kann neben dem Geländebruch ein Bruch in der tiefen Gleitfuge eintreten, (siehe Abb. 6-20). Für beide Versagensformen sind Tragfähigkeitsnachweise zu führen, wobei für den Nachweis in der tiefen Gleitfuge in den EAB und den EAU eine auf dem Verfahren von KRANZ [L 173] basierende Vorgehensweise empfohlen wird. Bei diesem Verfahren werden Gleichgewichtsbetrachtungen an einem herausgeschnittenen Körper mit ebenen Gleitflächen geführt (vgl. Abb. 6-21). Ist die Wand im Boden frei aufgelagert, beginnt die tiefe Gleitfuge (Bereich D-C in Abb. 6-21) am Wandfußpunkt. Bei einer eingespannten Wand liegt der Gleitfugenbeginn im Querkraftnullpunkt des Einspannbereichs.

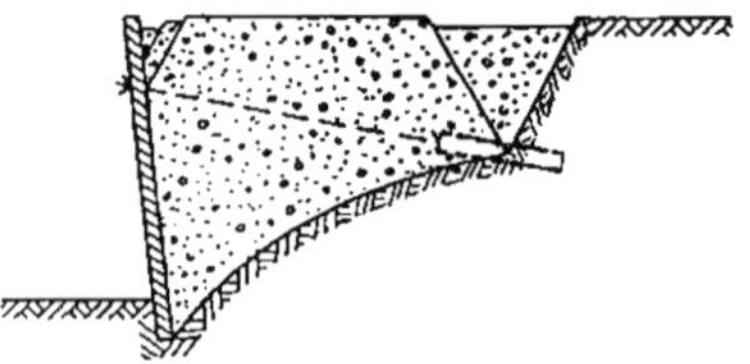

Abb. 6-20 Bruch in der tiefen Gleitfuge (aus L 119])

Da der zwischen Wand und Boden geführte Schnitt A-D auch den Anker betrifft, wird dessen charakteristische Kraft A_k zu einer äußeren Kraft und ist deshalb bei der Gleichgewichtsbetrachtung zu berücksichtigen (vgl. Abb. 6-21). Das Kräftegleichgewicht in vertikaler und horizontaler Richtung erfordert ein sich schließendes Krafteck aus den charakteristischen resultierenden Kräften des Erddrucks $E_{1,k}$ und $E_{a,k}$, des Wasserdrucks $U_{1,k}$, $U_{a,k}$ und U_k, des charakteristischen Gleitkörpergewichts G_k, der charakteristischen Scherkraft C_k in der tiefen Gleitfuge infolge Kohäsion (wenn dort kohäsiver Boden ansteht), der Normalspannungen und der maximal möglichen Reibungsspannungen in der tiefen Gleitfuge Q_k (unter dem Winkel φ'_k gegen die Gleitfuge geneigt) sowie der möglichen charakteristischen Ankerkraft $A_{\text{mögl},k}$. Während die Kraftgrößen $E_{1,k}$, $U_{1,k}$, G_k, $E_{a,k}$, $U_{a,k}$, C_k und U_k vorher berechnet werden, kann die Größe der zunächst nur hinsichtlich ihrer Wirkungsrichtung bekannten Kräfte Q_k und $A_{\text{mögl},k}$ aus dem geschlossenen Krafteck abgelesen werden. Nach EAB, EB 44 ist die Erddruckkraft $E_{1,k}$ bei Verankerungen mit Verpressankern bzw. Verpresspfählen (Mikropfählen) mit dem Erddruckneigungswinkel $\delta_{a1} = 0°$ (vgl. Abb. 6-21) zu berechnen. Bei den Berechnungen ist die Wirkung vorhandener Nutzlasten ggf. zu berücksichtigen (siehe weiter unten).

Mit dem Modellansatz wird vor allem die erforderliche Ankerlänge ermittelt. Er führt, trotz wesentlicher Einwände (vgl. z. B. [L 132] und [L 159]), mit dem gemäß EAU, E 10 zu führenden Nachweis für Kraftecke mit Kräften, die ausschließlich zu ständigen Einwirkungen gehören

$$A_{G,d} = A_{G,k} \cdot \gamma_G \leq \frac{A_{\text{mögl},k}}{\gamma_{R,e}} = A_{\text{mögl},d} \qquad \text{Gl. 6-17}$$

bzw. für Kraftecke mit Kräften, die zu ständigen und veränderlichen Einwirkungen gehören

$$A_d = A_{G,k} \cdot \gamma_G + A_{Q,k} \cdot \gamma_Q \leq \frac{A_{\text{mögl},k}}{\gamma_{R,e}} = A_{\text{mögl},d} \qquad \text{Gl. 6-18}$$

zu einer ausreichenden Tragfähigkeit. Die dabei verwendeten Teilsicherheitsbeiwerte γ_G und γ_Q sowie $\gamma_{R,e}$ gehören im Grenzzustand GEO-2 zu den Beans-pruchungen aus ständigen (γ_G) ungünstigen veränderlichen (γ_Q) Einwirkungen sowie zu Erdwiderständen (siehe die Tabellen A 2.1 und A 2.3 der DIN 1054). Alternativ können die Nachweise auch über die Ausnutzungsgrade

$$\mu_G = \frac{A_{G,d}}{A_{\text{mögl},d}} \leq 1 \qquad \text{bzw.} \qquad \mu = \frac{A_d}{A_{\text{mögl},d}} \leq 1 \qquad \text{Gl. 6-19}$$

geführt werden. Veränderliche Lasten, wie etwa die in Abb. 6-21 dargestellten Nutzlasten, sind anzusetzen, wenn sich damit ein größerer Ausnutzungsgrad ergibt.

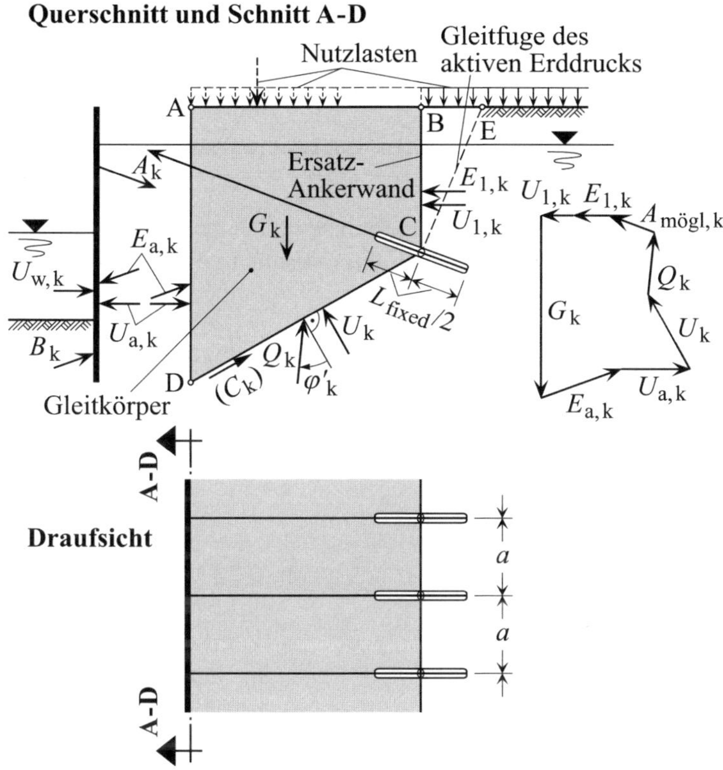

Abb. 6-21 Nachweis der charakteristischen möglichen Ankerkraft für die „tiefe Gleitfuge" einer einfach verankerten Wand (nach EAU, E 10)

Hinsichtlich weiterer Einzelheiten zu dem Standsicherheitsnachweis gemäß Gl. 6-17. Gl. 6-18 und Gl. 6-19, wie etwa die Erfassung von Kohäsionskräften oder von wechselnden Bodenschichten sei auf die EAB und die EAU hingewiesen. Dort finden sich auch Angaben zur Nachweisführung bei Verankerungen der Wände mit mehreren Ankerlagen; nach EAB, EB 44 darf der Standsicherheitsnachweis in solchen Fällen auf der Basis des in [L 213] vorgeschlagenen Verfahrens geführt werden.

Die Annahme, dass die tiefe Gleitfuge gemäß Abb. 6-21 bis zur Mitte der Krafteinleitungsstrecke L_{fixed} reicht, gilt nach OSTERMAYER ([L 149], Kap. 2.5) für Abstände a bis etwa 4 m der in einer Reihe angeordneten Anker; bei größeren Abständen ist dieser Endpunkt in Richtung der Wand zu verlegen (vgl. auch [L 132]). Nach EAU, E 10 ist die charakteristische mögliche Ankerkraft $A_{\text{mögl},k}$ auf die mögliche Ankerkraft

$$A^{*}_{\text{mögl, k}} = \frac{0{,}5 \cdot L_{\text{fixed}}}{a} \qquad \text{Gl. 6-20}$$

abzumindern, wenn der Ankerabstand a größer ist als $\frac{1}{2} \cdot L_{\text{fixed}}$.

Gemäß EAU, E 10 stellt der Standsicherheitsnachweis in der tiefen Gleitfuge eine erhebliche Vereinfachung dar. Für genauere Rechnungen wird deshalb die erheblich aufwändigere Vorgehensweise der DIN 4084 [L 51] empfohlen, bei der die ungünstigste Gleitfuge durch die Variation der Gleitflächen von Bruchmechanismen bestimmt wird, die aus geradlinig begrenzten Gleitkörpern bestehen.

Anwendungsbeispiel

Für das in Abb. 6-22 gezeigte System einer einfach verankerten Wand ist der Ausnutzungsgrad μ_G für die tiefe Gleitfuge unter Verwendung der charakteristischen vorhandenen Ankerkraft $A_{\text{vorh, k}}$ zu ermitteln.

Hinweis: Bei der Ermittlung des Erddrucks im Bereich BC sind die Bedingungen der EAB für Verpressanker und Verpresspfähle zu beachten.

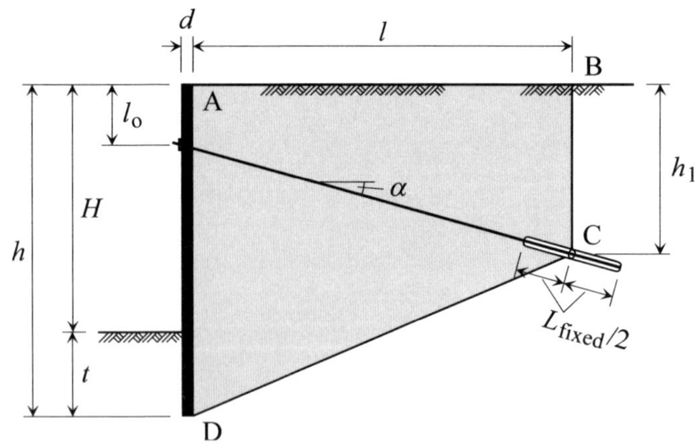

Abb. 6-22 System einer einfach verankerten Wand zum Nachweis der Tragfähigkeit für die tiefe Gleitfuge

Für die Berechnung sind anzusetzen

charakteristische Wichte des Bodens	γ_k	$= 19{,}0\ \text{kN/m}^3$
charakteristischer Reibungswinkel des Bodens	φ'_k	$= 32{,}5°$
Erddruckneigungswinkel	δ_a	$= \frac{2}{3} \cdot \varphi'_k = 21{,}67°$
Ankerabstand	l_o	$= 1{,}0\ \text{m}$
Ankerlänge (Horizontalkomponente)	l	$= 7{,}0\ \text{m}$
Ankerneigungswinkel	α	$= 15°$
charakteristische vorhandene Ankerkraft	$A_{\text{vorh, k}}$	$= 80{,}0\ \text{kN/lfdm}$
Geländesprunghöhe	H	$= 4{,}10\ \text{m}$
Einbindelänge der Wand	t	$= 1{,}40\ \text{m}$
Dicke der Wand	d	$= 0{,}20\ \text{m}$

Gleitkörperhöhe links $h = 5{,}50\,\text{m}$
Gleitkörperhöhe rechts $h_1 = 2{,}93\,\text{m}$

Lösung

Charakteristische Eigenlast des Erdkörpers ABCD

$$G_\text{k} = \frac{h+h_1}{2} \cdot l \cdot \gamma_\text{k} = \frac{5{,}50+2{,}93}{2} \cdot 7{,}00 \cdot 19{,}0 = 560{,}5\ \text{kN/lfdm}$$

Mit dem für $\alpha = \beta = 0$ und $\delta_\text{a} = ⅔ \cdot \varphi'_\text{k} = ⅔ \cdot 32{,}5°$ geltenden Erdruckbeiwert

$K_\text{agh} = 0{,}2506$ (Tafelwert aus MÖLLER [L 195], Tabelle 10-6)

ergeben sich in dem über die Geländesprunghöhe und die Einbindelänge reichenden Kontaktflächenbereich zwischen dem Gleitkörper und der Wand die Erddrucklasten

$$E_\text{ah,k} = \frac{h^2}{2} \cdot \gamma_\text{k} \cdot 1{,}0 \cdot K_\text{agh} = \frac{5{,}50^2}{2} \cdot 19{,}0 \cdot 1{,}0 \cdot 0{,}2506 = 72{,}07\ \text{kN/lfdm}$$

$$E_\text{a,k} = \frac{E_\text{ah,k}}{\cos\delta_\text{a}} = \frac{72{,}07}{\cos 21{,}67°} = 77{,}49\ \text{kN/lfdm}$$

Mit dem für $\alpha = \beta = \delta_\text{a} = 0$ (gemäß EAB) geltenden Erdruckbeiwert

$K_\text{agh1} = 0{,}301$ (Tafelwert aus MÖLLER [L 195], Tabelle 10-6)

ergeben sich im Bereich BC die Erddrucklasten

$$E_\text{1,k} = E_\text{1h,k} = \frac{h_1^2}{2} \cdot \gamma_\text{k} \cdot 1{,}0 \cdot K_\text{agh1} = \frac{2{,}93^2}{2} \cdot 19{,}0 \cdot 1{,}0 \cdot 0{,}301 = 24{,}54\ \text{kN/lfdm}$$

Mit den berechneten Werten sowie den Kräften Q_k und $A_\text{mögl,k}$, deren Wirkungsrichtungen bekannt sind, lässt sich das Krafteck der Abb. 6-23 konstruieren.

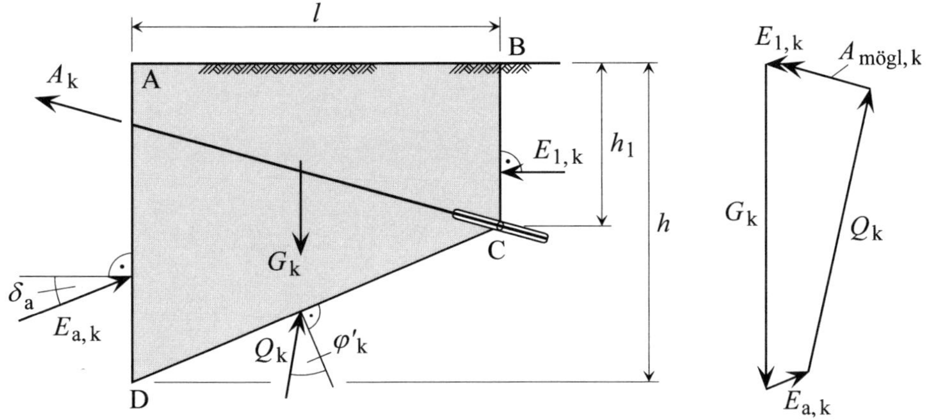

Abb. 6-23 Mögliche charakteristische Ankerkraft $A_\text{mögl,k}$ für die „tiefe Gleitfuge" der verankerten Wand

Unter Beachtung des Kräftemaßstabes kann aus dem Krafteck der Abb. 6-23 die mögliche charakteristische Ankerkraft

$$A_{\text{mögl, k}} \approx 164 \text{ kN/lfdm}$$

abgelesen werden.

Mit den Teilsicherheitsbeiwerten

$$\gamma_G = 1{,}35 \qquad \text{und} \qquad \gamma_{R,e} = 1{,}40$$

aus den Tabellen A 2.1 und A 2.3 der DIN 1054 ergibt sich der gesuchte Ausnutzungsgrad

$$\mu_G = \frac{A_{G,d}}{A_{\text{mögl, d}}} = \frac{A_{\text{vorh, k}} \cdot \gamma_G}{\dfrac{A_{\text{mögl, k}}}{\gamma_{R,e}}} = \frac{80{,}0 \cdot 1{,}35 \cdot 1{,}40}{164{,}0} = 0{,}92 \leq 1$$

7 Wasserhaltung

7.1 Allgemeines und Regelwerke

Baugruben, deren Sohlen unter den Wasserspiegel von Oberflächen- oder Grundwasser reichen, sind für die Bauzeit in aller Regel trocken zu halten, um so z. B. die unbehinderte Ausführung der Bauarbeiten sowie eine problemlose Bodenverdichtung zu ermöglichen. Die Trockenlegung der Baugruben wird normalerweise durch Wasserhaltungen erreicht, die in den meisten Fällen die kostengünstigsten Lösungen darstellen. Erst wenn z. B. die mögliche Gefährdung angrenzender Bausubstanz und/oder die Begrenzung von Grundwasserspiegelschwankungen im Bereich von Vegetationsflächen beachtet werden müssen, sind Methoden anzuwenden, mit denen die Baugruben wasserdicht umschlossen werden (Trogbauwerke).

Fließt Baugruben Oberflächenwasser nur in geringen Mengen zu, lässt sich dieses z. B. in Gräben, Rohrleitungen oder Tiefensickern (vgl. z. B. [L 193]) sammeln und ableiten (offene Wasserhaltung). Bei Baugruben, die unter den Grundwasserspiegel reichen und keine Trogbauwerke sind, ist das Grundwasser über Brunnen abzusenken (geschlossene Wasserhaltung).

Für Wasserhaltungsarbeiten mit Grundwasserabsenkung ist eine behördliche Genehmigung einzuholen (vgl. z. B. [L 8] und [L 124]). Dies gilt auch beim Einleiten von anfallendem Wasser in einen Kanal, in ein offenes Gewässer oder in den Untergrund.

Für von Wasser durchströmte Böden lassen sich Angaben zu Gelände- und Böschungsbruchberechnungen, zu Berechnungen des hydraulischen Grundbruchs sowie Ansätze für Erddrücke und Empfehlungen zur Bestimmung des Wasserdurchlässigkeitsbeiwerts den Normen

- DIN 1054 [L 30], DIN 4084 [L 51], DIN 4085 [L 53], DIN 18130-1 [L 67], DIN EN 1997-1 [L 88] und DIN EN 1997-1/NA [L 89]

entnehmen. Allgemeine Technische Vertragsbedingungen für Bauleistungen (ATV) finden sich z. B. in den Normen

- DIN 18302 [L 70] und DIN 18305 [L 71].

Weitere Regelwerke für Wasserhaltungen und entsprechende bauliche Maßnahmen sind z. B.

- die EAB [L 118] sowie die EAU 2012 [L 122].

7.2 Grundwasserströmung

7.2.1 Voraussetzungen und Begriffe

Die genaue Erfassung der in situ vorhandenen Gegebenheiten von strömendem Grundwasser ist, schon wegen der Komplexität des durchströmten Bodengefüges und der zeitveränderlichen Grundwassergegebenheiten, eine praktisch unlösbare Aufgabe. Soll diese Problemstellung dennoch mathematisch beschrieben werden, sind Berechnungen mit vereinfachten Modellen erforderlich. Da deren Ergebnisse von der Wirklichkeit ggf. stark abweichen, sind sie immer einer auf Erfahrung beruhenden kritischen Bewertung zu unterziehen.

Zu den Annahmen für die mathematische Behandlung der Wasserbewegung zählt, dass

- die Untergrundverhältnisse annähernd homogen sind und das Grundwasserreservoir so groß ist, dass sich unter einem Gefälleeinfluss eine stationäre Strömung ausbildet
- der Untergrund wassergesättigt ist
- die Strömung zwischen den Bodenteilchen laminar ist (jedes Wasserteilchen folgt einer geraden oder gekrümmten Linie, die sich nicht mit anderen Stromlinien überschneidet)
- turbulente Strömung nur auftritt in groben Kiesen, Schotter, Felsklüften oder beim Einströmen des Wassers in einen Brunnen oder Schlitz
- für die Filtergeschwindigkeit das Gesetz von DARCY gilt ($v = k \cdot i$)
- die Strömung des Wassers keine Bewegung der Bodenteilchen (Körner) bewirkt.

Für die Erfassung von Grundwasserbewegungen ist u. a. die Kenntnis der im Folgenden erläuterten Größen erforderlich (vgl. auch [L 195]).

Durchfluss Q (in m³/s): auf Zeiteinheit bezogenes Wasservolumen V_W, das während der Zeit t aus der senkrecht zur Fließrichtung angeordneten Querschnittsfläche A (Feststoffe + Poren) des durchflossenen Bodenmaterials austritt (vgl. Abb. 7-1).

$$Q = \frac{V_W}{t} \qquad \text{Gl. 7-1}$$

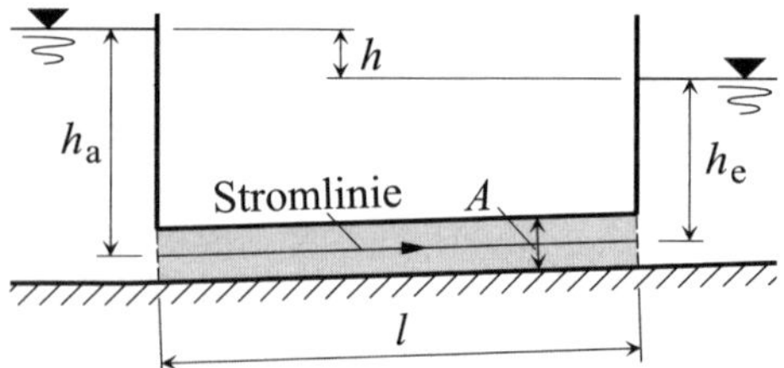

Abb. 7-1 Wasserströmung in einem Bodenelement bei dem hydraulischen Höhenunterschied h

Filtergeschwindigkeit v (in m/s): Durchfluss Q pro Einheit der Querschnittsfläche A.

$$v = \frac{Q}{A} = \frac{V_W}{A \cdot t} \qquad \text{Gl. 7-2}$$

Hydraulischer Höhenunterschied h (in m): Differenz der hydraulischen Höhen h_a und h_e die für durchflossenen Boden an zwei Messpunkten ermittelt wurde (vgl. Abb. 7-1).

Durchströmte Länge l (in m): Länge eines durchströmten Bodenkörpers, die von zwei Messpunkten begrenzt wird, an denen hydraulische Höhen gemessen werden (vgl. Abb. 7-1).

Hydraulisches Gefälle i: Verhältnis von hydraulischem Höhenunterschied zu durchströmter Länge.

$$i = \frac{h}{l} \qquad \text{Gl. 7-3}$$

Durchlässigkeitsbeiwerte k_r und k (in m/s): Verhältnis von Filtergeschwindigkeit zu hydraulischem Gefälle eines wassergesättigten (k_r) bzw. teilweise wassergesättigten (k) Bodens, bei dem der Fließvorgang nach dem Gesetz von DARCY (Fließgesetz für gleichmäßige, lineare Durchströmung) erfolgt (siehe auch Abb. 7-2). Es gilt stets $k_r > k$.

$$k_{\mathrm{r}} = \frac{v}{i} = \frac{Q}{A \cdot i} \quad \text{(gesättigterBoden)}$$
$$k = \frac{v}{i} = \frac{Q}{A \cdot i} \quad \text{(teilgesättigterBoden)} \qquad \text{Gl. 7-4}$$

Hydrostatischer Überdruck u (in kN/m^2): Produkt aus der Wichte γ_{w} des Wassers und dem vorhandenen hydraulischen Höhenunterschied.

$$u = \gamma_{\mathrm{w}} \cdot h \qquad \text{Gl. 7-5}$$

Spezifische Strömungskraft f_{s} (in kN/m^3): Verhältnis von hydrostatischem Überdruck zu durchströmter Länge bzw. Produkt aus Wasserwichte γ_{w} und vorhandenem hydraulischem Gefälle.

$$f_{\mathrm{s}} = \frac{u}{l} = \gamma_{\mathrm{w}} \cdot i \qquad \text{Gl. 7-6}$$

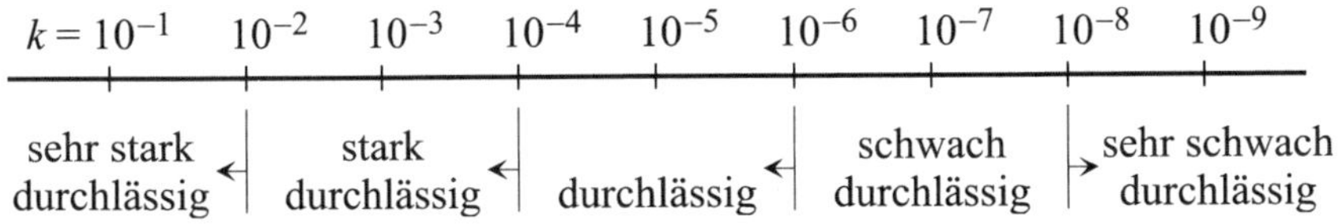

$k = 10^{-1}$	10^{-2}	10^{-3}	10^{-4}	10^{-5}	10^{-6}	10^{-7}	10^{-8}	10^{-9}
sehr stark durchlässig ←		stark durchlässig ←		durchlässig ←		schwach durchlässig	→ sehr schwach durchlässig	

Abb. 7-2 Bezeichnungen nach DIN 18130-1 für Durchlässigkeitsbereiche in Abhängigkeit von der Größe der Durchlässigkeitsbeiwerte *k* (in m/s)

7.2.2 LAPLACEsche Strömungsgleichung und Strömungsnetze

Trotz vereinfachender Annahmen für die Sickerströmungen (vgl. Abschnitt 7.2.1) ist die Erfassung räumlicher Problemstellungen sehr schwierig. In der Regel wird deshalb nur die ebene Strömung behandelt, da räumliche Strömungen oft hinreichend genau als ebene Fälle betrachtet werden können.

Für ein Porenraumelement, das in einem dreidimensionalen kartesischen x, y, z-Koordinatensystem liegt, die Kantenlängen dx, dy und dz aufweist und einem Wasserdruck mit der Druckhöhe h unterworfen ist, gilt die LAPLACEsche Strömungsgleichung des stationären ebenen Falls (zu Einzelheiten der Gleichungsherleitung siehe z. B. MÖLLER [L 198], Abschnitt 8.2.2).

$$\frac{\partial^2 h}{\partial x^2} + \frac{\partial^2 h}{\partial y^2} = 0 \qquad \text{Gl. 7-7}$$

Die unter Beachtung der Randbedingungen des jeweiligen Systems gefundenen Lösungen der Gleichung von LAPLACE und damit die Wasserbewegungen lassen sich mit zwei Kurvenscharen darstellen, die sich unter rechten Winkeln schneiden. Die eine Schar solcher Grundwasser-Strömungsnetze (Beispiel in Abb. 7-3) stellt die „Stromlinien" dar, mit denen in idealisierter Form die Bewegungsbahnen der Wasserteilchen im Boden erfasst werden. Die andere Kurvenschar, die „Äquipotenziallinien", verkörpert „Höhenlinien" des hydraulischen Potenzials, auf denen der Wert des Potenzials jeweils konstant ist und die sich in ihrer „Höhenlage" jeweils um die gleiche Potenzialdifferenz unterscheiden.

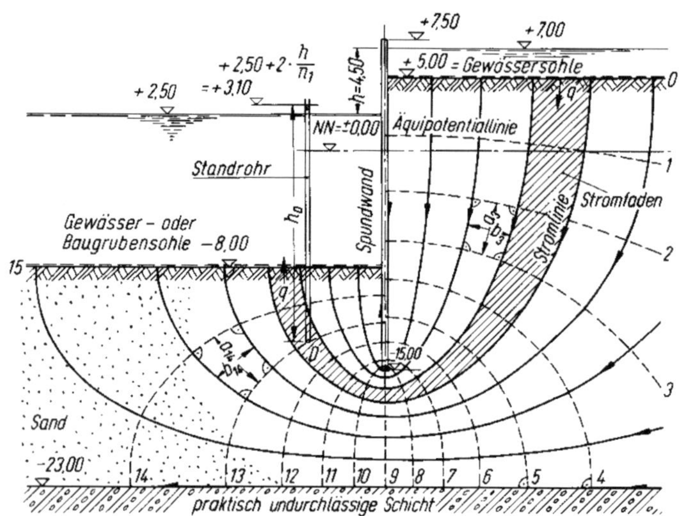

Abb. 7-3 Beispiel für Grundwasser-Strömungsnetz (aus [L 121])

Randbedingungen der Gleichung sind bekannte

- Stromlinien, die als Begrenzungen des Grundwasserstroms in Form undurchlässiger Flächen (z. B. Oberflächen von Wasserstauern) und/oder Begrenzungen von Einbauten in das Grundwasser (z. B. Spundwände) wirksam sind
- horizontale Grenzflächen zwischen offenem Wasser und Grundwasser, die als Linien gleicher Standrohrspiegelhöhe Äquipotenziallinien darstellen (z. B. Gewässersohlflächen).

Bei der zeichnerischen Lösung der Gleichung von LAPLACE werden die Strom- und Äquipotenziallinien der zu untersuchenden Strömung so gezeichnet, dass sie im Strömungsbereich krummlinige, einander geometrisch ähnliche Rechtecke bilden. Durch das gewonnene Strömungsbild sind die Fließ- und Druckverhältnisse im Strömungsbereich bekannt.

Besitzt das differentiell große Element des Strömungsbereichs aus Abb. 7-4 die Tiefe 1, erfasst

$$dq = v \cdot db \cdot 1 \qquad \text{Gl. 7-8}$$

die zwischen seinen Stromlinien hindurchfließende Wassermenge. Mit der Filtergeschwindigkeit

$$v = i \cdot k = \frac{dh}{da} \cdot k \qquad \text{Gl. 7-9}$$

führt die Gl. 7-8 zu der Beziehung

$$dq = \frac{dh}{da} \cdot db \cdot k \cdot 1 \qquad \text{Gl. 7-10}$$

Für endliche Strömungsnetzabmessungen ergibt sich, mit dem Äquipotenziallinienabstand a und der Stromfadenbreite b, für einen Stromfaden der Tiefe 1,0 m die durchfließende Wassermenge

$$q = \frac{\Delta h}{a} \cdot b \cdot k \cdot 1{,}0 \ (\text{in m}^3/\text{s}) \qquad \text{Gl. 7-11}$$

Bei Unterteilung des gesamten Wasserspiegelhöhenunterschieds h (Gesamtpotenzial) in n_1 gleiche (äquidistante) Potenzialschritte bzw. Netzfelder, berechnet sich der Standrohrspiegelunterschied je Netzfeld durch

$$\Delta h = \frac{h}{n_1} \qquad \text{Gl. 7-12}$$

Durch das gesamte, n_2 Stromfäden umfassende Stromliniennetz fließt dann die Wassermenge

$$Q = q \cdot n_2 = n_2 \cdot k \cdot \frac{h}{n_1 \cdot a} \cdot b \cdot 1{,}0 \text{ (in m}^3\text{/s)} \qquad \text{Gl. 7-13}$$

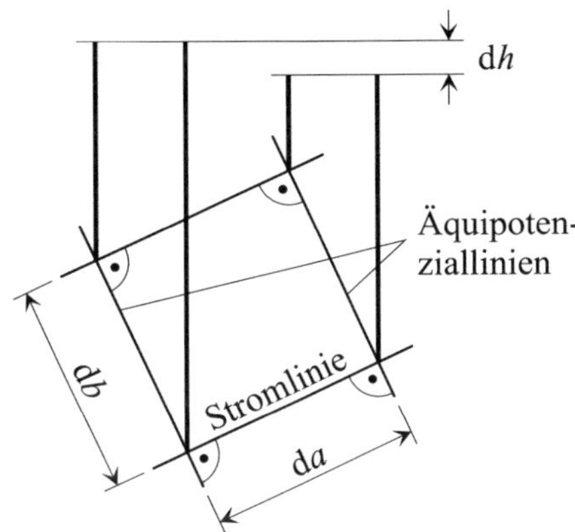

Abb. 7-4 Element eines Strömungsnetzes

Anwendungsbeispiel

Für die in Abb. 7-5 dargestellte parallel durchströmte Bodenschicht (ebenes Problem) ist die Durchflussmenge Q (pro lfdm Tiefe der Bodenschicht) mit Hilfe

1) der allgemeinen Fließformel
2) eines Strömungsnetzes mit 4 Stromfäden und 4 Netzfeldern/Stromfaden

zu berechnen.

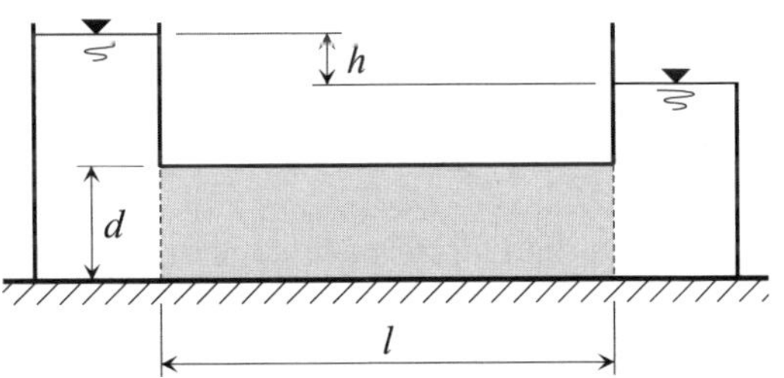

Abb. 7-5 Bodenschicht bei ebener Durchströmung

Für die Berechnung sind als Abmessungen

die Länge der durchflossenen Bodenschicht	$l = 15{,}0$ m
die Dicke der durchflossenen Bodenschicht	$d = 4{,}0$ m
die hydraulische Druckhöhe	$h = 1{,}5$ m

und als Materialkennwert

der Durchlässigkeitsbeiwert	$k = 1{,}1 \cdot 10^{-3}$ m/s

zu verwenden.

Lösung

1 Berechnung der Durchflussmenge Q mit Hilfe der allgemeinen Fließformel

Mit dem hydraulischen Gefälle

$$i = \frac{h}{l} = \frac{1{,}5}{15{,}0} = 0{,}1$$

und der Querschnittsfläche des durchströmten, 1 m tiefen Bodenmaterials

$$A = d \cdot 1{,}0 = 4{,}0 \cdot 1{,}0 = 4{,}0 \text{ m}^2$$

berechnet sich die gesuchte Durchflussmenge zu

$$Q = k \cdot i \cdot A = 1{,}1 \cdot 10^{-3} \cdot 0{,}1 \cdot 4{,}0 = 0{,}00044 \text{ m}^3\text{/s} = 0{,}44 \text{ Liter/s}$$

2 Berechnung der Durchflussmenge Q mit Hilfe eines Strömungsnetzes

Zur Gewinnung des Strömungsnetzes des Systems aus Abb. 7-6 wurde die Dicke der durchflossenen Bodenschicht unterteilt in $n_2 = 4$ Stromfäden mit der jeweiligen Breite

$$b = \frac{d}{n_2} = \frac{4{,}0}{4} = 1{,}0 \text{ m}$$

und die Durchflusslänge l unterteilt in $n_1 = 4$ Netzfelder mit dem Äquipotenziallinienabstand

$$a = \frac{l}{n_1} = \frac{15{,}0}{4} = 3{,}75 \text{ m}$$

Mit dem hydraulischen Gefälle der einzelnen Netzfelder

$$\Delta h = \frac{h}{n_1} = \frac{1{,}5}{4} = 0{,}375 \text{ m}$$

ergibt sich die Durchflussmenge eines 1 m tiefen Stromfadens

$$q = k \cdot \frac{\Delta h}{a} \cdot b \cdot 1{,}0 = 1{,}1 \cdot 10^{-3} \cdot \frac{0{,}375}{3{,}75} \cdot 1{,}0 \cdot 1{,}0 = 0{,}00011 \text{ m}^3\text{/s} = 0{,}11 \text{ Liter/s}$$

Die gesuchte Gesamtdurchflussmenge berechnet sich dann zu

$$Q = q \cdot n_2 = 0{,}00011 \cdot 4 = 0{,}00044 \text{ m}^3\text{/s} = 0{,}44 \text{ Liter/s}$$

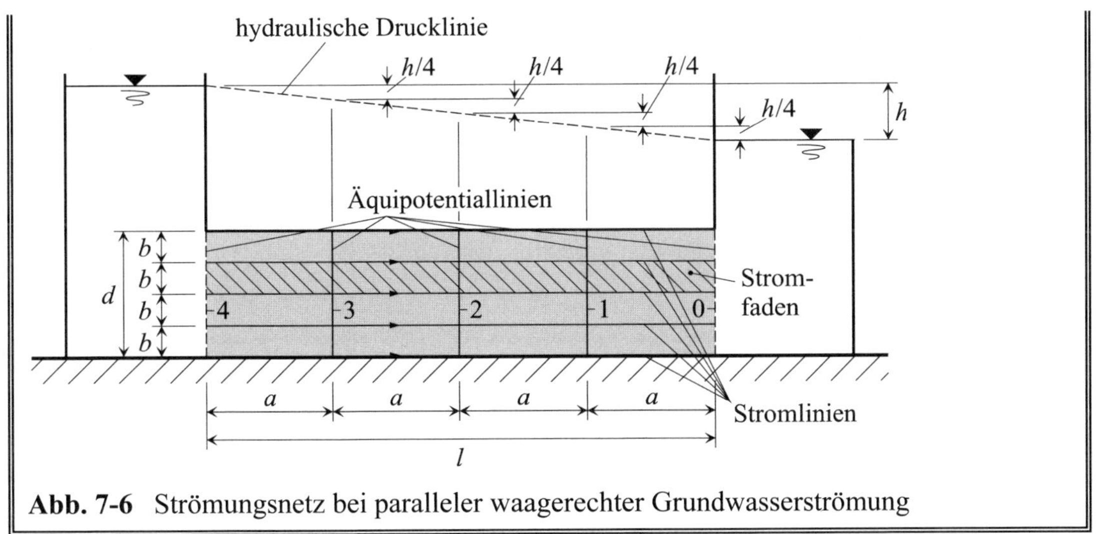

Abb. 7-6 Strömungsnetz bei paralleler waagerechter Grundwasserströmung

7.2.3 Grundwasserströmung und Bodenwichte

Die von strömendem Grundwasser auf das Korngerüst ausgeübte und auf das Volumen bezogene Kraft ist die „spezifische Strömungskraft“ f_S (vgl. Abschnitt 7.2.1); ihre Wirkungslinie entspricht der Tangente an die Stromlinie. Sie addiert sich zu anderen auf den Boden wirkenden Kräften, wie z. B. dessen Gewichtskraft G' unter Auftrieb. Für ein gemäß Abb. 7-7 im Grundwasser liegendes Bodenelement mit dem Volumen V und der Wichte γ' unter Auftrieb ergibt sich als Belastung die Resultierende R.

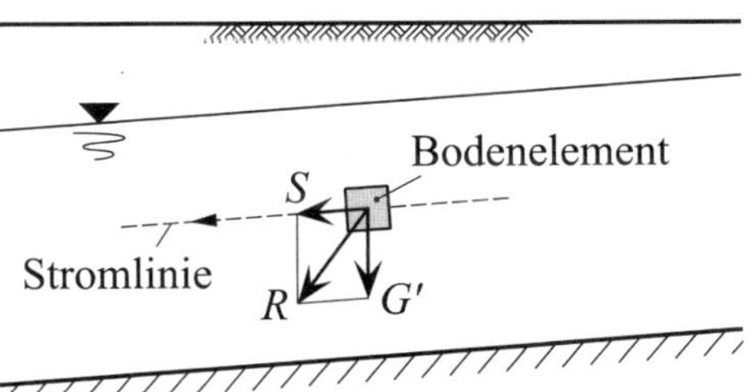

Abb. 7-7 Wirkung der Strömungskraft S an einem Bodenelement

Das Beispiel zeigt, dass bei einer nach unten geneigten Strömungsrichtung die vertikale Komponente der Strömungskraft

$$S = V \cdot f_S = V \cdot i \cdot \gamma_W \qquad \text{Gl. 7-14}$$

die Wirkung der Eigenlast G' erhöht. Das Bodenelement besitzt dann eine wirksame Wichte $\bar{\gamma}$, die größer ist als die eines vergleichbaren Elements in ruhendem Wasser, da die Wichte unter Auftrieb γ' um die vertikale Komponente von f_S vergrößert wird. Sich so ändernde Belastungen des Baugrunds können z. B. Setzungen hervorrufen.

Für Standsicherheitsberechnungen ist die wirksame Wichte $\bar{\gamma}$ bei vorwiegend lotrechter Durchströmung von besonderer Bedeutung. Sie errechnet sich bei abwärts gerichteter Strömung (Gewichtskraft G' und Strömungskraft S wirken in gleicher Richtung) mittels

$$\bar{\gamma} = \gamma' + f_s = \gamma' + i \cdot \gamma_w \qquad \text{Gl. 7-15}$$

Bei aufwärts gerichteter Strömung (Gewichts- und Strömungskraft wirken in zueinander entgegengesetzten Richtungen) gilt die Gleichung

$$\bar{\gamma} = \gamma' - f_s = \gamma' - i \cdot \gamma_w \qquad \text{Gl. 7-16}$$

Hydraulisches Gefälle, bei dem sich als wirksame Wichte $\bar{\gamma} = 0$ ergibt, wird „kritisches Gefälle" i_{krit} genannt.

Anwendungsbeispiel

Durch kontinuierliche Wasserentnahme wird in dem geschichteten Boden der Abb. 7-8 eine Reduzierung des hydraulischen Drucks in der unter dem Ton befindlichen Schicht hervorgerufen. Wird davon ausgegangen, dass vor Beginn der Wasserentnahme die hydraulische Druckhöhe in den durch die Tonschicht voneinander getrennten kiesig-sandigen Schichten gleich groß war, bewirkt die kontinuierliche Wasserentnahme eine Reduzierung der hydraulischen Druckhöhe in der unter dem Ton befindlichen Schicht um Δh, was zur Ausbildung einer nach unten gerichteten Grundwasserströmung führt

Für die beschriebene Situation sind zu ermitteln:

1) die Änderungen $\Delta\sigma'_{z,k}$ der charakteristischen effektiven Vertikalspannung im Punkt A
2) der Verlauf der Änderung $\Delta\sigma'_{z,k}$ der charakteristischen effektiven Vertikalspannungen über die Dicke der Tonschicht.

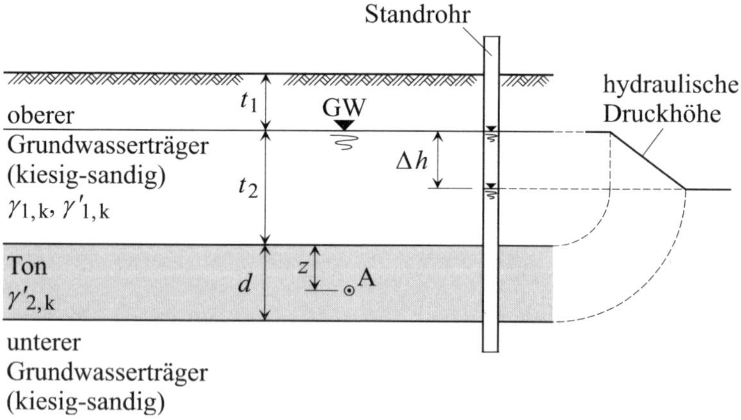

Abb. 7-8 Wasserentnahme aus dem unteren Grundwasserträger eines geschichteten Bodens

Für die Berechnung sind als Abmessungen und Materialkennwerte zu verwenden:

Dicke der oberen Schicht ohne Grundwasser	$t_1 = 2{,}0$ m
Dicke der oberen Schicht mit Grundwasser	$t_2 = 4{,}0$ m
Dicke der Tonschicht	$d = 2{,}0$ m
Senkung der hydraulischen Druckhöhe in unterer Schicht	$\Delta h = 2{,}0$ m
Charakteristische Wichte des Bodens der oberen Schicht	$\gamma_1 = 19$ kN/m³
Charakteristische Wichte des Bodens der oberen Schicht unter Auftrieb	$\gamma'_1 = 11$ kN/m³
Charakteristische Wichte des Tons unter Auftrieb	$\gamma'_2 = 10$ kN/m³

Lösung

1 Änderung $\Delta\sigma'_{z,k}$ der charakteristischen effektiven Vertikalspannungen im Punkt A

Die effektive Vertikalspannung vor Beginn der Wasserentnahme genügt der Beziehung

$$\sigma'_{z\,Anf,k}(z) = t_1 \cdot \gamma_{1,k} + t_2 \cdot \gamma'_{1,k} + z \cdot \gamma'_{2,k} = 2{,}0 \cdot 19 + 4{,}0 \cdot 11 + z \cdot 10$$

$$= 82 + 10 \cdot z \quad (\text{in kN/m}^2)$$

Bei einem konstanten hydraulischen Gefälle in der Tonschicht

$$i = \frac{\Delta h}{d} = \frac{2{,}0}{2{,}0} = 1$$

ergibt sich als spezifische Strömungskraft in der Tonschicht

$$f_s = i \cdot \gamma_w = 1 \cdot 10 = 10 \text{ kN/m}^3$$

Sie führt zu der charakteristischen wirksamen Wichte der Tonschicht unter Auftrieb

$$\bar{\gamma}_k = \gamma'_{2,k} + f_s = 10 + 10 = 20 \text{ kN/m}^3$$

Für die charakteristische effektive Vertikalspannung nach Beginn der Wasserentnahme und bei stationärem Strömungszustand gilt damit

$$\sigma'_{z\,stat,k}(z) = t_1 \cdot \gamma_{1,k} + t_2 \cdot \gamma'_{1,k} + z \cdot \bar{\gamma}_k = 2{,}0 \cdot 19 + 4 \cdot 11 + z \cdot 20 = 82 + 20 \cdot z \quad (\text{in kN/m}^2)$$

und für die Änderung der charakteristischen effektiven Vertikalspannungen

$$\Delta\sigma'_{z,k}(z) = \sigma'_{z\,stat,k}(z) - \sigma'_{z\,Anf,k}(z) = 82 + 20 \cdot z - (82 + 10 \cdot z) = 10 \cdot z \quad (\text{in kN/m}^2)$$

2 Verlauf der Änderung der effektiven Vertikalspannungen über die Tonschichtdicke

Die Gleichung für die Veränderung der charakteristischen effektiven Vertikalspannung $\Delta\sigma'_{z,k}(z)$ zeigt eine von z lineare Abhängigkeit in der Tonschicht, so dass sich im stationären Strömungszustand ein geradliniger Verlauf der Funktion über die Dicke der Tonschicht einstellt.

Als Funktionswerte ergeben sich an der Oberkante der Tonschicht ($z = 0$ m)

$$\Delta\sigma'_{z,k}(0 \text{ m}) = 10 \cdot 0 = 0 \text{ kN/m}^2$$

und an der Unterkante der Tonschicht ($z = 2$ m)

$$\Delta\sigma'_{z,k}(2 \text{ m}) = 10 \cdot 2 = 20 \text{ kN/m}^2$$

7.2.4 Aufgabe mit Lösung

Aufgabe 7-1

Bei dem in Abb. 7-9 dargestellten Fall eines geschichteten Bodens wird im oberen Grundwasserleiter das Grundwasser großflächig um 2 m abgesenkt.

Zu ermitteln ist die Größe der charakteristischen effektiven Vertikalspannung $\sigma'_{z,k}$ am unteren Rand der Tonschicht vor und nach der Absenkung und unter Beachtung des eingezeichneten Verlaufs der hydraulischen Druckhöhe nach erfolgter Absenkung (stationärer Strömungszustand bei unveränderter Drucksituation im unteren Grundwasserleiter).

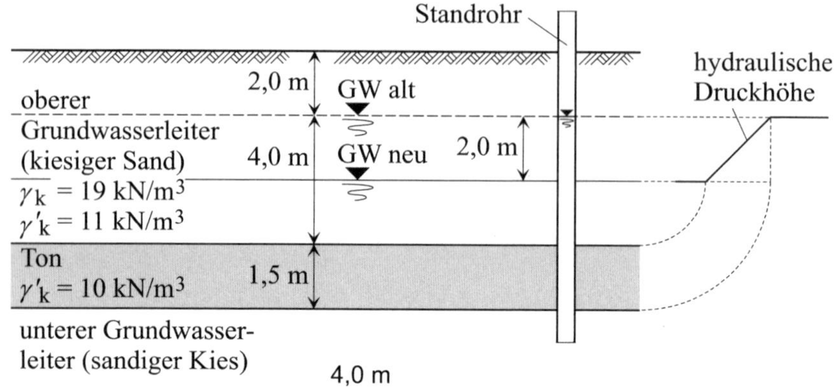

Abb. 7-9 Wasserentnahme aus dem oberen Grundwasserträger eines geschichteten Bodens

Lösung zu Aufgabe 7-1

Die effektive charakteristische Vertikalspannung $\sigma'_{z,k}$ am unteren Rand der Tonschicht beträgt vor Beginn der Wasserentnahme

$$\sigma'_{z\,\text{Anf},k} = 2{,}0 \cdot \gamma_{\text{Sand},k} + 4{,}0 \cdot \gamma'_{\text{Sand},k} + 1{,}5 \cdot \gamma'_{\text{Ton},k} = 2{,}0 \cdot 19 + 4{,}0 \cdot 11 + 1{,}5 \cdot 10$$

$$= 97{,}0 \text{ kN/m}^2$$

In der Tonschicht ergibt sich, bei dem konstanten hydraulischen Gefälle

$$i_{\text{Ton}} = \frac{\Delta h}{l} = \frac{2{,}0}{1{,}5} = 1{,}333$$

und der spezifischen, nach oben gerichteten Strömungskraft

$$f_s = i \cdot \gamma_w = 1{,}333 \cdot 10 = 13{,}33 \text{ kN/m}^3$$

als charakteristische wirksame Wichte unter Auftrieb

$$\bar{\gamma}_k = \gamma'_{\text{Ton},k} + f_s = 10 + 13{,}33 = -3{,}33 \text{ kN/m}^3$$

Die nach der Grundwasserabsenkung am unteren Rand der Tonschicht gesuchte charakteristische effektive Vertikalspannung hat bei stationärem Strömungszustand somit die Größe

$$\sigma'_{z\,\text{stat},k} = 4{,}0 \cdot \gamma_{\text{Sand},k} + 2{,}0 \cdot \gamma'_{\text{Sand},k} + 1{,}5 \cdot \bar{\gamma}_k = 4{,}0 \cdot 19{,}0 + 2{,}0 \cdot 11{,}0 + 1{,}5 \cdot (-3{,}33)$$

$$= 93{,}0 \text{ kN/m}^2$$

7.3 Hydraulischer Grundbruch und Erosionsgrundbruch

Der Strömungsdruck von Grundwasserbewegungen bewirkt bei aufwärts gerichteter Strömung (z. B. im Bereich einer durch Spundwände gesicherten Baugrube) in einem Bodenelement unterhalb der Baugrubensohle die Kräftesituation von Abb. 7-10. Die wirksame Wichte des Bodenelements beträgt in diesem Fall

$$\bar{\gamma} = \gamma' - i \cdot \gamma_w \quad \text{Gl. 7-17}$$

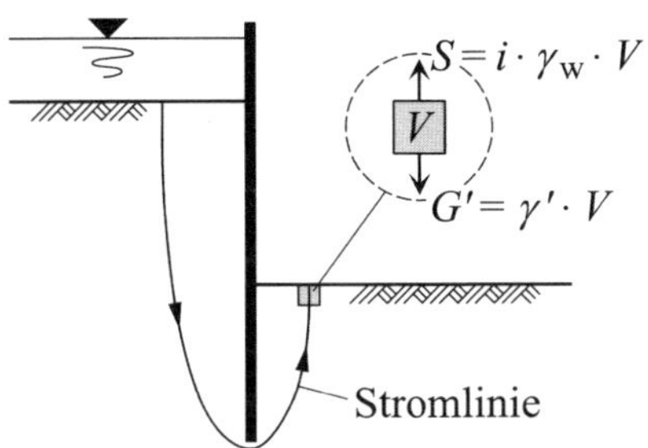

Abb. 7-10 Hydraulische Instabilität für $R = G' - S < 0$

Erreicht das hydraulische Gefälle die kritische Größe

$$i_{krit} = \frac{\gamma'}{\gamma_w} \quad \text{Gl. 7-18}$$

ergibt sich als wirksame Wichte $\bar{\gamma} = 0$ und damit die Aufhebung der Eigenlastwirkung der Körner sowie eine Auflockerung des Bodens. Bei noch größeren Strömungsdruckwerten werden die Körner vom Wasser mitgerissen; ein Zustand der „hydraulischer Grundbruch" genannt wird und nicht von der Scherfestigkeit des Bodens, sondern vom Gradienten i der Grundwasserströmung abhängt. Da Auflockerung und Ausspülung die Bodendurchlässigkeit vergrößern, den Sickerweg verkürzen und damit das hydraulische Gefälle weiter erhöhen, tritt, bei ausreichendem Wassernachschub (z. B. bei Verbindung von Sickerwasser und freiem Wasserspiegel), der hydraulische Grundbruch sehr rasch ein und führt zu großen Schäden (z. B. an Baugrubenumschließungen). Daher ist schon bei der Planung ein Sicherheitsnachweis gegen hydraulischen Grundbruch erforderlich.

7.3.1 Sicherheitsnachweis nach BAUMGART/DAVIDENKOFF

Zur Verhinderung von Schäden durch hydraulische Instabilitäten wie dem hydraulischen Grundbruch, ist sicherzustellen, dass bei Berücksichtigung entsprechender Teilsicherheitsbeiwerte γ kein Bruch eintritt.

Die Sicherheit gegen hydraulischen Grundbruch kann nach EAB, EB 61 z. B. mit dem einfachen und auf der sicheren Seite liegenden Ansatz von BAUMGART/DAVIDENKOFF [L 24] nachgewiesen werden. Unter Vernachlässigung der Reibung wird die vorhandene Sicherheit, in Anlehnung an die Abschnitte 10.3 und 2.4.7.5 von DIN EN 1997-1 und DIN 1054, erfasst durch das Verhältnis der Kräfte, die an einem unter Auftrieb stehendem sehr schmalem prismaförmigem Aufbruchkörper wirken (vgl. Abb. 7-11)

$$\mu = \frac{S_{\text{dst, d}}}{G'_{\text{stb, d}}} = \frac{S_{\text{k}} \cdot \gamma_{\text{H}}}{G'_{\text{k}} \cdot \gamma_{\text{G, stb}}} \leq 1{,}0 \qquad \text{Gl. 7-19}$$

Die in der Ungleichung des Grenzzustands HYD verwendeten Teilsicherheitsbeiwerte γ_{H} bzw. $\gamma_{\text{G, stb}}$ gehören zur Strömungskraft bei günstigem oder ungünstigem Untergrund (siehe auch Abschnitt 7.3.3) bzw. zu stabilisierenden ständigen Einwirkungen.

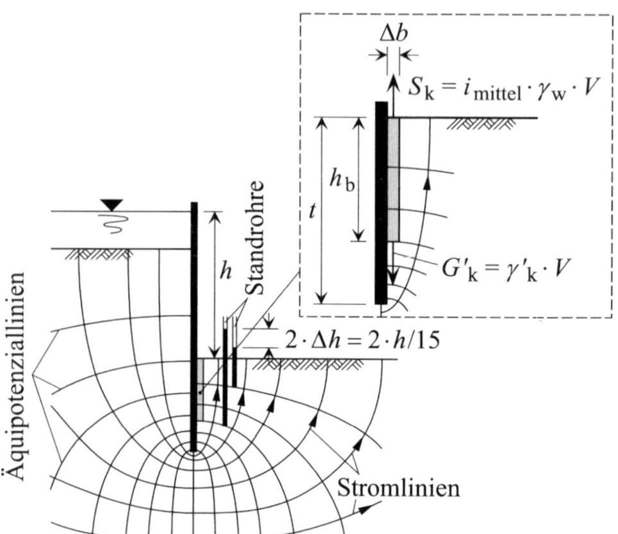

Abb. 7-11 Spundwand mit Strömungsnetz und Aufbruchkörper nach BAUMGART/ DAVIDENKOFF sowie charakteristische Eigenlast G'_{k} unter Auftrieb und charakteristische Strömungskraft S_{k}

Mit den Mittelwerten des hydraulischen Gefälles und der spezifischen Strömungskraft über die Gesamthöhe (n Äquipotenziallinienfelder) des Aufbruchkörpers

$$i_{\text{mittel}} = \frac{n \cdot \Delta h}{h_{\text{b}}} \qquad \text{und} \qquad f_{\text{s mittel}} = i_{\text{mittel}} \cdot \gamma_{\text{w}} = \frac{n \cdot \Delta h}{h_{\text{b}}} \cdot \gamma_{\text{w}} \qquad \text{Gl. 7-20}$$

(mit Δh gemäß Gl. 7-12), der auf den Bruchkörper (Höhe h_{b} und Breite Δb) wirkenden charakteristischen vertikalen Strömungskraft pro lfdm

$$S_{\text{k}} = f_{\text{s, mittel}} \cdot V = n \cdot \Delta h \cdot \gamma_{\text{w}} \cdot \Delta b \cdot 1{,}0 \qquad \text{Gl. 7-21}$$

und der charakteristischen Eigenlast des unter Auftrieb stehenden Bruchkörpers

$$G'_{\text{k}} = V \cdot \gamma'_{\text{k}} = h_{\text{b}} \cdot \Delta b \cdot 1{,}0 \cdot \gamma'_{\text{k}} \qquad \text{Gl. 7-22}$$

sowie unter Berücksichtigung von Gl. 7-18 und Abb. 7-11, ergibt sich für homogenen Boden aus Gl. 7-19 der Ausnutzungsgrad

$$\mu = \frac{S_{\text{dst, d}}}{G'_{\text{stb, d}}} = \frac{i_{\text{mittel}} \cdot \gamma_{\text{w}} \cdot \gamma_{\text{H}}}{\gamma'_{\text{k}} \cdot \gamma_{\text{G, stb}}} = \frac{n \cdot \Delta h \cdot \gamma_{\text{w}} \cdot \gamma_{\text{H}}}{h_{\text{b}} \cdot \gamma'_{\text{k}} \cdot \gamma_{\text{G, stb}}} = \frac{i_{\text{mittel}} \cdot \gamma_{\text{H}}}{i_{\text{krit}} \cdot \gamma_{\text{G, stb}}} \leq 1{,}0 \qquad \text{Gl. 7-23}$$

μ wächst mit zunehmendem Wert von i_{mittel}. Wegen des mit der Tiefe größer werdenden hydraulischen Gefälles erreicht i_{mittel} seine maximale Größe bei einem Bruchkörper mit der größten Höhe $h_{\text{b}} = t$. Gl. 7-23 nimmt dann die Form

$$\mu = \frac{S_{\text{dst, d}}}{G'_{\text{stb, d}}} = \frac{h_{\text{r}} \cdot \gamma_{\text{w}} \cdot \gamma_{\text{H}}}{t \cdot \gamma'_{\text{k}} \cdot \gamma_{\text{G, stb}}} = \frac{h_{\text{r}} \cdot \gamma_{\text{H}}}{t \cdot i_{\text{krit}} \cdot \gamma_{\text{G, stb}}} \leq 1{,}0 \qquad \text{Gl. 7-24}$$

an, in der h_{r} die Differenz zwischen der Standrohrspiegelhöhe am Spundwandfuß und der Unterwasserspiegelhöhe erfasst („wirksame Potenzialdifferenz" oder auch „hydraulische Resthöhe" am Spundwandfuß).

7.3.2 Näherungsformel von Kastner

Ist die durchströmte Bodenhöhe auf der Landseite des vorwiegend lotrecht umströmten Spundwandbauwerks größer als auf der Unterwasserseite und liegt kein Strömungsnetz vor, darf die Größe h_{r} aus Gl. 7-24 nach der Empfehlung E 115 in [L 121] näherungsweise mit der von Schultze erweiterten Formel von Kastner

$$h_{\text{r}} = \frac{h}{1 + \sqrt[3]{1 + \frac{h'}{t}}} \qquad \text{Gl. 7-25}$$

ermittelt werden. Die z. B. in m anzugebenden Größen h, h' und t sind die hydraulische Druckhöhe, die durchströmte Bodenhöhe auf der Landseite der Spundwand bis zur Gewässersohle und die Rammtiefe (auch „Einbindetiefe" genannt) der Spundwand (vgl. Abb. 7-12).

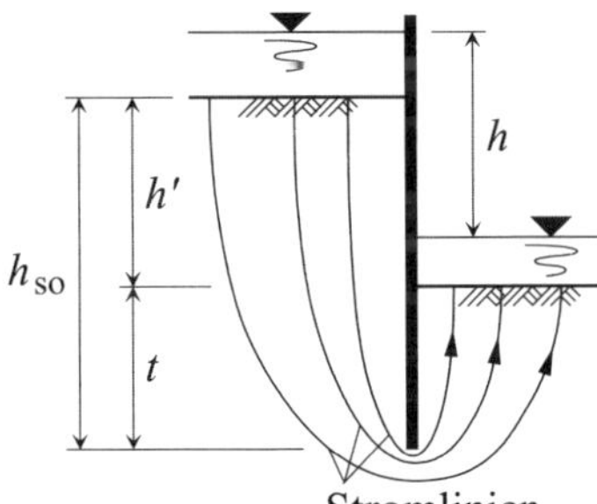

Abb. 7-12 Umströmte Spundwand

Alternativ zur Formel von Kastner darf nach EAU, E 115 auch

$$h_{\text{r}} = \frac{h \cdot \sqrt{t}}{\sqrt{h_{\text{so}}} + \sqrt{t}} \qquad \text{Gl. 7-26}$$

verwendet werden. Ihre einzelnen Größen sind die in m anzugebende hydraulische Höhe h, die durchströmte Bodenhöhe h_{so} auf der Oberwasserseite der Spundwand und die Rammtiefe der Spundwand (siehe Abb. 7-12).

Anwendungsbeispiel

Für die in mitteldichtem Sand herzustellende Spundwand aus Abb. 7-13 ist die Rammtiefe t unter der Bedingung zu berechnen, dass die Sicherheit gegen hydraulischen Grundbruch nach BAUMGART/DAVIDENKOFF und gemäß DIN EN 1997-1 und DIN 1054 in der Bemessungssituation BS-P gerade eingehalten wird. Die hydraulische Resthöhe h_r im Aufbruchkörperbereich ist dabei statt mit einem Strömungsnetz mit Hilfe der Näherungsformel von SCHULTZE und KASTNER zu bestimmen.

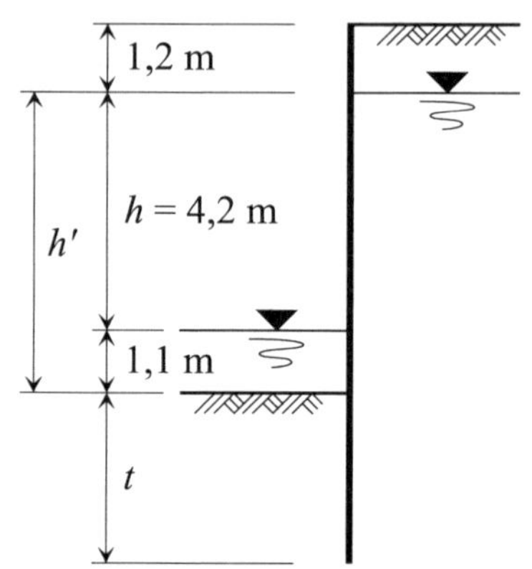

Abb. 7-13 Querschnitt mit Abmessungen einer umströmten Spundwand

Als Wichten sind für die Berechnung anzunehmen

$\gamma_w = 10{,}0\ \text{kN/m}^3$ (Wichte des Wassers)

$\gamma'_k = 10{,}5\ \text{kN/m}^3$ (charakteristische Wichte des Bodens unter Auftrieb)

Lösung

1 Definition des Ausnutzungsgrades μ

Für den Ausnutzungsgrad der nachzuweisenden gerade einzuhaltenden Sicherheit gegen hydraulischen Grundbruch gilt (Gl. 7-24 und Gl. 7-28)

$$\mu = \frac{S_{\text{dst, d}}}{G'_{\text{stb, d}}} = \frac{h_r \cdot \gamma_H}{t \cdot i_{\text{krit}} \cdot \gamma_{G,\text{stb}}} = 1{,}0$$

Mit dem kritischen hydraulischen Gefälle

$$i_{\text{krit}} = \frac{\gamma'}{\gamma_w}$$

und den Teilsicherheitsbeiwerten für die Bemessungssituation BS-P (vgl. Abschnitt 7.3.3)

$\gamma_H = 1{,}35$ (günstigerUntergrund) und $\gamma_{G,\text{stb}} = 0{,}95$

ergibt sich daraus

$$\mu = \frac{h_r \cdot \gamma_w \cdot \gamma_H}{t \cdot \gamma' \cdot \gamma_{G,\text{stb}}} = \frac{1{,}35 \cdot 10{,}0 \cdot h_r}{0{,}95 \cdot 10{,}5 \cdot t} = 1{,}353 \cdot \frac{h_r}{t}$$

Die hydraulische Resthöhe im Bereich des Bruchkörpers wird dabei, gemäß der Aufgabenstellung, erfasst durch (Gl. 7-25)

$$h_r = \frac{h}{1 + \sqrt[3]{1 + \frac{h'}{t}}}$$

$$\mu = 1{,}353 \cdot \frac{1{,}654}{2{,}0} = 1{,}119 > 1{,}0$$

2 Bestimmung der Rammtiefe t der Spundwand

2.1 Bestimmung durch „Probieren"

Die erforderliche Rammtiefe t der Spundwand kann z. B. durch „Probieren" ermittelt werden. Als Wert für die durchströmte Bodenhöhe auf der „Landseite" ist dabei zu verwenden

$$h' = 4{,}2 + 1{,}1 = 5{,}3\ \text{m}$$

1. Annahme: $t = 3{,}0$ m

$$h_r = \frac{4{,}2}{1+\sqrt[3]{1+\dfrac{5{,}3}{3{,}0}}} = 1{,}747 \quad \Rightarrow \quad \mu = 1{,}353 \cdot \frac{1{,}747}{3{,}0} = 0{,}788 < 1{,}0$$

2. Annahme: $t = 2{,}0$ m

$$h_r = \frac{4{,}2}{1+\sqrt[3]{1+\dfrac{5{,}3}{2{,}0}}} = 1{,}654 \quad \Rightarrow$$

3. Annahme: $t = 2{,}25$ m

$$h_r = \frac{4{,}2}{1+\sqrt[3]{1+\dfrac{5{,}3}{2{,}25}}} = 1{,}682 \quad \Rightarrow \quad \mu = 1{,}353 \cdot \frac{1{,}682}{2{,}25} = 1{,}01 \approx 1{,}0$$

Um eine Sicherheit mit dem Ausnutzungsgrad $\mu = 1{,}0$ gegen hydraulischen Grundbruch zu gewährleisten, muss die Spundwand $\approx 2{,}25$ m tief eingebunden werden.

2.2 Bestimmung mit der grafischen Methode

Die Rammtiefe kann auch auf grafischem Wege bestimmt werden, wenn der Verlauf der Funktion $\mu(t)$ unter Verwendung von mehreren Stützstellenwerten in ein entsprechendes Diagramm eingetragen wird.

In dem in Abb. 7-14 dargestellten Fall wurde der Funktionsverlauf mit den Stützstellenwerten

$t = 2{,}0$ m $\quad \mu = 1{,}119$

$t = 2{,}5$ m $\quad \mu = 0{,}924$

$t = 3{,}0$ m $\quad \mu = 0{,}788$

grafisch dargestellt.

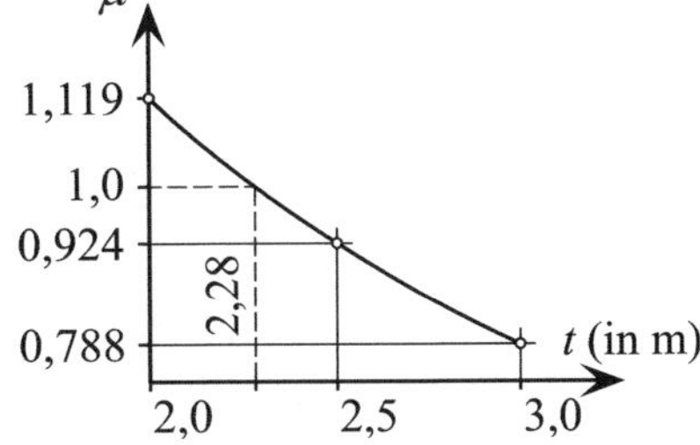

Abb. 7-14 Ermittlung der Rammtiefe mit der grafischen Methode

Durch Ablesung für $\mu = 1{,}0$ ergibt sich aus Abb. 7-14 die gesuchte Rammtiefe zu

$$t = 2{,}28\ \text{m}$$

7.3.3 Sicherheitsnachweis nach DIN 1054

Statt des sehr schmalen Aufbruchkörpers von BAUMGART/DAVIDENKOFF wird für den Sicherheitsnachweis gegen hydraulischen Grundbruch nach DIN 1054 ein im Querschnitt rechteckiger Aufbruchkörper verwendet. Dieser besitzt die Höhe t und die Breite $t/2$ (vgl. Abb. 7-15) und entspricht damit einem Vorschlag von TERZAGHI/PECK (vgl. [L 247]).

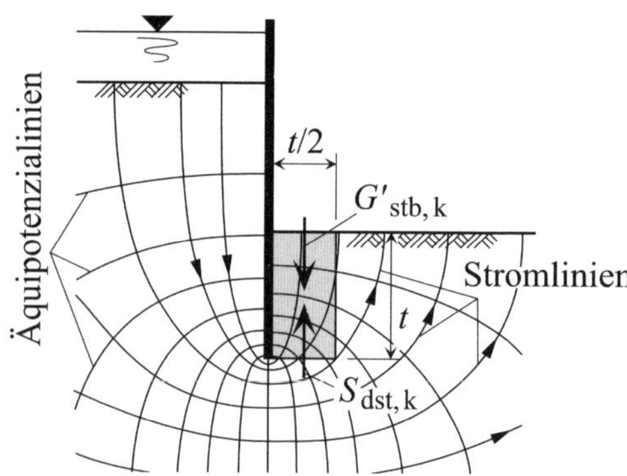

Abb. 7-15 Von DIN 1054 empfohlene Abmessungen eines von unten nach oben durchströmten Bodenkörpers vor einer Stützwand

Nach DIN 1054 ist das Anheben von Bodenschichten infolge nach oben gerichteter Strömungsdrücke ein Verlust der Lagesicherheit im Sinne des Grenzzustands HYD.

Die Sicherheit gegen hydraulischen Grundbruch kann nach DIN 1054, 11.5 mit

$$\mu = \frac{S_{\text{dst, d}}}{G'_{\text{stb, d}}} = \frac{S_{\text{dst, k}} \cdot \gamma_{\text{H}}}{G'_{\text{stb, k}} \cdot \gamma_{\text{G, stb}}} \leq 1 \qquad \text{Gl. 7-27}$$

bzw. mit

$$S_{\text{d}} = S_{\text{dst,k}} \cdot \gamma_{\text{H}} \leq G'_{\text{d}} = G'_{\text{stb,k}} \cdot \gamma_{\text{G,stb}} \qquad \text{Gl. 7-28}$$

nachgewiesen werden. Die in den Gleichungen verwendeten Größen sind die

- charakteristische destabilisierende Strömungskraft $S_{\text{dst, k}}$ auf den durchströmten Bodenkörper
- charakteristische stabilisierende Eigenlast $G'_{\text{stb, k}}$ des unter Auftrieb stehenden durchströmten Bodenkörpers
- Teilsicherheitsbeiwerte γ_{H} (für die Strömungskraft bei günstigem bzw. ungünstigem Untergrund) und $\gamma_{\text{G, stb}}$ (für günstige ständige Einwirkungen).

Die charakteristische Strömungskraft $S_{\text{dst, k}}$ ist durch die Auswertung eines entsprechenden Strömungsnetzes zu ermitteln.

Bezüglich der Zahlenwerte für die Teilsicherheitsbeiwerte γ_{H} und $\gamma_{\text{G, stb}}$ sei auf DIN 1054, Tabelle 2 hingewiesen. Nach dieser Tabelle werden für γ_{H} unterschiedliche Werte für als „günstig“ und als „ungünstig“ bezeichneten Untergrund angegeben. Nach DIN 1054, 10.3 A (1b) handelt es sich im Falle des günstigen Untergrunds um

- Kies, Kiessand und mindestens mitteldicht gelagerten Sand mit Korngrößen $> 0{,}2$ mm (Mittelsand und Grobsand) sowie
- mindestens steifen tonigen bindigen Boden

und im Falle des ungünstigen Untergrunds um

- locker gelagerten Sand sowie Feinsand, Schluff und weichen bindigen Boden.

7.3.4 Senkrechte Durchströmung von horizontal geschichtetem Boden

Im Folgenden werden Beziehungen für horizontal geschichteten Boden angegeben, der in senkrechter Richtung von Grundwasser durchströmt wird. Wenn dieser Boden eine durchflossene Querschnittsfläche der Größe A besitzt, und die Gültigkeit des Filtergesetzes von DARCY vorausgesetzt werden kann, ergibt sich unter Berücksichtigung der Gl. 7-4 bei einem aus drei Schichten bestehenden Boden (vgl. Abb. 7-16) mit den Schichtdicken l_1, l_2 und l_3 sowie den Durchlässigkeitsbeiwerten k_1, k_2 und k_3 (für Abb. 7-16 gilt $k_1 > k_2 > k_3$) die Durchflussmenge

$$Q = k_1 \cdot i_1 \cdot A = k_2 \cdot i_2 \cdot A = k_3 \cdot i_3 \cdot A \qquad \text{Gl. 7-29}$$

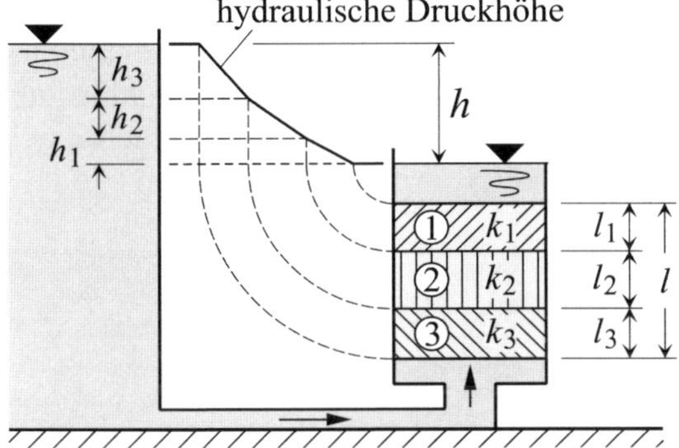

Abb. 7-16 Vertikale Durchströmung eines horizontal geschichteten Bodenpakets

Unter Verwendung der Größe

$$N = k_2 \cdot k_3 \cdot l_1 + k_1 \cdot k_3 \cdot l_2 + k_1 \cdot k_2 \cdot l_3 \qquad \text{Gl. 7-30}$$

lassen sich die auf die drei Schichten entfallenden Anteile der hydraulischen Druckhöhe h mit

$$h_1 = \frac{h \cdot k_2 \cdot k_3 \cdot l_1}{N} \qquad h_2 = \frac{h \cdot k_1 \cdot k_3 \cdot l_2}{N} \qquad h_3 = \frac{h \cdot k_1 \cdot k_2 \cdot l_3}{N} \qquad \text{Gl. 7-31}$$

berechnen. Die zugehörigen Werte für das hydraulische Gefälle in den Schichten 1, 2 und 3 ergeben sich mit den Beziehungen

$$i_1 = \frac{h_1}{l_1} = \frac{h \cdot k_2 \cdot k_3}{N} \qquad i_2 = \frac{h_2}{l_2} = \frac{h \cdot k_1 \cdot k_3}{N} \qquad i_3 = \frac{h_3}{l_3} = \frac{h \cdot k_1 \cdot k_2}{N} \qquad \text{Gl. 7-32}$$

Die mittlere Durchlässigkeit der vertikal durchströmten Bodenschichtung die in

$$\frac{Q}{A} = k_{\text{mittel}} \cdot i_{\text{mittel}} = k_{\text{mittel}} \cdot \frac{h}{l} = k_1 \cdot i_1 = k_2 \cdot i_2 = k_3 \cdot i_3 \qquad \text{Gl. 7-33}$$

verwendet wird, kann berechnet werden mit

$$k_{\text{mittel}} = \frac{l \cdot k_1 \cdot k_2 \cdot k_3}{N} = \frac{l}{\frac{l_1}{k_1} + \frac{l_2}{k_2} + \frac{l_3}{k_3}} \qquad \text{Gl. 7-34}$$

7.3.5 Bodenschichtung

Nach Abschnitt 7.3.4 ist der Druckabfall (hydraulisches Gefälle) in den Schichten mit geringen Durchlässigkeitsbeiwerten größer als in den Schichten mit höheren Beiwerten. Für die Sicherheit gegen hydraulischen Grundbruch ist es deshalb ungünstig, wenn die undurchlässigeren Schichten, wie in Abb. 7-17 a), unterhalb der Baugrubensohle anstehen. In solchen Fällen darf gemäß der Empfehlung EB 61 der EAB nur der Sickerweg durch die weniger durchlässige Schicht in Rechnung gestellt werden. Wird gemäß Abb. 7-17 b) zuerst die undurchlässigere und dann die durchlässigere Schicht durchströmt, darf der damit verbundene günstige Effekt nur bedingt berücksichtigt werden, weil schon geringe Störungen im Aufbau des Untergrunds die Verhältnisse an einzelnen Stellen entscheidend zuungunsten der Sicherheit gegen hydraulischen Grundbruch beeinflussen können. Außerdem ist die Filterstabilität der durchlässigen Schicht nachzuweisen (die Bodenporen dieser Schicht dürfen nicht zugesetzt werden durch ausgeschlämmte Teilchen aus der undurchlässigeren Schicht).

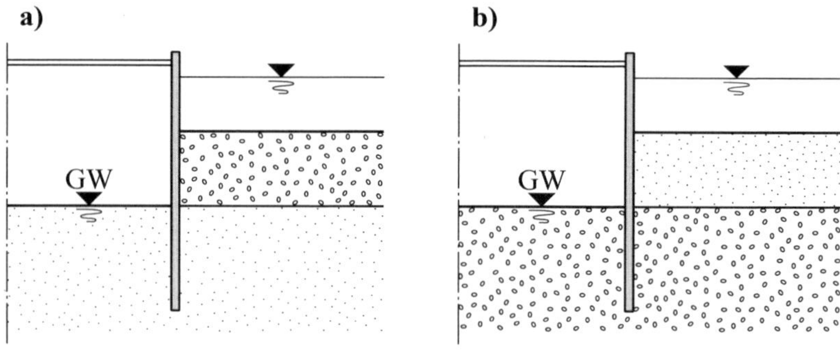

Abb. 7-17 Einfluss der Bodenschichtung (nach EAB)

Maßgebend für den Sicherheitsnachweis gegen hydraulischen Grundbruch ist die Absenkkurve, die sich während des jeweiligen Aushubschritts kurzfristig einstellt. Bei geringer Durchlässigkeit des Bodens, insbesondere bei Feinsand und Schluff, ist in der Regel mit dem nicht abgesenkten Grundwasserspiegel zu rechnen.

7.3.6 Sicherungsmaßnahmen

Das baldige Eintreten eines hydraulischen Grundbruchs lässt sich ggf. an einer Vernässung des Bodens vor dem Spundwandfuß erkennen. In solchen Fällen sollte die Baugrube nach der Empfehlung E 115 der EAU sofort mindestens teilweise geflutet werden. Danach können Sanierungsmaßnahmen entsprechend E116, Abschnitt 3.3 fünfter Absatz und folgende durchgeführt werden; alternativ kann mit örtlicher Bodenauflast in der Baugrube oder mit einer der im Folgenden beschriebenen Maßnahmen gearbeitet werden.

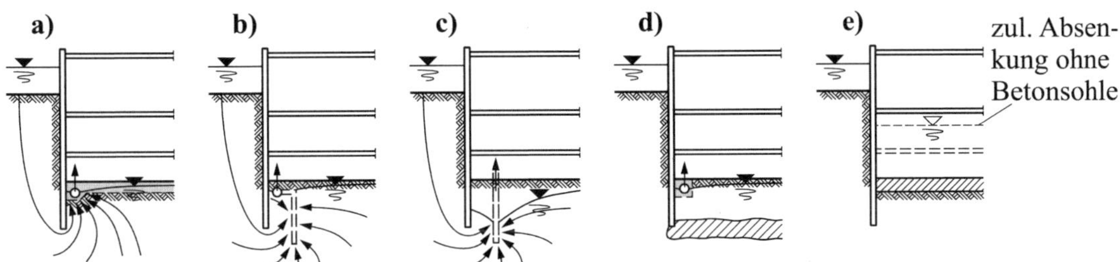

Abb. 7-18 Maßnahmen gegen hydraulischen Grundbruch (nach WEIßENBACH [L 148], Kapitel 3.6)
a) Auflastfilter, b) Überlaufbrunnen, c) Pumpbrunnen,
d) undurchlässige Schicht, e) Unterwasserbetonsohle

Zu den Möglichkeiten der Erhöhung der Sicherheit gegen hydraulischen Grundbruch gehören nach WEIßENBACH ([L 148], Kapitel 3.6) vor allem Maßnahmen wie (vgl. Abb. 7-18)

- die Verlängerung der Baugrubenwand, mit der das hydraulische Gefälle durch Verlängerung des Sickerwegs reduziert wird
- die Aufbringung von Belastungsfiltern (unterhalb der Baugrubensohle steht als erstes feuchter und nicht durchströmter Boden an, darunter folgt nach oben durchströmter Boden mit entsprechend abgeminderter Wichte)
- innerhalb der Baugrube angeordnete
  - Überlaufbrunnen, welche die Fließrichtung des strömenden Grundwassers umlenken (das Grundwasser fließt nicht mehr senkrecht, sondern zum Brunnen, wird von dort in Pumpensümpfe geleitet und aus denen abgepumpt), so dass eine nach oben gerichtete vertikale Strömungskraftkomponente nahezu vollständig entfällt und somit der unterhalb der Baugrubensohle anstehende Boden nur noch unter Auftrieb steht
  - Pumpbrunnen (unterhalb der Baugrubensohle verbleibt grundwasserfreier Boden; dabei ist eine pausenlose Pumparbeit zu gewährleisten)

  (da in diesen Fällen aufwärts gerichtete Strömungskräfte fehlen, kann der Nachweis der Sicherheit gegen hydraulischen Grundbruch entfallen)
- die Herstellung einer undurchlässigen Schicht im Untergrund (sehr teure Maßnahme bei der die Sicherheit gegen Aufschwimmen nachzuweisen ist)
- die Herstellung einer wasserdichten Baugrubensohle aus Unterwasserbeton (die Sohle wird in der Regel verankert; ihre Sicherheit gegen Aufschwimmen ist nachzuweisen).

7.3.7 Erosionsgrundbruch

Zu den Voraussetzungen für die Entstehung eines Erosionsgrundbruchs gehören im Baugrund vorhandene Störungen wie vorhandene Lockerzonen, in schwach bindige Bodenschichten eingelagerte Sandadern, durch Bohrungen entstandene Hohlräume, usw. Der Erosionsgrundbruch wird eingeleitet, wenn in einer solchen Störung, ausgelöst durch einen großen Gradienten des hydraulischen Gefälles, strömendes Grundwasser damit beginnt Bodenmaterial in Bewegung zu setzen und auszuspülen (z. B. im Bereich einer Baugrubensohle oder einer Gewässersohle). Dies bewirkt eine gegen die Strömung gerichtete Erosion des Bodens, die in Verbindung mit dem dort größer werdenden hydraulischen Gefälle eine rückschreitende Kanalbildung herbeiführt. Erreicht ein solcher Kanal freies Oberwasser, schießt dieses durch den zunächst noch kleinen Kanaldurchmesser, vergrößert ihn in kurzer Zeit durch ständiges Abtragen des Kanalwandmaterials und führt so den endgültigen Erosionsgrundbruch herbei, der bis zum Einsturz des umströmten Bauwerks führen kann (siehe hierzu Abb. 7-19).

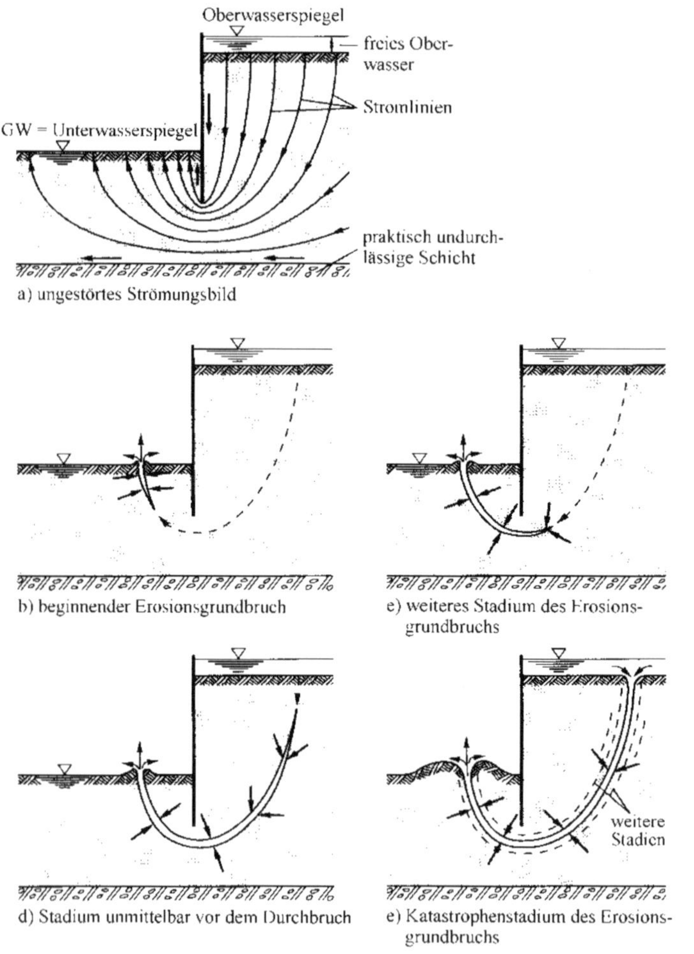

Abb. 7-19 Entwicklung eines Erosionsgrundbruchs (nach [L 121])

Erosionsgrundbrüche kündigen sich zuerst auf der Unterwasserseite bzw. der Baugrubensohle durch Quellbildung an, bei der Bodenkörner mit hochgerissen werden. Werden sie in diesem Stadium erkannt, können sie noch durch schnell und ausreichend dick aufgebrachte Stufen- oder Mischkiesfilter (verhindern die weitere Bodenausspülung) unter Kontrolle gebracht werden. In einem Stadium bei dem ein baldiger Durchbruch zur Oberwassersohle hin zu befürchten ist, ist allerdings ein sofortiger Ausgleich zwischen Ober- und Unterwasserspiegel durch Ziehen von Wehröffnungen, Fluten der Baugrube oder dergleichen herbeizuführen. Erst danach lassen sich Sanierungsmaßnahmen vornehmen, wie

- Einbau eines kräftigen Filters auf der Unterwasserseite
- Verpressen des erodierten Kanals von der Unterwasserseite aus
- Tiefenrüttlung des Bodens im Gefahrenbereich

- Grundwasserabsenkung oder dichtes Abdecken der Oberwassersohle weit über den Gefahrenbereich hinaus.

Für die Berechnung der Sicherheit gegen Erosionsgrundbruch existieren derzeit keine verallgemeinerten Modelle. Auch lassen sich aufgrund der z. T. großen Unterschiede zwischen den Konfigurationen und den Randbedingungen der Bauwerke auf statistischer Ebene keine detaillierten Aussagen machen. Generell ist davon auszugehen, dass die Gefahr des Erosionsgrundbruchs mit zunehmendem Höhenunterschied zwischen Ober- und Unterwasserspiegel wächst. Bei nichtbindigem oder schwach bindigem Boden ist die Gefahr umso größer, je lockerer und feinkörniger der Boden ist; dies gilt besonders bei eingelagerten Sandlinsen oder Sandadern. Bei stark bindigem Boden, kann in der Regel davon ausgegangen werden, dass keine Erosionsgrundbruchgefahr besteht.

7.3.8 Aufgaben mit Lösungen

Aufgabe 7-2 (Lösung Seite 234)

In eine Versuchsanlage zur Untersuchung hydraulischer Grundbrucherscheinungen wurden gemäß Abb. 7-20 zwei Bodenschichten mit unterschiedlichem Material eingebaut, von denen die Wichten unter Auftrieb, die Schichtdicken und die Durchlässigkeitsbeiwerte

$\gamma'_1 = 10{,}0 \text{ kN/m}^3$

$\gamma'_2 = 10{,}5 \text{ kN/m}^3$

$l_1 = 0{,}4 \text{ m}$

$l_2 = 0{,}3 \text{ m}$

$k_1 = 10^{-4} \text{ m/s}$

$k_2 = 10^{-5} \text{ m/s}$

bekannt sind.

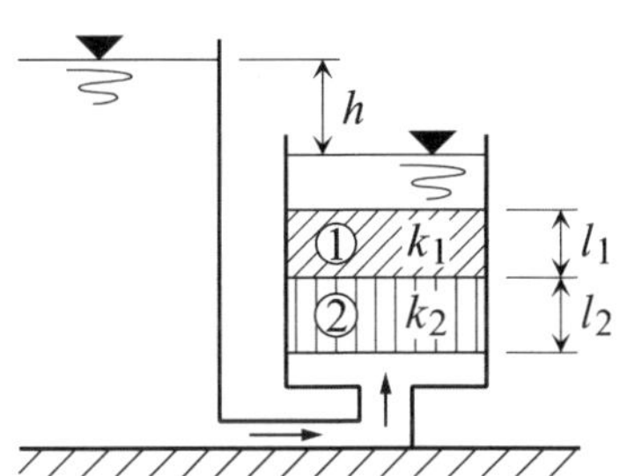

Abb. 7-20 Vertikale Durchströmung von zwei Bodenschichten

Es ist zu prüfen, ob in einer der beiden Schichten das kritische Gefälle erreicht ist! Dabei ist ein hydraulischer Höhenunterschied von $h = 1{,}5$ m anzunehmen.

Aufgabe 7-3 (Lösung Seite 235)

Anzugeben sind drei Möglichkeiten zur Sicherung von Baugruben gegen hydraulischen Grundbruch!

Aufgabe 7-4 (Lösung Seite 235)

Betrachtet wird eine Spundwand, die gemäß Abb. 7-21 eine Baugrube sichert. Für sie ist die Höhe h zu ermitteln, um die der Grundwasserspiegel in der Baugrube abgesenkt werden kann, wenn ein nach BAUMGART/DAVIDENKOFF und gemäß DIN 1054 in der Bemessungssituation BS-P geführter Nachweis gegen hydraulischen Grundbruch einen Ausnutzungsgrad $\mu \le 1$ erbringen muss. Zur Erfassung der hydraulischen Resthöhe im Bereich des Aufbruchkörpers ist die Formel von SCHULTZE und KASTNER heranzuziehen.

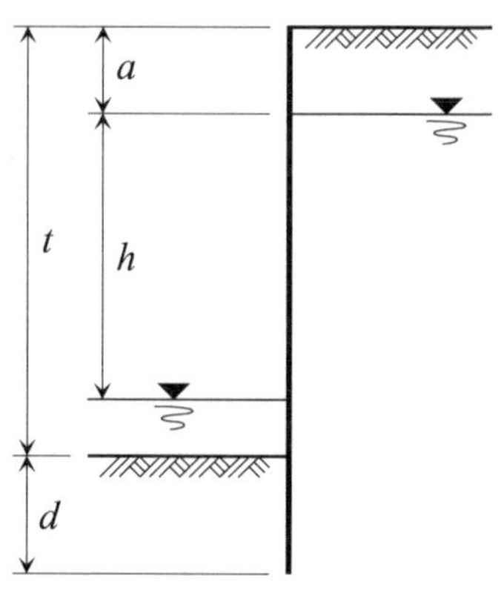

Abb. 7-21 Mit Spundwand gesicherte Baugrube

Der Berechnung zugrunde zu legen sind als Abmessungen

Baugrubentiefe	t	$= 4{,}60$ m
Tiefe des Grundwasserspiegels	a	$= 0{,}80$ m
Einbindetiefe der Spundwand	d	$= 3{,}00$ m

und als charakteristische Kennwerte des locker gelagerten Bodens (Sand)

Bodenwichte über Grundwasser	γ_k	$= 16{,}5$ kN/m³
Bodenwichte unter Auftrieb	γ'_k	$= 9{,}0$ kN/m³

Aufgabe 7-5 (Lösung Seite 236)

Es ist zu erläutern, warum mit der Anordnung von Überlaufbrunnen die Gefahr des Auftretens eines hydraulischen Grundbruchs beseitigt werden kann!

Lösung zu Aufgabe 7-2 (Aufgabenstellung Seite 233)

Mit den kritischen Gefällewerten der Schichten 1 und 2 (mit $\gamma_w = 10{,}0$ kN/m³)

$$i_{\text{krit 1}} = \frac{\gamma'_1}{\gamma_w} = \frac{10{,}0}{10{,}0} = 1{,}0 \qquad \text{und} \qquad i_{\text{krit 2}} = \frac{\gamma'_2}{\gamma_w} = \frac{10{,}5}{10{,}0} = 1{,}05$$

den auf die Schichten 1 und 2 entfallenden Anteilen der hydraulischen Druckhöhe h

$$h_1 = \frac{h \cdot k_2 \cdot l_1}{k_2 \cdot l_1 + k_1 \cdot l_2} = \frac{1{,}5 \cdot 10^{-5} \cdot 0{,}4}{10^{-5} \cdot 0{,}4 + 10^{-4} \cdot 0{,}3} = 0{,}176 \text{ m}$$

$$h_2 = \frac{h \cdot k_1 \cdot l_2}{k_2 \cdot l_1 + k_1 \cdot l_2} = \frac{1{,}5 \cdot 10^{-4} \cdot 0{,}3}{10^{-5} \cdot 0{,}4 + 10^{-4} \cdot 0{,}3} = 1{,}324 \text{ m}$$

und den Durchströmungslängen l_1 und l_2 ergeben sich die hydraulischen Gefällewerte der beiden Schichten

$$i_1 = \frac{h_1}{l_1} = \frac{0{,}176}{0{,}4} = 0{,}441 \qquad \text{und} \qquad i_2 = \frac{h_2}{l_2} = \frac{1{,}324}{0{,}3} = 4{,}41$$

Die Vergleiche der jeweiligen Gefällewerte zeigen, dass das kritische Gefälle in der Schicht 1 nicht erreicht wird

$$i_1 = 0{,}441 < i_{\text{krit}1} = 1{,}0$$

und in der Schicht 2 überschritten wird

$$i_2 = 4{,}41 > i_{\text{krit}2} = 1{,}05$$

Lösung zu Aufgabe 7-3 (Aufgabenstellung Seite 233)

1. Verlängerung der Baugrubenwand zur Reduzierung des hydraulischen Gefälles.
2. Anordnung von Überlaufbrunnen innerhalb der Baugrube um die vertikale Grundwasserströmungsrichtung umzulenken, so dass der Boden unterhalb der Baugrubensohle praktisch nur noch unter Auftrieb steht.
3. Herstellung einer undurchlässigen Schicht im Untergrund, mit der die Grundwasserströmung praktisch vollständig unterbunden wird (sehr teuer, nachzuweisen ist die Sicherheit gegen Auftrieb).

Lösung zu Aufgabe 7-4 (Aufgabenstellung Seite 234)

Gemäß der Aufgabenstellung ist die Sicherheit gegen hydraulischen Grundbruch mit (Gl. 7-24)

$$\mu = \frac{S_{\text{dst, d}}}{G'_{\text{stb, d}}} = \frac{h_{\text{r}} \cdot \gamma_{\text{H}}}{t \cdot i_{\text{krit}} \cdot \gamma_{\text{G, stb}}} \leq 1{,}0$$

nachzuweisen.

Mit

$$i_{\text{krit}} = \frac{\gamma'_{\text{k}}}{\gamma_w} = \frac{9{,}0}{10} = 0{,}90$$

und den Teilsicherheitsbeiwerten für die Bemessungssituation BS-P (vgl. Abschnitt 7.3.3)

$\gamma_{\text{H}} = 1{,}80$ (ungünstiger Untergrund) und $\gamma_{\text{G, stb}} = 0{,}95$

ergibt sich aus der Nachweisgleichung

$$\mu = \frac{h_{\text{r}} \cdot \gamma_{\text{H}}}{t \cdot i_{\text{krit}} \cdot \gamma_{\text{G, stb}}} = \frac{h_{\text{r}} \cdot 1{,}80}{4{,}60 \cdot 0{,}90 \cdot 0{,}95} = 0{,}4577 \cdot h_{\text{r}} \leq 1{,}0$$

und daraus die Forderung für die hydraulische Resthöhe im Bereich des Aufbruchkörpers

$$h_{\text{r}} \leq \frac{1{,}0}{0{,}4577} = 2{,}185 \text{ m}$$

Die Größe von h_{r} wird dabei, gemäß der Aufgabenstellung, erfasst durch die Näherungsformel von SCHULTZE und KASTNER (Gl. 7-25)

$$h_{\text{r}} = \frac{h}{1 + \sqrt[3]{1 + \frac{h'}{t}}}$$

Diese führt, nach Einsetzen der ursprünglichen Grundwasserspiegelhöhe über der Baugrubensohle

$$h' = t - a = 4{,}60 - 0{,}80 = 3{,}80\,\text{m}$$

zu der Ungleichung für die gesuchte Absenkhöhe

$$h \le 2{,}185 \cdot \left(1 + \sqrt[3]{1 + \frac{3{,}80}{4{,}60}}\right) \quad \Rightarrow \quad h \le 4{,}86\ \text{m}$$

Lösung zu Aufgabe 7-5 (Aufgabenstellung Seite 234)

Durch die im Bereich der Baugrube erfolgende Anordnung von Überlaufbrunnen neben der Baugrubenumschließung (z. B. Spundwand) wird die Strömungsrichtung des fließenden Grundwassers umgelenkt. Das Grundwasser fließt zum Brunnen (von dort wird es in Pumpensümpfe geleitet, aus denen es abgepumpt wird) und nicht senkrecht nach oben. Die vertikale Strömungskraft entfällt nahezu vollständig, so dass der unterhalb der Baugrubensohle anstehende Boden praktisch nur unter Auftrieb steht und somit die Voraussetzungen für das Eintreten eines hydraulischen Grundbruchs beseitigt sind.

7.4 Verfahren der Wasserhaltung

Wasserhaltungsverfahren sind in der Regel zeitlich begrenzte Baumaßnahmen mit denen der im Grundwasserbereich liegende Teil der Baugrube trockengelegt und gehalten wird. Dies geschieht durch Abpumpen des im Baugrubenbereich vorhandenen und des nachfließenden Grundwassers.

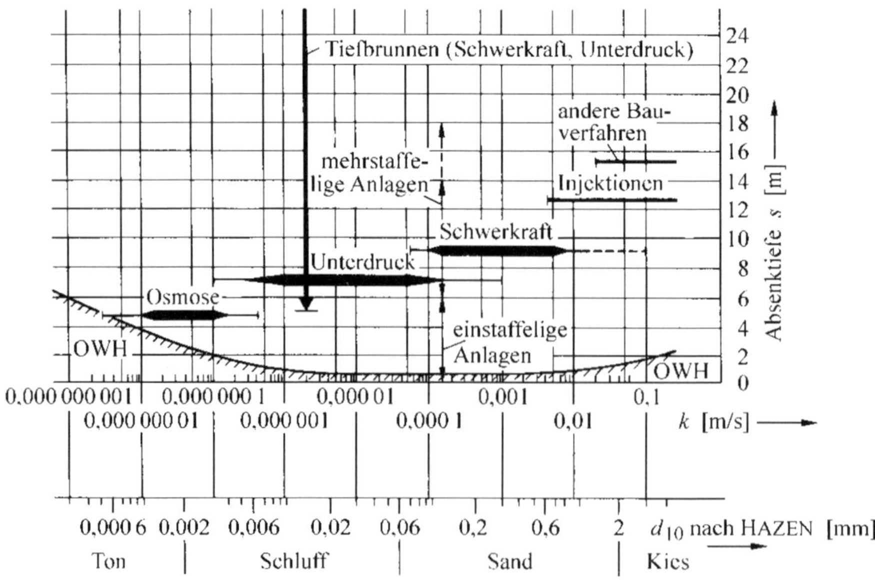

Abb. 7-22 Anwendungsbereiche der Wasserhaltungsverfahren (nach [L 154])
Beim Schwerkraft-, Unterdruck- und Osmoseverfahren sind die jeweils günstigsten Bereiche besonders hervorgehoben.

Abhängig von der Durchlässigkeit des anstehenden Bodens entstehen unterschiedlich starke Gefälle zwischen abgesenktem und ungestörtem Wasserspiegel. Bei großem Porenvolumen der durchströmten Bodenart ist deren Strömungswiderstand gering und das Gefälle schwach. Bei kleinem Porenvolumen ist ihr Strömungswiderstand hoch und das Gefälle stark. Diese Durchlässigkeitsunterschiede des zu entwässernden Bodens verlangen Verfahren, die den jeweiligen Gegebenheiten angepasst sind (vgl. Abb. 7-22). Zur Auswahl stehen die

- Schwerkraftentwässerung
- Unterdruckentwässerung
- Elektro-Osmose.

In bindigen Böden und groben Kiesen sind Wasserhaltungen ohne Hilfsmaßnahmen nicht ausführbar.

Anwendungsbeispiel

Welches Verfahren der Wasserhaltung ist bei Sandböden mit Durchlässigkeitsbeiwerten von $2 \cdot 10^{-4} \leq k \leq 2 \cdot 10^{-3}$ m/s besonders zu empfehlen?

Lösung

Aus Abb. 7-22 geht hervor, dass die Schwerkraftentwässerung als Verfahren der Wasserhaltung besonders zu empfehlen ist, wenn es sich bei den zu entwässernden Böden um Sande mit Durchlässigkeitsbeiwerten $1 \cdot 10^{-4} \leq k \leq 7 \cdot 10^{-3}$ m/s handelt. Das bedeutet, dass die Schwerkraftentwässerung auch für die in der Aufgabenstellung genannten Sandböden besonders zu empfehlen ist, da deren Durchlässigkeitsbeiwerte mit $2 \cdot 10^{-4} \leq k \leq 2 \cdot 10^{-3}$ m/s innerhalb des Bereichs $1 \cdot 10^{-4} \leq k \leq 7 \cdot 10^{-3}$ m/s liegen.

7.4.1 Aufgaben mit Lösungen

Aufgabe 7-6

Es ist anzugeben, welches Verfahren der Wasserhaltung besonders bei grobschluffigen und mittelschluffigen Böden zu empfehlen ist!

Aufgabe 7-7

Für welche Böden ist die Schwerkraftentwässerung als Verfahren der Wasserhaltung besonders zu empfehlen?

Aufgabe 7-8

Welches Verfahren der Wasserhaltung ist bei Böden aus Ton und/oder Feinschluff besonders zu empfehlen?

Aufgabe 7-9

Für welche Böden ist die Unterdruckentwässerung als Verfahren der Wasserhaltung besonders zu empfehlen und wie ist die Durchlässigkeit dieser Böden nach DIN 18130-1 einzustufen?

Lösung zu Aufgabe 7-6

Bei mittel- und/oder grobschluffigen Böden ist als Verfahren der Wasserhaltung die Unterdruckentwässerung besonders zu empfehlen.

Lösung zu Aufgabe 7-7

Die Schwerkraftentwässerung ist als Verfahren der Wasserhaltung besonders für Böden mit Durchlässigkeitskoeffizienten $1 \cdot 10^{-4}$ m/s $\geq k \leq 8 \cdot 10^{-3}$ m/s zu empfehlen.

Lösung zu Aufgabe 7-8

Bei Böden aus Ton und/oder Feinschluff ist als Verfahren der Wasserhaltung die Elektro-Osmose besonders zu empfehlen!

Lösung zu Aufgabe 7-9

Die Unterdruckentwässerung ist als Verfahren der Wasserhaltung besonders für Böden mit Durchlässigkeitsbeiwerten $3 \cdot 10^{-7}$ m/s $\leq k \leq 2 \cdot 10^{-4}$ m/s zu empfehlen (vgl. Abb. 7-22).

Nach DIN 18130-1 gehören diese Böden in die Gruppe der „schwach durchlässigen" bis „stark durchlässigen" Böden, für deren Durchlässigkeitsbereich 10^{-8} m/s $< k \leq 10^{-2}$ m/s gilt (vgl. Abb. 7-2).

7.5 Schwerkraftentwässerung

7.5.1 Allgemeines

Zu den Charakteristiken der Schwerkraftentwässerung gehört es, dass die Fließbewegung des Wassers zur Entnahmestelle hin nur durch die Wirkung der Schwerkraft und durch das Gefälle zwischen ungestörtem und abgesenktem Wasserspiegel herbeigeführt wird.

Abb. 7-23 zeigt die bei der Schwerkraftentwässerung zu unterscheidenden Verfahren

- der offenen Wasserhaltung
- der Wasserabsenkung mit horizontal angeordneten Filtern (Dränrohren)
- der Wasserabsenkung mittels vertikal angeordneter Brunnen (Flach- bzw. Tiefbrunnenanlagen).

a)

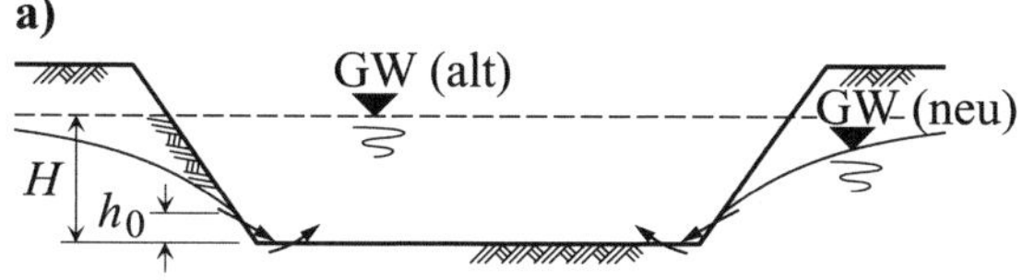

b)

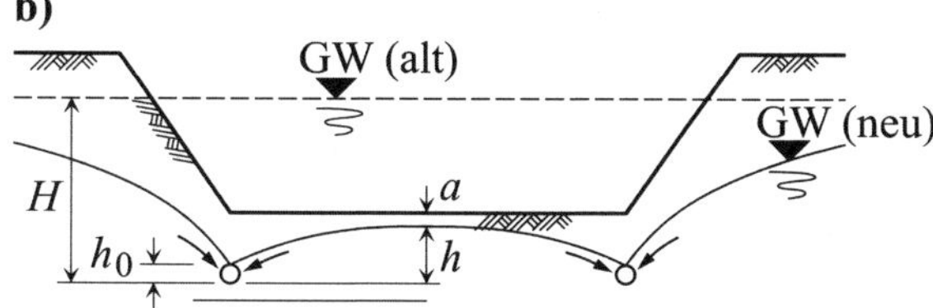

c)

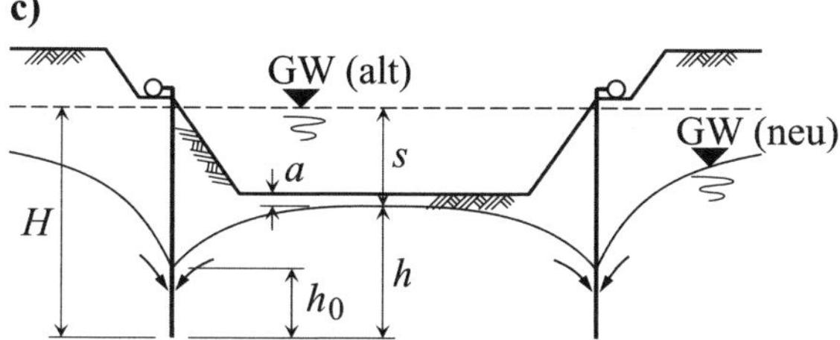

Abb. 7-23 Schwerkraftentwässerungen
a) offene Wasserhaltung
b) horizontale Fassungen
c) Wasserabsenkung mit vertikalen Brunnen

7.5.2 Offene Wasserhaltung

Bei der offenen Wasserhaltung erfolgt die Entwässerung gleichzeitig mit dem Baugrubenaushub. Das Wasser, das der Baugrube über Sohle und Böschungen zufließt oder auch als Regen anfällt, wird oberflächlich über offene Gräben und Rinnen gesammelt und in Pumpensümpfe geleitet, von wo aus es ständig oder zeitweise abgepumpt werden kann.

Offene Wasserhaltungen verlangen standfesten Untergrund (bindiger Boden, klüftiger Fels, grober Kies, ...). Ausführungen in sandigen und kiesigen Böden setzen voraus, dass die Strömungskraft des Wassers keine Schwierigkeiten bereitet, was besonders bei anstehenden Feinsanden problematisch ist (Mitnahme des Sands durch das Grundwasser).

Bei der Festlegung der Tiefe für eine durchzuführende offene Wasserhaltung ist die Böschungs- bzw. Geländebruchgefahr zu berücksichtigen und auch der mit wachsender Tiefe zunehmende Strömungsdruck, der Bodenauflockerungen und das Ausfließen der Böschungen bewirken kann. Beides führt in der Regel zu geringen zulässigen Tiefen. In Ergänzung zu diesen Einschränkungen gilt, dass mit offenen Wasserhaltungen die Baugrubensohlen nie ganz trockengelegt werden können, was u. a. dazu führt, dass Abdichtungsarbeiten nur bedingt durchführbar sind.

Bei Erdarbeiten in bindigem oder geschichtetem Baugrund können offene Wasserhaltungen in Ergänzung zu laufenden Grundwasserabsenkungen eingesetzt werden. So lassen sich z. B. Aufweichungen des Bodens beim Baugrubenaushub, die die Arbeiten in der Aushubebene wesentlich erschweren können, durch ständig angelegte Gräben und Pumpensümpfe vermeiden bzw. reduzieren. Die Wirksamkeit dieser Maßnahmen wird erhöht durch den Aushub in geneigten Flächen, deren Neigung den Wasserzufluss zu den Gräben begünstigt.

7.5.3 Horizontalabsenkung

Führen offene Wasserhaltungen nicht mehr zum Ziel, werden geschlossene Wasserhaltungen erforderlich. In diese Kategorie fallen die Horizontal- und die Brunnenabsenkungen.

Grundsätzlich stellt die horizontale Wasserfassung sowohl für die offene Wasserhaltung (z. B. bei großem Wasseranfall) als auch für den Einsatz vertikaler Brunnen eine Alternative dar. Letzteres gilt z. B. dann, wenn eine in geringer Tiefe unter der Baugrubensohle liegende undurchlässige Schicht dazu führt, dass das erforderliche Absenkmaß $h + a$ (vgl. Abb. 7-23) im durchlässigen Teil des Baugrunds nicht mehr zur Verfügung steht. Die Entwässerung erfolgt bei diesem Verfahren durch horizontal verlegte verfilterte Dränagerohre aus Kunststoff, Beton oder korrosionssicherem Stahl mit allseitiger Gummierung, die als Wasserfassung neben oder unter der Baugrube verlegt werden (gegebenenfalls bis 1,0 m unter Bauplanum). Damit sich flache Absenkungskurven zwischen den Sickerschlitzen einstellen, sind die sie verbindenden Flächenfilter aus möglichst grobem Material herzustellen. Während der eigentlichen Bauarbeiten sind diese Filter gegen Verschmutzung von oben zu schützen.

Horizontalabsenkungen sind besonders für ständig laufende Anlagen geeignet, da bei diesem Verfahren ein vorgegebenes Absenkziel mit der kleinsten zu fördernden Wassermenge erreicht wird. Soll die Methode in wasserführenden Schichten angewendet werden, ist während des Einbaus in der Regel eine Hilfswasserhaltung erforderlich. Die dadurch entstehenden Zusatzkosten sind bei der Prüfung der Wirtschaftlichkeit zu berücksichtigen.

Der Einsatz horizontaler Absenkungen ist z. B. zur Sicherung von im Grundwasser stehenden Bauwerken gegen den höchsten Grundwasserstand möglich. Solche wasserrechtlich zu genehmigenden Maßnahmen sind insbesondere dann wirtschaftlich, wenn sich Wasser ohne weitere Maßnahmen mit natürlicher Vorflut ableiten lässt (natürliche Abflussmöglichkeit für eine Entwässerungseinrichtung). Ist dies nicht der Fall, sind Pumpen einzusetzen, was aber zusätzliche Kosten für die Beschaffung, die Installation und den Betrieb verursacht. Da solche Absenkanlagen als Teil des zu errichtenden Bauwerks zu betrachten sind, ist bei ihrer Planung und Herstellung dafür zu sorgen, dass sie ihre Aufgabe dauerhaft und sicher erfüllen. Zur Gewährleistung eines problemlosen Betriebs gehört u. a., dass in den Sammelschächten außer der Betriebspumpe auch eine Reservepumpe installiert wird und dass die Filterstränge über eine ausreichende Zahl von Revisionsschächten überprüft werden können.

7.5.4 Brunnenabsenkung

Werden Brunnenabsenkungen (geschlossene Wasserhaltungen) z. B. bei einer Baugrube eingesetzt, gehört es zu den Zielen, die Arbeiten in der Baugrube im Trockenen und ohne Behinderungen ausführen zu können. Deshalb sind vertikale Brunnen dann soweit als möglich außerhalb der Baugrube niederzubringen, danach ist der ungestörte Grundwasserspiegel um 0,5 m bis 1 m unter die Aushubsohle abzusenken (vgl. Abb. 7-24).

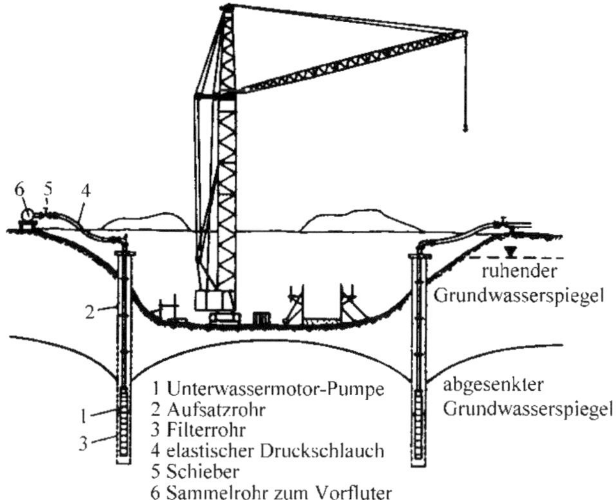

Abb. 7-24 Einsatz von Schwerkraftbrunnen für eine Grundwasserabsenkung (aus [L 171])

Absenkungen mit Brunnen werden vor allem in vorwiegend kohäsionslosen Böden ausgeführt. Geschichteter Baugrund, dessen Schichten unterschiedliche Durchlässigkeitsbeiwerte aufweisen, erfordert zur Erreichung des Absenkziels oftmals eine Kombination verschiedener Verfahren der Wasserabsenkung.

Die Grundwasserabsenkung wird erzielt durch die gemeinsame Wirkung einer mehr oder weniger großen Anzahl von Brunnen, wobei zwischen dem Einsatz von Flach- und Tiefbrunnenanlagen zu unterscheiden ist.

7.5.5 Flachbrunnenanlagen

Flachbrunnenanlagen fördern das Grundwasser über Saugleitungen, an die alle Brunnen angeschlossen sind. Die Saugwirkung erzeugen selbstansaugende Kreiselpumpen, deren Saughöhe in der Praxis kaum über 8 m hinausgeht. Die Reibungsverluste in den Leitungsrohren und die Beachtung des Absenkkurvenverlaufs zwischen den Brunnen (vgl. Abb. 7-25) führen dazu, dass mit Flachbrunnenanlagen Absenktiefen bis ≈ 4 m ab Pumpenachse erreichbar sind. Bei der Planung solcher „einstaffeliger Anlagen“ ist daher von Absenkungen ≤ 4 m auszugehen. Zur Realisierung größerer Absenktiefen müssen mehrere, in der Tiefe gestaffelte Anlagen eingesetzt werden. Jede zusätzliche Staffel wird im Schutz der Absenkung der vorhergehenden Staffel eingebaut.

Da bei dem einzelnen Anlagensystem alle Bauteile normiert sind, erweist sich der Einsatz von Flachbrunnen in vielen Fällen als sehr wirtschaftlich. Das gilt auch für Staffelanlagen.

Die Verwendung von Flachbrunnenanlagen bietet die Möglichkeit des schnellen Einbaus (macht eine frühe Inbetriebnahme der Anlage möglich) sowie die unproblematische Anpassbarkeit der Anlage an nicht vorhergesehene bzw. vorhersehbare Baugrundgegebenheiten oder auch Planungsänderungen sowie ihre hohe Wirtschaftlichkeit.

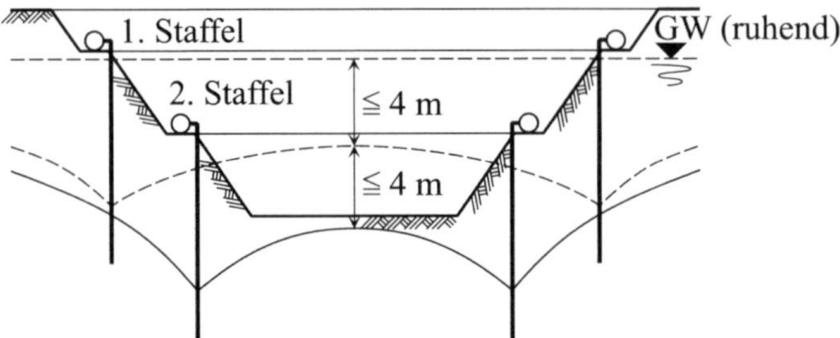

Abb. 7-25 Zweistaffelige Absenkungsanlage mit Flachbrunnen (nach RAPPERT [L 214])

Neben den angegebenen Vorteilen sind als Nachteile zu nennen

- die Bauzeitverlängerung bei mehrstaffeligen Anlagen, die sich ergibt durch einen erforderlichen staffelweisen Erdaushub und den Umstand, dass die Fortführung der Aushubarbeiten an der jeweils nächsten Staffel erst möglich ist, wenn nach Erreichen eines Absenkabschnitts der Einbau der nächsten Brunnenstaffel ausgeführt und mit der anschließenden Absenkung begonnen wurde
- die Größe der Baugrube, die, insbesondere bei mehrstaffeligen Anlagen, über das für die eigentlichen Baumaßnahmen erforderliche Maß hinausgeht, da zur Brunnenherstellung und Unterbringung der Betriebseinrichtungen pro Staffel eine Berme erforderlich ist
- dass jede neue Staffel der vorhergehenden das Wasser ganz oder teilweise entzieht, was bedeutet, dass jede Staffel für die gesamte Wassermenge auszubauen ist, die in der von ihr erreichbaren Tiefe anfällt und dass die Fassungs- und Förderkapazität der vorhergehenden Staffeln erst wieder beim Rückbau der Anlage nutzbar sind
- dass die umfangreichen Betriebseinrichtungen empfindlich sind, deshalb eine verstärkte Überwachung erfordern und einen zügigen Bauablauf behindern.

Damit z. B. bei örtlichen Leitungsschäden möglichst wenig Brunnen ausfallen, sollten die Saugleitungen der Anlagen um die Baugruben verlaufen und in sich geschlossen sein. Ein ausgefallener Teil kann dann, etwa durch Schieberschließung, abgekoppelt und der jeweils verbleibende Anlagenteil weiter betrieben werden.

Die Saugleitung von Flachbrunnenanlagen ist z. B. durch Auflage auf Bermen sicher zu lagern. Außerdem ist dafür zu sorgen, dass der Baustellenbetrieb möglichst wenigen Einschränkungen unterworfen wird und dass sich insbesondere die Baumaschinen (Bagger, Lkw, ...) unbehindert bewegen können. Hierzu kann die Saugleitung im Bereich von Durchfahrten durch Überdeckung vor Beschädigungen geschützt oder mit Schiebern so unterteilt werden, dass sich die Leitung im gelegentlichen Bedarfsfall in diesem Bereich vorübergehend ausbauen lässt.

7.5.6 Wellpointanlagen

Flachhaltungen werden heute meist als Wellpointanlagen (Punktbrunnenanlagen) ausgeführt. Ihr Einsatz bei Schwerkraftabsenkungen in rolligen Böden ist bei Durchlässigkeitsbeiwerten k

zu empfehlen, die zwischen ca. 10^{-4} und 10^{-1} m/s liegen. Die untere Grenze bildet Feinsand mit Beimengungen aus gröberem Bodenmaterial.

Die Brunnen von Wellpointanlagen werden nicht gebohrt, sondern in den Boden eingespült. Die zum Einsatz kommenden geschlitzten Filterrohre haben Längen von 1 bis 2 m, dienen gleichzeitig als Saugschenkel und sind direkt über einen Regulierschieber mit der Saugleitung verbunden. Die Größen der Brunnendurchmesser liegen zwischen etwa 2" und 4" (50,8 und 101,6 mm). An der Brunnenunterseite ist ein Ventil angeordnet, das sich während des Pumpenbetriebes infolge des Unterdrucks schließt (vgl. Abb. 7-26). Werden Filterrohre aus Kunststoff mit engen Schlitzen verwendet, kann auf eine Kiesschüttung oder die Verwendung feinmaschigen Gewebes (Tressengewebe) verzichtet werden.

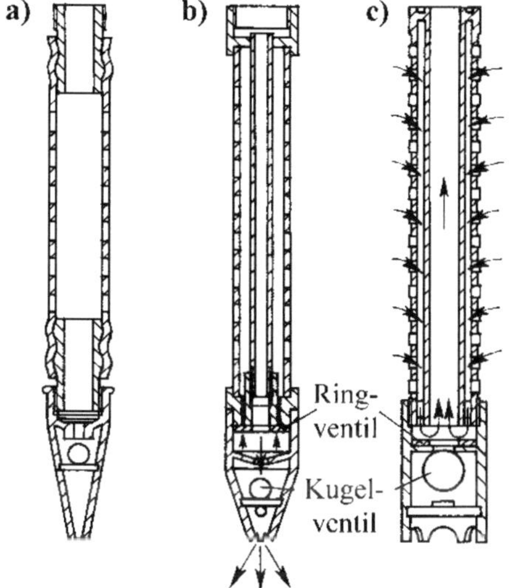

Abb. 7-26 Spülfilter (aus [L 242])
a) Spülfilter mit einzusetzendem Spülrohr
b) Universalfilter beim Einspülen
c) Universalfilter im Betrieb (für größere Wassermengen)

Die Pumpenanlage muss selbstansaugend sein oder, beim erstmaligen Ansaugen des Wassers, eine kleine separate Luftpumpe im System haben.

7.5.7 Tiefbrunnenanlagen

Im Gegensatz zu Flachbrunnenanlagen ist es beim Einsatz von Tiefbrunnenanlagen möglich, über 3,5 bis 4,0 m hinausgehende Absenkungstiefen in einem Zuge und ohne Staffelung zu realisieren. In jeden Brunnen der Tiefbrunnenanlage wird eine Pumpe eingebaut, mit der das Wasser aus der berechneten Tiefe hochgedrückt wird, weshalb solche Anlagen nur Druckleitungen und keine Saugleitungen aufweisen (siehe Abb. 7-27).

Die Brunnen sind in Bohrlöcher eingebaute Kiesschüttungsbrunnen und können, abhängig von der zu fördernden Wassermenge, in praktisch jedem gewünschten Durchmesser hergestellt werden (üblich sind Bohrdurchmesser von 400 bis 1500 mm und Filterdurchmesser von 200 bis 1250 mm). Als Pumpen werden heute in der Regel elektrisch betriebene Unterwasserpumpen in die Brunnen eingehängt. Mammutpumpen, Kolbenpumpen und Tiefbrunnen-Kreiselpumpen werden nur in Sonderfällen verwendet.

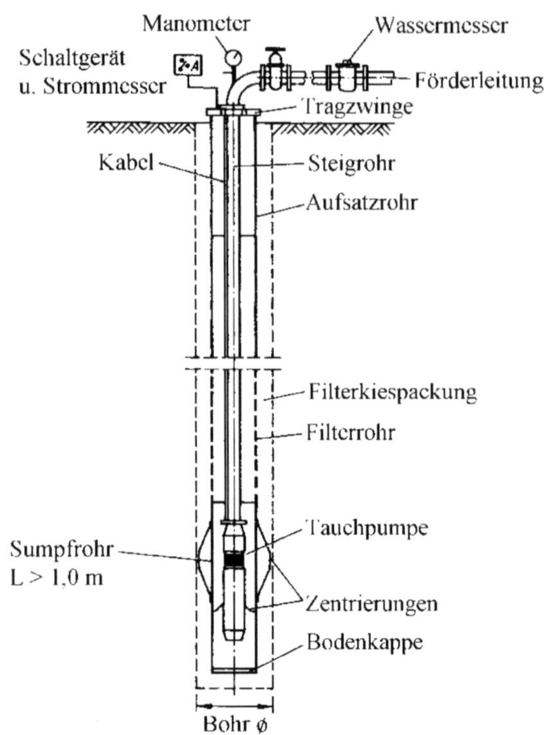

Abb. 7-27 Tiefbrunnen mit eingehängter Tauchpumpe (aus [L 147], Kapitel 2.10)

Da Tiefbrunnen außerhalb der Baugrube eingebaut werden, bleibt die Baugrube selbst frei von zu dieser Wasserhaltung erforderlichen Einrichtungen. Damit ergeben sich diesbezügliche Behinderungen in diesem Bereich weder für die Aushubarbeiten noch für die folgenden Bauarbeiten.

Zu den weiteren Vorteilen von Tiefbrunnenanlagen gehört es, dass sich die Förderleistung zu gering bemessener Anlagen durch Nachbohren zusätzlicher Brunnen unproblematisch erhöhen lässt und dass beim Ausfall einer Pumpe nur ein Brunnen ausfällt.

7.5.8 Aufgaben mit Lösungen

Aufgabe 7-10

Wie ist eine Flachbrunnenanlage zu konzipieren, wenn im Falle örtlicher Leitungsschäden möglichst wenig Brunnen ausfallen sollen?

Aufgabe 7-11 (Lösung Seite 245)

Darzustellen sind sechs wesentliche Unterschiede beim Einsatz von Flach- und Tiefbrunnen!

Lösung zu Aufgabe 7-10

Wenn im Falle örtlicher Leitungsschäden möglichst wenig Brunnen einer Flachbrunnenanlage ausfallen sollen, ist die Anlage so zu konzipieren, dass der ausgefallene und zu reparierende Teil z. B. durch Schieberschließungen abgekoppelt und somit der verbleibende Teil weiter betrieben werden kann. Diese Forderung wird z. B. durch in sich geschlossene Saugleitungen erfüllt, die ringförmig um die Baugrube verlaufen.

Lösung zu Aufgabe 7-11 (Aufgabenstellung Seite 244)

Beim Einsatz von Flachbrunnen

- wird das zu fördernde Grundwasser über Saugleitungen nach oben gesaugt
- wird die Saugwirkung mit Kreiselpumpen erzeugt, die in der Höhe der Saugleitungen zu installieren sind-
- wird die Förderung mehrerer Brunnen durch eine Pumpe bewirkt
- fallen beim Ausfall einer Pumpe alle die Brunnen aus, deren Förderung durch die Pumpe bewirkt wurde
- ist die Absenktiefe einer einstaffeligen Anlage sehr begrenzt ($\approx$ 4 m) bzw. sind in Fällen größerer Absenktiefen mehrstaffelige Anlagen erforderlich
- sind die Kosten für die Herstellung und den Betrieb pro Brunnen relativ gering.

Beim Einsatz von Tiefbrunnen

- wird das zu fördernde Grundwasser über Druckleitungen nach oben gedrückt
- wird der Druck durch Tauchpumpen erzeugt, die in den Brunnen unterhalb des jeweils tiefsten abgesenkten Wasserspiegels zu installieren sind
- ist für jeden Brunnen eine Pumpe erforderlich
- fällt beim Ausfall einer Pumpe nur ein Brunnen aus
- lassen sich auch größere Absenktiefen in einem Zuge und ohne Staffelung der Anlage realisieren
- sind die Kosten für die Herstellung und den Betrieb für einen Brunnen relativ hoch.

7.6 Unterdruckentwässerung

7.6.1 Allgemeines

Da schluffige und feinsandige Böden (Korngrößen $d \approx 0{,}006$ mm bis 0,1 mm, Durchlässigkeitsbeiwerte $k \approx 0{,}5 \cdot 10^{-6}$ bis 10^{-4} m/s) Grundwasser durch kapillare Kräfte binden, kann die Wasserbewegung hin zur Fassungsanlage allein durch die Schwerkraftwirkung nicht herbeigeführt werden. Der zu entwässernde Boden wird deshalb über Brunnen (Vakuumbrunnen) einem Unterdruck ausgesetzt, der in einem begrenzten Bereich um den jeweiligen Brunnen das Wasser zum Fließen bringt. Da in solchen Fällen nur geringe Grundwassermengen anfallen, wird das Wasser in den Brunnen der Anlage gesammelt und mit Unterbrechungen gefördert.

Das einwandfreie Funktionieren von Vakuumanlagen setzt u. a. voraus, dass der im Brunnen ständig erzeugte Unterdruck auf den zu entwässernden Boden übertragen wird und der Boden schwer luftdurchlässig ist und an seiner Oberfläche bzw. an den Baugrubenwandflächen keine nennenswerten Lufteinströmungen oder Lufteinbrüche stattfinden (bei luftdurchlässigen Oberflächen oder Böschungsanschnitten kann z. B. durch Abdichtungen wie aufgespritzte Zementbrühe oder Folienauflage Abhilfe geschaffen werden).

Vakuumanlagen können z. B. als ein- oder mehrstaffelige Flachbrunnenanlagen oder als Tiefbrunnenanlagen eingerichtet werden. Bei Staffelanlagen müssen auch die oberen Staffeln ständig weiterbetrieben werden; ein vom Fortschritt des Baugrubenaushubs bzw. der Wasserabsenkung abhängendes Abschalten, wie bei Schwerkraftanlagen, darf nicht erfolgen.

Bei der Installation von Vakuumanlagen ist dafür zu sorgen, dass der Unterdruck nicht nur von dem Filterstück des Brunnens aus, sondern zusätzlich über einen möglichst großen Bereich der Außenseite des Brunnenrohrs (¾ der ganzen Höhe der zu entwässernden Schicht nach [L 214]) direkt und gleichmäßig auf den umgebenden Boden einwirken kann. Zu den hierfür geeigneten Maßnahmen gehören z. B. der Einsatz von Kiesfiltern entlang der Brunnen oder die Verwendung von Doppelwandfiltern bzw. Tressengewebehüllen. Am oberen Ende sind die Brunnen durch Tondichtungen gegen den umgebenden Boden abzudichten.

7.6.2 Spülfilteranlagen

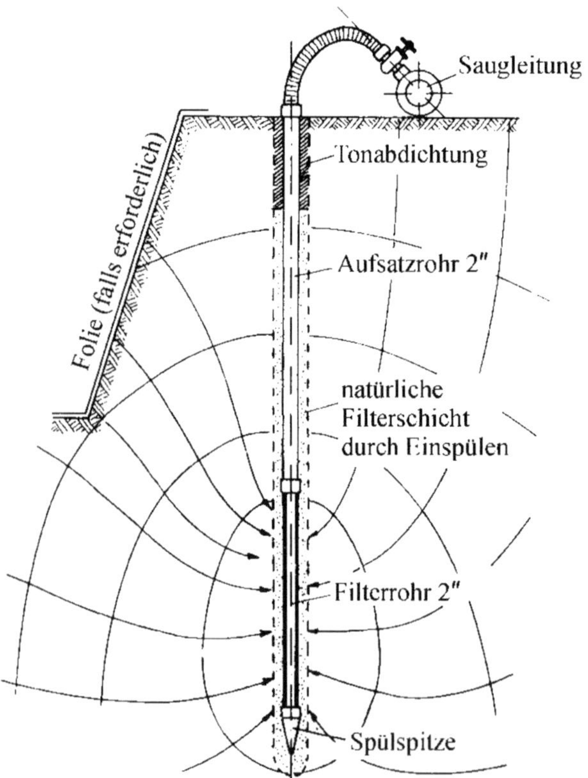

Abb. 7-28 Strömungs- und Druckverhältnisse an einem Vakuum-Flachbrunnen (nach RIEß [L 218])

Der Durchmesser von Spülfiltern bei Vakuum-Flachbrunnenanlagen beträgt 1½" bis 2½" (38,1 bis 63,5 mm). Der Ein- und Aufbau dieser Anlagen erfolgt wie bei den Punktbrunnenanlagen (Wellpointanlagen). Von ihnen unterscheiden sie sich durch die Tonabdichtungen am oberen Brunnenende (vgl. Abb. 7-28) und die starke Absaugung, die im Filter und im angrenzenden

Boden einen Unterdruck erzeugt, der das Grundwasser zum Filter hin transportiert. Da der Unterdruck nur in geringem Umkreis wirksam ist (nach SIMMER [L 242] ≈ 1,0 bis 1,5 m), müssen die Brunnen dicht stehen (üblicher Abstand 1,0 bis 1,25 m, Abstand zur Böschungskante bzw. zum Verbau 0,6 bis 1,0 m).

Bei der Inbetriebnahme der Anlage wirkt zunächst der volle Unterdruck der Pumpe im Innern des Punktbrunnens und breitet sich über das Filterrohr auf den Boden aus. Das anfangs leere Brunnenrohr füllt sich dann ebenso wie das zur Pumpe führende Leitungssystem, so dass eine Wassersäule entsteht, die während des Betriebs ständig an der Pumpe „hängt" und den anfänglich vorhandenen Unterdruck durch ihre Eigenlast entsprechend reduziert. Mit einer Pumpe, die nach Abzug der Verluste einen wirksamen Unterdruck von 8 m am Brunnenkopf erzeugt, lässt sich z. B. eine Absenktiefe von maximal 5 m erreichen, wenn ein Unterdruck von mindestens 0,3 bar (3 m Wassersäule bzw. 30 kN/m^2) auf den Boden wirken soll.

Da sich Punktbrunnen sehr einfach einbringen lassen und die Entwässerung außerdem eine Stabilisierung des Bodens bewirkt (der durch die Sogkraft erzeugte atmosphärische Druck presst die Körner so fest aufeinander, dass selbst Feinsand auf 1 bis 2 m Höhe unter steiler Böschung frei steht) bietet es sich an, tiefere Baugruben mit verhältnismäßig steilen Böschungen (evtl. auch Bermen) anzulegen. Derartige Planungen sind bodenmechanisch und statisch eingehend zu untersuchen, da die Entwässerung des Bodens Veränderungen von bodenmechanischen Kennwerten wie etwa Wichte und Scherwiderstand bewirkt. Da die Saugwirkung mit zunehmendem Abstand vom Brunnen stark nachlässt, entstehen zwischen den oberen entwässerten und den unteren nicht entwässerten Baugrundbereichen Übergangszonen mit geringer Mächtigkeit, die als Trennschichten die Standfestigkeit der Böschungen gefährden können. Aus diesem Grunde müssen die Brunnen die zu entwässernde Schicht in ganzer Stärke erfassen. Noch besser ist es, wenn sie 2 bis 3 m über das Absenkziel hinausreichen, um somit eine tiefere Lage der Übergangszonen zu bewirken.

Zur hinreichenden Stabilisierung des auszuhebenden Bodens sollten die Pumpen, abhängig von der Feinheit des Bodens, vor Beginn der Aushubarbeiten ca. 12 bis 48 Stunden (vgl. [L 242]) in Betrieb sein. Da bei Ausfall der Pumpen die unterbrochene Sogwirkung nach kurzer Zeit zu einem Ausfließen der Böschung führt, muss während der Bauzeit eine pausenlose Pumparbeit gewährleistet werden, was sich durch die Bereitstellung von je einer Reservepumpe pro Pumpe sicherstellen lässt.

7.6.3 Tiefbrunnenanlagen

Automatisch gesteuerte und überwachte Vakuum-Tiefbrunnen werden eingesetzt, wenn bei größeren Absenktiefen der Einsatz mehrstaffeliger Spülfilteranlagen aus Platzgründen oder wirtschaftlichen Erwägungen nicht mehr möglich bzw. sinnvoll ist. Die Brunnen von Vakuumanlagen (siehe Abb. 7-29) unterscheiden sich von in Schwerkraftanlagen eingesetzten Brunnen nur durch die Tondichtung am oberen Brunnenende und den vakuumdichten Abschlussdeckel auf dem Filterrohr. Alle Durchführungen (Steigrohr, Stromkabel, Vakuum- und Steuerleitungen) müssen ebenfalls vakuumdicht ausgeführt sein.

Besonders hohe Wirkungsgrade sind mit Vakuum-Tiefbrunnen erzielbar, wenn ihre Funktionen als Wassersammelbehälter und als Unterdruckkammer getrennt werden. Bei Brunnen, die groß genug sind für den Einbau einer Tauchpumpe (Brunnendurchmesser ≥ 200 mm), ist es möglich, das eintretende Wasser in einer Kammer unterhalb des Unterdruckraums zu sammeln und durch die Tauchpumpe zu fördern. Der durch die Luftpumpe erzeugte Unterdruck wird dann im Unterdruckraum und im Boden ohne Minderung aufrechterhalten, wodurch jede erforderliche Absenktiefe erreichbar ist.

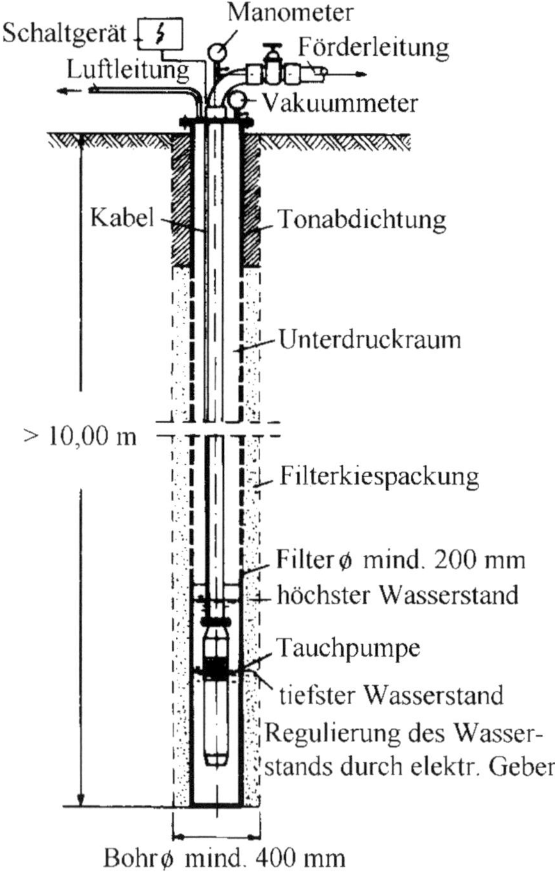

Abb. 7-29 Vakuum-Tiefbrunnen (aus [L 147], Kapitel 2.10)

7.7 Gesetz von DARCY, Gültigkeitsgrenzen

Das Gesetz von DARCY für die Filtergeschwindigkeit lautet

$$v = k \cdot i \qquad \text{Gl. 7-35}$$

Bei stationärer Strömung führt es mit zu der Kontinuitätsgleichung für die Durchflussmenge

$$Q = v \cdot A = k \cdot i \cdot A \qquad \text{Gl. 7-36}$$

Die Gleichungsgrößen sind die Filtergeschwindigkeit v (in m/s), der Durchlässigkeitsbeiwert k (in m/s), das hydraulische Gefälle i und die durchflossene Filterfläche A (in m^2).

Das für gleichmäßige und linear durchströmte Filter geltende Gesetz von DARCY verliert seine Gültigkeit, wenn die ihm zugrunde liegenden Voraussetzungen nicht mehr zutreffen. Zwar ist eine enge Abgrenzung bezüglich seiner Gültigkeit im Allgemeinen nicht möglich, doch ist davon auszugehen, dass die mit ihm gewonnenen Größen von der Wirklichkeit umso mehr abweichen, je stärker die Filterströmung durch Trägheitskräfte und Turbulenzen beeinflusst wird (postlinearer Bereich, der oberhalb des linearen Gültigkeitsbereichs der Filtergeschwindigkeiten liegt). Analoges gilt für den zu kleinen Strömungskanalquerschnitten gehörenden prälinearen Bereich, in dem die Wirkung diffuser Wasserhüllen bedeutsam ist (vgl. [L 21]).

Zu dieser Grenzproblematik in rolligen und bindigen Böden liegen eine Vielzahl von Arbeiten vor (siehe z. B. [L 21], [L 154] und [L 180]), wobei vor allem die Aussagen zu kleinen hydraulischen Gradienten in bindigen Böden stark voneinander abweichen (vgl. [L 228]). SICHARDT [L 176] definiert die Grenzen durch das hydraulische Gefälle und die Filtergeschwindigkeit (vgl. Abb. 7-30).

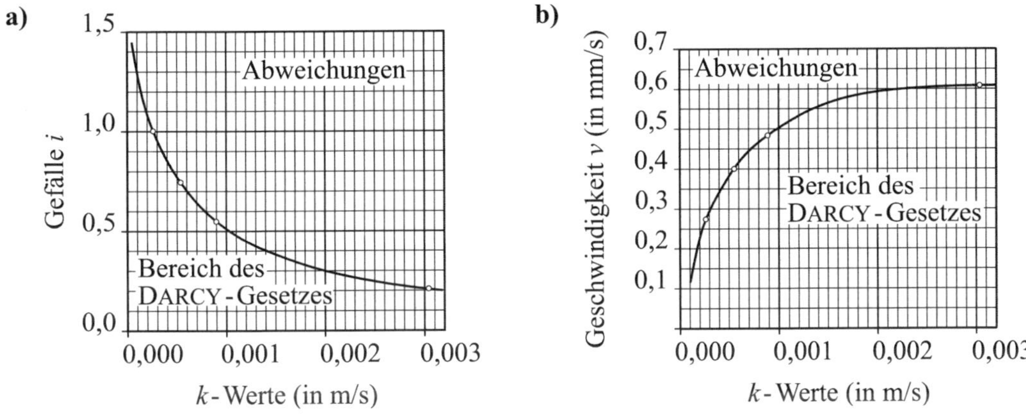

Abb. 7-30 Gültigkeitsgrenzen für das Gesetz von DARCY nach SICHARDT (nach [L 176])
a) abhängig von dem hydraulischen Gefälle i und dem Durchlässigkeitsbeiwert k
b) abhängig von der Filtergeschwindigkeit v und dem Durchlässigkeitsbeiwert k

Anwendungsbeispiel

Wie groß muss der Durchlässigkeitsbeiwert k (in m/s) eines durchströmten Bodens nach SICHARDT mindestens sein, wenn

- die Durchströmung mit einer Filtergeschwindigkeit von $v = 15 \cdot 10^{-5}$ m/s erfolgt und
- der Durchströmungsvorgang nach dem Gesetz von DARCY beschrieben werden soll?

Lösung

Wenn der Durchströmungsvorgang des Bodens nach dem Gesetz von DARCY beschrieben werden soll, muss, bei der Filtergeschwindigkeit $v = 15 \cdot 10^{-5}$ m/s $= 0{,}15$ mm/s, der Durchlässigkeitsbeiwert nach SICHARDT mindestens die Größe $k = 1{,}3 \cdot 10^{-4}$ m/s aufweisen (vgl. Abb. 7-30 b)).

7.7.1 Aufgabe mit Lösung

Aufgabe 7-12

Anzugeben sind die Größen

a) der Filtergeschwindigkeit v und

b) des hydraulischen Gefälles i

eines Bodens, die nach SICHARDT die Grenzwerte für die Gültigkeit des Gesetzes von DARCY darstellen, wenn der Durchlässigkeitsbeiwert des Bodens $k = 1 \cdot 10^{-3}$ m/s beträgt.

Lösung zu Aufgabe 7-12

Für einen Boden mit dem Durchlässigkeitsbeiwert $k = 1 \cdot 10^{-3}$ m/s gilt nach SICHARDT das Gesetz von DARCY unter der Voraussetzung, dass als Grenzwerte

a) $v \leq 5{,}05 \cdot 10^{-4}$ m/s für die Filtergeschwindigkeit und

b) $i \leq 0{,}5$ für das hydraulische Gefälle

eingehalten sind.

7.8 Arten von Grundwasserleitern

Die Bewegung des Grundwassers kann in unterschiedlich angeordneten Grundwasserleitern erfolgen. Zwischen den beiden nachstehend beschriebenen Zuständen sind noch weitere Zustandsformen möglich (vgl. z. B. [L 154]).

7.8.1 Grundwasserleiter mit freier Grundwasseroberfläche

Ein Grundwasserleiter mit freier Grundwasseroberfläche (Druck- und Oberfläche des Grundwassers sind identisch) ist eine durchlässige Bodenschicht, die nach unten durch eine nahezu undurchlässige Bodenschicht (Wasserstauer) begrenzt wird und bis zur Höhe H mit Wasser gefüllt ist. Der Wasserspiegel, der das Grundwasser nach oben begrenzt, steht unter atmosphärischem Druck (vgl. Abb. 7-31 a)).

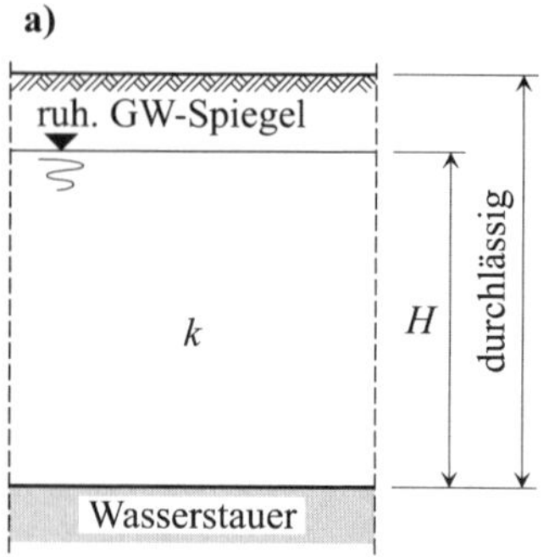

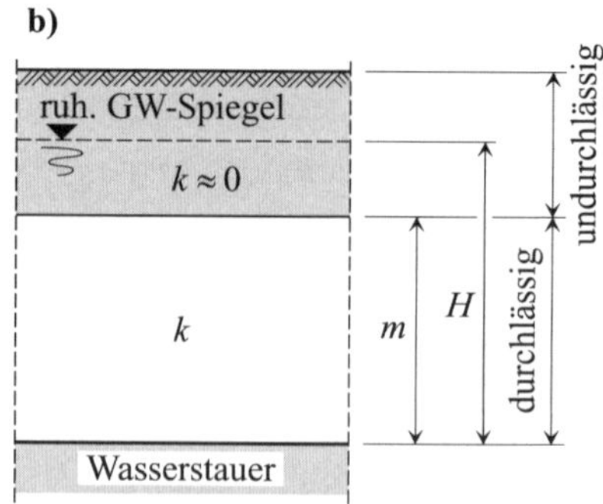

Abb. 7-31 Arten von Grundwasserleitern (nach [L 154])
a) Grundwasserleiter mit freier Oberfläche
b) Grundwasserleiter mit gespanntem Grundwasser

7.8.2 Grundwasserleiter mit gespanntem Grundwasser

Ein Grundwasserleiter mit gespanntem Grundwasser, auch als „gespannter Grundwasserleiter" bezeichnet (die Grundwasserdruckfläche liegt über der Grundwasseroberfläche), ist eine vollkommen mit Wasser gefüllte, durchlässige Bodenschicht, die nach oben und unten durch relativ undurchlässige Schichten begrenzt ist (vgl. Abb. 7-31 b)). Das die Schicht füllende Grundwasser steht unter einem Druck, der höher ist als der atmosphärische Druck. Reicht ein Messpegel in diesen Grundwasserleiter und liegt der gemessene Pegelstand oberhalb des Geländes, ist das Grundwasser artesisch gespannt.

7.9 Berechnungsformeln

7.9.1 Zufluss zu einem Schlitz, Formel von DUPUIT

Die Formel von DUPUIT für den einseitigen Zufluss zu einem Schlitz der Länge L, der an die undurchlässige Schicht anbindet, basiert u. a. darauf, dass der Schlitz die ganze Dicke des Grundwasserleiters erfasst (vgl. Abb. 7-32), das Gesetz von DARCY gilt, die Sickerströmung in einen stationären Zustand erfolgt und das Wasser im gesamten benetzten Filterflächenbereich mit gleicher waagerechter Geschwindigkeit in den Schlitz strömt. Die Gleichung gilt sowohl für die offene Wasserhaltung als auch für die Horizontalabsenkung.

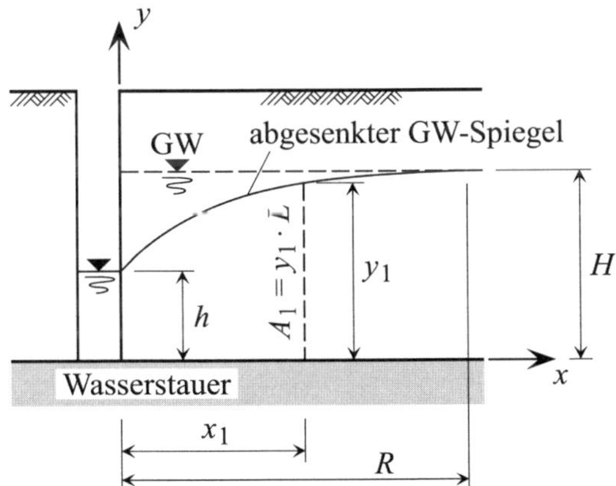

Abb. 7-32 Zufluss zu einem Schlitz

Aus der Kontinuitätsgleichung (Gl. 7-36) ergibt sich mit der durchströmten Fläche

$$A = y \cdot L \qquad \text{Gl. 7-37}$$

und dem Gesetz von DARCY

$$v = k \cdot i = k \cdot \frac{\mathrm{d}y}{\mathrm{d}x} \qquad \text{Gl. 7-38}$$

die Differentialgleichung 1. Ordnung

$$Q = y \cdot L \cdot k \cdot \frac{\mathrm{d}y}{\mathrm{d}x} \qquad \text{Gl. 7-39}$$

Ihre Lösung führt unter Verwendung der Randbedingungen (vgl. Abb. 7-32)

$$y = H \quad \text{für} \quad x = R$$
$$y = h \quad \text{für} \quad x = 0 \qquad \text{Gl. 7-40}$$

zu den Gleichungen für die Zuflussmenge

$$Q = \frac{y^2 - h^2}{2 \cdot x} \cdot L \cdot k = \frac{H^2 - y^2}{2 \cdot (R - x)} \cdot L \cdot k = \frac{H^2 - h^2}{2 \cdot R} \cdot L \cdot k \qquad \text{Gl. 7-41}$$

Die dabei verwendete Reichweite R (Abstand vom Schlitz, bei dem keine Absenkung des Grundwasserspiegels mehr stattfindet) lässt sich mit

$$s = H - h \qquad \text{Gl. 7-42}$$

durch die nicht dimensionsreine Formel

$$R = 1500 \cdot s \cdot \sqrt{k} \quad \text{bis} \quad R = 2000 \cdot s \cdot \sqrt{k} \qquad \text{Gl. 7-43}$$

ermitteln (vgl. [L 154]). R und s haben dabei die Dimension m und k die Dimension m/s.

7.9.2 Offene Wasserhaltung und Horizontalabsenkung

Nach DAVIDENKOFF [L 23] ergibt sich die Zuflussmenge zu einer rechteckigen Baugrube mit den Abmessungen L_1 (Grubenlänge) und L_2 (Grubenbreite) näherungsweise zu

$$Q = k \cdot H^2 \cdot \left[\left(1 + \frac{t}{H}\right) \cdot m + \frac{L_1}{R} \cdot \left(1 + \frac{t}{H} \cdot n\right) \right] \qquad \text{Gl. 7-44}$$

Die Gleichung liefert den maximalen Zufluss in die Baugrube für den Fall einer offenen Wasserhaltung. Zu den verwendeten Größen H, t und R vgl. Abb. 7-33. Die Größe t ist in ihrem Wertebereich nach oben hin begrenzt; bei Baugruben mit $t > H$, ist $t = H$ zu setzen.

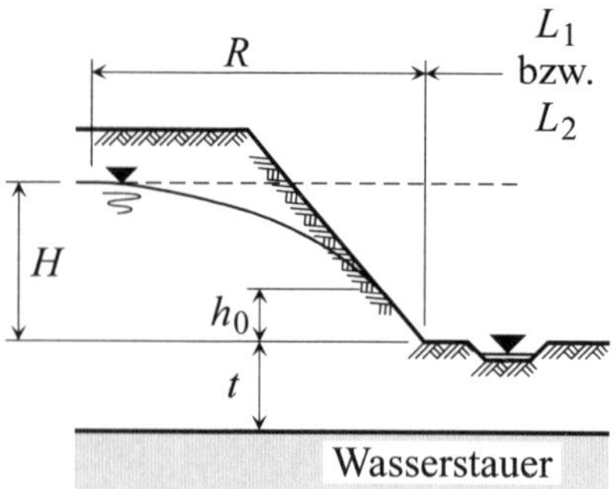

Abb. 7-33 Bezeichnungen bei offener Wasserhaltung

Für die Ermittlung der Reichweite R empfiehlt DAVIDENKOFF die Verwendung der zu größeren Zuflussmengen führenden Gleichung von KUSSAKIN (Gl. 7-61), von der er annimmt, dass sie auch für den vorliegenden Fall eines weitgehend ebenen Problems gilt und in der die Größe s durch die Größe H zu ersetzen ist.

Die Größen der Beiwerte m und n sind den Diagrammen aus Abb. 7-34 zu entnehmen.

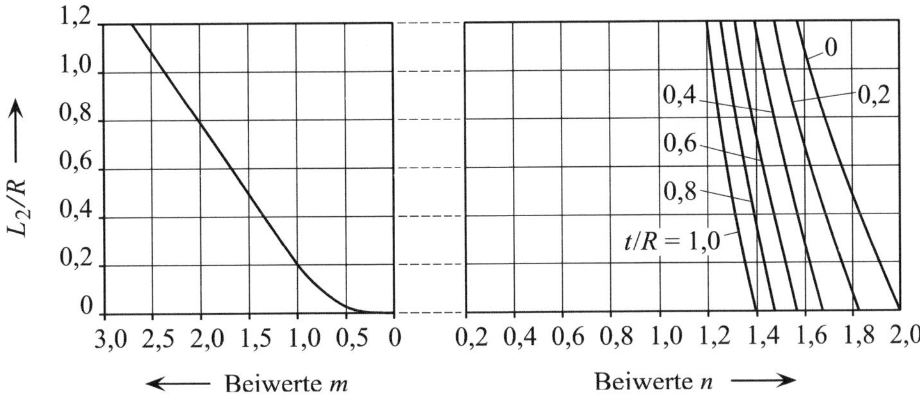

Abb. 7-34 Beiwerte *m* und *n* nach DAVIDENKOFF (nach [L 23])

Anwendungsbeispiel

Eine 40 m × 15 m große Baugrube soll in einer Schicht aus sandigem Kies (Durchlässigkeitsbeiwert $k = 10^{-3}$ m/s) hergestellt werden, die über einem Wasserstauer liegt. Die Absenkung des anstehenden Grundwassers ist mit einer offenen Wasserhaltung geplant. Die Sohle der Baugrube liegt um $H = 3{,}0$ m unter dem Grundwasserspiegel und um $t = 2{,}0$ m über dem Wasserstauer (vgl. Abb. 7-33).

Zu ermitteln ist die Zuflussmenge (in m³/s), die im stationären Zustand durch die offene Wasserhaltung abzuführen ist, wenn die Höhe der Eintrittsfläche $h_0 = 0{,}0$ m beträgt.

Lösung

Mit der Absenkungshöhe (Abb. 7-33)

$$s = H - h_0 = 2{,}0 - 0{,}0 = H = 3{,}0 \text{ m}$$

ergibt sich mit Gl. 7-61 als Reichweite

$$R = 575 \cdot s \cdot \sqrt{k \cdot H} = 575 \cdot 3{,}0 \cdot \sqrt{0{,}001 \cdot 3} = 94{,}5 \text{ m}$$

Mit den Verhältnisgrößen

$$\frac{L_2}{R} = \frac{15}{94{,}5} = 0{,}16 \qquad \text{und} \qquad \frac{t}{R} = \frac{2}{94{,}5} = 0{,}02$$

und den Diagrammen aus Abb. 7-34 lassen sich

$$m = 0{,}9 \qquad \text{und} \qquad n = 1{,}92$$

ablesen.

Mit den vorgegebenen und den ermittelten Werten liefert Gl. 7-44 die maximale Zuflussmenge zur Baugrube

$$Q = k \cdot H^2 \cdot \left[\left(1+\frac{t}{H}\right)\cdot m + \frac{L_1}{R}\cdot\left(1+\frac{t}{H}\cdot n\right)\right]$$

$$= 0{,}001 \cdot 3^2 \cdot \left[\left(1+\frac{2}{3}\right)\cdot 0{,}9 + \frac{40}{94{,}5}\cdot\left(1+\frac{2}{3}\cdot 1{,}92\right)\right] = 0{,}022 \text{ m}^3/\text{s} = 22 \text{ Liter/s}$$

7.9.3 DUPUIT-THIEMsche Brunnenformel, Voraussetzungen

Beim Abpumpen von Grundwasser aus einem Brunnen bildet sich zwischen dem Wasserstand im Brunnen und dem unbeeinflussten Grundwasserspiegel ein trichterförmiges Gefälle aus. Das Wasser fließt dem Brunnen von allen Seiten zu.

Soll dieser Zustand mit Hilfe der DUPUIT-THIEMschen Brunnenformel erfasst werden, ist zu berücksichtigen, dass außer von den für die Grundwasserströmung aufgeführten Voraussetzungen (siehe Abschnitt 7.2.1) noch davon ausgegangen werden muss, dass

- das strömende Wasser homogen und isotrop ist (gleiche physikalische Eigenschaften nach allen Richtungen)
- die Wassermenge im Einzugsbereich weder durch Verdunsten oder sonstige Verluste noch durch oberirdische Zuflüsse verändert wird
- die Durchlässigkeit des Grundwasserleiters sowohl in lot- als auch in waagerechter Richtung überall gleich groß ist (im Mittel müssen die durchströmten Porenkanäle in beiden Richtungen gleich groß sein)
- der unendlich ausgedehnte Grundwasserleiter im Bereich der Sickerströmung die gleiche Mächtigkeit besitzt
- bei den Berechnungen der Kapillarsaum nicht berücksichtigt wird
- das Wasser in den Brunnen im Bereich der gesamten benetzten Filterfläche mit gleicher waagerechter Geschwindigkeit eintritt
- mit dem Brunnen die ganze Mächtigkeit des Grundwasserleiters erfasst wird (vollkommener Brunnen).

7.9.4 DUPUIT-THIEMsche Brunnenformel, freie Grundwasseroberfläche

Die Wassermenge Q, die einem vollkommenem Brunnen (reicht bis zur undurchlässigen Schicht) durch einen zylindrischen Querschnitt der Fläche

$$A = 2 \cdot \pi \cdot x \cdot y \qquad \text{Gl. 7-45}$$

(siehe Abb. 7-35) zufließt, ist konstant. Das sich einstellende Gefälle der Grundwasseroberfläche ist gleich der Neigung der Tangente an die Absenkkurve

$$i = \frac{\mathrm{d}y}{\mathrm{d}x} \qquad \text{Gl. 7-46}$$

Das Kontinuitätsgesetz $Q = v \cdot A$ und das Gesetz von DARCY ($v = k \cdot i$) liefern die Differentialgleichung 1. Ordnung

$$Q = k \cdot i \cdot A = k \cdot \frac{\mathrm{d}y}{\mathrm{d}x} \cdot 2 \cdot \pi \cdot x \cdot y \qquad \text{Gl. 7-47}$$

für die Zuflussmenge. Ihre Lösung führt unter Verwendung der Randbedingungen

$$\begin{aligned} y &= H \quad \text{für} \quad x = R \\ y &= h \quad \text{für} \quad x = r \end{aligned} \qquad \text{Gl. 7-48}$$

(vgl. Abb. 7-35) zu den Gleichungen für den Wasserzufluss zu einem vollkommenen Brunnen (zur Ermittlung der Reichweite R siehe Abschnitt 7.9.7)

$$Q = \frac{\pi \cdot k \cdot (y^2 - h^2)}{\ln x - \ln r} = \frac{\pi \cdot k \cdot (H^2 - y^2)}{\ln R - \ln x} = \frac{\pi \cdot k \cdot (H^2 - h^2)}{\ln R - \ln r} \qquad \text{Gl. 7-49}$$

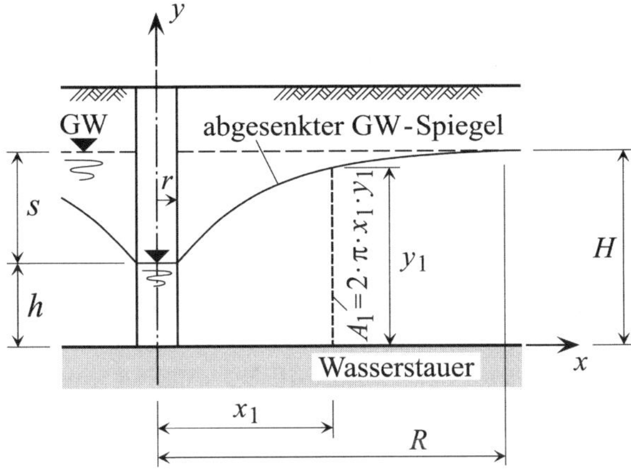

Abb. 7-35 Wasserandrang bei freier Grundwasseroberfläche

Anwendungsbeispiel

Für den in Abb. 7-36 gezeigten vollkommenen Brunnen wurde im Zuge der Absenkung eines Grundwasserspiegels, dessen Höhe über dem Wasserstauer im unbeeinflussten Zustand durch $H = 7{,}50$ m gegeben ist, ein stationärer Zustand erreicht. In diesem Zustand ließen sich in den Beobachtungsrohren, die im Abstand

$x_1 = 6{,}0$ m und $x_2 = 18{,}0$ m

von der Brunnenachse angeordnet sind, Wasserstände von

$y_1 = 5{,}55$ m und $y_2 = 6{,}05$ m

feststellen.

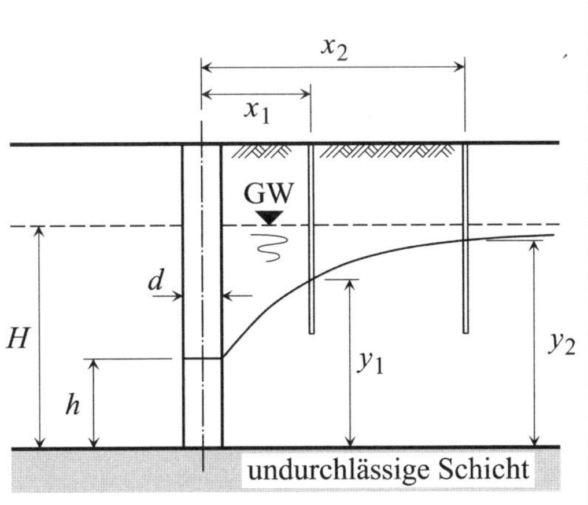

Abb. 7-36 Vollkommener Brunnen mit zwei Beobachtungsrohren

Mit Hilfe der Brunnenformel von DUPUIT-THIEM ist der Wasserzufluss Q unter der Voraussetzung zu ermitteln, dass der Boden den Durchlässigkeitsbeiwert $k = 8 \cdot 10^{-4}$ m/s aufweist. Darüber hinaus ist die Absenkung s in dem vollkommenen Brunnen unter der Annahme eines Brunnendurchmessers von $d = 60$ cm zu berechnen und zu prüfen, ob diese Absenkung mit diesem Durchmesser erreichbar ist.

Lösung

Wird die Brunnenformel von DUPUIT-THIEM (Gl. 7-49) auf die beiden Beobachtungsrohre angewendet, ergibt sich

$$Q = \frac{\pi \cdot k \cdot (y_2^2 - y_1^2)}{\ln x_2 - \ln x_1} = \frac{\pi \cdot 8 \cdot 10^{-4} \cdot (6{,}05^2 - 5{,}55^2)}{\ln 18{,}0 - \ln 6{,}0} = 0{,}0133 \text{ m}^3/\text{s} = 13{,}3 \text{ Liter/s}$$

Bezogen auf den Brunnen und das Beobachtungsrohr bei $x_2 = 18{,}0$ m lautet die Gleichung

$$Q = \frac{\pi \cdot k \cdot (y_2^2 - h^2)}{\ln x_2 - \ln r} = \frac{\pi \cdot 8 \cdot 10^{-4} \cdot (6{,}05^2 - h^2)}{\ln 18{,}0 - \ln 0{,}3} = 0{,}0133 \text{ m}^3/\text{s} = 13{,}3 \text{ Liter/s}$$

Ihre Auflösung nach der sich im Brunnen einstellenden Grundwasserspiegelhöhe h führt zu

$$h = \sqrt{6{,}05^2 - \frac{0{,}0133 \cdot (\ln 18 - \ln 0{,}30)}{\pi \cdot 8 \cdot 10^{-4}}} = 3{,}87 \text{ m}$$

und damit zu der gesuchten Absenkung in dem Brunnen

$$s = H - h = 7{,}50 - 3{,}87 = 3{,}63 \text{ m}$$

Mit der Grundwasserspiegelhöhe h im Brunnen ergibt sich das Fassungsvermögen des vollkommenen Einzelbrunnens mit freiem Grundwasserspiegel nach SICHARDT (Gl. 7-55) zu

$$q = \frac{\sqrt{k}}{15} \cdot 2 \cdot \pi \cdot r \cdot h' = \frac{\sqrt{8 \cdot 10^{-4}}}{7{,}5} \cdot \pi \cdot 0{,}30 \cdot 3{,}87 = 0{,}0138 \text{ m}^3/\text{s} = 13{,}8 \text{ Liter/s}$$

Da $q = 13{,}8$ Liter/s > 13,3 Liter/s gilt, kann die Absenkung mit einem vollkommenen Einzelbrunnen des Durchmessers $d = 60$ cm erreicht werden.

7.9.5 DUPUIT-THIEMsche Brunnenformel, gespanntes Grundwasser

Im Gegensatz zum Absenktrichter mit freier Grundwasseroberfläche (Grundwasserspiegel) ist bei einem vollkommenen Brunnen, der in einem Grundwasserleiter mit gespanntem Grundwasser steht, die Höhe m des Durchflussquerschnitts unabhängig von der Entfernung zum Brunnen, d. h. sie ist immer gleich groß (vgl. Abb. 7-37).

Mit der Fläche

$$A = 2 \cdot \pi \cdot x \cdot m \qquad \text{Gl. 7-50}$$

eines beliebigen zylindrischen Durchflussquerschnitts mit dem Radius x ergibt sich, analog zum Fall des Brunnens mit freiem Grundwasserspiegel, die Differentialgleichung 1. Ordnung

$$Q = 2 \cdot \pi \cdot k \cdot m \cdot x \cdot \frac{dy}{dx} \qquad \text{Gl. 7-51}$$

für die Zuflussmenge. Ihre Lösung führt unter Verwendung der Randbedingungen

$$y = H \quad \text{für} \quad x = R$$
$$y = h \quad \text{für} \quad x = r \qquad \text{Gl. 7-52}$$

(vgl. Abb. 7-37) zu den Gleichungen des Wasserzuflusses zu einem vollkommenen Brunnen in gespanntem Grundwasser (beachte: $H - h = s$)

$$Q = \frac{2 \cdot \pi \cdot k \cdot m \cdot (y - h)}{\ln x - \ln r} = \frac{2 \cdot \pi \cdot k \cdot m \cdot (H - y)}{\ln R - \ln x} = \frac{2 \cdot \pi \cdot k \cdot m \cdot s}{\ln R - \ln r} \qquad \text{Gl. 7-53}$$

(zur Ermittlung der Reichweite R siehe Abschnitt 7.9.7).

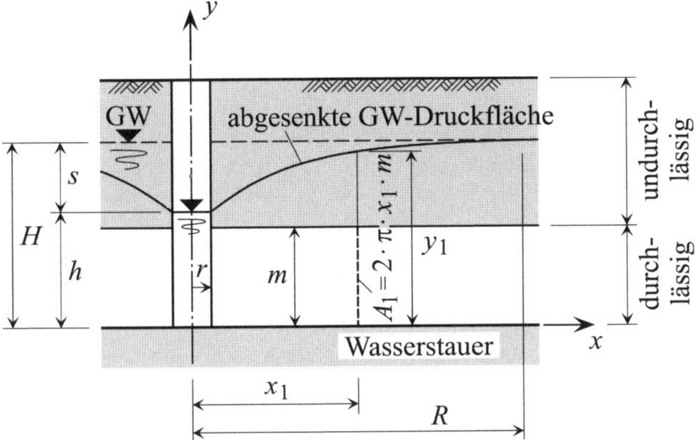

Abb. 7-37 Wasserandrang bei einem Grundwasserspeicher mit gespanntem Grundwasser

7.9.6 Fassungsvermögen von Einzelbrunnen

In [L 241] leitet SICHARDT aus in Böden mit Durchlässigkeitsbeiwerten von $k = 0{,}000103$ bis $k = 0{,}0053$ m/s gewonnenen Beobachtungsergebnissen die nicht dimensionsreine Gleichung

$$i_0 = \frac{1}{15 \cdot \sqrt{k}} \qquad \text{Gl. 7-54}$$

für das maximal erreichbare hydraulische Gefälle des Grundwasserspiegels an der äußeren Brunnenmantelfläche her. Der Durchlässigkeitsbeiwert k ist in m/s einzusetzen.

Mit diesem praktisch nicht überschreitbarem Grenzgefälle des Grundwasserspiegels leitet SICHARDT die Größe

$$q = q(h') = v \cdot A = k \cdot i_0 \cdot 2 \cdot \pi \cdot r \cdot h' = \frac{\sqrt{k}}{15} \cdot 2 \cdot \pi \cdot r \cdot h' = q(h) = \frac{\sqrt{k}}{15} \cdot 2 \cdot \pi \cdot r \cdot h \qquad \text{Gl. 7-55}$$

unter den Voraussetzungen ab, dass das Gesetz von DARCY auch in unmittelbarer Umgebung des Brunnens gilt, die horizontale Eintrittsgeschwindigkeit über die Höhe der benetzten Filterfläche eine konstante Größe besitzt und die Wasserspiegelhöhe im Brunnen gleich ist der Wasserspiegelhöhe an der äußeren Brunnenmantelfläche (es existiert keine Sickerstrecke und es gilt $h' = h$ und nicht der allgemeine Fall $h' > h$; vgl. hierzu [L 154]). Die von SICHARDT als „Fassungsvermögen“ bezeichnete Größe q ist die von einem vollkommenen Brunnen bei freier Grundwasseroberfläche maximal aufnehmbare Wassermenge pro Zeiteinheit.

Wird der Wasserstand im Brunnen abgesenkt, wächst die Absenkhöhe s und damit der Zustrom Q zum Brunnen. Da das Fassungsvermögen q des Brunnens von der Größe der benetzten Filterfläche linear abhängt, bewirkt die mit der Absenkung einhergehende Verringerung der Benetzungshöhe h eine gleichzeitige Reduzierung von q. Die in Abb. 7-38 gezeigten Kurvenverläufe für Q und q schneiden sich in einem Punkt, der die theoretisch maximale Absenkung s_{max} und das zugehörige maximale Fassungsvermögen des Brunnens angibt.

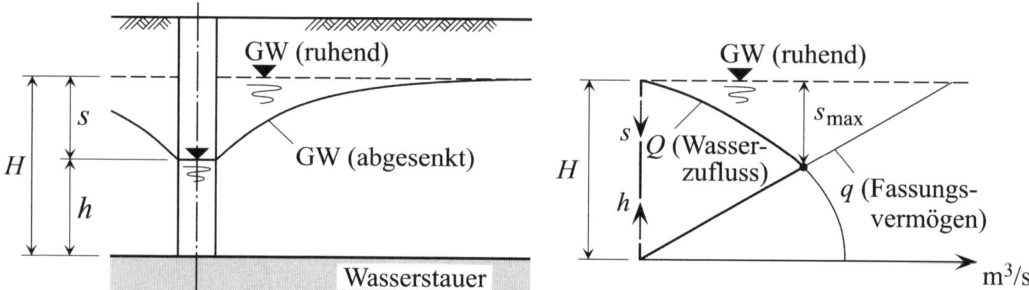

Abb. 7-38 Zusammenhang zwischen der Zuströmung Q und dem Fassungsvermögen q eines vollkommenen Einzelbrunnens nach SICHARDT [L 241]

Für diesen Punkt gilt die Gleichung

$$Q = \frac{\pi \cdot k \cdot (H^2 - h^2)}{\ln R - \ln r} = 2 \cdot \pi \cdot r \cdot h \cdot \frac{\sqrt{k}}{15} = q = q_{max} \qquad \text{Gl. 7-56}$$

aus der sich mit

$$h = H - s_{max} \qquad \text{Gl. 7-57}$$

die quadratische Gleichung

$$s_{max}^2 - s_{max} \cdot \left(2 \cdot H + \frac{2 \cdot r}{15 \cdot \sqrt{k}} \cdot \ln \frac{R}{r} \right) + \frac{2 \cdot r \cdot H}{15 \cdot \sqrt{k}} \cdot \ln \frac{R}{r} = 0 \qquad \text{Gl. 7-58}$$

mit der Lösung

$$s_{max} = H + \frac{r}{15 \cdot \sqrt{k}} \cdot \ln \frac{R}{r} \pm \sqrt{H^2 + \frac{r^2}{225 \cdot k} \cdot \left(\ln \frac{R}{r} \right)^2} \qquad \text{Gl. 7-59}$$

herleiten lässt. Die maximale Absenkung s_{max} ist nur iterativ ermittelbar, da s in die Berechnung der Reichweite R eingeht (vgl. Abschnitt 7.9.7). Als Alternative bietet es sich deshalb an, den Schnittpunkt der Kurve für Q mit der Geraden für q und damit die Größe von s_{max} grafisch zu bestimmen.

Anwendungsbeispiel

Betrachtet wird ein Einzelbrunnen, der durch eine homogene Bodenschicht mit dem Durchlässigkeitsbeiwert $k = 0{,}001$ m/s bis zu einer undurchlässigen Schicht reicht (vollkommener Brunnen), über der anfänglich Grundwasser in der Höhe $H = 10$ m ansteht.

Für diesen Brunnen ist auf iterativem Weg die sich einstellende maximale Absenkhöhe s_{max} zu ermitteln, wobei von einem Durchmesser $d = 40$ cm ($r = 0{,}2$ m) auszugehen und zur Reichweitenberechnung die Formel von SICHARDT zu verwenden ist!

Lösung

Die maximale Absenkhöhe des Brunnens ist erreicht, wenn das Fassungsvermögen q des Brunnens dem Zustrom Q entspricht. Damit gilt

$$q = \pi \cdot d \cdot (H - s_{max}) \cdot \frac{\sqrt{k}}{15} = Q = \pi \cdot k \cdot \frac{H^2 - h^2}{\ln \frac{R}{r}}$$

Mit

$$h^2 = (H - s_{max})^2 = s_{max}^2 - 2 \cdot H \cdot s_{max} + H^2$$

ergibt sich

$$d \cdot (H - s_{max}) \cdot \frac{\sqrt{k}}{15} = k \cdot \frac{1}{\ln \frac{R}{r}} \cdot (2 \cdot H \cdot s_{max} - s_{max}^2)$$

bzw.

$$s_{max}^2 - s_{max} \cdot \left(2 \cdot H + \frac{d \cdot \ln \frac{R}{r}}{15 \cdot \sqrt{k}} \right) + H \cdot d \cdot \frac{\ln \frac{R}{r}}{15 \cdot \sqrt{k}}$$

$$= s_{max}^2 - s_{max} \cdot \left(20{,}0 + \frac{0{,}4 \cdot \ln \frac{R}{r}}{15 \cdot \sqrt{k}} \right) + 4{,}0 \cdot \frac{\ln \frac{R}{r}}{15 \cdot \sqrt{k}} = 0$$

Die Lösung dieser quadratischen Gleichung ist

$$s_{max} = 10{,}0 + \frac{0{,}4 \cdot \ln \frac{R}{r}}{30 \cdot \sqrt{k}} \pm \sqrt{100{,}0 + \frac{0{,}16}{4 \cdot 225 \cdot k} \cdot \left(\ln \frac{R}{r} \right)^2}$$

Da für die Reichweite

$$R = R(s_{max}) = 3000 \cdot s_{max} \cdot \sqrt{k} = 3000 \cdot s_{max} \cdot \sqrt{10^{-3}}$$

gilt, ist s_{max} iterativ zu lösen.

Mit der ersten Schätzung

$$s_{max} = 4{,}0 \text{ m}$$

ergeben sich im 1. Iterationsschritt

$$R = 3000 \cdot s_{max} \cdot \sqrt{k} = 3000 \cdot 4{,}0 \cdot \sqrt{10^{-3}} = 379{,}5 \text{ m}$$

$$\ln \frac{R}{r} = \ln \frac{379{,}5}{0{,}2} = 7{,}548$$

$$s_{max} = 10{,}0 + \frac{0{,}4 \cdot 7{,}548}{30 \cdot \sqrt{10^{-3}}} \pm \sqrt{100{,}0 + \frac{0{,}16 \cdot 1000}{4 \cdot 225} \cdot 7{,}548^2} = 2{,}69 \text{ m}$$

Wegen der nicht hinreichenden Übereinstimmung von geschätzter und berechneter Absenkhöhe s_{max} erfolgt eine zweite Schätzung

$$s_{max} = 2{,}69 \text{ m}$$

mit der sich im 2. Iterationsschritt die Größen

$$R = 3000 \cdot s_{max} \cdot \sqrt{k} = 3000 \cdot 2{,}69 \cdot \sqrt{10^{-3}} = 255{,}2 \text{ m}$$

$$\ln \frac{R}{r} = \ln \frac{255{,}2}{0{,}2} = 7{,}152$$

$$s_{max} = 10{,}0 + \frac{0{,}4 \cdot 7{,}152}{30 \cdot \sqrt{10^{-3}}} \pm \sqrt{100{,}0 + \frac{0{,}16 \cdot 1000}{4 \cdot 225} \cdot 7{,}152^2} = 2{,}57 \text{ m}$$

ergeben.

Da wieder eine nicht hinreichende Übereinstimmung von geschätzter und berechneter Absenkhöhe s_{max} vorliegt, erfolgt eine dritte Schätzung

$$s_{max} = 2{,}57 \text{ m}$$

mit der sich im 3. Iterationsschritt die Größen

$$R = 3000 \cdot s_{max} \cdot \sqrt{k} = 3000 \cdot 2{,}57 \cdot \sqrt{10^{-3}} = 243{,}8 \text{ m}$$

$$\ln \frac{R}{r} = \ln \frac{243{,}8}{0{,}2} = 7{,}106$$

$$s_{max} = 10{,}0 + \frac{0{,}4 \cdot 7{,}106}{30 \cdot \sqrt{10^{-3}}} \pm \sqrt{100{,}0 + \frac{0{,}16 \cdot 1000}{4 \cdot 225} \cdot 7{,}106^2} = 2{,}56 \text{ m}$$

ergeben.

Auf weitere Iterationsschritte wird im Weiteren verzichtet, da der Vergleich zwischen geschätzter und berechneter Absenkhöhe s_{max} des letzten Iterationsschritts eine hinreichend genaue Übereinstimmung der beiden Werte erkennen lässt (2,57 m ≈ 2,56 m).

7.9.7 Reichweite *R* der Absenkung bei vollkommenen Einzelbrunnen

In Fällen, in denen der Wasserzufluss *Q* eines vollkommenen Einzelbrunnens berechnet werden soll, ist die genaue Kenntnis der Absenkungsreichweite *R* nicht so bedeutungsvoll, da diese

Größe mit ln R in die Formeln eingeht, was einer Abschwächung des Einflusses von R gleichkommt. Aus diesen Gründen kann die Reichweite dann als eine von der Zeit unabhängige Größe mit der Formel

$$R = 3000 \cdot s \cdot \sqrt{k} \qquad \text{Gl. 7-60}$$

berechnet werden, die SICHARDT auf der Basis empirischer Untersuchungen entwickelt hat und die erstmals in [L 176] mitgeteilt wurde. Mit der so ermittelten Reichweite lassen sich brauchbare Q-Werte berechnen, was auch für Reichweiten gilt, die mit der empirischen Gleichung von KUSSAKIN (vgl. z. B. [L 23])

$$R = 575 \cdot s \cdot \sqrt{k \cdot H} \qquad \text{Gl. 7-61}$$

gewonnen werden. Beide Gleichungen gehen von einem stationären Strömungszustand aus und sind nicht dimensionstreu, da k in m/s und s sowie H in m einzusetzen sind.

Die erwähnte Abschwächung des Einflusses von R gilt nicht für die Ermittlung der Absenkkurve selbst. Die Berechnung dieser im Allgemeinen zeitabhängigen Funktion wird erforderlich, wenn z. B. in Fällen angrenzender Bebauungen oder vorhandener Wasserversorgungsbrunnen der Einfluss einer Grundwasserabsenkung auf diese Umgebungen zu bestimmen ist. Erfolgt die Absenkung in einem Grundwasserbereich so, dass dem Wasserreservoir die gepumpte Wassermenge entnommen wird ohne dass ihm gleichzeitig neues Wasser zufließt, wird sich die Reichweite mit der Entnahmezeit ständig vergrößern. Bei konstanter Entnahmemenge lässt sich diese Zeitabhängigkeit nach WEBER [L 253] mittels der Beziehung

$$R = f(t) = 3 \cdot \sqrt{\frac{H \cdot k \cdot t}{n}} \qquad \text{Gl. 7-62}$$

erfassen. Neben den bekannten Größen H und k werden dabei die Zeit t seit Absenkungsbeginn (in Sekunden) und der Porenanteil n des Untergrundes (im Mittel $\approx 0{,}3$) verwendet.

Anwendungsbeispiel

An einer Böschung soll durch einen bis zu einem Wasserstauer reichenden Sickerschlitz der Grundwasserspiegel von ursprünglich $H = 20$ m auf $h_0 = 10$ m gemäß der Abb. 7-39 abgesenkt werden. Der Wasserdurchlässigkeitsbeiwert des Bodens beträgt $k = 2 \cdot 10^{-6}$ m/s und der Porenanteil $n = 0{,}35$.

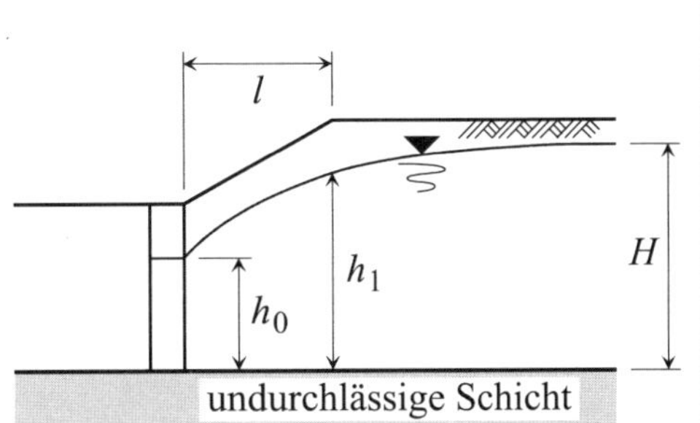

Abb. 7-39 Grundwasserabsenkung im Bereich einer Böschung

Es ist anzugeben

- nach welcher Zeit der Grundwasserspiegel unter der $l = 35$ m entfernten Böschungskante bis auf $h_1 = 18$ m abgesenkt ist
- welche Menge Q dem Sickerschlitz zu diesem Zeitpunkt pro lfdm Böschung zuströmt.

Lösung

Wird die Formel von DUPUIT (Gl. 7-41) auf die Koordinaten der Sickerlinie unter der Böschungskante angewendet, ergibt sich als Zuflussmenge zum Sickerschlitz

$$Q = \frac{h_1^2 - h_0^2}{2 \cdot l} \cdot 1 \cdot k = \frac{18^2 - 10^2}{2 \cdot 35} \cdot 1 \cdot 2 \cdot 10^{-6} = 6{,}4 \cdot 10^{-6} \; \frac{\text{m}^3/\text{s}}{\text{lfdm}}$$

Die Variante

$$Q = 6{,}4 \cdot 10^{-6} = \frac{H^2 - h_0^2}{2 \cdot R} \cdot 1 \cdot k = \frac{20^2 - 10^2}{2 \cdot R} \cdot 1 \cdot 2 \cdot 10^{-6}$$

der Formel von DUPUIT (Gl. 7-41) liefert nach entsprechender Umstellung die Reichweite

$$R = \frac{20^2 - 10^2}{6{,}4} = 46{,}875 \text{ m}$$

Wird diese Größe als Ergebnis der Formel von WEBER (Gl. 7-62) für die zeitabhängige Reichweite

$$R = f(t) = 46{,}875 \text{ m} = 3 \cdot \sqrt{\frac{H \cdot k \cdot t}{n}}$$

betrachtet, führt dies zu der gesuchten Absenkzeit

$$t = \frac{R^2 \cdot n}{3^2 \cdot H \cdot k} = \frac{46{,}875^2 \cdot 0{,}35}{9 \cdot 20 \cdot 2 \cdot 10^{-6}} = 2\,136\,230 \text{ s} \approx 25 \text{ Tage}$$

7.9.8 Mehrbrunnenformel von FORCHHEIMER

Die Formel von FORCHHEIMER [L 130] dient zur Erfassung der Wirkung einer aus n vollkommenen Brunnen bestehenden Mehrbrunnenanlage (vgl. Abb. 7-40). Zu ihrer Herleitung wird angenommen, dass jeweils ein einzelner Brunnen arbeitet und dass für diese n Fälle die auf der DUPUIT-THIEMschen Formel für freien Grundwasserspiegel basierenden Gleichungen

$$H^2 - y_i^2 = \frac{q_i \cdot (\ln R_i - \ln x_i)}{\pi \cdot k} \qquad i = 1, \ldots, n \qquad \text{Gl. 7-63}$$

gelten. Die Größe q_i steht dabei für das Fassungsvermögen des Einzelbrunnens, das zur Absenkung auf die Wasserstandshöhe y_i erforderlich ist und das im stationären Zustand gleich ist der Zuflussmenge Q_i.

Ausgehend von der Überlegung, dass die Lösung der partiellen Differentialgleichung der Grundwasserspiegelfläche sich als Summe von Lösungen darstellen lässt, wenn jede der Lösungen für sich diese Differentialgleichung erfüllt, zeigt FORCHHEIMER [L 130], dass für den gleichzeitigen Betrieb aller n Brunnen

$$H^2 - y^2 = \frac{1}{\pi \cdot k} \cdot \left(q_1 \cdot \ln \frac{R_1}{x_1} + q_2 \cdot \ln \frac{R_2}{x_2} + \ldots + q_n \cdot \ln \frac{R_n}{x_n} \right) \qquad \text{Gl. 7-64}$$

gesetzt werden kann.

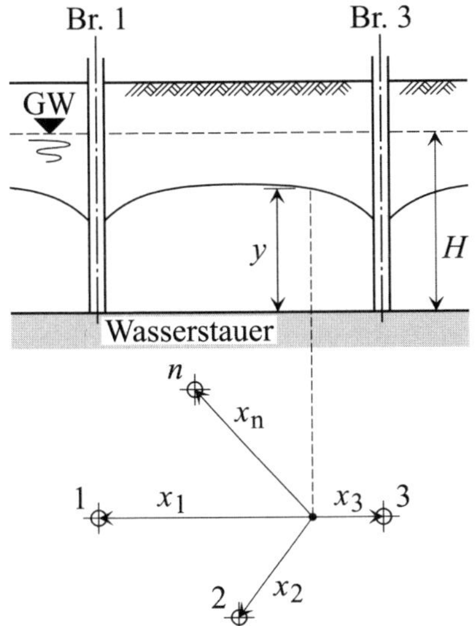

Abb. 7-40 Berechnung der Absenkung innerhalb einer Mehrbrunnenanlage (nach RAPPERT [L 214])

Wird nun angenommen, dass die von der Gesamtanlage geförderte Wassermenge die Größe q_{ges} aufweist und dass aus allen n Brunnen die gleiche Wassermenge

$$q = \frac{q_{ges}}{n} = q_1 = q_2 = \ldots = q_n \qquad \text{Gl. 7-65}$$

gepumpt wird, gilt auch

$$R = R_1 = R_2 = \ldots = R_n \qquad \text{Gl. 7-66}$$

und somit statt der Gl. 7-64 die Beziehung

$$H^2 - y^2 = \frac{q_{ges} \cdot \sum_{i=1}^{n} (\ln R - \ln x_i)}{\pi \cdot k} \qquad \text{Gl. 7-67}$$

aus der sich, durch entsprechende Umstellung,

$$q_{ges} = \frac{\pi \cdot k \cdot (H^2 - y^2)}{\ln R - \frac{1}{n} \cdot \ln(x_1 \cdot x_2 \cdot \ldots \cdot x_n)} \qquad \text{Gl. 7-68}$$

ergibt.

Ist die Fördermenge q_{ges} der Gesamtanlage bekannt, kann Gl. 7-67 bzw. Gl. 7-68 auch dazu benutzt werden, an vorgegebenen Punkten zu erwartende Grundwasserstände in Beobachtungsrohren (hydraulische Druckhöhen) nachzurechnen.

7.9.9 Von Brunnen umschlossene Baugrube

Werden in einer Baugrube n vollkommene Brunnen mit der jeweils gleichen Fördermenge q in einem Kreis mit dem Radius r_A angeordnet, gilt für den Kreismittelpunkt

$$x_1 = x_2 = \ldots = x_n = r_A \qquad \text{Gl. 7-69}$$

Mit dem Wasserstand h in Baugrubenmitte (meist 0,5 bis 1,0 m unter Baugrubensohle), führt die Gleichung von FORCHHEIMER (Gl. 7-68) zu

$$q_{\text{ges}} = \frac{\pi \cdot k \cdot (H^2 - h^2)}{\ln R - \ln r_{\text{A}}}$$ Gl. 7-70

Der Vergleich von Gl. 7-70 mit Gl. 7-49 lässt erkennen, dass die von Brunnen umschlossene Baugrube als ein „Ersatzbrunnen“ mit dem Radius r_{A} aufgefasst werden kann, bei dem der Grundwasserspiegel von H auf die in der „Brunnenmitte“ zu findende Grundwasserspiegelhöhe h abgesenkt wird. Diese Absenkhöhe

$$s = H - h$$ Gl. 7-71

ist deshalb auch der Ermittlung der Reichweite R des Ersatzbrunnens zugrunde zu legen.

Die Betrachtung von Gl. 7-70 zeigt, dass die Größe der Fördermenge q_{ges} der Gesamtanlage vor allem durch die Absenktiefe und den Durchlässigkeitsbeiwert und nicht so sehr von der Form und der Größe der trockenzulegenden Absenkfläche beeinflusst wird (kleine Absenkflächen erfordern deshalb unverhältnismäßig große Fassungsanlagen). Demzufolge lässt sich Gl. 7-70 für die Praxis dann vereinfachend einsetzen, wenn q_{ges} nur in Abhängigkeit von der Absenktiefe gesucht wird und keine Notwendigkeit zur Ermittlung der Absenkkurvenverläufe besteht (etwa wegen verschiedener Tiefenlagen der Baugrubensohle). So kann die Gleichung z. B. herangezogen werden, wenn der Wasserandrang für eine allseits von Brunnen umschlossenen, rechteckigen Baugrube mit der Umschließungslänge l_{U} und der Umschließungsbreite b_{U} im Rahmen einer Vorberechnung näherungsweise ermittelt werden soll. Gilt in einem solchen Fall für das Verhältnis der Umschließungsabmessungen $m = l_{\text{U}}/b_{\text{U}} \approx 1$, stellt die Größe r_{A} nach WEBER [L 253] den Radius eines flächengleichen Ersatzkreises der Baugrubenumschließungsfläche $A = l_{\text{U}} \cdot b_{\text{U}}$ dar und berechnet sich zu

$$r_{\text{A}} = \sqrt{\frac{A}{\pi}}$$ Gl. 7-72

Für Vorberechnungen bei Baugruben mit dem Seitenverhältnis $m = l_{\text{U}}/b_{\text{U}} \gg 1$ muss von der Flächengleichheit abgewichen werden. r_{A} ist dann durch

$$r_{\text{A}}' = \eta \cdot b_{\text{U}}$$ Gl. 7-73

zu ersetzen. Der von WEBER [L 253] angegebene Faktor η ist als sehr gute Näherung durch

$$\eta = 0{,}2 \cdot m + 0{,}37$$ Gl. 7-74

ermittelbar.

Bei sehr schmalen Baugruben (z. B. Leitungsgräben) mit einzelnen Brunnenreihen der Länge L, ist in Gl. 7-70 für r_{A} die Größe

$$r_{\text{A}} = \frac{L}{3}$$ Gl. 7-75

zu setzen. Mit h wird dann in Gl. 7-70 der Wasserstand am Ende der Brunnenreihe erfasst.

Anwendungsbeispiel

Betrachtet wird eine Baugrube, die im Schnitt in Abb. 7-41 dargestellt ist und die Grundrissabmessungen

Länge: $l_B = 70{,}00$ m

Breite: $b_B = 38{,}00$ m

aufweist. Für sie ist eine Grundwasserhaltung mit einer Mehrbrunnenanlage aus vollkommenen Brunnen geplant, deren Brunnen im Abstand von 2 m hinter der Baugrubenwand herzustellen sind.

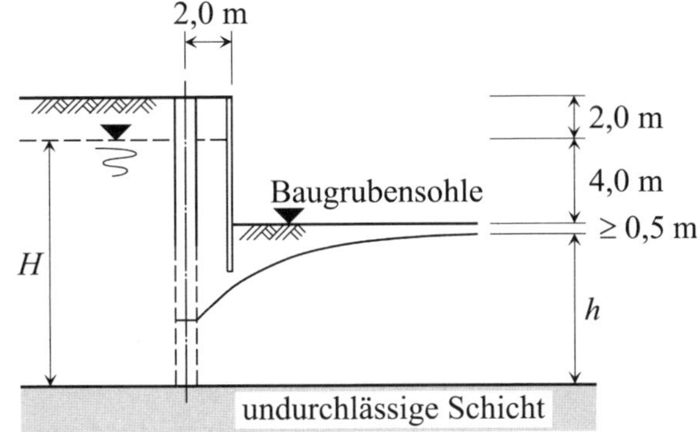

Abb. 7-41 Schnitt durch eine Baugrube mit Brunnenanordnung und Absenkziel

Zu berechnen ist die Fördermenge q_{ges} der Gesamtanlage (in Liter/s), die sich nach FORCHHEIMER in einem stationären Zustand näherungsweise für den Fall ergibt, dass

- die Höhe der wasserführenden Schicht $H = 12$ m beträgt
- der Wasserspiegel bis mindestens 50 cm unter die Baugrubensohle abgesenkt wird
- der Durchlässigkeitsbeiwert des Bodens $k = 5 \cdot 10^{-4}$ m/s beträgt
- die Reichweite R nach SICHARDT bestimmt werden kann.

Lösung

Da die Baugrube rechteckig ist, ergibt sich mit den Umschließungsabmessungen

$$l_U = l_B + 2 \cdot 2{,}0 = 70{,}0 + 4{,}0 = 74{,}0 \text{ m}$$

$$b_U = b_B + 2 \cdot 2{,}0 = 38{,}0 + 4{,}0 = 42{,}0 \text{ m}$$

sowie dem Seitenverhältnis

$$m = \frac{l_U}{b_U} = \frac{74{,}0}{42{,}0} = 1{,}762 \text{ » } 1$$

als Radius des Ersatzkreises der Mehrbrunnenanlage (Gl. 7-73 und Gl. 7-74)

$$r_A' = \eta \cdot b_U = (0{,}2 \cdot m + 0{,}37) \cdot b_U = (0{,}2 \cdot 1{,}762 + 0{,}37) \cdot 42{,}0 = 30{,}34 \text{ m}$$

Mit der Höhe

$$h = 12{,}0 - 4{,}0 - 0{,}5 = 7{,}5 \text{ m}$$

des abgesenkten Wasserspiegels in der Mitte des nach FORCHHEIMER zu betrachtenden „Ersatzbrunnens" berechnet sich nach SICHARDT die Reichweite dieses Ersatzbrunnens zu (Gl. 7-60 und Gl. 7-71)

$$R = 3000 \cdot s \cdot \sqrt{k} = 3000 \cdot (H - h) \cdot \sqrt{k} = 3000 \cdot (12{,}0 - 7{,}5) \cdot \sqrt{5 \cdot 10^{-4}} = 301{,}9 \text{ m}$$

Mit den ermittelten Größen ergibt sich als Näherungswert der gesuchten Fördermenge der in einem stationären Zustand arbeitenden Gesamtanlage (Gl. 7-70)

$$q_{\text{ges}} = \frac{\pi \cdot k \cdot (H^2 - h^2)}{\ln R - \ln r_A'} = \frac{\pi \cdot 5 \cdot 10^{-4} \cdot (12{,}0^2 - 7{,}5^2)}{\ln 301{,}9 - \ln 30{,}34} = 0{,}0600\,\text{m}^3/\text{s} = 60{,}0\ \text{Liter/s}$$

7.9.10 Benetzte Filterflächenhöhe *h'* eines Anlagebrunnens

Die Eintauchtiefe H eines zu einer Brunnenanlage gehörenden Einzelbrunnens kann bei Baugruben durch die Summe

$$H = s + s_{\text{EB}} + h' = s + h \qquad \text{Gl. 7-76}$$

angegeben werden (vgl. Abb. 7-42). Die einzelnen Summanden der Gleichung sind

- s Absenkung (Grundwasserscheitel sollten 0,5 bis 1 m unter der Baugrubensohle liegen)
- s_{EB} Höhendifferenz zwischen Wasserstand am Brunnenrand und abgesenktem Grundwasserspiegel im meist zwischen zwei Brunnen liegendem ungünstigstem Punkt
- h' benetzte Filterflächenhöhe (legt Fassungsvermögen q des einzelnen Brunnens fest)

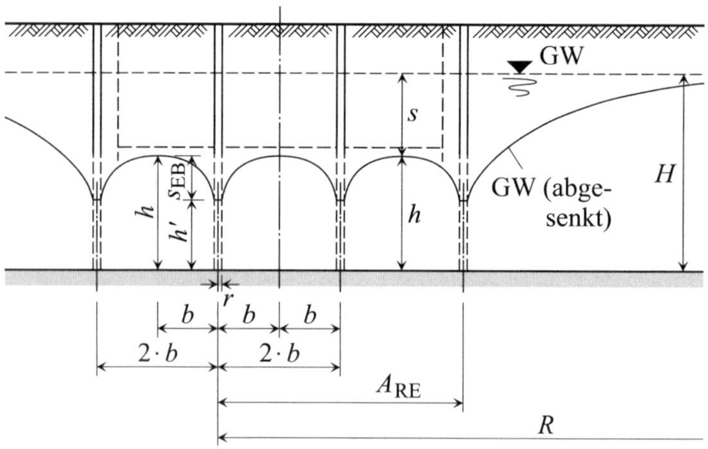

Abb. 7-42 Größe s_{EB} in einer Mehrbrunnenanlage (nach [L 154])

Zu Beginn des Entwurfs einer Brunnenanlage ist von diesen Summanden nur die zu fordernde Absenkungsgröße s des „Ersatzbrunnens“ und damit auch die Größe von h bekannt. Mit Gl. 7-70 lässt sich dann zwar die Fördermenge q_{ges} der Gesamtanlage näherungsweise ermitteln, nicht aber die von den Summanden h' bzw. s_{EB} abhängige erforderliche Pumpleistung q_{i} der Einzelbrunnen. Erst die Schätzung von der Größe s_{EB} und damit von h' lässt die Berechnung von q_{i} mittels Gl. 7-55 zu und damit auch die Ermittlung der für die Absenkung erforderlichen Anzahl der Brunnen

$$n = \frac{q_{\text{ges}}}{q_{\text{i}}} \qquad \text{Gl. 7-77}$$

Nach Festlegung der geometrischen Positionen aller n Brunnen kann die Überprüfung und die in aller Regel erforderliche Korrektur der mit Hilfe der Schätzwerte entworfenen Anlage erfolgen. Die von der Gesamtanlage zu fördernde Grundwassermenge ist dann mit der Mehrbrunnenformel von FORCHHEIMER (Gl. 7-68) für den ungünstigsten Absenkpunkt (für ihn gilt max q_{ges}) zu berechnen und die zur Ermittlung des Fassungsvermögens der Einzelbrunnen erforderliche Höhendifferenz s_{EB} nach [L 154] mit Hilfe von

$$s_{EB} = h - \sqrt{h^2 - \frac{1{,}5 \cdot q \cdot (\ln b - \ln r)}{\pi \cdot k}} \qquad \text{Gl. 7-78}$$

Der in der Gleichung verwendete Erfahrungswert 1,5 ist für halbe Brunnenabstände mit der Größe $b > \pi \cdot r \cdot 5$ einzusetzen. Bei relativ kleinen Abstandswerten von $b \approx \pi \cdot r \cdot 5$ ist dieser Wert durch die Größe 2,0 und bei noch kleineren b-Werten durch die Größe 2,5 zu ersetzen.

Da eine Brunnenanlage mit dem Ziel entworfen wird, die erforderliche Absenkung mit einer minimalen Fördermenge zu erreichen, sind oft mehrere Vergleichsrechnungen erforderlich, was in der Praxis den Einsatz entsprechender EDV-Programme unumgänglich macht. Dies gilt auch im Hinblick auf die Berechnung für den ungünstigsten Absenkpunkt, dessen Lage in der Regel nicht von vornherein eindeutig angegeben werden kann. Sie muss deshalb durch Vergleich der Ergebnisse für verschiedene Punktlagen gefunden werden, was ebenfalls die wiederholte Durchführung entsprechender Rechnungen mit sich bringt.

Anwendungsbeispiel

Für eine Baugrube mit den Abmessungen

Länge: $l_B = 70{,}00$ m

Breite: $b_B = 38{,}00$ m

Tiefe: $t_B = 6{,}00$ m

ist eine Grundwasserabsenkung mit einer aus vollkommenen Brunnen bestehenden Mehrbrunnenanlage zu entwerfen. Einen Teilschnitt der Baugrube zeigt Abb. 7-43.

Für die geplante Maßnahme ist

1) im Zuge einer Vorbemessung die Anzahl der erforderlichen Brunnen unter der Annahme zu berechnen, dass die Brunnen im Abstand von 2 m hergestellt werden
2) die geometrische Anordnung der herzustellenden Brunnen festzulegen
3) die entworfene Anlage zu überprüfen, wobei die lokale Absenkung s_{EB} mit dem mittleren Brunnenabstand a und der Formel

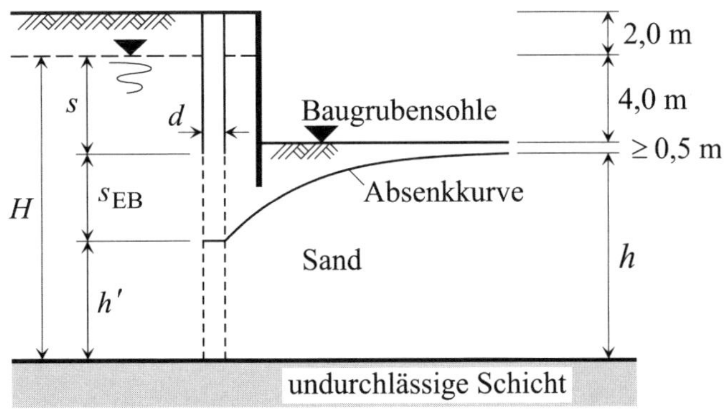

Abb. 7-43 Schnitt der Baugrube mit Brunnenanordnung

$$s_{EB} = h_{zul} - \sqrt{h_{zul}^2 - \frac{1{,}5 \cdot \mathrm{erf}\,q \cdot \left(\ln\frac{a}{2} - \ln r\right)}{\pi \cdot k}}$$

zu ermitteln ist (vgl. hierzu [L 154]).

Für die Planung ist als Durchmesser der Filterbrunnen

$d = 40\,\mathrm{cm}$

zu wählen, für die Kenngrößen der Absenkung gelten

Höhe der wasserführenden Schicht	$H = 12{,}00\,\mathrm{m}$
Höhe des abgesenkten Wasserspiegels	$h = 7{,}50\,\mathrm{m}$
Absenkhöhe	$s = 4{,}50\,\mathrm{m}$

und als Wasserdurchlässigkeitsbeiwert

$k = 5 \cdot 10^{-4}\,\mathrm{m/s}$ (Sand)

Lösung

1 Berechnung der Anzahl der erforderlichen Brunnen (Vorbemessung)

1.1 Berechnung der Fördermenge q der Gesamtanlage

Da der vorliegende Fall dem des Anwendungsbeispiels von Seite 265 entspricht, kann die dort mit Hilfe der Mehrbrunnenformel von FORCHHEIMER ermittelte Fördermenge

$q_{ges} = 0{,}0600\,\mathrm{m^3/s} = 60{,}0$ Liter/s

übernommen werden.

Um das Absenkziel schneller zu erreichen, wird für die Dimensionierung der Brunnenanzahl im Folgenden mit einer 10%igen Erhöhung von q auf

$\max q_{ges} = 1{,}1 \cdot q_{ges} = 1{,}1 \cdot 0{,}0600 = 0{,}0660\,\mathrm{m^3/s} = 66{,}6$ Liter/s

gerechnet.

1.2 Ermittlung des geschätzten Fassungsvermögens q_i eines Einzelbrunnens

Zur Ermittlung des Fassungsvermögens q_i eines Einzelbrunnens wird die Höhe s_{EB} des lokalen Absenktrichters eines einzelnen Brunnens auf 3,0 m geschätzt, so dass sich die benetzte Filterhöhe eines einzelnen Brunnens zu

$h' = h - s_{EB} = 7{,}50 - 3{,}00 = 4{,}50$ m

ergibt. Mit dieser Größe und dem Radius der Filterbrunnen

$r = \frac{d}{2} = \frac{0{,}4}{2} = 0{,}2$ m

errechnet sich nach SICHARDT das Fassungsvermögen eines vollkommenen Einzelbrunnens mit freiem Grundwasserspiegel durch (Gl. 7-55)

$$q_i = \frac{\sqrt{k}}{15} \cdot 2 \cdot \pi \cdot r \cdot h' = \frac{\sqrt{5{,}0 \cdot 10^{-4}}}{15} \cdot 2 \cdot \pi \cdot 0{,}2 \cdot 4{,}50 = 0{,}0084 \text{ m}^3/\text{s} = 8{,}4 \text{ Liter/s}$$

1.3 Erforderliche Brunnenanzahl auf der Basis des geschätzten q_i-Wertes

Mit der von FORCHHEIMER getroffenen Voraussetzung, dass aus jedem Brunnen der Anlage die gleiche Wassermenge gefördert wird, sind mit den Größen max q und q_i insgesamt

$$n = \frac{\max q_{ges}}{q_i} = \frac{0{,}066}{0{,}0084} = 7{,}8 \quad \Rightarrow \quad \text{Wahl von} \quad n = 8 \text{ Brunnen}$$

erforderlich.

2 Festlegung der geometrischen Anordnung der herzustellenden Brunnen

Bei der geometrischen Anordnung der Brunnen ist zu beachten, dass zunächst Brunnen an den vom Mittelpunkt der Baugrube entferntesten Stellen vorzusehen sind. Die restlichen Brunnen werden dann möglichst gleichmäßig um die Baugrube verteilt (vgl. Abb. 7-44).

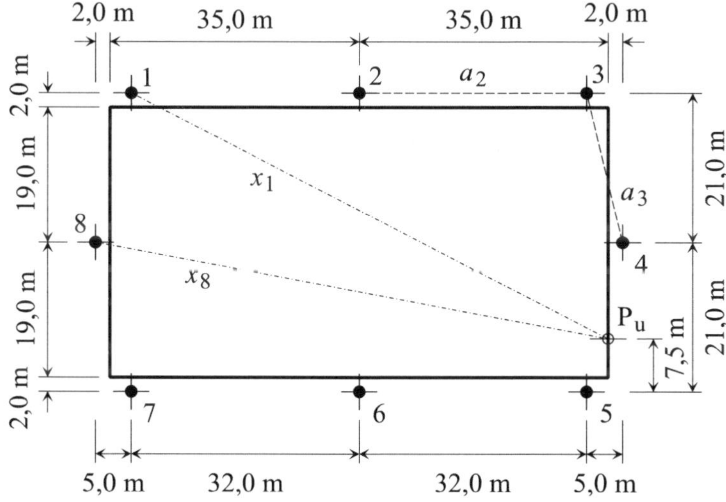

Abb. 7-44 Gewählte Anordnung der 8 Brunnen

3 Überprüfung der entworfenen Anlage

Für die gewählte Brunnenanordnung ist sicherzustellen, dass das abgesenkte Grundwasser überall $\geq 0{,}5$ m unterhalb der Baugrubensohle steht.

Es genügt, die Überprüfung der gewählten Brunnenanlage für den ungünstigsten Absenkpunkt P_u durchzuführen. Dieser liegt im Allgemeinen im Eckbereich zwischen zwei Brunnen (im Zweifelsfall müssen mehrere Punkte untersucht werden). Im vorliegenden Fall erfolgt die Untersuchung für das Beispiel des in Abb. 7-44 eingezeichneten Punkts P_u.

Mit den zum Punkt P_u gehörenden x-Koordinaten der einzelnen Brunnen (vgl. Abb. 7-44) und den zugehörigen ln-Werten

$x_1 = 75{,}36\,\text{m} \quad \Rightarrow \quad \ln x_1 = 4{,}322$

$x_2 = 49{,}15\,\text{m} \quad \Rightarrow \quad \ln x_2 = 3{,}895$

$x_3 = 34{,}63\,\text{m} \quad \Rightarrow \quad \ln x_3 = 3{,}545$

$x_4 = 13{,}65\,\text{m} \quad \Rightarrow \quad \ln x_4 = 2{,}614$

$x_5 = \;\; 8{,}08\,\text{m} \quad \Rightarrow \quad \ln x_5 = 2{,}089$

$x_6 = 35{,}80\,\text{m} \quad \Rightarrow \quad \ln x_6 = 3{,}578$

$x_7 = 67{,}42\,\text{m} \quad \Rightarrow \quad \ln x_7 = 4{,}211$

$x_8 = 73{,}26\,\text{m} \quad \Rightarrow \quad \ln x_8 = 4{,}294$

ergibt sich

$$\frac{1}{n} \cdot \sum_{i=1}^{n} \ln x_i = \frac{1}{8} \cdot \sum_{i=1}^{8} \ln x_i = \frac{1}{8} \cdot 28{,}55 = 3{,}569$$

3.1 Fördermenge der Anlage bei der Absenkung $s = 4{,}5$ m im Punkt P_u

Unter der Voraussetzung, dass im Punkt P_u um das Mindestmaß $s = 4{,}5$ m abgesenkt wurde, ergibt sich mit Hilfe der Mehrbrunnenformel von FORCHHEIMER (Gl. 7-68) die Fördermenge der Anlage

$$q_{\text{ges}} = \frac{\pi \cdot k \cdot (H^2 - h^2)}{\ln R - \frac{1}{n} \cdot \sum_{i=1}^{n} \ln x_i} = \frac{\pi \cdot 5 \cdot 10^{-4} \cdot (12{,}0^2 - 7{,}5^2)}{\ln 301{,}9 - 3{,}569} = 0{,}0644\,\text{m}^3/\text{s} = 64{,}4\,\text{Liter/s}$$

Damit müssen die 8 Einzelbrunnen mindestens ein Fassungsvermögen von jeweils

$$q_i = \frac{q_{\text{ges}}}{8} = \frac{0{,}0644}{8} = 0{,}00805\,\text{m}^3/\text{s} = 8{,}05\,\text{Liter/s}$$

und bei 10%iger Erhöhung zur schnelleren Erreichung des Absenkziels

$$\text{erf}\, q_i = 1{,}1 \cdot q_i = 1{,}1 \cdot 0{,}00805 = 0{,}00885\,\text{m}^3/\text{s} = 8{,}85\,\text{Liter/s}$$

besitzen.

3.2 Fassungsvermögen der Einzelbrunnen

Bei einem mittleren Brunnenabstand von

$$a = \frac{1}{8} \cdot \sum_{i=1}^{8} a_i = \frac{32{,}0 + 32{,}0 + 21{,}59 + 21{,}59 + 32{,}0 + 32{,}0 + 21{,}59 + 21{,}59}{8} = 26{,}79\,\text{m}$$

(siehe hierzu Abb. 7-44) und dem zulässigen Wasserstand an der ungünstigsten Stelle

$$\text{zul}\,h = 7{,}50\,\text{m}$$

beträgt die lokale Absenkung an einem Einzelbrunnen ($a/2 = 13{,}4\,\text{m} > \pi \cdot r \cdot 5 = 3{,}14\,\text{m}$)

$$s_{\text{EB}} = \text{zul}\,h - \sqrt{\text{zul}\,h^2 - \frac{1{,}5 \cdot \text{erf}\,q_i \cdot \left(\ln \frac{a}{2} - \ln r \right)}{\pi \cdot k}}$$

$$= 7{,}5 - \sqrt{7{,}5^2 - \frac{1{,}5 \cdot 0{,}008\,05 \cdot \left(\ln \frac{26{,}79}{2} - \ln 0{,}2\right)}{\pi \cdot 5 \cdot 10^{-4}}} = 7{,}5 - 4{,}89 = 2{,}61\ \text{m}$$

Mit $s_{EB} = 2{,}61$ m verbleibt die benetzte Filterhöhe

$$h' = 7{,}5 - 2{,}61 = 4{,}89\ \text{m}$$

mit der sich nach SICHARDT das Fassungsvermögen (Gl. 7-55)

$$q_i = \frac{\sqrt{k}}{15} \cdot 2 \cdot \pi \cdot r \cdot h' = \frac{\sqrt{5{,}0 \cdot 10^{-4}}}{15} \cdot 2 \cdot \pi \cdot 0{,}2 \cdot 4{,}89$$

$$= 0{,}0092\ \text{m}^3/\text{s} = 9{,}2\ \text{Liter/s} > 8{,}85\ \text{Liter/s}$$

des einzelnen Brunnens der Anlage ergibt.

Unter der Voraussetzung, dass der für die Nachrechnung verwendete Punkt P_u tatsächlich den ungünstigsten Punkt der Anlage darstellt, ist die gewählte Brunnenanlage somit ausreichend bemessen.

7.9.11 Unvollkommene Brunnen

Im Gegensatz zu den vollkommenen Brunnen stehen die häufig vorkommenden unvollkommenen Brunnen nicht auf einer undurchlässigen Schicht auf und erfassen somit nicht die ganze Mächtigkeit des Grundwasserleiters (siehe Abb. 7-45).

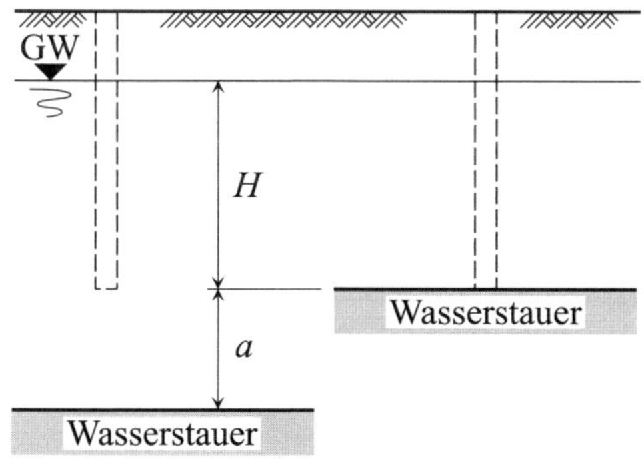

Abb. 7-45 Unvollkommener (links) und vollkommener (rechts) Brunnen mit den Zuflussmengen $Q_{\text{unvollkommen}} > Q_{\text{vollkommen}}$

Ist die Zuflussmenge Q solcher Brunnen zu berechnen, ergeben sich unzulässig kleine Werte, wenn mit den für vollkommene Brunnen geltenden Formeln gerechnet wird, da der zusätzliche Zufluss von unten die zuströmende Wassermenge erhöht. In der Praxis lassen sich zur Berechnung von Zuflussmenge Q und Wasserspiegelverlauf die zu vollkommenen Brunnen gehörenden Gleichungen benutzen, wenn die zu erwartende Erhöhung von Q durch Zuschläge berücksichtigt wird, deren Größe vom Abstand a zwischen Brunnensohle und undurchlässiger Schicht (vgl. Abb. 7-45) abhängig ist. Dabei sind nach RAPPERT [L 214] die Zuflussgrößen

$$Q_{\text{unvollkommen}} = 1{,}1 \cdot Q_{\text{vollkommen}} \quad \text{für} \quad a = H$$
$$Q_{\text{unvollkommen}} = 1{,}3 \cdot Q_{\text{vollkommen}} \quad \text{für} \quad a > 2 \cdot H \qquad \text{Gl. 7-79}$$

als Grenzwerte zu betrachten (bzgl. der Größen *a* und der Einbautiefe *H* vgl. Abb. 7-45).

Ebenfalls nach RAPPERT [L 214] liefert die von SZÉCHY [L 246] angegebene Formel

$$Q = \frac{\pi \cdot k \cdot (y_2^2 - y_1^2)}{\ln x_1 - \ln x_2} + \frac{\pi \cdot k \cdot a \cdot (y_2 - y_1)}{\ln x_1 - \ln x_2} \qquad \text{Gl. 7-80}$$

gute Ergebnisse, besonders für sehr durchlässige Böden. Die Gleichung gilt unter der Voraussetzung einer gleich großen Wasserdurchlässigkeit in vertikaler und horizontaler Richtung.

Die erhöhte Wassermenge wird zur Berechnung der Pumpenleistung und zur Dimensionierung der erforderlichen Filterlänge benötigt. Genauere Untersuchungen unvollkommener Brunnen sind nur unter Anwendung der Potenzialtheorie möglich.

7.9.12 Einfluss der Eintauchtiefe von Baugrubenwänden

Im Folgenden wird der Einfluss der Eintauchtiefen wasserdichter Baugrubenwände (z. B. Spundwände) auf den Zufluss *Q* zu gestützten Baugruben behandelt.

Wird eine Baugrube in einem offenen Gewässer so hergestellt, dass die Baugrubenwände in einen ggf. vorhandenen Wasserstauer hinreichend tief einbinden, ist nach der Trockenlegung der Baugrube nur noch eine Restwasserhaltung erforderlich (unvermeidbare Undichtigkeiten in Wänden und geringer Zufluss durch den nie vollständig dichten Stauer).

Reichen die Baugrubenwände jedoch nicht bis zu dem Stauer (vgl. Abb. 7-46), kann, bei Baugruben mit kleinen Grundflächen *A*, die zuströmende Wassermenge mit Hilfe der Näherungsgleichung

$$Q = k \cdot \frac{h}{t_1 + t_2} \cdot A \qquad \text{Gl. 7-81}$$

ermittelt werden. Auf die Möglichkeit, den Durchlässigkeitsbeiwert *k* wegen der vorwiegend vertikalen Durchströmung abzumindern (vgl. z. B. [L 254]), sollte aus Sicherheitsgründen verzichtet werden. Reichen die Wände bis dicht an die stauende Schicht, lässt sich die mit Gl. 7-81 ermittelte Größe *Q* abmindern.

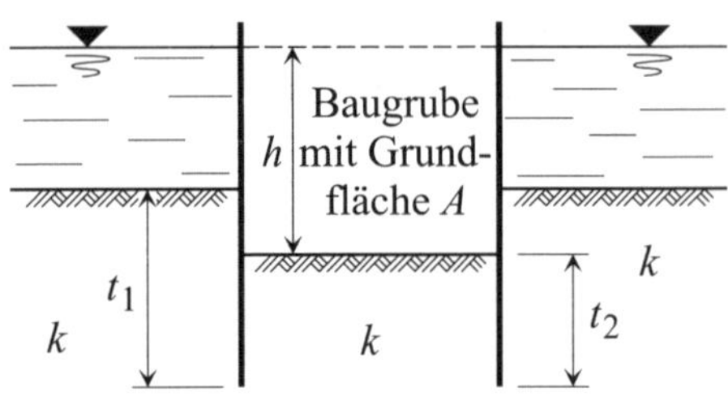

Abb. 7-46 Absenkung in einem Gewässer bei undichter Baugrubensohle und einheitlichem Baugrund mit dem Durchlässigkeitsbeiwert *k*

Bei Baugruben mit größeren Grundflächen ist die zuströmende Wassermenge mit Hilfe entsprechender Strömungsnetze zu ermitteln. In allen Fällen ist für eine hinreichende Sicherheit gegen hydraulischen Grundbruch (siehe Abschnitt 7.2.4) zu sorgen.

Bei Baugruben, die von wasserdichten Wänden so umschlossen werden, dass die zur Wasserhaltung erforderlichen Brunnen innerhalb der Wände angeordnet sind und die Wände in den abgesenkten Grundwasserstrom eintauchen, bildet sich ein leichter Stau, der dazu führt, dass das Wasser durch den eingeengten Bereich gedrückt wird. Die so erzeugte Drosselung des Zuflusses Q wirkt sich allerdings erst dann nennenswert aus, wenn die Wandunterkante bis dicht über die undurchlässige Schicht reicht. Nach WEBER [L 254] ist die Ermäßigung von Q gemäß der Abb. 7-47 von dem Verhältnis t/T abhängig. Die im rechten Teil der Abbildung gezeigte Kurve verbindet die in [L 254] angegebenen Stützstellenwerte für die Abminderungsbeziehung, die für jede Bodenart gilt und somit unabhängig ist von der Größe des jeweiligen k-Werts.

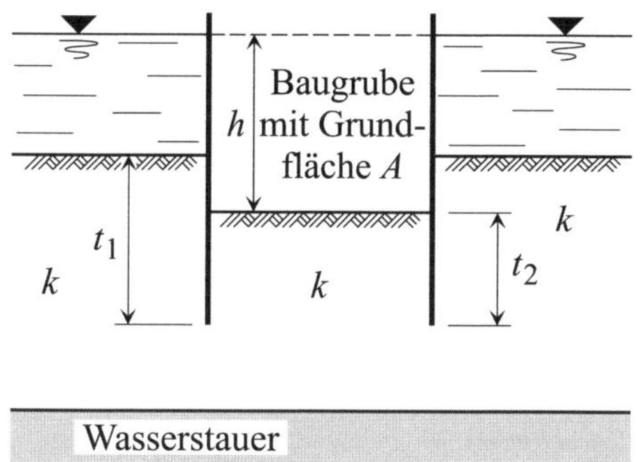

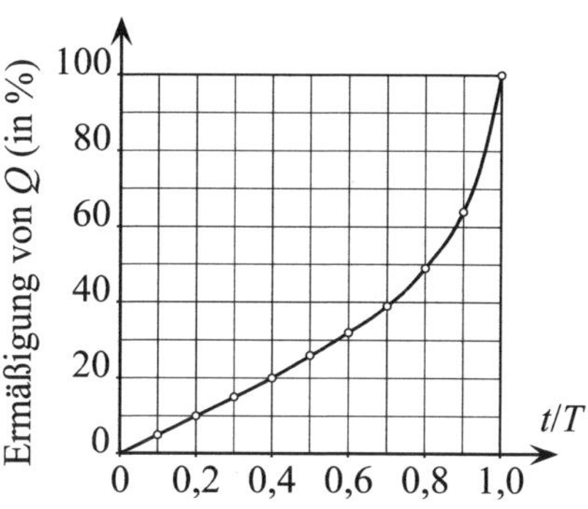

Abb. 7-47 Der Einfluss von Spundwänden auf die Grundwasserabsenkung (nach [L 254])

Liegen die Absenkbrunnen nicht innerhalb, sondern außerhalb der Baugrubenumschließung, verursachen die Wände keine Veränderung der zur Erreichung des Absenkziels zu fördernden Wassermenge.

7.9.13 Durchlässigkeitsbeiwert, Probewasserabsenkung

Die Betrachtung der Formeln für die Berechnung des Wasserzuflusses Q und der Reichweite R zeigen, dass der Durchlässigkeitsbeiwert k nicht nur als linearer Faktor in den Berechnungsformeln für Q auftritt, sondern auch in den Formeln für R zu finden ist. k ist somit die wichtigste Größe bei der Ermittlung von Q und somit bei der Auslegung von Grundwasserabsenkungsanlagen. Die möglichst wirklichkeitsnahe Bestimmung des k-Werts ist deshalb von besonders hoher Bedeutung.

Wegen dieser Gründe ist insbesondere für größere Absenkungen eine im Baugelände durchzuführende Probegrundwasserabsenkung sehr zu empfehlen, mit der sich, in Ergänzung zu den üblichen Labor- und Feldmessungen, ein mittlerer k-Wert bestimmen lässt (vgl. Abb. 7-48).

Der Grundwasserentnahmebrunnen für die Probeabsenkung und die in verschiedenen Abständen von dem Brunnen eingebrachten Beobachtungsrohre sind so anzulegen, dass sie auch für die spätere endgültige Anlage und die Kontrolle des zugehörigen Absenkungsvorganges verwendbar sind. Um alle bei der späteren Absenkung durchströmten Bodenschichten zu erfassen, muss die Tiefe des Entnahmebrunnens der Tiefe der späteren Brunnenkonstruktion entsprechen.

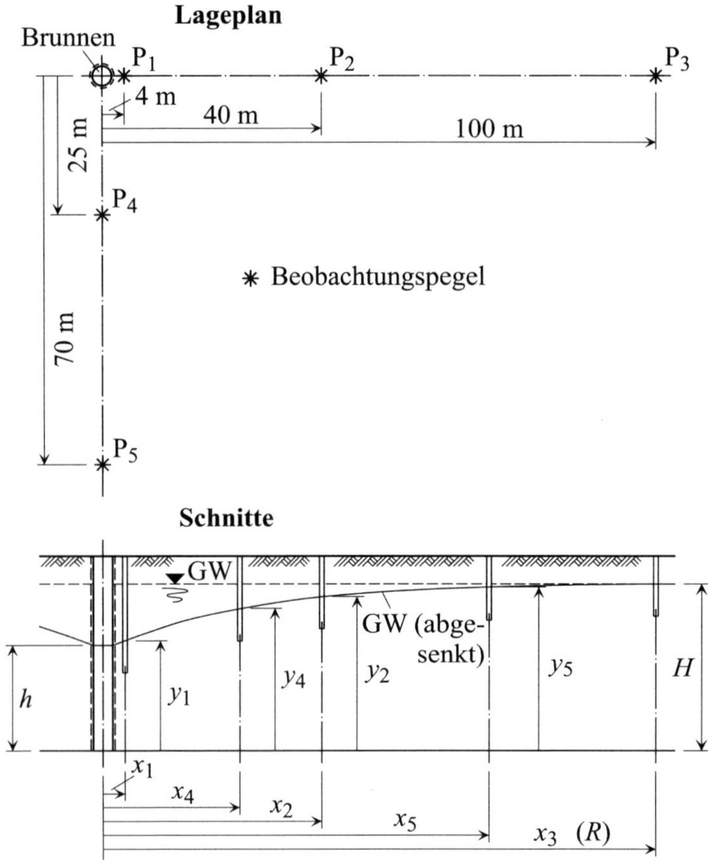

Abb. 7-48 Brunnen und Beobachtungspegel für Pumpversuche (nach RAPPERT [L 214])

Nach [L 154] sollte die Tiefe der Probeabsenkung mindestens 2 m, besser 30 bis 40 % der geplanten Absenkungstiefe betragen und zu einem stationären Zustand führen, der als erreicht anzusehen ist, wenn in einem ungefähr 100 m entfernten Beobachtungsrohr die Veränderung der Wasserspiegelhöhe infolge des Pumpens ≤ 10 cm ist (vgl. [L 214]). Auf die letzte Forderung kann u. U. verzichtet werden, wenn das raumzeitliche Verhalten des Absenktrichters berücksichtigt wird. Bei entsprechender Auswertung der Messergebnisse genügt dann, bei Grundwasserspiegeln mit freier Oberfläche, eine Laufzeit der Anlage von ≈ 24 bis 36 Stunden (vgl. [L 154]).

Mit den bei der Probegrundwasserabsenkung gewonnenen Messdaten

- der Wasserstände im Entnahmebrunnen und in den Beobachtungsrohren vor Absenkungsbeginn
- der entnommenen Wassermenge q und der Wasserstände, die nach Absenkungsbeginn in Abständen von 12 Stunden (vgl. L 214) ermittelt werden

kann die Berechnung der Durchlässigkeitsbeiwerte mit

$$k = \frac{q}{\pi} \cdot \frac{\ln x_2 - \ln x_1}{y_2^2 - y_1^2} \qquad \text{Gl. 7-82}$$

erfolgen, die sich für $Q=q$ aus den Ausführungen des Abschnitts 7.9.4 ergibt. Für die Absenkungsauswertung sind daher, neben der Entnahmemenge q, die Wasserstände und die Entfernungen vom Entnahmebrunnen von jeweils zwei Messbrunnen heranzuziehen.

Bei mehr als zwei vorhandenen Messbrunnen, lassen sich zu den verschiedenen Brunnen-Kombinationen k-Werte berechnen, deren Mittelwert als der für die Baustelle gültige Durchlässigkeitsbeiwert zu betrachten ist. Da die einzelnen k-Werte bei sehr inhomogenen Bodenverhältnissen weit streuen können, muss bei großen Ergebnisunterschieden durch weitere Untersuchungen (Probebohrungen) den diesbezüglichen Ursachen nachgegangen werden.

Ist unregelmäßiger Zulauf zur Baustelle anzunehmen, z. B. beim möglichen Einfluss offener Gewässer, empfiehlt sich die Anordnung der Beobachtungspegel in einem Achsenkreuz, in dessen Ästen jeweils mindestens drei Pegel stehen sollten. Die getrennte Auswertung der Brunnen in den einzelnen Richtungen ermöglicht dann eine genauere Durchlässigkeitsbeurteilung.

Weitere Einzelheiten zu Probeabsenkungen können z. B. [L 147], Kapitel 2.10, [L 154] und [L 214] entnommen werden.

7.9.14 Aufgaben mit Lösungen

Aufgabe 7-13 (Lösung Seite 278)

Für den in Abb. 7-49 gezeigten vollkommenen Brunnen ist

1) der Wasserzufluss Q zum Filterbrunnen mittels der Brunnenformel von DUPUIT-THIEM unter der Voraussetzung zu ermitteln, dass
   - der Grundwasserspiegel im Entnahmebrunnen auf $h=3{,}8\,\text{m}$ abgesenkt wurde
   - der Boden den Durchlässigkeitsbeiwert $k=9{,}0 \cdot 10^{-4}\,\text{m/s}$ aufweist
   - die Reichweite R der Absenkung durch die Formel von SICHARDT erfasst werden kann

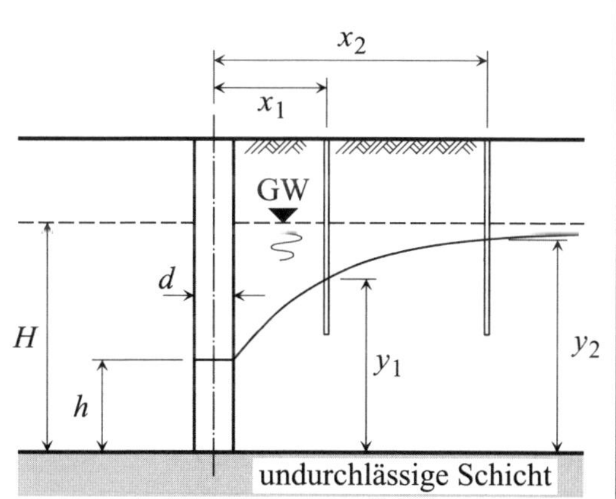

Abb. 7-49 Vollkommener Brunnen mit Absenkkurve

2) zu prüfen, ob die Zuflussmenge Q nicht größer ist als das Fassungsvermögen q des gewählten Brunnens
3) die Größe der zu erwartenden Grundwasserspiegelhöhen y_1 und y_2 in den Beobachtungsrohren 1 und 2 zu berechnen.

Der Berechnung ist eine Höhe des unbeeinflussten Grundwasserspiegels über der undurchlässigen Schicht von

$H=7{,}0\,\text{m}$

zugrunde zu legen. Für die Lage der Beobachtungsrohre gilt

Beobachtungsrohr 1: $x_1 = 5{,}0\,\text{m}$

Beobachtungsrohr 2: $x_2 = 15{,}0\,\text{m}$

und für den Durchmesser des Filterbrunnens

$d = 60\,\text{cm}$

Aufgabe 7-14 (Lösung Seite 279)

Für die mit Tiefbrunnen zu realisierende Wasserhaltung einer im Grundriss quadratischen Baugrube ergab eine Vorbemessung, dass vier vollständige Brunnen erforderlich sind. Ihre gewählte Anordnung ist der Abb. 7-50 zu entnehmen.

Es ist zu prüfen, ob mit den vorgesehenen Brunnen für den in der Abb. 7-50 eingetragenen Punkt P das Absenkziel erreicht werden kann.

Für die Prüfung sind die Zahlenwerte

$a = 20\,\text{m}$	(Seitenlänge der Baugrube)
$H = 10\,\text{m}$	(Höhe der wasserführenden Schicht)
$s = 3{,}8\,\text{m}$	(Absenkhöhe des Grundwassers)
$h = 6{,}2\,\text{m}$	(Höhe des abgesenkten Grundwasserspiegels)
$d = 80\,\text{cm}$	(gewählter Durchmesser der Filterbrunnen)
$k = 0{,}0005\,\text{m/s}$	(Wasserdurchlässigkeitsbeiwert für Sand)

zu berücksichtigen.

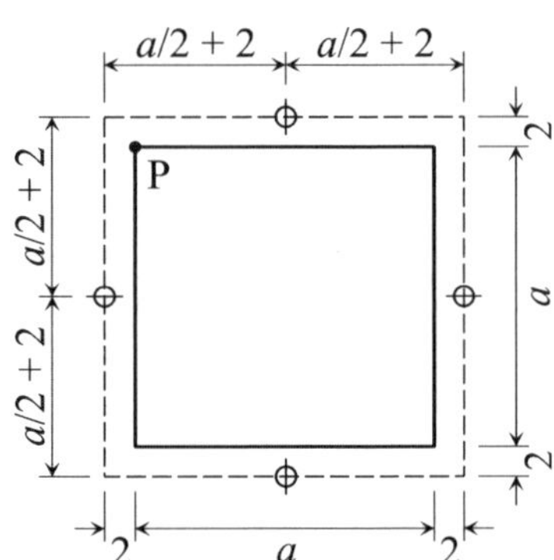

Abb. 7-50 Baugrube mit Anordnung der gewählten Brunnen

Aufgabe 7-15 (Lösung Seite 280)

Durch einen bis zu einem Wasserstauer reichenden Sickerschlitz wird an einer Böschung der Grundwasserspiegel gemäß der Abb. 7-51 um das Maß s von ursprünglich $H = 22\,\text{m}$ auf $h_0 = 10\,\text{m}$ abgesenkt.

Für den stationären Zustand sind zu ermitteln

- der Wasserdurchlässigkeitsbeiwert k des Bodens (in m/s)
- die Menge Q des dem Sickerschlitz pro lfdm zuströmenden Wassers (in Liter/s).

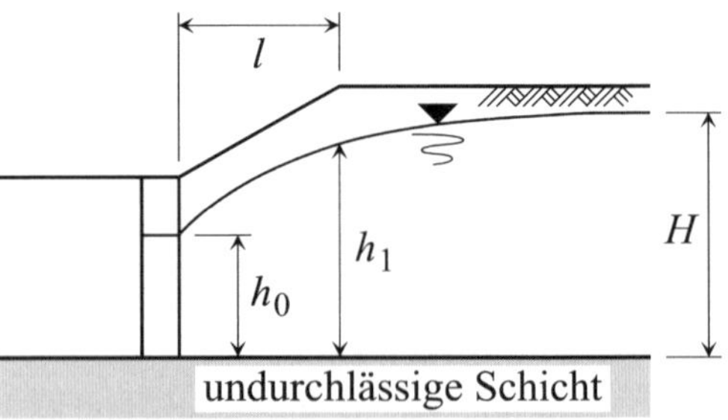

Abb. 7-51 Grundwasserabsenkung im Bereich einer Böschung

Für die Berechnung ist anzunehmen, dass

- der Grundwasserspiegel unter der vom Sickerschlitz $l = 32\,\text{m}$ entfernten Böschungskante die Höhe $h_1 = 12{,}18\,\text{m}$ aufweist
- die Reichweite mit $R = 1500 \cdot s \cdot \sqrt{k}$ zu berechnen ist.

Aufgabe 7-16 (Lösung Seite 281)

Eine rechteckförmige Baugrube (Länge $L = 30{,}0$ m, Breite $B = 20{,}0$ m) soll in einer Schicht aus sandigem Kies (Durchlässigkeitsbeiwert $k = 2 \cdot 10^{-2}$ m/s) hergestellt werden, die über einem Wasserstauer aus Ton liegt. Die Absenkung des anstehenden Grundwassers ist mit einer offenen Wasserhaltung geplant. Die Sohle des Abflussgrabens liegt um $H = 2{,}0$ m unter dem Grundwasserspiegel und um $t = 2{,}0$ m über dem Wasserstauer.

Zu ermitteln ist die Zuflussmenge (in m³/s), die im stationären Zustand durch die offene Wasserhaltung abzuführen ist, wenn die Höhe der Eintrittsfläche $h_0 = 0{,}06$ m beträgt.

Aufgabe 7-17 (Lösung Seite 281)

Für den vollkommenen Brunnen aus Abb. 7-52, der in einem Grundwasserleiter mit gespanntem Grundwasser steht, ist der Wasserzufluss Q mittels der Brunnenformel von DUPUIT-THIEM für den stationären Zustand (Berechnung der Reichweite nach SICHARDT) zu ermitteln. Die Berechnung ist unter den Voraussetzungen durchzuführen, dass

- der Grundwasserleiter den Durchlässigkeitsbeiwert $k = 5 \cdot 10^{-4}$ m/s aufweist
- mit dem Brunnen die Grundwasserdruckfläche von $H =$ 7,50 m auf $h = 4{,}10$ m abgesenkt wurde
- die Mächtigkeit der durchlässigen Schicht die Größe $m = 3{,}90$ m besitzt
- in einem in der Entfernung $x_1 = 6{,}0$ m niedergebrachtem Beobachtungsrohr der abgesenkte Grundwasserspiegel in der Höhe $y_1 = 5{,}64$ m liegt.

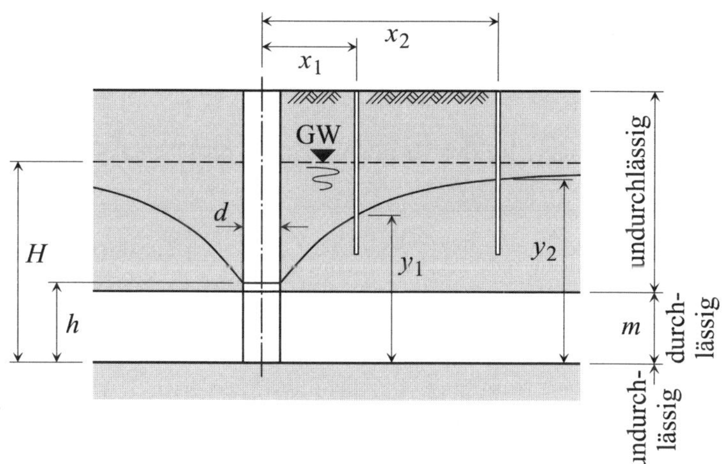

Abb. 7-52 In Grundwasserleiter mit gespanntem Grundwasser stehender vollkommener Brunnen

Weiterhin ist die Messhöhe y_2 zu ermitteln, die in einem weiteren Beobachtungsrohr zu erwarten ist, welches in der Entfernung $x_2 = 18{,}0$ m vorgesehen ist.

Aufgabe 7-18 (Lösung Seite 282)

Für die mit Tiefbrunnen zu realisierende Wasserhaltung einer im Grundriss quadratischen Baugrube wurde im Zuge einer Vorbemessung eine Brunnenanordnung mit vier vollständigen Brunnen gemäß der Abb. 7-50 gewählt. Für das Erreichen des Absenkziels im Punkt P wurde ein erforderliches Fassungsvermögen der Einzelbrunnen von erf $q_i = 0{,}0071$ m³/s berechnet.

Näherungsweise zu ermitteln sind die erforderlichen Durchmesser der vier Brunnen. Bei der Ermittlung sind die Zahlenwerte

a = 16 m (Seitenlänge der Baugrube)
H = 9 m (Höhe der wasserführenden Schicht)
s = 3,8 m (Absenkhöhe des Grundwassers)
h = 5,2 m (Höhe des abgesenkten Grundwasserspiegels)
k = 0,0005 m/s (Wasserdurchlässigkeitsbeiwert für Sand)

zu berücksichtigen.

Lösung zu Aufgabe 7-13 (Aufgabenstellung Seite 275)

1 Berechnung des Wasserzuflusses Q

Die Gleichung von SICHARDT (Gl. 7-60) führt zu der von der Zeit unabhängigen Größe der Absenkungsreichweite

$$R = 3000 \cdot s \cdot \sqrt{k} = 3000 \cdot (H - h) \cdot \sqrt{k} = 3000 \cdot (7{,}0 - 3{,}8) \cdot \sqrt{9{,}0 \cdot 10^{-4}} = 288{,}0 \text{ m}$$

Mit dieser Größe und

$$r = \frac{d}{2} = \frac{0{,}6}{2} = 0{,}3 \text{ m}$$

ergibt sich mit Hilfe der Brunnenformel von DUPUIT-THIEM (Gl. 7-49) der Wasserzufluss zu

$$Q = \frac{\pi \cdot k \cdot (H^2 - h^2)}{\ln R - \ln r} = \frac{\pi \cdot 9{,}0 \cdot 10^{-4} \cdot (7{,}0^2 - 3{,}8^2)}{\ln 288{,}0 - \ln 0{,}3} = 0{,}0142 \text{ m}^3/\text{s} = 14{,}2 \text{ Liter/s}$$

2 Prüfung ob $Q \leq q$

Nach SICHARDT errechnet sich das Fassungsvermögen eines vollkommenen Einzelbrunnens mit freiem Grundwasserspiegel durch (Gl. 7-55)

$$q = \frac{\sqrt{k}}{15} \cdot 2 \cdot \pi \cdot r \cdot h' = \frac{\sqrt{9{,}0 \cdot 10^{-4}}}{15} \cdot 2 \cdot \pi \cdot 0{,}3 \cdot 3{,}8 = 0{,}0143 \text{ m}^3/\text{s} = 14{,}3 \text{ Liter/s} > 14{,}2 \text{ Liter/s}$$

3 Berechnung der zu erwartenden Grundwasserspiegelhöhen y_1 und y_2

Durch Auflösung der Brunnenformel von DUPUIT-THIEM (Gl. 7-49) nach y_1 bzw. y_2 berechnen sich die Grundwasserspiegelhöhen in den Beobachtungsrohren 1 und 2 zu

$$y_1 = \sqrt{\frac{Q \cdot (\ln x_1 - \ln r)}{\pi \cdot k} + h^2} = \sqrt{\frac{0{,}0142 \cdot (\ln 5{,}0 - \ln 0{,}3)}{\pi \cdot 9{,}0 \cdot 10^{-4}} + 3{,}8^2} = 5{,}35 \text{ m}$$

und

$$y_2 = \sqrt{\frac{Q \cdot (\ln x_2 - \ln r)}{\pi \cdot k} + h^2} = \sqrt{\frac{0{,}0142 \cdot (\ln 15{,}0 - \ln 0{,}3)}{\pi \cdot 9{,}0 \cdot 10^{-4}} + 3{,}8^2} = 5{,}84 \text{ m}$$

Lösung zu Aufgabe 7-14 (Aufgabenstellung Seite 276)

Mit der Höhe h des abgesenkten Grundwasserspiegels in der Mitte des nach FORCHHEIMER zu betrachtenden „Ersatzbrunnens" ergibt sich nach SICHARDT die Reichweite dieses Ersatzbrunnens zu (Gl. 7-60 und Gl. 7-71)

$$R = 3000 \cdot s \cdot \sqrt{k} = 3000 \cdot (H - h) \cdot \sqrt{k}$$
$$= 3000 \cdot (10{,}0 - 6{,}2) \cdot \sqrt{0{,}0005} = 254{,}9 \text{ m}$$

Die Abstände der einzelnen Brunnen zum Punkt P (vgl. Abb. 7-53)

$$x_1 = \sqrt{2{,}0^2 + 10{,}0^2} = 10{,}20 \text{ m}$$

$$x_2 = \sqrt{10{,}0^2 + 22{,}0^2} = 24{,}17 \text{ m}$$

liefern

$$\frac{1}{n} \cdot \sum_{i=1}^{n} \ln x_i = \frac{1}{4} \cdot \sum_{i=1}^{4} \ln x_i = \frac{1}{4} \cdot 11{,}02 = 2{,}754$$

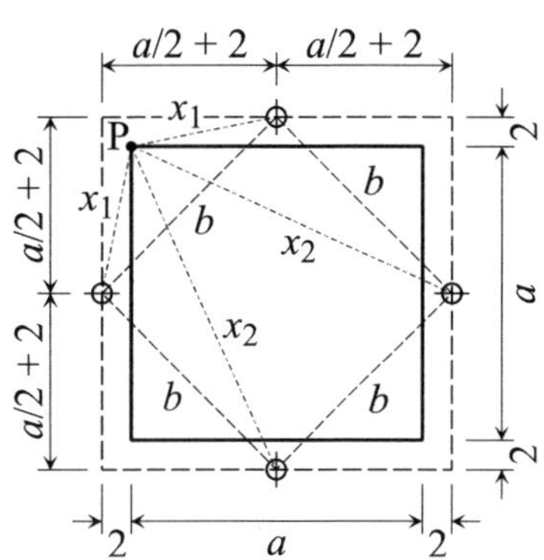

Abb. 7-53 Baugrube mit Angabe von Brunnenabständen

Unter der Voraussetzung, dass im Punkt P um das Mindestmaß $s = 4{,}5$ m abgesenkt wurde, berechnet sich die erforderliche Fördermenge der Anlage mit Hilfe der Mehrbrunnenformel von FORCHHEIMER (Gl. 7-68) zu

$$q = \frac{\pi \cdot k \cdot (H^2 - h^2)}{\ln R - \frac{1}{n} \cdot \sum_{i=1}^{n} \ln x_i} = \frac{\pi \cdot 0{,}0005 \cdot (10{,}0^2 - 6{,}2^2)}{\ln 254{,}9 - 2{,}754} = 0{,}0347 \text{ m}^3/\text{s} = 13{,}7 \text{ Liter/s}$$

Die vier Einzelbrunnen müssen somit ein Fassungsvermögen von jeweils

$$q_i = \frac{q}{4} = \frac{34{,}7}{4} = 8{,}7 \text{ Liter/s}$$

und bei 10%iger Erhöhung zum schnelleren Erreichen des Absenkziels, das Fassungsvermögen

$$\text{erf } q_i = 1{,}1 \cdot q_i = 1{,}1 \cdot 8{,}7 = 9{,}54 \text{ Liter/s}$$

besitzen.

Mit dem mittleren Brunnenabstand (siehe Abb. 7-53)

$$b = \frac{1}{n} \cdot \sum_{i=1}^{n} b_i = \frac{1}{4} \cdot \left(4 \cdot \sqrt{2 \cdot 12^2} \right) = 16{,}97 \text{ m}$$

ergibt sich, unter Beachtung von $b/2 = 8{,}49 \text{ m} > \pi \cdot r \cdot 5 = 6{,}28$ m, die lokale Absenkung an den vier Einzelbrunnen (Gl. 7-78)

$$s_{EB} = h - \sqrt{h^2 - \frac{1{,}5 \cdot \text{erf}\, q_i \cdot \left(\ln \frac{b}{2} - \ln r \right)}{\pi \cdot k}}$$

$$= 6{,}2 - \sqrt{6{,}2^2 - \frac{1{,}5 \cdot 0{,}00954 \cdot \left(\ln \frac{16{,}97}{2} - \ln \frac{0{,}8}{2} \right)}{\pi \cdot 0{,}0005}} = 2{,}94 \text{ m}$$

Mit ihr verbleibt die benetzte Filterhöhe

$$h' = h - s_{EB} = 6{,}2 - 2{,}94 = 3{,}26 \text{ m}$$

die nach SICHARDT (Gl. 7-55) zu dem Fassungsvermögen der Einzelbrunnen der Anlage

$$q_i = \frac{\sqrt{k}}{15} \cdot 2 \cdot \pi \cdot r \cdot h' = \frac{\sqrt{0{,}0005}}{15} \cdot 2 \cdot \pi \cdot 0{,}4 \cdot 3{,}26 = 0{,}0122 \text{ m}^3/\text{s} = 12{,}2 \text{ Liter/s} > 9{,}54 \text{ Liter/s}$$

führt.

Unter der Voraussetzung, dass der zur Nachrechnung verwendete Punkt P für die Anlage den ungünstigsten Punkt darstellt, ist die gewählte Brunnenanlage somit ausreichend bemessen.

Lösung zu Aufgabe 7-15 (Aufgabenstellung Seite 276)

Gemäß der Formel von DUPUIT (Gl. 7-41) berechnet sich die Zuflussmenge für den lfdm Sickerschlitz mit der Beziehung

$$Q = \frac{H^2 - h_0^2}{2 \cdot R} \cdot 1 \cdot k = \frac{h_1^2 - h_0^2}{2 \cdot l} \cdot 1 \cdot k$$

aus der sich

$$R = \frac{H^2 - h_0^2}{h_1^2 - h_0^2} \cdot l = \frac{22{,}0^2 - 10{,}0^2}{12{,}18^2 - 10{,}0^2} \cdot 32 = 254{,}13 \text{ m}$$

ergibt.

Die Gleichung für R liefert mit der Größe

$$s = 22{,}0 - 10{,}0 = 12{,}0 \text{ m}$$

die gesuchte Größe des Wasserdurchlässigkeitsbeiwerts

$$k = \left(\frac{R}{s \cdot 1500} \right)^2 = \left(\frac{254{,}13}{12{,}0 \cdot 1500} \right)^2 = 2 \cdot 10^{-4} \text{ m/s}$$

mit der sich die gesuchte Zuflussmenge nach DUPUIT zu

$$Q = \frac{H^2 - h_0^2}{2 \cdot R} \cdot 1 \cdot k = \frac{22^2 - 10^2}{2 \cdot 254{,}13} \cdot 1 \cdot 2 \cdot 10^{-4} = 0{,}000151 \text{ m}^3/(\text{s} \cdot \text{m}) = 0{,}151 \text{ Liter}/(\text{s} \cdot \text{m})$$

berechnet.

Lösung zu Aufgabe 7-16 (Aufgabenstellung Seite 277)

Mit der Formel von DAVIDENKOFF (Gl. 7-44)

$$Q=k\cdot H^2\cdot\left[\left(1+\frac{t}{H}\right)\cdot m+\frac{L}{R}\cdot\left(1+\frac{t}{H}\cdot n\right)\right]$$

der Absenkungshöhe (Abb. 7-33)

$$s=H-h_0=2{,}0-0{,}06=1{,}94\,\text{m}$$

der nach KUSSAKIN (Gl. 7-61) sich ergebenden Reichweite

$$R=575\cdot s\cdot\sqrt{k\cdot H}=575\cdot 1{,}94\cdot\sqrt{2\cdot 10^{-2}\cdot 2{,}0}=223{,}1\text{ m}$$

den Verhältnisgrößen

$$\frac{B}{R}=\frac{20{,}0}{223{,}1}=0{,}09 \qquad \text{und} \qquad \frac{t}{R}=\frac{2{,}0}{223{,}1}=0{,}009$$

sowie den aus Nomogrammen abgelesenen Beiwerten (Abb. 7-34)

$$m=0{,}735 \qquad \text{und} \qquad n=1{,}95$$

ergibt sich die gesuchte Zuflussmenge

$$Q=k\cdot H^2\cdot\left[\left(1+\frac{t}{H}\right)\cdot m+\frac{L_1}{R}\cdot\left(1+\frac{t}{H}\cdot n\right)\right]$$

$$=2\cdot 10^{-2}\cdot 2{,}0^2\cdot\left[\left(1+\frac{2{,}0}{2{,}0}\right)\cdot 0{,}735+\frac{30{,}0}{223{,}1}\cdot\left(1+\frac{2{,}0}{2{,}0}\cdot 1{,}95\right)\right]=0{,}149\text{ m}^3/\text{s}$$

Lösung zu Aufgabe 7-17 (Aufgabenstellung Seite 277)

Mit den Werten für die Höhen H und h ergibt sich als Absenkung

$$s=H-h=7{,}50-4{,}10=3{,}40\text{ m}$$

und damit als Reichweite nach SICHARDT (Gl. 7-60 und Gl. 7-71)

$$R=3000\cdot s\cdot\sqrt{k}=3000\cdot 3{,}4\cdot\sqrt{5\cdot 10^{-4}}=228{,}1\text{ m}$$

Somit berechnet sich der Wasserzufluss mit der Brunnenformel von DUPUIT-THIEM (Gl. 7-53) zu

$$Q=\frac{2\cdot\pi\cdot k\cdot m\cdot(H-y_1)}{\ln R-\ln x_1}=\frac{2\cdot\pi\cdot 5\cdot 10^{-4}\cdot 3{,}9\cdot(7{,}5-5{,}64)}{\ln 228{,}1-\ln 6{,}0}=0{,}00626\text{ m}^3/\text{s}=6{,}26\text{ Liter/s}$$

Mit der Abwandlung der Brunnenformel in Form von

$$Q=\frac{2\cdot\pi\cdot k\cdot m\cdot(y_2-y_1)}{\ln x_2-\ln x_1}=0{,}006\,26\text{ m}^3/\text{s}$$

ergibt sich durch Auflösung nach y_2 die zu erwartende Messhöhe in dem zweiten Beobachtungsrohr

$$y_2 = \frac{Q \cdot (\ln x_2 - \ln x_1)}{2 \cdot \pi \cdot k \cdot m} + y_1 = \frac{0{,}00626 \cdot (\ln 18{,}0 - \ln 6{,}0)}{2 \cdot \pi \cdot 5 \cdot 10^{-4} \cdot 3{,}9} + 5{,}64 = 6{,}20 \text{ m}$$

Lösung zu Aufgabe 7-18 (Aufgabenstellung Seite 277)

Mit dem mittleren Brunnenabstand (vgl. Abb. 7-54)

$$b = \frac{1}{n} \cdot \sum_{i=1}^{n} b_i = \frac{1}{4} \cdot \left(4 \cdot \sqrt{2 \cdot 10{,}0^2} \right) = 14{,}14 \text{ m}$$

ergibt sich für einen gewählten Filterbrunnendurchmesser von $d = 40$ cm (Brunnenradius $r = 20$ cm) die lokale Absenkung an den vier Einzelbrunnen zu (Gl. 7-78 bei Beachtung von $b/2 = 8{,}49 \text{ m} > \pi \cdot r \cdot 5 = 3{,}14 \text{ m}$)

$$s_{EB} = h - \sqrt{h^2 - \frac{1{,}5 \cdot \text{erf}\, q_i \cdot \left(\ln \frac{b}{2} - \ln r \right)}{\pi \cdot k}}$$

$$= 5{,}2 - \sqrt{5{,}2^2 - \frac{1{,}5 \cdot 0{,}0071 \cdot \left(\ln \frac{14{,}14}{2} - \ln 0{,}2 \right)}{\pi \cdot 0{,}0005}}$$

$$= 5{,}2 - \sqrt{5{,}2^2 - 6{,}78 \cdot (\ln 7{,}07 - \ln 0{,}4)} = 3{,}51 \text{ m}$$

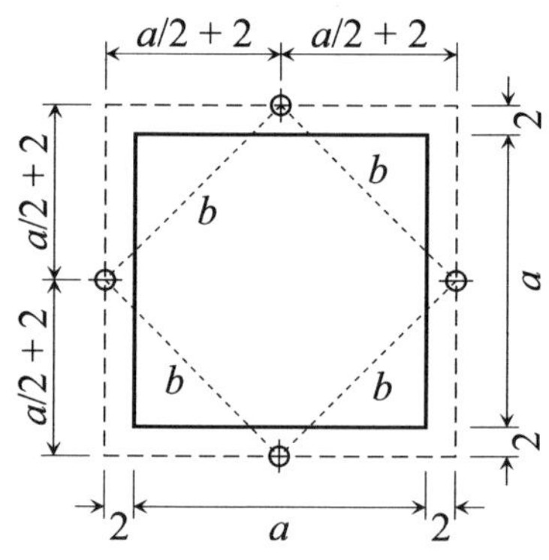

Abb. 7-54 Baugrube mit eingetragenen Brunnenabständen b

Mit ihr verbleibt die benetzte Filterhöhe

$$h' = h - s_{EB} = 5{,}2 - 3{,}51 = 1{,}69 \text{ m}$$

Sie führt nach SICHARDT (Gl. 7-55) zu dem Fassungsvermögen der Einzelbrunnen der Anlage

$$q_i = \frac{\sqrt{k}}{15} \cdot 2 \cdot \pi \cdot r \cdot h' = \frac{\sqrt{0{,}0005}}{15} \cdot 2 \cdot \pi \cdot 0{,}2 \cdot 1{,}69 = 0{,}009366 \cdot 0{,}2 \cdot 1{,}69$$

$$= 0{,}00317 \text{ m}^3/\text{s} > 0{,}0071 \text{ m}^3/\text{s}$$

Da dieses Fassungsvermögen entschieden zu klein ist, wird als weiterer Filterbrunnendurchmesser $d = 80$ cm (Brunnenradius $r = 40$ cm) gewählt, mit der sich als lokale Absenkung an den vier Einzelbrunnen (beachte, dass $b/2 = 7{,}07 \text{ m} > \pi \cdot r \cdot 5 = 6{,}28 \text{ m}$ gilt)

$$s_{EB} = 5{,}2 - \sqrt{5{,}2^2 - 6{,}78 \cdot \left(\ln 7{,}07 - \ln 0{,}4 \right)} = 2{,}45 \text{ m}$$

als verbleibende benetzte Filterhöhe

$$h' = h - s_{EB} = 5{,}2 - 2{,}45 = 2{,}75 \text{ m}$$

und als Fassungsvermögen von jedem der vier Einzelbrunnen

$$q_i = 0{,}009366 \cdot 0{,}4 \cdot 2{,}75$$

$$= 0{,}0103 \text{ m}^3/\text{s} > 0{,}0071 \text{ m}^3/\text{s}$$

ergibt.

Die Einzelbrunnendurchmesser, die zur Erreichung des Fassungsvermögens erf $q_i = 7{,}09$ Liter/s benötigt werden, lassen sich aus dem Diagramm der Abb. 7-55 ablesen. Es wurde mit Hilfe der bisher ermittelten Werte des Fassungsvermögens erstellt und erfasst dessen Verlauf näherungsweise. Die Ablesung liefert als erforderlichen Mindestdurchmesser den Näherungswert

$$\text{erf}\, d \approx 65 \text{ cm}$$

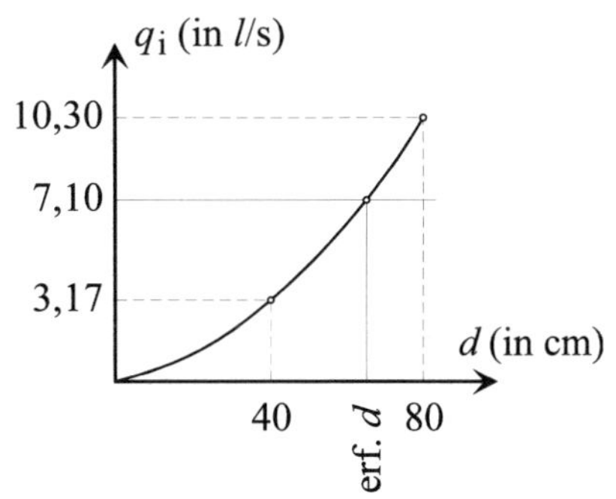

Abb. 7-55 Diagramm zur näherungsweisen (grafischen) Ermittlung der Einzelbrunnendurchmesser

8 Stützmauern (Gewichtsstützwände)

8.1 Allgemeines und Regelwerke

Stützmauern dienen zur Sicherung von Geländesprüngen (z. B. bei Einschnitten und Dämmen). In DIN EN 1997-1, 9.1.2.1 werden sie als als „Gewichtsstützwände" bezeichnet. Angewendet werden sie u. a., wenn die Herstellung einer standsicheren Böschung nicht möglich oder wirtschaftlich nicht vertretbar ist (z. B. wegen hoher Grundstückspreise). Die auftretenden Einwirkungen aus Erddruck, Eigenlast, usw. müssen bei Stützmauern über die Mauersohle (vgl. Abb. 8-1 a)) auf den Baugrund übertragen werden. Im Gegensatz dazu werden sie – nach SMOLTCZYK [L 148], Kapitel 3.9 – bei Stützwänden (z. B. Spund- und Schlitzwände) auch über Anker, Steifen usw. (vgl. Abb. 8-1 b)) in das Erdreich eingeleitet.

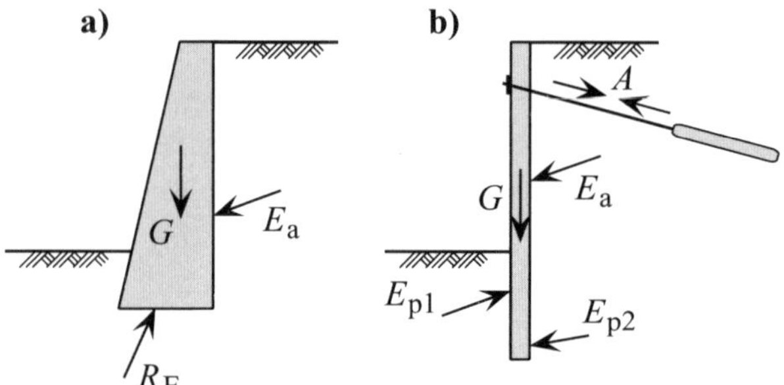

Abb. 8-1 Abtragung der Einwirkungen bei Stützmauern (a)) und Stützwänden (b))

Empfehlungen zur Ermittlung der Stützmauerbelastungen durch Erddruck sind in

- DIN 4085 [L 53]

zu finden. Für die Führung der Tragfähigkeits- und Gebrauchstauglichkeitsnachweise von Stützmauern können

- DIN 1054 [L 30], DIN 4017 [L 38], DIN 4017 Beiblatt 1 [L 39], DIN 4084 [L 51], DIN EN 1997-1 [L 88] und DIN EN 1997-1/NA [L 89]

als Regelwerke herangezogen werden.

Auf die Ausführungen in

- den EAB [L 118], den Richtlinien für die Anlage von Straßen, Teil: Entwässerung (RAS-Ew) [L 215], den ZTVE-StB 94 [L 265], den ZTV Ew-StB 91 [L 266] und dem
  - Merkblatt über die Anwendung von Geokunststoffen im Erdbau des Straßenbaus [L 188] sowie dem
  - Merkblatt über den Einfluss der Hinterfüllung auf Bauwerke [L 187]

kann u. a. bezüglich Hinterfüllungs- und Entwässerungsmaßnahmen zurückgegriffen werden.

8.2 Begriffe

Konsole: mit dem stützenden Mauerteil biegesteif verbundene Kragplatte, die in Abhängigkeit von ihrer Lage als „Bergkonsole" (auch „Tornister") oder „Talkonsole" zu bezeichnen ist (vgl. Abb. 8-2).

Sporn: mit dem stützenden Mauerteil biegesteif verbundene Fußplatte, die in Abhängigkeit von ihrer Lage als „Bergsporn“ oder „Talsporn“ zu bezeichnen ist (vgl. Abb. 8-2).

Hinterfüllung: Teil des anstehenden Bodens, der für die Zeit der Herstellung der Stützmauer entfernt und danach wieder verfüllt wird, sofern dieser Boden als Hinterfüllmaterial geeignet ist (siehe hierzu auch [L 187] und [L 122]).

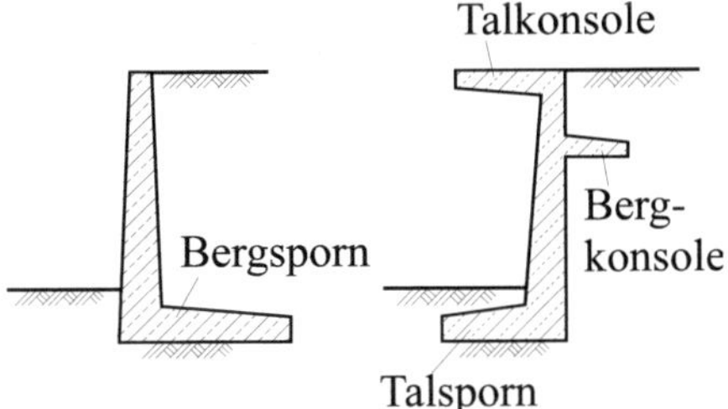

Abb. 8-2 Konstruktionselemente „Konsole“ und „Sporn“ bei Stützmauern

8.3 Bedingungen und Gesichtspunkte beim Entwurf

8.3.1 Allgemeine Bedingungen

Bei der Planung sind alle die Bedingungen zu klären, die Einfluss haben auf die Wahl des Mauertyps und seine konstruktive Gestaltung. Hierzu gehören u. a.

- die Höhenlage des Geländes (von ihr hängt es z. B. ab, ob der geplante Geländesprung mit einem Auf- oder Abtrag von Bodenmaterial verbunden ist)
- besondere Gegebenheiten wie etwa Quellen oder Bäche (durch sie können die Bauarbeiten und die fertige Mauerkonstruktion beeinflusst werden)
- Bedingungen, die Grundwasserbewegungen herbeiführen können (führen zu ggf. erforderlichen Dränagemaßnahmen)
- die Rechtssituation bezüglich der durch Baumaßnahme und eigentliche Stützkonstruktion betroffenen Geländebereiche (Naturschutz, Landschaftspflege, Nutzungsanforderungen aus Land- und Forstwirtschaft, benachbarte Gebäude und/oder Verkehrswege, kreuzende Leitungen, ...)
- Abstand zu vorhandener Nachbarbebauung (insbesondere zu verschiebungs- oder setzungsempfindlichen Bauwerken)
- Forderungen hinsichtlich des visuellen Erscheinungsbilds der Stützkonstruktion (Landschaftsgestaltung, ...)
- Kosten für Grund und Boden (nicht nutzbare Fläche möglichst klein halten)
- Bodenaufbau (Schichtung und Grundwassersituation)
- Kennwerte des anstehenden Bodenmaterials wie z. B. Wichte γ, Steifemodul E_s und Scherfestigkeit τ_f (fehlen solche Größen, ist für den Entwurf die Berücksichtigung der von SMOLTCZYK in [L 148], Kapitel 3.9 genannten Mindestinformationen für Geländesprünge durch Auffüllung bzw. für Einschnitte zu empfehlen)
- Verfügbarkeit von Baumaterial (Transportwege, Lieferzeiten, Preise, ...) einschließlich der Prüfung des anstehendes Bodenmaterials auf seine Verwendbarkeit bei der Baumaßnahme (z. B. als Baustoff oder Hinterfüllmaterial)

- Möglichkeiten zur Zwischenlagerung von verwendbarem bzw. zur Deponierung von unbrauchbarem anstehendem Bodenmaterial
- Tragfähigkeit, Gebrauchstauglichkeit und vorgesehene Lebensdauer der Stützmauer
- Zugänglichkeit zur Baustelle und sonstige Bedingungen für den Baubetrieb
- zur Verfügung stehende Zeit für die Durchführung der Bauarbeiten, Jahreszeit in der diese stattfinden sollen und dabei zu erwartende klimatische Bedingungen
- sich aus den verschiedenen Bauleistungen ergebende Forderungen an den Bauablauf.

8.3.2 Konstruktive Gesichtspunkte

Beim Entwurf von Stützmauern sollte dafür gesorgt werden, dass die auf die Konstruktion einwirkenden Erddrücke möglichst klein bleiben, dass bergseitig anfallendes Wasser die Mauer weder in Form von hydrostatischem noch in Form von Strömungsdruck belastet und dass anstehendes Bodenmaterial ggf. auch zur Lastabtragung herangezogen wird.

Die in Abb. 8-3 dargestellten Fälle erfassen

a) felsartigen Boden mit hoher effektiver Scherfestigkeit, der so zugfest ist, dass er senkrecht abgeböscht werden kann; zusätzliche Maßnahmen sind nur als Sicherung gegen Steinschlag erforderlich.

b) nur bedingt standfesten Boden mit rechnerischen Böschungswinkeln β von $\approx 60°$. Die jeweilige Stützkonstruktion kann in solchen Fällen als Schwergewichtsmauer (zugspannungsfreier Block) hergestellt werden (Trockenmauerwerk, unbewehrter Beton, ...).

c) wenig standfesten, aber als Auflast geeigneten Boden. Solche Böden lassen Winkelstützkonstruktionen zu, bei denen der Bergsporn ein rückdrehendes Kragmoment überträgt, weshalb die Konstruktion in Stahlbeton auszuführen ist. Alternativ kann z. B. auch ein Talsporn (Variante in Abb. 8-3) das rückdrehende Moment bewirken.

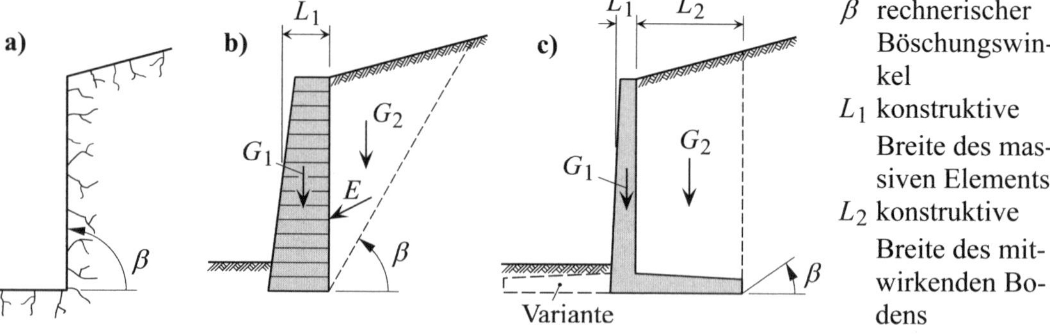

Abb. 8-3 Entwicklung des Stützprinzips bei abnehmender Standsicherheit des anstehenden Bodens (nach SMOLTCZYCK [L 148], Kapitel 3.9)
a) standfester Boden (großes c'), b) bedingt standfester Boden,
c) hinterfüllter Boden ($c'=0$)

8.4 Stützmauertypen

Abhängig von Form und konstruktiver Ausgestaltung wird bei Stützmauern zwischen Futtermauern, Schwergewichtsmauern und Winkelstützmauern unterschieden.

8.4.1 Futtermauern

Futtermauern dienen nur zum Schutz einer Böschung gegen Verwitterung, Erosion und Steinschlag. Sie übernehmen keine Stützfunktion, sondern fungieren nur als Verkleidung oder Versiegelung der Bodenoberfläche. Zu den Bauarten von Futtermauern in Fels gehören vorgesetzte, anbetonierte, angeheftete und mit vorgespannten Ankern verankerte Mauern; zwei Varianten sind in Abb. 8-4 schematisch dargestellt.

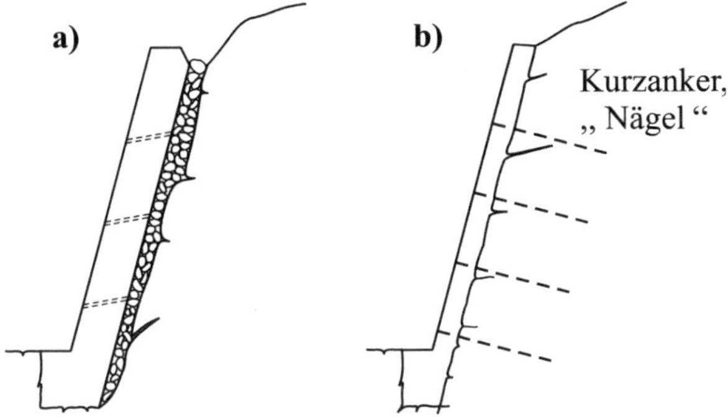

Abb. 8-4 Bauarten von Futtermauern in Fels nach BRANDL (nach [L 148], Kapitel 3.8)
a) vorgesetzt, b) angeheftet

8.4.2 Trockengewichtsmauern

Zu diesem Typ zählende Stützmauern werden in der Literatur meist den Schwergewichtsmauern zugeordnet (vgl. z. B. SMOLTCZYCK [L 148], Kapitel 3.9). Sie sind für die Sicherung von Geländesprüngen mit geringer Höhe geeignet und werden aus Natursteinen (ggf. behauen) gefügt oder aus Betonsteinen trocken gemauert.

8.4.3 Schwergewichtsmauern

Schwergewichtsmauern sind so zu gestalten, dass die Resultierende der einwirkenden Kräfte (Eigenlast und zusätzliche Wandbelastungen) immer innerhalb des Kerns des jeweiligen Mauerquerschnitts liegen. Die Rückseiten der Mauern können senkrecht, geneigt, gebrochen oder in Stufen abgetreppt verlaufen, ihre Sohlflächen sind horizontal oder auch geneigt ausführbar (vgl. Abb. 8-5).

Hergestellt werden die Mauern in der Regel aus unbewehrtem Beton. Ggf. erhalten sie eine leichte Zugbewehrung auf der Mauerrückseite, um dennoch auftretende Zugkräfte aufzunehmen und somit eine Rissbildung zu verhindern.

Da Schwergewichtsmauern große Mengen an Beton erfordern, ist ihr Einsatz rückläufig.

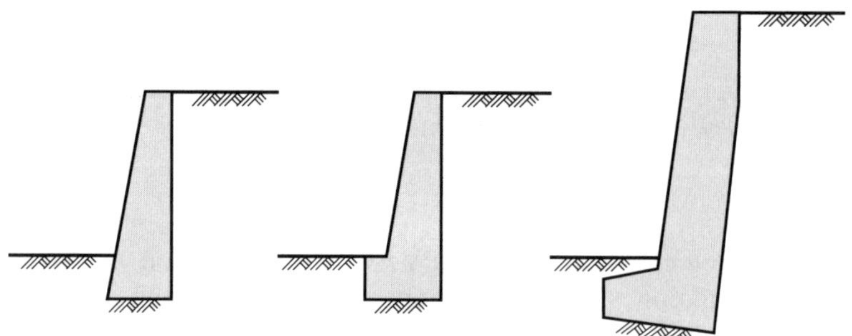

Abb. 8-5 Beispiele für Querschnitte von Schwergewichtsmauern

8.4.4 Winkelstützmauern

Im Vergleich zu Schwergewichtsmauern sind Winkelstützmauern schlanker gestaltet und besitzen geringere Eigenlasten. Charakteristisch für diesen Stützmauertyp ist es, dass die Resultierenden der Normalspannungen aus der Wandbelastung (einschließlich Wandeigenlast) auch außerhalb des Kerns der jeweiligen Mauerquerschnitte liegen. Die damit verbundenen Zugspannungen werden durch Bewehrung aufgenommen.

Die gegenüber Schwergewichtsmauern geringeren Eigenlasten der Winkelstützmauern werden konstruktiv ausgeglichen durch Anordnung von einem oder mehreren Kragarmen (Sporne und/oder Konsolen), die sowohl berg- als auch talseitig angeordnet sein können (vgl. Abb. 8-6) und eine Vertikallasterhöhung durch Erdlasten (vgl. z. B. Abb. 8-8) bewirken.

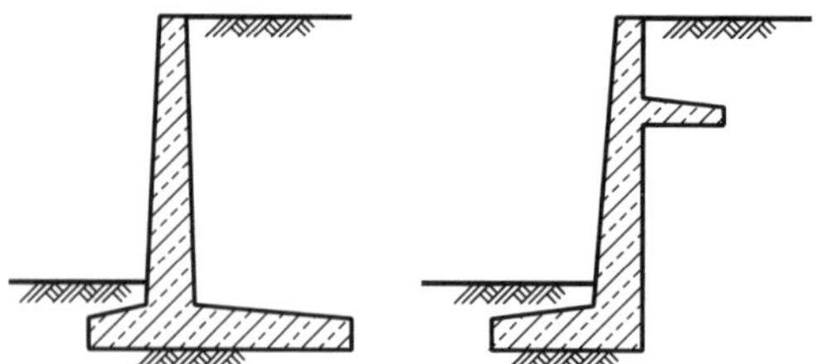

Abb. 8-6 Beispiele für Winkelstützmauern

Wegen ihrer meist großen Breite sind Winkelstützmauern besonders geeignet für den Einsatz auf wenig tragfähigem Baugrund.

8.4.5 Aufgaben mit Lösungen

Aufgabe 8-1

Für welche Baumaßnahmen kommen Trockengewichtsmauern in Frage und in welchen Varianten können sie ausgeführt werden?

Aufgabe 8-2

In welchen Fällen kommen Futtermauern zum Einsatz?

Lösung zu Aufgabe 8-1

Trockengewichtsmauern sind für die Sicherung von Geländesprüngen mit geringer Höhe geeignet. Dieser Mauertyp wird aus Natursteinen (ggf. behauen) gefügt oder aus Betonsteinen trocken gemauert (vgl. Abschnitt 8.4.2).

Lösung zu Aufgabe 8-2

Futtermauern kommen zum Einsatz, wenn Böschungen z. B. gegen Verwitterung, Erosion und/oder Steinschlag zu schützen sind. Den Mauern darf dabei keine Stützfunktion zugewiesen werden, da sie lediglich zur Verkleidung und/oder Versiegelung dienen.

8.5 Einwirkungen und Widerstände

8.5.1 Auf Schwergewichtsmauern einwirkender Erddruck

Der auf Schwergewichtsmauern einwirkende Erddruck darf nach DIN 4085, Tabelle A.2, in der Regel als aktiver Erddruck angesetzt werden. Ist die Mauer als verformungsarme oder gar unnachgiebige Konstruktion (z. B. bei Gründung auf Festgestein) einzustufen, ist für deren Bemessung ein erhöhter aktiver Erddruck und, bei hinterfüllten Stützbauwerken, ggf. ein Verdichtungserddruck anzusetzen. Für die horizontale Komponente der Erddruckkraft eines erhöhten aktiven Erddrucks gilt der Ansatz

$$E'_{ah} = 0{,}25 \cdot E_{ah} + 0{,}75 \cdot E_{0h} \qquad \text{Gl. 8-1}$$

In Ausnahmefällen ist dieser Erddruck bis auf den Erdruhedruck zu erhöhen.

Nach DIN 1054, 9.5.1 A (7) darf der Winkel δ_a zwischen der Erddruckkraft und der Wandnormalen dem charakteristischen Wert des Wandreibungswinkels gleichgesetzt werden, wenn eine ausreichend große Relativverschiebung zwischen Wand und Boden zu erwarten ist. Das Auftreten eines negativen Wandreibungswinkels ist bei der Berechnung der Erddruckgröße zu berücksichtigen.

Aktiver Erddruck aus Bodeneigenlast und ständigen Auflasten sowie Verdichtungserddruck gehören zu den ständigen Einwirkungen. Aktiver Erddruck und Erdruhedruck aus veränderlichen Belastungen der Geländeoberfläche sind als veränderliche Einwirkungen zu behandeln, soweit diese Lasten eine großflächige Nutzlast von 10 kN/m^2 überschreiten.

Die Mindestabmessungen von Schwergewichtsmauern, die sich im Zuge der Mauerbemessung ergeben, sind in starkem Maße abhängig von der Größe des sich einstellenden horizontalen Erddrucks E_{ah}. Dieser wird u. a. von der Größe des Neigungswinkels α der Wandrückseite und der des Geländeneigungswinkels β beeinflusst. Dabei ist die Wirkung von α deutlich geringer als die von β (vgl. Abb. 8-7).

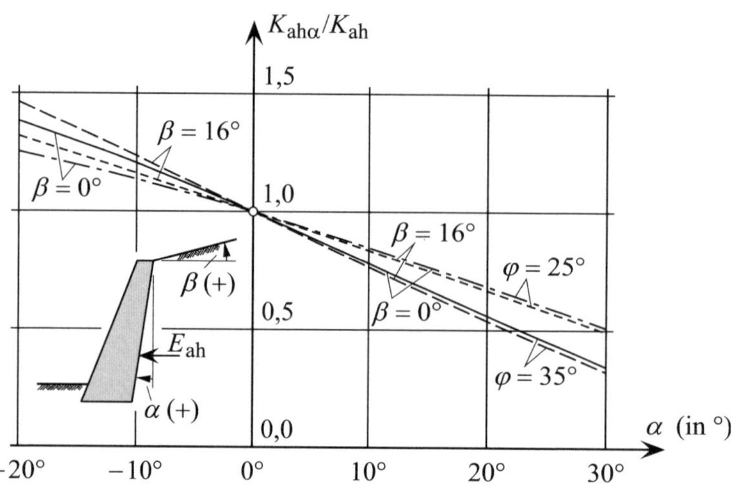

Abb. 8-7 Wirkung der Anschrägung α der Bergfläche einer Schwergewichtsmauer auf die Größe des Erddrucks E_{ah} nach COULOMB (bei Wandreibungswinkeln $\delta_a = ⅔ \cdot \varphi$)

8.5.2 Auf Winkelstützmauern einwirkender Erddruck

Bei auf Winkelstützmauern einwirkendem Erddruck ist zwischen der äußeren (Grundbruch, Gleiten, ...) und der inneren Standsicherheit (Materialversagen der Wand) zu unterscheiden.

Gibt, im Fall der äußeren Standsicherheit, eine Winkelstützmauer mit einem langen Horizontalschenkel dem Erddruck durch eine kleine Horizontalverschiebung nach, stellt sich ein Gleitkeil gemäß Abb. 8-8 a) ein. Da dieser Gleitkeil nicht mehr an der Mauerrückwand, sondern innerhalb des Erdreichs gleitet, wird zur rechnerischen Erfassung des Kräfte- und Bruchbilds auf die Theorie von RANKINE zurückgegriffen. Die Gleitkeilgeometrie hängt ab von dem Gleitflächenwinkel ϑ_{ag}, der sich mit den Winkeln der Geländeneigung β und der inneren Reibung φ durch

$$\begin{aligned}\vartheta_{ag} &= \varphi + \operatorname{arccot}\left[\tan\varphi + \frac{1}{\cos\varphi} \cdot \sqrt{\frac{\sin(\varphi+\beta)}{\sin(\varphi-\beta)}}\right] \\ &= \varphi + 90° - \arctan\left[\tan\varphi + \frac{1}{\cos\varphi} \cdot \sqrt{\frac{\sin(\varphi+\beta)}{\sin(\varphi-\beta)}}\right]\end{aligned} \qquad \text{Gl. 8-2}$$

ermitteln lässt. Die sich einstellenden Erdlasten E_{ag} (Erddruck) und G_g (Eigenlast des auf dem Horizontalschenkel verbleibenden Erdkörpers) sind Abb. 8-8 b) zu entnehmen.

Die Gegengleitfläche muss als „Rückwand" angenommen werden, wenn begrenzte Oberflächenlasten, gebrochener Geländeverlauf und/oder geschichteter Baugrund vorliegen. Alternativ kann in den übrigen Fällen in vereinfachter Form eine fiktive lotrechte Wandfläche gemäß Abb. 8-9 angenommen werden, in der eine Ersatz-Erddruckkraft $E_{ag,E}$ anzusetzen ist, deren Richtung mit der Geländeneigung parallel verläuft ($\delta_a = \beta$). Die Zusammensetzung von $E_{ag,E}$ und der vergrößerten Erdlast $G_{g,E}$ führt zur gleichen Resultierenden R_E wie die Lösung mit der Gegengleitfläche. Beide Vorgehensweisen liefern allerdings nur dann gleiche R_E-Größen, wenn der Horizontalschenkel der Winkelstützmauer so lang ist, dass sich der rechnerische Gleitkeil voll im Erdreich ausbilden kann; für kürzere Horizontalschenkel gilt die Ersatzlösung (vereinfachte Form) nur näherungsweise.

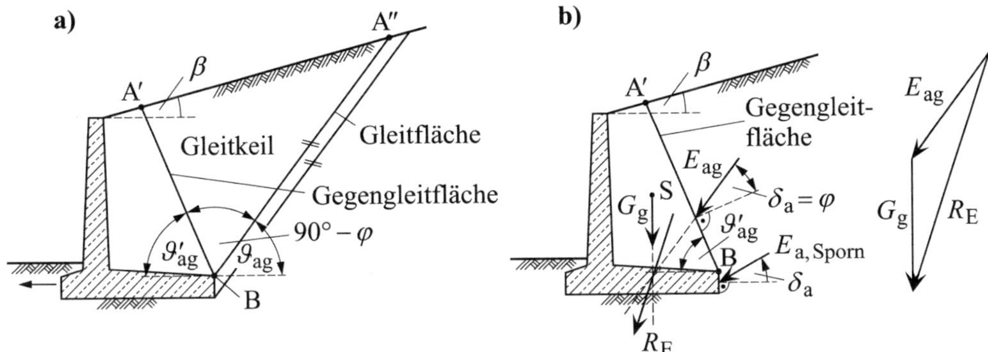

Abb. 8-8 Ansatz des Erddrucks auf Winkelstützwände mit erdseitigem Horizontalschenkel (nach DIN 4085 Bbl 1)
a) Gleitkeil auf langem Horizontalschenkel
b) Erdlasten auf langem Horizontalschenkel

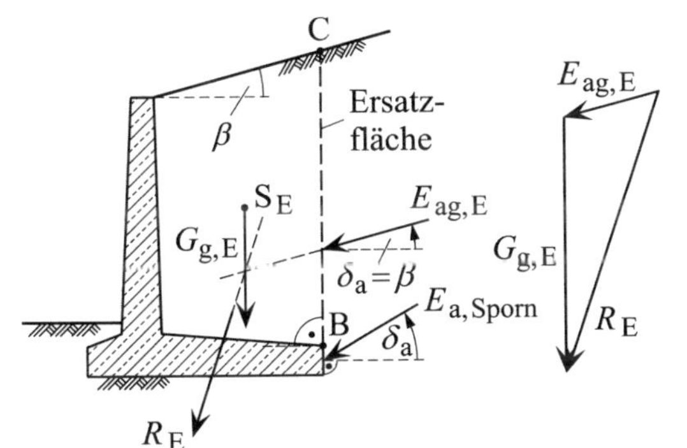

Abb. 8-9 Ansatz des Erddrucks auf Winkelstützwände mit erdseitigem Horizontalschenkel – fiktive lotrechte Ersatzfläche auf langem Horizontalschenkel – (nach DIN 4085)

Ist eine geringfügige Verschiebung und Verkantung der Winkelstützmauer nicht möglich (z. B. auf Fels), ist der Erdruhedruck als Belastung anzusetzen. Es empfiehlt sich dann die Annahme, dass in der lotrechten Ersatzfläche ein Erdruhedruck unter dem Winkel β wirkt.

Im zweiten Fall, der die Dimensionierung der Stützmauer betrifft, ist der Erddruck zu ermitteln, der direkt auf den stehenden Schenkel der Stützmauer einwirkt und in diesem Schnittlasten hervorruft. Nach DIN 4085, Tabelle A.2 ist dieser Druck als erhöhter aktiver Erddruck mit der horizontalen Erddruckkraftkomponente

$$E'_{ah} = 0{,}5 \cdot E_{ah} + 0{,}5 \cdot E_{0h} \qquad \text{Gl. 8-3}$$

und in Ausnahmefällen mit der Komponente

$$E'_{ah} = 0{,}25 \cdot E_{ah} + 0{,}75 \cdot E_{0h} \qquad \text{Gl. 8-4}$$

anzusetzen (vgl. das nachstehende Anwendungsbeispiel).

Gemäß DIN 4085, 7.2 sind E_a bzw. E_0 nach DIN 4085, 6.3 bzw. DIN 4085, 6.4 zu berechnen, wobei für die zugehörigen Erddruckneigungswinkel in der Regel gilt

$$\delta_a \neq \delta_0 \qquad \text{Gl. 8-5}$$

Mit diesem näherungsweisem Erddruckansatz wird versucht, die sehr komplexen und rechnerisch noch nicht erfassbaren Gegebenheiten in einem Erdkörper zu beschreiben, der bei einer geringfügigen Horizontalverschiebung der Winkelstützwand und einem dazugehörenden rechnerischen Gleitkeil im Winkelinneren in Ruhe verbleibt (vgl. Abb. 8-8).

Anwendungsbeispiel

Zu bemessen ist eine Winkelstützmauer gemäß der Abb. 8-10, die über ihre ganze Höhe mit einem Kies-Sand der Wichte

$$\gamma_k = 18 \text{ kN/m}^3$$

hinterfüllt ist.

Gemäß DIN 4085 ist der charakteristische Erddruck infolge der Bodeneigenlast und der charakteristischen vertikalen Verkehrslast

$$p_{v,k} = 25 \text{ kN/m}^2$$

zu ermitteln, der auf den senkrechten Schenkel der Winkelstützmauer einwirkt und das Bemessungsmoment am Fuß des Schenkels (bezogen auf die Querschnittsmitte) beeinflusst. Bei der Berechnung ist vom Normalfall auszugehen.

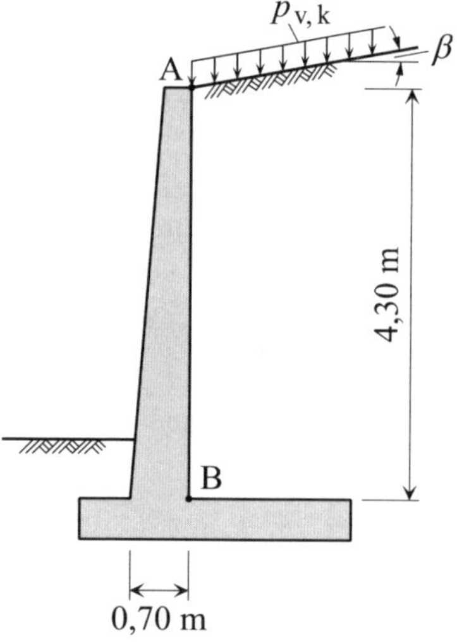

Abb. 8-10 Winkelstützmauer mit vertikaler Verkehrslast $p_{v,k}$

Für die Berechnung sind

als Reibungswinkel vom Kies-Sand $\varphi'_k = 30°$

als bergseitiger Geländeneigungswinkel $\beta = 10°$

anzusetzen.

Lösung

1 Charakteristische Erddruckkräfte des aktiven Erddrucks

Nach DIN 4085, Tabelle A.2 ist auf die bergseitige Wandfläche des stehenden Schenkels von Winkelstützmauern (Bereich A–B) ein erhöhter Erddruck anzusetzen, mit der zugehörige Erddruckkraft im Normalfall

$$E'_a = 0{,}5 \cdot E_a + 0{,}5 \cdot E_0$$

E_a bzw. E_0 sind gemäß DIN 4085, 7.2 nach DIN 4085, 6.3 bzw. DIN 4085, 6.4 zu berechnen, wobei für die zugehörigen Erddruckneigungswinkel in der Regel

$$\delta_a \neq \delta_0$$

gilt.

Gemäß DIN 4085, Tabelle A.1 und Tabelle B.4 ergibt sich als Neigungswinkel des aktiven Erddrucks auf die Ortbetonwand

$$\delta_a = \frac{2}{3} \cdot \varphi'_k = \frac{2}{3} \cdot 30° = 20°$$

Mit diesem Winkel und dem Erddruckbeiwert

$K_{agh} = 0{,}3195$ (Tafelwert aus MÖLLER [L 195], Tabelle 10-6)

berechnen sich, pro lfdm der Winkelstützmauer, die charakteristischen Werte der Horizontal- und der Vertikalkomponente der zum aktiven Erddruck gehörenden Erddruckkraft infolge Bodeneigenlast zu

$$E_{agh,k} = K_{agh} \cdot \gamma \cdot \frac{h^2}{2} = 0{,}3195 \cdot 18 \cdot \frac{4{,}30^2}{2} = 53{,}168 \text{ kN/lfdm}$$

und

$$E_{agv,k} = E_{agh,k} \cdot \tan(\alpha + \delta_a) = 53{,}168 \cdot \tan(0° + 20°) = 19{,}352 \text{ kN/lfdm}$$

Wegen

$$K_{aph} = \frac{\cos\alpha \cdot \cos\beta}{\cos(\alpha - \beta)} \cdot K_{agh} = \frac{\cos 0° \cdot \cos 10°}{\cos(0° - 10°)} \cdot K_{agh} = K_{agh} = 0{,}3195$$

berechnen sich die entsprechenden Erddruckkräfte infolge der charakteristischen vertikalen Verkehrslast $p_{v,k}$ zu

$$E_{aph,k} = K_{aph} \cdot p_{v,k} \cdot h = 0{,}3195 \cdot 25 \cdot 4{,}30 = 34{,}346 \text{ kN/lfdm}$$

und

$$E_{apv,k} = E_{aph,k} \cdot \tan(\alpha + \delta_a) = 34{,}346 \cdot \tan(0° + 20°) = 12{,}501 \text{ kN/lfdm}$$

Die Lage dieser Kräfte geht aus Abb. 8-11 hervor ($E_{agv,k}$ und $E_{apv,k}$ haben zum Mittelpunkt des Bemessungsquerschnitts den Hebelarm 35 cm).

2 Charakteristische Erddruckkräfte des Erdruhedrucks

Mit dem Erdruhedruckneigungswinkel auf die Ortbetonwand (DIN 4085, Tabelle B.4)

$$\delta_0 = \beta = 10°$$

den Größen

$$K_1 = \frac{\sin\varphi'_k - \sin^2\varphi'_k}{\sin\varphi'_k - \sin^2\beta} \cdot \cos^2\beta = \frac{\sin 30° - \sin^2 30°}{\sin 30° - \sin^2 10°} \cdot \cos^2 10° = 0{,}51604$$

$$\tan\alpha_1 = \sqrt{\frac{1}{\frac{1}{K_1} + \tan^2\beta}} = \sqrt{\frac{1}{\frac{1}{0{,}51604} + \tan^2 10°}} = 0{,}72420$$

$$f = 1 - |\tan\alpha \cdot \tan\beta| = 1 - |\tan 0° \cdot \tan 10°| = 1$$

sowie dem Erdruhedruckbeiwert

$$K_{0gh} = K_1 \cdot f \cdot \frac{1+\tan\alpha_1 \cdot \tan\beta}{1+\tan\alpha_1 \cdot \tan\delta_0} = 0{,}516\,04 \cdot 1 \cdot \frac{1+0{,}724\,20 \cdot \tan 10°}{1+0{,}724\,20 \cdot \tan 10°} = 0{,}516\,04$$

berechnen sich, pro lfdm der Winkelstützmauer, die charakteristischen Werte der Horizontal- und der Vertikalkomponente der zum Erdruhedruck gehörenden Erddruckkraft infolge Bodeneigenlast zu

$$E_{0gh,\,k} = K_{0gh} \cdot \gamma \cdot \frac{h^2}{2} = 0{,}516\,04 \cdot 18 \cdot \frac{4{,}30^2}{2} = 85{,}875 \text{ kN/lfdm}$$

und

$$E_{0gv,k} = E_{0gh,k} \cdot \tan(\alpha + \delta_0) = 85{,}875 \cdot \tan(0° + 10°) = 15{,}142 \text{ kN/lfdm}$$

Zur Lage der Kräfte siehe Abb. 8-11 ($E_{0gv,k}$ hat zum Mittelpunkt des Bemessungsquerschnitts den Hebelarm 35 cm).

3 Erddruckverteilungen und Lage der Erddruckkräfte

Bezüglich der Verteilung des aktiven Erddrucks infolge der Bodeneigenlast wird von einer Fußpunktdrehung ausgegangen. Der Erddruck verteilt sich damit dreiecksförmig mit den maximalen charakteristischen Erddruckordinaten (vgl. Abb. 8-11) in horizontaler Richtung (Normalspannungen)

$$e_{agh,\,k,\,u} = \frac{2 \cdot E_{agh,\,k}}{1{,}0 \cdot h} = \frac{2 \cdot 53{,}168}{1{,}0 \cdot 4{,}30} = 24{,}729 \text{ kN/m}^2$$

und in vertikaler Richtung (Schubspannungen)

$$e_{agv,\,k} = \frac{2 \cdot E_{agv,\,k}}{1{,}0 \cdot h} = \frac{2 \cdot 19{,}352}{1{,}0 \cdot 4{,}30} = 9{,}001 \text{ kN/m}^2$$

Auch für den Erdruhedruck infolge der Bodeneigenlast ergibt sich eine dreiecksförmige Verteilung. Die zugehörigen maximalen charakteristischen Erddruckordinaten sind (vgl. Abb. 8-11)

$$e_{0gh,\,k,\,u} = \frac{2 \cdot E_{0gh,\,k}}{1{,}0 \cdot h} = \frac{2 \cdot 85{,}875}{1{,}0 \cdot 4{,}30} = 39{,}942 \text{ kN/m}^2$$

und

$$e_{0gv,\,k} = \frac{2 \cdot E_{0gv,\,k}}{1{,}0 \cdot h} = \frac{2 \cdot 15{,}142}{1{,}0 \cdot 4{,}30} = 7{,}043 \text{ kN/m}^2$$

Für die beiden Erddrücke infolge der vertikalen Verkehrslast ergeben sich

$$e_{aph,\,k} = \frac{E_{aph,\,k}}{1{,}0 \cdot h} = \frac{34{,}346}{1{,}0 \cdot 4{,}30} = 7{,}987 \text{ kN/m}^2$$

und

$$e_{apv,\,k} = \frac{E_{apv,\,k}}{1{,}0 \cdot h} = \frac{12{,}501}{1{,}0 \cdot 4{,}30} = 2{,}907 \text{ kN/m}^2$$

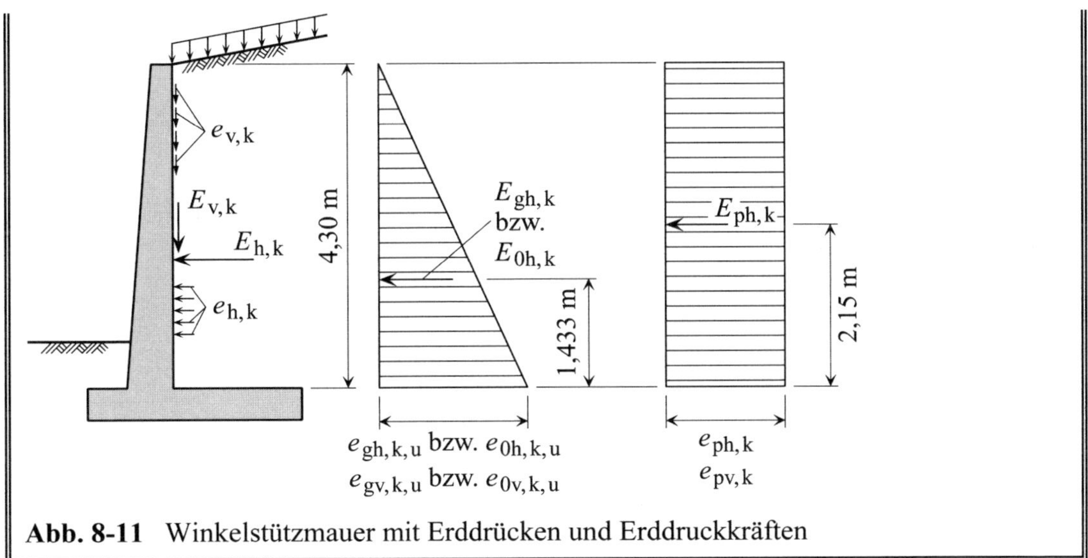

Abb. 8-11 Winkelstützmauer mit Erddrücken und Erddruckkräften

8.5.3 Widerstände

Schwergewichts- und Winkelstützmauern besitzen mehr oder weniger große flächige Gründungssohlen. Für sie sind für den Grenzzustand GEO-2 die charakteristischen Werte des Grundbruchwiderstands $R_{v,k}$ ($R_{n,k}$ nach DIN 4017) sowie des Gleitwiderstands $R_{t,k}$ gemäß DIN 1054 zu ermitteln.

Durch Division dieser charakteristischen Größen mit den entsprechenden Teilsicherheitsbeiwerten der Tabelle A 2.3 aus DIN 1054 (entspricht z. B. Tabelle 7-3 aus MÖLLER [L 195]) ergeben sich die zugehörigen Bemessungswerte der Widerstände für den Grenzzustand GEO-2. Ist mit einer vorübergehenden Abgrabung vor dem Fuß einer Stützmauer zu rechnen, bzw. lässt sich eine solche nicht ausschließen, ist von einem Bauzustand auszugehen, für den die zur Bemessungssituation BS-T gehörenden Teilsicherheitsbeiwerte der Teilsicherheitstabelle zu verwenden sind.

8.6 Nachweis der Tragfähigkeit

Zur Gewährleistung der Tragfähigkeit von Stützmauern ist der Nachweis zu führen, dass ausreichende Sicherheit besteht im Grenzzustand

- GEO-2 (gegen Gleiten, Grundbruch)
- STR (gegen Materialversagen)
- HYD (gegen hydraulischen Grundbruch; bei hinter der Wand anstehendem Wasserüberdruck)
- GEO-3 (gegen Geländebruch; Gesamtstandsicherheit)
- EQU (gegen Kippen).

8.6.1 Gleitsicherheit

Eine Stützmauer beginnt zu gleiten, wenn die Resultierende der angesetzten Einwirkungen der Stützmauer eine in der Sohlfläche oder in einer darunter befindlichen Schnittfläche wirkende Komponente H (vgl. Abb. 8-12) aufweist, die größer ist als die in dieser Fläche mobilisierbare und ihr entgegenwirkende Scherkraft R_h. Die Sicherheit gegen das Gleiten der Konstruktion ist somit gewährleistet, wenn nachgewiesen werden kann, dass ein solcher Gleitvorgang unter Berücksichtigung entsprechender Teilsicherheitsbeiwerte bei keiner der potentiellen Gleitflächen auftritt (siehe hierzu auch [L 195]).

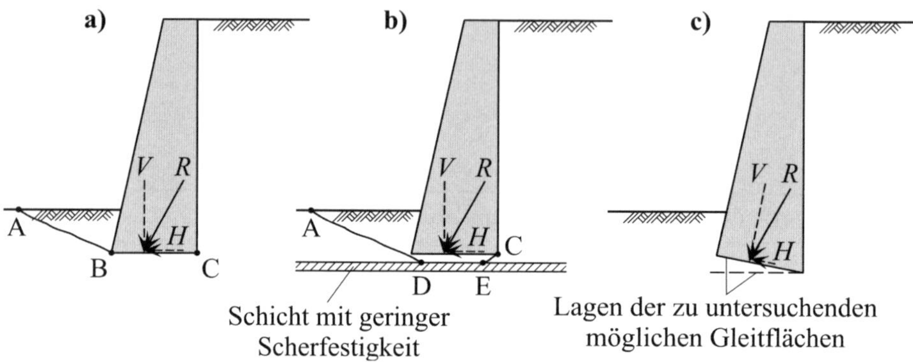

Abb. 8-12 Gleitfugen unter Stützmauern
a) und b): mögliche Gleitfugen
c) Erhöhung der Gleitsicherheit durch Neigung der Sohlfläche und Lagen der zu untersuchenden möglichen Gleitflächen

Lässt sich die erforderliche Sicherheit nicht nachweisen, stehen verschiedene Maßnahmen zur Verminderung der Gleitgefahr zur Auswahl. Hierzu gehören u. a.

- das Ansetzen des Erdwiderstands vor dem Stützbauwerk (prüfen ob dies im jeweiligen Fall zulässig ist!, beachte auch DIN 1054, A 6.6.6)
- die Erhöhung der Reibung in der Sohlfuge durch Maßnahmen wie die Aufrauung der Sohlfläche (Ortbeton statt Betonfertigteil) oder die Erhöhung des Reibungswinkels durch Verbesserung des Baugrunds (z. B. Bodenverdichtung oder Bodenaustausch)
- die Anordnung einer geneigten Sohlfuge (für Fälle in denen die aktivierbare Reibung im Boden höher ist als in der Sohlfuge).

Bei Stützkonstruktionen mit geneigter Sohlfuge ist auch die Gleitsicherheit in einer unter der Konstruktion horizontal verlaufenden Fläche nachzuweisen. Bei homogenem Baugrund ist das die Gleitfläche, die durch den tiefsten Punkt der Stützmauer geht (vgl. Abb. 8-12).

Anwendungsbeispiel

Für die in Abb. 8-13 gezeigte Winkelstützmauer aus Ortbeton ist

1) die Größe der für den Gleitsicherheitsnachweis anzusetzenden Erddruckkräfte gemäß DIN 4085 zu berechnen

2) die Größe und Lage der Eigen- und Verkehrslasten zu ermitteln
3) der Gleitsicherheitsnachweis nach DIN EN 1997-1 und DIN 1054 (ohne Ansatz des Erdwiderstands) für die Bemessungssituation BS-P zu führen.

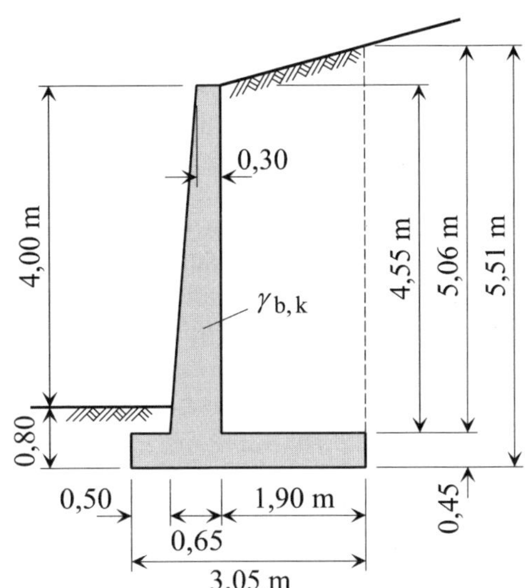

Abb. 8-13 Querschnitt einer Winkelstützmauer

Für die Berechnung dienen als charakteristischer Materialkennwert bzw. als Neigungswinkel der Winkelstützmauer

Wichte $\gamma_{b,k} = 25$ kN/m³

Wandneigungswinkel $\alpha = 0°$

und als Kennwerte von Baugrund und Hinterfüllung (mitteldichter Sand)

Wichte $\gamma_k = 18$ kN/m³

Reibungswinkel $\varphi'_k = 32{,}5°$

Lösung

1 Erddruckkräfte nach DIN 4085

Im Rahmen von Standsicherheitsberechnungen darf nach DIN 4085 vereinfacht eine fiktive senkrechte Wandfläche durch die Hinterkante des Bergsporns angenommen werden ($A - B_E$ in Abb. 8-14), auf die eine Erddruckkraft wirkt, deren Neigung parallel zur Neigung der Geländeoberfläche anzusetzen ist. Voraussetzung für diese Ersatzlösung ist es, dass sich der eigentliche rechnerische Gleitkeil gemäß Abb. 8-8 a) voll im Erdreich ausbildet.

Zur Prüfung dieser Voraussetzung ist der Neigungswinkel der Geraden zu berechnen, die die hintere obere Spornkante (Punkt A) mit der erdseitigen oberen Mauerkante verbindet (vgl. Abb. 8-14). Seine Größe ergibt sich zu

$$\min \vartheta'_{ag} = \arctan \frac{4{,}55}{1{,}90} = 67{,}34°$$

Mit dem Geländeneigungswinkel

$$\beta = \arctan \frac{0{,}51}{1{,}90} = 15{,}025°$$

den Gleitflächenwinkeln

$$\vartheta_{ag} = \varphi'_k + 90° - \arctan\left[\tan\varphi'_k + \frac{1}{\cos\varphi'_k} \cdot \sqrt{\frac{\sin(\varphi'_k + \beta)}{\sin(\varphi'_k - \beta)}}\right]$$

$$= 32{,}5° + 90° - \arctan\left[\tan 32{,}5° + \frac{1}{\cos 32{,}5°} \cdot \sqrt{\frac{\sin(32{,}5° + 15{,}025°)}{\sin(32{,}5° - 15{,}025°)}}\right] = 54{,}34°$$

und

$$\vartheta'_{ag} = 180° - \vartheta_{ag} - (90° - \varphi'_k) = 90° + \varphi'_k - \vartheta_{ag}$$
$$= 90° + 32{,}5° - 54{,}34° = 68{,}16°$$

sowie der Ungleichung

$$\vartheta'_{ag} = 68{,}16° > \min \vartheta'_{ag} = 67{,}34°$$

ergibt sich, dass die den Gleitkeil nach links begrenzende Gegengleitfläche sich nicht mit der Mauer schneidet und sich somit der eigentliche rechnerische Gleitkeil voll im Erdreich ausbildet. Der Erddruck ist deshalb ersatzweise in der fiktiven senkrechten Wandfläche ($A - B_E$ in Abb. 8-14) ansetzbar und ist mit dem nach RANKINE (vgl. hierzu MÖLLER [L 195], Abschnitt 10.5 oder MÖLLER [L 197], Abschnitt 10.6) sich ergebenden Neigungswinkel des aktiven Erddrucks auf die Ersatzfläche

$$\delta_{a,E} = \beta = 15{,}03°$$

zu berechnen.

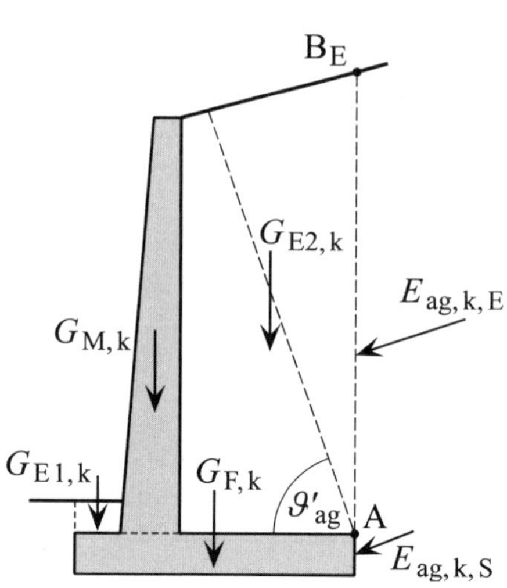

Abb. 8-14 Querschnitt der Winkelstützmauer mit Teillastangaben

Zu diesem Winkel gehören der Erddruckbeiwert

$$K_{agh,E} = \frac{\cos^2(\varphi'_k - \alpha)}{\cos^2\alpha \cdot \left[1 + \sqrt{\dfrac{\sin(\varphi'_k + \delta_{a,E}) \cdot \sin(\varphi'_k - \beta)}{\cos(\alpha - \beta) \cdot \cos(\alpha + \delta_{a,E})}}\right]^2}$$
$$= \frac{\cos^2(32{,}5° + 0°)}{\cos^2 0° \cdot \left[1 \pm \sqrt{\dfrac{\sin(32{,}5° + 15{,}025°) \cdot \sin(32{,}5° - 15{,}025°)}{\cos(0° - 15{,}025°) \cdot \cos(0° + 15{,}025°)}}\right]^2} = 0{,}32157$$

der im Bereich der Ersatzfläche zu verwenden ist, sowie der im Bereich der Stirnseite des Bergsporns geltende Erddruckbeiwert ($\delta_a = ⅔ \cdot \varphi'_k = 21{,}667°$)

$$K_{agh,S} = \frac{\cos^2(\varphi'_k - \alpha)}{\cos^2\alpha \cdot \left[1 + \sqrt{\dfrac{\sin(\varphi'_k + \delta_{a,S}) \cdot \sin(\varphi'_k - \beta)}{\cos(\alpha - \beta) \cdot \cos(\alpha + \delta_{a,S})}}\right]^2}$$
$$= \frac{\cos^2(32{,}5° + 0°)}{\cos^2 0° \cdot \left[1 \pm \sqrt{\dfrac{\sin(32{,}5° + 21{,}667°) \cdot \sin(32{,}5° - 15{,}025°)}{\cos(0° - 15{,}025°) \cdot \cos(0° + 21{,}667°)}}\right]^2} = 0{,}30755$$

Im Bereich der Ersatzfläche berechnen sich dann pro lfdm Winkelstützmauer die charakteristischen Erddruckkräfte infolge der Bodeneigenlast zu

$$E_{\text{agh, k, E}} = K_{\text{agh, E}} \cdot \gamma_k \cdot \frac{h_E^2}{2} = 0{,}32157 \cdot 18 \cdot \frac{5{,}06^2}{2} = 74{,}100 \text{ kN/lfdm}$$

und

$$E_{\text{agv, k, E}} = E_{\text{agh, k, E}} \cdot \tan(\alpha + \delta_{\text{a, E}}) = 74{,}100 \cdot \tan(0° + 15{,}025°) = 19{,}890 \text{ kN/lfdm}$$

Die entsprechenden Größen im Bereich der Spornstirnfläche sind

$$E_{\text{agh, k, S}} = K_{\text{agh, S}} \cdot \gamma_k \cdot \frac{h_S^2 + 2 \cdot h_E \cdot h_S}{2} = 0{,}30755 \cdot 18 \cdot \frac{0{,}45^2 + 2 \cdot 5{,}06 \cdot 0{,}45}{2}$$
$$= 13{,}166 \text{ kN/lfdm}$$

und

$$E_{\text{agv, k, S}} = E_{\text{agh, k, S}} \cdot \tan(\alpha + \delta_{\text{a, S}}) = 13{,}166 \cdot \tan(0° + 21{,}667°) = 5{,}230 \text{ kN/lfdm}$$

2 <u>Eigenlasten</u>

Die Eigenlast des senkrechten Winkelschenkels der Winkelstützmauer beträgt (siehe Abb. 8-14)

$$G_{\text{M, k}} = V_M \cdot \gamma_{\text{b, k}} = \frac{0{,}3 + 0{,}65}{2} \cdot 4{,}55 \cdot 1{,}0 \cdot 25{,}0 = 54{,}031 \text{ kN/lfdm}$$

Das Fundament der Winkelstützmauer besitzt die Eigenlast (vgl. Abb. 8-14)

$$G_{\text{F, k}} = V_F \cdot \gamma_{\text{b, k}} = 3{,}05 \cdot 0{,}45 \cdot 1{,}0 \cdot 25{,}0 = 34{,}313 \text{ kN/lfdm}$$

Mit dem Neigungsverhältnis der vorderen Mauerfront

$$m = \frac{0{,}65 - 0{,}30}{4{,}55} = \frac{0{,}35}{4{,}55}$$

ergibt sich die Erdauflast

$$G_{\text{E1, k}} = \frac{2 \cdot 0{,}50 + m \cdot (0{,}80 - 0{,}45)}{2} \cdot (0{,}8 - 0{,}45) \cdot 1{,}0 \cdot \gamma_k = \frac{1{,}0 + 0{,}35 \cdot \frac{0{,}35}{4{,}55}}{2} \cdot 0{,}35 \cdot 18$$
$$= 3{,}235 \text{ kN/lfdm}$$

die auf den Talsporn der Winkelstützmauer wirkt (siehe Abb. 8-14).

Die Erdauflast auf den Bergsporn hat pro lfdm Winkelstützmauer die Größe (vgl. Abb. 8-14)

$$G_{\text{E2, k}} = \frac{4{,}55 + (5{,}51 - 0{,}45)}{2} \cdot 1{,}90 \cdot 1{,}0 \cdot \gamma_k = \frac{9{,}61}{2} \cdot 1{,}90 \cdot 18 = 164{,}331 \text{ kN/lfdm}$$

3 Resultierende Beanspruchungen in der Sohlfuge

Mit den oben ermittelten Erdruckkräften und Eigenlasten ergeben sich die vertikale und die horizontale Komponente

$$Q_{k,v} = E_{agv,k,E} + E_{agv,k,S} + G_M + G_F + G_{E1} + G_{E2}$$
$$= 19{,}890 + 5{,}230 + 54{,}031 + 34{,}313 + 3{,}235 + 164{,}331 = 281{,}03 \text{ kN/lfdm}$$

$$Q_{k,h} = E_{agh,k,E} + E_{agh,k,S} = 74{,}100 + 13{,}166 = 87{,}27 \text{ kN/lfdm}$$

der in der Sohlfuge wirkenden charakteristischen Resultierenden Q_k, deren Größe selbst sich zu

$$Q_k = \sqrt{Q_{k,v}^2 + Q_{k,h}^2} = \sqrt{281{,}03^2 + 87{,}27^2} = 294{,}27 \text{ kN/lfdm}$$

berechnet.

4 Gleitsicherheitsnachweis nach DIN EN 1997-1 und DIN 1054

Gemäß der Aufgabenstellung wird für den Gleitsicherheitsnachweis der passive Erddruck $E_{p,d}$, der sich vor der Winkelstützmauer einstellen kann, nicht in Ansatz gebracht. Damit ergibt sich im Grenzzustand GEO-2 gemäß DIN EN 1997-1, 6.5.3 die Forderung

$$H_d \le R_{h,d} + R_{p,d} = R_{h,d} + E_{p,d} = R_{h,d} + 0 = R_{h,d}$$

Mit dem charakteristischen Wert der Beanspruchung

$$H_k = Q_{k,h} = 87{,}27 \text{ kN/lfdm}$$

und dem Teilsicherheitsbeiwert für ständige Einwirkungen gemäß DIN 1054, Tabelle A 2.1 (entspricht z. B. Tabelle 7-2 aus MÖLLER [L 195]) für die Bemessungssituation BS-P

$$\gamma_G = 1{,}35$$

ergibt sich als Bemessungswert der Beanspruchungen

$$H_d = H_k \cdot \gamma_G = 87{,}27 \cdot 1{,}35 = 117{,}81 \text{ kN/lfdm}$$

Der Bemessungswert des Gleitwiderstands berechnet sich mit dem charakteristischen Wert der Beanspruchung rechtwinklig zur Sohlfläche

$$V_k = Q_{k,v} = 281{,}03 \text{ kN/lfdm}$$

dem für Ortbetonfundamente geltenden Wert des Sohlreibungswinkels

$$\delta_k = \varphi'_k = 32{,}5°$$

dem charakteristischen Wert des Gleitwiderstands

$$R_{h,k} = V_k \cdot \tan \delta_k = 281{,}03 \cdot \tan 32{,}5° = 179{,}04 \text{ kN/lfdm}$$

und dem Teilsicherheitsbeiwert für den Gleitwiderstand gemäß DIN 1054, Tabelle A 2.3 (entspricht z. B. Tabelle 7-3 aus MÖLLER [L 195]) in der Bemessungssituation BS-P

$$\gamma_{R,h} = 1{,}10$$

zu der Größe

$$R_{h,d} = \frac{R_{h,k}}{\gamma_{R,h}} = \frac{179{,}04}{1{,}10} = 162{,}76 \text{ kN/lfdm}$$

Werden die berechneten Bemessungswerte der Beanspruchung und des Widerstands in die Gleichung des Gleitsicherheitsnachweises eingesetzt, ergibt sich

$$H_d = 117{,}81 \text{ kN/lfdm} < R_{h,d} = 162{,}76 \text{ kN/lfdm}$$

Damit ist gezeigt, dass die Gleitsicherheit auch dann gegeben ist, wenn der passive Erddruck $E_{p,d}$ bei dem Nachweis unberücksichtigt bleibt.

8.6.2 Grundbruchsicherheit

Die Sicherheit von Stützmauern gegen Grundbruch ist gemäß Abschnitt 6.5.2 von DIN EN 1997-1 und DIN 1054 mit dem charakteristischen Grundbruchwiderstand $R_{v,k}$ nach DIN 4017 und dem Teilsicherheitsbeiwert $\gamma_{R,v}$ für den Grundbruchwiderstand aus DIN 1054, Tabelle A 2.3 nachzuweisen.

Wird dabei die Sohlfuge schräg statt horizontal angeordnet, ergeben sich unterschiedliche Verläufe der Gleitlinien (vgl. Abb. 8-15).

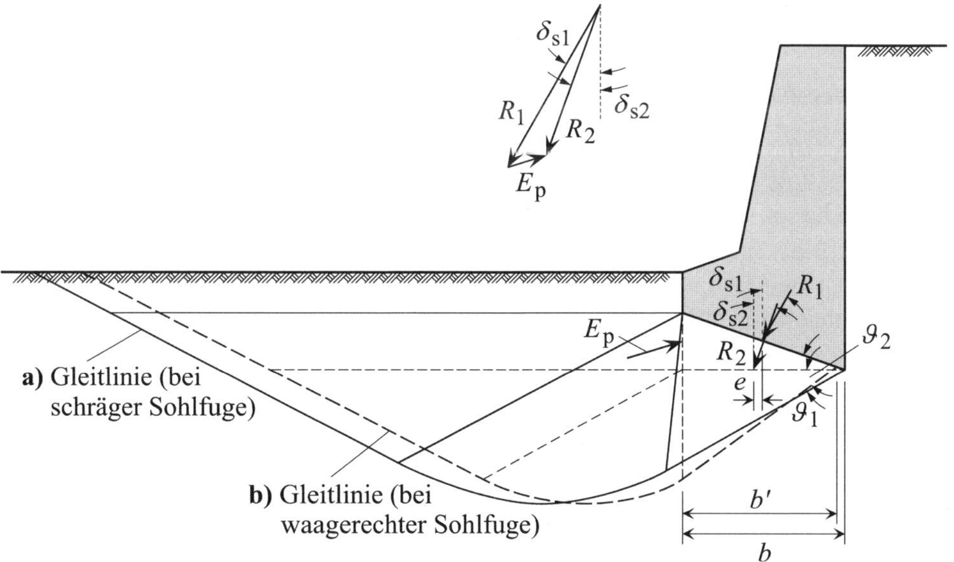

Abb. 8-15 Grundbruchgleitlinien bei einer Stützmauer (nach [L 40])
a) schräge Sohlfuge, b) waagerechte Sohlfuge

Diese verschiedenen Möglichkeiten der Sohlfugenanordnung bewirken unterschiedliche Gleitlinienverläufe nebst unterschiedlichen Sicherheiten gegen Grundbruch. Dies sei verdeutlicht am Beispiel einer zentrisch wirkenden Belastung, die um den Winkel ε gegen die Vertikale geneigt ist. In Abb. 8-16 werden die Tragfähigkeitsbeiwerte N_b, N_c und N_d der Grundbruchgleichung verglichen, die zu dem Fall der horizontal angeordneten ($N(\varepsilon, \alpha = 0)$) und dem Sonderfall der unter dem Winkel $\alpha = \varepsilon$ geneigten Sohlfläche ($N(\varepsilon, \alpha = \varepsilon)$) gehören. Zu sehen ist, dass die zu $\alpha = \varepsilon$ gehörenden Tragfähigkeitsbeiwerte durchweg größer sind als die sich für $\alpha = 0$ ergebenden Werte, da für alle Verhältniswerte

$$\frac{N(\varepsilon, \alpha = \varepsilon)}{N(\varepsilon, \alpha = 0)} \geq 1{,}0 \qquad \text{Gl. 8-6}$$

gilt. Mit zunehmendem Reibungswinkel φ nehmen die Verhältniswerte zu; alle entsprechenden Funktionen zeigen über ε überlineare Verläufe.

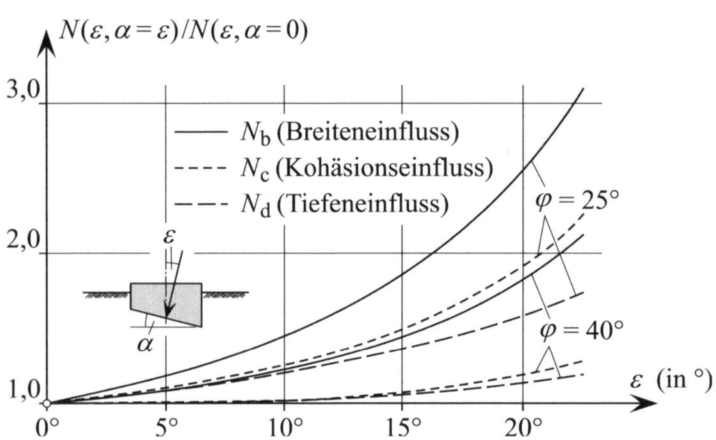

Abb. 8-16 Einfluss der Sohlflächenneigung α auf die Größe der Tragfähigkeitsbeiwerte N_b, N_c und N_d der Grundbruchgleichung aus DIN 4017 für den Sonderfall $\alpha = \varepsilon$

8.6.3 Kippsicherheit

Bei stark exzentrisch belasteten Gründungen (Ausmittigkeit der Lastresultierenden bei rechteckigen Gründungsflächen > ⅓ der Seitenlänge) auf nichtbindigen und bindigen Böden müssen gemäß DIN EN 1997-1, 6.5.4 besondere Maßnahmen getroffen werden. Nach DIN 1054, 6.5.4 A (3) bedeutet dies, dass im Grenzzustand EQU der Nachweis der Sicherheit gegen Gleichgewichtsverlust zu erbringen ist (beachte auch DIN EN 1997-1, 9.2 (2)P). Darüber hinaus sind die Bedingungen aus DIN 1054, A 6.6.5 einzuhalten (Begrenzung des Sohlfugenklaffens).

8.6.4 Materialversagen bei Schwergewichtsmauern

Bei der Dimensionierung von Schwergewichtsmauern hat die Wahl der Abmessungen so zu erfolgen, dass u. a. die Vorschriften aus DIN EN 1992-1-1, 12 [L 83] für unbewehrte Betonkonstruktionen nicht verletzt werden. Diese sehen u. a. vor, dass Betonzugspannungen in der Regel nicht angesetzt werden dürfen. Bei linearem Spannungs-Dehnungs-Verhalten ist dies der Fall, wenn in dem jeweiligen Bemessungsquerschnitt, die Resultierende aller Schnittgrößen die Querschnittsfläche in deren Kern schneidet. Für die Exzentrizität e der Resultierenden muss demzufolge die Bedingung

$$e \leq \frac{1}{6} \cdot b \qquad \text{Gl. 8-7}$$

erfüllt sein, wobei b die Dicke der Mauer erfasst.

8.6.5 Gesamtstandsicherheit (Geländebruch)

Außer den behandelten Tragfähigkeitsnachweisen wird in DIN EN 1997-1, 9.2 (1)P DIN 1054, 10.6.9 auch der Nachweis der Gesamtstandsicherheit im Grenzzustand GEO-3 verlangt. Der Nachweis betrifft den Geländebruch (vgl. hierzu auch MÖLLER [L 195], Abschnitt 12), der unter sehr verschiedenen Bedingungen eintreten kann (vgl. Abb. 8-17).

Eine ausreichende Sicherheit gegen ein solches Versagen ist nach DIN EN 1997-1/NA, NDP Zu 11.5.1 (1)P gegeben, wenn die Gesamtstandsicherheit gemäß DIN 4084 mit dem Nachweisverfahren GEO-3 nachgewiesen wurde (siehe hierzu auch MÖLLER [L 195]). Als Teilsicherheitsbeiwerte sind die entsprechenden Größen der Tabellen A 2.1, A 2.2 und A 2.3 der DIN 1054 zu verwenden (entsprechen z. B. den Tabellen 1-1 bis 1-3 aus MÖLLER [L 198]).

Die Nachweise der Geländebruchsicherheit sind für die jeweils ungünstigste Gleitfläche zu führen, die nach DIN 4084 zu einem Bruchmechanismus mit einem oder auch mehreren Gleitkörpern gehört.

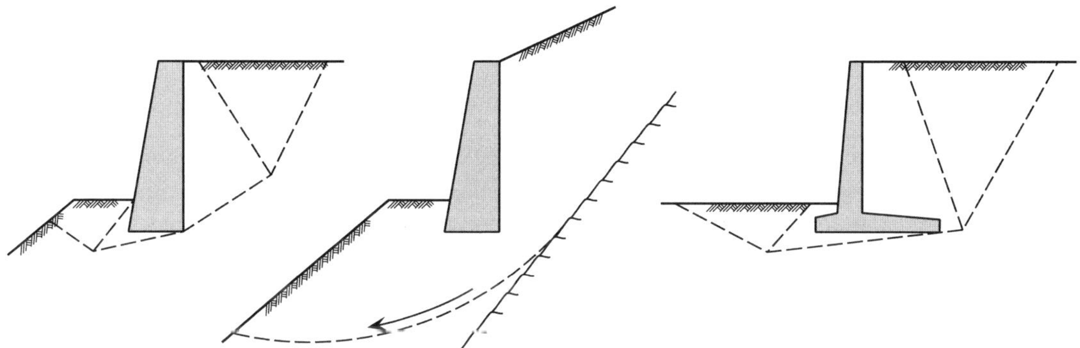

Abb. 8-17 Beispiele für Stützmauern mit möglichen Versagensfällen beim Geländebruch

8.7 Nachweis der Gebrauchstauglichkeit

Nach DIN 1054, A 9.8.1.2 darf in der Bemessungssituation BS-P auf den Nachweis der Gebrauchstauglichkeit für Stützmauern verzichtet werden, wenn diese auf mindestens mitteldicht gelagerten nichtbindigen Böden oder auf mindestens steifen bindigen Böden gegründet sind und ihre Tragfähigkeit gemäß Abschnitt 8.6 nachgewiesen wurde. Dies gilt nicht, wenn erhöhte Anforderungen bezüglich der Verschiebungen und Verkantungen der Konstruktion gestellt werden.

Können Setzungen bzw. Verkantungen von Stützmauern benachbarte Gebäude, Leitungen, andere bauliche Anlagen oder auch Verkehrsflächen gefährden, sind entsprechende gesonderte Gebrauchstauglichkeitsnachweise zu führen.

8.7.1 Zulässige Lage der Sohldruckresultierenden

Schädliche Verkantungen von Stützmauern werden nach DIN 1054, A 9.8.1.2 A (2) vermieden, wenn in deren Sohlflächen keine klaffenden Fugen infolge der charakteristischen Beanspruchungen entstehen, die sich aus ständigen Einwirkungen ergeben.

8.7.2 Unzuträgliche Verschiebungen und unzulässige Setzungen

Zur Vermeidung unzuträglicher Stützmauerverschiebungen in der Sohlfläche ist gemäß DIN 1054, A 9.8.1.2 A (2) nachzuweisen, dass

- die Gleitsicherheit auch dann noch gegeben ist, wenn die Bodenreaktion (Erdwiderstand) auf den Mauerfuß nicht berücksichtigt wird oder, dass
- bei mindestens mitteldicht gelagertem nichtbindigem Boden bzw. bei mindestens steifem bindigem Boden und bei Ansatz von ⅔ des charakteristischen Gleitwiderstands in der Mauersohlfläche nicht mehr als ⅓ des charakteristischen Erdwiderstands am Mauerfuß erforderlich sind, um das Gleichgewicht der charakteristischen Kräfte parallel zur Sohlfläche herzustellen.

Unzulässig große Setzungen von Stützmauern werden nach DIN 1054, A 9.8.1.2 A (2) vermieden, wenn die Einhaltung zulässiger Sohldrücke nachgewiesen werden kann (siehe hierzu auch Abschnitt 3.5 und DIN 1054, A 6.10).

8.8 Entwässerung des Hinterfüllbereichs

8.8.1 Belastungen von Stützmauern

Grund-, Kluft- oder eingesickertes Niederschlagswasser, das sich auf den Bergseiten hinter den Stützmauern staut und auf die Mauern drückt, kann Wasserschäden und Bewegungen der Stützkonstruktionen hervorrufen und ihre Standsicherheit gefährden. Zur Vermeidung solcher Probleme muss dieses Wasser durch Dränagen gesammelt und von den Bauwerken (einschließlich Gründung) weggeleitet werden.

Auch stationäre Strömungen des Wassers im Boden, wie sie z. B. bei Dauerregen oder Grundwasserzufluss auftreten, können Stützmauerbelastungen verursachen. Die dabei wirksamen Strömungskräfte erhöhen die Wirkung des jeweiligen aktiven Erddrucks, wenn die Wasserbewegung im Bereich des zu diesem Erddruck gehörenden Bruchkörpers zur Wand hin gerichtet ist. Die Verhinderung dieses additiven Effekts erfordert eine schräg und außerhalb des Bruchkörpers verlegte Dränage; mit dem Einbau einer vertikalen Filterschicht alleine gelingt dies nicht (vgl. Abb. 8-18). Trotz dieses Sachverhalts ist bei Stützkonstruktionen in Einschnitten mit vorübergehend oder dauerhaft standfestem Boden nur die senkrechte Anordnung einer Dränschicht sinnvoll. Dies liegt daran, dass in diesen Böden das bergseitige Wasser in der Regel nur in kleinen Mengen als Quell- oder Sickerwasser anfällt.

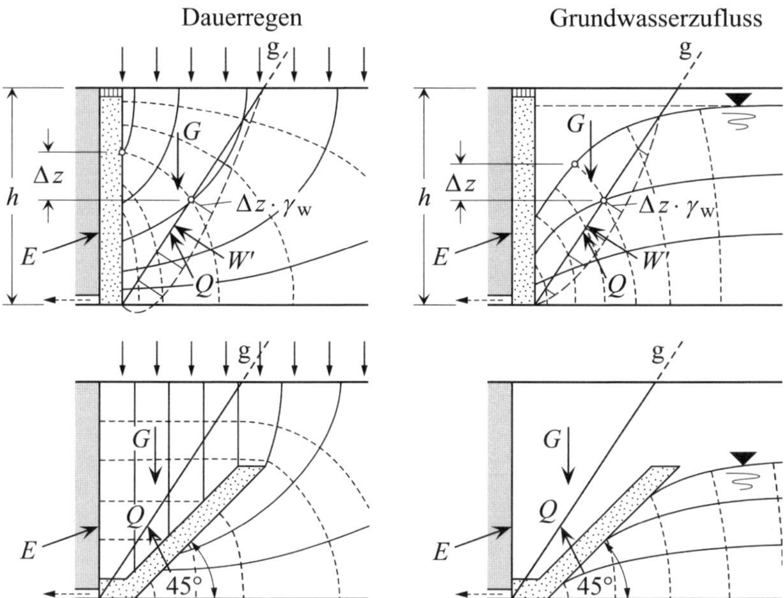

Abb. 8-18 Strömungsbilder in der Hinterfüllung bei senkrechter und geneigter Dränschicht nach FLOSS (nach [L 129]); g = Gleitfläche des zum aktiven Erddruck gehörenden Bruchkörpers

Können die Dränageschichten das gesamte zufließende Wasser nicht abführen (etwa bei starken Niederschlägen), tritt ein Stau auf und damit eine zusätzliche Wandbelastung durch hydrostatischen Druck.

8.8.2 Anordnung von Dränageeinrichtungen

Bei der Anordnung von Dränageeinrichtungen hinter Stützmauern ist zu unterscheiden zwischen den auf undurchlässigem bzw. durchlässigem Boden errichteten und hinterfüllten Stützmauern sowie den Stützmauern in Einschnitten mit vorübergehend oder dauerhaft standfestem gewachsenem Boden.

Für solche Fälle zeigt Abb. 8-19 prinzipielle Möglichkeiten zur Anordnung von Filtern. Die Darstellungen a) bis c) zeigen Filteranordnungen in Einschnitten mit standfestem gewachsenem Boden und die übrigen Bilder Anordnungen im Hinterfüllbereich. Welche dieser Möglichkeiten Im Anwendungsfall zu bevorzugen ist, wird meist aufgrund der örtlichen Gegebenheiten entschieden.

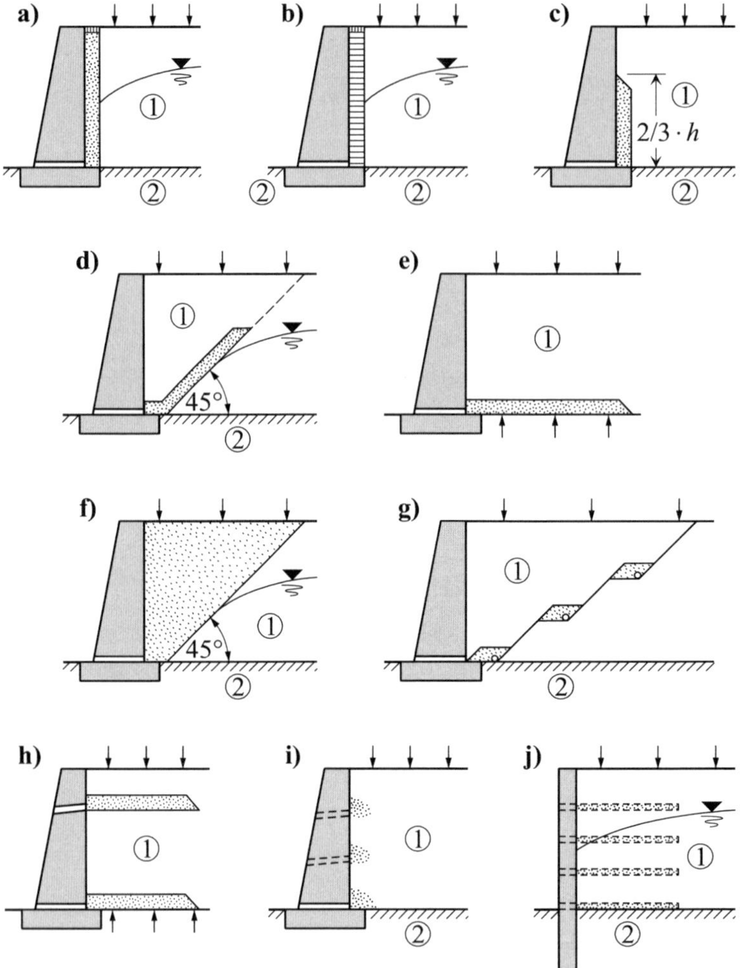

Abb. 8-19 Mögliche Anordnungen von Filtern hinter Stützkonstruktionen nach FLOSS (nach [L 129])
1 bindiger Boden, gewachsen oder hinterfüllt
2 undurchlässiger Untergrund

8.8.3 Anforderungen an Dräneinrichtungen

Bei Dränschichten aus nichtbindigem Boden muss das Material filterstabil sein (vgl. z. B. ZTV E-StB 09, Abschnitte 8.1 und 10.7), die Durchlässigkeit von weitgestuftem Kies (Mischkies) besitzen und auch dauerhaft behalten und für den Fall, dass kein besonderer Nachweis geführt wird, einen 30 bis 50 cm breiten Durchflussquerschnitt bieten (siehe SMOLTCZYCK [L 148], Kapitel 3.9).

Ist das anstehende Grundwasser nicht oder nur in geringem Maße kalkhaltig, sind auch mit Geotextil umhüllte Steinpackungen als Dränage einsetzbar. Die Problematik dieser Lösung liegt vor allem in der Feinmaschigkeit filterstabiler Geotextilien (siehe z. B. ZTV E-StB 09, 3.3.3), die u. U. dazu führt, dass die Materialmaschen durch ausgefällten Kalk verstopfen und die Dränage ihre Funktionstüchtigkeit zunehmend einbüßt. Beim Wegfall solcher Beeinträchtigungen wird die Filterfunktion von dem Geotextil dauerhaft übernommen, was u. a. den Vorteil hat, enggestuftes, grobkörniges und sehr wasserdurchlässiges Schüttmaterial in die Sickeranlage einbauen zu können.

Für die Erfüllung der mechanischen Filterwirksamkeit (Bodenrückhaltevermögen) und der hydraulischen Filterwirksamkeit (druckverlustarme Wasserableitung auch bei niedrigen hydraulischen Gradienten) durch das zum Einsatz kommende Geotextil sind vor allem die charakteristische Öffnungsweite O_{90} (entspricht dem Korndurchmesser d_{90}, der bei der Auswertung eines Nass-Siebversuchs mit als Sieb verwendetem Geotextil zu 90 % Siebdurchgang gehört; zu Einzelheiten der Öffnungsweitenermittlung siehe DIN EN ISO 12956 [L 104]) und der Wasserdurchlässigkeitsbeiwert k_v senkrecht zur Ebene von Bedeutung. Detailliertere Ausführungen zur Bemessung geotextiler Filter und Dränsysteme bzw. Hinweise zur Verarbeitung bei Entwässerungsaufgaben sind z. B. in [L 188], Abschnitt 5.2 bzw. 4.3.3.2 zu finden.

Weitere Alternativen, vor allem für senkrechte Dränagen, sind aus Sickersteinen hergestellte Schmalwände oder Einkornbeton. Steht hinter der Filtersteinwand feinkörniger Boden an, ist nach SMOLTCZYCK [L 148], Kapitel 3.9 allerdings eine Zwischenlage aus Sand zwischen der Wand und dem Boden einzubauen, um so die erforderliche Filterstabilität zu gewährleisten.

Da die Wartung der Dränageeinrichtungen selten erfolgt oder gar nicht durchführbar ist, müssen diese nach üblichen Filterregeln und aufzunehmenden Wassermengen bemessen und so konstruiert werden, dass die Filterwirkung auch langfristig nicht verloren geht (z. B. durch Kalkabscheidungen, s. o.).

Abhängig von der Menge zufließenden Schichtwassers kann die Anordnung von Mauerdurchlässen (vgl. Abb. 8-20) als zusätzliche Maßnahme erforderlich werden. Als alleiniges Dränageelement kommen sie aber nur bei Verkleidungsmauern vor Fels mit nur geringen anfallenden Wassermengen zum Einsatz.

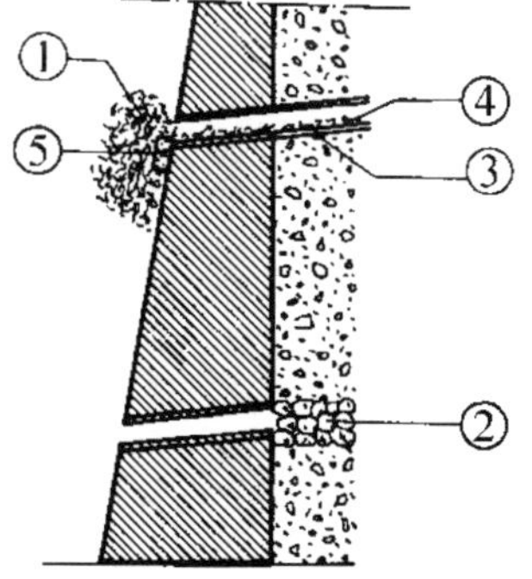

Abb. 8-20 Mauerdurchlässe (nach SMOLTCZYCK [L 148], Kapitel 3.9)
1 Bepflanzung
2 Rundkies
3 Rohr mit $d_{min} = 10$ cm
4 Humus
5 Betonstein 30/14/8, geklebt

8.8.4 Bedingungen für die Ausführung von Sickeranlagen

Hinterfüllbereiche sind nach ZTV E-StB 09, 10.7.1 so zu entwässern, dass Oberflächen- und Grundwasser gesammelt und ohne Schaden abgeführt werden.

In Fällen, in denen gemischtkörnige Böden für die Hinterfüllung verwendet werden, ist an den Rückwänden der hinterfüllten Bauwerksteile eine mindestens 1,0 m dicke filterstabile Entwässerungsschicht gleichzeitig mit der Hinterfüllung einzubauen (ggf. auch in Verbindung mit Geotextilien) und zu verdichten (vgl. ZTV E-StB 09, 10.7.2). Die Verwendung von Sickersteinen ist nur dann zu erwägen, wenn ihre Funktionstüchtigkeit dauerhaft gewährleistet ist (mögliche Funktionsverluste durch die Einbringung der Hinterfüllung oder durch später einwirkende Belastungen). Auf die Entwässerungsschicht darf auch dann nicht verzichtet werden, wenn Einkornbetonschichten oder Sickersteine eingebaut werden.

Bei zuströmendem betonangreifendem Sickerwasser ist die Mauerrückwand durch einen Anstrich zu schützen (Bitumen, Teer oder Kunstharz), dessen Unbedenklichkeit nachgewiesen ist.

Das in die Entwässerungsschichten einsickernde Wasser wird in porösen oder gelochten Sickerrohrleitungen abgeleitet. Die Rohre können als Kunststoff-, Beton- oder Steinzeugrohre eingesetzt werden, wobei Betonrohre nur dann verwendet werden dürfen, wenn das abzuleitende Wasser nicht betonangreifend ist. Der Rohrdurchmesser ist so zu wählen, dass der zu erwartende Wasseranfall abgeleitet werden kann. Nach ZTV Ew-StB 91 sollte er mindestens die Größe DN 100 und beim Einsatz von Fräsgeräten zur Freihaltung der Sickerrohrleitungen (Beseitigung von Verkrustungen) mindestens die Größe DN 200 aufweisen (vgl. [L 215]).

Das in die Entwässerungsschichten einsickernde Wasser wird in porösen oder gelochten Sickerrohrleitungen abgeleitet. Die Rohre können als Kunststoff-, Beton- oder Steinzeugrohre eingesetzt werden, wobei Betonrohre nur dann verwendet werden dürfen, wenn das abzuleitende Wasser nicht betonangreifend ist. Der Rohrdurchmesser ist so zu wählen, dass der zu erwartende Wasseranfall abgeleitet werden kann. Nach ZTV Ew-StB 91 sollte er mindestens die Größe DN 100 und beim Einsatz von Fräsgeräten zur Freihaltung der Sickerrohrleitungen (Beseitigung von Verkrustungen) mindestens die Größe DN 200 aufweisen (vgl. [L 215]).

Der Rohrscheitel der Sickerrohrleitung ist mindestens 0,2 m unter der Sohle der zu entwässernden Schicht anzuordnen. Das Sohlgefälle dieser Leitungen ist gleich dem der Dränagestränge zu wählen. Es sollte nach [L 215] in der Regel die Größe $I = 0{,}3\,\%$ nicht unterschreiten, um so die Selbstreinigung zu gewährleisten.

Zur Wartung der Sickerrohrleitungen sind Schächte vorzusehen, deren Abstand nach [L 215] nicht mehr als 80 m betragen sollte.

Für in großer Tiefe zu verlegende Sickerrohrleitungen ist die Eignung erdstatisch nachzuweisen.

Abb. 8-21 zeigt Ausführungen von Dränageschichten mit eingebauten Sickerrohrleitungen, wie sie in der Schweiz gebräuchlich sind.

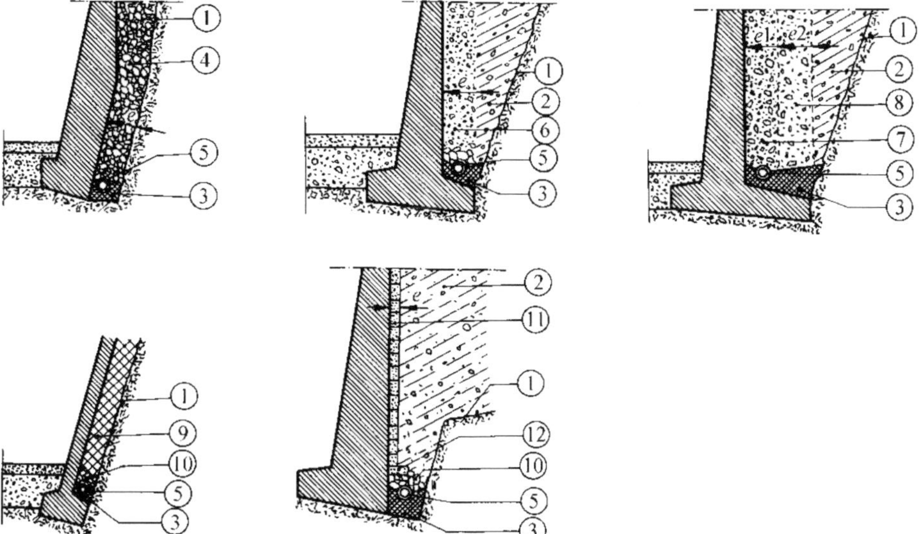

Abb. 8-21 In der Schweiz gebräuchliche Ausführungen von Dränageschichten; von links nach rechts: Steinpackung, einfacher Filter, Mehrschichtenfilter, Sickerbeton, Filtersteine (nach SMOLTCZYCK [L 148], Kapitel 3.9)
1 Aushub; 2 Hinterfüllung; 3 Füllbeton; 4 Steinpackung oder Rundkies;
5 gelochte oder poröse Leitung, $d_{min} = 20$ cm; 6 Einfachfilter; 7 Filter 1;
8 Filter 2; 9 Sickerbeton; 10 Rundkies, 30 bis 50 mm; 11 Filtersteine oder Filterplatten; 12 Fußstein

8.8.5 Aufgaben mit Lösungen

Aufgabe 8-3

Wie können Belastungen von Stützmauern vermieden werden, welche die Wirkung des aktiven Erddrucks erhöhen und durch stationäre Strömungszustände verursacht werden (z. B. bei Dauerregen oder Grundwasserzufluss)? Welcher Effekt wird dabei genutzt?

Aufgabe 8-4

Zu benennen sind zwei Wirkungsweisen, in denen Wasser zur Belastung von Stützmauern beitragen kann! Welche Probleme ergeben sich beim Auftreten solcher Gegebenheiten für die Stützmauer?

Lösung zu Aufgabe 8-3

Die Belastung kann z. B. durch eine Dränage verhindert werden, die schräg angeordnet ist und außerhalb des zum aktiven Erddrucks gehörenden Bruchkörpers angeordnet ist.

Diese Filteranordnung bewirkt, dass die Strömungslinien im Bruchkörper einen senkrecht nach unten gerichteten Verlauf annehmen und damit die Strömungskräfte keine horizontalen und die Stützmauer zusätzlich belastenden Komponenten mehr aufweisen (vgl. Abb. 8-18).

Lösung zu Aufgabe 8-4

Die Belastung von Stützmauern durch Wasser kann hervorgerufen werden durch

- den hydrostatischen Druck von hinter der Stützmauer sich aufstauendem Grund-, Kluft- oder einsickerndem Niederschlagswasser
- innerhalb des zum aktiven Erddruck gehörenden Bruchkörpers stattfindende Wasserbewegungen, die zur Wandrückseite gerichtet sind; sie bewirken Strömungskräfte, die mit ihren entsprechenden Komponenten die Wirkung des aktiven Erddrucks erhöhen.

Tritt ein Wasserstau oder ein Anströmen der Wandrückseite ein, führt das zu Bewegungen der Mauer und ggf. auch zu Wasserschäden. Da mit der Belastung eine Gefährdung der Standsicherheit einhergehen kann, sind entsprechende Nachweise zu führen.

9 Spundwände

9.1 Allgemeines und Regelwerke

Heute werden Spundwandbauwerke nahezu ausschließlich unter Verwendung rammbarer Stahlspundbohlen ausgeführt, deren Entwicklung im Jahre 1902 begann. Vorwiegender Grund hierfür ist ihr geringer Querschnitt, der zu einer leichten Rammbarkeit der Bohlen führt. Damit verbunden sind geringe Bodenerschütterungen und die Möglichkeit, sie in vergleichsweise geringem Abstand zu bestehender Bebauung rammend einzubringen.

Stahlspundbohlen werden als U-, Z- oder I-Profile und in Sonderformen hergestellt. Über „Schlösser" (siehe Abb. 9-1) lassen sie sich miteinander zu zusammenhängenden Wänden verbinden. Diese Schlösser müssen dabei einen Spielraum besitzen, der groß genug ist, um ein unproblematisches Ineinanderfügen der Bohlen zu gewährleisten. Außerdem müssen sie so ausgebildet sein, dass sie die beim Verbund auftretenden Druck-, Zug- und Scherkräfte aufnehmen können.

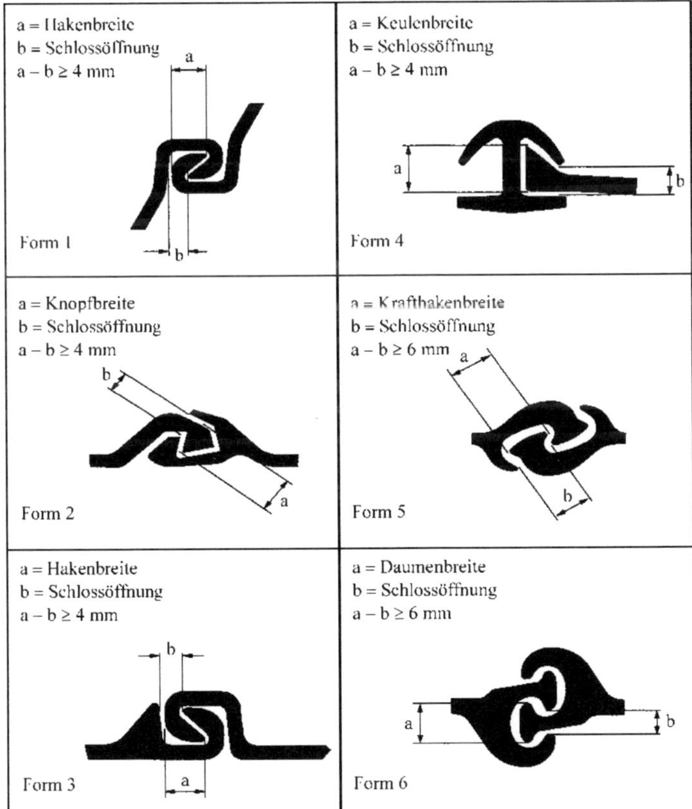

Abb. 9-1 Schlossformen für Stahlspundbohlen (nach [L 122])

Miteinander verbundene Spundbohlen dienen als wandartige Konstruktionen vor allem zur Abstützung von Geländesprüngen sowie zur Übertragung horizontaler und vertikaler Lasten in den Baugrund. Verwendet werden sie in diesem Rahmen u. a. zur Baugrubensicherung, als

Stützwände, als Teile von Bauwerken und ihren Gründungen sowie für Wasserbauanlagen, wie z. B. Schleusen, Kai- und Ufermauern. Darüber hinaus kommen sie als vertikale Dichtwände etwa bei Deponien und Altlasten zum Einsatz.

Als europäische Normen für Spundwandkonstruktionen und nationale Normen zu ihrer Berechnung stehen die DIN EN 1993-5 [L 86], DIN EN 1997-1 [L 88], DIN EN 12063 [L 92] sowie die DIN 1054 [L 30], DIN EN 1993-5/NA [L 87] und DIN EN 1997-1/NA [L 89] zur Verfügung.

Für Spundwände, die im Bereich von Baugruben, Häfen und Wasserstraßen zum Einsatz kommen, stehen vor allem die EAB [L 118] und die EAU 2012 [L 122] zur Verfügung. Die jeweils maßgebenden Empfehlungen der EAB werden in der Literatur durch den Hinweis EB ... (z. B. EB 49) aufgeführt. Die Nennung der entsprechenden Empfehlungen der EAU in der Literatur erfolgt durch den Hinweis E ... (z. B. E 161).

Wird der Einsatz von Spundwänden beim Bau von Deponien oder der Sicherung von Altlasten vorgesehen, sollten auch die GDA-Empfehlungen [L 138] beachtet werden.

Weiterhin gibt es von Spundwandherstellern herausgegebene Handbücher für die Bemessung von Spundwandbauwerken, wie z. B. das „Spundwand-Handbuch Berechnung“ [L 158].

9.2 Einsatz von Stahlspundwänden

9.2.1 Einsatzvorteile

Zu den Vorteilen von Stahlspundwänden gehört es, dass die Bohlen, etwa im Vergleich zu denen von Holz-, Stahlbeton- und Spannbetonspundwänden,

- beim Rammen in steinigem Boden nicht so leicht beschädigt werden und selbst Holz, altes Mauerwerk, Beton und leichten Fels durchschlagen können
- sehr dichte Schlösser besitzen, aus denen sie nur bei ganz schweren Hemmnissen, wie etwa Findlingen oder trockenem dichtem Feinsand, springen („Schlosssprengung“); u. U. können sie sich beim weiteren Rammen sogar aufrollen (solche Schlossstörungen sind durch Einsatz entsprechender Signalgeber feststellbar, siehe z. B. [L 122] und [L 260])
- wegen ihres geringen Querschnitts meist gezogen werden können, ohne dabei Setzungswirkungen zu verursachen
- wiederverwendbar sind (z. B. bei abschnittsweiser Herstellung langer Tunnelbauwerke in offener Bauweise), wenn sie beim Rammen oder Ziehen nicht beschädigt wurden.

9.2.2 Vergleich mit anderen Stützkonstruktionen

Gegenüber Verbauarten wie „Grabenverbau“ und „Trägerbohlwand“ ist der Verbau aus Stahlspundwänden in der Regel teurer und weniger anpassungsfähig (z. B. bei kreuzenden Versorgungsleitungen). Dafür ist er aber auch in Böden einsetzbar, die z. B. wegen unzureichender Standfestigkeit den Bau einer Trägerbohlwand nicht zulassen und kommt, als nahezu dichter Verbau, bei Baugrubenumschließungen im Grundwasser und im offenen Wasser bevorzugt zum Einsatz (in Fällen, in denen diese Dichtigkeit nicht ausreicht, können zusätzliche Dichtungsmaßnahmen getroffen werden; vgl. Abschnitt 9.2.4).

9.2.3 Mögliche Querschnittsschwächungen

Insbesondere, wenn Stahlspundwände dauerhafte Bestandteile des Bauwerks bleiben, können sie z. B. durch Korrosion oder Sandschliff (in strömendem Wasser) so weit geschwächt werden, dass sie ggf. nicht mehr in der Lage sind, die auf sie einwirkenden Kräfte aufzunehmen.

Für im Wasser stehende Spundwandbauwerke ist das Korrosionsverhalten der Spundbohlen von besonderer Bedeutung. Untersuchungen haben ergeben, dass mit der stärksten Korrosionsintensität (Dickenabnahme oder auch Abrostung in mm) bzw. der größten Abrostungsgeschwindigkeit, angegeben in mm/a (Rate pro Jahr), in der Spritzwasserzone (häufige Wechsel vom nassen zum trockenen Zustand in sauerstoffreicher Umgebung) und in der Niedrigwasserzone (Bereich unterhalb und etwas oberhalb des mittleren Wasserstands (MW) bzw. unterhalb des mittleren Tideniedrigwasserstands (MTnw)) zu rechnen ist (vgl. hierzu EAU, E 35 und [L 222]). Bilden sich in den Korrosionsbereichen bleibende Deckschichten, führt das zur Abnahme der jährlichen Abrostrate.

Für die Vorplanung und u. U. die Ausführungsplanung werden in EAU, E 35 u. a. die folgenden Mittelwerte für anzunehmende Abtragungsgeschwindigkeiten angegeben:

≈ 0,01 mm/a für die atmosphärische Korrosion oberhalb der Spritzwasserzone von Wasserbauwerken (bei Tausalzeinwirkung, bei Lagerung und Umschlag von den Stahl angreifenden Stoffen, … sind höhere Werte anzusetzen)

≈ 0,01 mm/a als beidseitige Dickenabnahme für Spundwände, die in natürlich gewachsenen Boden eingebunden sind bzw. mit Sand so hinterfüllt sind, dass im gesamten Profilbereich eine satte Einbettung existiert.

Abhängig von Standortbedingungen wie salzhaltige Atmosphäre, Tausalzeinwirkungen, hohe Wasseraggressivität, stark wechselnde Wasserstände, Temperatur, Mikroben, Kontakt mit aggressiven Böden wie etwa Humus oder kohlehaltige Böden, ... können die obigen Werte ggf. erheblich überschritten werden. Zu den Maßnahmen gegen Querschnittsschwächungen gehören z. B.

- die Wahl von anfangs überdimensionierten Profilen, deren statische Reserven für die vorgesehene Nutzungsdauer des Bauwerks ausreichen (hierzu ggf. vorliegende Erfahrungen bezüglich der Korrosion von Bauwerken in der Nachbarschaft heranziehen)
- eine Gestaltung der Wandkonstruktion, die dazu führt, dass die maximale Biegebeanspruchung nicht im Bereich der größten Korrosionsintensität liegt
- bei starkem Sandschliff vor allem der Einsatz von Stahlbeton- oder Spannbetonbohlen bzw. das Überziehen von Stahlbohlen mit Beschichtungen, die dem Sandschliff dauerhaft standhalten (vgl. hierzu EAU, E 23)
- Korrosionsschutz der Bohlen durch Anstriche, Verzinkung oder kathodischen Schutz.

9.2.4 Zusätzliche Dichtungsmaßnahmen

Da für das Einbringen der Spundbohlen ein Spielraum in den Schlossverbindungen erforderlich ist, sind die Schlösser unmittelbar nach der Bohleneinbringung nicht sehr wasserdicht. In der Regel tritt aber eine fortschreitende „Selbstdichtung“ der Schlösser ein, die auf der Verstopfung der engen und mehrfach umgelenkten Sickerwege mit Feinteilen des Bodens beruht.

Stehen Böden mit nur geringen Anteilen an Feinkorn an oder werden Forderungen nach hohen Dichtigkeiten gestellt, können zusätzliche Dichtungsmaßnahmen getroffen werden. Bauwerke mit solchen erhöhten Forderungen sind z. B. Wände von in das Grundwasser reichenden Baugruben, die in Böden mit geringem Feinkornanteil herzustellen sind, Dichtwände zur Einkapselung von Deponien oder Altlasten, Hochwasserschutzwände, Ufersicherungen an Wasserstraßen, die durch Wasserschutzgebiete führen sowie Seitenwände von Tunneln oder Tiefgaragen.

Das Verfahren, das für die zusätzliche Schlossabdichtung verwendet werden soll, ist in Abhängigkeit von den an die Dichtigkeit gestellten Anforderungen auszuwählen. In Frage kommen z. B. die nachträgliche Verkeilung der Schlossfugen mit Holzkeilen (Holz quillt bei Befeuchtung) oder das nachträgliche Einbringen von Gummi- oder Kunststoffschnüren in die Schlossfugen sowie das Verschweißen der Schlossfugen (völlige Dichtheit).

Von den Spundwandherstellern werden weitere Dichtungssysteme angeboten. Die Fa. *HSP Hoesch Spundwand und Profil* [F 8] z. B. bietet die Wahl zwischen der vor dem Rammen erfolgenden Verfüllung der Baustellenfädelschlösser mit bituminösen Materialien (im Werk und auf der Baustelle möglich) und dem Schlossdichtungssystem HOESCH, das ab Werk in die werkseitig zusammengezogenen Schlösser eingebracht wird. Der Anwendungsbereich der Verfüllungen liegt vor allem bei temporären Bauwerken mit wiederholtem Einsatz der Spundbohlen. Der Einsatz der Schlossdichtung System HOESCH ist besonders bei bleibenden Bauwerken mit hohen Anforderungen an die Dichtigkeit zu empfehlen.

Bei der Verwendung von Schlossdichtungen sollten die Bohlen mit schlagenden Bären eingebracht werden; der Einsatz des Vibrationsverfahrens ist nur bedingt zu empfehlen.

Ein Vorschlag zur Berechnung der Dichtigkeit von Stahlspundwänden wird in [L 232] unterbreitet.

9.3 Profile von Stahlspundwänden

In Tabelle 9-1 und in Abb. 9-2 sind Querschnittswerte und Querschnittsformen (Profile) von Stahlspundbohlen verschiedener Hersteller aufgeführt bzw. dargestellt. Sie stellen eine Auswahl von Grundelementen dar, die sich in verschiedenen Formen zusammenbauen und verändern lassen (z. B. durch aufgeschweißte Lamellen). Insbesondere in Verbindung mit Elementen wie Zwischenprofilen sowie Eck- und Abzweigbohlen lassen sie sich in vielfältigen Formen kombinieren; entsprechende Beispiele können der Literatur (vgl. z. B. [L 3] und Abb. 9-3) sowie dem von den Herstellern beziehbaren Informationsmaterial entnommen werden.

Tabelle 9-1 Querschnittswerte von ausgewählten Spundwandprofilen verschiedener Hersteller

Profilart	Bezeichnung	Breite der Bohle b mm	Höhe der Wand h mm	Rücken- (Flansch-) dicke t mm	Steg-dicke s mm	Querschnittsgrößen je m Wand: Eigen-last kg/m²	Beschich-tungs-fläche m²/m	Quer-schnitts-fläche cm²	Trägheits-moment I_y cm⁴	Trägheits-radius i_y cm	Widerstands-moment W_y cm³
UNION-Flachprofile	FL 511	500	88	11,0	–	136,0	2,18	173,0	350	1,42	90
	FL 512	500	88	12,0	–	142,0	2,18	181,0	360	1,41	90
ThyssenKrupp Kanaldielen	KD VI/6	600	78	6,0	6,0	62,5	2,50	80,0	726	3,00	182
	KD VI/8	600	80	8,0	8,0	83,2	2,50	106,0	968	3,00	242
ThyssenKrupp Leichtprofile	KL 3/6	700	148	6,0	6,0	66,0	2,43	84,3	3 080	5,90	410
	KL 3/8	700	150	8,0	8,0	88,0	2,43	111,9	4 050	6,00	540
HOESCH-Profile	HOESCH 1105	575	260	8,8	8,8	101,0	2,59	128,7	14 300	10,54	1 100
	HOESCH 1255	575	260	10,8	10,8	118,0	2,59	150,3	16 250	10,40	1 250
	HOESCH 1805	575	350	10,8	9,9	125,0	2,70	159,2	31 500	14,06	1 800
	HOESCH 2605	575	350	13,3	10,3	162,3	3,03	206,8	45 500	14,83	2 600
LARSSEN-Profile	LARSSEN 25	500	420	20,0	11,5	206,0	3,11	262,0	63 840	15,61	3 040
	LARSSEN 600	600	150	9,5	9,5	94,0	2,25	119,7	3 825	5,65	510
	LARSSEN 603	600	310	9,7	8,2	108,0	2,60	138,3	18 600	11,63	1 200
	LARSSEN 604n	600	380	10,0	9,0	123,0	2,82	156,7	30 400	13,93	1 600
	LARSSEN 628	600	456	16,3	9,8	165,5	3,03	210,8	63 380	17,32	2 870
	LARSSEN 607n	600	452	19,0	10,6	190,0	2,93	241,7	72 320	17,30	3 200
	LARSSEN 703	700	400	9,5	8,0	96,4	2,51	122,9	24 200	13,90	1 210
	LARSSEN 704	700	440	10,2	9,5	115,0	2,60	146,4	35 200	15,50	1 600
Peiner Kasten-spund-bohlen	PSp 900	460	900	18,7	14,0	542,0	2,22	691,0	1 018 230	38,39	21 850
	PSp 1000	460	1000	18,7	14,0	565,0	2,22	720,0	1 284 310	42,20	24 840
	PSp 1035 S	460	1035	31,6	18,0	820,0	2,38	1 045,0	1 994 450	43,69	37 670
	PSp 1117	460	1117	31,9	20,0	876,0	2,38	1 115,0	2 392 980	46,33	41 940
ArcelorMittal	AU 14	750	408	10,0	8,3	103,8	2,54	132,3	28 680	14,73	1 405
	AU 25	750	450	14,5	10,2	147,2	2,72	187,5	56 240	17,32	2 500
	PU 12	600	360	9,8	9,0	110,1	2,64	140,0	21 600	12,41	1 200
	PU 32	600	452	19,5	11,0	190,2	3,04	242,3	72 320	17,28	3 200
	AZ 13-770	770	344	9,0	9,0	98,8	2,40	125,8	22 360	13,33	1 300
	AZ 26-700	700	460	12,2	12,2	146,9	2,76	187,2	59 720	17,86	2 600
	AZ 50	580	483	20,0	16,0	252,9	3,26	322,2	121 060	19,38	5 015

Hinweis: Die Beschichtungsflächen der Peiner Kastenspundwände sind die äußeren Abwicklungsflächen der geschlossenen Spundwände, die Querschnittsgrößen je m Wand gehören zur Kombination C 23 (siehe „Spundwandhandbuch" der Fa. *HSP* [F 8]).

Union Flachprofile von *HSP* [F 8]

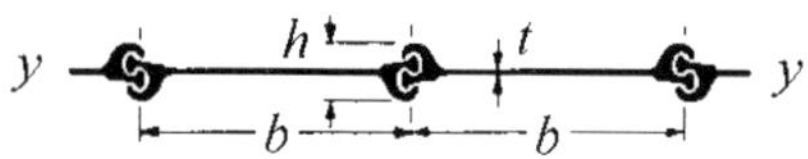

Kanaldielen von *ThyssenKrupp* [F 12]

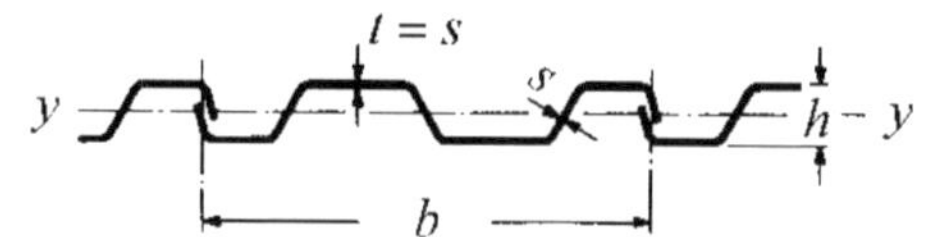

Leichtprofile von *ThyssenKrupp* [F 12]

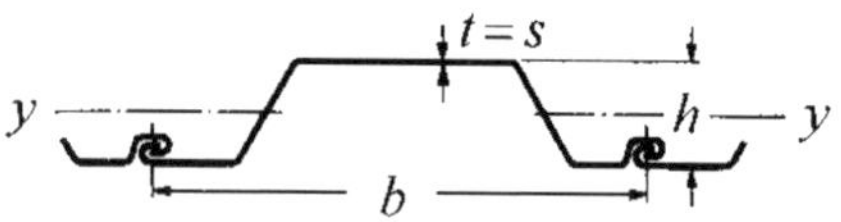

Larssen Profile von *HSP* [F 8]

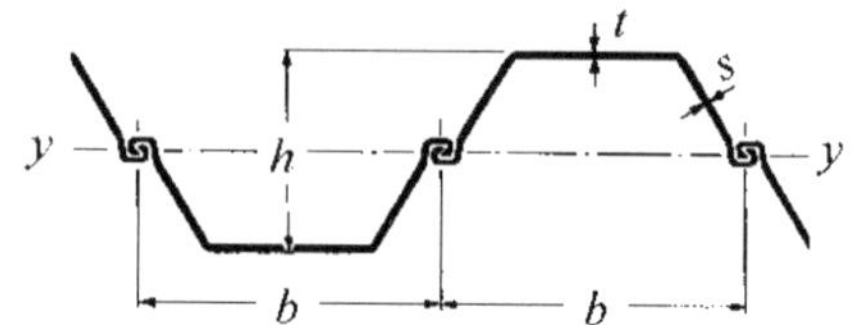

Z-Profile von *HSP* [F 8]

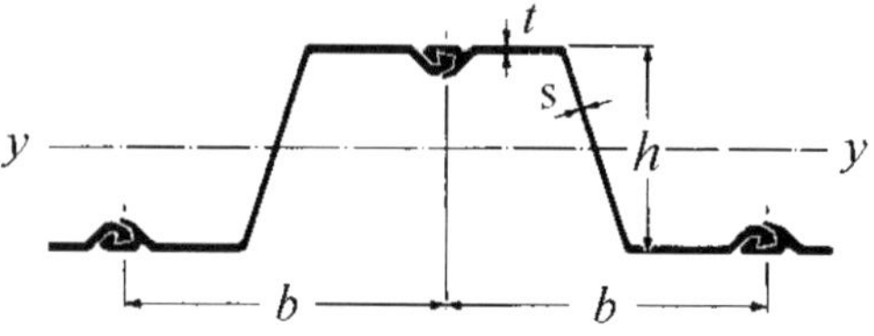

Peiner Kastenprofile von *Peiner Träger* [F 11]

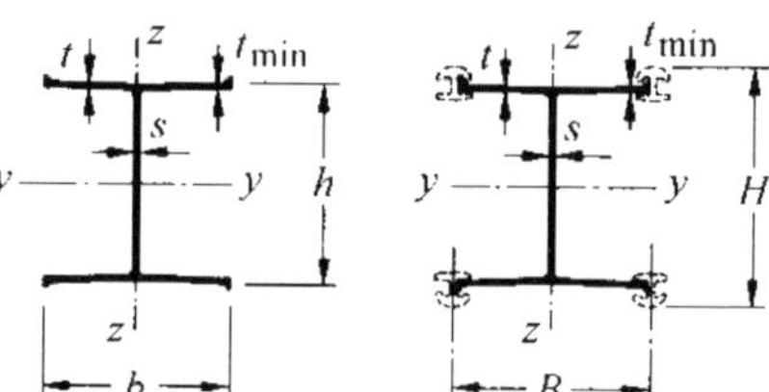

Abb. 9-2 Profile von Stahlspundbohlen verschiedener Hersteller

9.4 Einbringung von Stahlspundbohlen

Die Spundwandbauweise ist insbesondere dann wirtschaftlich, wenn die Spundbohlen durch

- Rammen
- Rütteln (Vibrieren)
- Einpressen

eingebracht werden können. Das einzusetzende Verfahren ist abhängig von der Baugrundbeschaffenheit, der Nachbarbebauung, den verwendeten Profilen der Spundwand und den Anforderungen der Umwelt.

Aber auch bei schwierigen Baugrundverhältnissen wie etwa bei mit Steinen durchsetztem Geschiebemergel, bei denen keines der genannten Einbringverfahren anwendbar ist, werden Spundwände als tragende und dichtende Wände eingesetzt. Ein Beispiel hierfür ist eine als kombinierte Stahlspundwand ausgeführte Kaimauer (vgl. Abb. 9-3). Um schweres Rammen und die damit verbundene Gefahr der Schlosssprengung zu vermeiden, wurden die bis zu 28 m langen Trag- und Füllbohlen in sich überschneidende Bohrungen (Durchmesser 180 cm) eingebaut.

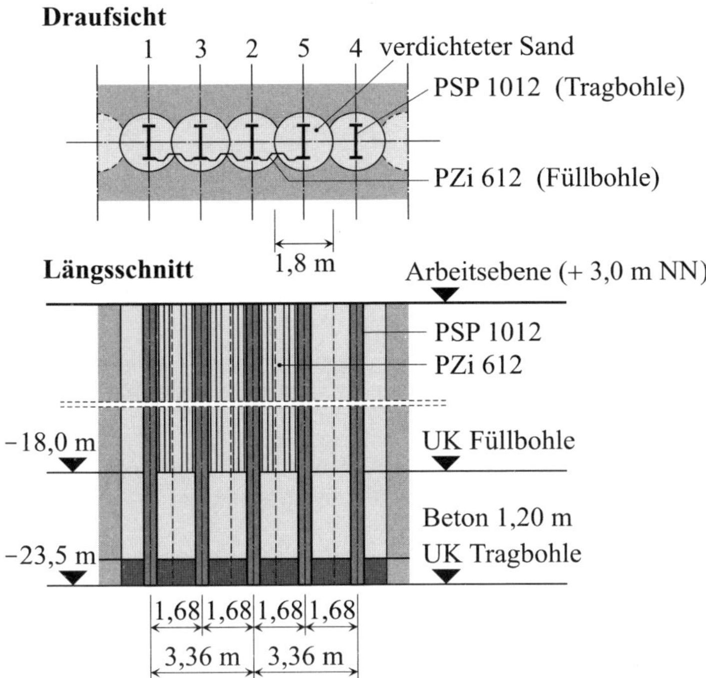

Abb. 9-3 Kombinierte Stahlspundwand einer Kaimauer im Südteil des Hamburger Hafens (nach [L 3])

9.4.1 Rammen

Zum Rammen von Spundbohlen sind Dieselhämmer (Explosionsrammen), Fallhämmer, doppeltwirkende Hydraulikhämmer und Schnellschlaghämmer einsetzbar (vgl. z. B. [L 212]). Welcher Typ zum Einsatz kommt, hängt sehr von den vorliegenden Bodengegebenheiten ab. Besonders zu empfehlen ist z. B. die Verwendung von langsam schlagenden schweren Bären bei bindigen Böden, schweren Rammbären mit kleiner Fallhöhe beim Rammen in Fels und Schnellschlaghämmern (100 bis 400 Schläge pro Minute) bei nichtbindigen Böden.

In der Regel werden jeweils zwei zusammengezogene Spundbohlen (Doppelbohle) gerammt (bei I-Profilen ist Einzelbohlenrammung üblich). Manchmal werden sie auch als Dreifach- oder Vierfachbohlen gerammt, wobei die Bohlen in den Schlössern gepresst oder auch miteinander verschweißt werden. Zur besseren Einleitung des Rammschlages in das Rammelement und zum Schutz der Bohlenköpfe gegen Umkrempen können beim Einsatz langsam schlagender Bäre mit großer Rammenergie Rammhauben aus Stahlguss verwendet werden (vgl. Abb. 9-4). Sie sind als Einzel-, Doppel-, Dreifach- und Vierfachrammhauben lieferbar, besitzen auf der Unterseite Führungsschlitze, die dem Querschnitt des zu rammenden Bohlentyps angepasst sind und auf der Oberseite eine Vertiefung, in welche das Rammhaubenfutter (in der Regel Hartholzelemente) einzusetzen ist. Nicht zu empfehlen ist die Verwendung solcher Rammhauben beim Einsatz von Schnellschlaghämmern, da das Futter die Schläge des Bären dämpft und somit einen erheblichen Verlust des Wirkungsgrades herbeiführt.

Die Frage nach dem Grad der Eignung, die verschiedene Bodenarten bezüglich der rammenden Einbringung von Stahlspundbohlen aufweisen, kann unter Verwendung von Tabelle 9-2 beantwortet werden. Dabei ist zu beachten, dass der Eindringwiderstand trockener Böden höher ist als der von Böden, die feucht bzw. vollständig gesättigt sind oder unter Wasser liegen.

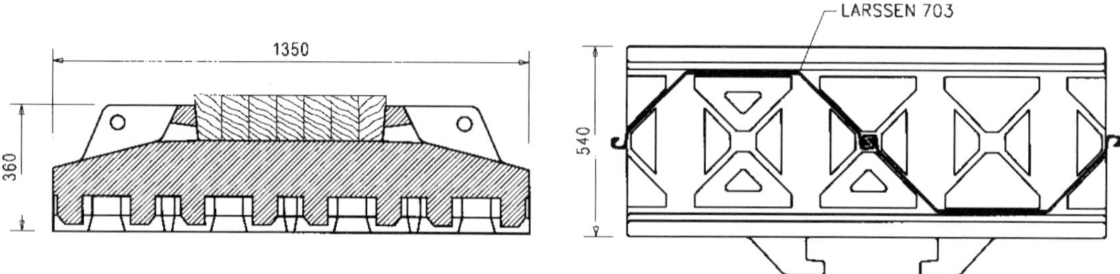

Abb. 9-4 Doppelrammhaube LARSSEN 703 (aus Informationsmaterial der Fa. *HSP* [F 8]) links: Längsschnitt, rechts: Untersicht mit eingelegter Doppelbohle

Tabelle 9-2 Eignung verschiedener Bodenarten zum Einrammen von Stahlspundbohlen (nach EAU, E 154)

Leichte Rammung	**Mittelschwere Rammung**	**Schwere bis schwerste Rammung**
weiche, breiige Böden: Moor, Torf, Schlick, Klei	steifer Ton und Lehm	halbfester bis fester Ton
locker gelagerte Mittel- und Grobsande; Kiese (ohne Steine)	mitteldicht gelagerte Mittel- und Grobsande; Feinkiese	dicht gelagerte Mittel- und Grobkiese; schluffige und feinsandige Böden
		verwitterter weicher bis mittelharter Fels
		Geröll- und Moräneschichten, Geschiebemergel
		eingelagerte verkittete Schichten

Bei schweren Böden mit sehr geringem möglichem Rammfortschritt werden, abhängig von der Bodenart, rammbegleitende Einbringhilfen eingesetzt (siehe z. B. [L 212] und [L 231]). Hierzu gehören Verfahren wie

- Entspannungsbohrungen, mit denen Böden wie Tone, Schiefer und Sandstein vor Rammbeginn aufgelockert werden können
- Nieder- (10 bis 20 bar) oder Hochdruckspülungen (250 bis 500 bar), bei denen ein am Fuß des Rammelements ausgepresster Wasserstrahl eine Bodenauflockerung bewirkt
- Sprengungen, mit denen stark verdichtete Böden, Tonstein, Bänke aus Kalk- oder Sandstein, ... gelockert werden können

9.4.2 Einrütteln

In nichtbindigen Böden ist das Einrütteln (Einvibrieren), neben dem Rammen mit schneller Schlagfolge, die schnellste und wirtschaftlichste Einbringmethode, da dabei die Bodenkörner in einen Schwebezustand versetzt werden, was beim Vibrieren zu einer Verminderung der Mantelreibung auf etwa 10 bis 25 % des Ruhewerts führt. Das Rammgut wird dynamisch und statisch (Gewicht von Vibrationsbär und Spundbohle) belastet. Das Verfahren gewann in den letzten Jahren zunehmend an Bedeutung und zeichnet sich durch geringe Lärmentwicklung (nach [L 115] 80 bis 90 dB(A)) und Baugrunderschütterungen sowie schonende Rammgutbehandlung aus. Mit dem elektrisch oder hydraulisch betreibbaren Vibrationsbären können Spundbohlen sowohl eingebracht als auch gezogen werden; heute ist er nach [L 252] das Gerät, das in Deutschland am häufigsten für diese Zwecke eingesetzt wird.

Die Rüttelschwingungen werden durch Unwuchten eines Vibrationsbären erzeugt, der durch Klemmzangen fest mit dem Rammgut zu verbinden ist (vgl. Abb. 9-5). Da diese Unwuchten paarweise gegenläufig rotieren und sich ihre horizontalen Fliehkraftkomponenten dabei gegenseitig aufheben, werden nur die vertikalen Kraftkomponenten wirksam (Weiteres siehe z. B. EAU, E 202).

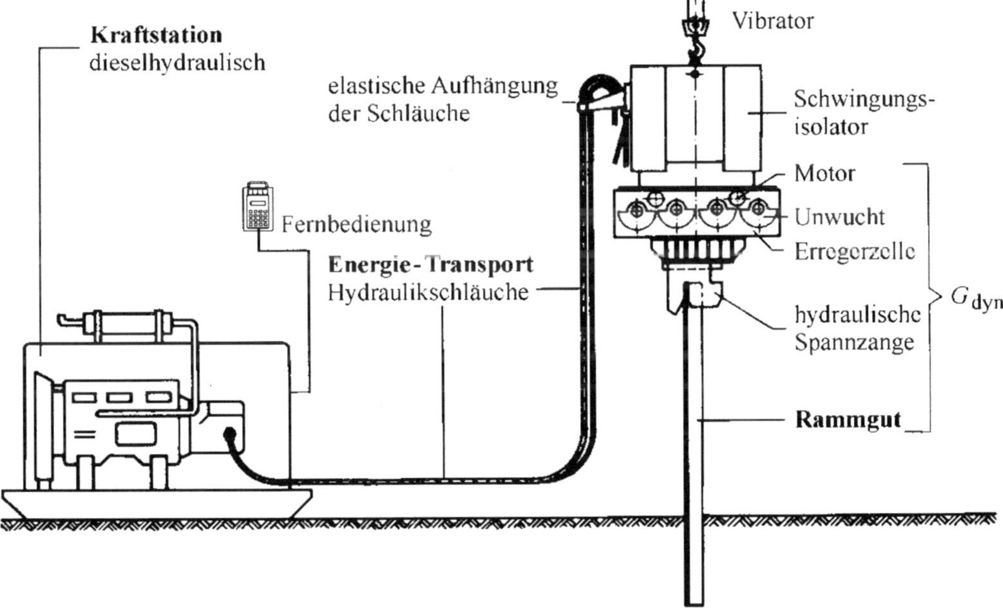

Abb. 9-5 Schema des Aufbaus eines Vibrationsbären (aus Prospekt der Fa. *Krupp GfT* [F 12])

Welche Bodenarten zum Einvibrieren von Stahlspundbohlen gut, bedingt bzw. nicht geeignet sind, kann unter Zuhilfenahme der Tabelle 9-3 entschieden werden. Dabei ist auch bei diesem Einbringverfahren zu beachten, dass trockene Böden einen höheren Eindringwiderstand besitzen als Böden, die feucht bzw. vollständig gesättigt sind oder unter Wasser liegen.

Tabelle 9-3 Eignung verschiedener Bodenarten zum Einrütteln von Stahlspundbohlen (nach [L 233])

Eignung von Böden zum Vibrieren (Einrütteln)		
gut	bedingt	nicht geeignet
Kiese und Sande mit runder Kornform breiige bis weiche Böden: Lehm, Löss, Schlick	Kiese und Sande mit kantiger Kornform steife Böden: Lehm, Löss	Kies mit bindigen Beimengungen trockener Sand mit kantiger Kornform steifer Mergel steifer bis fester Ton

Wie beim Rammen können auch beim Einvibrieren von Stahlspundbohlen Spülhilfen in Form von Nieder- (bei zähen und hochverdichteten rolligen Böden) oder Hochdruckspülungen (bei felsartigen und sehr dicht gelagerten Böden) eingesetzt werden (vgl. [L 261]).

Probleme, die mit dem Einrütteln verbunden sein können, sind z. B. (vgl. [L 115])

- durch die Weiterleitung der eingetragenen Schwingungen hervorgerufene mögliche Schädigungen von Gebäuden und/oder Störungen des Betriebs von Anlagen im Nahbereich der Baumaßnahmen, was ggf. entsprechende Erschütterungsmessungen und Beweissicherungen erforderlich macht
- das Auftreffen der eingerüttelten Bohlen auf große, nicht ausweichende Hindernisse, das ein umgehendes Abstellen des Vibrationsbären erforderlich macht, da sonst eine Erhitzung bis zum Rotglühen im Schloss und ein Ausbrechen der Bohle an der Spann-Vorrichtung eintreten können.

9.4.3 Einpressen

In bindigen Böden ist das Einpressen neben dem Rammen mit langsam und hoher Schlagenergie schlagenden Rammbären (40 bis 60 Schläge pro Minute) die vorteilhafteste Einbringmethode. Sind Bohlen ohne Erschütterungen und geräuscharm in den Boden einzubringen (etwa im städtischen Tiefbau), ist das Einpressen dann häufig die einzig mögliche Methode.

Beim Einpressen werden die Spundbohlen ausschließlich durch statischen Druck erschütterungsfrei in den Baugrund gedrückt. Während zu Beginn die Eigenlast der Presse und der Spundbohle selbst als „Widerlager" dienen, wird im weiteren Verlauf zunehmend die Mantelreibung bereits eingepresster Spundbohlen als Reaktionskraft für die hydraulische Presseneinrichtung genutzt. Dabei muss der Eindringwiderstand der einzupressenden Bohle kleiner sein als die Mantelreibung der Haltebohlen.

Zum Einsatz kommen in der Regel der „Pilemaster" (siehe Abb. 9-6), dessen Lärmemissionspegel bei etwa 70 dB(A) liegt, und das „Silent-Piler-Gerät" (vgl. auch [L 115]).

Da die zum Einpressen erforderlichen Geräte in der Regel nur einen relativ kleinen Freiraum erfordern, sind sie, nach [L 231], auch für den Einsatz in Baulücken in innerstädtischen Bereichen recht gut geeignet.

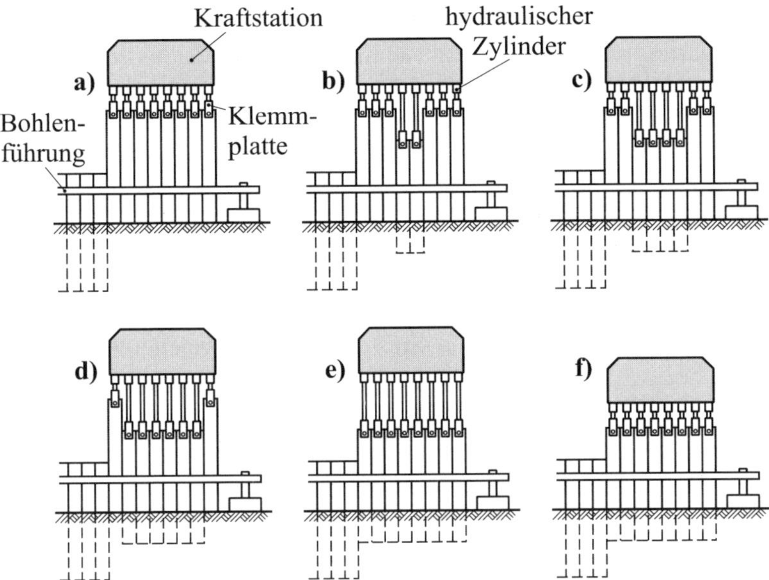

Abb. 9-6 Arbeitsweise des Pilemasters (Systemskizze)

Zur Entscheidung, welche Bodenarten zum Einpressen von Stahlspundbohlen gut, bedingt bzw. nicht geeignet sind, kann Tabelle 9-4 herangezogen werden.

Wie das Rammen und das Einvibrieren ist u. U. auch das Einpressen von Stahlspundbohlen erst möglich, wenn Nieder- oder Hochdruckspülungen bzw. das Vorbohren als Einbringhilfe eingesetzt werden.

Tabelle 9-4 Eignung verschiedener Böden beim Einpressen von Stahlspundbohlen (nach [L 233])

Eignung von Böden für das Einpressverfahren		
gut	bedingt	nicht geeignet
locker bis mitteldicht gelagerte Kiese und Sande	mitteldicht bis dicht gelagerte Kiese und Sande	sehr dicht gelagerte Kiese und Sande
weiche bis halbfeste Tone und Schluffe	feste Tone und Schluffe	dicht gelagerte Böden mit Steineinschlüssen

9.4.4 Einstellen in Schlitzwände

Bei der Herstellung tiefer Baugruben im innerstädtischen Bereich (z. B. für Tiefgaragen) werden an den Baugrubenverbau meist hohe Anforderungen gestellt. Hierzu gehört u. a., dass Wasserhaltungsmaßnahmen meist nur in sehr begrenztem Rahmen zugelassen werden und somit die Baugruben als Trogbauwerke auszuführen sind. Dies führt zu großen Belastungen der Baugrubenwände durch Erd- und Wasserdrücke, verbunden mit hohen Forderungen an die Dichtigkeit der Trogkonstruktion (Wände und Sohlen).

Neben den genannten Problemstellungen können Baugrundverhältnisse wie etwa Auffüllungen oder Böden mit sehr dichter Lagerung oder gröberen Einschlüssen vorliegen, die das Einbringen der Spundbohlen durch Rammen, Vibrieren oder Eindrücken verhindern. In solchen Fällen bietet sich u. U. das Einstellen der Spundbohlen in vorgefertigte Dichtwandschlitze als zweckmäßige Alternative an. Reichen die Wände, z. B. wegen der notwendigen Einbindelänge bis zum natürlichen Grundwasserstauer, bis in große Tiefen, werden die Bohlen in den Schlitz eingehängt, da sie nur bis zu einer begrenzten Tiefe statisch erforderlich sind. Der unterhalb der Spundwand liegende Wandteil wirkt dann ausschließlich als Dichtung (vgl. Abb. 9-7).

Dass sich diese Verbauform im Vergleich mit anderen Bauverfahren als die nach technischen, wirtschaftlichen und ökologischen Gesichtspunkten günstigste Lösung erweisen kann, wird in [L 161] gezeigt.

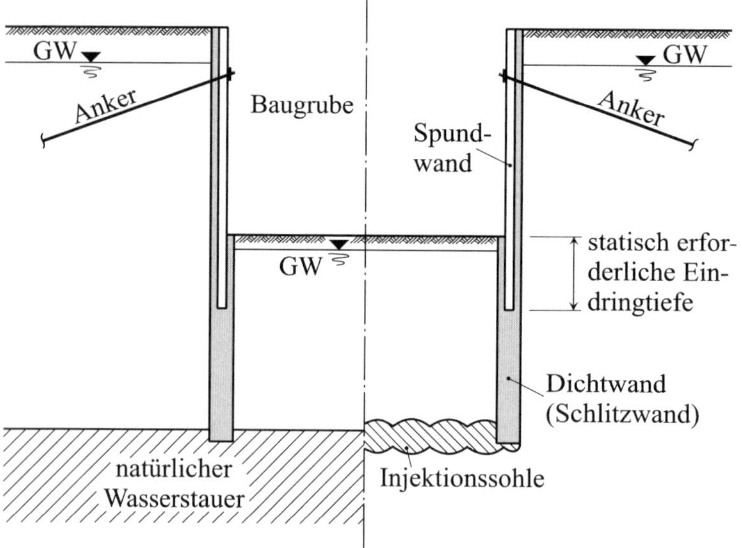

Abb. 9-7 Einstellen (Einhängen) einer Spundwand; Kombination von Schlitz- und Spundwand (nach [L 231])

9.5 Berechnung von Spundwänden

9.5.1 Vorbemerkungen

Für die Auslegung von Spundwänden sind die Lastannahmen und die Schnittlastenberechnung von besonderer Bedeutung. Sind die Schnittlasten ermittelt, lässt sich die Bemessung nach den üblichen Regeln des Holz-, Stahlbeton-, Spannbeton- oder Stahlbaus durchführen.

Bisher wurde für die Berechnung der Einbindetiefe und der Schnittlasten von Spundwänden häufig das Verfahren von BLUM [L 7] verwendet. Bei ihm wird u. a. der aktive Erddruck e_{ah} (ggf. mit Umlagerung) und der mit einem Globalsicherheitsbeiwert auf e'_{ph} abgeminderte Erdwiderstand ermittelt. Die Überlagerung der beiden Erddrücke führt zu einer Lastfigur, die unabhängig ist von der in dieser Phase noch unbekannten Einbindetiefe der Spundwand. Die Lage des Belastungsnullpunktes und die theoretische Einbindetiefe t_1 lassen sich dann z. B. für den Fall der ungestützten und in den Baugrund eingespannten Wand leicht ermitteln.

Da bei der Anwendung des Teilsicherheitskonzepts Einwirkungen und Widerstände getrennt betrachtet werden, entfällt der Belastungsnullpunkt und damit der Bezugspunkt für die Erddruckumlagerung. WEIßENBACH und HETTLER zeigen in [L 258] und [L 259], dass bei der Anwendung des Teilsicherheitskonzepts mit einer Schätzung der theoretischen Einbindetiefe zu rechnen ist. Zeigt sich am Ende der Berechnung, dass die vorgeschätzte Einbindetiefe nicht ausreicht bzw. zu unwirtschaftlich ist, muss die wirtschaftliche Lösung durch Iteration gefunden werden. Für die Ermittlung des Einbindetiefenschätzwerts wird im Weiteren das BLUM'sche Verfahren empfohlen (vgl. z. B. EAB, EB 104, Entwurf). Mit dieser Vorgabe sind dann die erforderlichen Berechnungen auf der Basis des Teilsicherheitskonzepts gemäß DIN 1054 und EAB durchzuführen.

9.5.2 Einwirkungen bei Baugruben

Die Einwirkungen für die Berechnung von Spundwänden, die bei Baugruben eingesetzt werden, sind durch EAB, EB 24 definiert. Danach sind ständige und veränderliche Einwirkungen getrennt zu betrachten. Bei Baugrubenkonstruktionen gehören zu den ständigen Einwirkungen

- Eigenlasten der Baugrubenkonstruktion einschließlich Konstruktionen wie Baugrubenabdeckungen usw.
- Erddruck infolge von Bodeneigenlasten, von ständigen Eigenlasten aus benachbarten Bauwerken, einer großflächigen charakteristischen Gleichlast $p_k \leq 10\,\text{kN/m}^2$ gemäß EAB EB 55, EB 56 und EB 57
- Wasserdruck infolge der Bemessungswasserstände von Grundwasser oder offenem Wasser (die Stände sind vertraglich festzulegen).

Als veränderliche Einwirkungen sind nach EAB, EB 24 im Regelfall zu berücksichtigen:

- unmittelbar wirksame Nutzlasten und Erddrücke aus Straßen-, Schienen- und Baustellenverkehr, aus Baubetrieb, Baggern und Hebezeugen
- Erddrücke aus Nutzlasten, die im Zusammenhang stehen mit Bauwerken neben der Baugrube.

Die Einwirkungen sind in Form von Streifen-, Linien- oder Punktlasten anzusetzen.

In Sonderfällen sind u. U. zusätzlich Einwirkungen wie Fliehkräfte, Bremskräfte und Seitenstoß (z. B. bei Baugruben neben oder unter Eisen- oder Straßenbahnen), selten auftretende Lasten und unwahrscheinliche Kombinationen von Lastgrößen und Lastangriffspunkten, Wasserdruck infolge von über den vereinbarten Bemessungswasserstand hinausgehenden Wasserständen sowie Temperaturwirkungen auf Steifen (z. B. bei schmalen Baugruben in frostgefährdetem Boden) zu berücksichtigen.

In Ausnahmefällen sind, neben den Regelfalllasten, auch außerplanmäßige Lasten zu berücksichtigen, wie z. B. kurzzeitig wirkende Sonderlasten (Ankerüberspannung, ...), Anprall von Baugeräten, Ausfall von Betriebs- und Sicherungsvorrichtungen sowie Ausfall besonders gefährdeter Tragglieder (z. B. Steifen).

Gemäß EAB, EB 79 gilt für die Einstufung der Berechnungslasten und damit der Teilsicherheitsbeiwerte, dass die

- Bemessungssituation BS-T Einwirkungskombinationen mit ständigen Lasten und den oben aufgeführten veränderlichen Lasten des Regelfalls
- Bemessungssituation BS-A Einwirkungskombinationen mit ständigen Lasten und den in Ausnahmefällen außerplanmäßig auftretenden veränderlichen Lasten (s. oben)
- Bemessungssituation BS-T/A (siehe DIN 1054, 2.2 A (6)) Einwirkungskombinationen mit ständigen Lasten und den oben aufgeführten veränderlichen Lasten der Sonderfälle

erfassen. Die Teilsicherheitsbeiwerte der Bemessungssituationen BS-T und BS-A können DIN 1054, Tabellen A 2.1, A 2.2 und A 2.3 entnommen werden. Die Teilsicherheitsbeiwerte der Bemessungssituation BS-T/A ergeben sich durch Interpolation der Teilsicherheitsbeiwerte für die Bemessungssituationen BS-T und BS-A (siehe EAB, Tabelle 6.1).

Bezüglich der anzusetzenden Teilsicherheitsbeiwerte sei auch auf DIN 1054, 2.2 A (4) und A 9.7.1.3 A (4) hingewiesen.

9.5.3 Grundformen der Spundwandbewegung und Erddruckverteilung

Größe, Richtung und Form der Wandbewegung sind wesentliche Einflussgrößen für die Erddruckgröße und -verteilung und die damit verbundenen Bruchzustände im Boden (Zonen- oder Linienbruch). So ist eine genügend große Wandbewegung vom Erdreich weg eine unbedingte Voraussetzung für den Abbau des Erdruhedrucks auf den aktiven Erddruck.

Nach WEIßENBACH [L 256] sind die in Abb. 9-8 dargestellten vier Grundformen der Wandbewegung zu unterscheiden. In der Praxis treten viele weitere Bewegungen auf. Zu ihnen gehören u. a. Drehungen um Punkte, die oberhalb der Kopfpunkte, unterhalb der Fußpunkte oder auch zwischen den Kopf- und Fußpunkten liegen sowie beliebige Kombinationen der vier Grundformen.

Abb. 9-9 zeigt einige zu einfachen Wandbewegungsfällen gehörende Erddruckverteilungen, die auch durch Messungen bestätigt wurden (vgl. [L 256]).

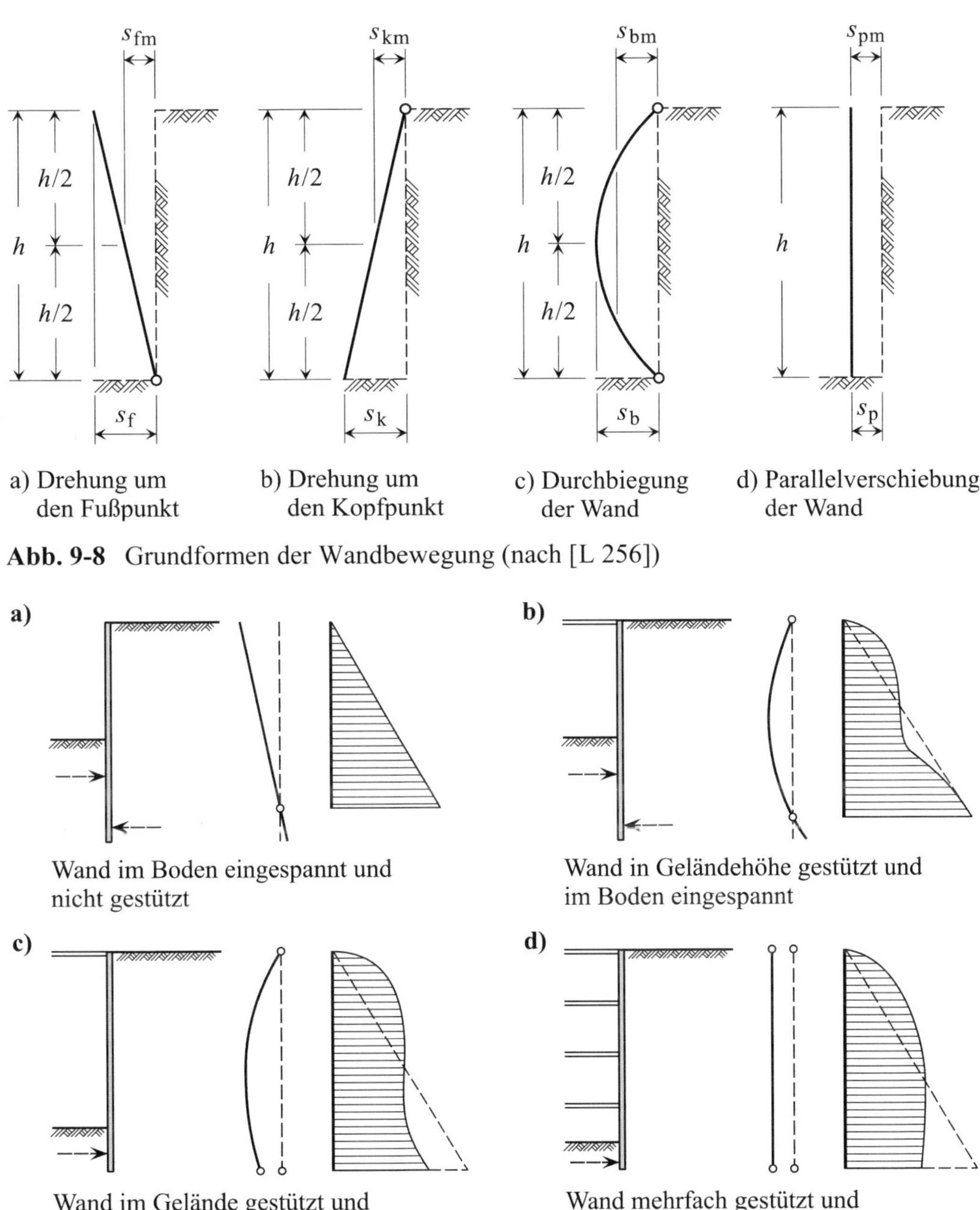

Abb. 9-8 Grundformen der Wandbewegung (nach [L 256])

Abb. 9-9 Erddruckverteilung hinter Spundwänden bei einfachen Wandbewegungsfällen (nach [L 256])

9.5.4 Abhängigkeiten der Erddruckkraftgröße gemäß EAB

Nach EAB, EB 8 hängt die Größe der Erddruckkraft erheblich davon ab, inwieweit sich eine Spundwand beim Baugrubenaushub bewegen und verformen kann (vgl. z. B. BRISKE [L 17] bis [L 20]). Maßgebend hierfür sind

- die Nachgiebigkeit der Stützung
- die Nachgiebigkeit des Erdauflagers
- der Stützpunkteabstand und die Biegesteifigkeit der Wand.

Bei mehrfach ausgesteiften Spundwänden mit verhältnismäßig geringen Stützpunkteabständen ist mit einem Erddruck zu rechnen, der zwischen dem Erdruhedruck und dem aktiven Erddruck liegt, wenn die Steifen mit mehr als 30 % der für den Vollaushubzustand errechneten charakteristischen Kraft vorgespannt sind. Für Baugruben in mitteldicht oder dicht gelagerten nichtbindigen Böden bzw. mindestens steifen bindigen Böden, bei denen die Steifenkräfte geringer festgelegt sind, kann angenommen werden, dass beim Freilegen der Wand Verformungen und Bewegungen von ≈ 1 ‰ der Wandhöhe auftreten und dadurch der Erddruck auf den aktiven Erddruck absinkt. Bei nicht gestützten, im Boden eingespannten Baugrubenwänden gilt dies im Allgemeinen unabhängig von den anstehenden Bodenarten.

Größe und Verteilung der zu erwartenden Erddruckkraft bei verankerten Spundwänden hängen vor allem von der Größe der festgelegten Ankerlast, zusätzlich aber auch von der relativen Länge der eingesetzten Anker ab (vgl. hierzu EB 42).

Ist die Geländeoberfläche hinter einer Spundwand unbelastet, darf die Größe der aktiven Erddruckkraft gemäß EB 4 nach der klassischen Erddrucktheorie mit ebenen Gleitflächen ermittelt werden. Dies gilt, wenn die in DIN 4085 [L 53] angegebenen Grenzen für Wandneigung, Geländeneigung und Erddruckneigungswinkel eingehalten sind; anderenfalls sind gekrümmte Gleitflächen zugrunde zu legen. Entsprechendes ist auch für wechselnde Bodenschichten anzunehmen.

Die Ermittlung der aktiven Erddruckkraft, die zu Verkehrslasten gehört, erfolgt nach EB 6. Danach ist für die Berechnung der gleiche charakteristische Erddruckneigungswinkel $\delta_{a,k}$ anzusetzen wie bei der Erddruckermittlung aus der Bodeneigenlast. Sofern die Lasten großflächig eingetragen werden, ist darüber hinaus auch die gleiche Gleitfläche anzunehmen wie bei der unbelasteten Geländeoberfläche. Erddruckkräfte, die z. B. zu Linien- oder Streifenlasten gehören, sind unter Beachtung der Ausführungen aus EB 6 zu ermitteln.

9.5.5 Neigungswinkel des Erddrucks nach EAB und EAU

Größe und Vorzeichen des zum charakteristischen Erddruck gehörenden Erddruckneigungswinkels δ_k hängen im Wesentlichen ab von der Scherfestigkeit des Bodens, der Oberflächenrauigkeit, der Art des Einbringens der Wand, der Relativbewegung zwischen Wand und Boden sowie der Gleitflächenform (eben oder gekrümmt).

Nach EAB, EB 89 darf für die Größe des auf der Wandrückseite von Spundwänden anzusetzenden charakteristischen Erddruckneigungswinkels δ_k näherungsweise angenommen werden, dass, in Verbindung mit dem charakteristischen Reibungswinkel φ'_k, die Beziehung

$$-\varphi'_k \leq \delta_k \leq \varphi'_k \quad \text{(gekrümmte Gleitfächen)}$$

$$-\frac{2}{3}\cdot\varphi'_k \leq \delta_k \leq \frac{2}{3}\cdot\varphi'_k \quad \text{(ebene Gleitfächen)} \qquad \text{Gl. 9-1}$$

gilt (δ_k steht darin für den Neigungswinkel $\delta_{a,k}$ des aktiven und auch für den Neigungswinkel $\delta_{p,k}$ des passiven Erddrucks). Das Vorzeichen des Neigungswinkels ist abhängig von der Relativbewegung zwischen Wand und Boden. Positive Neigungswinkel gehören zu einem Boden, der sich stärker nach unten bewegt als die Wand; bewegt sich die Wand stärker nach unten als der Boden, ist der Neigungswinkel negativ (vgl. Abb. 9-10, gilt für aktiven Erddruck).

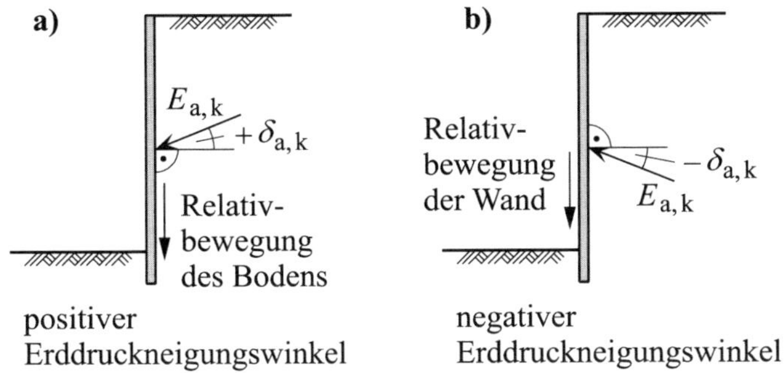

Abb. 9-10 Vorzeichendefinitionen für den charakteristischen Erddruckneigungswinkel $\delta_{a,k}$ beim charakteristischen aktiven Erddruck (nach EAB)

Beeinflusst wird die Relativbewegung durch die Vertikalbelastungen des Systems (Hilfsbrücken, Verankerungen, ...). Damit verbunden ist die Forderung nach vertikalem Gleichgewicht (vgl. hierzu EAU, E 4 sowie DIN 1054, 9.7.5).

Die Beziehungen der Gl. 9-1 gelten im Grundsatz auch nach EAU, E 4. Allerdings wird dort für den Neigungswinkel $\delta_{a,k}$ des aktiven Erddrucks nur der für ebene Gleitflächen geltende Ausdruck angegeben. Für den Neigungswinkel $\delta_{p,k}$ des Erdwiderstands sind die Ausdrücke aber gleich.

9.5.6 Aktive Erddruckkraft bei unbelastetem Gelände nach EAB

Nach EAB, EB 4 ist die charakteristische aktive Erddruckkraft $E_{a,k}$ infolge Bodeneigenlast und ggf. Kohäsion bei durchgehend bindigen Böden und bei wechselnden Bodenschichten auf zwei Wegen zu ermitteln:

a) mit den charakteristischen Scherfestigkeiten entsprechend EB 2 sowohl im Bereich nichtbindiger als auch im Bereich bindiger Schichten (vgl. Abb. 9-11 b))
b) mit den charakteristischen Scherfestigkeiten entsprechend EB 2 im Bereich der nichtbindigen und mit einem Erddruck im Bereich der bindigen Schichten, der sich mit den Ersatzscherparametern

$$\varphi'_{Ers,k} = 40° \qquad \text{und} \qquad c'_{Ers,k} = 0 \qquad \text{Gl. 9-2}$$

ergibt (vgl. Abb. 9-11 c)).

Bei geschichtetem Boden sind in den einzelnen bindigen Schichten letztendlich als maßgebende charakteristische Mindesterddrücke die mit der jeweils größeren Erddruckkraft anzusetzen. Damit ergibt sich eine Gesamtkraft gemäß Abb. 9-11 d).

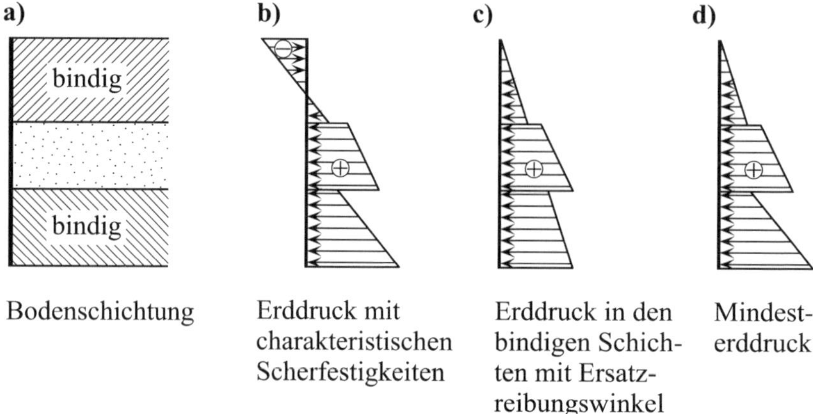

Abb. 9-11 Ermittlung der gesamten aktiven Erddruckkraft bei teilweise bindigen Bodenschichten (nach EAB, EB 4)

Ist die zu erwartende Größe des charakteristischen Erddrucks durch langfristige Messungen bei ähnlichen Verhältnissen hinreichend bekannt und wird sie im Einzelfall am Verbau überprüft, darf der Ersatzreibungswinkel bis auf

$$\varphi'_{\text{Ers,k}} = 45° \qquad \text{Gl. 9-3}$$

hochgesetzt werden.

Bezüglich der Ermittlung der Erddruckkraft bei nicht oder nachgiebig gestützten Baugrubenwänden in durchgehend bindigem Boden siehe EAB, EB 4.

9.5.7 Verteilung des aktiven Erddrucks nach EAB

Nach EB 5 der EAB gilt für den Fall einer unbelasteten Geländeoberfläche, dass sich bei nicht gestützten und im Boden eingespannten oder bei nachgiebig gestützten Baugrubenwänden eine Drehung um einen tief gelegenen Punkt einstellt und dabei der Erddruck vom Ruhedruck auf den aktiven Erddruck abfällt. Dementsprechend ist in diesen Fällen bis zur Wandunterkante mit der klassischen Erddruckverteilung infolge Bodeneigenlast zu rechnen.

Der zu dieser Erddruckverteilung ggf. hinzukommende Anteil aus einwirkenden Verkehrslasten ergibt sich gemäß EAB, EB 7 ebenfalls nach der klassischen Erddrucktheorie, sofern es sich um unbegrenzte Lasten handelt. Bei homogenem Baugrund wirkt der Erddruck in konstanter Größe über die ganze Wandhöhe. Hinsichtlich der zu Streifen- oder Linienlasten gehörenden Erddruckverteilungen sei auf die Ausführungen aus EB 7 hingewiesen. Bezüglich der Überlagerung der Erddruckverteilungen aus Bodeneigenlast, unbegrenzter Flächenlast sowie örtlich begrenzten Streifen- und Linienlasten bei nicht gestützten Baugrubenwänden ist auf EB 71 zurückzugreifen.

Sind die Baugrubenwände wenig nachgiebig gestützt, treten beim Fortschreiten der Baumaßnahmen Drehbewegungen der Wand um höher gelegene, wechselnde Drehpunkte auf, die verbunden sind mit Parallelbewegungen und Durchbiegungen. Abhängig vom Zusammenwirken dieser Einflüsse stellt sich fallweise eine jeweils andere Verteilung des Erddrucks ein. Besonders starke Einflussparameter sind dabei die Art und die Einbringung der Spundwand, die Biegesteifigkeit der Spundwand, die Anzahl und die Anordnung der eingesetzten Steifen bzw. Anker, die Größe des jeweiligen Aushubabschnitts vor dem Einbau der Steifen bzw. Anker sowie die Vorspannung der Steifen bzw. Anker.

Abweichend von der klassischen Erddruckverteilung, weisen die zu gestützten Wänden gehörenden Verteilungen in der Regel Erddruckkonzentrationen im Stützungsbereich und Entlastungen in den Wandbereichen zwischen den Stützpunkten auf. Dies gilt unter der Voraussetzung, dass sich entsprechende Durchbiegungen der Wand einstellen; die maßgebende Verformung des jeweiligen Bauzustands ist dabei vor allem die jeweils letzte aufgetretene Verformung. Bei nachgiebiger Stützung ist die Umlagerung allgemein geringer; u. U. lagert sich der Erddruck gar nicht um.

Wegen der Vielzahl der Einflüsse ist die tatsächlich auftretende Erddruckverteilung nur näherungsweise ermittelbar. Für die Berechnung der Einbindetiefe und der Schnittgrößen ist daher jeweils eine möglichst einfache, von geraden Linien begrenzte Lastfigur anzunehmen. Abb. 9-12 zeigt einige Beispiele für solche Lastfiguren bei unbelasteter Geländeoberfläche. Die Knickpunkte und Sprünge der Lastfiguren dürfen zur Vereinfachung an die Stützungspunkte gelegt werden. In EB 5 werden, in Abhängigkeit von den Gegebenheiten des Baugrunds (nichtbindig, bindig, ...) und der Stützung der Wände (ausgesteift, verankert) weitere Regeln zur Erddruckverteilung aufgeführt.

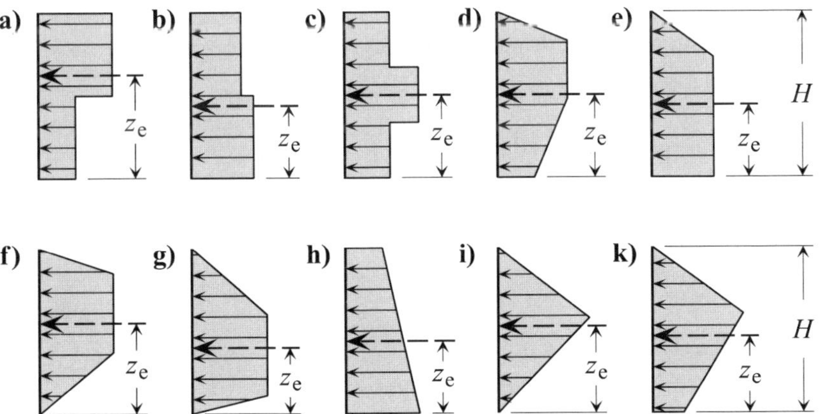

Abb. 9-12 Beispiele für Lastfiguren gestützter Baugrubenwände bei unbelasteter Geländeoberfläche (nach EAB, EB 5)

Bezüglich der zu Streifen- oder Linienlasten gehörenden Erddruckverteilungen ist auf die Ausführungen aus EB 7 hinzuweisen.

Sinkt der Erddruck gestützter Wände vom Ruhedruck auf den aktiven Erddruck (siehe EB 8), sind nach EB 16 die Erddruckordinaten e_{ah} zunächst unter Berücksichtigung der Bodeneigenlast, der unbegrenzten Flächenlast $p_k \leq 10$ kN/m² und ggf. der Kohäsion entsprechend der klassischen Erddrucktheorie bis zur Wandunterkante zu ermitteln (gilt für freie Auflagerung im Boden (Abb. 9-13); bei eingespannter Wand: Ermittlung bis zum theoretischen Fußpunkt der Wand). Nach EB 16 ist die Erddruckverteilung gemäß Abb. 9-13 b) bei nicht gestützten und im Boden eingespannten sowie bei nachgiebig gestützten Wänden immer anzusetzen für den Nachweis der Einbindetiefe gemäß EAB, EB 80 und die Schnittgrößenermittlung nach EAB, EB 82. Handelt es sich um wenig nachgiebig gestützte Wände, ist eine Verteilung anzunehmen, die einerseits einfacher ist und andererseits der zu erwartenden Erddruckumlagerung entspricht. Im Regelfall ist es ausreichend, diese Verteilung auf die Baugrubentiefe H zu beschränken (Abb. 9-13 c)); zu weiteren Erläuterungen siehe EB 16.

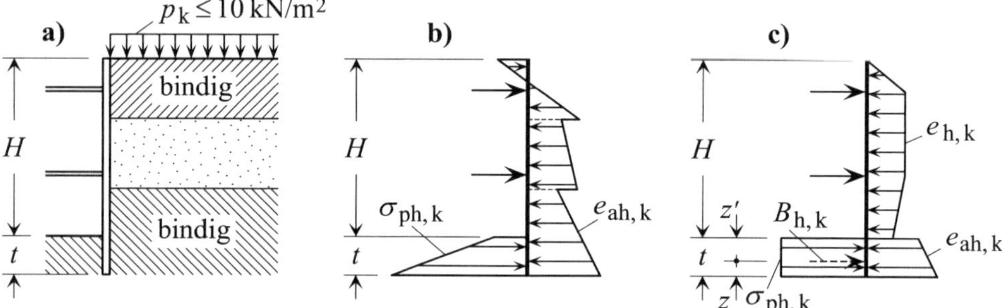

Abb. 9-13 Lastbildermittlung für gestützte Spundwände bei Ansatz des aktiven Erddrucks und freier Auflagerung im Boden (nach EB 16 der EAB)
a) Schnitt durch die Baugrube
b) klassische Verteilung von Erddruck und Bodenreaktion
c) Lastbild bei einer Lastfigur nach Abb. 9-16 b)

9.5.8 Vereinfachte Lastfiguren gestützter Wände nach EAB

In Fällen gestützter Wände, in denen

- die Geländeoberfläche waagerecht verläuft
- mitteldicht oder dicht gelagerter nichtbindiger oder mindestens steifer bindiger Boden ansteht
- die Stützung gemäß EB 67 wenig nachgiebig ist
- vor Einbau der jeweils nächsten Steifenlage die Aushubtiefe Abb. 9-14 entspricht

können nach EB 70 in den Vorbauzuständen und im Vollaushubzustand für den Ansatz des Erddrucks aus Bodeneigenlast, großflächigen Nutzlasten ≤ 10 kN/m² und ggf. Kohäsion die in Abb. 9-15 und Abb. 9-16 dargestellten Lastfiguren verwendet werden (vgl. auch EAU, E 77). Die für ein- und zweimal gestützte Wände geltenden Figuren dürfen auch durch andere wirklichkeitsnahe Lastfiguren ersetzt werden.

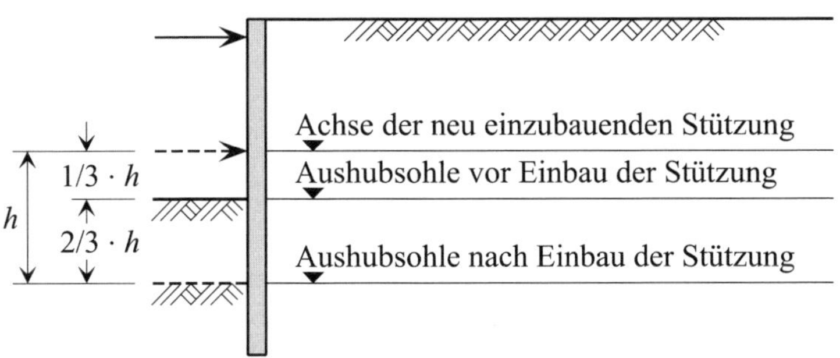

Abb. 9-14 Aushubgrenze vor Einbau einer Stützung (nach EAB)

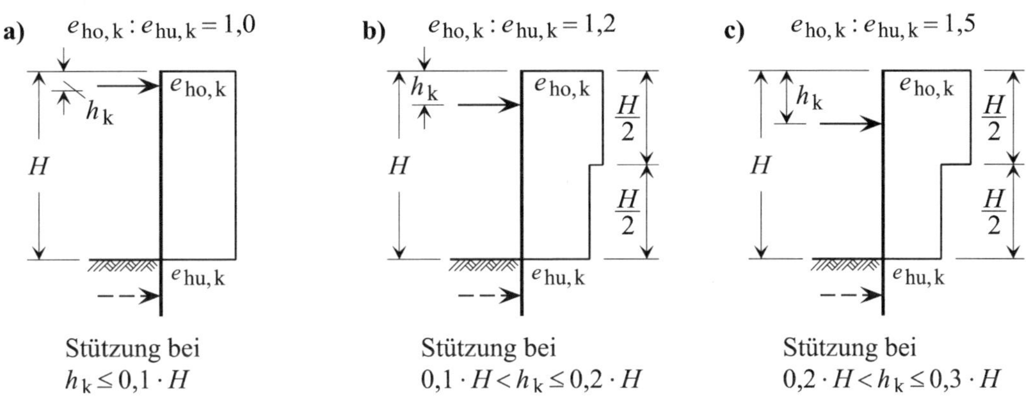

Abb. 9-15 Lastfiguren für einmal gestützte Spundwände (nach EB 70 der EAB)

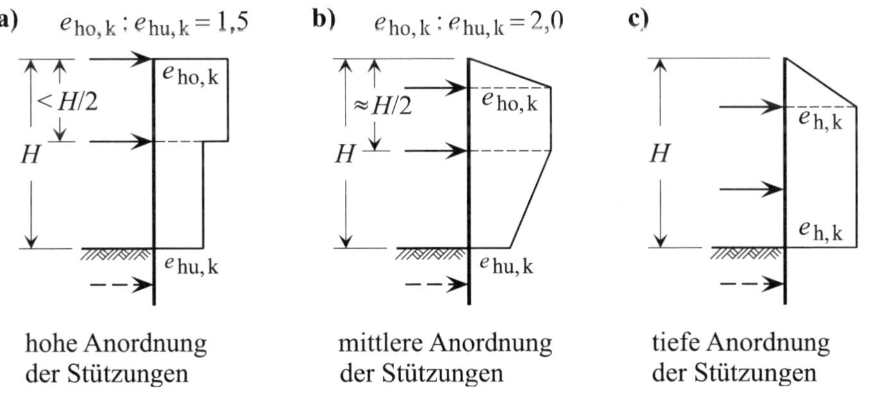

hohe Anordnung der Stützungen

mittlere Anordnung der Stützungen

tiefe Anordnung der Stützungen

Abb. 9-16 Lastfiguren für zweimal gestützte Spundwände (nach EB 70 der EAB)

9.5.9 Passiver Erddruck im Einbindebereich der Wand nach EAB

Gleichgewichtszustände und Schnittlasten von Wänden und vor allem ihre Einbindetiefe werden durch die Größe und Verteilung des Erdwiderstands beeinflusst, der sich infolge der Einwirkungen ergibt. Zur Ermittlung der passiven Erddruckkraft bei Spundwänden siehe z. B. EAB, EB 19.

Die EAB unterscheiden in der EB 80 Verteilungen der Bodenreaktion im Einbindebereich der Wand für die

- frei aufgelagerte Wand
- voll eingespannte Wand
- teilweise eingespannte Wand.

Für im Boden frei aufgelagerte Wände dürfen, außer einer dreiecksförmigen Verteilung, gemäß EB 80 auch Verteilungen des passiven Erddrucks im Einbindebereich der Wände angenommen werden, wie sie in Abb. 9-17 dargestellt sind. Für die Ermittlung der erforderlichen Einbindetiefe (siehe Abschnitt 9.5.14) dürfen diese Verteilungen mit einem statischen System verbunden werden, für das im Einbindebereich ein festes Auflager in Höhe des Angriffspunkts der passiven Erddruckkraft angenommen wird. Nach EB 19 dürfen bei Spundwänden die in Abb. 9-17 dargestellte parabelförmige und bilineare Verteilung bei der Wandeinbindung in nichtbindigem Boden und die rechteckige Verteilung bei der Wandeinbindung in mindestens steifem bindigen Boden angenommen werden.

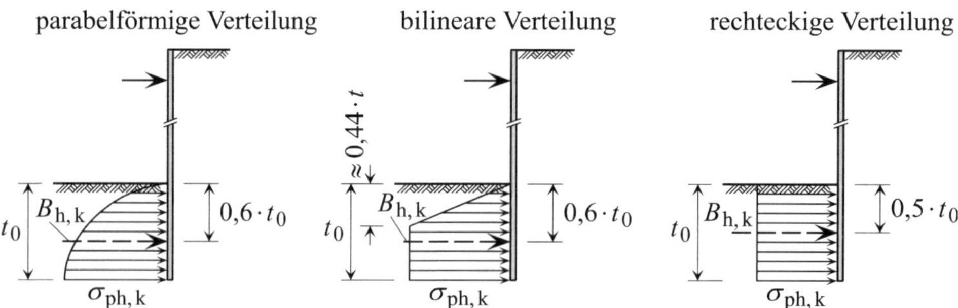

Abb. 9-17 Beispiele für den Verlauf anzusetzender charakteristischer passiver Erddrücke bei freier Auflagerung im Boden (nach EAB, EB 80); $B_{h,k}$ = Horizontalkomponente der charakteristischen Auflagerkraft (passive Erddruckkraft)

Bodenreaktionen für Wände, die im Boden voll eingespannt sind, dürfen nach dem Lastansatz von BLUM verteilt werden (vgl. EB 80 und Abschnitt 9.5.15); die Erddruckverteilung dieses Ansatzes nimmt mit der Tiefe linear zu. Darüber hinaus wird bei gestützten Wänden verlangt, dass die Tangente der Biegelinie der Wand in Höhe des theoretischen Fußpunkts senkrecht verläuft.

Hinsichtlich der Vorgehensweise bei teilweise eingespannten Wänden sei auf die Ausführungen in EB 80 hingewiesen.

9.5.10 Baugruben im Wasser

Nach EB 58 der EAB gelten bezüglich des Einflusses von Baugrubenkonstruktion und Wasserhaltungsmaßnahme bei Baugruben im Wasser im Grundsatz folgende Fälle:

a) bei einer Grundwasserabsenkung gemäß Abb. 9-18 a) treten in dem für die Belastung der Baugrubenkonstruktion maßgebenden Bodenkörper sowohl waagerechte als auch nach unten gerichtete Strömungsdrücke auf

b) bei einer Umströmung des Wandfußes gemäß Abb. 9-18 b) treten auch nach oben gerichtete Strömungsdrücke auf

c) bei einer nahezu wasserundurchlässigen Schicht unterhalb der Baugrubensohle, (z. B. eine dichtende Injektionssohle gemäß Abb. 9-18 c), ist die Wasserströmung praktisch verhindert und es wirkt hydrostatischer Wasserdruck.

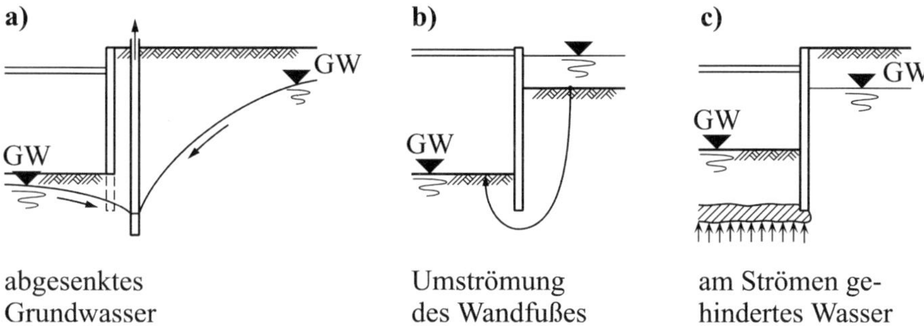

Abb. 9-18 Wirkungen des Wassers auf Baugrubenkonstruktionen (nach EB 58 der EAB)

Steht hinter der Baugrubenwand Boden mit nur geringer seitlicher Verformbarkeit an (z. B. felsartiger Boden bzw. fester oder halbfester bindiger Boden mit geringem Tongehalt, der zumindest vorübergehend ohne Stützung standfest ist), kann, infolge von Wandverformungen, zwischen Boden und Baugrubenwand ein Spalt entstehen, in dem sich Wasser ansammelt, das über seine Steighöhe den vollen hydrostatischen Druck auf die Wand ausübt. Dieser Effekt wird verhindert, wenn der Kontakt zwischen Boden und Baugrubenwand nicht verloren geht, wie das bei nichtbindigen und weichen bis steifen bindigen Böden angenommen werden darf.

9.5.11 Lastbilder für Spundwände im Wasser

Wird anstehendes Grundwasser nicht abgesenkt und gleichzeitig eine Umströmung des Wandfußes verhindert (siehe Beispiel aus Abb. 9-19 a)), ist nach EAB, EB 63 der Wasserdruck gemäß Abb. 9-19 b) anzusetzen. Damit wirkt der volle hydrostatische Wasserdruck auf der Wandaußenseite vom freien Wasserspiegel bzw. vom Grundwasserspiegel aus bis zum Wandfuß in der Tiefe t und auf der Wandinnenseite vom abgesenkten Grundwasserspiegel aus bis zum Wandfuß. In der Regel darf dieser Ansatz als Näherung auch bei umströmtem Wandfuß gewählt werden.

Ist der Wandfuß umströmt und soll der Strömungseinfluss erfasst werden, ist nach EB 63 anzunehmen, dass

- der Wasserdruck mit der Tiefe auf die Außenseite der Baugrubenwand ab- und auf die Innenseite zunimmt (vgl. Abb. 9-20 b))
- der Erddruck auf die Wandaußenseite infolge der Wichteerhöhung durch den Strömungsdruck zwar zunimmt (vgl. Abb. 9-20 c)), der Einfluss aber vernachlässigbar ist
- der Erdwiderstand auf der Wandinnenseite infolge der Verringerung der Wichte erheblich abnimmt und dieser Einfluss stets zu berücksichtigen ist.

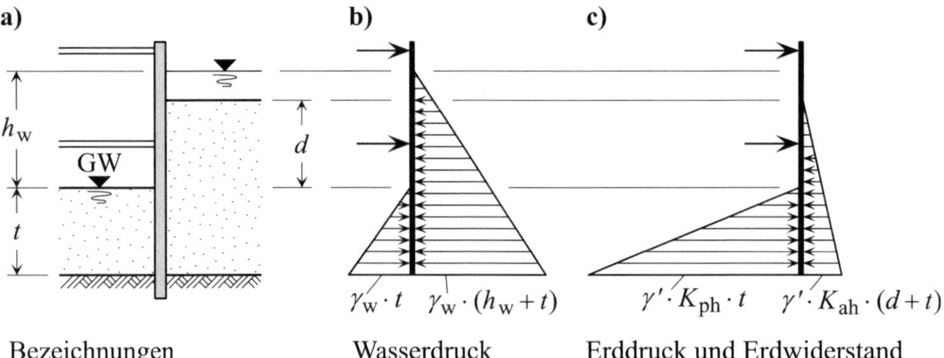

Abb. 9-19 Lastbilder bei einer nicht umströmten Baugrubenwand im Wasser in vereinfachter Darstellung (nach EB 63 der EAB)

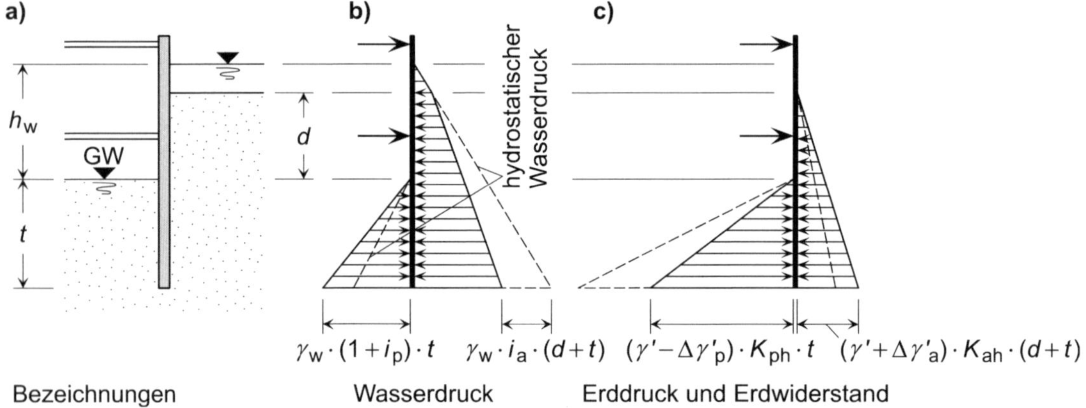

Abb. 9-20 Lastbilder bei einer umströmten Baugrubenwand im Wasser in vereinfachter Darstellung (nach EB 63 der EAB)

9.5.12 Tragfähigkeitsnachweise nach DIN EN 1997-1, DIN 1054 und EAB

Zum Tragfähigkeitsnachweis von Spundwänden gehören nach Abschnitt 9.7 von DIN EN 1997-1 und DIN 1054 insbesondere die Nachweise gegen

- Versagen des Erdwiderlagers
- Versinken der Spundwand (siehe auch Abschnitt 9.5.17)
- Versagen des Materials von Bauteilen des Spundwandbauwerks gemäß Abschnitt 9.7.6 von DIN EN 1997-1 und DIN 1054
- Versagen der Lastübertragung durch Zugpfähle bzw. Ankerverpresskörper gemäß DIN 1054, 9.7.7 A (5)
- Versagen in der tiefen Gleitfuge (siehe auch Abschnitt 6.12.2).

Außerdem können Gegebenheiten vorliegen, die Nachweise der

- Sicherheit gegen Aufschwimmen im Grenzzustand UPL
- Sicherheit gegen hydraulischen Grundbruch im Grenzzustand HYD (vgl. hierzu auch Abschnitt 7.3)

- Gesamtstandsicherheit im Grenzzustand GEO-3 (Geländebruch, siehe auch Abschnitt 9.7.2 von DIN EN 1997-1 und DIN 1054)

erfordern.

In EB 81 der EAB werden allgemeine Festlegungen hinsichtlich der Standsicherheitsnachweise von Spundbauwerken formuliert, deren Abmessungen und statische Systeme anzunehmen sind. Danach sind die durch die charakteristischen Einwirkungen (z. B. Eigenlast, aktiver Erddruck, erhöhter aktiver Erddruck, Wasserdruck, Nutzlasten) hervorgerufenen charakteristischen Schnittgrößen (Querkräfte, Auflagerkräfte, Bodenreaktionen und Biegemomente) $E_{\mathrm{G,k}}$ und $E_{\mathrm{Q,k}}$ in all den Konstruktionsbereichen zu ermitteln, die für die Bemessung maßgebend sind. Mit ihnen und den entsprechenden Teilsicherheitsbeiwerten γ_{G} und γ_{Q} berechnen sich in jedem maßgebenden Konstruktionsschnitt sowie in den Berührungsflächen zwischen Konstruktion und Boden die Bemessungswerte der Beanspruchungen zu

$$E_{\mathrm{d}} = E_{\mathrm{G,d}} + E_{\mathrm{Q,d}} = E_{\mathrm{G,k}} \cdot \gamma_{\mathrm{G}} + \sum_{i} E_{\mathrm{Q,k,i}} \cdot \gamma_{\mathrm{Q}} \qquad \text{Gl. 9-4}$$

Zu den Festlegungen gehört weiterhin, dass außer den charakteristischen Beanspruchungen noch die charakteristischen Widerstände $R_{\mathrm{k,i}}$ ermittelt werden müssen. Es sind dies Widerstände der Konstruktionsteile (aus den charakteristischen Materialwerten ermittelte Widerstände gegen Biegemomente sowie gegen Druck-, Zug- und Schubkräfte) und Widerstände des Bodens (durch Berechnung, Probebelastung oder auf der Basis von Erfahrungswerten ermittelte Erd-, Fuß- und Mantelwiderstände der Spundwand sowie Herausziehwiderstände von Verpressankern, Bodennägeln und Zugpfählen). Die zugehörigen Bemessungswerte ergeben sich dann mit den entsprechenden Teilsicherheitsbeiwerten $\gamma_{\mathrm{R,i}}$ aus

$$R_{\mathrm{d,i}} = \frac{R_{\mathrm{k,i}}}{\gamma_{\mathrm{R,i}}} \qquad \text{Gl. 9-5}$$

Mit den ermittelten Bemessungswerten ist schließlich für jeden zu betrachtenden Konstruktionsschnitt und für jede maßgebende Einwirkungskombination die Gültigkeit von

$$\sum_{i} E_{\mathrm{d,i}} \le \sum_{i} R_{\mathrm{d,i}} \qquad \text{bzw.} \qquad \mu_{\mathrm{i}} = \frac{\sum_{i} E_{\mathrm{d,i}}}{\sum_{i} R_{\mathrm{d,i}}} \le 1 \qquad \text{Gl. 9-6}$$

nachzuweisen. Ergibt sich bei einem dieser Nachweise ein μ_{i}-Wert > 1, sind die Konstruktionsabmessungen entsprechend zu vergrößern; bei einem μ_{i}-Wert < 1 (unwirtschaftliche Konstruktion) sind sie ggf. entsprechend zu verkleinern.

Zum möglichen Versagen des Erdwiderlagers einer Spundwand, deren Standsicherheit teilweise (ausgesteift oder rückverankert) oder vollständig (nur in den Boden eingespannt) durch mobilisierten Erdwiderstand bewirkt wird, sei auf DIN EN 1997-1, 9.7.4 und DIN 1054, 9.7.4 A (4) hingewiesen. Dort wird verlangt, dass die Wand so tief in den Baugrund einbindet, dass im Grenzzustand GEO-2 die Tragfähigkeit gesichert ist, die durch ein vorwiegend waagerechtes Verschieben oder Verdrehen der gesamten Stützkonstruktion bzw. eines Bauteils verloren gehen könnte. Die Forderung gilt als erfüllt, wenn die Grenzzustandsbedingung (inneres Gleichgewicht)

$$B_{\mathrm{h,d}} \leq E_{\mathrm{ph,d}} \qquad \text{Gl. 9-7}$$

eingehalten wird. Die beiden Größen sind die Bemessungswerte der Horizontalkomponente $B_{\mathrm{h,d}}$ der resultierenden Auflagerkraft und der Horizontalkomponente $E_{\mathrm{ph,d}}$ des Erdwiderstands. Im Rahmen des Sicherheitsnachweises gegen das Versagen des Erdwiderlagers muss auch die Bedingung

$$V_{\mathrm{k}} = \sum_{i} V_{\mathrm{k,i}} \geq B_{\mathrm{v,k}} \qquad \text{Gl. 9-8}$$

erfüllt werden (siehe DIN 1054, A 9.7.8). V_{k} steht darin für die Vertikalkomponente der beteiligten, nach unten gerichteten charakteristischen Einwirkungen und $B_{\mathrm{v,k}}$ für die nach oben gerichtete Vertikalkomponente der charakteristischen Auflagerkraft.

Auf eine Spundwand einwirkende, nach unten gerichtete wandparallele Beanspruchungen müssen auf den Baugrund abgetragen werden können, ohne dass die Wand dabei im Boden versinkt. Eine entsprechende Sicherheit gilt nach DIN 1054, 9.7.5 und EAB, EB 84 als nachgewiesen, wenn

$$V_{\mathrm{d}} = \sum_{i} V_{\mathrm{d,i}} \leq R_{\mathrm{d}} \qquad \text{Gl. 9-9}$$

gilt. Die in dieser Bedingung verwendeten Bemessungswerte sind die der lotrecht nach unten gerichteten Beanspruchungen V_{d} am Wandfuß und des zugehörigen Widerstands der Wand R_{d}.

9.5.13 Gebrauchstauglichkeit nach DIN EN 1997-1, DIN 1054 und EAB

Beim Nachweis der Gebrauchstauglichkeit von Spundwänden unterscheidet DIN 1054

- den Nachweis auf der Grundlage von Erfahrungen (DIN 1054, A 9.8.1.2) und
- rechnerische Nachweise (DIN 1054, A 9.8.1.1).

Erfahrungen zeigen, dass bei Dauerbauwerken die zu erwartenden Verformungen und Verschiebungen von der Spundwand und ihrer Umgebung ohne schädliche Folgen aufgenommen werden können, wenn für die betrachteten Zustände in der Bemessungssituation BS-P die in Abschnitt 9.5.12 aufgeführten Tragfähigkeitsnachweise in den Grenzzuständen GEO-2 und GEO-3 erbracht wurden und wenn mindestens mitteldicht gelagerter nichtbindiger Boden bzw. mindestens steifer bindiger Boden ansteht. Werden keine erhöhten Ansprüche gestellt, kann in diesen Fällen auf einen gesonderten Nachweis der Gebrauchstauglichkeit verzichtet werden.

In Fällen, in denen Nachbargebäude, Leitungen, andere bauliche Anlagen oder Verkehrsflächen durch große Verschiebungen einer herzustellenden Spundwand gefährdet sein können, sind gesonderte Gebrauchstauglichkeitsnachweise zu führen.

Weitere Hinweise siehe DIN 1054, A 9.8.1.2 und EAB, EB 83.

9.5.14 Erforderliche Einbindetiefe von Spundwänden

Die Einbindetiefe von Spundwänden ist so zu wählen, dass kein Versagen ihrer Erdwiderlager auftritt. Die diesbezügliche Standsicherheit der Wand ist teilweise (ausgesteifte oder rückverankerte Wände) oder vollständig (nur in den Baugrund eingespannte Wände) durch mobilisierten Erdwiderstand zu gewährleisten. In DIN EN 1997-1, 9.7.4 und DIN 1054, 9.7.4 A (4) wird deshalb verlangt, dass die Wand so tief in den Baugrund einbindet, dass im Grenzzustand GEO-2 die Tragfähigkeit gesichert ist, die durch ein vorwiegendes Verdrehen der gesamten Wandkonstruktion bzw. eines Bauteils verloren gehen könnte. Diese Forderung gilt nach DIN 1054, 9.7.4 A (4) als erfüllt, wenn die Einhaltung der Grenzzustandsbedingung

$$B_{h,d} \le E_{ph,d} \qquad \text{bzw.} \qquad \mu = \frac{B_{h,d}}{E_{ph,d}} \le 1{,}0 \qquad \text{Gl. 9-10}$$

nachgewiesen wird. Als Nachweisgrößen werden, neben dem Ausnutzungsgrad μ, die Bemessungswerte der Horizontalkomponenten der resultierenden Auflagerkraft $B_{h,d}$ und des Erdwiderstands $E_{ph,d}$ (vgl. hierzu auch Abschnitte 9.5.9 und 9.5.7) benötigt. Der Sicherheitsnachweis gegen das Versagen des Erdwiderlagers betrifft auch die Erfüllung der Bedingung

$$V_k = \sum_i V_{k,i} \ge B_{v,k} \qquad \text{Gl. 9-11}$$

mit der Vertikalkomponente V_k der beteiligten, nach unten gerichteten charakteristischen Einwirkungen und der nach oben gerichteten Vertikalkomponente $B_{v,k}$ der charakteristischen Auflagerkraft.

Die erforderliche Einbindetiefe von Spundwänden ist nach EAB, EB 80 durch Iteration zu ermitteln. Im ersten Iterationsschritt sind für eine zu wählende Einbindetiefe der Spundwand die Auflagerkräfte im Bereich der Einbindetiefe zu berechnen (statisches System: Träger auf unnachgiebigen Stützen). Dies betrifft die charakteristischen Lagerkräfte $B_{hG,k}$ infolge Bodeneigenlast und einer ständigen großflächigen Gleichlast $p_k \le 10$ kN/m² und $B_{hQ,k}$ infolge veränderlicher Einwirkungen. Als Bemessungswert der Lagerkraft ergibt sich mit den Teilsicherheitsbeiwerten γ_G und γ_Q des Grenzzustands GEO-2 (nach DIN 1054, Tabelle A 2.1)

$$B_{h,d} = B_{hG,k} \cdot \gamma_G + B_{hQ,k} \cdot \gamma_Q \qquad \text{Gl. 9-12}$$

Im Weiteren wird auch die aktivierbare charakteristische Erdwiderstandskraft $E_{ph,k}$ benötigt. Auf der Grundlage ebener Gleitflächen berechnet sie sich z. B. für senkrechte Wände ($\alpha = 0$) und horizontale Geländeoberflächen ($\beta = 0$) sowie bei ausschließlicher Wirkung der Bodeneigenlast (Wichte γ_k) zu

$$E_{ph,k} = \frac{1}{2} \cdot \gamma_k \cdot K_{pgh} \cdot t^2 \qquad \text{Gl. 9-13}$$

(t = Einbindetiefe, vgl. z. B. Abb. 9-17). Der Erdwiderstandsbeiwert K_{pgh} berechnet sich mit dem Reibungswinkel φ'_k des Bodens und dem Erddruckneigungswinkel $\delta_{p,k}$ mittels (vgl. [L 259])

$$K_{pgh} = \frac{\cos^2 \varphi'_k}{\left[1 - \sqrt{\dfrac{\sin(\varphi'_k - \delta_{p,k}) \cdot \sin \varphi'_k}{\cos \delta_{p,k}}}\right]^2} \qquad \text{Gl. 9-14}$$

Gilt mit dem Bemessungswert der Erddruckkraft ($\gamma_{R,e}$ ist der zum Grenzzustand GEO-2 gehörende Teilsicherheitsbeiwert aus DIN 1054, Tabelle A 2.3)

$$E_{ph,d} = \frac{E_{ph,d}}{\gamma_{R,e}} \qquad \text{Gl. 9-15}$$

für den der Ausnutzungsgrad von Gl. 9-10 $\mu \leq 1$, wurde eine hinreichend große Einbindetiefe gewählt; bei $\mu > 1$ ist auf der Basis eines neuen Schätzwerts ein weiterer Iterationsschritt durchzuführen. Auch bei μ-Werten die erheblich kleiner sind als 1, ist eine neue Schätzung zu empfehlen, da die zu diesem Ausnutzungsgrad gehörende Einbindetiefe zu groß (unwirtschaftlich) ist.

Die Verwendung ebener Gleitflächen (siehe oben) ist nach EB 19 zulässig, wenn eine ebene Geländeoberfläche ($\beta = 0$) vorliegt, für den Reibungswinkel des Bodens $\varphi'_k \leq 35°$ gilt und der Erddruckneigungswinkel auf $\delta_{p,k} = -2/3 \cdot \varphi'_k$ herabgesetzt wird (darf für gekrümmte Gleitflächen auch mit $\delta_{p,k} = -\varphi'_k$ angesetzt werden).

9.5.15 Erforderliche Einbindetiefe mit dem Lastansatz von Blum

Die Standsicherheit nicht gestützter Spundwände wird ausschließlich durch eine ausreichende Einspannung im Baugrund gewährleistet. Der Erddruck bewegt die Wand im oberen Bereich zur Baugrube hin und am Fußpunkt von der Baugrube weg. Der Drehpunkt, um den diese Bewegung erfolgt, liegt immer in der unteren Hälfte des Einspannbereichs. Die Drehbewegung ruft oberhalb bzw. unterhalb des Drehpunkts den Erdwiderstand E_{p1} bzw. den Erdwiderstand E_{p2} hervor (vgl. Abb. 9-21). Versuche haben gezeigt, dass die Spannungsordinaten im Bereich unmittelbar unterhalb der Baugrubensohle dem im Bruchzustand des Bodens möglichen Erdwiderstand entsprechen, dass die Spannungen auf der Baugrubenseite der Wand etwa in halber Höhe zwischen Baugrubensohle und Drehpunkt den Größtwert erreichen, dass im Drehpunkt, in dem keine Wandverschiebung auftritt, keine Erdwiderstandsspannungen entstehen, dass am Wandfuß die Spannungsordinate den Größtwert auf der Erdseite der Wand besitzt und dass die Spannungsverteilung zwischen dem Größtwert der Spannungen auf der Baugrubenseite der Wand und dem Größtwert auf der Erdseite durch eine stetig gekrümmte Linie begrenzt wird.

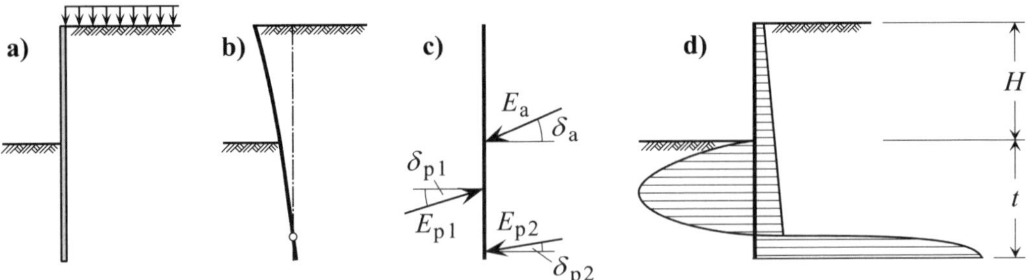

Abb. 9-21 Verformung und Belastungen einer nicht gestützten, im Boden eingespannten Spundwand (nach [L 257])

Zur zahlenmäßigen Ermittlung der Einspannwirkung schlägt BLUM im Einspannbereich als Vereinfachung vor, eine dreiecksförmige Erdwiderstandsfigur mit einer im Drehpunkt wirkenden Gegenkraft C_h anzusetzen (vgl. Abb. 9-22 c)). Zur Herleitung dieser Belastung wird die zu erwartende Spannungsfigur des Erdwiderstands auf beiden Seiten der Wand durch Spannungsflächen ergänzt, deren Resultierende $\Delta E_{ph\,1}$ und $\Delta E_{ph\,2}$ in gleicher Tiefe liegen (vgl. Abb. 9-22 b)). Da die Ergänzungsflächen gleich groß sind, gilt

$$\Delta E_{ph\,1} = -\Delta E_{ph\,2} \qquad \text{Gl. 9-16}$$

Für das im Weiteren zu verwendende Ersatz-Lastbild ergeben sich somit die Kräfte

$$\begin{aligned} E_{rh} &= E_{ph\,1} + \Delta E_{ph\,1} \\ C_h &= E_{ph\,2} + \Delta E_{ph\,2} \end{aligned} \qquad \text{Gl. 9-17}$$

An dem zur Ermittlung von Schnittlasten und Einbindetiefe maßgebenden Gleichgewicht $\Sigma H = 0$ und $\Sigma M = 0$ wird durch diese Ergänzungen nichts geändert.

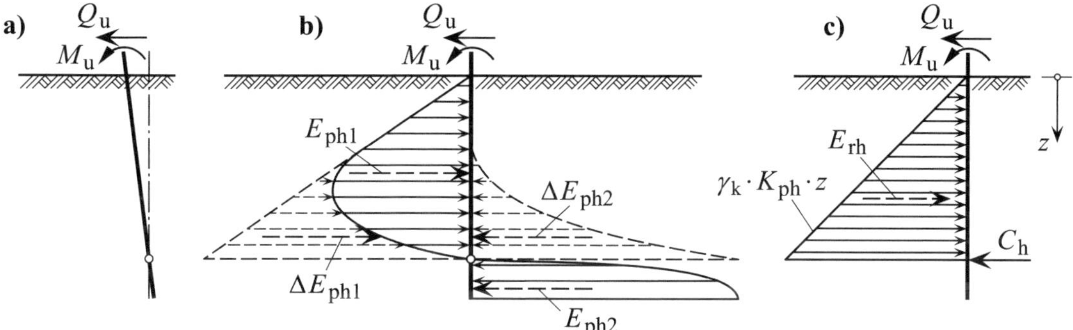

Abb. 9-22 Umwandlung der zu erwartenden Spannungsverteilung in das Ersatz-Lastbild von BLUM (nach [L 257])
a) Drehung der Wand, b) Ergänzung der zu erwartenden Spannungsverteilung, c) Ersatz-Lastbild von BLUM

Nach EAB, EB 26 dürfen die Einbindetiefe und die Schnittlasten von Spundwänden mit dem beschriebenen Lastansatz von BLUM berechnet werden. Abb. 9-23 zeigt entsprechende charakteristische Last- und Biegemomentenverläufe für eine im Boden eingespannte und nicht gestützte Wand und Abb. 9-24 für eine im Boden eingespannte Wand mit zweifacher Stützung, bei der über die Baugrubentiefe (Tiefe H) eine vereinfachte Erddruckverteilung angenommen wird (Abb. 9-24 b); vgl. hierzu Abschnitte 9.5.8 und 9.5.7).

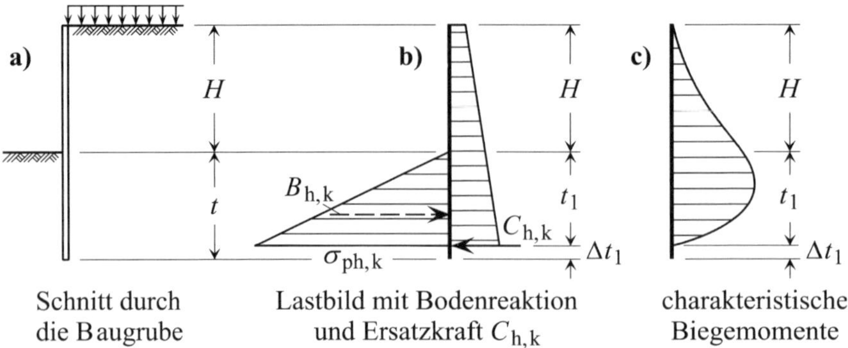

Abb. 9-23 System, Belastung und Momentenverlauf beim Lastansatz von BLUM für eine im Boden eingespannte und nicht gestützte Spundwand (nach EAB, EB 26); $\sigma_{ph,k}$ = Bodenreaktionsspannung infolge der Auflagerkraft $B_{h,k}$

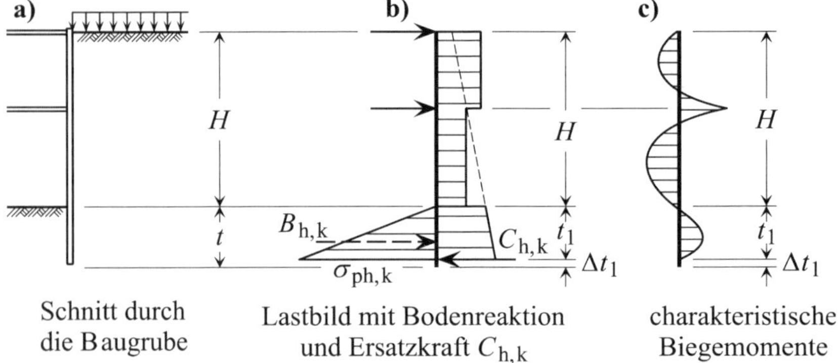

Abb. 9-24 System, Belastung und Momentenverlauf beim Lastansatz von BLUM für eine im Boden eingespannte und zweifach gestützte Spundwand (nach EAB, EB 26); $\sigma_{ph,k}$ = Bodenreaktionsspannung infolge der Auflagerkraft $B_{h,k}$

Entsprechend den Berechnungsansätzen für Baugrubenwände in [L 258] sind aktive Erddrücke und Erdwiderstände getrennt zu behandeln. Bei ungestützten, im Boden eingespannten Spundwänden wirken sie z. B. an einem statischen System gemäß Abb. 9-25.

Nach der Schätzung der Größe t_1 und Vorliegen des Erdwiderstands bezüglich Größe und Verteilung ist das Auflager B in seiner Lage durch die Forderung festgelegt, dass seine Kraftkomponente $B_{h,k}$ durch den Schwerpunkt der Erdwiderstandsfläche verlaufen muss (bei dreiecksförmig verteiltem Erdwiderstand durch den Dreiecksschwerpunkt). Sind außerdem die Größe und Verteilung des aktiven Erddrucks bekannt, kann die Berechnung der zu den charakteristischen Belastungen gehörenden Auflagerkräfte $B_{h,k}$ und $C_{h,k}$ nach den Regeln der Statik durchgeführt werden.

Mit den ermittelten Lagerkräften ist der Nachweis der Tragfähigkeit im Grenzzustand GEO - 2 gegen das Versagen des Erdwiderlagers gemäß Abschnitt 9.5.14 zu führen.

Für die Berechnung der charakteristischen Schnittgrößen und der Biegelinie der Wand sind statt der Auflagerkräfte B die zu ihnen gehörenden Bodenreaktionen $\sigma_{ph,k}$ des aktivierten Erdwiderstands (Abb. 9-25 b)) zu verwenden.

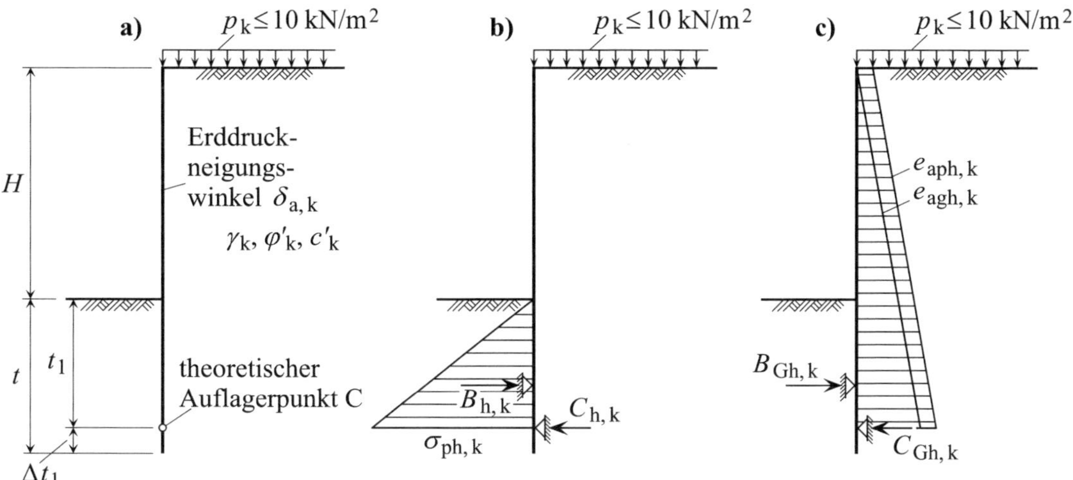

Abb. 9-25 Im Boden eingespannte Spundwand mit Belastung der Geländeoberfläche bei Einbindung in nichtbindiges Bodenmaterial (nach [L 258])
a) Querschnitt mit Auflast
b) statisches System mit dreiecksförmiger Erdwiderstandsverteilung nach BLUM
c) Lastfigur und Auflagerkräfte aus Bodeneigenlast und großflächiger Auflast p_k

Die Gesamtlänge der Einbindetiefe berechnet sich gemäß EAB, EB 26 näherungsweise mit

$$t = t_1 + \Delta t_1 = t_1 + 0{,}2 \cdot t_1 = 1{,}2 \cdot t_1 \qquad \text{Gl. 9-18}$$

Hinsichtlich der Führung des Gebrauchstauglichkeitsnachweises siehe Abschnitt 9.5.13.

Das nachstehende Beispiel zeigt die Vorgehensweise bei der Ermittlung der Einbindetiefe t und der Schnittgrößen einer eingespannten und ungestützten Spundwand.

Anwendungsbeispiel

Für die in Abb. 9-26 dargestellte Spundwand sind für die Bemessungssituation BS-P gemäß DIN 1054 die Einbindetiefe t zu ermitteln, der Nachweis der Tragfähigkeit gegen das Versagen des Erdwiderlagers zu führen und die Verläufe der charakteristischen Querkräfte und Biegemomente zu bestimmen. Den Berechnungen ist gemäß [L 258] der Lastansatz von BLUM zugrunde zu legen.

Die Eigenlast der gewählten Spundwand beträgt $g_{\text{Wand, k}} = 1{,}94\ \text{kN/m}^2$.

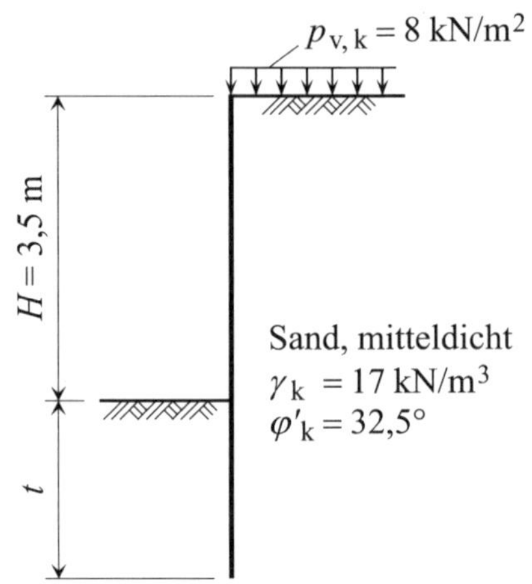

Abb. 9-26 Im Boden eingespannte Spundwand mit Belastung der Geländeoberfläche

Lösung

Hinweis: die im Folgenden angegebenen berechneten Zahlenwerte sind Werte, die einem Rechenprogramm entnommen und gerundet wurden.

1 Erddruckbeiwerte und Teilsicherheitsbeiwerte

Mit der Annahme $\delta_{a,k} = +2/3 \cdot \varphi'_k$ und $\delta_{p,k} = -24{,}0° > -\varphi'_k$ (nach SOKOLOVSKII und PREGL könnte für passiven Erddruck $-\varphi'_k$ eingesetzt werden, vgl. [L 194]) für die Wandreibungswinkel ergeben sich für den vorliegenden Fall die Erddruckbeiwerte

$$K_{agh} = 0{,}2506$$

$$K_{pgh} = 6{,}298$$

Als Teilsicherheitsbeiwerte der Bemessungssituation BS-P für den aktiven (Einwirkungen) und den passiven (Widerstände) Erddruck im Grenzzustand GEO-2 nach DIN 1054 ergeben sich

$\gamma_G = 1{,}35$ (ständige Einwirkungen allgemein, nach DIN 1054, Tabelle A 2.1)

$\gamma_{R,e} = 1{,}40$ (Erdwiderstand, nach DIN 1054, Tabelle A 2.3).

Hier ist darauf hinzuweisen, dass die Angabe eines Teilsicherheitsbeiwertes γ_Q für die Verkehrslast $p_{\text{v, k}} = 8\ \text{kN/m}^2$ nicht erforderlich ist, da gemäß DIN 1054, 9.3.1.3 und EAB Lasten $\leq 10\ \text{kN/m}^2$ wie ständig vorhandene Lasten zu behandeln sind.

2 Theoretische Einbindetiefe

Auf die iterative Ermittlung der theoretischen Einbindetiefe t_1 beim Lastansatz nach BLUM wird hier verzichtet. Stattdessen wird eine theoretische Einbindetiefe $t_1 = 2{,}88$ m gewählt, die auf der Basis eines globalen Sicherheitskonzepts nach BLUM ermittelt wurde (ein Beispiel für das Vorgehen ist z. B. in [L 196] zu finden). Mit Gl. 9-18 berechnet sich dann die Einbindetiefe t näherungsweise zu

$$t = t_1 + \Delta t_1 = 1{,}2 \cdot t_1 = 1{,}2 \cdot 2{,}88 \approx 3{,}45\ \text{m}$$

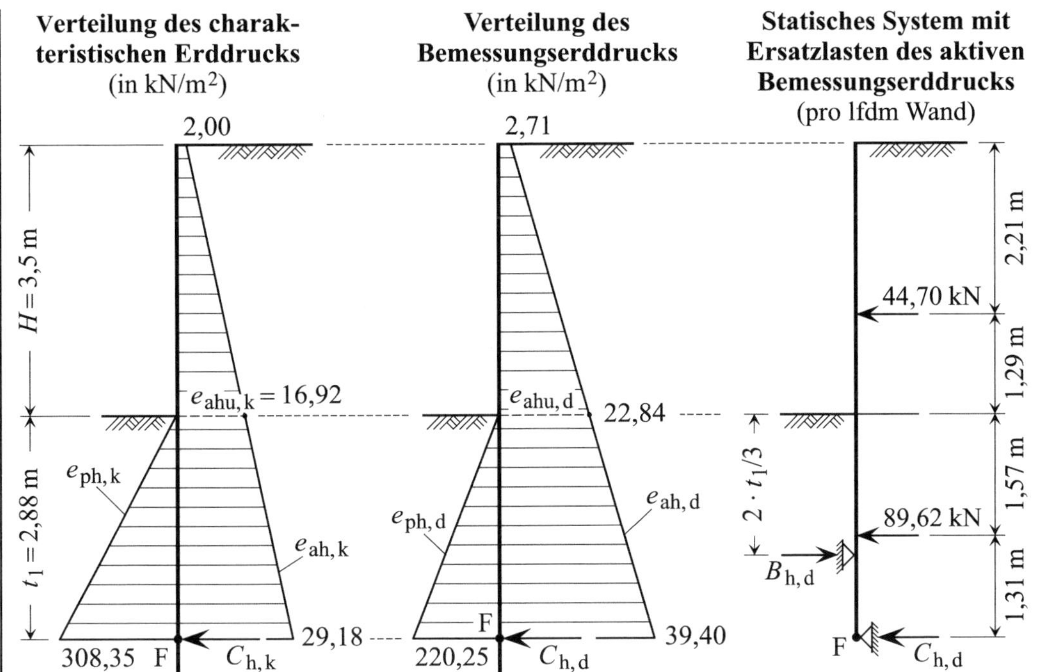

Abb. 9-27 Verteilungen des aktiven und passiven Erddrucks (Zahlenangaben der Horizontalkomponenten) und statisches System des zweifach gestützten Balkens zur Ermittlung der Auflagerkraft $B_{h,d}$ infolge der Ersatzlasten des aktiven Bemessungserddrucks (unterschiedliche Maßstabswahl für aktiven und passiven Erddruck)

3 Tragfähigkeitsnachweis gegen das Versagen des Erdwiderlagers

Mit dem statischen System aus Abb. 9-27 und den eingetragenen Resultierenden des aktiven Bemessungserddrucks berechnen sich die Horizontalkomponenten der Auflagerkräfte pro lfdm Wand zu

$B_{h,d} = 316{,}96$ kN/lfdm (aus Momentengleichgewicht um Punkt F)

und

$C_{h,d} = 182{,}64$ kN/lfdm (aus Gleichgewicht der horizontalen Kräfte)

Mit dem Bemessungswert der Erdwiderstandskraft

$E_{ph,d} = 317{,}16$ kN/lfdm

und der Auflagerkraft $B_{h,d}$ ergibt sich (vgl. Gl. 9-7)

$E_{ph,d} = 317{,}16 \text{ kN/lfdm} \geq B_{h,d} = 316{,}96$ kN/lfdm

womit der Tragfähigkeitsnachweis gegen das Versagen des Erdwiderlagers erbracht ist. Zur Nachweisvervollständigung ist allerdings noch zu zeigen, dass das innere Gleichgewicht der Vertikalkräfte eingehalten wird (vgl. Abschnitt 9.5.16).

Mit der charakteristischen Eigenlast pro lfdm Wand

$$G_{\text{Wand,k}} = g_{\text{Wand,k}} \cdot (H + d) = 1{,}94 \cdot (3{,}50 + 3{,}45) = 13{,}48 \text{ kN/lfdm}$$

der Vertikalkomponente des charakteristischen aktiven Erddrucks

$$E_{\text{av, k}} = E_{\text{ah, k}} \cdot \tan \delta_{\text{a,k}} = 99{,}50 \cdot \tan \frac{2 \cdot 32{,}5°}{3} = 39{,}53 \text{ kN/lfdm}$$

der Vertikalkomponente der Auflagerkraft C_{k}

$$C_{\text{v, k}} = C_{\text{h, k}} \cdot \tan \delta_{\text{C, k}} = 135{,}29 \cdot \tan \frac{2 \cdot 32{,}5°}{3} = 53{,}75 \text{ kN/lfdm}$$

sowie der nach oben gerichteten Vertikalkomponente der Auflagerkraft B_{k}

$$B_{\text{v, k}} = B_{\text{h, k}} \cdot \tan \delta_{\text{p, k}} = 234{,}79 \cdot \tan 24{,}0° = 104{,}53 \text{ kN/lfdm}$$

ergibt sich auch die Erfüllung der Forderung bei dem vereinfachten Nachweis des inneren Gleichgewichts der Vertikalkräfte

$$G_{\text{Wand,k}} + E_{\text{av,k}} + C_{\text{v, k}} = 106{,}76 \text{ kN/lfdm} > B_{\text{v, k}} = 104{,}53 \text{ kN/lfdm}$$

4 Verläufe der charakteristischen Biegemomente und Querkräfte

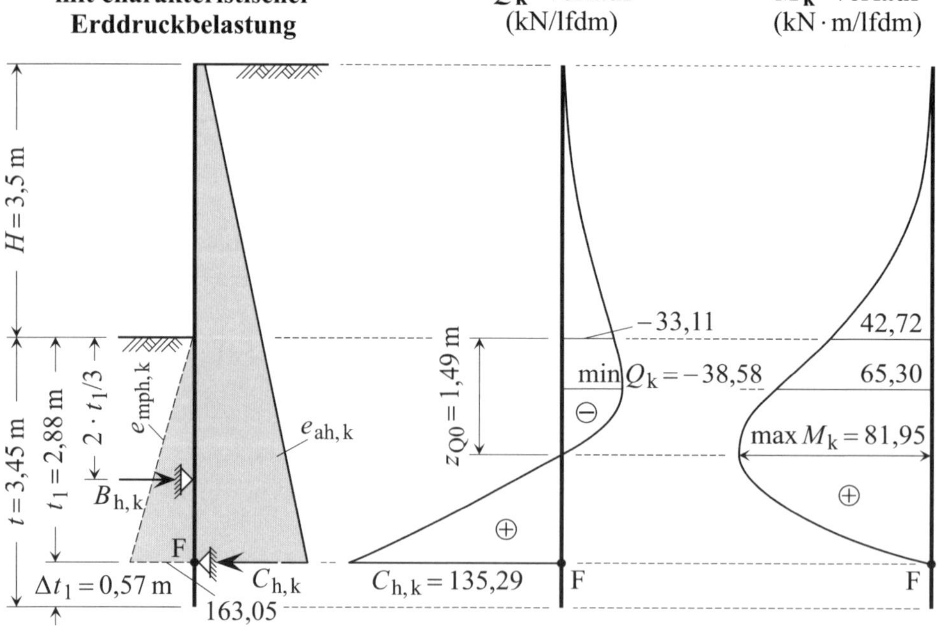

Abb. 9-28 Statisches System mit charakteristischen Erddrücken sowie den Verläufen der charakteristischen Querkräfte und Momente

Die Verläufe der Schnittgrößen werden an dem statischen System von Abb. 9-28 ermittelt. Statt der Auflagerkraft $B_{\text{h, k}}$ wird allerdings die zugehörige Bodenreaktion $e_{\text{mph, k}}$ des aktivierten Erdwiderstands angesetzt, deren Komponente im Punkt F die Größe

$$e_{\text{ph,k}}(\text{F}) = \frac{2 \cdot B_{\text{h,k}}}{t_1} = \frac{2 \cdot 234{,}79}{2{,}88} = 163{,}05\ \text{kN/m}^2$$

besitzt. Die Schnittgrößenverläufe können der Abb. 9-28 entnommen werden.

An der Stelle des Querkraftnullpunktes, der um das Maß

$$z_{\text{Q0}} = 1{,}49\ \text{m}$$

unterhalb der talseitigen Geländeoberfläche liegt, tritt auch das maximale Moment

$$\max M_{\text{d}} = 81{,}95\ \text{kN} \cdot \text{m/lfdm Wand}$$

auf.

9.5.16 Inneres Gleichgewicht der Vertikalkräfte

Für die Bemessung einer Spundwand wird im Allgemeinen vorausgesetzt, dass der Erdwiderstand mit einem negativen Erddruckneigungswinkel $\delta_{\text{p,k}}$ mobilisiert wird. Dies hat zur Folge, dass die ansetzbaren Erdwiderstände wesentlich größer sind als die zu $\delta_{\text{p,k}} = 0$ gehörenden Werte, was wiederum zu einer entsprechend geringen erforderlichen Einbindetiefe und zu einer günstigen Beeinflussung der Biegemomente führt.

Da eine solche, zum Erddruckneigungswinkel getroffene Annahme für die Dimensionierung der einzusetzenden Spundwand somit von großer Bedeutung ist, muss ihre Berechtigung nachgewiesen werden. Hierzu dient der Nachweis des inneren Gleichgewichts der Vertikalkräfte, der vor allem bei nicht gestützten und nur im Boden eingespannten Wänden zu führen ist. Mit ihm ist insbesondere bei verhältnismäßig kleinen und von oben nach unten gerichteten Kräften zu zeigen, dass der zur Berechnung des Erdwiderstands vor dem Trägerfuß angesetzte Erddruckneigungswinkel $\delta_{\text{p,k}}$ aktivierbar ist (Gl. 9-11 beachten). Nach EAU, E 4 ist dies beim Lastansatz von BLUM im Einspannbereich (siehe Abschnitt 9.5.15) und zusätzlicher Rückverankerung dann der Fall, wenn

$$E_{\text{av,k}} + C_{\text{v,k}} + G_{\text{k}} + A_{\text{v,k}} + P_{\text{G,k}} \geq B_{\text{v,k}} = B_{\text{h,k}} \cdot \tan \delta_{\text{p,k}} \qquad \text{Gl. 9-19}$$

gilt (vgl. Abb. 9-29). Die in der Gleichung verwendeten charakteristischen Größen sind

- $E_{\text{av,k}}$ mit positivem charakteristischem Erddruckneigungswinkel $\delta_{\text{a,k}}$ ermittelte Vertikalkomponente der Resultierenden des bis zum theoretischen Fußpunkt (auch theoretischer Auflagerpunkt genannt) gehenden aktiven Erddrucks
- $C_{\text{v,k}}$ mit dem charakteristischen Neigungswinkel $\delta_{\text{C,k}} \leq \frac{1}{3} \cdot \varphi'_{\text{k}}$ (siehe EAU, 8.2.4.4) berechnete Vertikalkomponente der nach BLUM anzusetzenden charakteristischen Gegenkraft C_{k} am theoretischen Fußpunkt der Wand (vgl. auch E 33 und E 56 der EAU)
- G_{k} Eigenlast des Stützbauwerks (einschließlich Gurtungen und Aussteifungen)
- $A_{\text{v,k}}$ Vertikalkomponente einer schräg nach unten gerichteten charakteristischen Ankerkraft
- $P_{\text{G,k}}$ ständig vorhandene Beanspruchungen, die unmittelbar auf das Stützbauwerk einwirken (z. B. aus Baugrubenabdeckungen oder Hilfsbrücken)

$B_{v,k}$ Vertikalkomponente der charakteristischen und zu den aufgeführten Beanspruchungen der Wand gehörende Bodenauflagerkraft B_k bei $\delta_{p,k} < 0$ (siehe auch EAU, E 4)

Da die Nichteinhaltung der obigen Bedingung, also

$$E_{av,k} + C_{v,k} + G_k + A_{v,k} + P_{G,k} < B_{v,k} \qquad \text{Gl. 9-20}$$

dem Fall einer sich nach oben schiebenden Wand gleichkäme, muss für den ursprünglich gewählten Erddruckneigungswinkel $\delta_{p,k}$ ein betragsmäßig kleinerer Wert angesetzt werden, mit dem sich die Bedingung aus Gl. 9-19 erfüllen lässt.

Weiteres zu dieser Thematik ist in EAU, E 4, in EAB, EB 9 und in [L 258] zu finden.

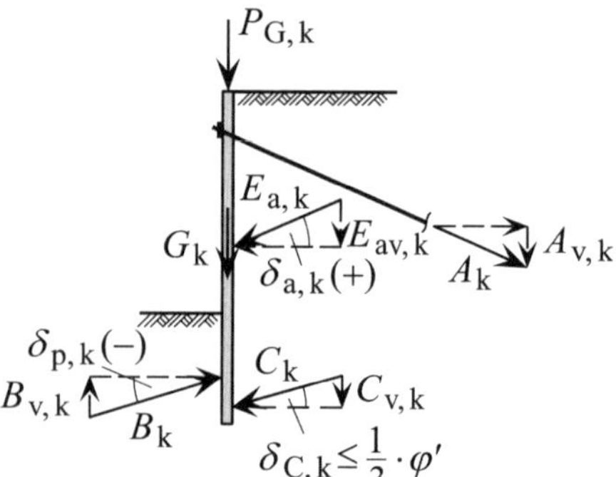

Abb. 9-29 Lastbild zum inneren Gleichgewicht der Vertikalkräfte

9.5.17 Äußeres Gleichgewicht der Vertikalkräfte (Versinken der Wand)

Sind die nach unten weisenden Vertikalkräfte größer als die Vertikalkomponente eines mit negativem Erddruckneigungswinkel ermittelten Erdwiderstands, ist nach DIN 1054, 9.7.5 und EAB, EB 84 die Sicherheit gegen Versinken der Wand im Grenzzustand GEO-2 nachzuweisen (vor allem bei gestützten Wänden). Mit den Bemessungswerten der Resultierenden V_d der nach unten gerichteten Kräfte und der Resultierenden R_d der entsprechenden, nach oben gerichteten Widerstände ergibt sich die beim Sicherheitsnachweis einzuhaltende Ungleichung zu (μ = Ausnutzungsgrad)

$$V_d \leq R_d \qquad \text{bzw.} \qquad \mu = \frac{R_d}{V_d} \leq 1 \qquad \text{Gl. 9-21}$$

Die beiden Bemessungswerte können mit Hilfe von

$$V_d = (G_k + E_{aGv,k} + F_{G,k} + A_{vG,k}) \cdot \gamma_G + (E_{aQv,k} + F_{Q,k} + A_{vQ,k}) \cdot \gamma_Q \qquad \text{Gl. 9-22}$$

und von

$$R_d = \frac{R_{b,k}}{\gamma_b} + \frac{R_{s,k}}{\gamma_{R,e}} \qquad \text{Gl. 9-23}$$

bzw. (wählbare Alternative)

$$R_d = \frac{R_{b,k}}{\gamma_b} + \frac{B_{v,k}}{\gamma_{R,e}} = \frac{R_{b,k}}{\gamma_b} + \frac{B_{h,k} \cdot \tan\delta_{B,k}}{\gamma_{R,e}} \qquad \text{Gl. 9-24}$$

berechnet werden.

Die in den obigen Gleichungen verwendeten Größen sind (vgl. Abb. 9-30)

G_k charakteristische Eigenlast des Stützbauwerks (einschließlich Gurtungen und Aussteifungen)

$E_{aGv,k}$ mit positivem charakteristischem Erddruckneigungswinkel $\delta_{a,k}$ (siehe hierzu DIN 1054, Tabelle A 9.1 und Abschnitt 9.5.5) ermittelte Vertikalkomponente der Resultierenden des bis zum theoretischen Fußpunkt gehenden charakteristischen aktiven Erddrucks infolge ständiger Einwirkungen

$F_{G,k}$ ständig vorhandene charakteristische Beanspruchung, die unmittelbar auf das Stützbauwerk einwirkt (z. B. aus Baugrubenabdeckungen oder Hilfsbrücken)

$A_{vG,k}$ Vertikalkomponente einer schräg nach unten gerichteten charakteristischen Ankerkraft infolge ständiger Beanspruchungen

$E_{aQv,k}$ mit positivem charakteristischem Erddruckneigungswinkel $\delta_{a,k}$ (siehe hierzu DIN 1054, Tabelle A 9.1 und Abschnitt 9.5.5) ermittelte Vertikalkomponente der Resultierenden des ggf. bis zum theoretischen Fußpunkt gehenden charakteristischen aktiven Erddrucks infolge veränderlicher Einwirkungen

$F_{Q,k}$ veränderliche charakteristische Beanspruchung, die unmittelbar auf das Stützbauwerk einwirkt

$A_{vQ,k}$ Vertikalkomponente einer schräg nach unten gerichteten charakteristischen Ankerkraft infolge veränderlicher Beanspruchungen

γ_G, γ_Q Teilsicherheitsbeiwerte aus DIN 1054, Tabelle A 2.1 für Beanspruchungen aus ständigen bzw. ungünstigen veränderlichen Einwirkungen

$R_{b,k}$ charakteristischer Fußwiderstand der Wand infolge ihres mobilisierbaren Spitzendrucks $q_{b,k}$ im Grenzzustand GEO-2 (zur Widerstandsermittlung siehe EAB, EB 84 und 85)

$R_{s,k}$ charakteristischer Reibungswiderstand auf der Innenseite (Baugrubenseite) der Wand infolge ihrer charakteristischen mobilisierbaren Mantelreibung $q_{s,k}$ im Grenzzustand GEO-2 (zur Widerstandsermittlung siehe EAB, EB 84 und 85)

$B_{h,k}$ Horizontalkomponente der mobilisierten charakteristischen Auflagerkraft B_k

γ_b, $\gamma_{R,e}$ Teilsicherheitsbeiwert aus DIN 1054, Tabelle A 2.3 für Fuß- bzw. Erdwiderstand

$\tan\delta_{B,k}$ Reibungsbeiwert zur Ermittlung der Vertikalkomponente $B_{v,k} = B_{h,k} \cdot \tan\delta_{B,k}$ der charakteristischen Auflagerkraft B_k (zum Winkel $\delta_{B,k}$ siehe DIN 1054, Tabelle A 9.1)

Handelt es sich um Spundwände (bzw. um Trägerbohl- oder Ortbetonwände) mit Fußeinspannung, die mit dem Ansatz von BLUM erfasst wird (siehe Abschnitt 9.5.15), ist beim Wandwiderstand zusätzlich noch die Wirkung der charakteristischen Ersatzkraft C_k zu berücksichtigen, deren Vertikalkomponente $C_{v,k}$, im Gegensatz zu den Betrachtungen beim inneren Gleichgewicht (Abschnitt 9.5.16), nach oben zeigt (Abb. 9-30).

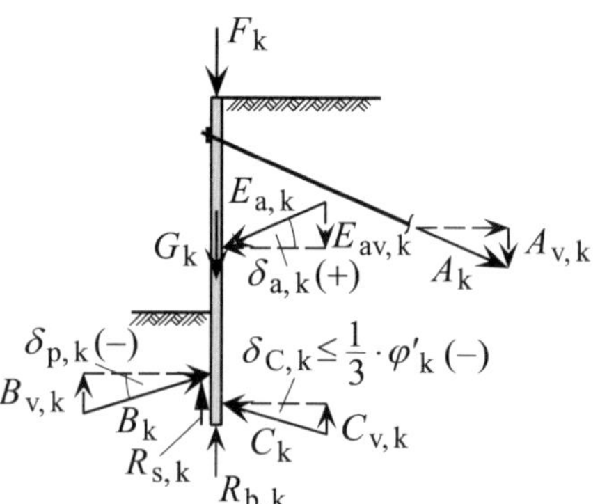

Abb. 9-30 Lastbild zum äußeren Gleichgewicht der Vertikalkräfte

Die Größe von C_k beeinflusst auch die Wirkung der charakteristischen Lagerkraft B_k, da beim Wandwiderstand

$$(B_{h,k} - 0.5 \cdot C_{h,k}) \cdot \tan \delta_{p,k} \qquad \text{Gl. 9-25}$$

anzusetzen ist. Entsprechend ist die Vertikalkomponente der Ersatzkraft

$$C_{v,k} = C_{h,k} \cdot \tan \delta_{C,k} \qquad \text{Gl. 9-26}$$

beim Wandwiderstand nur in halber Größe zu berücksichtigen. Der in der Gleichung verwendete Neigungswinkel $\delta_{C,k}$ darf nicht größer gewählt werden als der Wandreibungswinkel gemäß EAB, EB 89 (vgl. auch Abschnitt 9.5.5).

Damit wird deutlich, dass beim Nachweis des äußeren Gleichgewichts der Vertikalkräfte der Widerstand von im Boden eingespannten Spundwänden nicht mit Gl. 9-24, sondern mit

$$R_d = \frac{R_{b,k}}{\gamma_b} + \frac{0{,}5 \cdot C_{v,k} + (B_{h,k} - 0{,}5 \cdot C_{h,k}) \cdot \tan \delta_{p,k}}{\gamma_{R,e}} \qquad \text{Gl. 9-27}$$

zu erfassen ist.

Weiteres zu dieser Thematik ist in EAU, E 4 und in EAB, EB 9 zu finden.

9.5.18 Aufgabe mit Lösung

Aufgabe 9-1

Unter welchen Bedingungen können für den Vollaushubzustand gestützter Wände nach der EAB vereinfachte Lastfiguren für den Ansatz des Erddrucks aus Bodeneigenlast verwendet werden?

Lösung zu Aufgabe 9-1

Wenn etwa bei der Sicherung von Baugruben durch gestützte Wände

- eine waagerechte Geländeoberfläche vorliegt
- mitteldicht oder dicht gelagerter rolliger Boden oder mindestens steifer bindiger Boden ansteht

- ► eine wenig nachgiebige Stützung gemäß EB 67 eingesetzt wird
- ► vor dem Einbau der jeweils nächsten Steifenlage nicht tiefer ausgehoben wird als es in der Abb. 9-14 dargestellt ist

können nach der EAB, EB 70 für den Ansatz des Erddrucks aus Bodeneigenlast vereinfachte Lastfiguren verwendet werden (vgl. Abschnitt 9.5.8).

10 Pfahlwände

10.1 Allgemeines und Regelwerke

Der Einsatz von Pfahlwänden ermöglicht u. a. die

- Abtragung horizontaler (vor allem Erd- und Wasserdruck) und vertikaler Lasten
- Zurückhaltung von Grundwasser
- Einkapselung von Kontaminationen im Baugrund
- Abschirmung von Gebäuden gegen Schwingungen im Boden.

Die Pfähle (mit Durchmessern zwischen 27 und 150 cm) werden in der Regel vertikal eingebracht, sind aber im Bedarfsfall auch mit Neigungen bis etwa 1 : 10 ausführbar (nach DIN EN 1536 [L 76] gilt für Pfähle ohne bleibende Verrohrung $\leq 1:4$). Die erreichbaren Bohrtiefen sind durch die zu stellenden Forderungen nach Wirtschaftlichkeit und Genauigkeit begrenzt und liegen bei verrohrter Herstellung im Allgemeinen bei 25 m.

Im Grundriss sind Pfahlwände praktisch in jeder geometrischen Form ausführbar. Wandaussparungen, etwa zur Durchführung von Leitungen, lassen sich durch Weglassen eines Pfahls realisieren, wobei die Öffnungen z. B. durch Injektionen geschlossen werden können.

Pfahlwände sind auch mit anderen Verbauarten kombinierbar. Ist etwa die Herstellung der Pfahlwand in voller Höhe nicht sinnvoll (z. B. wenn der obere Baugrubenwandteil am Ende der Baumaßnahme wieder zu entfernen ist) kann sie z. B. mit einem Steckträger-Verbau kombiniert werden. Dazu werden Stahlprofile in den noch weichen Beton bewehrter Pfähle gesteckt und später mit Bohlen, Kanthölzern oder Ortbeton verbaut. Alternativ können die Stahlprofile auch in dafür vorgesehene Köcher gesteckt und verkeilt werden.

Vergleiche mit dem Träger- bzw. Spundwandverbau zeigen, dass Pfahlwände, mit Ausnahme aufgelöster Bohrpfahlwände, teurer sind. Im Vergleich zu Schlitzwänden (siehe Kapitel 11) ergibt sich ein etwa gleiches Preisgefüge.

Da Pfahlwände auch im Bereich von Baugruben sowie Häfen und Wasserstraßen zum Einsatz kommen, stehen neben den Normen

- DIN 1054 [L 30], DIN 4124 [L 60], DIN 18301 [L 69], DIN EN 1536 [L 76], DIN EN 1992-1-1 [L 83], DIN EN 1997-1 [L 88] und DIN EN 1997-1/NA [L 89]

vor allem die

- EAB [L 118], die EAU 2012 [L 122] und die GDA-Empfehlungen [L 138]

als Regelwerke zur Verfügung.

10.2 Anwendungsbereiche

Die im Regelfall hohe Steifigkeit von Pfahlwänden führt u. a. zu geringen Wandverformungen (Horizontalverformungen sind bei Rückverankerung bis auf 1 bis 2 ‰ der freien Wandhöhe begrenzbar) und zur Fähigkeit, große Biegemomente aufnehmen zu können. Erschütterungs- und geräuscharm herstellbar (bei Böden ohne Hindernisse), kommen sie z. B. bei

- Baugrubensicherungen (Hauptanwendungsgebiet)
- Stützmauern
- Brückenwiderlagern
- permanenten Hangsicherungen
- Schachtbauwerken
- Tunnel- und Rampenbauwerken

zum Einsatz (vgl. Abb. 10-1).

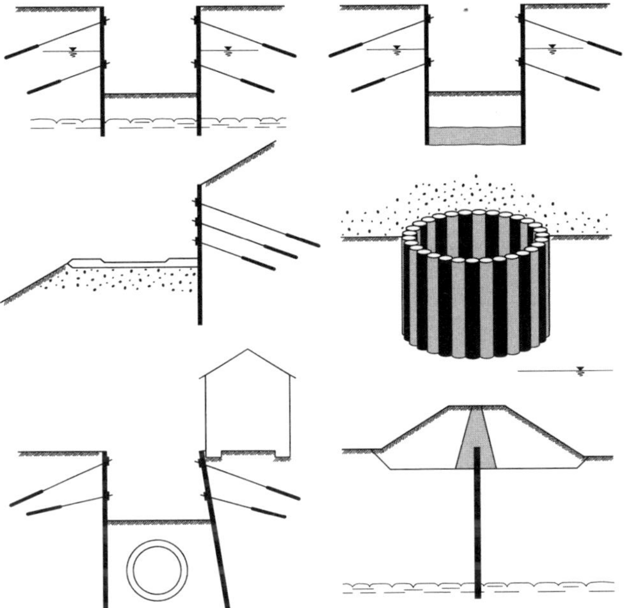

Abb. 10-1 Typische Anwendungsfälle für Pfahlwände (nach STOCKER/WALZ [L 148], Kapitel 3.7)

Als Dichtwände haben sich Pfahlwände in überschnittener Ausführung, wie übrigens auch Schlitzwände, u. a. im Wasserbau und als Grundwasserschutzbauwerke (z. B. bei Deponien, vgl. [L 138]) bewährt.

Zur Baugrubensicherung dienen Pfahlwände vor allem dann, wenn der Verbau verformungsarm (z. B. unmittelbar vor benachbarten Gebäuden) und/oder wasserundurchlässig sein soll (etwa bei unter dem Grundwasserspiegel liegender Aushubsohle). Die geringen Verformungen wirken sich auch vorteilhaft aus, wenn die Sohle der zu sichernden Baugrube unter der Gründungssohle unmittelbar angrenzender bestehender Gebäude liegt, da in solchen Fällen zusätzliche Unterfangungsmaßnahmen in der Regel entfallen können.

Besonders wirtschaftlich sind Pfahlwände, wenn sie anfangs zur Baugrubenstützung und danach als bleibende Umfassungsmauer des eigentlichen Bauwerks dienen; die Basis hierfür ist die Fähigkeit der Wände, neben Horizontallasten auch hohe Vertikallasten abtragen zu können.

10.3 Wandtypen

Die üblichen Pfahlwände (Bohrpfahlwände) sind Ortbetonwände und können in allen Bodenarten in einer der folgenden drei Formen ausgeführt werden (vgl. Abb. 10-2):

Aufgelöste Pfahlwände, bei denen der Achsabstand der Pfähle (meist 1 bis 3 m) erheblich größer ist als ihr Durchmesser.

Tangierende Pfahlwände, mit sehr dicht nebeneinander angeordneten Pfählen, deren Achsabstand sich ergibt aus ihrem Durchmesser zuzüglich einem Spiel von 2 bis 5 cm (abhängig von der Bodenart, in der die Wand hergestellt wird).

Überschnittene Pfahlwände, mit Pfählen, deren Achsabstand kleiner ist als ihr Durchmesser, was zu einer Überschneidung der Pfähle führt.

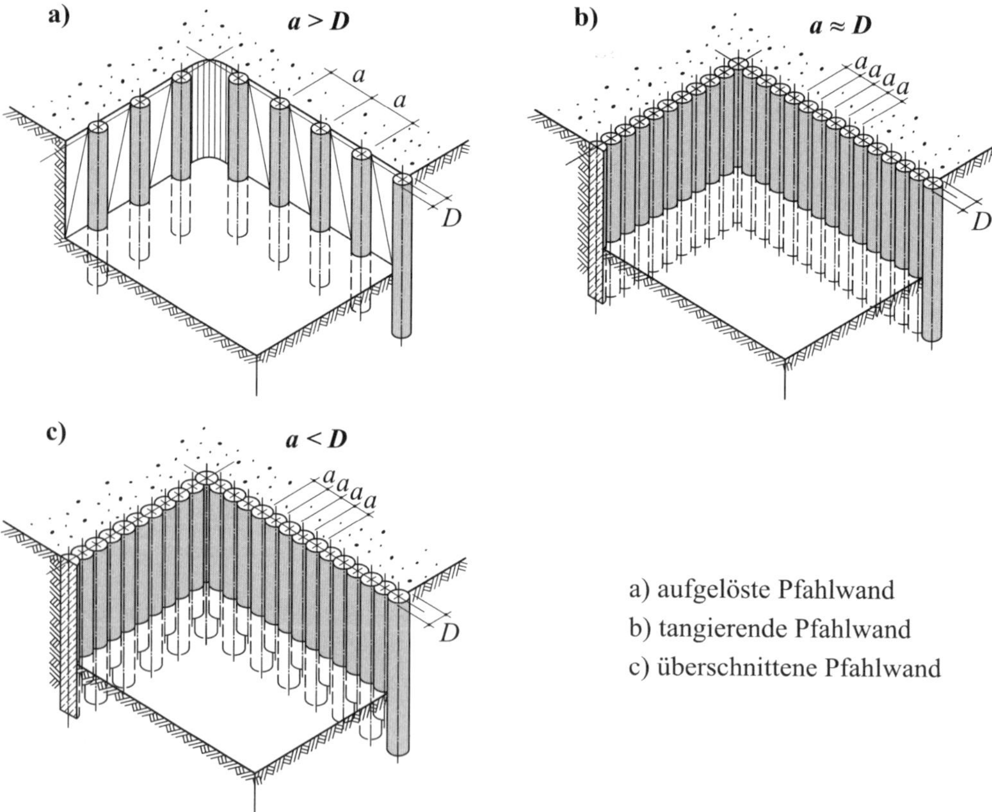

Abb. 10-2 Pfahlwand-Typen (nach STOCKER/WALZ [L 148], Kapitel 3.7)

10.3.1 Aufgelöste Pfahlwände

Aufgelöste Pfahlwände werden als Stützbauwerke z. B. zur Sicherung von Verkehrswegen oder leichten Bauwerken eingesetzt, wenn auch in Frage kommende Trägerbohlwände eine zu geringe Steifigkeit aufweisen oder teurer sind.

Alle Pfähle dieser Wände sind bewehrt. Die Mindestanzahl der Pfähle ergibt sich aus den statischen Erfordernissen der Lastabtragung bzw. der Standfestigkeit der Bodenbereiche, die während des Aushubs nicht abgestützt sind. Die Zwischenräume werden in der Regel während des Aushubs mit Spritzbeton ausgefacht (vgl. Abb. 10-3) oder vor dem Aushub der Baugrube z. B. mit Mixed-in-Place-Pfählen ausgefüllt (vor allem in nichtbindigen Böden).

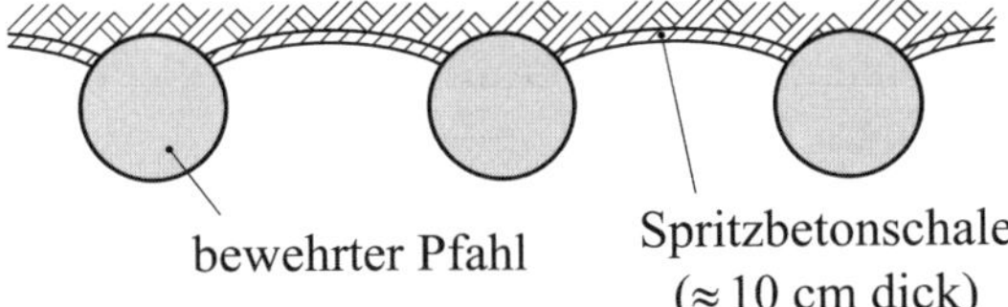

Abb. 10-3 Spritzbetonschale bei aufgelöster Pfahlwand

Wände mit Spritzbeton-Ausfachung sind einsetzbar, wenn sie oberhalb des Grundwasserspiegels liegen und der anstehende Boden mindestens so lange standfest ist, bis der Bereich zwischen den Pfählen freigelegt und mit der Spritzbetonschicht gesichert ist. Die Ausführung des Verbaus kann entweder bewehrt (Lastabtragung über Biegung) oder unbewehrt (Lastabtragung über Gewölbewirkung) erfolgen. Beim unbewehrten Verbau ist mehr als der halbe Pfahlumfang so freizulegen, dass an der Pfahloberfläche ein Widerlager entsteht, das der Spritzbetonschale (Gewölbe) eine einwandfreie Lastübertragung erlaubt. Steht Sickerwasser an, ist dieses hinter der Spritzbetonschale durch geeignete Filtermaterialien zu fassen und abzuleiten.

10.3.2 Tangierende Pfahlwände

Tangierende Wände werden vor allem in Baugruben eingesetzt, bei denen unmittelbar angrenzende Bauwerke zu sichern sind. Ihre besondere Eignung hierfür bewirkt die dichte Pfahlanordnung (vgl. Abb. 10-2 b) und Abb. 10-4), die zu einer hohen Steifigkeit und Lastaufnahmefähigkeit pro lfdm Wand führt (alle Pfähle sind bewehrt) und außerdem sicherstellt, dass während des Aushubs nur geringe Auflockerungen des Bodens hinter der Wand auftreten.

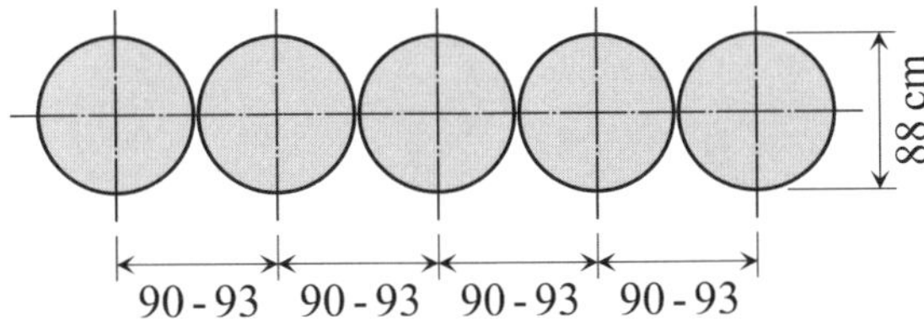

Abb. 10-4 Tangierende Pfahlwand (mit Pfahldurchmessern von 88 cm)

Wie bei aufgelösten Pfahlwänden müssen auch bei tangierenden Wänden die freizulegenden Wandflächen in der Regel oberhalb des Grundwasserspiegels liegen, da sonst im Bereich von wasserführenden Schichten mit dem Durchfluss des Wassers durch die Pfahlfugen zu rechnen ist, sofern dies nicht durch zusätzliche Maßnahmen wie z. B. Injektionen verhindert wird.

Wegen der unvermeidbaren Bohrungenauigkeiten beim Herstellen tangierender Pfahlwände lässt sich ein Verbund der Einzelpfähle und damit ihr scheiben- bzw. plattenartiges Zusammenwirken nicht ansetzen. Treten diese Ungenauigkeiten in der Wandebene auf, werden u. U. benachbarte Pfähle angeschnitten, was zu Problemen beim Bohren führen kann („Verlaufen" der dem Bohrfortschritt vorauseilenden Rohrschneide in das weichere Bodenmaterial).

10.3.3 Überschnittene Pfahlwände

Überschnittene Wände (Beispiel in Abb. 10-5) bestehen aus sich abwechselnden Primär- und Sekundärpfählen. Bei der Errichtung dieser Wände im „Pilgerschrittverfahren" wird mit der Herstellung der unbewehrten Primärpfähle begonnen. Nach einigen Tagen werden die zu bewehrenden Sekundärpfähle so gebohrt, dass sie jeweils in den noch nicht voll ausgehärteten Beton der beiden angrenzenden Primärpfähle einschneiden. Das Maß der Überschneidung (meist 10 bis 20 % des Pfahldurchmessers) ist u. a. abhängig von der Pfahllänge über die in der Wand keine klaffenden Spalte auftreten dürfen, von dem Pfahldurchmesser und von der realisierbaren Genauigkeit bei der Pfahlherstellung (Abweichungen von der Solllage werden z. B. durch die eingesetzte Bohrausrüstung und den anstehenden Boden beeinflusst).

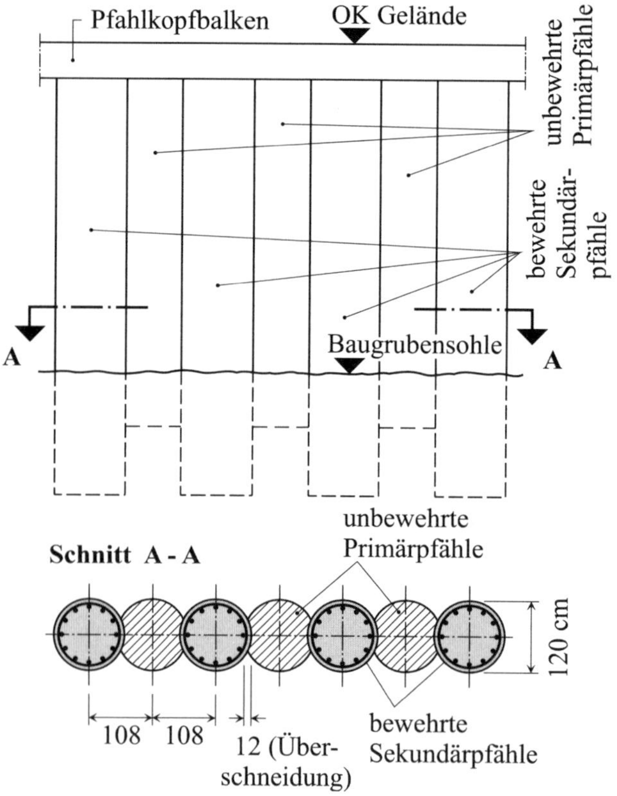

Abb. 10-5 Ausbildung einer überschnittenen Pfahlwand (nach KRUBASIK in [L 4])

Bestimmen die bewehrten Sekundärpfähle die rechnerische Tragfähigkeit der Wand, haben Primärpfähle nur ausfachende Wirkung und werden daher meist aus Beton geringerer Güte hergestellt. Abgesehen von leichten Durchfeuchtungen an den Überschneidungsflächen haben sich überschnittene Pfahlwände als wasserdichte (wasserdruckhaltende) Wände bewährt.

10.4 Herstellung

10.4.1 Bohrschablonen

Vor allem überschnittene Bohrpfahlwände, die vorwiegend für wasserdichte Baugruben eingesetzt werden und deren Überschneidung deshalb unbedingt sicherzustellen ist, aber auch tangierende Bohrpfahlwände, werden mit hohen Anforderungen an die Richtungsgenauigkeit der Bohrungen hergestellt. Diesen Anforderungen wird in der Regel durch eine möglichst steife Verrohrung, eine doppelte Bohrrohrführung und durch den Einsatz von Bohrschablonen (üblich bei tangierenden, generell erforderlich bei überschnittenen Wänden) entsprochen.

Die als Hilfsmaßnahmen dienenden Bohrschablonen (Beispiel in Abb. 10-6) gestatten ein genaues Ansetzen der Bohrrohre und deren Führung auf den ersten Bohrmetern. Die ca. 50 cm hohen Konstruktionen bestehen aus bewehrtem Ortbeton und werden in Höhe des Bohrplanums hergestellt. Ihre stabile Konstruktion ist erforderlich, um die Aufnahme der während der Bohrarbeiten auftretenden hohen Beanspruchungen zu gewährleisten. Nach den Pfahlarbeiten werden die Schablonen wieder abgebrochen.

Abb. 10-6 Bohrschablone für eine überschnittene Wand (Bild der Fa. *Bauer Spezialtiefbau* [F 1])

10.4.2 Wände

Grundsätzlich sind die einzelnen Pfähle von Pfahlwänden sowohl verrohrt als auch unverrohrt herstellbar, wobei u. a. die in Abb. 10-7 gezeigten Verfahren üblich sind. Um die gewünschte Überschneidung der Nachbarpfähle zu gewährleisten, kommen für überschnittene Pfahlwände allerdings nur verrohrt gefertigte Pfähle bzw. Schneckenortbetonpfähle in Frage. Der Einsatz von schweren Verrohrungsmaschinen und Bohrschablonen sowie die entsprechende Sorgfalt bei der Ausführung macht die Einhaltung einer Vertikalität der Pfähle von ca. 0,5 % ihrer Länge möglich (nach STOCKER/WALZ [L 148], Kapitel 3.7). Dies bedeutet, dass es z. B. bei 20 m langen Pfählen zu einer Abweichung von 10 cm beim Einzelpfahl kommen kann.

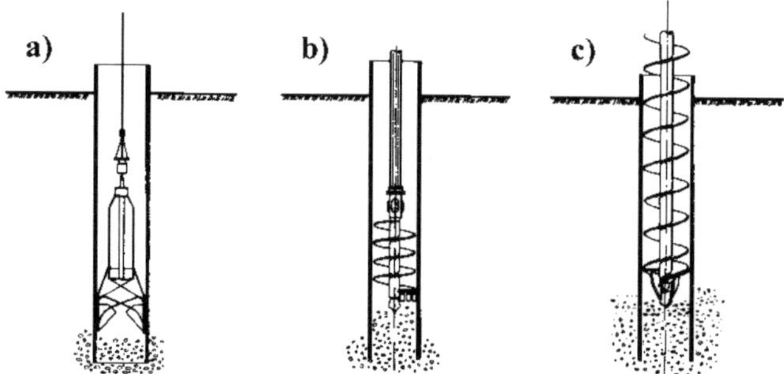

Abb. 10-7 Übliche Verfahren zur verrohrten Pfahlherstellung (aus [L 148], Kapitel 3.7)
a) mit Greifer, b) mit Schnecke oder Bohreimer,
c) mit durchgehender Schnecke

Bei der Einzelpfahlherstellung sind die Anforderungen von DIN 1054, DIN 18301, DIN EN 1536, DIN EN 1992-1-1, DIN EN 1997-1 und der entsprechende sonstige Stand der Technik hinsichtlich der Bohr-, Beton- und Bewehrungsarbeiten zu berücksichtigen. Insbesondere

- ist für statisch tragende Pfähle nach DIN EN 1536, 6.3.1.3 eine Betonfestigkeitsklasse zwischen C20/25 und C45/55 zu gewährleisten (für unbewehrte Pfähle darf Beton geringerer Güte verwendet werden)
- ist bei überschnittenen Pfahlwänden ein möglichst geringer Festigkeitsunterschied des Betons der anzuschneidenden Primärpfähle anzustreben (Festigkeit beim Anschneiden nicht größer als 3 bis 10 MN/m^2), um so Richtungsabweichungen der Sekundärpfähle möglichst klein zu halten
- ist für Wände mit geringen Toleranzen hinsichtlich ihrer Fertigung und/oder hoher geforderter Dichtigkeit (Wasserdurchlässigkeitsbeiwerte $k < 10^{-7}$ bis 10^{-8} m/s), eine Kontrolle der Vertikalität der Bohrung durch Vermessung zu empfehlen (z. B. mit Neigungssonden)
- sind bei der Pfahlherstellung im freien Wasser über der Gewässersohle verlorene Hülsenrohre oder vorgefertigte Pfähle zu verwenden
- muss bei wasserdruckhaltenden überschnittenen Wänden die Verschmutzung der Überschneidungsflächen (Arbeitsfugenflächen) durch Boden bzw. Betonabrieb möglichst gering gehalten werden
- dürfen nur Bewehrungskörbe verwendet werden, die so stabil sind, dass sie sich beim Transport zur Baustelle und beim Einbau in das Bohrloch nicht bleibend verformen
- ist bei Tunnelbauwerken die Sohle unmittelbar gegen die Pfahlwände zu betonieren, um so die Horizontalkräfte der Wände in die Sohle abzuleiten
- ist dafür zu sorgen, dass bei der Herstellung verankerter
  - aufgelöster Pfahlwände alle Einzelpfähle verankert sind und die Ankerkräfte mittels lastverteilender Gurte aufgenommen werden
  - tangierender Pfahlwände die Anker üblicherweise in den Pfahlzwickeln angeordnet werden (gegebenenfalls auch nur in jedem zweiten Pfahlzwickel)
  - überschnittener Pfahlwände Anker durch unbewehrte Primärpfähle gebohrt werden.

10.5 Tragverhalten

Das Tragverhalten aufgelöster Pfahlwände entspricht dem von Trägerbohlwänden. Bei Spritzbeton-Ausfachungen mit Gewölbewirkung ist im Randbereich der Pfahlwände die Abtragung der Gewölbekräfte in der Wandebene zu beachten und entsprechend nachzuweisen.

Bei tangierenden Bohrpfahlwänden kann ein statisches Zusammenwirken der einzelnen Pfähle weder bei der Aufnahme von normal zur Wandebene noch von in der Pfahlebene wirkenden Belastungen vorausgesetzt werden. Bei der üblichen Verankerung dieser Wände in den Pfahlzwickeln sind die Pfähle deshalb durch Kopfbalken gegen Herausdrehen zu sichern.

Bei überschnittenen Bohrpfahlwänden nehmen die bewehrten Sekundärpfähle als Tragelemente die Lasten auf, die direkt auf sie entfallen, bzw. die von den als Füllelemente wirkenden unbewehrten Primärpfählen auf sie übertragen werden. Dabei kann, im Gegensatz zu den tangierenden Pfahlwänden, davon ausgegangen werden, dass die Pfähle wenigstens teilweise statisch zusammenwirken. Dies gilt sowohl für die Aufnahme normal zur Wandebene als auch in der Wandebene wirkender Belastungen. So sind konzentriert einwirkende Vertikallasten nicht nur durch Kopfbalken, sondern in begrenztem Maße auch über Schubspannungen in den Überschneidungsflächen auf mehrere Pfähle verteilbar. Voraussetzung hierfür ist eine genügende Rauigkeit und Sauberkeit der Überschneidungsflächen. Bei der Bemessung der tragenden Sekundärpfähle bleiben diese Wirkungen jedoch im Allgemeinen unberücksichtigt.

10.6 Bemessung

Pfahlwände werden im Allgemeinen nach den für Baugrubenwände üblichen Methoden berechnet. Die einzelnen Pfähle sind auf der Grundlage von DIN 1054, DIN 4124 und DIN EN 1992-1-1 so zu bemessen, dass sie die ermittelten Schnittlasten aufnehmen können.

Hinsichtlich der Belastungsansätze für die Wände ist auf die jeweiligen Empfehlungen der EAU und der EAB zurückzugreifen. Bei aufgelösten Pfahlwänden ist dabei zu beachten, dass der Erdwiderstand ggf. analog zu dem bei Trägerbohlwänden zu berechnen ist.

10.6.1 Bemessung der Spritzbeton-Ausfachungen

Bei der ebenen Ausbildung der Spritzbeton-Ausfachung ist das als Scheibe wirkende Konstruktionselement nach DIN EN 1992-1-1 zu bemessen. Wird statt der ebenen Form eine als Gewölbe wirkende Schale ausgeführt, kann die Bemessung z. B. nach WEIßENBACH [L 257] erfolgen.

10.6.2 Bemessung von Verankerungen

Werden Pfahlwände mit Verpressankern rückverankert, sind für deren Bemessung die Ausführungen von DIN 1054, DIN EN 1537 und DIN EN 1997-1 zu beachten. Die geforderte Nachgiebigkeit der Wand (wenig nachgiebig, annähernd unnachgiebig, unnachgiebig) bestimmt den Erdruckansatz und damit die Größe der Festlegelast der Anker (vgl. hierzu EB 67, EB 22 und EB 23 der EAB).

Der sichere Eintrag der Ankerkräfte in die Pfahlwände verlangt sowohl Nachweise bei der Pfahlbewehrung (Querkraftnachweis) als auch hinsichtlich der Ankerplattenauflagerung.

11 Schlitzwände

11.1 Allgemeines

Als „Schlitzwände“ werden in der Regel abschnittsweise in Bodenschlitzen hergestellte Ortbetonwände bezeichnet. Zwischen Leitwänden werden die Schlitze mit speziellen Aushubwerkzeugen vertikal ausgehoben, wobei fortlaufend eine Stützflüssigkeit eingefüllt wird, um die Schlitzwandungen gegen Einbrechen zu sichern. Nach dem Aushub wird zuerst die meistens erforderliche Bewehrung in den Schlitz eingehängt und danach der Beton im Kontraktorverfahren eingebracht, wobei die durch den Beton verdrängte Stützflüssigkeit ständig weggepumpt wird. Der beschriebene Arbeitsablauf ist schematisch in Abb. 11-1 dargestellt.

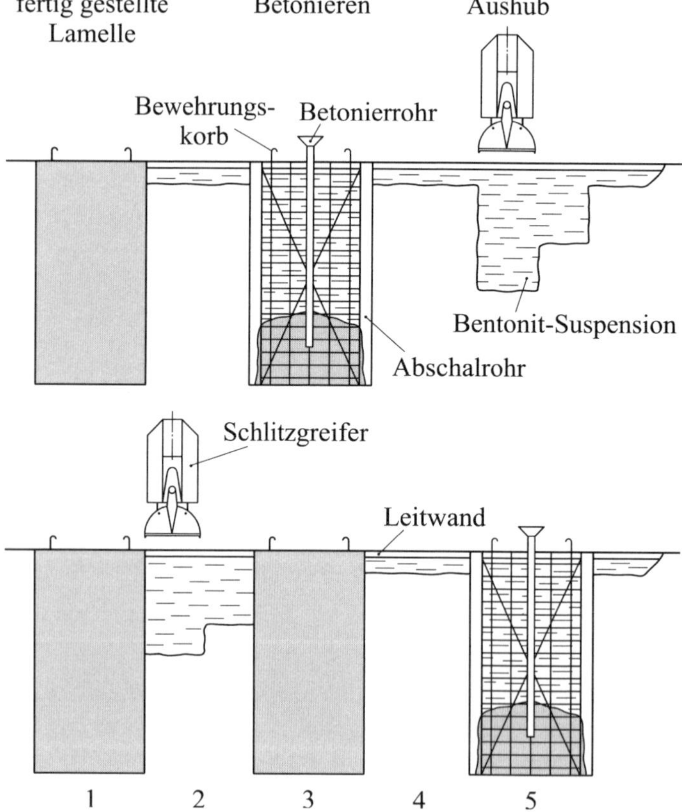

Abb. 11-1 Arbeitsablaufschema bei der Schlitzwandherstellung (nach BEINBRECH [L 4], Kapitel 3.2)

Die Entwicklung der heute weltweit verbreiteten Schlitzwandbauweise erhielt in den Jahren 1950 und 1951 vor allem durch die Arbeiten und Patente von LORENZ (Deutschland) und VEDER (Österreich) besondere Anstöße. Weitere theoretische Untersuchungen und praktische Erfahrungen führten schließlich zu dem heute geltenden Stand des technischen Regelwerks für alle Schlitzwandbauweisen (Fertigteilschlitzwände ausgenommen).

11.2 Anwendungsbereiche

Die im Kapitel 10 dargestellten Pfahlwände sind mit den Schlitzwänden in vielerlei Hinsicht gut vergleichbar. Hierzu gehören u. a. ihre hohen Wandsteifigkeiten, ihre geringen Wandverformungen (insbesondere bei Rückverankerung), ihre Fähigkeit, große Biegemomente aufnehmen zu können sowie ihre erschütterungs- und geräuscharme Herstellung (insbesondere beim Einsatz von Schlitzwandfräsen sowie bei Böden ohne Hindernisse).

Auch bezüglich ihrer Einsatzgebiete, wie verformungsarmen und praktisch wasserundurchlässigen Baugrubensicherungen (Hauptanwendungsgebiet), Stützmauern, Brückenwiderlagern, permanenten Hangsicherungen, Schachtbauwerken sowie Tunnel- und Rampenbauwerken, zeigen sich bei Schlitz- und Pfahlwänden weitgehende Überschneidungen. Allerdings ist die Schlitzwand der Pfahlwand bei kleinen Wandflächen, geringen Tiefen und/oder beengten Raumverhältnissen sowie bei die Wand durchdringenden Leitungen meistens wirtschaftlich unterlegen, bei Wandtiefen von mehr als 25 m jedoch praktisch immer vorzuziehen (erreichbare Schlitztiefen: mit Greifer ca. 50 m, mit Fräse ca. 100 m).

Als Dichtwände haben sich Schlitzwände u. a. im Wasserbau (vgl. z. B. Abb. 11-2) und als Grundwasserschutzbauwerke (etwa bei Deponien, vgl. [L 138]) bestens bewährt. Darüber hinaus werden Schlitzwände auch eingesetzt für Ufereinfassungen und als Einzelelemente zur Abtragung vertikaler Lasten und schräger Zugkräfte.

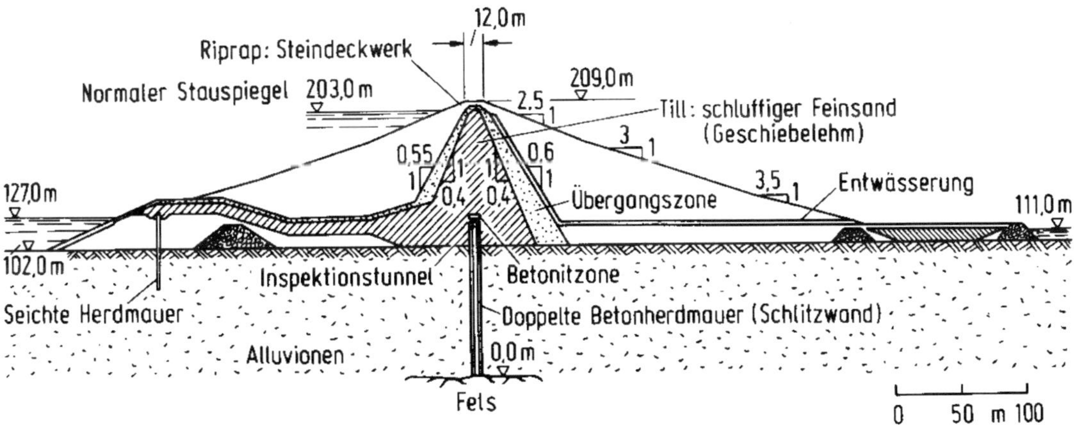

Abb. 11-2 Aufbau des Dammes Manicouagan-3 mit Herdmauer (aus [L 251])

Die Schlitzwandbauweise ermöglicht es, bewehrte Betonwände in unmittelbarer Umgebung lastabtragender Fundamente herzustellen, ohne dass diese zusätzlich unterfangen werden müssen. Wegen der außerdem gegebenen Dichtigkeit und der großen erreichbaren Tiefen der Schlitzwände ist deren Einsatz bei der grundwasserschonenden Herstellung wasserdichter Baugruben in Form von Trogbauwerken besonders vorteilhaft.

11.3 Regelwerke und Begriffe

Empfehlungen zur Konstruktion, Ausführung und Berechnung von Schlitzwänden sowie zu Anforderungen, zu Prüfverfahren, zur Lieferung und zur Güteüberwachung von für stützende

Flüssigkeiten verwendete Schlitzwandtone können, nebst Erläuterungen und Versuchsbeschreibungen, den Normen

- DIN 1054 [L 30], DIN 1055-2 [L 36], DIN 4126 [L 62], DIN 4126 Beiblatt 1 [L 64], DIN 4127 [L 65], DIN EN 1538 [L 79], DIN EN 1992-1-1 [L 83], DIN 1992-1-1/NA [L 84], DIN EN 1997-1 [L 88] und DIN EN 1997-1/NA [L 89]

entnommen werden. Ausführungen zum Aufstellen der Leistungsbeschreibung, zur Ausführung, zu Nebenleistungen und besonderen Leistungen sowie zur Abrechnung finden sich in

- DIN 18313 [L 72].

Zu weiteren Regelwerken für Schlitzwände gehören

- EAB [L 118], EAU 2012 [L 122] und GDA-Empfehlungen [L 138].

Im Folgenden werden einige Begriffe erläutert, die für das Bauverfahren bedeutsam sind.

Stützende Flüssigkeit: Aufschlämmung (Suspension) sehr feinkörniger, fester Stoffe (vor allem aus Montmorillonit bestehende quellfähige Bentonite) im Wasser. Sie stabilisiert die Bodenschlitze während des Bodenaushubs und des Betonierens. Ihr Mischungsverhältnis ist abhängig von den Baugrundgegebenheiten und der Tonqualität. Anforderungen an die Stützflüssigkeit enthält z. B. DIN EN 1538, 6.2.

Kontraktorverfahren: Beton wird unter stützender Flüssigkeit mit Hilfe eines Kontraktorrohrs (Schütt- oder Pumprohr) eingebaut, wobei das Rohr in den bereits eingebrachten Beton so tief eintauchen muss, dass die Betonsäule im Rohr nicht abreißt bzw. keine stützende Flüssigkeit in das Rohr eindringt. Das Entmischen des Betons wird so verhindert und seine Vermischung mit der Stützflüssigkeit minimiert.

Schlitzwandelement: Betoniereinheit bei der Schlitzwandherstellung, die eine gerade Form, T-Form, I-Form oder andere Grundrissformen haben kann. Die Wände entstehen durch Aneinanderreihung von Schlitzwandelementen (auch „Schlitzwandlamellen"), wobei die Elemente in der Regel durch Abstellkonstruktionen voneinander getrennt werden. Die Elementabmessungen sind nach DIN 4126 (vgl. Abb. 11-3)

d_n Nenndicke (Breite des Aushubwerkzeugs)

d_a Ausbruchdicke

l_E Länge (Achsabstand der Abstellkonstruktionen)

t Tiefe

h Wandhöhe.

Leitwand: wird vor Ort oder als Fertigteil hergestellt und im Geländeoberflächenbereich, gleichlaufend zu den Längsseiten der auszuhebenden Schlitze angeordnet. Als Bauhilfsmaßnahmen dienen Leitwände u. a. zur Positionierung und Führung des Aushubwerkzeugs beim Schlitzaushub, zur Sicherung des Schlitzrandes gegen Nachbruch im Bereich des schwankenden Stützflüssigkeitsspiegels sowie als Auflager für einzubauende Teile (z. B. Bewehrungskörbe) oder Arbeitsgeräte.

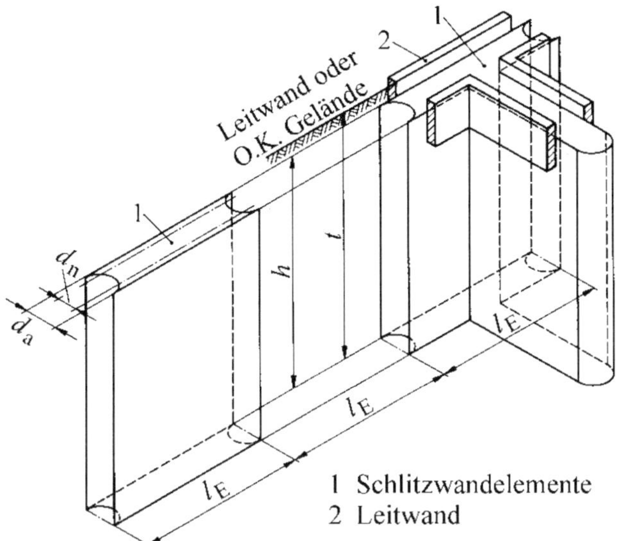

Abb. 11-3 Schlitzwandelemente und Leitwände (nach DIN 4126)

11.4 Aushubwerkzeuge

Schlitzwände werden in der Regel mit Aushubwerkzeugen hergestellt, deren Breite zwischen 40 cm (Mindestgröße für die Gültigkeit von DIN EN 1538) und 200 cm liegt. Übliche Zwischengrößen sind 50, 60, 80, 100, 120 und 150 cm. Die Wahl der Aushubgeräte zur Bodenschlitzherstellung ist u. a. abhängig von der anstehenden Bodenart sowie der Schlitztiefe und -breite. Im Regelfall kommen entweder Greifer oder Fräsen zum Einsatz; für Wände mit geringerer Tiefe (bis ca. 12 m) werden u. U. auch Hydraulikbagger mit Tieflöffeln verwendet.

11.4.1 Schlitzwandgreifer

In Deutschland sind Seilgreifer wegen der vorherrschenden Bodengegebenheiten das Standardgerät (mit Maul- bzw. Öffnungsweiten bis 4,2 m und Massen bis ≈ 26 t). Mit ihnen lassen sich Schlitzwanddicken zwischen 0,4 und 1,5 m herstellen und Schlitztiefen bis zu 50 m erreichen. Der Aushub muss so erfolgen, dass die in DIN EN 1538, 8.2.2.3 zugelassene Abweichung der Schlitzwandelemente gegenüber der Vertikalen von < 1 % der Aushubtiefe in Längs- und in Querrichtung eingehalten wird, was unter „normalen" Umständen (sorgfältige Ausführung, hinreichend qualifiziertes Personal und dem Stand der Technik entsprechende Ausrüstung) möglich ist. Stehen bereichsweise schwere Böden wie z. B. Fels an, sind diese mit Meißeln zu lösen.

11.4.2 Schlitzwandfräsen

Dieser Gerätetyp wurde in den 1960er Jahren in Japan vorgestellt und danach ständig fortentwickelt.

Mit Schlitzwandfräsen wird das Bodenmaterial kontinuierlich gelöst (größere Steine werden zwischen den Fräsrädern zerkleinert) und, vermischt mit Tonsuspension, über bewehrte Gummischläuche nach oben gepumpt (Spülförderung). Das Schema des Arbeitsablaufs beim Fräsen zeigt Abb. 11-4.

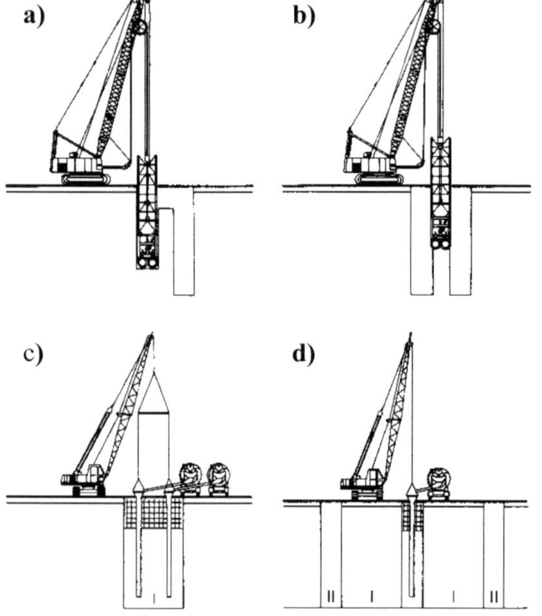

Abb. 11-4 Arbeitsablauf (Schema) bei der Herstellung gefräster Schlitzwände (nach [L 231])
a, b) Herstellung eines dreiteiligen Primärschlitzes
c) Betonieren eines langen Primärschlitzes
d) Betonieren eines kurzen Sekundärschlitzes

Zum Einsatz kommen Fräsen vor allem in Böden mit höherer Festigkeit (etwa bei der Dichtwandherstellung in klüftigem Fels unter Staumauern), bei großen Schlitztiefen (möglich sind Tiefen von über 100 m), bei hohen Anforderungen an die Herstellgenauigkeit (maximale Abweichung aus der Solllage von weniger als 0,5 % der Schlitztiefe, die nach [L 152] ohne besondere Aufwendungen sicher erreichbar sind) und bei relativ erschütterungsarm durchzuführenden Schlitzarbeiten (z. B. bei Einphasenwänden, bei denen die im Erstarren befindlichen Lamellen empfindlich auf Erschütterungen reagieren können). Nach [L 152] stößt der Fräseneinsatz in der Regel an seine wirtschaftlichen Grenzen, wenn die Tiefen der herzustellenden Schlitzwände zu gering (weniger als 8 bis 10 m) und/oder die herzustellenden Wandflächen zu klein sind (weniger als 1500 bis 2000 m^2).

11.5 Herstellung von Schlitzwänden

11.5.1 Herstellverfahren

Zweiphasenverfahren: Anwendung beim Herstellen von bewehrten Schlitzwänden sowie von nicht bewehrten Wänden, die nur eine dichtende und keine lastabtragende Funktion übernehmen (Dichtwände). Zweiphasen-Wände bestehen aus annähernd homogenen Baustoffen mit hinreichend genau bekannten Eigenschaften.

1. Phase: Schlitzaushub mit gleichzeitiger Sicherung des Schlitzes durch eine nicht erhärtende Stützflüssigkeit (vorzugsweise reine Bentonitsuspension)

2. Phase: Austausch der stützenden Flüssigkeit durch das eigentliche Wandmaterial Beton. Dieser Beton wird im Kontraktorverfahren eingebracht, was dazu führt, dass im Zweiphasenverfahren hergestellte Schlitzwände aus annähernd homogenen Baustoffen bestehen, deren Eigenschaften hinreichend genau bekannt sind.

Einphasenverfahren: Anwendung vorwiegend beim Bau von Dichtungsschlitzwänden (Dichtwänden). Die stützende Flüssigkeit wird nicht ausgetauscht, sondern verbleibt im Schlitz und übernimmt auch die Aufgaben des eigentlichen Wandmaterials. Als Stützflüssigkeiten werden Ton-Zement-Suspensionen verwendet, die verzögernd erhärten und ggf. auch Beimischungen von Steinmehl, Eisenerzmehl, Sand oder Ähnlichem enthalten. Der Aushub schließt die Herstellungsarbeiten für das jeweilige Schlitzwandelement ab.

Einphasen-Wände weisen im Wandmaterial u. U. erhebliche Inhomogenitäten auf, da sich der Wassergehalt über die Wand stark verändern kann. Die Materialkennwerte dieser Wände sind deshalb zur sicheren Seite hin abzuschätzen.

Kombinationsverfahren: Die Herstellung erfolgt zunächst wie beim Einphasenverfahren. Nach dem Aushub und vor dem Erstarren der selbsterhärtenden Stützflüssigkeit werden jedoch noch Elemente in den Schlitz eingebaut, die tragend (z. B. Stahlspundbohlen oder Stahlbetonfertigteile) und/oder dichtend (z. B. miteinander verschweißte Folienbahnen) wirken.

11.5.2 Arbeitsgänge bei der Herstellung

Nach Fertigstellung der Leitwände sind z. B. bei Ortbetonwänden die weiteren Arbeitsgänge zur Herstellung der aus mehreren Elementen bestehenden Gesamtwand (vgl. Abb. 11-1)

- der Schlitzaushub
- der Einbau von Abstellelementen (meist Stahlrohre, auch „Abschalrohre“ genannt) zur Begrenzung der Stirnseiten der Vorläuferlamellen (in Abb. 11-1 die Lamellen 1, 3 und 5)
- der Bewehrungseinbau
- das Betonieren
- das Ziehen der stirnseitigen Abstellelemente (der Beton im Schlitz muss zwar schon standfest sein, darf aber das Ziehen nicht zu stark behindern)
- das Nachbearbeiten (Abspitzen) der Oberfläche des Betons, wenn dieser ausreichende Festigkeit erreicht hat.

Die zwischen den Vor- und Nachläuferlamellen entstehenden Betonierfugen (siehe Abb. 11-5) sind Schwachstellen der sonst praktisch wasserundurchlässigen Schlitzwand. Feuchtstellen in den Fugenbereichen sind nicht von vornherein auszuschließen und müssen ggf. durch Zusatzmaßnahmen beseitigt werden (z. B. Injektionen im Bereich des hinter der Wand liegenden Bodens oder Verpressen der Fugen mit Kunstharz). Die Dichtigkeit solcher Arbeitsfugen lässt sich durch die Reinigung der Anschlussflächen bereits hergestellter Schlitzwandelemente (z. B. mit Hilfe exzentrisch aufgehängter Meißel) erhöhen.

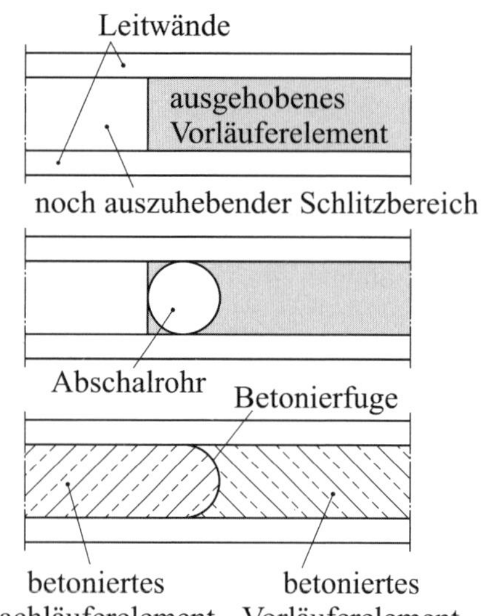

Abb. 11-5 Betonierfuge zwischen dem Vor- und Nachläuferelement einer Ortbetonschlitzwand

11.5.3 Leitwandherstellung

Leitwände sind Hilfskonstruktionen und werden in aller Regel aus Stahlbeton mit geringem Bewehrungsgrad hergestellt. Da die Leitwände den obersten Bodenbereich der Schlitzwände stützen, d. h. den Erddruck in diesem Bereich aufnehmen müssen, ohne dabei ihre Lage zu verändern, werden sie nach ihrer Fertigstellung mit Bodenmaterial verfüllt oder gegeneinander ausgesteift (z. B. mit Kanalspindeln).

Leitwände sind nach [L 63] nur bei unbewehrten Schlitzwänden und nur unter bestimmten Bedingungen verzichtbar. Auch Kellerwände oder Nachbarfundamente sind als Leitwände zulässig, wenn sie sich in einem hierfür geeigneten Zustand befinden und in der Lage sind, den Flüssigkeitsdruck aufzunehmen. Leitwände, die in sich nicht standsicher sind, müssen abgesteift werden.

Die Leitwandhöhe h_L ist auch für die Maßhaltigkeit der Schlitzwandelemente bedeutsam und liegt in der Regel zwischen 0,7 und 1,5 m. Die Größe hängt u. a. von den Betriebsschwankungen des Stützflüssigkeitsspiegels ab, der seitlichen Belastung und der Tiefenlage von Leitungen oder Hindernissen, die vor Beginn der Schlitzwandarbeiten ggf. zu beseitigen sind.

Abb. 11-6 zeigt Beispiele für Querschnittsformen von Leitwänden bei der Ausführung in Ortbeton. Die Abbildung d) erfasst eine Form, deren Ausführung erforderlich werden kann, wenn gespanntes Grundwasser angeschnitten wird. Die über die Geländeoberfläche ragenden Leitwände ermöglichen einen höher liegenden Suspensionsspiegel bzw. eine vergrößerte Stützwirkung der Suspension.

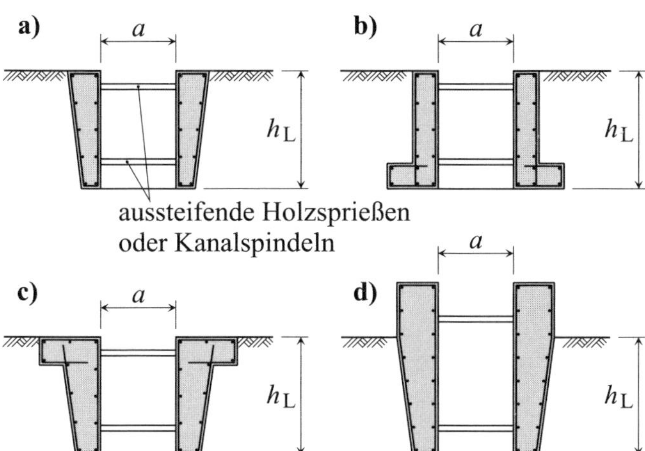

Abb. 11-6 Leitwandformen bei Ortbetonausführung (nach BEINBRECH [L 4], Kapitel 3.2)
a = lichter Abstand der Leitwände = d_n + Übermaß (ca. 5 cm)
a) bei standfesten Böden und normaler Beanspruchung durch Ausbubwerkzeuge
b) bei kohäsionslosen oder aufgeschütteten Böden und normaler Beanspruchung durch Aushubwerkzeuge
c) bei standfesten Böden und hoher Beanspruchung durch Aushubwerkzeuge
d) bei standfesten Böden und für höheren Suspensionsspiegel

11.5.4 Schlitzaushub

Theoretisch ist die Tiefe t von Schlitzwandelementen zwar nicht begrenzt, doch gewinnt mit zunehmender Schlitztiefe die Gefahr des „Verlaufens“ von Elementen an Bedeutung, da zu große Abweichungen von der vertikalen Solllage im unteren Wandbereich zu Spaltöffnungen zwischen den Elementen führen können.

Nach DIN EN 1538, 8.2 muss der Aushub bei Schlitzwänden mit stützender Funktion so erfolgen, dass die Wandelemente gegenüber der Vertikalen in Längs- und Querrichtung um < 1 % der Aushubtiefe abweichen (vgl Abb. 11-7). Größere Abweichungen sind zulässig, wenn der Baugrund Hindernisse, wie z. B. Findlinge, enthält. Eine Reduzierung der Abweichungen ist mit Hilfe besonderer Maßnahmen möglich, wie z. B. Führungseinrichtungen, Einsatz von Messtechnik (Inklinometer mit zugehöriger Monitorisierung) und nachträgliches Bearbeiten der Wandoberfläche.

Greifen die Einzelschlitze beim Aushub nicht ineinander, können zwei benachbarte Schlitze im ungünstigsten Fall gemäß dem Beispiel der Abb. 11-7 voneinander abweichen.

Beim Greiferbetrieb ergibt sich ein sicheres Ineinandergreifen benachbarter Schlitze, wenn beim Aushub gemäß Abb. 11-8 verfahren wird. Dabei sollte nach [L 255] ein Übergreifmaß von 0,5 m nicht unterschritten werden. Steht in den Schlitzen 1 und 2 stützende Flüssigkeit mit annähernd gleichbleibenden Eigenschaften bis zum Aushubende von Schlitz 3 an, bewirkt das während des Aushubs eine Führung des Baggergreifers in den Nachbarschlitzen 1 und 2 und damit die Entstehung einer geschlossenen Wand.

35 m unter Gelände

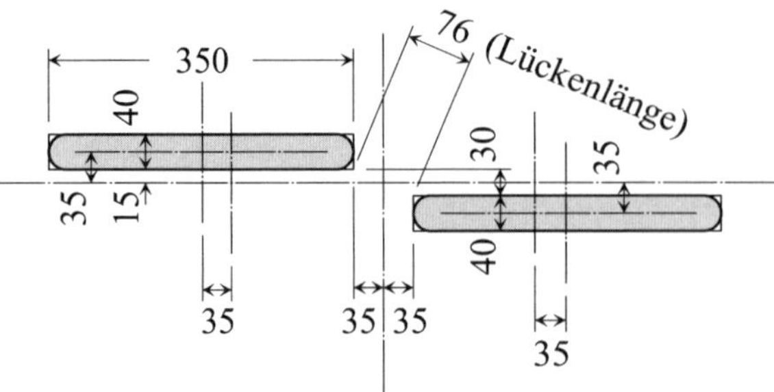

50 m unter Gelände

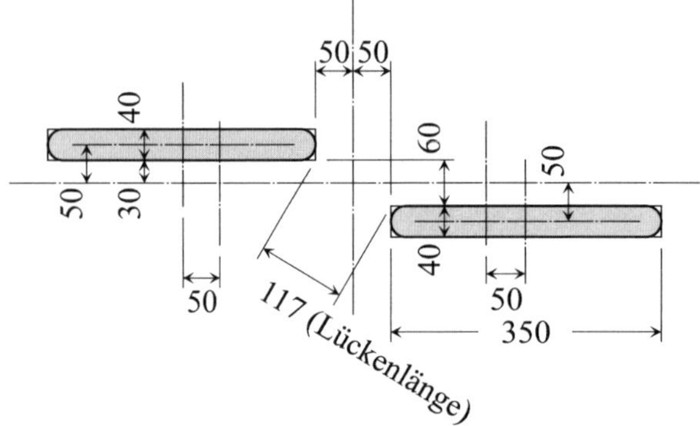

Abb. 11-7 Beispiel für mögliche Abweichungen (alle Maße in cm) zweier Schlitzwand-Elemente von der Solllage, bei einer Herstellgenauigkeit gegenüber der Vertikalen von ≤ 1 % der Aushubtiefe (nach [L 255])

≤ (Greiferlänge – Länge der Lücke – Sicherheit)

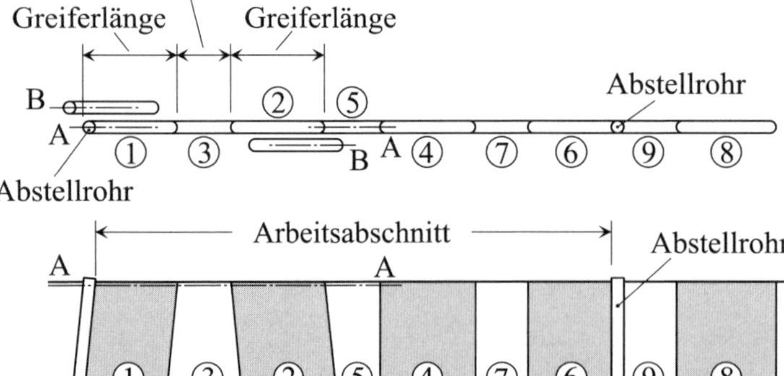

①②③ usw.: Reihenfolge der Elemente bei der Herstellung

Abb. 11-8 Schema des Arbeitsablaufs beim Herstellen fugenloser Schlitzwände mit Greifern (nach [L 255])

Nach DIN 4126, 5.1 und DIN EN 1538, 8.4.1 darf der Spiegel der Stützflüssigkeit während des Aushubs und der anschließenden Arbeiten bis zum Betonierende nicht unter den statisch notwendigen Stand und nicht unter Unterkante Leitwand (Verhinderung von Auskolkungen) absinken.

Die ausführbare größte horizontale Länge eines Einzelelements ist abhängig von der Standsicherheit des durch die Stützflüssigkeit stabilisierten Schlitzes und damit von Parametern wie den Bodenkennwerten, den äußeren Lasten, dem Grundwasserstand und der Dichte der stützenden Flüssigkeit. So können nach [L 122] Einflüsse wie hoher Grundwasserstand, fehlende Kohäsion im Boden, benachbarte schwerbelastete Gründungen, empfindliche Versorgungsleitungen, … dazu führen, dass sich das Größtmaß von ≈ 10 m auf ≈ 3,0 m verringert, was im Bereich üblicher Öffnungsweiten von Schlitzwandgreifern liegt.

Aus wirtschaftlicher Sicht ist es grundsätzlich sinnvoll, möglichst große Längen l_E für die Einzelschlitze zu wählen (reduziert auch die Anzahl der nie ganz dichten vertikalen Betonierfugen). Auszuführende Einzelschlitzlängen liegen in der Regel zwischen 2,50 m und 7,50 m.

11.5.5 Betonieren

Nach DIN 4126, 6.3 ist die Zeit zwischen Schlitzaushub- und Betonierbeginn möglichst kurz zu halten. Überschreitet sie 30 Stunden, kann dies zur Verminderung der Wandreibung führen. Während des Betonierens sollten nach [L 63] Unterbrechungszeiten von > 15 Minuten vermieden werden, solche > 30 Minuten gefährden Qualität und Standsicherheit des Schlitzwandelements.

Der Beton ist im Kontraktorverfahren mit einer Steiggeschwindigkeit von ≥ 3 m/h einzubringen, wobei sein Ausbreitmaß zwischen 55 und 60 cm liegen sollte (Entmischungsgefahr bei > 63 cm).

Die Kontraktorrohre müssen zu Betonierbeginn bis knapp über die Schlitzsohle reichen. Ihre Eintauchtiefen und Anordnungen sind nach Abb. 11-9 festzulegen. Beim Einsatz mehrerer Kontraktorrohre ist der Beton so einzubringen, dass seine Oberfläche gleichmäßig ansteigt.

Trotz der beschriebenen Maßnahmen beim Betonieren ist es meist nicht zu verhindern, dass der Beton in seiner oberen Zone (ca. 50 cm) mit Stützflüssigkeit und Aushubmaterial durchmischt ist. Wegen seiner geringen Belastbarkeit ist der Beton in diesem Bereich nach seiner Freilegung in der Regel abzubrechen.

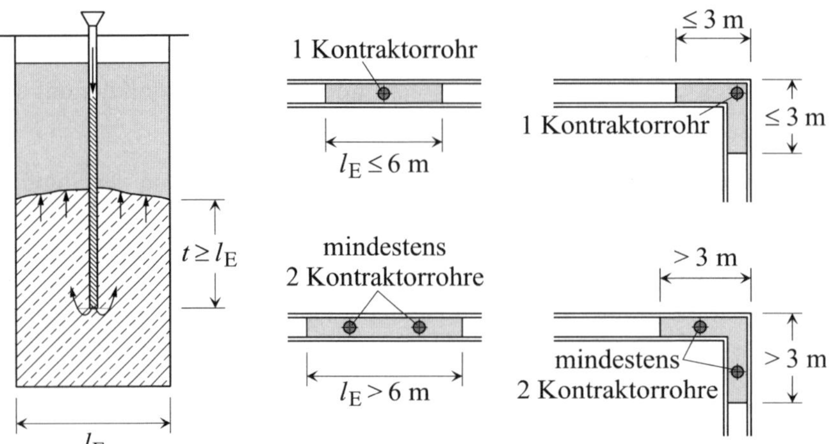

Abb. 11-9 Eintauchtiefen und Anordnungen der Kontraktorrohre gemäß [L 63] (nach BEINBRECH [L 4], Kapitel 3.2)

11.5.6 Aufgabe mit Lösung

Aufgabe 11-1

Es ist zu begründen, warum bei der Herstellung einer Schlitzwand nach dem Zweiphasenverfahren das Kontraktorverfahren einzusetzen ist. Darüber hinaus sind fünf wesentliche Forderungen anzugeben, die beim Betoniervorgang eingehalten werden müssen.

Lösung zu Aufgabe 11-1

Beim Herstellen einer Schlitzwand nach dem Zweiphasenverfahren wird der Schlitz beim Aushub laufend mit Stützflüssigkeit gefüllt, die am Ende der Herstellungsphase (nach Beendigung des Aushubs und nach Einbringen der Bewehrung) durch Beton zu ersetzen ist. Um die Qualität des Betons nicht zu vermindern, ist sicherzustellen, dass er sich beim Einbringen

- nicht entmischt
- in möglichst geringem Maße mit der sehr wässrigen Tonsuspension vermischt.

Diese Forderungen werden durch das Kontraktorverfahren weitgehend erfüllt, bei dem der Beton über ein in den Schlitz eingehängtes Kontraktorrohr (Betonierrohr) eingebracht wird.

Beim Betoniervorgang

- muss das Kontraktorrohr zum Betonierbeginn bis knapp über die Schlitzsohle reichen
- muss das Kontraktorrohr während des Betoniervorgangs hinreichend tief in den schon eingebrachten Beton eintauchen (auf Ziehgeschwindigkeit des Rohrs achten)
- ist der Beton so einzubringen (ggf. mit mehreren Kontraktorrohren), dass seine Oberfläche mit einer Geschwindigkeit von mindestens 3 m/h gleichmäßig ansteigt
- ist ein Beton zu verwenden, dessen Ausbreitmaß zwischen 55 und 60 cm liegt, um so sein Entmischen zu verhindern

► sind Unterbrechungszeiten von mehr als 15 Minuten zu vermeiden, um so die Qualität und die Standsicherheit des Schlitzwandelements nicht zu gefährden.

11.6 Tonsuspension, Fließgrenze und thixotrope Verfestigung

Tonsuspensionen verhalten sich wie thixotrope Flüssigkeiten, d. h., wie Gele, die sich bei mechanischer Einwirkung (z. B. Rühren) verflüssigen. Aufgrund der elektrostatischen „Verbundkräfte“, die zwischen den einzelnen Tonpartikeln wirken, sind sie in der Lage, Scherfestigkeiten (Kohäsion) bis zu der maximalen Größe $\tau_{F(t,T)}$ aufzubauen. Diese Scherspannung wird nach DIN 4127 als Fließgrenze bezeichnet und ist bezüglich ihrer Größe von der Zeit t der thixotropen Verfestigung und der Temperatur T abhängig. Sie erfasst den Grenzzustand der aktivierbaren Schubspannung τ, ab dem die stützende Flüssigkeit zu fließen beginnt.

Die thixotrope Verfestigung setzt ein mit dem Abschluss der Fließbewegung ($t = 0$) einer stützenden Flüssigkeit, wie sie z. B. durch einen durch die Suspension gezogenen Schlitzwandgreifer hervorgerufen wird. Die mit der Ruhezeit eintretende, reversible thixotrope Verfestigung entspricht der Fließgrenzenzunahme nach Abb. 11-10.

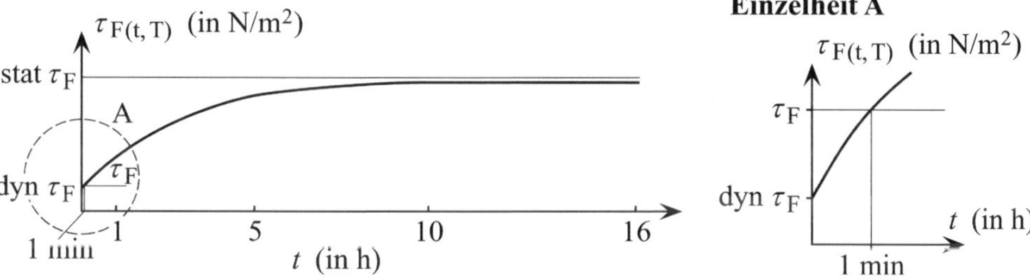

Abb. 11-10 Thixotrope Verfestigung (nach DIN 4127)

Spezielle Werte der Fließgrenze sind der zur Verfestigungszeit $t = 0$ gehörende und als „dynamische Fließgrenze“ bezeichnete Minimalwert dyn τ_F, der maximale Asymptotengrenzwert stat τ_F, der „statische Fließgrenze“ genannt wird (genügend genau durch $\tau_{F(16h)}$ angenähert) und die zu der Verfestigungszeit $t = 1$ Minute und der Temperatur $T = 20$ °C gehörende Fließgrenze $\tau_{F(1\,min,\,20\,°C)}$, die vereinfacht mit τ_F bezeichnet wird.

11.7 Übertragung des Stützflüssigkeitsdrucks

Zur Stabilisierung der Schlitzwandungen während des Aushubs wird ein mechanisches Zusammenwirken von Stützflüssigkeit und Bodenmaterial genutzt, das die Differenz aus Stützflüssigkeits- und Grundwasserdruck vollständig auf das Korngerüst des zu stützenden Bodens überträgt.

11.7.1 Entstehung von vollkommenen Filterkuchen

Wird stützende Flüssigkeit mit Feststoffpartikeln verwendet, deren Durchmesser größer ist als der Durchmesser der Bodenporen in den zu stützenden Schlitzwandungen, werden diese Partikel beim Eindringen der Stützflüssigkeit in die Erdwandungen abgefiltert. Auf der Oberfläche der Schlitzwandungen entsteht so eine fast wasserundurchlässige Membran, die als „Filterkuchen" bezeichnet wird. Bei feinkörnigen Böden mit $d_{10} \leq 0{,}2$ mm (Korndurchmesser bei 10 % Siebdurchgang) und Bentonitsuspensionen als Stützflüssigkeit bilden sich solche Filterkuchen nahezu vollkommen aus, d. h. dass die Poreneingänge der Schlitzwandungen praktisch vollständig mit Feststoffpartikeln verstopft werden.

Bildet sich ein vollkommener Filterkuchen an der Schlitzwandoberfläche aus, tritt eine „membranartige" Übertragung der Normalspannungen ein. Bei einem in das Grundwasser reichenden Schlitz wirken dann auf den Filterkuchen im Grundwasserbereich die entgegengesetzt gerichteten Normalspannungen aus dem hydrostatischen Druck der Suspension einerseits und dem hydrostatischen Druck des Grundwassers andererseits (siehe Abb. 11-11).

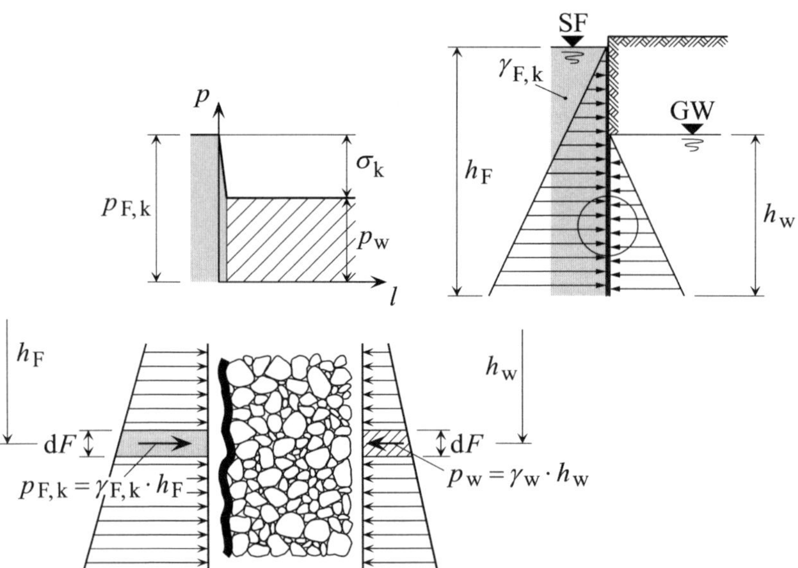

Abb. 11-11 Ausbildung eines Filterkuchens (nach STOCKER/WALZ [L 148], Kapitel 3.7)

Steht in der Tiefe h_F unter dem Suspensionsspiegel Grundwasser mit der Spiegelhöhe h_w an, tritt in dieser Tiefe der charakteristische Differenzdruck

$$\Delta p_k = \gamma_{F,k} \cdot h_F - \gamma_w \cdot h_w \qquad \text{Gl. 11-1}$$

auf ($\gamma_{F,k}$ ist die Dichte der Stützflüssigkeit und γ_w die Dichte des Grundwassers). Er wird über die Dicke des vollkommenen Filterkuchens vollständig auf diesen übertragen und steht auf der Erdseite der Schlitzwandung als charakteristische Druckspannung

$$\sigma_k = \Delta p_k \qquad \text{Gl. 11-2}$$

zur Stützung des Erdkörpers (Stützdruck) zur Verfügung.

11.7.2 Reine Eindringung (fehlender Filterkuchen)

Reine Eindringung tritt auf, wenn der vorliegende Boden so grobporig ist, dass er die Feststoffpartikel der in ihn eindringenden Stützflüssigkeit nicht abfiltert. Das bedeutet, dass die Feststoffteilchen der Frischsuspension (ggf. angereichert mit Füllstoffpartikeln) und die durch den Bodenaushub hinzukommenden Bodenteilchen keinen Filterkuchen ausbilden.

In solchen Fällen kommt die in den Porenraum eindringende Stützflüssigkeit zum Stillstand infolge der charakteristischen Schubspannungen $\tau_k = \tau_{F,k}$ (charakteristische Scherfestigkeit der Suspension), die sie an den Kornoberflächen der Porenkanäle entwickelt (vgl. Abb. 11-12). Über diese Spannungen überträgt die eindringende Stützflüssigkeit den Flüssigkeitsdruck so lange auf das Korngerüst des Bodens, bis sie die Eindringtiefe s erreicht. Der Eindringvorgang ist dann beendet, da das Integral der über die Porenkanaloberfläche und die Eindringtiefe s verteilten Schubspannungen gleich ist dem hydrostatischen Differenzdruck, der sich ergibt aus der am Porenkanalanfang drückenden Stützflüssigkeit und dem am Ende der Eindringtiefe s drückenden Grundwasser.

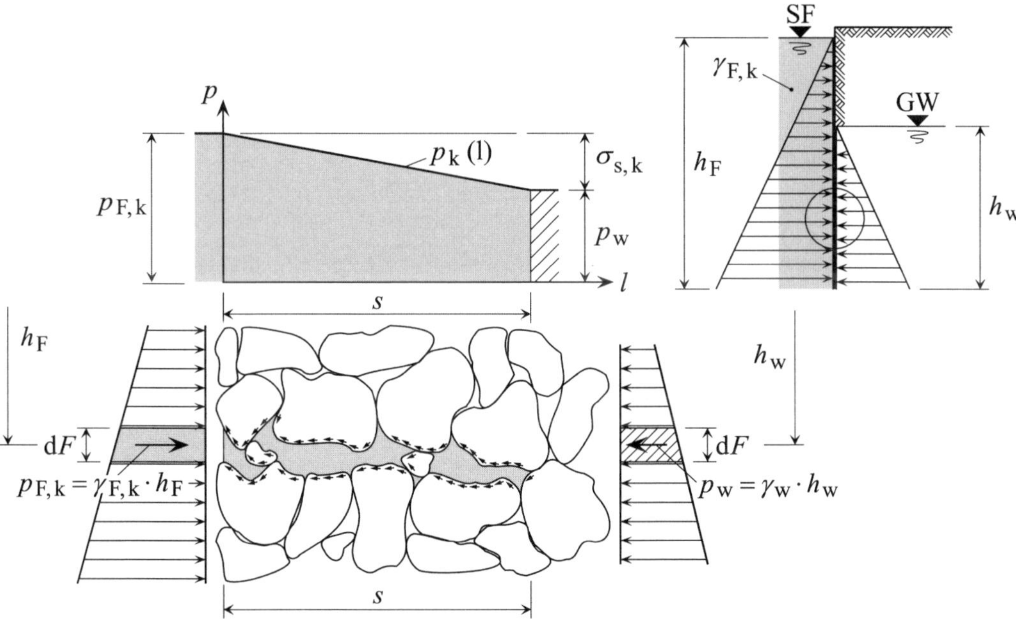

Abb. 11-12 Stagnation der Suspension im Korngerüst infolge ihrer Scherfestigkeit und der Übertragung der Druckdifferenz durch statische Schubspannungen (nach STOCKER/WALZ [L 148], Kapitel 3.7)

In einer Tiefe, in der die Suspensionsspiegelhöhe h_F und die Grundwasserspiegelhöhe h_w beträgt, besitzt die charakteristische hydrostatische Druckdifferenz zwischen der Suspension im Schlitz und dem Grundwasser am Ende der Eindringtiefe s die Größe

$$\Delta p_k = \gamma_{F,k} \cdot h_F - \gamma_w \cdot h_w \qquad \text{Gl. 11-3}$$

Δp_k wird entlang der Länge *s* der Eindringung über Schubspannungen gleichmäßig auf das Korngerüst des Bodens übertragen und wirkt am Ende von *s* in vollem Umfang als den Erdkörper stützende charakteristische effektive Druckspannung (Stützdruck)

$$\sigma_{s,k} = \Delta p_k \qquad \text{Gl. 11-4}$$

Bei homogenen Böden stehen Druckdifferenz Δp_k und Eindringtiefe *s* über die Schlitztiefe in einem linearen Verhältnis.

11.7.3 Unvollkommene Filterkuchenbildung und verminderte Eindringung

Bei vielen Schlitzwandungen können zwar die Tonpartikel der Stützflüssigkeit in den Porenraum des anstehenden Bodens eindringen, nicht aber das meist grobkörnigere Bodenmaterial, mit dem sich die Suspension beim Schlitzaushub anreichert. Beim Eindringen der „verschmutzten" Stützflüssigkeit in die Bodenporen werden die Bodenteilchen zusammen mit Tonpartikeln an den Wandungen des Erdschlitzes abgefiltert. Dadurch entsteht eine unvollkommene Filterkuchenschicht, durch die in vermindertem Umfang weiterhin Tonsuspension in die Porenkanäle des Bodens eindringen kann (vgl. Abb. 11-13). Die Abtragung der charakteristischen Flüssigkeitsdruckdifferenz $\Delta p_k = \sigma_{ds,k}$ auf das Korngerüst des Bodens erfolgt dann teilweise membranartig über die Filterkuchenschicht (wie bei vollkommenen Filterkuchen) bzw. über die von der Stützflüssigkeit erzeugten charakteristischen Schubspannungen $\tau_{F,k}$ im Porenkanal der Eindringtiefe *s*.

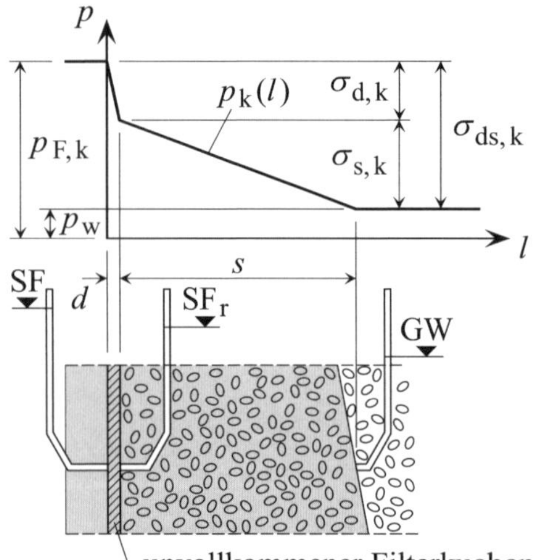

Abb. 11-13 Übertragung des Stützflüssigkeitsdrucks bei unvollkommenem Filterkuchen und verminderter Eindringung

Bei unvollkommen ausgebildeten Filterkuchen ist die Eindringtiefe *s* nicht eindeutig ermittelbar, da sich weder die Filterkuchendicke noch das Druckgefälle im Filterkuchen genügend genau angeben lassen. Deshalb ist in solchen Fällen die Größe der Eindringtiefe *s* entweder durch die Annahme festzulegen, dass eine reine Eindringung ohne Filterkuchenbildung vorliegt (bezüglich der Standsicherheitsberechnungen auf der sicheren Seite liegend) oder sie ist mit Hilfe des Gerätes zur Messung des Druckgefälles f_{s0} experimentell zu bestimmen (vgl. [L 63], Erläuterungen zu Abschnitt 3.11). Letztere Möglichkeit verlangt zwei Versuche (mit reiner und mit verschmutzter Stützflüssigkeit, bei gleicher Tonkonzentration); deren Auswertung ermöglicht mit $p_{s,k} = \sigma_{s,k}$ die Angabe des Druckgefälles (siehe hierzu Abschnitt 11.7.5) $f_{s0} = p_{s,k}/s$ sowie das zu $\sigma_{ds,k}$ bzw. $p_{F,k} - p_w$ gehörende Verhältnis $\sigma_{d,k}/\sigma_{s,k}$.

11.7.4 Geschlossene Systeme

Bei den bisher beschriebenen Stützungsmechanismen wurde vorausgesetzt, dass die Stützflüssigkeit in den offenen Porenraum der zu stützenden Schlitzwandungen („offenes" System) eindringen kann, um so ihre stabilisierende Wirkung zu entwickeln. Eine stützende Wirkung kann die Tonsuspension nicht entfalten, wenn sie z. B. auf wassergesättigten Sand einwirkt, der von wenig wasserdurchlässigem, bindigem Boden umgeben ist („geschlossenes" System). Trifft das Aushubgerät auf einen solchen „geschlossenen" Boden, wird die charakteristische Flüssigkeitsdruckdifferenz Δp_k in diesem Boden sofort durch eine entsprechende Erhöhung des Porenwasserdrucks im geschlossenen System kompensiert. Wegen der dann fehlenden Druckdifferenz kann die Suspension nicht in den Porenraum eindringen, so dass einerseits ein Abfiltern von Feststoffpartikeln nicht eintreten kann und sich andererseits auch keine Schubspannungen in den Porenkanälen aufbauen können. Dies führt zum Wegfall der Stützwirkung durch die Stützflüssigkeit und zum Auslaufen des Sandes in den Schlitz hinein.

Die Kompensation von Δp_k durch Porenwasserdruckerhöhung tritt auch bei wassergesättigten bindigen Böden auf. Aus diesem Grund können solche Böden nur dann mit einer Flüssigkeit gestützt werden, wenn der Aushub so langsam erfolgt, dass sich der kompensierende Porenwasserüberdruck wieder abbauen kann.

11.7.5 Druckgefälle

DIN 4126, 3.5 definiert zunächst die entlang der Eindringtiefe s an das Korngerüst gleichmäßig abgegebene Differenz

$$\Delta p = p_1 - p_2 \qquad \text{Gl. 11-5}$$

der am Anfang und am Ende der Eindringtiefe im Porenraum herrschenden Flüssigkeitsdrücke. Mit dieser Differenz wird dann das Druckgefälle einer im Porenraum eines Bodens zum Stillstand gekommenen stützenden Flüssigkeit durch

$$f_{s0} = \frac{\Delta p}{s} \qquad \text{Gl. 11-6}$$

angegeben. f_{s0} stellt gleichzeitig eine Kraft dar, die von der stützenden Flüssigkeit auf das Korngerüst übertragen wird. Sie ist auf eine Volumeneinheit (Würfel) des Bodens im Eindringbereich bezogen und wirkt in dieser Größe, nachdem der Eindringvorgang der Stützflüssigkeit zum Abschluss gekommen ist.

In [L 221] stellt RUPPERT Ergebnisse von Versuchen mit verschiedenen Bodenarten und Bentonitsorten vor, in denen er die dimensionslose Größe s_k mit der Fließgrenze τ_F in Beziehung bringt. Im Rückgriff auf diese Versuche übertragen STOCKER/WALZ [L 148], Kapitel 3.7, die Ergebnisse in guter Näherung auf das Druckgefälle, das zu s_k in der Beziehung

$$f_{s0} = \gamma_F \cdot s_k \qquad \text{Gl. 11-7}$$

steht. Für die Ermittlung des tatsächlich vorhandenen Druckgefälles geben sie die Gleichung

$$\text{vorh} f_{s0} = \frac{a \cdot \tau_F}{d_{10}} \qquad \text{Gl. 11-8}$$

an. Dabei ist a die Neigung der Ausgleichsgeraden und d_{10} der Korndurchmesser des Bodens bei 10 % Siebdurchgang (vgl. Abb. 11-14). Mit $a = 2$ ergibt sich die Gleichung für das vorhandene Druckgefälle gemäß DIN 4126, Gleichung 9 (siehe auch DIN 4126 Bbl 1, Seite 10).

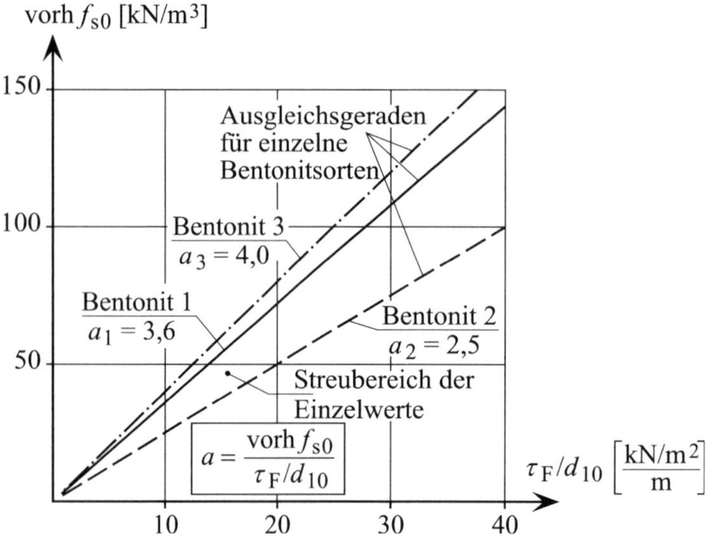

Abb. 11-14 Einfluss der Bentonitsorten auf das Druckgefälle f_{s0} (nach STOCKER/WALZ [L 148], Kapitel 3.7)

11.7.6 Aufgabe mit Lösung

Aufgabe 11-2

Es ist anzugeben

- unter welchen Umständen unvollkommene Filterkuchen entstehen können
- welche Konsequenzen sich daraus für die Eindringtiefe und das Druckgefälle ergeben
- in welchen Formen bei den Standsicherheitsberechnungen damit umgegangen werden kann (kritischer Vergleich der Möglichkeiten).

Lösung zu Aufgabe 11-2

Unvollkommene Filterkuchen entstehen, wenn die Poren im Korngerüst

- zu groß sind, um eine reine Filterkuchenbildung zu ermöglichen und gleichzeitig
- zu klein sind, um eine reine Eindringung zu gewährleisten.

Dabei ist zu beachten, dass in der Regel die eindringende Suspension verschmutzt ist, d. h., dass einerseits die „verschmutzenden" Bodenteilchen zusammen mit den Tonpartikeln an den Wandungen der Erdschlitze abgefiltert werden, andererseits aber auch unverschmutzte oder weniger verschmutzte Stützflüssigkeit in die Porenräume des anstehenden Bodens eindringt.

Die Konsequenz der geschilderten Situation ist eine Uneindeutigkeit bezüglich der sich einstellenden Eindringtiefe s und damit auch der Größe des Druckgefälles f_{s0}. Für die Standsicherheitsberechnungen ergeben sich deshalb als Möglichkeiten

- die Annahme einer reinen Eindringung und damit eine auf der sicheren Seite liegende Abschätzung, da dabei von dem kleinsten Druckgefälle ausgegangen wird
- die experimentelle Bestimmung des vorhandenen Druckgefälles mit Hilfe von zwei Versuchen die einmal mit der reinen und einmal mit der verschmutzen Stützflüssigkeit durchzuführen sind (bei gleicher Tonkonzentration).

Die erste Lösung liegt zwar auf der sicheren Seite, führt in der Ausführung aber zu höheren Kosten. Die zweite Lösung ist einerseits mit Kosten für die Durchführung der Versuche verbunden, führt andererseits aber zu geringeren Kosten bei der Ausführung. Bezüglich des Planungsprozesses ist zu beachten, dass die im zweiten Fall erforderliche Zeit für die Versuchsdurchführung etc. nicht zu unakzeptablen Verzögerungen führen darf.

11.8 Standsicherheit des gestützten Schlitzes

11.8.1 Nachweise und Voraussetzungen

Für die Phase der Schlitzwandherstellung, in der die Stabilisierung der Schlitzwandungen durch die Stützflüssigkeit erfolgt, muss nach DIN 4126, 5 die Standsicherheit der mit stützender Flüssigkeit gefüllten Schlitze über drei Einzelnachweise aufgezeigt werden. Sie dienen zum Nachweis der Sicherheit gegen

- den Zutritt von Grundwasser in den Schlitz
- das Abgleiten von Einzelkörnern oder Korngruppen in den Schlitz (auch als „innere" Standsicherheit bezeichnet)
- den Schlitz gefährdende Gleitflächen im Boden (auch als „äußere" Standsicherheit bezeichnet).

Bei der Nachweisführung wird vorausgesetzt, dass die in den Abschnitten 11.8.2 und 11.8.4 angesetzte Höhe des Stützflüssigkeitsspiegels nicht unterschritten wird. Bei Nichteinhaltung dieser Voraussetzung (Absinken des Spiegels unter das statisch erforderliche Niveau), können sich z. B. Gleitflächen im Boden bilden, die den Schlitz ggf. zum Einsturz bringen.

Die Absenkung des Stützflüssigkeitsspiegels ist auf Verluste zurückzuführen, wie sie z. B. entstehen beim Anschneiden von Hohlräumen oder auch einer neuen Schicht, deren Durchlässigkeit größer ist als die der vorhergehenden Schicht. Durch die Abschätzung der Verluste, die bei solchen Gegebenheiten zu erwarten sind, kann der Unterschreitung der statisch erforderlichen Spiegelhöhe der stützenden Flüssigkeit vorgebeugt werden. Bei angeschnittenen Schichten mit stärkerer Durchlässigkeit führt der Ansatz

$$s = \frac{\Delta p_{\mathrm{k}} \cdot d_{10}}{2 \cdot \tau_{\mathrm{F,k}}} \qquad \text{Gl. 11-9}$$

zu einer sicheren Abschätzung der Eindringtiefen s der Stützflüssigkeit (vgl. DIN 4126, 5.1). Die Multiplikation der so gewonnenen s-Werte mit der Eindringfläche und dem Porenanteil n der jeweils angeschnittenen Schicht liefert einen auf der sicheren Seite liegenden Schätzwert des zu erwartenden Stützflüssigkeitsverlustes. Nach DIN 4126, 5.1 darf für die Abschätzung $n = 0{,}25$ gewählt werden.

Die Sicherung der statisch erforderlichen Suspensionsspiegelhöhe basiert u. a. auf der Kenntnis von Lage und Größe vorhandener Hohlräume, Rohrleitungen und grobporiger Bodenschichten, auf der ständigen Überwachung des Flüssigkeitsspiegels, auf der Vorhaltung einer ausreichenden Reservemenge an Stützflüssigkeit und ggf. an abdichtenden Stoffen, wie etwa schon ausgehobenes Bodenmaterial oder Beton, sowie auf dem Ausgleich des Aushubvolumens und des Flüssigkeitsverlustes durch ständiges Zuleiten von Suspension in den Erdschlitz.

11.8.2 Grundwasserzutritt in den Schlitz und Stützflüssigkeitsverdrängung

Die Sicherheit gegen den Zutritt von Grundwasser in den mit Stützflüssigkeit gefüllten Schlitz gilt nach DIN 4126, 5.2 als erfüllt, wenn nachgewiesen ist, dass der Bemessungswert des Drucks der stützenden Flüssigkeit $p_{\mathrm{F,d}}$ an jeder beliebigen Stelle des Schlitzes gleich oder größer ist als der Bemessungswert $p_{\mathrm{w,d}}$ des Grundwasserdrucks

$$p_{\mathrm{w}} \cdot \gamma_{\mathrm{G,dst}} = p_{\mathrm{w,d}} \le p_{\mathrm{F,d}} = p_{\mathrm{F,k}} \cdot \gamma_{\mathrm{G,stb}} \quad \text{bzw.} \quad \mu = \frac{p_{\mathrm{w}} \cdot \gamma_{\mathrm{G,dst}}}{p_{\mathrm{F,k}} \cdot \gamma_{\mathrm{G,stb}}} \le 1 \qquad \text{Gl. 11-10}$$

In den Ungleichungen sind μ der Ausnutzungsgrad und $\gamma_{\mathrm{G,dst}}$ bzw. $\gamma_{\mathrm{G,stb}}$ zu den Grenzzuständen HYD und UPL gehörende Teilsicherheitsfaktoren. Als hydrostatischer Grundwasserdruck p_{w} ist der Druck anzusetzen, der sich beim höchsten, während der Bauzeit zu erwartenden Grundwasserspiegel einstellt und als charakteristischer hydrostatischer Druck der Stützflüssigkeit $p_{\mathrm{F,k}}$ maximal der Druck, dessen angenommener Spiegel zur Leitwandoberkante einen Abstand von ≥ 20 cm aufweist und nach DIN EN 1538, 7.2.1.3 ≥ 1 m über dem Grundwasserspiegel gemäß der Definition von p_{w} liegen sollte.

Mit dem für die Bemessungssituation BS-A geltenden Teilsicherheitsbeiwerten für destabilisierende bzw. stabilisierende ständige Einwirkungen (vgl. DIN 1054, Tabelle A 2.1)

$$\gamma_{\mathrm{G,dst}} = 1{,}00 \quad \text{bzw.} \quad \gamma_{\mathrm{G,stb}} = 0{,}95 \qquad \text{Gl. 11-11}$$

ergibt sich aus Gl. 11-10

$$\frac{p_{\mathrm{w}}}{p_{\mathrm{F,k}}} = \frac{\gamma_{\mathrm{w}} \cdot (t - t_{\mathrm{w}})}{\gamma_{\mathrm{F,k}} \cdot (t - t_{\mathrm{F}})} \le \frac{\gamma_{\mathrm{G,stb}}}{\gamma_{\mathrm{G,dst}}} = \frac{0{,}95}{1{,}00} = 0{,}95 \qquad \text{Gl. 11-12}$$

bzw.

$$t \cdot (\gamma_{\mathrm{w}} - 0{,}95 \cdot \gamma_{\mathrm{F,k}}) \le \gamma_{\mathrm{w}} \cdot t_{\mathrm{w}} - 0{,}95 \cdot \gamma_{\mathrm{F,k}} \cdot t_{\mathrm{F}} \qquad \text{Gl. 11-13}$$

Diese Forderung ist im Regelfall leicht einzuhalten, da der Ton-Wasser-Suspension auch Füllstoffe wie z. B. Feinsand beigemengt werden dürfen, womit problemlos Wichten der frisch angemischten Suspension von mindestens $\gamma_{\mathrm{F,k}} = 10{,}526$ kN/m^3 (nach Gl. 11-12 erforderlich für $t_W = t_F$) erreicht werden können. Tatsächlich wird die Sicherheit während des Aushubs weiter vergrößert, da die Aushubarbeiten eine Anreicherung der Suspension mit Bodenmaterial bewirken, was mit einer Erhöhung der charakteristischen Suspensionswichte $\gamma_{F,k}$ verbunden ist. Für den Sicherheitsnachweis muss dieser Sachverhalt allerdings außer Betracht bleiben.

Bei gespanntem oder unmittelbar unter der Geländeoberkante anstehendem Grundwasser kann der zu fordernde Suspensionsdruck meist auch durch die zusätzliche Erhöhung der Leitwandoberkante über Gelände erreicht werden (siehe Abb. 11-6).

Bei Systemen gemäß Abb. 11-15 ergibt sich das kleinste Verhältnis der durch die Stützflüssigkeit bzw. das Grundwasser hervorgerufenen hydrostatischen Drücke in der Tiefe t. Bei vorgegebener Suspensionswichte $\gamma_{F,k}$ ergibt sich aus Gl. 11-13 für die zulässige Schlitztiefe

$$\text{zul}\, t \le \frac{\gamma_W \cdot t_W - 0{,}95 \cdot \gamma_{F,k} \cdot t_F}{\gamma_W - 0{,}95 \cdot \gamma_{F,k}} \qquad \text{Gl. 11-14}$$

und bei vorgegebener Schlitztiefe t die erforderliche charakteristische Stützflüssigkeitswichte

$$\text{erf}\, \gamma_{F,k} \ge \frac{\gamma_W \cdot (t - t_W)}{0{,}95 \cdot (t - t_F)} \qquad \text{Gl. 11-15}$$

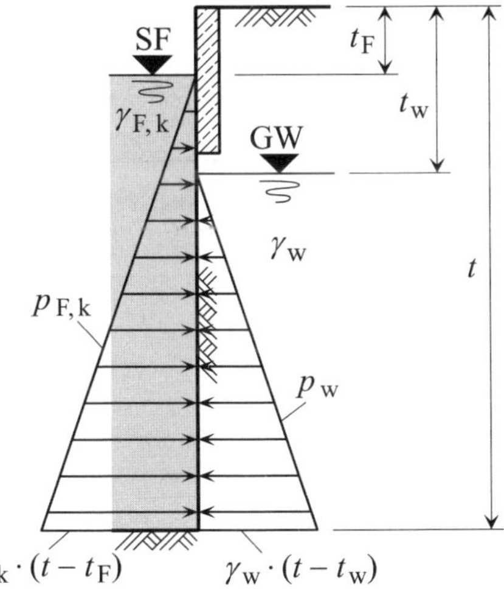

Abb. 11-15 In Grundwasser reichende Schlitzwand der Tiefe t

Anwendungsbeispiel

In annähernd homogenem Sand (maßgebende Korngröße $d_{10} \le 0{,}3$ mm) ist ein durch eine Tonsuspension gestützter Schlitz geplant, der in das Grundwasser reicht. Für seine Herstellung gelten die Abmessungen (vgl. Abb. 11-15)

$t_F = 0{,}30$ m und $t_W = 1{,}10$ m

und die Materialkennwerte

$\gamma_W = 10{,}0\ \text{kN/m}^3$ (Wichte des Grundwassers)

$\gamma_{F,k}$ (charakteristische Wichte der Stützflüssigkeit)

$\rho'_{s,k} = 2{,}58$ kg/Liter (charakteristische Korndichte des Suspensionstons)

Auf Grund von Baugrunderkundungen ist davon auszugehen, dass bei der Schlitzherstellung keine Hohlräume und/oder grobporige Bodenschichten angeschnitten werden. Da im Bereich der Baumaßnahme auch keine Abwasserleitungen o. Ä. vorliegen ist nicht mit plötzlichen Stützflüssigkeitsverlusten zu rechnen.

Unter Bezugnahme auf die nach DIN 4126 geltende Sicherheit gegen den Zutritt von Grundwasser in den gestützten Aushubbereich einer Schlitzwand sind zu ermitteln

1) die zulässige Schlitztiefe bei einer charakteristischen Wichte der Tonsuspension von $\gamma_{F,k} = 10{,}3$ kN/m^3
2) die aufgeschlämmte Tonmasse (in kg) pro m^3 Tonsuspension, die zu der charakteristischen Wichte der Tonsuspension von $\gamma_{F,k} = 10{,}3$ kN/m^3 gehört (Tabelle 11-1 verwenden!)
3) die charakteristische Wichte $\gamma_{F,k}$ (in kN/m^3) der stützenden Flüssigkeit, die sie für eine Schlitztiefe $t = 50$ m mindestens aufweisen muss
4) die Masse (in kg) an Feinsand (charakteristische Korndichte = 2,66 kg/Liter), die eine Suspension mit dem Tonanteil $g = 49$ kg/m^3 mindestens enthalten muss, wenn sie für Schlitztiefen bis 50 m verwendet werden soll (Tabelle 11-1 verwenden!).

Tabelle 11-1 Berechnung der Mischrezeptur für 1000 Liter stützende Flüssigkeit (nach DIN 4126 Bbl 1, Tabelle 101)

Stoff	Masse in kg	Korndichte in kg/Liter	Volumen in Liter
Ton	g	ρ'_s	$\frac{g}{\rho'_s}$
Füllstoff	g_1	ρ_{s1}	$\frac{g_1}{\rho_{s1}}$
Wasser	$1000 - \left(\frac{g}{\rho'_s} + \frac{g_1}{\rho_{s1}}\right)$	1,000	$1000 - \left(\frac{g}{\rho'_s} + \frac{g_1}{\rho_{s1}}\right)$
Stütz-flüssigkeit	$g + g_1 + 1000 - \left(\frac{g}{\rho'_s} + \frac{g_1}{\rho_{s1}}\right)$	$\frac{g + g_1 + 1000 - \left(\frac{g}{\rho'_s} + \frac{g_1}{\rho_{s1}}\right)}{1000}$	1000

Lösung

1 Zulässige Schlitztiefe bei $\gamma_{F,k} = 10{,}3$ kN/m^3 der Tonsuspension

Nach DIN 4126, 5.2 ist die Sicherheit gegen den Grundwasserzutritt in den Schlitz dann gegeben, wenn nachgewiesen wird, dass für den charakteristischen hydrostatischen Druck der stützenden Flüssigkeit und den hydrostatischen Druck des Grundwassers in jeder beliebigen Tiefe die Bedingung

$$p_{\mathrm{W}} \cdot \gamma_{\mathrm{G,dst}} \leq p_{\mathrm{F,k}} \cdot \gamma_{\mathrm{G,stb}}$$

eingehalten wird.

Diese Bedingung muss vor allem für den ungünstigsten Fall erfüllt sein, der bei den vorliegenden Höhenlagen von Suspensions- und Grundwasserspiegel in der noch zu bestimmenden Tiefe t zu finden ist. Für diese Tiefe ergibt sich mit Gl. 11-14 die gesuchte zulässige Größe der Schlitztiefe zu

$$\mathrm{zul}\, t \leq \frac{\gamma_{\mathrm{W}} \cdot t_{\mathrm{W}} - 0{,}95 \cdot \gamma_{\mathrm{F,k}} \cdot t_{\mathrm{F}}}{\gamma_{\mathrm{W}} - 0{,}95 \cdot \gamma_{\mathrm{F,k}}} = \frac{10{,}0 \cdot 1{,}10 - 0{,}95 \cdot 10{,}3 \cdot 0{,}30}{10{,}0 - 0{,}95 \cdot 10{,}3} = 37{,}51\ \mathrm{m}$$

2 <u>Aufgeschlämmte Tonmasse pro m³ Tonsuspension</u>

Nach DIN 4126, Tabelle 3 (entspricht Tabelle 11-1) ergibt sich die Masse m (in kg) von 1 m^3 reiner Tonsuspension aus

$$m = g + 1000 - \frac{g}{\rho'_{\mathrm{s}}}$$

wobei g die Masse des Tons (in kg pro m^3 Suspension) und ρ'_{s} seine Korndichte (in kg/Liter) angeben. Durch Auflösung nach g und Einsetzen der Größen $m = 1\,030\ \mathrm{kg/m^3}$ und $\rho'_{\mathrm{s}} = \rho'_{\mathrm{s,k}} = 2{,}58$ kg/Liter ergibt sich daraus die gesuchte Masse an aufgeschlämmtem Ton pro m^3 der Suspension

$$g = \frac{(m - 1000) \cdot \rho'_{\mathrm{s,k}}}{\rho'_{\mathrm{s,k}} - 1} = \frac{(1030 - 1000) \cdot 2{,}58}{2{,}58 - 1} = 49\ \mathrm{kg}$$

3 <u>Erforderliche Wichte $\gamma_{\mathrm{F,k}}$ der stützenden Flüssigkeit für die Schlitztiefe $t = 50$ m</u>

Die charakteristische Wichte der Stützflüssigkeit, die bei einer Schlitztiefe von $t = 50$ m gemäß DIN 4126, 5.2 erforderlich ist, berechnet sich mit Hilfe von Gl. 11-15 zu

$$\mathrm{erf}\, \gamma_{\mathrm{F,k}} \geq \frac{\gamma_{\mathrm{W}} \cdot (t - t_{\mathrm{W}})}{0{,}95 \cdot (t - t_{\mathrm{F}})} = \frac{10{,}0 \cdot (50{,}0 - 1{,}10)}{0{,}95 \cdot (50{,}0 - 0{,}30)} = 10{,}357\ \mathrm{kN/m^3}$$

4 <u>Feinsandmasse einer Suspension mit dem Tonanteil $g = 49$ kg pro m³</u>

Für den vorliegenden Fall muss nach Abschnitt 3 eine für Schlitztiefen bis 50 m verwendbare Suspension mindestens die Masse $m = 1\,035{,}7\ \mathrm{kg/m^3}$ aufweisen. Nach DIN 4126, Tabelle 3 (entspricht Tabelle 11-1) ergibt sich dieser Wert aus

$$m = g + g_1 + 1000 - \left(\frac{g}{\rho'_{\mathrm{s}}} + \frac{g_1}{\rho_{\mathrm{s1}}} \right)$$

wobei g_1 die Masse des Feinsandes (in kg pro m^3 Suspension) und ρ_{s1} dessen Korndichte (in kg/Liter) angeben.

Aufgelöst nach g_1 und mit den Zahlengrößen für m, g, $\rho'_{\mathrm{s}} = \rho'_{\mathrm{s,k}}$ und $\rho_{\mathrm{s1}} = \rho_{\mathrm{s1,k}}$ ergibt sich die gesuchte Mindestmasse an Feinsand

$$\text{erf}\, g_1 = \frac{\left(m + \dfrac{g}{\rho'_{s,k}} - 1000 - g \right) \cdot \rho_{sl,k}}{\rho_{sl,k} - 1} = \frac{\left(1035{,}7 + \dfrac{49}{2{,}58} - 1000 - 49 \right) \cdot 2{,}66}{2{,}66 - 1} = 9{,}1\,\text{kg}$$

die die Suspension pro m^3 mindestens enthalten muss, um für Schlitztiefen bis 50 m verwendet werden zu können.

11.8.3 Innere Standsicherheit (Abgleiten von Einzelkörnern/Korngruppen)

Bei grobkörnigen Schlitzwandungen ohne oder mit unvollkommener Filterkuchenbildung ist das Abgleiten von Einzelkörnern oder Korngruppen in die Stützflüssigkeit zu verhindern (innere Standsicherheit). Um dies für ein Bodenelement gemäß der Abb. 11-16 zu erreichen, das unter dem Auftrieb der Stützflüssigkeit steht und somit die charakteristische Eigenlast G''_k besitzt, wird eine charakteristische Scherkraft

$$\text{erf}\, T_d = \frac{\text{erf}\, T_k}{\gamma_{\varphi'}} \geq G''_k \cdot \gamma_G \qquad \text{Gl. 11-16}$$

benötigt. Dabei stellen $\gamma_{\varphi'}$ und γ_G entsprechende Teilsicherheitsbeiwerte (siehe unten) dar.

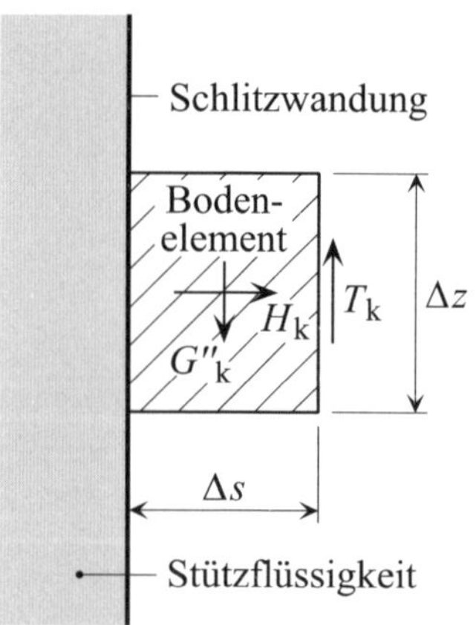

Abb. 11-16 Gegen Abgleiten zu sicherndes Bodenelement der Breite Δb

Wird in Gl. 11-16 der Ausdruck

$$G''_k = \gamma''_k \cdot \Delta s \cdot \Delta z \cdot \Delta b \qquad \text{Gl. 11-17}$$

für die charakteristische Eigenlast des Bodenelements und die Beziehung

$$\begin{aligned} \text{erf}\, T_k &= \text{erf}\, H_k \cdot \tan \varphi_k \\ &= \text{erf}\, f_{s0} \cdot \Delta s \cdot \Delta z \cdot \Delta b \cdot \tan \varphi'_k \end{aligned} \qquad \text{Gl. 11-18}$$

eingesetzt, ergibt sich das erforderliche Druckgefälle zu

$$\text{erf}\, f_{s0} \geq \frac{\gamma_{\varphi'} \cdot \gamma_G \cdot \gamma''_k}{\tan \varphi'_k} \qquad \text{Gl. 11-19}$$

Da das vorhandene Druckgefälle vorhf_{s0} (siehe Gl. 11-8) zur Gewährleistung der inneren Standsicherheit mindestens so groß sein muss wie das erforderliche, gilt ($\tau_{F,k}$ wird in DIN 4126, 5.1 mit τ_F bezeichnet)

$$\frac{a \cdot \tau_{F,k}}{d_{10}} = \text{vorh}\,f_{s0} \geq \text{erf}\,f_{s0} = \frac{\gamma_{\varphi'} \cdot \gamma_G \cdot \gamma''_k}{\tan \varphi'_k} \qquad \text{Gl. 11-20}$$

Mit $a=2$ (gemäß den Erläuterungen der DIN 4126, vgl. auch Gl. 11-8) ergibt sich aus Gl. 11-20 die Bedingung

$$\tau_{F,k} \geq \frac{\gamma_{\varphi'} \cdot \gamma_G \cdot d_{10} \cdot \gamma''_k}{2 \cdot \tan \varphi'_k} \qquad \text{Gl. 11-21}$$

für die charakteristische Fließgrenze der stützenden Flüssigkeit (beachte auch Seite 11 von DIN 4126 Bbl 1 und Tabelle 11-2). Die einzelnen Größen haben dabei die Bedeutung:

d_{10} Korndurchmesser des Bodens bei 10 % Siebdurchgang

φ'_k charakteristischer Wert für den effektiven Reibungswinkel des Bodens

γ''_k charakteristische Bodenwichte unter dem Auftrieb der Stützflüssigkeit (zul. Näherung nach DIN 4126, 5.3: $\gamma''_k = \gamma'_k$ = charakteristische Bodenwichte unter Wasserauftrieb)

$\gamma_{\varphi'}$ 1,15 (Teilsicherheitsbeiwert für den charakteristischen Reibungsbeiwert $\tan \varphi'_k$ des dränierten Bodens im Grenzzustand GEO-3 und in der Bemessungssituation BS-T, siehe DIN 1054, Tabelle A 2.2)

γ_G 1,00 (Teilsicherheitsbeiwert für ständige Einwirkungen im Grenzzustand GEO-3 und in der Bemessungssituation BS-T, siehe DIN 1054, Tabelle A 2.1).

Tabelle 11-2 Mindestfließgrenzen $\tau_{F,k}$ in Abhängigkeit von der Bodenart (nach DIN 4126 Bbl 1, Tabelle 100)

d_{10} in mm	**min $\tau_{F,k}$ in N/m² während der Aushubarbeiten**	**Bodenart z. B.**
≤ 0,6	10	Mittelsand
≤ 2	30	Kies mit ≥ 10 % Sand
≤ 5	70	Kies mit < 10 % Sand, aber mit ≥ 15 % Feinkies

Mit dem Anpassungsfaktor $\eta_F = 0{,}6$ für die Fließgrenze (berücksichtigt die Fließgrenzenschwankungen während des Schlitzaushubs und das vereinfachte Messverfahren zur Fließgrenzenbestimmung auf der Baustelle) ergibt sich als Sicherheitsnachweis gemäß DIN 4126, 5.3 gegen das Abgleiten von Einzelkörnern oder Korngruppen einer Schicht (Grenzzustand GEO-3)

$$\gamma''_k \cdot \gamma_G \leq \frac{2 \cdot \eta_F \cdot \tau_{F,k}}{d_{10}} \cdot \frac{\tan \varphi'_k}{\gamma_{\varphi'}} \qquad \text{Gl. 11-22}$$

der sich auch in der Form

$$\mu = \frac{\gamma''_{\text{k}} \cdot \gamma_{\text{G}} \cdot d_{10}}{2 \cdot \eta_{\text{F}} \cdot \tau_{\text{F,k}}} \cdot \frac{\gamma_{\varphi'}}{\tan \varphi'_{\text{k}}} \leq 1 \qquad \text{Gl. 11-23}$$

darstellen lässt (μ = Ausnutzungsgrad).

Der Nachweis der inneren Sicherheit ist für die grobkörnigste Schicht im Bereich der Schlitzwandung zu führen. Nach DIN 4126, 5.3 dürfen Schichten mit Mächtigkeiten < 0,5 m dabei dann außer Acht gelassen werden, wenn über jeder dieser Schichten jeweils eine Schicht mit ausreichender Sicherheit und der mindestens dreifachen Mächtigkeit ansteht. Der Nachweis darf nach DIN 4126, 5.3 auch erbracht werden durch das Herstellen eines Versuchsschlitzes in einem für die Bauarbeiten repräsentativen Bereich oder durch positive Erfahrungen an mindestens 20 Schlitzelementen in gleichartigen oder ungünstigeren Böden.

Weitere Ausführungen sind in DIN 4126 sowie in DIN 4126 Bbl 1 zu finden.

11.8.4 Äußere Standsicherheit (gefährdende Gleitflächen), Allgemeines

Wenn die Stützflüssigkeit über die jeweils erreichte Aushubtiefe t_{a} (bis hin zur Endtiefe t) einen zu geringen hydraulischen Druck entwickelt, kann „äußeres“ Versagen eintreten. In solchen Fällen entstehen Gleitflächen in dem Erdkörper, der den Aushubbereich umgibt. Auf ihnen kann der Boden im Wesentlichen als Monolith in den ggf. nicht vollständig mit Suspension gefüllten ausgehobenen Teil des geplanten Schlitzes abrutschen.

Der in Abb. 11-17 dargestellte Bruchmechanismus beim Versagen flüssigkeitsgestützter Erdschlitze entspricht Beobachtungen sowie Ergebnissen von Modellversuchen (vgl. [L 166]).

Zu räumlich begrenzten Schlitzen der Länge l_{s} gehörende Gleitkörper tragen einen Teil der erzeugten aktiven Erddruckkraft durch Gewölbewirkung ab. Diese Wirkung stellt sich über die Schlitzlänge l_{s} ein, die Abtragung erfolgt auf den an den Schlitzrändern anstehenden Boden. Die hierbei auf die Wandung des Schlitzes einwirkende aktive Erddruckkraft E_{a} des räumlichen Falls (räumliche Erddruckkraft) ist kleiner als die sich nach COULOMB ergebende Erddruckkraft des ebenen Falls (bezogen auf einen Abschnitt der Länge l_{s} eines unendlich langen Erdschlitzes). Die Gewölbebildung führt zu einem Volumen und damit auch zu einer Masse räumlich begrenzter Gleitkörper, das geringer ist als das gleich langer Abschnitte unendlich langer Erdschlitze. Die Differenz der entsprechenden Gleitkörpervolumina wächst mit der Gewölbewirkung, die sich mit größer werdendem Verhältnis von Aushubtiefe t_{a} zu Schlitzlänge l_{s} verstärkt.

Im Laufe der Zeit wurden verschiedene vereinfachte Bruchmodelle vorgestellt (vgl. z. B. [L 166]), mit denen die räumliche Erddruckkraft näherungsweise berechnet werden kann. Eines dieser Modelle ist das Erdkeilmodell der DIN 4126 (siehe Abb. 11-18). Bei ihm wird die aktive Erddruckkraft E_{ah} nicht dadurch verkleinert, dass das Erdkeilvolumen gegenüber dem des ebenen Falls reduziert wird, sondern indem auf den seitlichen Gleitflächen des Erdkeils Schubspannungen τ (Schubkräfte T) angesetzt werden.

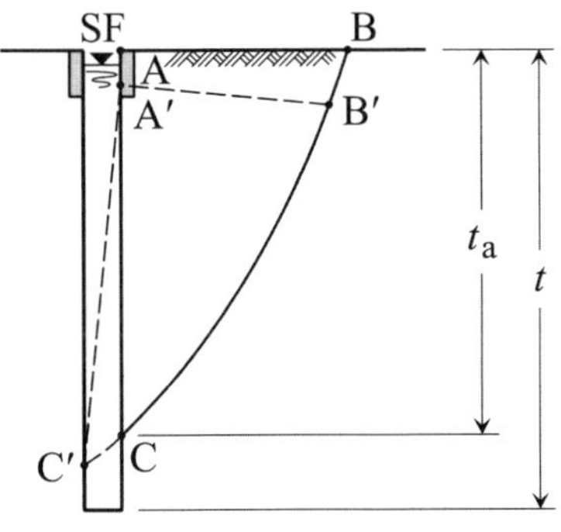

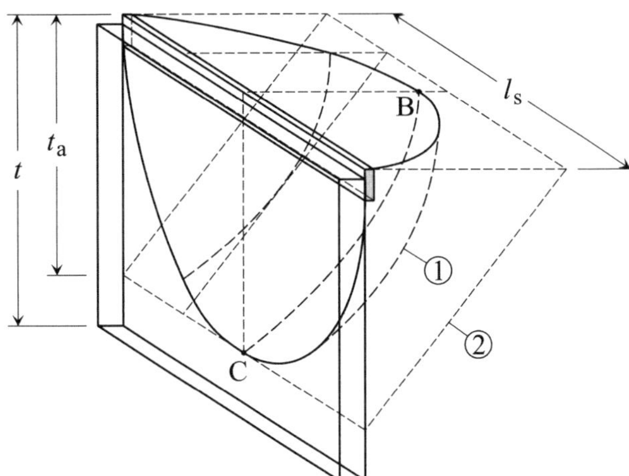

Grundriss

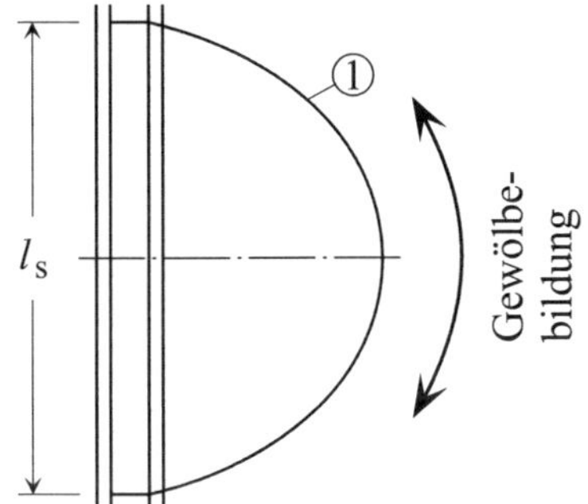

1) monolithischer Bruchkörper beim endlich langen Erdschlitz
2) entsprechender Bruchkörper eines (theoretisch) unendlich langen Erdschlitzes

Abb. 11-17 Bruchmechanismus beim Versagen eines flüssigkeitsgestützten Erdschlitzes infolge Gleitflächenbildung (nach [L 166])

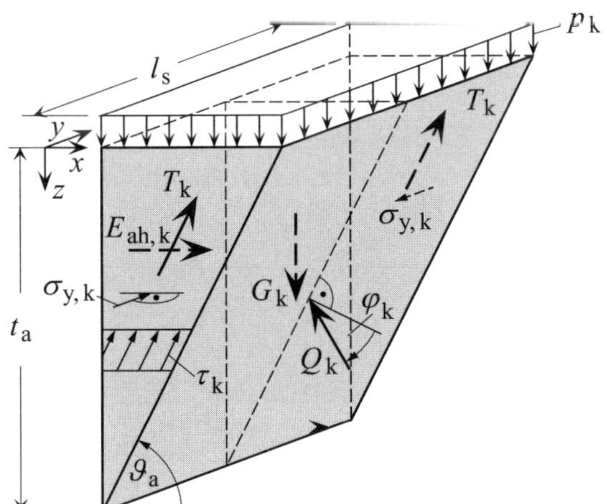

Abb. 11-18 Erdkeilmodell gemäß DIN 4126, 5.4.3

Die Sicherheit gegen das Bruchversagen durch Gleitflächenbildung im Falle des räumlichen Erddruckproblems wird in DIN 4126, 5.4.1 definiert durch

$$S_d = \gamma_{G,stb} \cdot (S_{H,k} - W) \geq E_{ah,d} = \gamma_{G,dst} \cdot E_{ah,k} \qquad \text{bzw.} \qquad \mu = \frac{E_{ah,d}}{S_d} \leq 1 \qquad \text{Gl. 11-24}$$

Darin sind

S_d	Dimensionierungswert der den Erdkeil stützenden Kraft (Stützkraft)
$E_{ah,d}$	Dimensionierungswert der aktiven Erddruckkraft
$S_{H,k}$	charakteristischer Wert der hydrostatischen Stützkraft der stützenden Flüssigkeit
W	hydrostatische Druckkraft des Grundwassers
$E_{ah,k}$	charakteristischer Wert der aktiven Erddruckkraft (sind Lasten aus baulichen Anlagen im kritischen Bereich (Abb. 11-19) vorhanden, ist die Erddruckkraft im Sinne eines erhöhten Erddrucks bei geringer Wandbewegung mit dem Anpassungsfaktor $\eta_0 = 1{,}2$ zu erhöhen)
$\gamma_{G,stb}$	0,95 (Teilsicherheitsbeiwert für stabilisierende ständige Einwirkungen in den Grenzzuständen HYD und UPL und in der Bemessungssituation BS-P oder BS-T)
$\gamma_{G,dst}$	1,05 (Teilsicherheitsbeiwert für destabilisierende ständige Einwirkungen in den Grenzzuständen HYD und UPL und in der Bemessungssituation BS-P oder BS-T)
μ	Ausnutzungsgrad (Verhältnis des Erddrucks zum resultierenden Stützdruck)

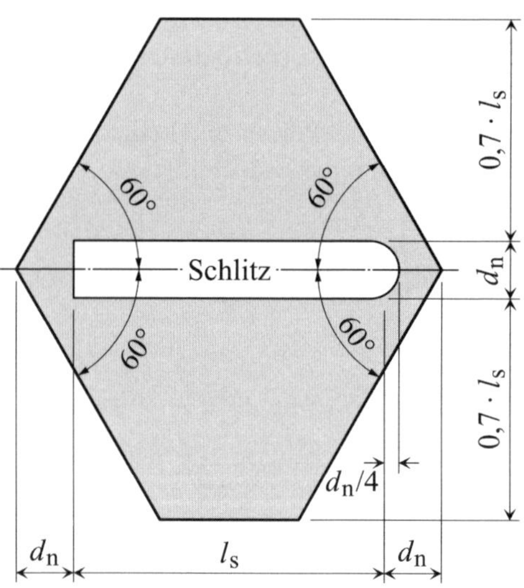

Abb. 11-19 Kritischer Bereich eines Schlitzes (Grundriss) und Ermittlung der Schlitzlänge l_s, links bei rechteckigem, rechts bei gerundetem Abschluss (nach DIN 4126, Bild 4)

Mit der Definition wird die Sicherheit der durch die Suspension gestützten Schlitzwandung bei beliebiger Aushubtiefe gewährleistet. Im Boden vorhandene Kohäsion darf dabei in der Berechnung nur mit der reduzierten Größe red $c = c_k/1{,}5$ angesetzt werden. Zur Auffindung der vom abgleitenden Bodenmonolithen ausgelösten größten charakteristischen Erddruckkraft $E_{ah,k}$ ist für die jeweilige Aushubtiefe der Gleitflächenwinkel ϑ_a (siehe Abb. 11-18) zu variieren.

11.8.5 Äußere Standsicherheit (gefährdende Gleitflächen), Stützkraft

Die Größe der charakteristischen Stützkraft S_k, mit der die Stützflüssigkeit und die Leitwand bei der jeweils erreichten Aushubtiefe t_a gegen den Gleitkörper drücken, ist abhängig von

- der Länge l_s des Schlitzes
- der charakteristischen Wichte $\gamma_{F,k}$ der stützenden Flüssigkeit

- dem sich über t_a einstellenden Verlauf der Eindringlänge s der stützenden Flüssigkeit
- dem Grundwasserstand
- der angenommenen Neigung ϑ_a der ebenen Gleitfläche
- der zwischen gegeneinander ausgesteiften Leitwänden und Boden wirkenden charakteristischen Erddruckkraft $E_{ah,k}$ aus Bodeneigenlast und ständiger gleichmäßig verteilter Auflast ($E_{ah,k}$ ist auch abhängig von der Bemessung der Leitwände und ihrer Aussteifungen und darf maximal dem Erdruhedruck entsprechen, wenn die Leitwände entsprechend bemessen wurden).

Bei ausgesteiften Leitwänden und membranartiger Stützdruckübertragung (vollkommene Filterkuchenbildung) ergibt sich die Drucksituation aus Abb. 11-20. Mit den Wichten $\gamma_{F,k}$ und γ_w von Stützflüssigkeit und Grundwasser berechnet sich dann die auf der Wirkung von Stützflüssigkeit und Grundwasser beruhende charakteristische Stützkraft für einen Schlitz der Länge l_s zu

$$S_k = (S_{H,k} - W) = \frac{l_s}{2} \cdot [\gamma_{F,k} \cdot h_F^2 - \gamma_w \cdot h_w^2 - \gamma_{F,k} \cdot (h_L - t_F)^2] \qquad \text{Gl. 11-25}$$

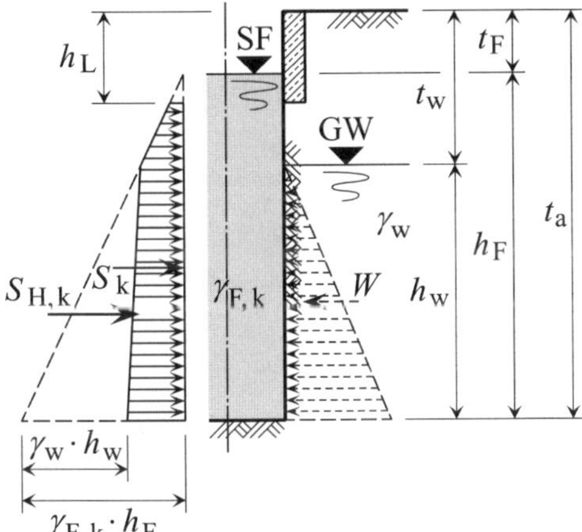

Abb. 11-20 Verteilung des charakteristischen resultierenden Flüssigkeitsdrucks S_k (Stützkraft) bei ausgesteiften Leitwänden

In Gl. 11-25 ist die stützende Wirkung des mobilisierten Erddrucks auf der Rückseite der ausgesteiften Leitwände nicht berücksichtigt. Der Druck darf bis zur Höhe des Erdruhedrucks angesetzt werden, wenn die Wände und ihre Aussteifung dafür bemessen sind. Gemäß DIN 4126, 5.4.2 muss die in der Gleichung verwendete Größe t_F mindestens 0,2 m betragen.

In Fällen von Schlitzen mit ausgesteiften Leitwänden und reiner Eindringung in homogenes Bodengefüge wird der Stützdruck über das Druckgefälle f_{s0} aufgebaut. Bei gleichzeitig anstehendem Grundwasser ergibt sich im Allgemeinen eine der in Abb. 11-21 gezeigten Drucksituationen.

Für die Ermittlung von S_k ergibt sich im ersten der beiden Fälle aus Abb. 11-21 (GW reicht höchstens bis in die Höhe des Schnittpunkts A) die Gleichung

$$S_k = \frac{l_s \cdot \gamma_{F,k}}{2} \cdot \left[\frac{h_F^2}{1+\xi} - \left(h_L - t_F\right)^2 \right] \qquad \text{mit} \qquad \xi = \frac{\gamma_{F,k} \cdot \tan \vartheta_a}{f_{s0}} \qquad \text{Gl. 11-26}$$

und im zweiten Fall von Abb. 11-21 (GW-Spiegel liegt oberhalb des Schnittpunkts A)

$$S_k = \frac{l_s \cdot h_F^2 \cdot \gamma_{F,k}}{2} \cdot \left[1 - \frac{\gamma_w}{\gamma_{F,k}} \cdot \left(\frac{h_w}{h_F} \right)^2 - \frac{\xi \cdot \left(1 - \dfrac{\gamma_w \cdot h_w}{\gamma_{F,k} \cdot h_F} \right)^2}{1 + \xi \cdot \left(1 - \dfrac{\gamma_w}{\gamma_{F,k}} \right)} - \left(\frac{h_L - t_F}{h_F} \right)^2 \right] \qquad \text{Gl. 11-27}$$

Wie schon in Gl. 11-25 bleibt die stützende Wirkung des mobilisierten Erddrucks auf der Rückseite der ausgesteiften Leitwände auch in Gl. 11-26 und Gl. 11-27 unberücksichtigt.

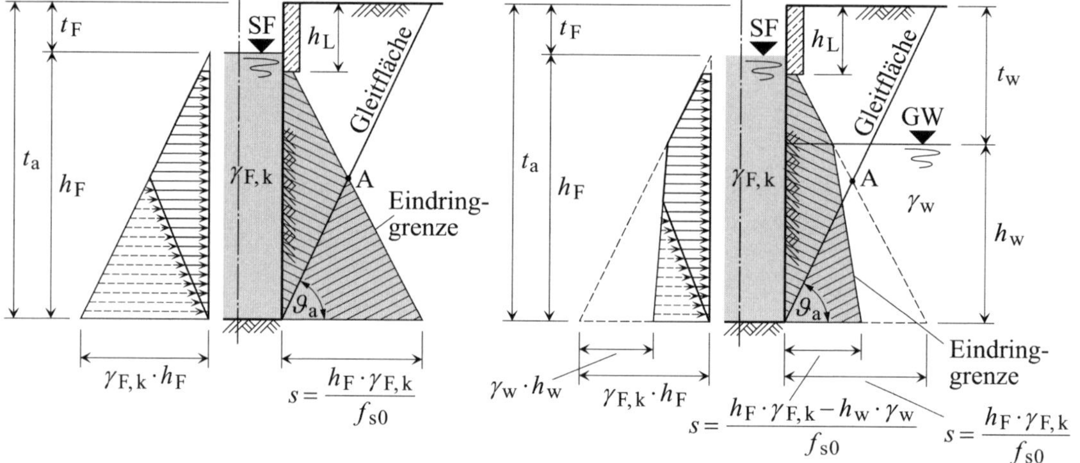

Abb. 11-21 Verteilung des zur charakteristischen Stützkraft S_k gehörenden Stützflüssigkeitsdrucks bei reiner Eindringung in homogenen Boden und ausgesteiften Leitwänden

Bei der Ermittlung der charakteristischen Stützkraft S_k ist gemäß DIN 4126, 5.4.2 weiterhin zu beachten, dass

- der Stützflüssigkeitsspiegel bei der Ermittlung von S_k nicht höher als 0,2 m unter der Leitwandoberkante angesetzt werden darf
- die Abminderung von S_k um den Stützdruckkraftanteil, der über das Druckgefälle außerhalb des monolithischen Gleitkörpers auf das Korngerüst übertragen wird, vernachlässigt werden darf, wenn der Stützkraftverlust infolge der Eindringung der stützenden Flüssigkeit in den Boden ≤ 5 % ist oder für das Druckgefälle überall $f_{s0} \geq 200$ kN/m³ gilt.

  Wird bei der Überprüfung der Bedingungen das Druckgefälle nicht genauer ermittelt, darf es bei Tonsuspensionen oder selbsterhärtenden Suspensionen berechnet werden mit

$$f_{s0} = \frac{2 \cdot \tau_F}{d_{10}}$$ Gl. 11-28

Auf die Führung des Nachweises der äußeren Standsicherheit kann ganz verzichtet werden, wenn

- im gesamten Eindringbereich $f_{s0} \geq 200$ kN/m³ gilt oder der Stützkraftverlust infolge Eindringung der stützenden Flüssigkeit in den Boden ≤ 5 % ist und
- die Bedingungen aus Abb. 11-22 eingehalten sind.

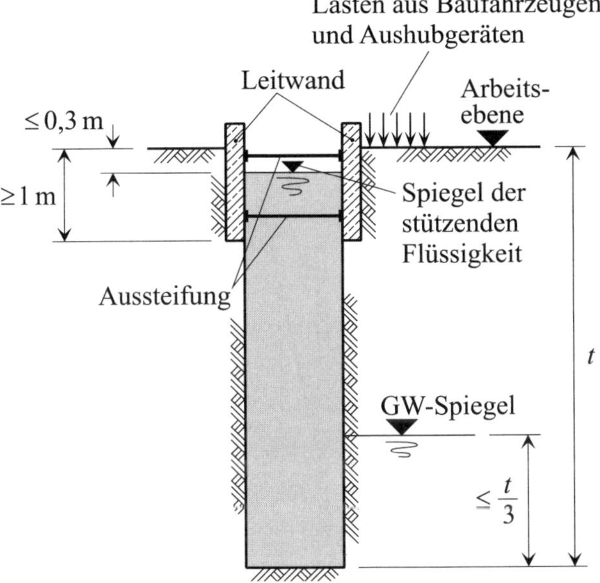

Abb. 11-22 Beliebig lange Schlitze in nichtbindigen Böden (nach DIN 1055-2, Ausgabe November 2010, Tabellen 1 und 2; gemäß DIN 4125, Bild 6)

Anwendungsbeispiel

Für den Aushubbereich einer Schlitzwand, deren System dem der Abb. 11-15 entspricht, deren Leitwände für die Aufnahme von Erdruhedruck bemessen sind und in derem kritischen Bereich keine Lasten aus baulichen Anlagen vorhanden sind, ist die Standsicherheit nach DIN 4126 zu prüfen. Die im Einzelnen zu führenden Nachweise betreffen

1) die Gewährleistung der festgelegten Stützflüssigkeitsspiegelhöhe zu 3)
2) die Sicherheit gegen Abgleiten von Einzelkörnern oder Korngruppen
3) die Sicherheit gegen den Schlitz gefährdende Gleitflächen im Boden.

Hinsichtlich der Baugrundgegebenheiten über die Schlitztiefe *t* gilt, dass

- annähernd homogener Sand mit der maßgebenden Korngröße $d_{10} \leq 0{,}3$ mm ansteht
- mit Hohlräumen und/oder grobporigen Bodenschichten sowie Abwasserleitungen o. Ä. nicht zu rechnen ist.

Weiterhin ist zu beachten, dass

- nach DIN 4126, 5.3 die charakteristische Wichte des unter Auftrieb der stützenden Flüssigkeit stehenden Bodens berechnet werden kann mit der Formel

$$\gamma''_k = (1-n)\cdot(\gamma_s - \gamma_F)$$

- zu dem verwendeten Schlitzwandton das Bemessungsdiagramm der Abb. 11-23 gehört (g_{15} = Tongehalt mit der zugehörigen Filtratwasserabgabe f = 15 cm³ beim Filterpressversuch nach DIN 4127)

- nach DIN 4126, 5.4.2 bei der Ermittlung der charakteristischen Stützkraft S_k im Bereich der Leitwände statt der Druckkraft der stützenden Flüssigkeit die Erddruckkraft aus Bodeneigenlast und ständiger gleichmäßig verteilter Auflast bis zur Höhe des Erdruhedrucks angesetzt werden darf, wenn die Leitwände und ihre Aussteifung für diese Belastung bemessen sind.

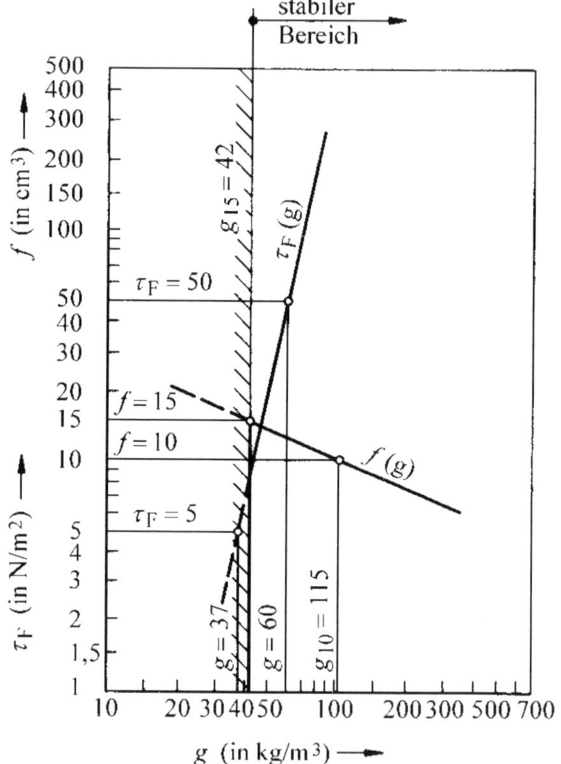

Abb. 11-23 Fließgrenze und Filtratwasserabgabe in Abhängigkeit vom Tongehalt; Schlitzwandton DIN 4127 - 42 - 115 - 37 - 60 (aus [L 66])

Für die Berechnungen sind als Abmessungen

t_F		Tiefe des Spiegels der stützenden Flüssigkeit unter GOK
h_L	= 1,0 m	Höhe der Leitwände
t_w	= 1,1 m	Tiefe des Grundwasserspiegels unter GOK
t	= 12,0 m	Schlitztiefe
l_s		Schlitzlänge (beliebig groß)

und als Materialkennwerte

γ_k	= 18,0 kN/m³	charakteristische Wichte des Bodens oberhalb des Grundwassers
$\gamma_{s,k}$	= 26,5 kN/m³	Kornwichte des Bodens
γ_w	= 10,0 kN/m³	Wichte des Grundwassers
n	= 0,39	Porenanteil des Bodens
φ_k	= 32,5°	charakteristischer innerer Reibungswinkel des Bodens
$\rho'_{s,k}$	= 2580 kg/m³	charakteristische Korndichte des Tons der Suspension
$\gamma_{F,k}$	= 10,3 kN/m³	charakteristische Wichte der Stützflüssigkeit

anzusetzen. Die aus Wasser, Ton und Füllstoff herzustellende Stützflüssigkeit besitzt einen Tonanteil von 42 kg/m³ (Mindestwert für stabile Suspension gemäß Abb. 11-23).

Lösung

1 Gewährleistung der festgelegten Stützflüssigkeitsspiegelhöhe zu 3

Aufgrund der vorliegenden Baugrundgegebenheiten ist nicht mit plötzlichen Stützflüssigkeitsverlusten zu rechnen. Für die Bauausführung wird festgelegt, dass der Spiegel der stützenden Flüssigkeit während der Bauausführung nicht tiefer als $t_F = 0{,}20$ m unter die Leitwandoberkante absinken darf (entspricht der höchsten ansetzbaren Höhe des Spiegels der stützenden Flüssigkeit nach DIN 4126, 5.4.2).

2 Nachweis der Sicherheit gegen Abgleiten von Einzelkörnern oder Korngruppen

Unter der vereinfachten Annahme idealer Eindringung der Stützflüssigkeit in den Boden muss gemäß DIN 4126, 5.4.2 die Bedingung (Gl. 11-22)

$$\tau_{F,k} \geq \frac{\gamma_{\varphi'} \cdot \gamma_G \cdot d_{10} \cdot \gamma''_k}{2 \cdot \eta_F \cdot \tan \varphi'_k}$$

für die Fließgrenze der Suspension erfüllt sein. Mit der charakteristischen Wichte des unter Auftrieb der stützenden Flüssigkeit stehenden Bodens

$$\gamma''_k = (1-n) \cdot (\gamma_{s,k} - \gamma_{F,k}) = (1-0{,}39) \cdot (26{,}5-10{,}3) = 9{,}882 \text{ kN/m}^3$$

sowie den Größen (siehe Abschnitt 11.8.3)

$$\gamma_G = 1{,}00$$
$$\gamma_{\varphi'} = 1{,}15$$
$$\eta_F = 0{,}6$$

ergibt sich aus der genannten Bedingung die erforderliche Fließgrenze der Suspension zu

$$\text{erf}\,\tau_{F,k} \geq \frac{\gamma_{\varphi'} \cdot \gamma_G \cdot d_{10} \cdot \gamma''_k}{2 \cdot \eta_F \cdot \tan \varphi'_k} = \frac{1{,}15 \cdot 1{,}0 \cdot 0{,}0003 \cdot 9{,}882}{2 \cdot 0{,}6 \cdot \tan 32{,}5°} = 0{,}00446 \text{ kN/m}^2 = 4{,}46 \text{ N/m}^2$$

Da nach dem in der Aufgabenstellung gezeigten Bemessungsdiagramm des verwendeten Schlitzwandtons die im Regelfall zu fordernde Stabilität mit g_{15} beginnt und für die dazugehörende erforderliche Tonmasse

$$\text{erf}\,g = \text{vorh}\,g = 42 \text{ kg/m}^3$$

gilt, ergibt sich durch Ablesung die vorhandene Fließgrenze

$$\text{vorh}\,\tau_F = 8{,}3 \text{ N/m}^2 \geq \text{erf}\,\tau_F = 4{,}46 \text{ N/m}^2$$

und damit die geforderte Sicherheit gegen das Abgleiten von Körnern oder Korngruppen.

3 Nachweis der Sicherheit gegen den Schlitz gefährdende Gleitflächen im Boden

Da die Beziehung (vgl. Abb. 11-22)

$$t - t_{\mathrm{w}} = 12{,}0 - 1{,}1 = 10{,}9\ \mathrm{m} > \frac{t}{3} = \frac{12{,}0}{3} = 4{,}0\ \mathrm{m}$$

gilt und darüber hinaus das vorhandene Druckgefälle die Größe (Gl. 11-28)

$$\mathrm{vorh}\, f_{\mathrm{s0}} = \frac{2 \cdot \mathrm{vorh}\, \tau_{\mathrm{F}}}{d_{10}} = \frac{2 \cdot 8{,}3}{0{,}0003} = 55\,333\ \mathrm{N/m^3} = 55{,}3\ \mathrm{kN/m^3} < 200\ \mathrm{kN/m^3}$$

besitzt, darf nach DIN 4126, 5.4.4 auf den Standsicherheitsnachweis (Gl. 11-24)

$$\mu = \frac{E_{\mathrm{ah,k}} \cdot \gamma_{\mathrm{G,dst}}}{S_{\mathrm{k}} \cdot \gamma_{\mathrm{G,stb}}} \leq 1$$

nicht verzichtet werden (im kritischen Bereich sind keine Lasten aus baulichen Anlagen vorhanden).

Für den vorliegenden Fall einer beliebig großen Schlitzlänge l_{s} ergibt sich der Bemessungswert der Stützkraft pro lfdm Schlitz aus (zu $\gamma_{\mathrm{G,stb}}$ siehe Abschnitt 11.8.4)

$$S_{\mathrm{d}} = \gamma_{\mathrm{G,stb}} \cdot (S_{\mathrm{H,k}} + E_{\mathrm{L,k}} - W_{\mathrm{k}} - S_{\mathrm{L,k}}) = \gamma_{\mathrm{G,stb}} \cdot S_{\mathrm{k}}$$

Die einzelnen Größen stehen dabei für die charakteristische Horizontalkraft

$$S_{\mathrm{H,k}} = \frac{1}{2} \cdot \gamma_{\mathrm{F,k}} \cdot h_{\mathrm{F}}^2 \cdot 1{,}0 = \frac{1}{2} \cdot 10{,}3 \cdot (t - t_{\mathrm{F}})^2 \cdot 1{,}0 = 5{,}15 \cdot (12{,}0 - 0{,}2)^2 \cdot 1{,}0$$
$$= 717{,}09\ \mathrm{kN/lfdm}$$

die sich aus dem hydrostatischen Druck der stützenden Flüssigkeit über die Höhe h_{F} ergibt, für die charakteristische Erdruhedruckkraft im Bereich der Leitwandhöhe h_{L}

$$E_{\mathrm{L,k}} = \frac{1}{2} \cdot \gamma_{\mathrm{k}} \cdot K_0 \cdot h_{\mathrm{L}}^2 \cdot 1{,}0 = \frac{1}{2} \cdot 18{,}0 \cdot (1 - \sin\varphi_{\mathrm{k}}) \cdot 1{,}0^2 \cdot 1{,}0 = 9{,}0 \cdot (1 - \sin 32{,}5°)$$
$$= 4{,}16\ \mathrm{kN/lfdm}$$

den charakteristischen hydrostatischen Druck des Grundwassers über die Höhe h_{w}

$$W_{\mathrm{k}} = \frac{1}{2} \cdot \gamma_{\mathrm{w}} \cdot h_{\mathrm{w}}^2 \cdot 1{,}0 = \frac{1}{2} \cdot 10{,}0 \cdot (t - t_{\mathrm{w}})^2 \cdot 1{,}0 = 5{,}0 \cdot (12{,}0 - 1{,}1)^2 = 594{,}05\ \mathrm{kN/lfdm}$$

und die im Bereich der Leitwände wirksam werdende charakteristische Horizontalkraftkomponente des hydrostatischen Druckes der stützenden Flüssigkeit

$$S_{\mathrm{L,k}} = \frac{1}{2} \cdot \gamma_{\mathrm{F,k}} \cdot (h_{\mathrm{L}} - t_{\mathrm{F}})^2 \cdot 1{,}0 = \frac{1}{2} \cdot 10{,}3 \cdot (1{,}0 - 0{,}2)^2 = 3{,}30\ \mathrm{kN/lfdm}$$

Unter Berücksichtigung von (vgl. Abschnitt 11.8.4)

$$\gamma_{\mathrm{G,stb}} = 0{,}95$$

beträgt die Größe des Bemessungswerts der Stützkraft somit

$$S_{\mathrm{d}} = \gamma_{\mathrm{G,stb}} \cdot S_{\mathrm{k}} = 0{,}95 \cdot (717{,}09 + 4{,}16 - 594{,}05 - 3{,}30) = 117{,}71\ \mathrm{kN/lfdm}$$

Mit dem aus Tabellen ablesbarem Beiwert für den aktiven Erddruck ($\alpha = \beta = \delta = 0°$ und $\varphi_k = 32{,}5°$)

$K_{agh} = 0{,}301$ (Tafelwert aus MÖLLER [L 195], Tabelle 10-6)

und der charakteristischen Wichte des unter Auftrieb des Grundwassers stehenden Bodens

$$\gamma'_k = (1-n)\cdot(\gamma_{s,k}-\gamma_w) = (1-0{,}39)\cdot(26{,}5-10{,}0) = 10{,}07 \text{ kN/m}^3$$

ergibt sich mit (siehe Abschnitt 11.8.4))

$$\gamma_{G,dst} = 1{,}05$$

der Bemessungswert der der Stützkraft entgegenwirkenden aktiven Erddruckkraft

$$\begin{aligned} E_{ah,d} &= \frac{1}{2}\cdot K_{agh}\cdot\left[\gamma_k\cdot t^2-(\gamma_k-\gamma'_k)\cdot(t-t_w)^2\right]\cdot 1{,}0\cdot\gamma_{G,dst} \\ &= \frac{1}{2}\cdot 0{,}301\cdot\left[18{,}0\cdot 12{,}0^2-(18{,}0-10{,}07)\cdot(12{,}0-1{,}1)^2\right]\cdot 1{,}0\cdot 1{,}05 \\ &= 260{,}72 \text{ kN/lfdm} \end{aligned}$$

Da sich mit den Bemessungswerten der Stützkraft und der Erddruckkraft der Ausnutzungsgrad

$$\text{vorh}\,\mu = \frac{E_{ah,d}}{S_d} = \frac{260{,}72}{117{,}71} = 2{,}21 > 1$$

ergibt, darf die Schlitzwand unter den gegebenen Bedingungen nicht bis in die Tiefe $t = 20$ m ausgeführt werden.

Bemerkung: Im Zuge einer ergänzenden Berechnung mit Hilfe eines Programms zeigte es sich, dass der zulässige Ausnutzungsgrad zul $\mu = 1$ schon bei einer Tiefe von $t > 3{,}29$ m überschritten wird.

11.8.6 Äußere Standsicherheit (gefährdende Gleitflächen), Erddruckkraft

Nach DIN 4126, 5.4.3 darf die Erddruckkraft $E_{ah,k}$ dann für einen Bruchkörper gemäß Abb. 11-24 berechnet werden, wenn nicht Verfahren zur Anwendung kommen, die eine zutreffendere Erfassung des räumlichen Spannungs- und Bruchzustands erlauben (Abb. 11-17).

Zur Ermittlung des maximalen Ausnutzungsgrades gemäß Gl. 11-24 ist der Gleitflächenwinkel ϑ_a zu variieren. In den Flankenflächen des Gleitkörpers dürfen gemäß DIN 4126, 5.4.3 den Erdkeil stützende und parallel zur Gleitfläche gerichtete charakteristische Schubspannungen infolge Reibung und Kohäsion berücksichtigt werden. Die Schubspannungsanteile aus Reibung dürfen mittels eines bilinearen Ansatzes für die charakteristische Normalspannung $\sigma_{y,g,k}$ aus Bodeneigenlast und durch einen dreieckförmigen Ansatz für die Normalspannung $\sigma_{y,p,k}$ aus charakteristischen Auflasten p_k gemäß Abb. 11-24 bestimmt werden. Ist Kohäsion zu berücksichtigen, ist deren charakteristische Größe mit dem reduzierten Wert $c_{red,k} = \frac{2}{3}\cdot c_k$ anzusetzen.

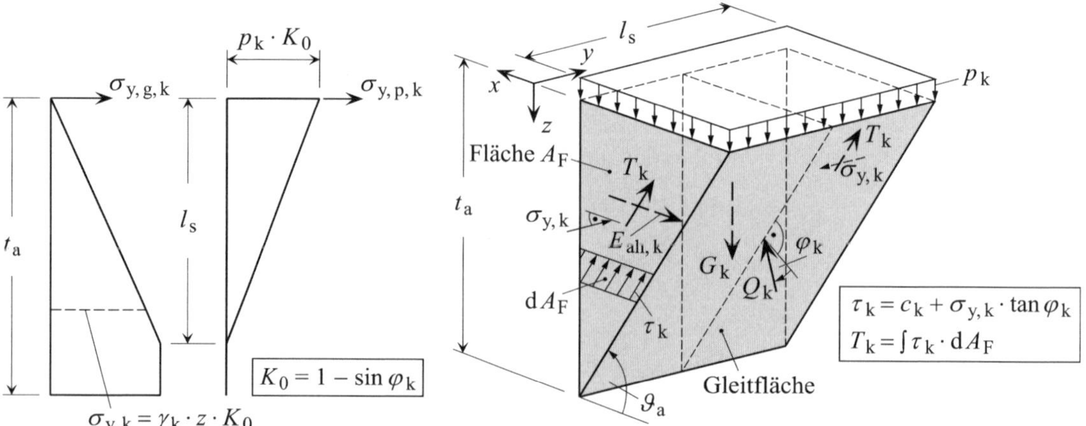

Abb. 11-24 Näherung für den Bruchkörper, Ansatz der stützenden Schubspannungen in den dreieckförmigen Flankenflächen des Bruchkörpers (gemäß DIN 4126)

Zu den Vorteilen des Gleitkeilmodells der DIN 4126 gehört es u. a., dass sich Bedingungen wie Bodenschichtung, beliebig geformte Geländeoberfläche, Kohäsion und beliebige Zusatzlasten in einfacher Weise gut erfassen lassen.

Werden alle charakteristischen vertikalen Lasten zu der Resultierenden $P_{z,k}$ zusammengefasst und zusätzlich die Resultierende $P_{x,k}$ möglicher charakteristischer horizontaler Lasten eingeprägt, ergibt sich für den Bruchkörper gemäß DIN 4126 die Situation aus Abb. 11-25.

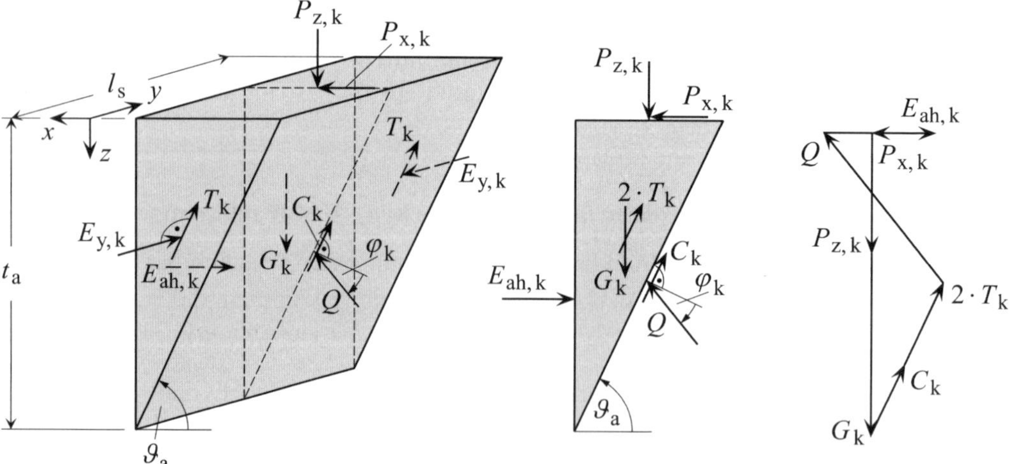

Abb. 11-25 Bruchkörpermodell gemäß DIN 4126 mit angreifenden Kräften und Krafteck (nach [L 166])

Nach DIN 4126, 5.4.3 können bei der Ermittlung der charakteristischen Erddruckkraft $E_{ah,k}$ Lasten aus Baufahrzeugen und Aushubgeräten dann unberücksichtigt bleiben, wenn die Leitwände und ihre Aussteifung für den Erddruck aus diesen Lasten bemessen sind.

Bei Boden mit den charakteristischen Scherparametern des inneren Reibungswinkels φ_k und der Kohäsion c_k ergibt sich mit Hilfe der Kräftegleichgewichtsbedingungen in x- und z-Richtung (geschlossenes Krafteck) für das Erdprisma der DIN 4126 (vgl. Abb. 11-25) die zu bestimmende charakteristische Erddruckkraft in Abhängigkeit von dem Gleitflächenwinkel ϑ_a zu

$$E_{ah,k}(\vartheta_a) = \left[V_k - (C_k + 2 \cdot T_k) \cdot \left(\sin\vartheta_a + \frac{\cos\vartheta_a}{\tan(\vartheta_a - \varphi_k)} \right) \right] \cdot \tan(\vartheta_a - \varphi_k) + P_{x,k} \qquad \text{Gl. 11-29}$$

Die in Gl. 11-29 verwendeten charakteristischen Größen sind definiert als

- V_k Summe aller charakteristischen Vertikalkräfte
- C_k charakteristische Kohäsionskraft in der schrägen Gleitebene (Kohäsion c_k mit zwei Dritteln ansetzen)
- T_k parallel zur schrägen Gleitebene gerichtete Scherkräfte in den Flankenflächen des Gleitkeils
- $P_{x,k}$ Summe der äußeren horizontalen charakteristischen Lasten.

Die Summe aller charakteristischen Vertikalkräfte ergibt sich aus

$$V_k = G_k + P_{z,k} \qquad \text{Gl. 11-30}$$

wobei die charakteristische Eigenlast G_k, die zur erreichten Aushubtiefe t_a des Gleitkörpers gehört, abhängig ist von der nach zwei Fällen zu unterscheidenden Tiefe t_w des Grundwasserspiegels. Mit der charakteristischen Bodenwichte γ_k oberhalb des Grundwasserspiegels bzw. der charakteristischen Auftriebswichte γ'_k des Bodens unterhalb des Grundwasserspiegels berechnen sich die beiden Eigenlastgrößen zu

$$G_k = \frac{1}{2} \cdot l_s \cdot \gamma_k \cdot t_a^2 \cdot \cot\vartheta_a \qquad t_a \le t_w \qquad \text{Gl. 11-31}$$

und zu

$$G_k = \frac{1}{2} \cdot l_s \cdot \gamma_k \cdot t_a^2 \cdot \cot\vartheta_a \cdot \left[1 - \left(1 - \frac{\gamma'_k}{\gamma_k} \right) \cdot \left(1 - \frac{t_w}{t_a} \right)^2 \right] \qquad t_a > t_w \qquad \text{Gl. 11-32}$$

Zur Berechnung der in der schrägen Gleitebene wirkenden charakteristischen Kohäsionskraft dient

$$C_k = \frac{c_k \cdot l_s \cdot t_a}{\sin\vartheta_a} \qquad \text{Gl. 11-33}$$

Die parallel zur schrägen Gleitebene gerichteten charakteristischen Scherkräfte in den Flankenflächen des Gleitkeils können mit

$$T_k = T_{c,k} + T_{\varphi,k} = T_{c,k} + T_{\varphi,g,k} + T_{\varphi,p,k} \qquad \text{Gl. 11-34}$$

bestimmt werden, wobei $T_{c,k}$ den Kohäsionsanteil und $T_{\varphi,k}$ den Reibungsanteil der Scherkräfte darstellen.

Während bei homogenem Boden (konstante Größen für Kohäsion c_k, Reibungswinkel φ_k, Bodenwichte γ_k) die Berechnung des Kohäsionsanteils mit

$$T_{c,k} = c_k \cdot A_F = c_k \cdot \frac{1}{2} \cdot t_a^2 \cdot \cot \vartheta_a \qquad \text{Gl. 11-35}$$

erfolgen kann, sind, analog zur Ermittlung der charakteristischen Eigenlast G_k des Gleitkeils, bei der Bestimmung der Reibungsanteile Fallunterscheidungen erforderlich, mit denen auch der Stand des Grundwasserspiegels berücksichtigt wird. Für den Fall einer charakteristischen Vertikallast $p_k = \text{const.}$ auf der Geländeoberfläche, bei dem der Grundwasserspiegel unter der erreichten Aushubsohle liegt, teilt sich $T_{\varphi,k}$ in den zur Bodeneigenlast gehörenden Anteil $T_{\varphi,g,k}$ und den zur Auflast gehörenden Anteil $T_{\varphi,p,k}$ auf. Zur Berechnung der beiden Anteile sind zwei Fälle zu unterscheiden, die durch das Größenverhältnis zwischen der Aushubtiefe t_a und der Schlitzlänge l_s bestimmt werden (vgl. hierzu auch Abb. 11-24). Der erste Fall erfasst Schlitze mit Aushubtiefen $t_a \leq l_s$

$$\begin{aligned}
T_{\varphi,g,k} &= \tan\varphi_k \cdot \int_0^{t_a} \gamma_k \cdot z \cdot K_0 \cdot \left(1 - \frac{z}{t_a}\right) \cdot t_a \cdot \cot\vartheta_a \cdot dz \\
&= \frac{1}{6} \cdot K_0 \cdot \gamma_k \cdot t_a^3 \cdot \tan\varphi_k \cdot \cot\vartheta_a \\
T_{\varphi,p,k} &= \tan\varphi_k \cdot \int_0^{t_a} p_k \cdot K_0 \cdot \left(1 - \frac{z}{l_s}\right) \cdot \left(1 - \frac{z}{t_a}\right) \cdot t_a \cdot \cot\vartheta_a \cdot dz \\
&= \frac{1}{6} \cdot p_k \cdot K_0 \cdot t_a^2 \cdot \left(3 - \frac{t_a}{l_s}\right) \cdot \tan\varphi_k \cdot \cot\vartheta_a
\end{aligned} \qquad \text{Gl. 11-36}$$

und der zweite Fall, in analoger Weise, Schlitze mit Aushubtiefen $t_a > l_s$

$$\begin{aligned}
T_{\varphi,g,k} &= \frac{1}{6} \cdot K_0 \cdot \gamma_k \cdot t_a^3 \cdot \left[1 - \left(1 - \frac{l_s}{t_a}\right)^3\right] \cdot \tan\varphi_k \cdot \cot\vartheta_a \\
T_{\varphi,p,k} &= \frac{1}{6} \cdot p_k \cdot K_0 \cdot l_s \cdot (3 \cdot t_a - l_s) \cdot \tan\varphi_k \cdot \cot\vartheta_a
\end{aligned} \qquad \text{Gl. 11-37}$$

In den Gleichungen steht K_0 für den Erdruhedruckbeiwert, der nach DIN 4126 dem Seitendruckbeiwert K_y gleichgesetzt werden darf.

Zur rechnerischen Behandlung weiterer Fälle, wie z. B. der von homogenem Baugrund mit einem über der Aushubsohle des Schlitzes liegenden GW-Spiegel und einer charakteristischen Gleichlast p_k auf der Geländeoberfläche, sei auf [L 166] verwiesen.

11.8.7 Aufgabe mit Lösung

Aufgabe 11-3

Auf Grund von Baugrundaufschlüssen ist damit zu rechnen, dass bei der Herstellung eines Schlitzwandelements eine bis zu $h_G = 50$ cm mächtige Kiesschicht in einer mittleren Tiefe von $t_G = 12{,}5$ m unter GO angeschnitten wird. Gemäß vorliegender Untersuchungsergebnisse besitzt der Kies einen Porenanteil von $n = 0{,}42$ und einen Korndurchmesser bei 10 % Siebdurchgang von $d_{10} = 5$ mm.

Zur Herstellung des Schlitzes wird ein Schlitzwandgreifer mit einer Maulweite von

$$b_{\text{Greifer}} = 4{,}2 \text{ m}$$

eingesetzt.

Zu berechnen ist das in die Kiesschicht maximal einsickernde Stützflüssigkeitsvolumen unter der Voraussetzung, dass

- in den übrigen Bodenschichten Mittelsand oder Kies mit mindestens 10 % Sand ansteht
- die Kiesschicht nicht im Grundwasser liegt
- der Stützflüssigkeitsspiegel die Tiefe $t_F = 0{,}3$ m unter GO besitzt
- die Stützflüssigkeit die charakteristische Wichte $\gamma_{F,k} = 10{,}3$ kN/m³ und die zu den Bodengegebenheiten gehörende Mindestfließgrenze τ_F gemäß DIN 4126 aufweist
- die Stützflüssigkeit nur über die Maulweite des Greifers in den Kies eindringt.

Die einzelnen Lösungsschritte sind zu erläutern!

Lösung zu Aufgabe 11-3

Da im vorliegenden Fall für die Mächtigkeit der Kiesschicht

$$h_G \leq 0{,}5 \text{ m}$$

gilt, kann auf die Standsicherheitsforderung der DIN 4126 bezüglich der Verhinderung des Abgleitens von Einzelkörnern oder Korngruppen der Kiesschicht verzichtet werden. Dies führt dazu, dass die Mindestfließgrenze der Stützflüssigkeit auf den Kies mit mindestens 10 % Sand abzustimmen ist. Gemäß DIN 4126 Bbl 1, Tabelle 100 (vgl. Tabelle 11-2) ergibt sich dann

$$\min \tau_F = 30 \text{ N/m}^2$$

bei einem für den Boden angenommenen d_{10}-Wert von ≤ 2 mm $= 0{,}002$ m.

Mit dem mittleren Druck in der Tiefe $t_G = 12{,}5$ m der Kiesschicht von

$$\Delta p = (t_G - t_F) \cdot \gamma_F = (12{,}5 - 0{,}3) \cdot 10{,}3 = 125{,}66 \text{ kN/m}^2 = 125660 \text{ N/m}^2$$

und dem Korndurchmesser des Kieses bei 10 % Siebdurchgang von

$$d_{10} = 5 \text{ mm} = 0{,}005 \text{m}$$

ergibt sich als Eindringtiefe

$$s = \frac{\Delta p \cdot d_{10}}{2 \cdot \tau_F} = \frac{125\,660 \cdot 0{,}005}{2 \cdot 30} = 10{,}47 \text{ m}$$

Damit berechnet sich das nach beiden Seiten des Schlitzes maximal versickernde Suspensionsvolumen zu

$$V_{Suspension} = s \cdot h_G \cdot n \cdot b_{Greifer} \cdot 2 = 10{,}47 \cdot 0{,}5 \cdot 0{,}42 \cdot 4{,}2 \cdot 2 = 18{,}47 \text{ m}^3$$

11.9 Standsicherheit der erhärteten Wand

Nach [L 63] sind die Standsicherheitsnachweise für die erhärtete Wand nach den anerkannten Regeln der Technik zu führen. Hierzu gehören (unter Berücksichtigung von DIN 1054, DIN 1055-2, DIN 4084, DIN 4124, DIN 4126, DIN EN 1991, DIN EN 1992-1-1, DIN EN 1997-1, DIN EN 1997-2, EAB, EAU usw.)

- die Erkundung der Baugrundverhältnisse (einschl. der Grundwasserverhältnisse) und die Ermittlung der Bodenkennwerte und Wandreibungswinkel
- die Annahme bzw. Ermittlung der Lasten für die Wandbelastungen aus Erddruck infolge Bodeneigenlast und äußeren Lasten (z. B. aus benachbarten Bauwerken) und Wasserdruck sowie aus direkt auf die Wand wirkenden Lasten (z. B. Auflagerkräfte aus Baugrubenabdeckungen, ...)
- die Bestimmung des Erdwiderstands (einschl. des Nachweises der Sicherheit gegen das Erreichen des plastischen Grenzzustands) am Bodenauflager der Schlitzwand (ggf. unter Beachtung der vermindernden Wirkung strömenden Wassers)
- die Schnittlastenermittlung und die Bestimmung der Auflagerreaktionen (Anker- bzw. Steifenkräfte) für die Vorbauzustände, den Endzustand sowie u. U. die Rückbauzustände
- die Bemessung aller Konstruktionselemente (Schlitzwandelemente, Verbände, ...) für die maßgebenden Schnittlasten
- die Bemessung der Schlitzwand
- der Nachweis der Aufnahme der Vertikallasten durch den Baugrund
- der Nachweis der Sicherheit gegen Geländebruch
- der Nachweis der Ankertragfähigkeit und der Sicherheit in der tiefen Gleitfuge (bei verankerten Schlitzwänden).

12 Aufgelöste Stützwände

12.1 Allgemeines

Bei Geländesprüngen (Baugruben, Hänge, Dämme, Einschnitte, Gräben, ...) sind Sicherungsmaßnahmen immer dann erforderlich, wenn ihre Standsicherheit und/oder ihre Gebrauchstauglichkeit im ungesicherten Zustand auf Dauer nicht gewährleistet werden kann.

Sind Geländesprünge geböscht, gelten sie als standsicher, wenn der Böschungswinkel β (vgl. Abb. 12-1) kleiner ist als ein Grenzwinkel, dessen Größe u. a. beeinflusst wird durch

- die anstehende Bodenart (bindig, nichtbindig, ...)
- die Böschungshöhe h
- den Reibungswinkel φ des Bodens
- die Belastung der Böschung
- die Durchströmung der Böschung.

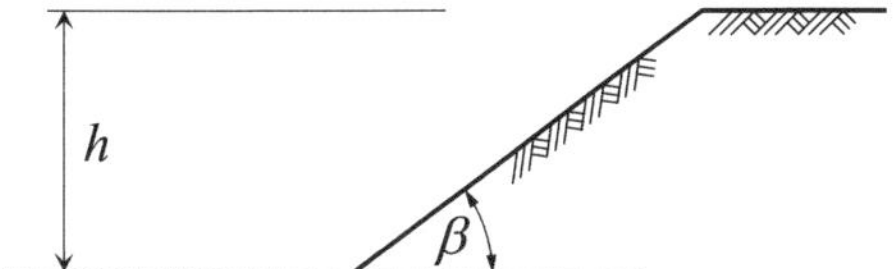

Abb. 12-1 Böschungswinkel β und Böschungshöhe h

Ein Überschreiten des Grenzwinkels erfordert Sicherungsmaßnahmen, die sich u. a. in Form „aufgelöster Stützwände" ausführen lassen. Solche Wände sind Verbundkonstruktionen, deren Tragwirkung der von Schwergewichtsmauern ähnlich ist und bei denen einerseits Elemente wie Anker, Bewehrungsglieder, Nägel, ... und andererseits der Boden selbst zur Abtragung der auftretenden Seitendruckkräfte dienen.

Die mittragende Wirkung des als Füllung oder gewachsener Boden verwendeten Bodenmaterials stellt sich schon mit Beginn der Wandherstellung ein.

Beispiele für aufgelöste Stützwände sind

- Raumgitterwände
- Bewehrte Erde
- mit Geokunststoffen bewehrte Erdkörper
- Bodenvernagelungen

die sich u. a. auszeichnen durch schnelle und preisgünstige Herstellung, durch gute Anpassungsfähigkeit an örtlich unregelmäßige Gelände-, Erddruck- und Auflastverhältnisse (problemlose Abtreppung oder Höhenstaffelung der Wände, insbesondere bei Raumgitterwänden) sowie durch Unempfindlichkeit gegenüber Setzungen und Verformungen.

Spezielle Gründungen können bei aufgelösten Stützwänden normalerweise entfallen; bewehrte Erde und Raumgitterwände erfordern meistens nur die Herstellung einfacher Streifenfundamente auf einem Untergrund, der nach den Regeln des Erdbaus vorzubereiten ist.

12.2 Zulässige Böschungswinkel nach DIN-Normen

Im Folgenden wird gezeigt, unter welchen Bedingungen nach DIN 1054 [L 30], DIN 4124 [L 60] und DIN 4084 [L 51] auf eine Sicherung von Böschungen verzichtet werden kann.

12.2.1 Nach DIN 4084, DIN 1054 und DIN EN 1997-1/NA

Die Frage nach der Standsicherheit ungesicherter Böschungen lässt sich mit der nach DIN 4084 erforderlichen Böschungsbruchberechnungen beantworten. Als Verfahren stehen dabei Lamellenverfahren, lamellenfreie Verfahren und Bruchmechanismen mit geraden Gleitlinien zur Verfügung.

Für den Sonderfall von Böschungen aus konsolidierten einheitlichen nichtbindigen Böden kann nach DIN 4084, 9.1 und DIN EN 1997-1/NA, NDP Zu 11.5.1 (1)P die Böschungsbruchsicherheit mit

$$\mu = \frac{E_{\mathrm{d}}}{R_{\mathrm{d}}} = \frac{\gamma_{\mathrm{G}} \cdot \tan\beta}{\dfrac{\tan\varphi'_{\mathrm{k}}}{\gamma_{\varphi'}}} \leq 1 \qquad \Rightarrow \qquad \mathrm{zul}\beta \leq \arctan\left(\frac{\tan\varphi'_{\mathrm{k}}}{\gamma_{\mathrm{G}} \cdot \gamma_{\varphi'}}\right) \qquad \text{Gl. 12-1}$$

dann nachgewiesen werden, wenn die Böschung gerade verläuft, nicht belastet und nicht durchströmt ist. Die Zahlenwerte der zum Grenzzustand des Verlustes der Gesamtstandsicherheit GEO-3 gehörenden Teilsicherheitsbeiwerte $\gamma_{\varphi'}$ und γ_{G} können Tabelle 12-1 entnommen werden.

Tabelle 12-1 Teilsicherheitsbeiwerte für den Grenzzustand des Verlustes der Gesamtstandsicherheit GEO-3 (nach DIN 1054)

Bemessungssituation	γ_{G} **(Einwirkung)**	$\gamma_{\varphi'}$ **(Widerstand)**
BS-P	1,0	1,25
BS-T	1,0	1,15
BS-A	1,0	1,10

Findet eine Durchströmung parallel zur Böschungsoberfläche statt, ist die zulässige Größe des Böschungswinkels nicht mit Gl. 12-1 zu berechnen, sondern mit

$$\mathrm{zul}\beta \leq \arctan\left(\frac{1}{\gamma_{\mathrm{G}} \cdot \gamma_{\varphi'}} \cdot \frac{\gamma'_{\mathrm{k}} \cdot \tan\varphi'_{\mathrm{k}}}{\gamma_{\mathrm{w}} + \gamma'_{\mathrm{k}}}\right) \qquad \text{Gl. 12-2}$$

Die Anwendung von Gl. 12-1 ist auch bei außerhalb des Grundwasserbereichs liegendem Böschungmaterial aus einheitlichem bindigen Boden unzulässig. In solchen Fällen lässt sich der zulässige Böschungswinkel unter Verwendung des Diagramms aus Abb. 12-3 ermitteln. Es basiert auf Berechnungen des Modells aus Abb. 12-2 mit der Kinematischen-Element-Methode (KEM) und liefert u. a. den Ausnutzungsgrad μ, bei dem die Teilsicherheitsbeiwerte von DIN 1054 aber noch nicht berücksichtigt sind.

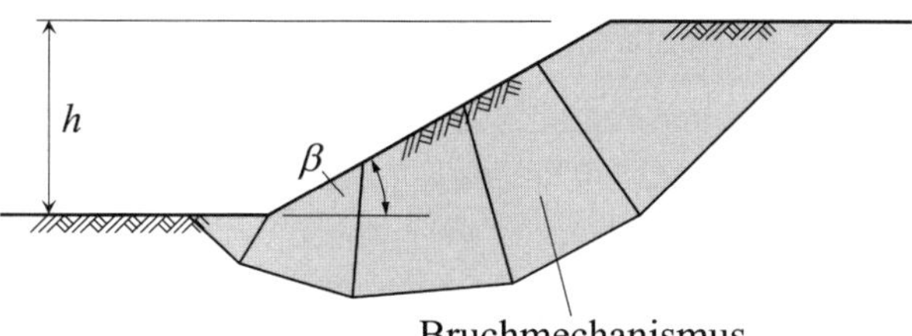

Abb. 12-2 KEM-Modell für das Standsicherheitsdiagramm aus Abb. 12-3

Bezüglich der Anwendung des Diagramms sei auf das nachstehende Anwendungsbeispiel verwiesen, in dem der zulässige Neigungswinkel β einer Böschung ermittelt wird.

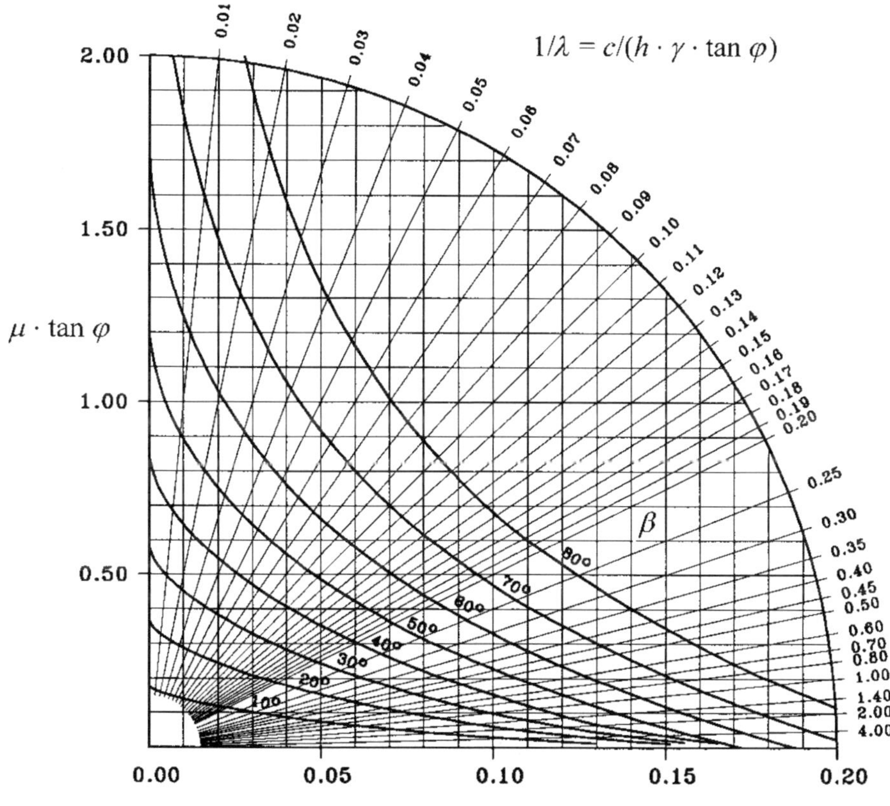

Abb. 12-3 Auf der Basis von KEM-Berechnungen des Modells von Abb. 12-2 erstelltes Standsicherheitsdiagramm für Böschungen mit Reibung und Kohäsion (nach GUßMANN [L 146], Kapitel 1.10)

Anwendungsbeispiel

Für eine aus steifem mittelplastischem Ton (TM) bestehende Böschung der Höhe $h = 6$ m ist für die Bemessungssituation BS-P der zulässige Böschungswinkel zul β zu ermitteln.

Als charakteristische Kennwerte des Böschungsmaterials sind

Wichte $\gamma_k = 19{,}0 \text{ kN/m}^3$

Reibungswinkel $\varphi_k = 26{,}0°$

Kohäsion $c_k = 14{,}0 \text{ kN/m}^2$

anzusetzen.

Lösung

Mit den zur Bemessungssituation BS-P gehörenden Teilsicherheitsbeiwerten von DIN 1054

$\gamma_G = 1{,}00$ (Einwirkungen)

$\gamma_{\varphi'} = \gamma_{c'} = 1{,}25$ (geotechnische Kenngrößen, Widerstände)

ergeben sich die Dimensionierungsgrößen

$$\gamma_d = \gamma_G \cdot \gamma_k = 1{,}00 \cdot 19{,}0 = 19{,}0 \text{ kN/m}^3$$

$$\varphi_d = \arctan\left(\frac{\tan \varphi_k}{\gamma_{\varphi'}}\right) = \arctan\left(\frac{\tan 26{,}0°}{1{,}25}\right) = 21{,}32°$$

$$c_d = \frac{c_k}{\gamma_{c'}} = \frac{14{,}0}{1{,}25} = 11{,}2 \text{ kN/m}^3$$

und damit die Größe

$$\frac{1}{\lambda} = \frac{c_d}{h \cdot \gamma_d \cdot \tan \varphi_d} = \frac{11{,}2}{6{,}00 \cdot 19{,}0 \cdot \tan 21{,}32°} = 0{,}201$$

Da zu dem gerade noch zulässigen Böschungswinkel zul β der Ausnutzungsgrad

$$\mu = 1 = \frac{1}{N} \cdot \frac{h \cdot \gamma_d}{c_d} = \frac{1}{N} \cdot \frac{6{,}00 \cdot 19{,}0}{11{,}2} = \frac{1}{N} \cdot 10{,}18$$

gehört, ergibt sich als erforderliche Standsicherheitszahl

$$\frac{1}{N} = \frac{1}{10{,}18} = 0{,}098$$

Mit dem Schnittpunkt von $1/\lambda = 0{,}201$ und $1/N = 0{,}098$ ergibt sich mit dem Standsicherheitsdiagramm aus Abb. 12-3 der gesuchte Grenzneigungswinkel zu

$$\text{zul}\,\beta \approx 70°$$

12.2.2 Nach DIN 4124

Nach DIN 4124, 4.1 [L 60] sind Erd- und Felswände von Baugruben oder Gräben so abzuböschen, zu verbauen oder anderweitig zu sichern, dass ihre Standsicherheit während aller Bauzustände gewährleistet ist und die Standsicherheit und Gebrauchstauglichkeit benachbarter Gebäude, Leitungen, anderer baulicher Anlagen oder Verkehrsflächen nicht beeinträchtigt wird. Beim Aushub im Bereich benachbarter baulicher Anlagen sind die Bedingungen der DIN 4123 [L 59] einzuhalten.

Gemäß 4.2.2 und 4.2.3 der DIN 4124 [L 60] dürfen nicht verbaute Baugruben und Gräben ohne besondere Sicherung

- bis zu einer Tiefe von ≤ 1,25 m mit senkrechten Wänden hergestellt werden, wenn die anschließende Geländeoberfläche bei nichtbindigen und weichen bindigen Böden nicht mehr als 1 : 10 und bei mindestens steifen bindigen Böden nicht mehr als 1 : 2 geneigt ist
- bis zu einer Tiefe von 1,75 m ausgehoben werden, wenn mindestens steifer bindiger Boden oder Fels ansteht, der mehr als 1,25 m über der Sohle liegende Bereich der Wand unter einem Winkel $\beta \leq 45°$ abgeböscht wird (vgl. Abb. 12-4) und die anschließende Geländeoberfläche ≤ 1 : 10 geneigt ist.

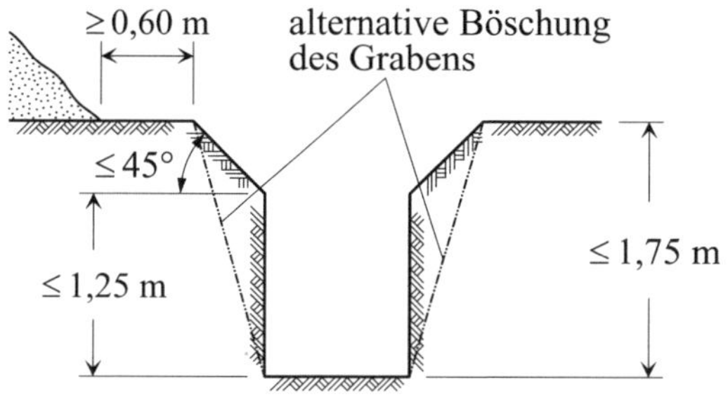

Abb. 12-4 Graben mit abgeböschten Kanten in mindestens steifem bindigem Boden oder Fels (nach DIN 4124)

Nach DIN 4124, 4.2.4 sind Baugruben oder Gräben mit Tiefen > 1,25 m bzw. > 1,75 m mit abgeböschten Wänden herzustellen. Die Größe des Böschungswinkels ist dabei abhängig von der Zeitdauer der Offenhaltung von Baugrube oder Graben, den bodenmechanischen Eigenschaften des Böschungsmaterials und den äußeren Einflüssen, die auf die Böschung wirken. Der Winkel darf ohne rechnerischen Nachweis der Standsicherheit die Werte

- $\beta = 45°$ bei nichtbindigen oder weichen bindigen Böden
- $\beta = 60°$ bei mindestens steifen bindigen Böden
- $\beta = 80°$ bei Fels

nicht überschreiten.

Nach DIN 4124, 4.2.5 ist die Anwendung der Angaben aus 4.2.2 bis 4.2.4 der DIN 4124 nur dann zulässig, wenn u. a.

- nach der Straßenverkehrs-Zulassungsordnung zugelassene Straßenfahrzeuge sowie Bagger und Hebezeuge bis zu 12 t Gesamtgewicht einen Abstand von mindestens 1,0 m zwischen der Außenkante ihrer Aufstandsfläche und der Graben- bzw. Böschungskante einhalten
- schwerere Straßenfahrzeuge sowie Baumaschinen und Baugeräte mit Gesamtgewichten von 12 bis 40 t einen Abstand von mindestens 2,0 m zwischen der Außenkante ihrer Aufstandsfläche und der Graben- bzw. Böschungskante einhalten.

Die nach 4.2.2 bis 4.2.4 der DIN 4124 zulässigen Wandhöhen bzw. Böschungsneigungen gelten nicht mehr, wenn die Standsicherheit der Wand oder der Böschung gefährdet ist durch besondere Einflüsse wie z. B. Störungen des Bodengefüges (Klüfte, Verwerfungen, …), zur Einschnittsohle hin einfallende Schichtung oder Schieferung, nicht oder nur wenig verdichtete Verfüllungen oder Aufschüttungen, Grundwasserabsenkung durch offene Wasserhaltung, Zufluss von Schichtenwasser, nicht entwässerte Fließsandböden, den Verlust der Kapillarkohäsion eines nichtbindigen Bodens, fehlenden lastfreien Schutzstreifen bei Baugruben und Gräben mit mehr als 0,8 m Tiefe sowie starke Erschütterungen aus Verkehr, Rammarbeiten, Verdichtungsarbeiten oder Sprengungen. Ist damit zu rechnen, dass die Oberfläche einer Böschung durch Tagwasser, Trockenheit sowie Frost oder Ähnliches gefährdet wird, sind die freigelegten Flächen gegen derartige Einflüsse zu sichern oder der in 4.2.4 angegebene maximale Böschungswinkel zu reduzieren.

Standsicherheitsnachweise sind gemäß DIN 4124, 4.2.8 für nicht verbaute Wände u. a. dann zu führen, wenn

- senkrechte Wände die Bedingungen aus 4.2.2 und 4.2.3 der DIN 4124 nicht erfüllen
- Böschungen mehr als 5 m hoch sind
- bei geböschten Wänden die in DIN 4124, 4.2.4 für nichtbindige und bindige Böden sowie für Fels angegebenen Böschungswinkel überschritten werden (unzulässig sind Böschungsneigungen > 80° bei nichtbindigen oder bindigen Böden bzw. > 90° bei Fels)
- vorhandene Gebäude, Leitungen, andere bauliche Anlagen oder Verkehrsflächen gefährdet werden können
- unmittelbar neben dem Schutzstreifen von 0,6 m eine stärker als 1 : 2 geneigte Erdaufschüttung bzw. Stapellasten von > 10 kN/m^2 zu erwarten sind
- einer der Einflüsse aus DIN 4124, 4.2.7 vorliegt und die zulässige Wandhöhe bzw. der Böschungswinkel nach vorliegenden Erfahrungen nicht zuverlässig festlegbar ist
- die in DIN 4124, 4.2.5 angegebenen Abstände nicht eingehalten werden.

Für nicht verbaute Gräben gelten alle genannten Bedingungen der DIN 4124 nur dann, wenn die Gräben betreten werden können und/oder durch sie Menschen, Leitungen oder andere bauliche Anlagen bzw. Verkehrsflächen, Fahrzeuge, Baumaschinen oder Baugeräte gefährdet werden (DIN 4124, 4.2.11).

Wird bei der Planung einer geböschten Baugrube z. B. das

- Auffangen abrutschender Steine, Felsbrocken, Findlinge, Bauwerksreste, ...
- Einrichten von Wasserhaltungsanlagen

als erforderlich betrachtet, kann dies durch die Anordnung von Bermen ermöglicht werden. Zum Auffangen abrutschender Teile kann dies z. B. der Abb. 12-5 gemäß erfolgen. Danach sind die Bermen wenigstens 1,5 m breit und in Stufen von höchstens 3,0 m Höhe herzustellen. Für die Festlegung der maximalen Größe der Böschungswinkel β der einzelnen Stufen gelten die obigen Ausführungen. Auf die Bermen abgerutschter Boden usw. ist unverzüglich zu entfernen.

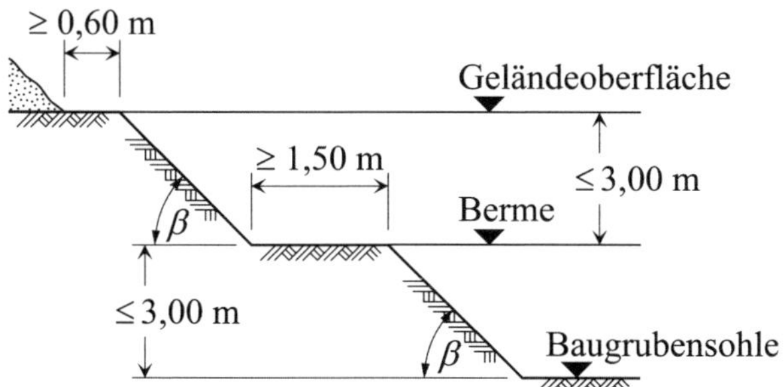

Abb. 12-5 Baugrubenböschung mit Berme zum Auffangen abrutschender Teile

Anwendungsbeispiel

Für eine geplante, 5 m tiefe Baugrube mit der in Abb. 12-6 gezeigten Sohlfläche ist der Mindestaushub (Angabe in m³) unter den Voraussetzungen zu berechnen, dass die Baugrube gemäß DIN 4124 und Abb. 12-5

- durch Böschungen so zu sichern ist, dass deren Standsicherheit rechnerisch nicht nachgewiesen werden muss
- ggf. abrutschende Teile durch Bermen aufgefangen werden sollen
- der auszuhebende Boden als halbfester bindiger Boden ansteht.

Die Aushubsituation ist grafisch darzustellen.

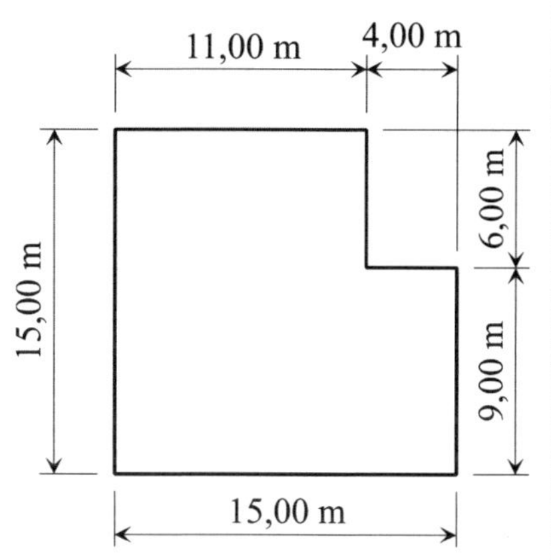

Abb. 12-6 Sohlfläche der geplanten Baugrube

Lösung

Da im vorliegenden Fall ein Baugrubenaushub unter Berücksichtigung der Bestimmungen der DIN 4124 so geplant ist, dass auf den rechnerischen Nachweis der Standsicherheit der Böschungen verzichtet wird, dürfen die zu wählenden Böschungswinkel den für halbfesten bindigen Boden geltenden Wert

$$\beta = 60°$$

der DIN 4124 nicht überschreiten.

Die zur Abfangung ggf. abrutschender Teile geforderten Bermen müssen nach Abb. 12-5 ≥ 1,50 m breit sein und in Stufen von ≤ 3,0 m Höhe angeordnet werden.

Aus diesen Forderungen ergibt sich die in der Abb. 12-7 gezeigte Aushubsituation.

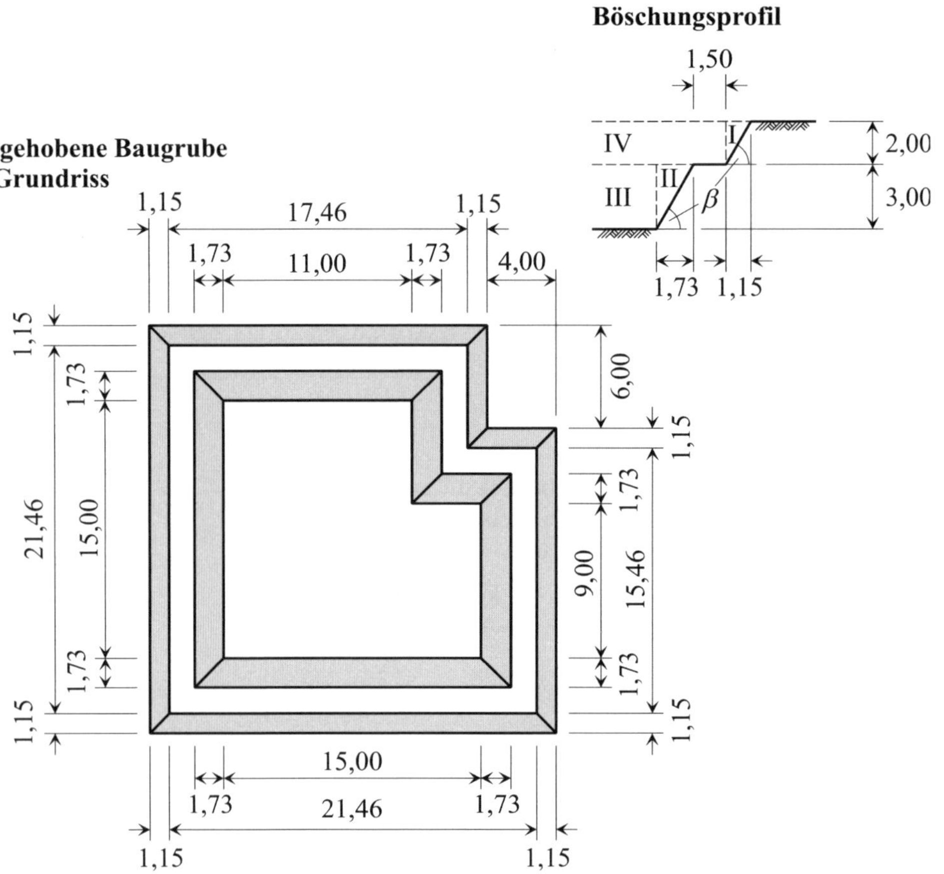

Abb. 12-7 Grundriss und Böschungsprofil für die Aushubsituation der geplanten Baugrube

Der Aushub hat im Bereich III (vgl. Abb. 12-7) die Größe

$$V_{\text{III}} = 3{,}0 \cdot (15{,}0 \cdot 9{,}0 + 11{,}0 \cdot 6{,}0) = 603\ \text{m}^3$$

im Bereich IV (vgl. Abb. 12-7) die Größe

$$V_{\text{IV}} = 2{,}0 \cdot \left[21{,}46 \cdot 15{,}46 + 17{,}46 \cdot (21{,}46 - 15{,}46)\right] = 873{,}06\ \text{m}^3$$

im Bereich II (vgl. Abb. 12-7) die Größe

$$V_{\text{II}} = \frac{1}{2} \cdot \frac{3{,}0^2}{\tan 60°} \cdot \left[2 \cdot 15{,}0 + 9{,}0 + 11{,}0 + \left(15{,}0 - 9{,}0 - \frac{3{,}0}{\tan 60°}\right) + \left(15{,}0 - 11{,}0 - \frac{3{,}0}{\tan 60°}\right)\right]$$

$$+ 5 \cdot \frac{3{,}0}{\tan 60°} \cdot \frac{3{,}0}{\tan 60°} \cdot 3{,}0 \cdot \frac{1}{3} + 2 \cdot \frac{3{,}0}{\tan 60°} \cdot 3{,}0 \cdot \frac{3{,}0}{\tan 60°} \cdot \frac{1}{3} = 167{,}88\ \text{m}^3$$

und im Bereich I (vgl. Abb. 12-7) die Größe

$$V_{\mathrm{I}} = \frac{1}{2} \cdot \frac{2{,}0^2}{\tan 60°} \cdot \left[2 \cdot 21{,}46 + 15{,}46 + 17{,}46 + \left(6{,}0 - \frac{2{,}0}{\tan 60°} \right) + \left(4{,}0 - \frac{2{,}0}{\tan 60°} \right) \right]$$

$$+ 5 \cdot \frac{2{,}0}{\tan 60°} \cdot \frac{2{,}0}{\tan 60°} \cdot 2{,}0 \cdot \frac{1}{3} + 2 \cdot \frac{2{,}0}{\tan 60°} \cdot 2{,}0 \cdot \frac{2{,}0}{\tan 60°} \cdot \frac{1}{3} = 102{,}68 \text{ m}^3$$

Als Gesamtaushub ergibt sich damit

$$V_{\mathrm{ges}} = V_{\mathrm{I}} + V_{\mathrm{II}} + V_{\mathrm{III}} + V_{\mathrm{IV}} = 102{,}68 + 167{,}88 + 603{,}0 + 873{,}06 = 1746{,}6 \text{ m}^3$$

12.2.3 Aufgaben mit Lösungen

Aufgabe 12-1

Es sind vier mögliche Fallbeispiele darzustellen, bei denen gemäß DIN 4124 die Standsicherheit von nicht verbauten Grabenwänden in der Regel nachzuweisen ist und es ist anzugeben, unter welchen Umständen auf diese Sicherheitsnachweise verzichtet werden kann!

Aufgabe 12-2

Welche Höhe h darf eine ungesicherte, nicht durchströmte und keinen Verkehrslasten unterliegende Böschung aus bindigem Boden bei der Bemessungssituation BS-P haben, wenn

- ihr Böschungswinkel die Größe $\beta = 40°$ besitzt
- der Boden die charakteristische Kohäsion $c_{\mathrm{k}} = 21$ kN/m² und den charakteristischen Reibungswinkel $\varphi_{\mathrm{k}} = 21°$ aufweist
- die charakteristische Wichte des Bodens $\gamma_{\mathrm{k}} = 20{,}7$ kN/m³ beträgt.

Lösung zu Aufgabe 12-1

Im Regelfall sind nach DIN 4124 Standsicherheitsnachweise für einen nicht verbauten Graben z. B. erforderlich, wenn

- seine Herstellung mit senkrechten Wänden und einer Tiefe von 1,25 m in nichtbindigem Boden vorgesehen ist, dessen Geländeoberfläche mit 1 : 8 geneigt ist
- er mit ausschließlich senkrechten Wänden und einer Tiefe von 1,75 m in steifem bindigen Boden hergestellt werden soll
- er mit bis zu 1,25 m tief reichenden senkrechten Wänden in geschichtetem bindigem Boden ausgehoben werden soll, dessen Schichtgrenzen zum Graben hin einfallen
- er mit unter dem Winkel $\beta = 50°$ geböschten Wänden in weichem bindigen Boden ausgehoben werden soll.

Auf die Standsicherheitsnachweise kann in den dargestellten Fällen verzichtet werden, wenn die Gräben nicht betreten werden können und/oder durch sie keine Gefährdung für Menschen, Leitungen oder andere bauliche Anlagen ausgeht.

Lösung zu Aufgabe 12-2

Da die Böschung eine hinreichende Sicherheit gegen Böschungsbruch aufweisen muss, sind die zur Bemessungssituation BS-P gehörenden Teilsicherheitsbeiwerte der DIN 1054

$\gamma_G = 1{,}00$ (Einwirkungen)

$\gamma_{\varphi'} = \gamma_{c'} = 1{,}25$ (geotechnische Kenngrößen, Widerstände)

zu berücksichtigen. Mit ihnen erbeben sich die Dimensionierungsgrößen

$$\gamma_d = \gamma_G \cdot \gamma_k = 1{,}00 \cdot 20{,}7 = 20{,}7 \text{ kN/m}^3$$

$$\varphi_d = \arctan\left(\frac{\tan\varphi_k}{\gamma_{\varphi'}}\right) = \arctan\left(\frac{\tan 21{,}0°}{1{,}25}\right) = 17{,}07°$$

$$c_d = \frac{c_k}{\gamma_{c'}} = \frac{21{,}0}{1{,}25} = 16{,}8 \text{ kN/m}^3$$

und, mit dem Ausnutzungsgrad im Grenzustand $\mu = 1$, der Ausdruck

$$\mu \cdot \tan\varphi_d = 1 \cdot \tan 17{,}07° = 0{,}307$$

Zu dem Schnitt der zu dieser Ordinate gehörenden horizontal verlaufenden Geraden mit der zu $\beta = 40°$ gehörenden Kurve gehört der Wert

$$\frac{1}{N} \approx 0{,}059 = \frac{c_d \cdot \mu}{h \cdot \gamma_d} = \frac{16{,}8 \cdot 1}{h \cdot 20{,}7}$$

und damit die Größe der zulässigen Böschungshöhe

$$\text{zul}\, h = \frac{16{,}8}{0{,}059 \cdot 20{,}7} = 13{,}3 \text{ m}$$

12.3 Grundlagen

Eines der grundlegenden Unterscheidungsmerkmale aufgelöster Stützwände ist die Richtung des Arbeitsablaufs bei ihrer Ausführung; sie kann von unten nach oben, aber auch von oben nach unten erfolgen (vgl. Abb. 12-8).

Bei der von unten nach oben erfolgenden Wandherstellung ist ein relativ großer Arbeitsraum für die Herstellung des Geländeeinschnitts und die anschließende Verfüllung mit bewehrtem Füllboden erforderlich. Sollen weniger stabile Hänge gestützt werden oder steht nur ein begrenzter Arbeitsraum für die Errichtung der Stützkonstruktion zur Verfügung, bietet sich die Wandherstellung von oben nach unten an. Bei ihr wird gewachsener Boden bewehrt.

Bei der statischen Berechnung aufgelöster Stützwände wird der Verbundkörper in der Regel als Monolith behandelt, dessen innere Stabilität (Bemessung von Betonfertigteilen, Bewehrung, Nägeln, ...) und äußere Standsicherheit (Nachweis der Gleit-, Kipp-, Grundbruch- und Geländebruchsicherheit sowie der Gebrauchstauglichkeit) zu gewährleisten sind (siehe hierzu auch die Abschnitte 6.5 und 11.5 von DIN EN 1997-1 und DIN 1054).

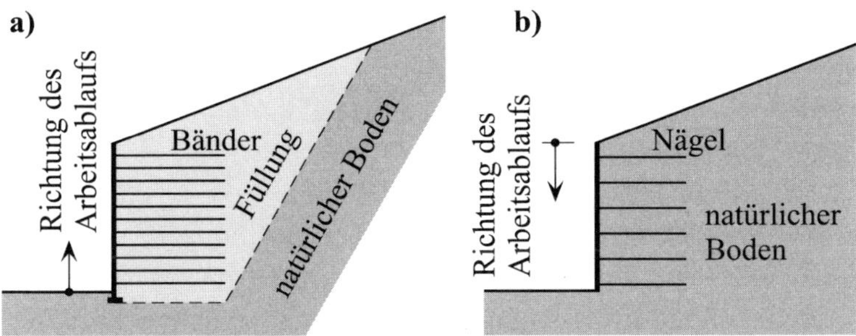

Abb. 12-8 Mögliche Richtungen der Arbeitsabläufe bei Stützkonstruktionen nach dem Boden-Anker-Verbundprinzip (nach BRANDL [L 148], Kapitel 3.8)
a) Wandherstellung von unten nach oben (z. B. „bewehrte Erde“)
b) Wandherstellung von oben nach unten (z. B. „Bodenvernagelung“)

12.4 Raumgitterwände

12.4.1 Allgemeines

Die Vorläufer der Raumgitterwände sind die aus Holz hergestellten „Krainerwände“, die auch „Grünschwellen“ oder „Holzkästen“ genannt werden. Diese Holzbauweise wurde in Europa (in Österreich) ca. 1965 abgelöst durch die Verwendung serienmäßig produzierter Betonfertigteile.

Heute werden Baukastensystemteile aus Beton, Stahlbeton, Stahl oder auch Recyclingstoffen zur Herstellung von Raumgitterkonstruktionen verwendet (vgl. Abb. 12-9).

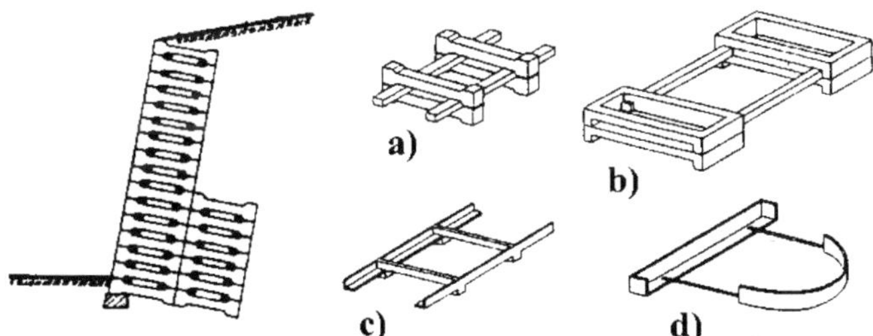

Abb. 12-9 Verschiedene Systeme von Raumgitterwänden (aus Beitrag von STOCKER in [L 125])
a) Einzelelemente, b) Rahmen-Balken-Elemente, c) Rahmen,
d) Schlaufen-Balken-Elemente

12.4.2 Regelwerke

Empfehlungen zum Entwurf und zur Herstellung von Raumgitterwänden und -wällen sind in

- dem Merkblatt für Raumgitterkonstruktionen [L 186] und
- den ZTV E-StB 09 [L 265]

zu finden. Außerdem zu beachten sind

- DIN 1054 [L 30], DIN 4017 [L 38], DIN 4017 Beiblatt 1 [L 39], DIN 4084 [L 51], DIN 4085 [L 53], DIN 18196 [L 68], DIN 18915 [L 73], DIN EN 1991-4 [L 81], DIN EN 1991-4/NA [L 82], DIN EN 1992-1-1 [L 83], DIN EN 1992-1-1/NA [L 84], DIN EN 1997-1 [L 88], DIN EN 1997-1/NA [L 89] und
- das Merkblatt über den Einfluß der Hinterfüllung auf Bauwerke [L 187].

12.4.3 Begriffe

Raumgitterkonstruktionen: Verbundsysteme aus Fertigteilelementen und verdichtetem Boden. Die aufeinandergelegten Fertigteilelemente bilden ein räumlich geschlossenes Gitter, dessen Hohlräume mit zu verdichtendem Boden verfüllt werden, der luftseitig begrünbar ist. Die mittragende Wirkung dieses Erdfüllkörpers, der den größten Teil des Gesamtquerschnitts ausmacht, ergibt sich aus der umhüllenden Wirkung des Gitters.

Raumgitterwände (auch *Raumgittermauern* oder *Elementstützmauern*): Raumgitterkonstruktionen, die lagenweise hinterfüllt werden und z. B. an Verkehrswegen sowohl berg- als auch talseitig angeordnet werden können. Der in die Gitterhohlräume eingebrachte Boden wirkt mittragend, so dass die Wand als Verbundkörper funktioniert und in der Lage ist, auch horizontale Erddrücke durch die Massenkraft des Gesamtkörpers abzuleiten.

Raumgitterwälle: frei stehende, meist symmetrische Raumgitterkonstruktionen mit übersteilen „Böschungen" (Steilwälle), bei denen eine Begrünung von beiden Seiten möglich ist. Sie werden vor allem als Lärm- und Immissionsschutzanlagen eingesetzt.

12.4.4 Einsatzvorteile und Anwendungsbereiche

Zu den Vorzügen des Einsatzes von Raumgitterkonstruktionen gehört u. a. die

- schnelle und praktisch witterungsunabhängige Herstellungsmöglichkeit (auch in schlecht zugänglichem Gelände)
- unproblematische Anpassung an örtlich veränderliche Geländeformen und variierende Erddrücke und Verkehrslasten durch Abtreppungen, Höhenstaffelungen und ggf. einzubauende Verpressanker
- Fähigkeit große Setzungen und Verformungen mitzumachen (aus der Literatur sind Horizontalverformungen von 1 m und mehr bekannt (vgl. z. B. BRANDL [L 151], Kapitel 3.9), so dass ein „unangekündigtes", plötzliches Versagen nicht zu befürchten ist
- einfache Entwässerung des Hinterfüllungsbereichs durch den die Gitterhohlräume ausfüllenden Boden (Verstärkung dieses Effekts durch zusätzliche Bepflanzung)
- Umweltfreundlichkeit dieser Bauweise und die gute Absorption von Schall.

Die Bepflanzung der Wände und Wälle (ggf. auch durch Samenflug) erhöht die Möglichkeiten zu ihrer Gestaltung. Bei sinnvoller Wahl geeigneter Pflanzen können sie ziemlich unauffällig in die Landschaft eingefügt werden (Bewuchs verdeckt sichtbare Konstruktionsteile), das Orts- und/oder Landschaftsbild bereichern, die Vielfalt biologischer Lebensräume vergrößern und das Mikroklima günstig beeinflussen (geringes Aufheizen an heißen Tagen, Abmindern der Windgeschwindigkeiten in Konstruktionsnähe, „Ausfiltern" von Staub).

Wegen der aufgeführten Eigenschaften werden Raumgitterkonstruktionen eingesetzt als Wände (auch in Kombination mit anderen Bauverfahren; vgl. z. B. [L 14]) bei der Sicherung von Hängen im Straßen-, Eisenbahn-, Landschafts- und Siedlungsbau, als Uferbefestigungen, beim Verbau von Wildbächen, als Schutzbauwerke gegen Lawinen und Steinschläge sowie als Sicht- und Lärmschutzwälle.

Damit ist gezeigt, dass Raumgitterwände vor allem Stützfunktionen übernehmen. Mit Neigungen von 10:1 bis 5:1 zum Hang, lassen sie sich anstelle von Schwergewichtsmauern, Winkelstützmauern usw. bis zu Höhen von ca. 25 m (abgetreppt bis ≈ 50 m) einsetzen.

12.4.5 Planung und Gestaltung

Bei der Planung von Raumgitterkonstruktionen sind Aspekte zu berücksichtigen wie z. B. erd- und grundbautechnische Erfordernisse (Wahl des Verfüll- und Hinterfüllmaterials, Standsicherheiten, ...), die Wirtschaftlichkeit der Konstruktion (Baukosten, Lebensdauer, Unterhaltung), das Orts- und Landschaftsbild, Belange der Anlieger, der Naturschutz und die Landschaftspflege sowie die Verkehrssicherheit (beim Einsatz im Verkehrsbau).

Die Festlegung der Konstruktionsgestalt von Raumgitterwänden sollte u. a. zu einem naturnahen Erscheinungsbild führen. Verbunden mit der Forderung nach Begrünung statt Oberflächenversiegelung (Beton- und Asphaltflächen, ...) ergeben sich Empfehlungen wie z. B. die optische Abschwächung von Wandhöhen über 3 m durch Staffelung und Rückversetzung der Konstruktionen, die Bepflanzung von Bermen, das Einbinden der Wandenden in anstehendes Gelände durch Abknicken, die Nutzung von Niederschlagswasser durch Wahl geringerer Wandneigungen (4:1 bis 5:1), das Abtreppen oberer Mauerkanten (im Profil ≤ 1 m pro Versatz), die Anordnung des Wandfußpunkts um mindestens 0,5 m außerhalb des Lichtprofils sowie die Anordnung einer durchgehenden Sockelplatte neben Wänden an Straßen mit Gefälle, was vorteilhaft ist für die optische Wirkung der Konstruktion sowie zur Verhinderung von Schmutzsammlungen in tief liegenden Wandzwickeln.

Hinsichtlich der genannten Punkte sei auch auf [L 186] und [L 248] hingewiesen.

12.4.6 Gründung

Wegen der großen Auflagerungsflächen der die Gitter bildenden Fertigteilelemente ergeben sich relativ kleine Bodenpressungswerte. Daher kann bei niedrigen Mauern und gutem Baugrund auf spezielle Fundamentkonstruktionen verzichtet werden. Die Wandlasten werden in solchen Fällen direkt über die untersten Elemente auf den darunter anstehenden Boden übertragen. Erst bei Wandhöhen von > 6 m oder bei weniger tragfähigem Untergrund oder bei zu unregelmäßigen Baugrundgegebenheiten müssen auf dem Gründungsplanum Streifenfundamente unter den Längsträgern (Längsriegeln) oder auch über die gesamte Mauertiefe hergestellt werden, um so die Wandlasten stärker zu verteilen und ungleichmäßige Setzungen zu reduzieren (vgl. Abb. 12-10). Der für die Fundamente verwendete Beton muss nach [L 186] mindestens die Betongüte C20/25 aufweisen.

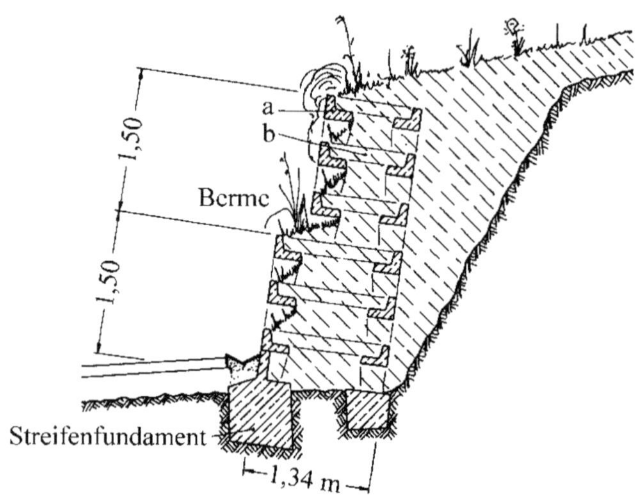

Abb. 12-10 Schnitt durch eine Evergreen-Pflanzenwand (aus [L 227])
a) Längsträger, b) Querträger

Abb. 12-11 zeigt Elemente der Evergreen-Pflanzenwand aus Abb. 12-10.

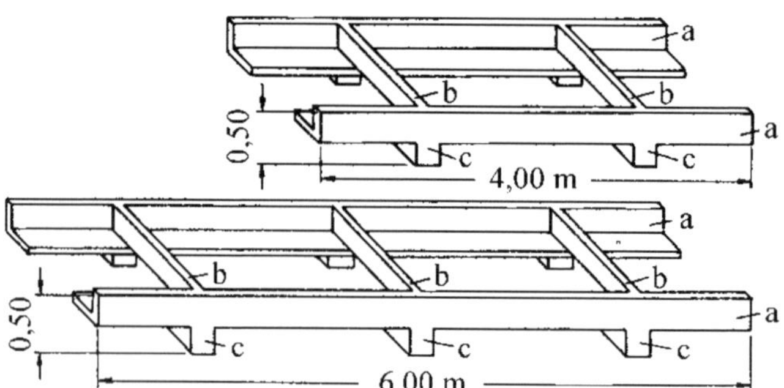

Abb. 12-11 Elemente der Evergreen-Pflanzenwand (aus [L 227])
a) Längsträger b) Querträger c) Fuß

12.4.7 Verfüll- und Hinterfüllboden

Zur Schaffung des tragenden Verbundkörpers sind die beim Aufbau des Fertigteilgitters entstehenden Hohlräume mit geeignetem Material lagenweise zu verfüllen (Lagendicke 25 bis 50 cm). Zur Vermeidung größerer Kopfauslenkungen der Wände muss der Verfüllboden zugleich mit der Hinterfüllung eingebracht und verdichtet werden ($D_{\text{Pr}} = 95$ bis 97 % in Zellenmitte; bei engen Raumgitterzellen schwer erreichbar, vgl. Versuchsergebnisse von THAMM [L 248]). Ist für die gewählte Bepflanzung zusätzlich Oberboden erforderlich, muss dieser den Anforderungen der DIN 18915 genügen.

Für den ausreichend wasserdurchlässigen Verfüllboden sind grob- und gemischtkörnige Bodenarten gemäß DIN 18196 zu verwenden (Größtkornbegrenzung so, dass das Verfüllen und Verdichten zu keinen Konstruktionsschäden führt). Bei Bodenarten mit Gewichtsanteilen von > 15 % an Korn mit Durchmessern < 0,063 mm sind besondere Untersuchungen hinsichtlich der Durchlässigkeit und der Scherfestigkeit des Bodens erforderlich. In der Regel sollte dabei für den Winkel der inneren Reibung $\varphi' \geq 25°$ gelten. Beim Einbau enggestufter Sande und Kiese kann die Verdichtung in einem teilweise offenen Gitter schwierig sein.

Bezüglich der Hinterfüllung sind z. B. die Bedingungen aus [L 186], [L 187] und [L 265] zu berücksichtigen. Dabei ist zu beachten, dass auch Bodenarten verwendet werden können, bei denen der Gewichtsanteil an Korn mit Durchmessern $< 0{,}063$ mm (Schluff und Ton) $> 15\,\%$ und $< 40\,\%$ ist. Dies gilt unter der Voraussetzung, dass sie die oben genannten Bedingungen für den Verfüllboden in entsprechender Weise erfüllen.

Generell sind nach [L 186] nur Bodenarten zu verwenden, die keine löslichen, grundwasserschädigenden Stoffe enthalten, die keine schädlichen Verformungen für das Bauwerk und seine Nutzung verursachen und die eine vorgesehene Begrünung ermöglichen.

12.4.8 Verformungen der Wand

Die üblichen Bemessungsregeln für Raumgitterwände stützen sich auf viele Versuche sowie auf Beobachtungen und Messungen bei durchgeführten Baumaßnahmen. Ihre Auswertung hat gezeigt, dass die Tragfähigkeit der Konstruktionen wesentlich beeinflusst wird durch ihre Neigung gegen den Hang, ihr Verformungsverhalten, die am System angreifenden Erddrücke (auf der Rückseite des Gesamtsystems und innerhalb der Zellen des Fertigteilgitters), die Größe und den Verlauf der Sohlspannungen, die Herstellungsart des Stützbauwerks und den Verdichtungsgrad von Ver- und Hinterfüllung.

Die Größe und der Verlauf der horizontalen Wandverformungen hängen u. a. davon ab, ob die Wandhinterfüllung gleichzeitig mit der Verfüllung der Raumgitter oder erst nachträglich erfolgt. Entsprechende Versuche führen zu Ergebnissen, wie sie Abb. 12-12 zeigt. Mit zunehmendem Neigungswinkel α der Wand gegen den Hang nehmen diese Verformungen ab.

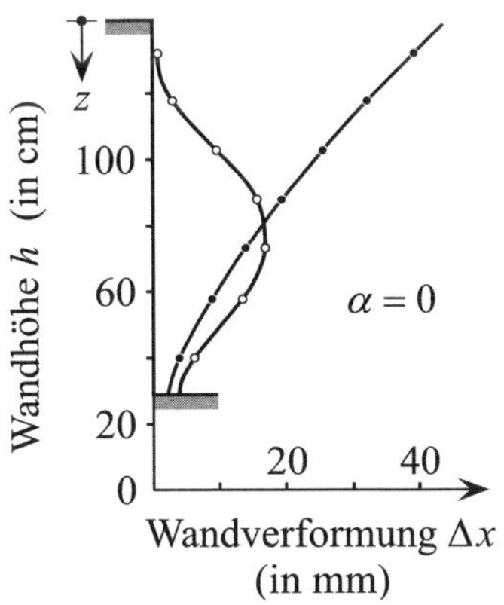

Abb. 12-12 Horizontale Verformungen Δx vertikaler Modellwände (22 Fertigteilscharen, $h = 142$ cm); horizontales unbelastetes Gelände; Mittelwerte aus Versuchsreihen (nach [L 13])

12.4.9 Einwirkungen am Gesamtbauwerk

Die Einwirkungen auf das aus der Stützkonstruktion und dem Fundament bestehende Gesamtbauwerk betreffen den Erddruck, den Wasserdruck und sonstige Einwirkungen.

Erddruck: der auf die Rückseite von Raumgitterwänden wirkende charakteristische Erddruck darf, wie z. B. auch bei Schwergewichtsmauern, in der Regel als aktiver Erddruck mit Hilfe der für ebene Gleitflächen geltenden Gleichungen der DIN 4085 berechnet werden. Der Neigungswinkel δ_a, der dabei die Wirkungsrichtung der Erddruckkraft bestimmt, ist, wie bei Stützwänden mit geschlossenen ebenen Rückflächen, abhängig vom charakteristischen inneren Reibungswinkel φ'_k des drainierten Hinterfüllbodens und der Rauigkeit der Wandrückfläche (Verzahnung). Darüber hinaus wirkt sich aber auch das Verhältnis der Betonflächen zu den Bodenflächen auf δ_a aus. Zahlenmäßig ergeben sich δ_a-Werte, die im Bereich $0{,}75 \cdot \varphi'_k \leq \delta_a \leq 1{,}0 \cdot \varphi'_k$ liegen.

Bei ungünstigen Bodenverhältnissen, sehr steilem Gelände, engem Hinterfüllbereich und vorgesehener Verankerung ist es bei Raumgitterwänden zu empfehlen, den Angriffspunkt der Erddruckresultierenden aus Sicherheitsgründen in halber Wandhöhe anzunehmen.

Wasserdruck: bedingt durch die Forderung nach ausreichend durchlässigem Füllboden für die Ver- und Hinterfüllung sowie durch die gute Durchlässigkeit bzw. Entwässerung des Gesamtsystems ist es in der Regel nicht erforderlich, auf die Wandrückseite wirkenden Wasserdruck als Belastung anzusetzen. Besteht allerdings die Möglichkeit zu einem Rückstau von Wasser, ist entsprechender Wasser- bzw. Strömungsdruck anzunehmen.

Sonstige Einwirkungen: Nach [L 35], Abschnitt 10.3.3 sind bei den Sicherheitsnachweisen ggf. auch Einwirkungen wie Gründungslasten und veränderliche statische Einwirkungen auf die Stützwand (z. B. infolge von Nutzlasten, Wind (bei Raumgitterwällen anzusetzen), Schnee, ...) so anzunehmen, wie das auch für vergleichbare Stützkonstruktionen wie etwa Schwergewichtsmauern üblich ist.

12.4.10 Einwirkungen an den Raumgitterzellen

Zur Bemessung der Raumgitterelemente sind u. a. die innerhalb der Verfüllung der Raumgitterzellen herrschenden Spannungsverhältnisse zu berechnen, um so die Belastungen der inneren Flächen dieser Zellen zu ermitteln. Hierzu lässt sich als gute Näherung die Silotheorie heranziehen. Nach ihr werden z. B. die vertikal wirkenden Innendrücke p_v über die Tiefe z durch eine e-Funktion beschrieben, die asymptotisch gegen den Maximalwert

$$p_{v\,max} = \gamma \cdot z_0 \qquad \text{Gl. 12-3}$$

verläuft (vgl. Abb. 12-13), dessen Faktoren weiter unten erläutert werden. Zur Problematik der Anwendung dieser Theorie auf die Gegebenheiten der Raumgitter-Stützmauer siehe die Ausführungen von THAMM [L 248].

Die heute üblichen Bemessungsregeln für Raumgitterwände liefern im Regelfall auf der sicheren Seite liegende Resultate, wenn sie auf den nachstehenden Beziehungen basieren. Diese entsprechen im Wesentlichen der Silotheorie der DIN EN 1991-4, 5.2.

Über die Raumgitterhöhe h werden als konstant angenommen:

γ Wichte des Verfüllmaterials

φ' Reibungswinkel des Verfüllmaterials

$K_0 = 1 - \sin\varphi'$ Erdruhedruckbeiwert (Annahme für das Horizontallastverhältnis $K = p_h/p_v$ aus DIN EN 1991-4)

$\delta = 2/3 \cdot \varphi'$ Erddruckneigungswinkel an den Zelleninnenwänden (vereinfachende Annahme für $\mu = p_w/p_h = \tan\delta$ aus DIN EN 1991-4, 5.2.1.1)

Mit diesen Werten und der Größe (zu A und U siehe Abb. 12-13)

$$z_0 = \frac{A}{U} \cdot \frac{1}{K_0 \cdot \tan\delta} \qquad \text{Gl. 12-4}$$

gelten, bei kohäsionslosem Verfüllmaterial, die Gleichungen für die Zelleninnendrücke in vertikaler Richtung

$$p_v(z) = \gamma \cdot z_0 \cdot (1 - e^{-z/z_0}) \qquad \text{Gl. 12-5}$$

und in horizontaler Richtung

$$p_h(z) = p_v(z) \cdot K_0 \qquad \text{Gl. 12-6}$$

sowie für die zugehörigen Schubspannungen an den Zelleninnenwänden

$$p_w(z) = p_h(z) \cdot \tan\delta = p_v(z) \cdot K_0 \cdot \tan\delta \qquad \text{Gl. 12-7}$$

Diese Größen sind bei der Bemessung der Raumgitterelemente als die Einwirkungen anzusetzen, die auf deren innere Flächen einwirken.

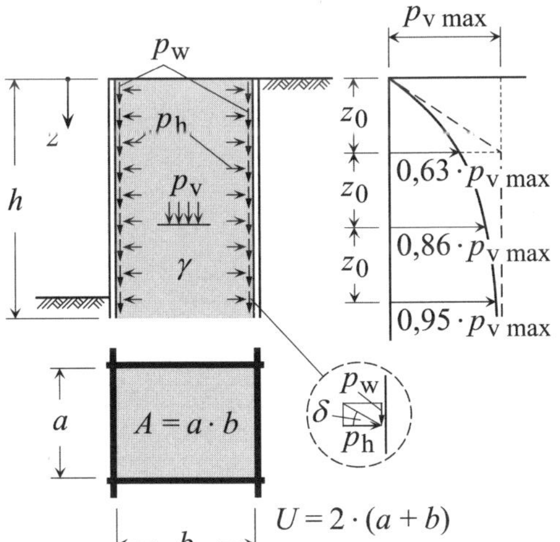

Abb. 12-13 Ermittlung des Silodrucks in den Zellen von Raumgitter-Stützmauern

Über die Querschnittsfläche A der Silozelle verläuft der Zelleninnendruck p_v aus Gl. 12-5 in der Regel zwar konvex (Verfüllung setzt sich stärker als das Raumgitter), doch führen Rechnungen mit einem als konstant angenommenen Mittelwert in der Praxis zu hinreichend genauen Ergebnissen (vgl. hierzu BRANDL [L 151], Kapitel 3.9).

12.4.11 Nachweise zur äußeren Standsicherheit

Die äußeren Standsicherheitsnachweise für das aus eigentlicher Stützkonstruktion und Fundament bestehende Gesamtbauwerk entsprechen denen für eine vergleichbare Schwergewichtsmauer. Die Raumgitterwand wird dabei als monolithischer Verbundkörper aufgefasst, dessen Wichte durch Mittelwertbildung über die Verbundkörperelemente gewonnen wird.

Die zu erbringenden Nachweise betreffen bezüglich des Grenzzustands GEO-2 die

- Gleitsicherheit in der Sohlfuge gemäß Abschnitt 6.5.3 von DIN EN 1997-1 und DIN 1054
- Grundbruchsicherheit in der Sohlfuge gemäß DIN 4017 und Abschnitt 6.5.2 von DIN EN 1997-1 und DIN 1054

bezüglich des Grenzzustands EQU die

- Kippsicherheit in der Sohlfuge gemäß DIN EN 1997-1, 9.2 2(P) (nach DIN 1054, 11.6 A (6) darf bei Stützkonstruktionen, die als Gewichtsstützwand modelliert sind, von einer ausreichenden Sicherheit gegen Kippen ausgegangen werden, wenn die Sohldruckresultierende im Kern liegt)

und bezüglich des Grenzzustands GEO-3 die

- Geländebruchsicherheit gemäß DIN 4084 sowie Abschnitt 11.5.1 von DIN EN 1997-1 und DIN 1054.

Hinsichtlich der Gebrauchstauglichkeit (SLS) ist dafür Sorge zu tragen, dass die Größe der Verschiebungen und Verformungen der Wand deren Gebrauchstauglichkeit nicht beeinträchtigen (siehe auch DIN EN 1997-1, 11.6).

Für die Führung der Einzelnachweise gelten die Teilsicherheitsbeiwerte der Tabelle 12-2.

Tabelle 12-2 Teilsicherheitsbeiwerte von DIN 1054 für Nachweise gegen Gleiten, Grundbruch und Geländebruch

BS	Gleiten (GEO-2)			Grundbruch (GEO-2)			Geländebruch (GEO-3)					
	γ_G	γ_Q	$\gamma_{R,h}$	γ_G	γ_Q	$\gamma_{R,h}$	γ_G	γ_Q	γ_φ	γ_{yu}	γ_c	γ_{cu}
BS-P	1,35	1,50	1,10	1,35	1,50	1,40	1,00	1,30	1,25	1,25	1,25	1,25
BS-T	1,20	1,30	1,10	1,20	1,30	1,30	1,00	1,20	1,15	1,15	1,15	1,15
BS-A	1,00	1,00	1,10	1,00	1,00	1,20	1,00	1,00	1,10	1,10	1,10	1,10

Die Sicherheitsnachweise sind auch an „Teilbauwerken" (Teile des Gesamtbauwerks, die oberhalb maßgebender Schnitte – etwa einer Querschnittsänderung – liegen) zu führen.

Weitere Einzelheiten zur zulässigen Lage der Resultierenden in der Sohlfuge und zum Nachweis der Sicherheiten gegen Gleiten und Geländebruch sind in [L 186] und [L 248] zu finden.

12.4.12 Nachweise zur inneren Standsicherheit

Der Nachweis der inneren Standsicherheit von Raumgitterwänden entspricht der Bemessung der Raumgitterelemente. Handelt es sich dabei um Betonfertigteile, sind diese nur als werkmäßig hergestellte Betonfertigteile gemäß DIN EN 1992-1-1 und mit einem Beton zu verwenden, der mindestens zur Festigkeitsklasse C35/45 gehört. Zur Betonzusammensetzung sei auf die

ZTV-K [L 264] verwiesen.

Aus Abb. 12-14 geht hervor, dass zur Bemessung der einzelnen Raumelemente der Gitterkonstruktion, außer der Eigenlast, bei

- luftseitigen Längsträgern die Silodruckkräfte auf der Innenseite
- erdseitigen Längsträgern (Längsriegeln) der aktive Erddruck aus der Hinterfüllung, Silodruckkräfte auf der Innenseite und Vertikalkräfte auf der Oberseite
- Querträgern die Silodruckkräfte auf den Seitenflächen

als Einwirkung anzusetzen sind. Die Abtragung der Lasten ist dabei über alle Auflager- bzw. Knotenpunkte bis zur Einleitung in den Untergrund zu verfolgen.

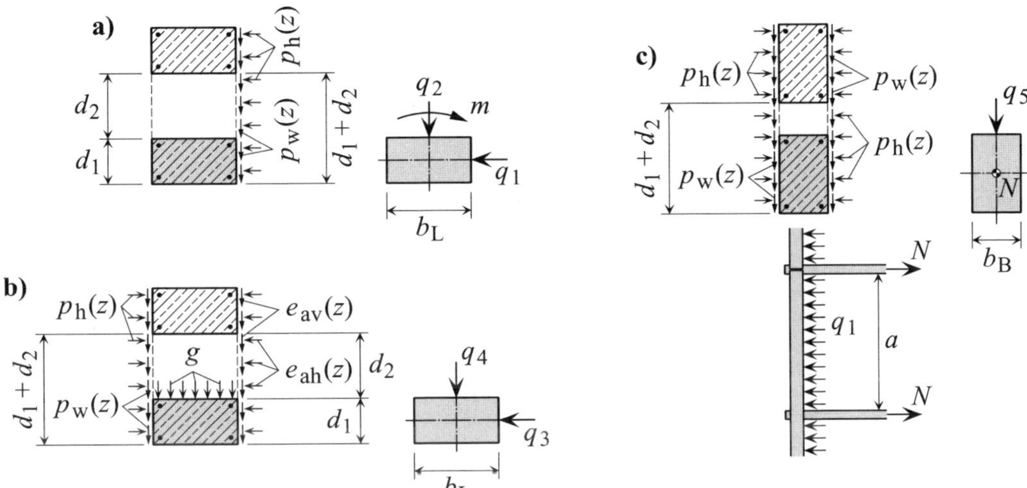

Abb. 12-14 Belastung der Elemente einer Raumgitter-Stützmauer (nach BRANDL [L 13])
a) Belastung der tal- bzw. luftseitigen Längselemente (Läufer)
b) Belastung der berg- bzw. erdseitigen Längselemente (Läufer)
c) Belastung der Querelemente (Binder)

Die einzelnen Linienbelastungen der Elemente einer Raumgitter-Stützmauer aus Abb. 12-14 berechnen sich nach BRANDL [L 13] mit den nachfolgenden Gleichungen.

Für luftseitige Läufer ergibt sich die horizontale Belastung zu

$$q_1 = q_1(z) = (d_1 + d_2) \cdot p_h(z) \qquad \text{Gl. 12-8}$$

Die Vertikallast darf, bei kleinen Öffnungsweiten d_2 und nicht zu großen Längen a, mit

$$q_2 = q_2(z) = (d_1 + d_2) \cdot p_w(z) \qquad \text{Gl. 12-9}$$

berechnet werden. Bei schlanken Elementen und großen Öffnungsweiten ist ggf. zusätzlich die Eigenlast des in Form dreieckiger Zwickel zwischen den Läufern liegenden Verfüllmaterials zu berücksichtigen. Das Versatzmoment, das wegen der Verschiebung der Belastung q_2 in die Symmetrieebene des Läuferquerschnitts anzusetzen ist, ergibt sich aus

$$m = m(z) = q_2(z) \cdot \frac{b_L}{2} = (d_1 + d_2) \cdot p_w(z) \cdot \frac{b_L}{2} \qquad \text{Gl. 12-10}$$

Für bergseitige Läufer kann die Horizontallast mit

$$q_3 = q_3(z) = (d_1 + d_2) \cdot [e_{ah}(z) - p_h(z)] \qquad \text{Gl. 12-11}$$

berechnet werden. Die vertikale Belastung liefert die Gleichung

$$q_4 = q_4(z) = (d_1 + d_2) \cdot [e_{av}(z) + p_w(z)] + g \cdot b_L \qquad \text{Gl. 12-12}$$

in der die Größe

$$g = \gamma \cdot d_2 \qquad \text{Gl. 12-13}$$

für die vertikale Druckspannung aus der Eigenlast des zwischen den Läufern liegenden Verfüllmaterials steht. Die Wirkung des Versatzmoments, das sich aus den in der Regel ungleichen Größen von e_{av} und p_w ergibt, wird hier vernachlässigt, da diese Unterschiede im Allgemeinen nicht sehr groß sind.

Bei den quer liegenden Bindern hebt sich die horizontale Wirkung der Silodrücke auf, so dass nur die vertikale Belastung

$$q_5 = q_5(z) = (d_1 + d_2) \cdot p_w(z) \qquad \text{Gl. 12-14}$$

verbleibt, wobei die Wirkung der Eigenlast des zwischen den Bindern liegenden Verfüllmaterials vernachlässigt wird. Die in den Bindern wirkenden Normalkräfte sind ansetzbar mit der Größe

$$N = N(z) = q_1 \cdot a \qquad \text{Gl. 12-15}$$

Da es aus Kostengründen sinnvoll ist, jedes der zum Einsatz kommenden Fertigteile an jeder beliebigen Stelle der Wand einbauen zu können, müssen alle Fertigteile für die extremalen Belastungen bemessen werden, wobei u. a. die maximalen Silodrücke $p_{v\,max}$ (Gl. 12-3) und

$$p_{h\,max} = p_{v\,max} \cdot K_0 \qquad \text{Gl. 12-16}$$

zu verwenden sind.

Zu den Ansätzen der Elementbelastungen und insbesondere zu entsprechenden Grenzwertbetrachtungen sei auch auf [L 186] und [L 248] hingewiesen.

Bezüglich der konstruktiven Ausbildung der Knotenpunkte der Einzelteile ist zu fordern, dass die Übertragung der vertikalen Knotenkräfte einwandfrei erfolgen kann. Zur Berechnung der Kräfte wird angenommen, dass die gesamte von den Betonfertigteilen übertragene Vertikallast der Stützmauer über die Betonfertigteile abgetragen wird. THAMM gibt in [L 248] Formeln zur Abschätzung der Kraftgrößen eines Teilbauwerks an, die für maßgebende Schnittfugen gelten, welche in der Tiefe z unterhalb der Raumgitterwandoberkante liegen. Danach ergibt sich mit der Vertikalkraft

$$V_B = V_{GB} + V_W = V_{GB} + A \cdot (\gamma \cdot z - p_v) \qquad \text{Gl. 12-17}$$

für die luftseitigen Knoten

$$V_{KL} = \frac{V_B}{2} + \frac{E_{ah} \cdot z}{3 \cdot b_K}$$ Gl. 12-18

und für die auf der Erdseite angeordneten Knoten

$$V_{KE} = \frac{V_B}{2} - \frac{E_{ah} \cdot z}{3 \cdot b_K} + E_{av}$$ Gl. 12-19

Mit der Kraftgröße V_{GB} aus Gl. 12-17 wird die Eigenlast der Betonfertigteile des Teilbauwerks erfasst, die in den beiden letzten Gleichungen verwendeten Größen b_K sowie E_{ah} und E_{av} sind der Hebelarm der Knotenpunktauflagerung sowie die horizontale und vertikale Komponente der Erddruckkraft des oberhalb der maßgebenden Schnittfuge wirkenden Erddrucks.

12.4.13 Aufgabe mit Lösung

Aufgabe 12-3

Es sind drei Aspekte anzugeben, die bezüglich der Begrünung einer Raumgitterwand bei deren Planung zu berücksichtigen sind, und es ist darzustellen, wie sich die daraus resultierenden Forderungen umsetzen lassen!

Lösung zu Aufgabe 12-3

Soll eine Raumgitterwand begrünt werden, muss schon im Zuge der Planung u. a. berücksichtigt werden, dass

- den ausgewählten Pflanzen für ihr zügiges Wachstum und ihr weiteres Überleben die von ihnen benötigte Menge an Wasser zur Verfügung steht
- den ausgewählten Pflanzen für ihr zügiges Wachstum und ihr weiteres Überleben genügend viele Nährstoffe zur Verfügung stehen
- die ausgewählten Pflanzen mit der zur Verfügung stehenden Menge an Wasser und Nährstoffen sowie den sonstigen Umweltbedingungen entsprechend zügig wachsen und im Weiteren gut überleben können.

Diese Forderungen führen u. a. dazu, dass

- Wandneigungen nicht steiler als 4 : 1 bis 5 : 1 gewählt werden um so anfallendes Niederschlagswasser auch für die Versorgung der Pflanzen nutzen zu können
- Bermen vorgesehen werden, die für die Bepflanzung besonders günstige Bedingungen bieten (Lichteinfall und Nutzung von Niederschlagswasser)
- außer dem Verfüllboden auch Oberboden eingebaut wird, der den Anforderungen der DIN 18915 (Vegetationstechnik im Landschaftsbau; Bodenarbeiten) genügt
- Pflanzen gewählt werden, die gut an die realisierbaren Lebensbedingungen angepasst sind (z. B. keine tropischen, sondern heimische Pflanzen wählen usw.).

12.5 Bewehrte Erde

12.5.1 Allgemeines

Im Allgemeinen hat sich der Begriff „bewehrte Erde" eingebürgert für Verbundkörper aus Boden und „Bewehrung". Als Bewehrung können dabei so verschiedene Elemente wie dünne Injektionspfähle, Stahl- oder Kunststoffstäbe, Reibungsbänder, Matten, Gitter, Geotextilien etc. zum Einsatz kommen. Sie werden in unterschiedlichster Art und Richtung eingebracht und demzufolge auch unterschiedlich beansprucht.

Das unter dem Namen „Bewehrte Erde" bekannte Bauverfahren stellte 1963 erstmalig VIDAL vor. Es ermöglicht die einfache und relativ schnelle Herstellung von Stützkonstruktionen, die u. a. unempfindlich sind gegen unterschiedlich große Setzungen. Während schon 1964 das weltweit erste Stützbauwerk in Pragnères, Frankreich, nach dieser Methode ausgeführt wurde, erfolgte in der Bundesrepublik Deutschland erst im Jahre 1975 die erste Projektrealisierung beim Bau der Umgehung Raunheim im Zuge der Bundesstraße 43. Bei ihr wurde eine ≈ 380 m lange und 4,0 m hohe Stützwand errichtet (vgl. [L 10]).

Die inzwischen über die ganze Welt verbreitete Baumethode „Bewehrte Erde" ist sehr vielfältig anwendbar. Sie wird nicht nur im Zuge des innerstädtischen Straßen- und Eisenbahnbaus, sondern auch bei Verkehrswegen im Bergland, im Siedlungs-, Behälter-, Industrie- und Militärbau sowie bei Uferschutzwänden eingesetzt.

Nach Auskunft der Fa. *Bewehrte Erde* [F 2] hat sich die Zahl der weltweit ausgeführten „Bewehrte Erde"-Projekte bis zum Ende des Jahres 2004 auf mehr als 25 000 erhöht (zugehörige Wandfläche ca. 26,7 Millionen m^2).

12.5.2 Regelwerke

Empfehlungen zu Entwurf und Herstellung von „Bewehrte Erde"-Konstruktionen sind in

- dem Merkblatt über Stützkonstruktionen aus stahlbewehrten Erdkörpern [L 192] und
- den ZTV E-StB 09 [L 265]

zu finden. Weiterhin sind zu beachten

- die Normen DIN 1054 [L 30], DIN 4017 [L 38], DIN 4017 Beiblatt 1 [L 39], DIN 4084 [L 51], DIN 4085 [L 53], DIN 18196 [L 68], DIN 18915 [L 73], DIN EN 1992-1-1 [L 83], DIN EN 1992-1-1/NA [L 84], DIN EN 1997-1 [L 88], DIN EN 1997-1/NA [L 89] und DIN EN 14475 [L 99] sowie
- das Merkblatt über den Einfluß der Hinterfüllung auf Bauwerke [L 187].

12.5.3 Konstruktionsprinzip

Bei der Baumethode „Bewehrte Erde" wird die Stützwirkung mit einem Verbundkörper realisiert, der auf vorbereitetem Untergrund lagenweise von unten nach oben aufgebaut wird. Die einzelnen Lagen bestehen aus

- geschüttetem und verdichtetem Verfüllboden und darauf
- schlaff aufgelegten streifenförmigen Bewehrungsbändern in regelmäßiger Anordnung.

Die Bewehrungsbänder (Zugbänder) werden mittels Schrauben mit einer an der Luftseite des jeweiligen Verbundkörpers befindlichen Außenhaut (z. B. kreuzförmige Stahlbeton-Fertigteile, vgl. Abb. 12-17, oder bepflanzbare Stahlbeton-Fertigteil-Elemente) verbunden, die in der Regel auf ein durchgehendes unbewehrtes Streifenfundament gestellt wird. Ihre Hauptaufgabe ist es, das Abböschen des Füllbodens zwischen den einzelnen Lagen der Bewehrungsbänder zu verhindern.

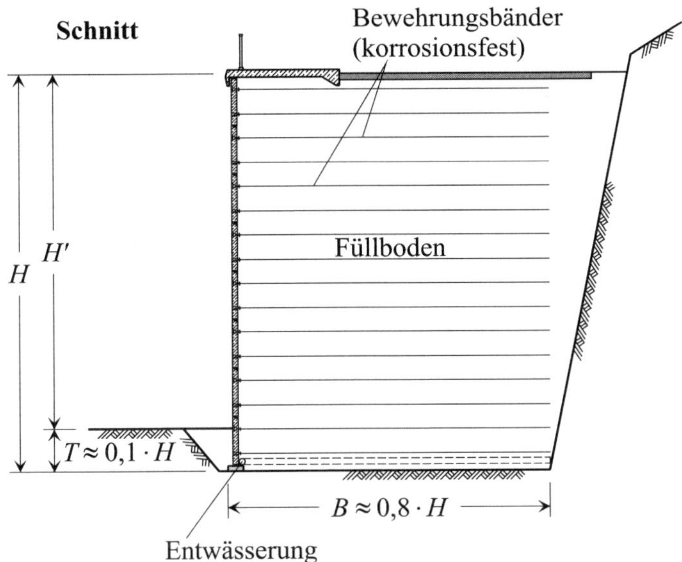

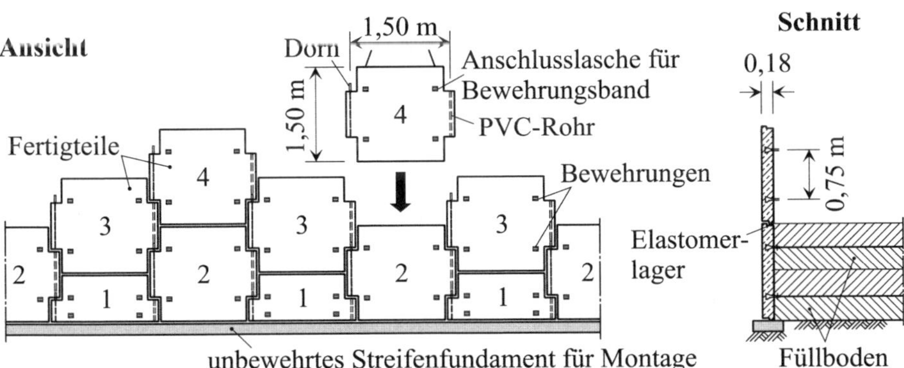

Abb. 12-15 Verbundkörper mit Außenwand aus Beton-Fertigteilplatten (nach Angaben der Fa. *Bewehrte Erde* [F 2])

12.5.4 Anforderungen an den Füllboden

Der in Lagen von ca. 0,3 bis 0,4 m Dicke eingebaute Stützwand-Füllboden muss gleichbleibende Qualität und gleichmäßige Verdichtung aufweisen. Für seine Kornfraktionen gelten nach [L 192] die Grenzwerte ≤ 15 % Korn mit Korndurchmessern $d < 0{,}063$ mm, ≤ 25 % Korn mit

Korndurchmessern $d > 100$ mm (Angabe in Massenprozent) und Größtkorn mit dem Korndurchmesser $d_{max} = 250$ mm. Diesen Forderungen genügen nach den Klassierungskriterien von DIN 18196

- alle grobkörnigen Böden (GE, GW, GI, SE, SW und SI)
- die gemischtkörnigen Bodengruppen GU, GT, SU und ST.

Das als Füllboden verwendete Material muss witterungsbeständig sein und im eingebauten Zustand Mindestwerte für den Verdichtungsgrad D_{Pr} und den Verformungsmodul E_{v2} gemäß Tabelle 12-3 aufweisen. Diese Werte gelten für den Bereich des bewehrten Erdkörpers mit Ausnahme eines etwa 1 m breiten Streifens, der unmittelbar hinter der Außenhaut beginnt und in dem das Bodenmaterial nur mit leichtem Gerät möglichst gleichmäßig zu verdichten ist.

Tabelle 12-3 Mindestwerte für Verdichtungsgrad D_{Pr} und Verformungsmodul E_{v2} beim Einbau von Füllboden bei Stützkonstruktionen aus „Bewehrter Erde" (aus [L 192])

Nr.	Bodengruppe nach DIN 18196	Verdichtungsgrad D_{Pr} in %	E_{v2} in kN/m²
1	GE	97	80
2	GW	100	100
3	GI	100	100
4	SE	97	80
5	SW	97	80
6	SI	97	80
7	GU	100	60
8	GT	100	60
9	SU	97	45
10	ST	97	45

Der Füllboden darf auch keine organischen oder sonstigen Bestandteile aufweisen, welche die Außenhaut, Bewehrungsbänder und Anschlussteile schädigen können. Hierzu gehören u. a. Mutterboden, Torf und Schlamm sowie Kohle-, Koks-, Sulfid- und Schwefelwasserstoffanteile. Hinsichtlich seines Angriffsvermögens auf die Frontelemente der Konstruktion ist der Füllboden nach den Regeln von [L 192] und DIN EN 14475 zu beurteilen. Die Korrosionsgefährdung der Bewehrungsbänder und ihrer Anschlüsse an die Außenhaut ist vor allem von dem spezifischen Bodenwiderstand, dem Chlorid- und Sulfatgehalt sowie dem pH-Wert des Füllbodens abhängig. Werden für die Wandbewehrung des nicht in das Grundwasser reichenden Bewehrte-Erde-Körpers feuerverzinkte Stahlbänder und Anschlussteile verwendet, ist sicherzustellen, dass der Füllboden beim Einbau einen spezifischen Bodenwiderstand von $> 1\,000$ Ohm · cm, einen Chloridgehalt (CL) und Sulfatgehalt (SO_4) von $< 1\,000$ ppm und einen pH-Wert ≥ 5 und ≤ 10 besitzt und dass diese Grenzwerte auch später nicht unzulässig verändert werden (z. B. durch Grundwasserschwankungen oder Einleitung schädlicher Stoffe wie Tausalz, Düngemittel, Chemikalien u. a.). Diese Forderungen können z. B. durch Anordnung einer Dichtungsbahn und von Drainagen gewährleistet werden (vgl. Abb. 12-16).

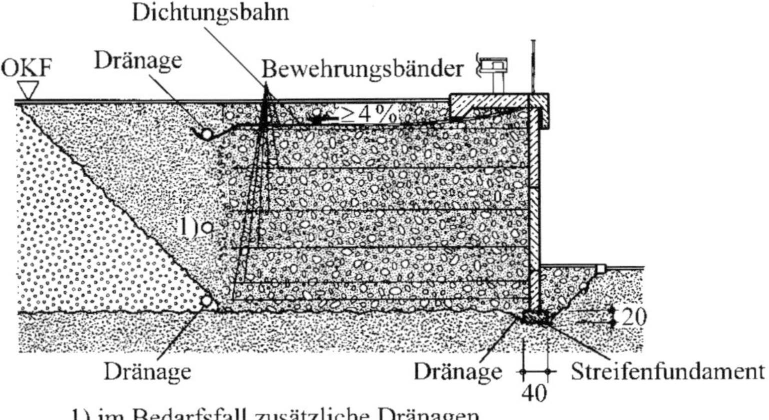

Abb. 12-16 Einbau von Dichtungsbahn und Dränagen bei bewehrten Erdkörpern (nach [L 5])

12.5.5 Anforderungen an den Hinterfüll- und Überschüttboden

Neben dem Füllboden im Bereich des bewehrten Erdkörpers ist auch Hinterfüll- und Überschüttboden einzubringen (vgl. Abb. 12-18). Für diese Böden gelten die Anforderungen aus ZTV E-StB 09.

Hinsichtlich der Bodenchemie sind an den Boden im Hinterfüll- und Überschüttbereich die gleichen Anforderungen zu stellen wie an den Füllboden, sofern der bewehrte Erdkörper nicht durch Dichtungsbahnen und Dränagen von den übrigen Bereichen getrennt wird.

12.5.6 Anforderungen an die Bewehrungsbänder

Die in den Füllboden eingelegten Bewehrungsbänder erhöhen dessen Scherfestigkeit so stark (anisotrope „Kohäsion" in Richtung der Bewehrung), dass so bewehrte Erdkörper aus Eigenlast und Verkehrslast entstehende Seitenkräfte über Schubspannungen aufnehmen können.

Für Bewehrungsbänder und Laschen aus Stahl ist gewalzter S355 zu verwenden. Die Bänder sind mit rechteckigem Querschnitt und gerippt herzustellen.

Der Korrosionsschutz der Stahlteile erfolgt u. a. durch Feuerverzinkung, wobei ausnahmslos eine flächenbezogene Masse > 500 g/m^2 (entspricht einer Schichtdicke von mindestens 70 µm; bei Schrauben und Unterlegscheiben ≥ 40 µm) gewährleistet sein muss. Außerdem müssen Bewehrungsbänder und Laschen zusätzlich einen Korrosionszuschlag von e_S zur statisch erforderlichen Stahldicke besitzen, dessen Größe u. a. abhängig ist von der geplanten Gebrauchsdauer der Stützkonstruktion.

12.5.7 Anforderungen an die Außenhaut

Die am häufigsten zur Anwendung kommende Wandverkleidung ist die der massiven Außenhaut. Sie wird aus Fertigteilen (siehe Abb. 12-17) aufgebaut, die mit wasserundurchlässigem

Stahlbeton nach DIN EN 1992-1-1 und mindestens mit der Festigkeitsklasse C25/30 des Betons herzustellen sind.

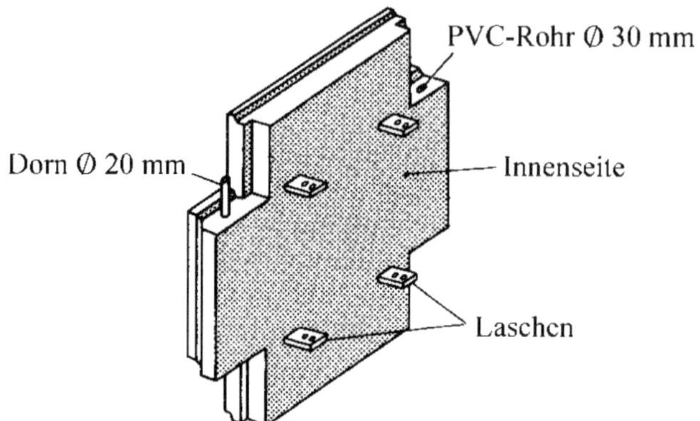

Abb. 12-17 Ansicht der Rückseite eines Außenhautelements aus Stahlbeton (aus Beitrag von BERTRAM in [L 4])

Weitere Details zu den Anforderungen an die massive Außenhaut sind in [L 192] und DIN EN 14475, F.1 zu finden.

12.5.8 Nachweise zur äußeren Standsicherheit

Für den Nachweis der äußeren Standsicherheit eines „Bewehrte Erde"-Stützkörpers wird auf der sicheren Seite liegend angenommen, dass er sich wie ein Monolith verhält, dessen Standsicherheit wie bei herkömmlichen konventionellen Schwergewichtsmauern berechnet werden kann. Im Einzelnen ist nachzuweisen, dass im Grenzzustand GEO-2 die Gleitsicherheit gemäß Abschnitt 6.5.3 von DIN EN 1997-1 und DIN 1054 und die Grundbruchsicherheit gemäß DIN 4017 und Abschnitt 6.5.2 von DIN EN 1997-1 und DIN 1054 eingehalten wird. Im Grenzzustand EQU ist die Kippsicherheit in der Sohlfuge gemäß DIN EN 1997-1, 9.2 2(P) und im Grenzzustand GEO-3 die Sicherheit gegen Geländebruch gemäß DIN 4084 sowie Abschnitt 11.5.1 von DIN EN 1997-1 und DIN 1054 zu gewährleisten. Bei der Geländebruchsicherheit sind auch Bruchmechanismen zu berücksichtigen, die den Bewehrte-Erde-Körper schneiden (siehe hierzu z. B. [L 192]). Nach DIN 1054, 11.6 A (6) darf bei Stützkonstruktionen, die als Gewichtsstützwand modelliert sind, von einer ausreichenden Sicherheit gegen Kippen ausgegangen werden, wenn die Sohldruckresultierende im Kern liegt. Nach DIN 1054, A 11.5.4.3 (2) darf auf die Tragfähigkeitsnachweise zum Grundbruch und zum Gleiten sowie auf den Nachweis der Gesamtstandsicherheit des Stützbauwerks verzichtet werden, sofern entsprechende Erfahrungen vorliegen.

Im Grenzzustand SLS (Gebrauchstauglichkeit) ist zu zeigen, dass eintretende Verschiebungs- und Verformungsgrößen die Gebrauchstauglichkeit der Wand nicht beeinträchtigen (DIN EN 1997-1, 11.6). Wird die Wand auf mindestens mitteldicht gelagertem nichtbindigem bzw. auf mindestens steifem bindigem Boden hergestellt und wurde die Sicherheit gegen Geländebruch für die Bemessungssituation BS-P nachgewiesen, ist nach DIN 1054, 11.6 A (4) ausreichende Sicherheit gegen den Grenzzustand SLS gegeben.

Für die Berechnungen der äußeren Standsicherheit ist auf der Stützkörperrückseite, analog zu herkömmlichen Stützmauern, aktiver Erddruck ohne Wandreibung nach DIN 4085 anzusetzen. Wasserdruck auf die Außenhaut ist in der Regel nicht anzusetzen. Bei Konstruktionen, die als Ufereinfassungen zum Einsatz kommen, ist jedoch Wasserdruck gemäß der entsprechenden Empfehlungen der EAU [L 122] anzusetzen.

Als Mindestwerte der geometrischen Abmessungen und Einbindetiefen des bewehrten Erdkörpers gelten nach [L 192] die Größen aus Abb. 12-18.

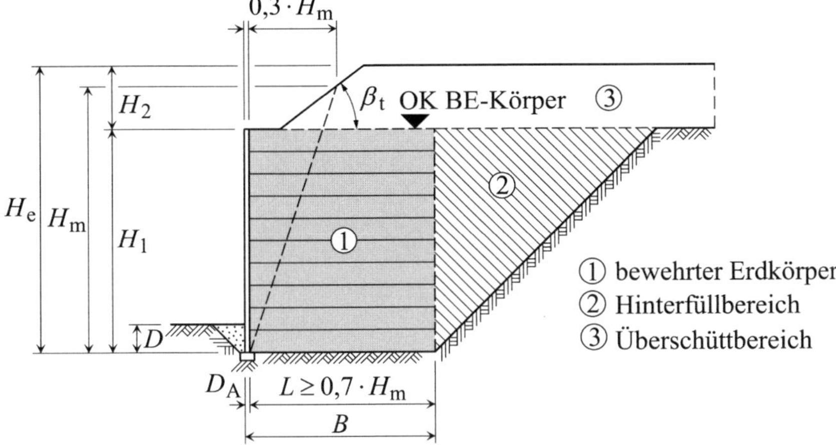

Abb. 12-18 Geometrische Abmessungen und Einbindetiefen zur Festlegung des bewehrten „Bewehrte Erde"-Erdkörpers (nach [L 192])

12.5.9 Innere Standsicherheit (Bewehrungsbandbemessung)

Bei der Erddruckaufnahme durch die Gesamtkonstruktion entstehen Zugkräfte in den Bewehrungsbändern, die diese über Reibung (Schubspannungen) in den Füllboden abtragen. Die Größe der übertragbaren Reibung ist dabei u. a. abhängig von der Resultierenden des auf die Bandoberfläche wirkenden Anpressdrucks.

In DIN 1054, A 11.5.4.3 wird der Nachweis einer ausreichenden Sicherheit gegen das Herausziehen bzw. das Materialversagen von Bewehrungselementen verlangt (Grenzzustand GEO-2 bzw. STR). Dabei sind Empfehlungen wie die in [L 192] zu beachten, auf die hinsichtlich des Standsicherheitsnachweises für die einzelnen Lagen der Bewehrungselemente im Folgenden Bezug genommen wird. Der Nachweis ist im Regelfall für die Bemessungssituation BS-P zu führen.

Der auf die Rückwand des Stützkörpers wirkende Erddruck, die Überschüttung und die Eigenlast des Füllbodens führen in dem Bewehrte-Erde-Körper zu einem Spannungszustand, dessen vertikale charakteristische Spannungen $\sigma_{v,k}$ in [L 192] vereinfacht angesetzt werden. Zu der für die i-te Bewehrungsebene in der Tiefe z_i sich ergebende charakteristische Vertikalkraft $N_{v,k}(z_i)$ infolge der Eigenlastwirkung des Bodens gehört nach [L 192] die in Abb. 12-19 gezeigte Verteilung der zugehörigen vertikalen Normalspannungen mit

$$\sigma_{v,k}(z_i) = \frac{N_{v,k}(z_i)}{L_d - 2 \cdot e_{zi,k}}$$ Gl. 12-20

Der Ersatz der charakteristischen Vertikalkraft durch deren Bemessungswert

$$N_{v,d}(z_i) = N_{v,k}(z_i) \cdot \gamma_G$$ Gl. 12-21

(γ_G = zum Grenzzustand GEO-2 gehörender Teilsicherheitsbeiwert aus DIN 1054, Tabelle A 2.1), führt zu

$$\sigma_{v,d}(z_i) = \frac{N_{v,d}(z_i)}{L_d - 2 \cdot e_{zi}}$$ Gl. 12-22

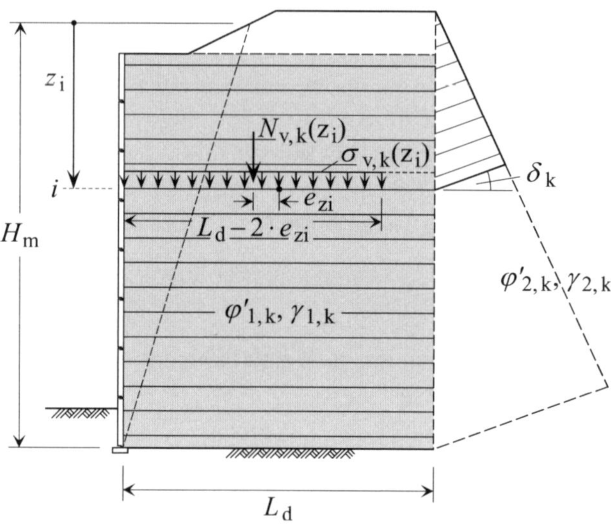

Abb. 12-19 Vereinfachter Vertikalspannungszustand in der i-ten Bewehrungsebene des Bewehrte-Erde-Körpers in der Tiefe z_i (nach [L 192])

Die Nachweisführung gegen das Herausziehen bzw. das Materialversagen von Bewehrungselementen beruht auf einem Versagensmechanismus, zu dem eine durch den bewehrten Erdkörper verlaufende Bruchlinie gehört, die identisch ist mit der Linie der maximalen Zugkräfte (Abb. 12-20). Der „aktive" Bereich des bewehrten Körpers bewegt sich relativ zum in Ruhe bleibenden „passiven" Bereich und wird durch den Widerstand der im passiven Bereich angeordneten Bewehrungsbänder bzw. Bewehrungsbandteile in dieser Bewegung behindert. Beim Verlust der Tragfähigkeit müssen die Bewehrungsbänder abreißen (Materialversagen) oder aus dem passiven Bereich herausgezogen werden (Schubversagen). Der mobilisierbare Materialwiderstand hängt ab von der Streckgrenze des Bewehrungsbandmaterials und der Querschnittsfläche des Bewehrungsbandes. Der mobilisierbare Widerstand beim Herausziehen jedes einzelnen Bandes ist abhängig von der Größe der Kontaktfläche zwischen Bewehrungsband und Füllboden sowie der in dieser Fläche aktivierbaren Schubspannung, die wiederum vom Reibungsbeiwert Bewehrungsband–Füllboden und der vom Boden auf das Bewehrungsband übertragenen Normalspannung (Anpressdruck des Bodens) abhängt.

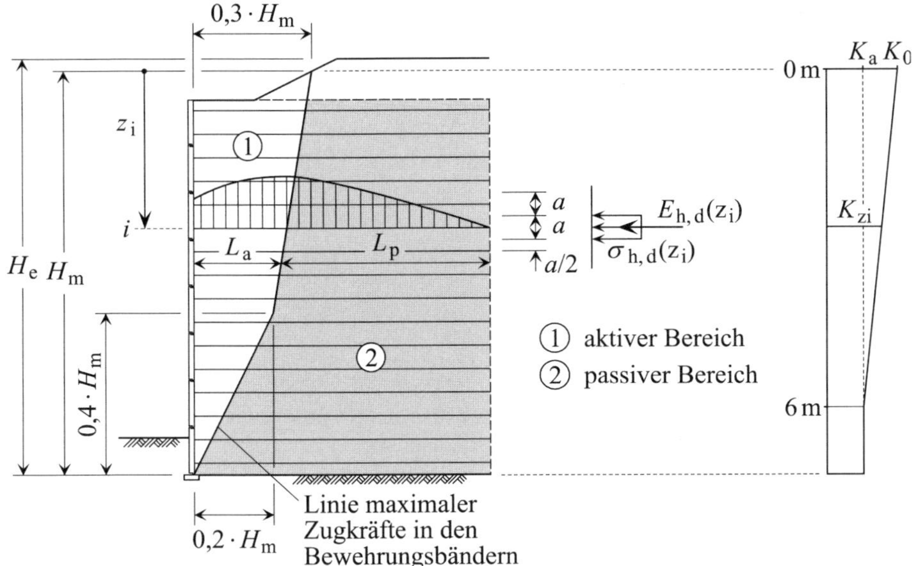

Abb. 12-20 Linie maximaler Zugkräfte in den Bewehrungsbändern, über die Tiefe z_i sich verändernde Beiwerte für die Ermittlung des auf die Rückseite des aktiven Bereichs wirkenden Erddrucks und auf die Bewehrungsbänder in der Tiefe z_i entfallender Anteil dieses Erddrucks (nach [L 192])

Mit dem Zugkraftverlauf über die Bandlänge L_d (Abb. 12-20) sind Schubspannungen verbunden, die von den Bändern auf den Boden ausgeübt werden und zwischen Bandanschluss und Bandkraftmaximum von der Außenhaut weg gerichtet und zwischen Bandkraftmaximum und Bandende zur Außenhaut hin gerichtet sind. Dies führt im Boden zu einem „Verspannungszustand".

Die Abb. 12-20 zeigt, dass im Innern des Bewehrte-Erde-Körpers sich einstellender Erddruck nicht nach den üblichen Regeln der Erddruckermittlung erfolgt. Die mit der Verspannung einhergehende Verdichtung führt zu einem Erddruck, der maximal mit dem Erddruckbeiwert K_0 und minimal mit dem Erddruckbeiwert K_a ermittelt wird. Der Erddruck fällt somit über die Tiefe vom Erdruhedruck auf den aktiven Erddruck ab. Der in der Abbildung angegebene Erddruckbeiwert K_{zi} in der Tiefe z_i berechnet sich mit den Beiwerten (gelten für $\delta_k = 0°$)

$$K_0 = 1 - \sin\varphi'_{1,k}$$

$$K_a = \tan^2\left(45° - \frac{\varphi'_{1,k}}{2}\right) \qquad \text{Gl. 12-23}$$

zu

$$K_{zi} = K_0 \cdot \left(1 - \frac{z_i(\text{in m})}{6}\right) + \frac{K_a \cdot z_i(\text{in m})}{6} \qquad \text{Gl. 12-24}$$

Gemäß der bisherigen Ausführungen muss zur Verhinderung des Versagensfalls der auf die Rückwand des aktiven Bereichs wirkende Erddruck von den Bewehrungsbändern aufgenommen werden. Der Bemessungswert des von den Bändern in der i-ten Bewehrungsebene aufzunehmenden Erddrucks $\sigma_{h,d}(z_i)$ bzw. dessen Resultierende $E_{h,d}(z_i)$ (pro lfdm Wand) ergibt sich mit dem Bemessungswert der Vertikalspannungen $\sigma_{v,d}(z_i)$ gemäß Abb. 12-20 und Gl. 12-22 zu

$$\sigma_{h,d}(z_i) = \sigma_{v,d}(z_i) \cdot K_{zi} \qquad \text{Gl. 12-25}$$

bzw.

$$E_{h,d}(z_i) = \sigma_{h,d}(z_i) \cdot a \qquad \text{Gl. 12-26}$$

Mit der Anzahl n_i der Bewehrungsbänder pro lfdm entfällt auf das einzelne Band der i-ten Bewehrungsebene die Zugkraft (maximale Zugkraft im Band)

$$T_{m,d}(z_i) = \frac{E_{h,d}(z_i)}{n_i} \qquad \text{Gl. 12-27}$$

Der Nachweis gegen Herausziehen des Bewehrungsbandes durch diese Zugkraft ist über einen hinreichend großen Widerstand $R_{f,k}$ zu führen. Seine charakteristische Größe ergibt sich als Resultierende der aktivierbaren charakteristischen Schubspannungen in der Kontaktfläche

$$F_T(z_i) = 2 \cdot b \cdot L_p(z_i) \qquad \text{Gl. 12-28}$$

zwischen dem Bewehrungsband und dem Füllboden des passiven Bereichs des bewehrten Erdkörpers (mit der Bandbreite b, der Einbindelänge $L_p(z_i)$ des Bandes in den passiven Bereich des bewehrten Erdkörpers (vgl. Abb. 12-21) und dem Faktor 2, der berücksichtigt, dass der Anpressdruck auf das Band von oben und unten wirkt). Mit h_i (über die Länge $L_p(z_i)$ gemittelte Überschütthöhe der Bewehrungsbänder der i-ten Bewehrungsebene, vgl. Abb. 12-21) und dem Reibungsbeiwert f_i ergibt sich somit als Widerstand

$$R_{f,k}(z_i) = F_T(z_i) \cdot h_i \cdot \gamma_{1,k} \cdot f_i \qquad \text{Gl. 12-29}$$

Der zugehörige Bemessungswert ergibt sich mit dem zum Grenzzustand GEO-2 gehörenden Teilsicherheitsbeiwert γ_a (aus DIN 1054, Tabelle A 2.3) zu

$$R_{f,d}(z_i) = \frac{R_{f,k}(z_i)}{\gamma_a} \qquad \text{Gl. 12-30}$$

Bezüglich der Einzelheiten zur Ermittlung des Reibungsbeiwerts f_i sei auf [L 192] und Möller [L 198], Abschnitt 13.5.9 verwiesen.

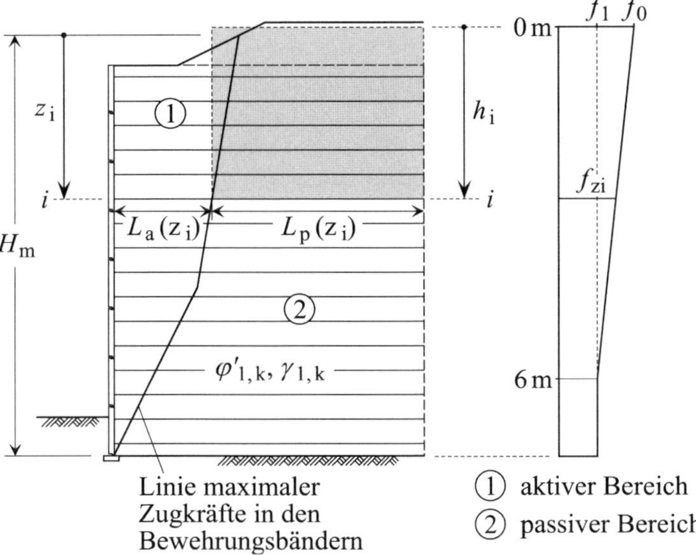

Abb. 12-21 Geometrische Abmessungen und Einbindetiefen zur Festlegung des bewehrten „Bewehrte Erde"-Körpers (nach [L 192])

Bei Erfüllung der Ungleichung

$$T_{m,d}(z_i) \leq R_{f,d}(z_i) \quad \text{bzw.} \quad \mu = \frac{T_{m,d}(z_i)}{R_{f,d}(z_i)} \leq 1 \quad i = 1, 2, ..., n \qquad \text{Gl. 12-31}$$

(μ = Ausnutzungsgrad), ist für Wände mit n Bewehrungsebenen über die Höhe H_1 die Sicherheit gegen Herausziehen der Bewehrungsbänder auf allen Bewehrungsebenen gegeben.

Analog hierzu gilt für den Sicherheitsnachweis gegen Bruch der Bewehrungsbänder

$$T_{m,d}(z_i) \leq R_{r,d} \quad \text{bzw.} \quad \mu = \frac{T_{m,d}(z_i)}{R_{r,d}} \leq 1 \quad i = 1, 2, ..., n \qquad \text{Gl. 12-32}$$

wobei der Widerstand $R_{r,d}$ für alle Bewehrungsbänder gleich ist, wenn sie aus dem gleichen Material bestehen und die gleichen Querschnittsabmessungen (Breite b und Dicke d, Achtung: Korrosionszuschlag darf nicht berücksichtigt werden!) aufweisen. Dieser Widerstand berechnet sich mit der charakteristischen Streckgrenze $f_{y,k}$ des Bandmaterials und dem Teilsicherheitsbeiwert γ_M (nach [L 192] gilt $\gamma_M = 1{,}1$ für alle Bemessungssituationen im Grenzzustand STR) zu

$$R_{r,d} = \frac{R_{r,k}}{\gamma_M} = \frac{f_{y,k} \cdot b \cdot d}{\gamma_M} \qquad \text{Gl. 12-33}$$

Hinsichtlich der zu führenden Nachweise für die Anschlüsse der Bewehrungsbänder an die Außenhaut sei auf [L 192] verwiesen.

12.6 Bewehrung mit Geokunststoffen

12.6.1 Allgemeines zu Geokunststoffen und ihrem Einsatz

Eine mögliche Einteilung von Geokunststoffen zeigt Abb. 12-22.

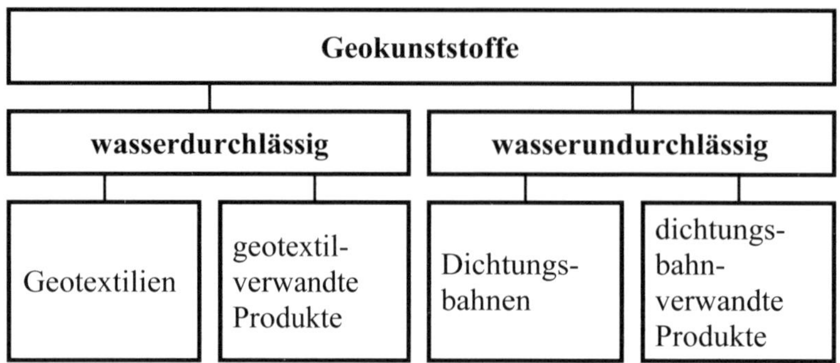

Abb. 12-22 Einteilung von Geokunststoffen (nach SAATHOFF/ZITSCHER [L 149], Kapitel 2.15)

Bei den wasserdurchlässigen Geokunststoffen handelt es sich um polymere Materialien. Zu unterscheiden sind u. a.

- Geotextilien als Gewebe (zwei sich rechtwinklig kreuzende Fadensysteme – Kette und Schuss), Vliesstoffe (regellos aufeinander abgelegte und verfestigte feingekräuselte Spinnfasern oder nicht gekräuselte Endlosfasern – Filamente) und Maschenware (z. B. schleifenförmig miteinander verbundene Fadensysteme)
- Geogitter (geotextilverwandte Produkte als regelmäßig offene Netzwerke aus vollständig verbundenen, zugbeständigen Elementen) als gestreckte Geogitter (Streckung gelochter Kunststoffbahnen), gewebte Geogitter (Gewebe mit Öffnungen > 10 mm) und gelegte Geogitter (kreuzweise gelegte und an den Kreuzungspunkten verbundene Bänder mit Polymerumhüllung).

Zur Herstellung von Geokunststoffen dienen gemäß der EBGEO [L 123] u. a. die Ausgangsmaterialien Aramid (AR), Polyamid (PA), Polyester (PET), Polyethylen (PE, PEHD) und Polypropylen (PP).

Nach SAATHOFF/ZITSCHER [L 149], Kapitel 2.15 werden Geokunststoffe in Form von Geotextilien und Dichtungsbahnen seit Ende der 1950er Jahre vor allem im Erd- und Wasserbau eingesetzt. Seitdem ging die Entwicklung von Geokunststoffen und ihrer Einsatzmöglichkeiten ständig weiter, so dass heute Geokunststoffe z. B. beim Bau von Dämmen und Böschungen, Deponien sowie Straßen, Wegen und sonstigen Verkehrsflächen zu finden sind. Auch im Tunnelbau, Küstenschutz und Kulturwasserbau kommen sie zum Einsatz.

Unter Verwendung von Geokunststoffen werden Aufgaben wie „Trennen", „Filtern", „Dränen", „Bewehren", „Schützen", „Dichten", „Verpacken" und „Erosionsschutz" erfüllt.

Das Trennen findet Anwendungen im Straßen- und Wegebau, beim Bau von Verkehrsflächen sowie im Gleis-, Wasser- und Deponiebau. So kann z. B. die Durchmischung von Bodenmaterial einer Dammschüttung mit dem Material des darunterliegenden weichen Untergrunds durch Einbau von Geweben oder Vliesstoffen als Trennschicht verhindert werden.

Die Hauptanwendungsgebiete beim Filtern sind der Wasserbau und die Herstellung von Filtern für Dränsysteme. Mit Hilfe von Geotextilien wird einerseits das Einspülen von Bodenbestandteilen des zu entwässernden Bodens in das gröbere Filtermaterial verhindert und andererseits der Durchfluss des Wassers senkrecht zur Filterebene ermöglicht (Sicherung der Filterstabilität).

Dränen dient zur flächigen Fassung von Niederschlags- oder Grundwasser. Ein Beispiel sind Flächendränagen in Verbindung mit Abdichtungen im Deponiebau.

Beim Bewehren können Geokunststoffe (z. B. Geotextilien oder Geogitter), die unter oder zwischen Bodenschichten eingebaut werden, Zugkräfte aufnehmen und dadurch die mechanischen Eigenschaften der Bodenschichten verbessern. So lassen sich z. B. Stützkonstruktionen bewehren oder auch Erddämme auf wenig tragfähigem Untergrund stabilisieren.

Das Schützen dient der Verhinderung mechanischer Beschädigungen von Kunststoffdichtungsbahnen, Bauwerksteilen oder Bauwerksteilbeschichtungen. Beispiele sind der Schutz von Kunststoffdichtungsbahnen im Deponiebau oder der Schutz von Rohrleitungen.

Beim Dichten geht es um die Herstellung technischer Barrieren gegen Flüssigkeiten und Gase insbesondere im Deponie-, Tunnel- und Wasserbau. Verpacken betrifft das Umhüllen von Erdstoffen in Form von Schläuchen, Säcken und Containern.

Durch Erosionsschutz wird der Bodenabtrag durch Wasser und Wind verhindert. Die Beschleunigung bzw. Sicherung des natürlichen Aufbaus einer Vegetationsschicht durch Erosionsschutzmatten ist als diesbezügliches Beispiel zu nennen.

12.6.2 Regelwerke

Empfehlungen zu Entwurf und Herstellung von Erdkörpern mit Bewehrungseinlagen aus Geokunststoffen sind in

- den EBGEO [L 123]
- den Merkblättern „über die Anwendung von Geokunststoffen im Erdbau des Straßenbaus“ [L 188], „über den Einfluß der Hinterfüllung auf Bauwerke“ [L 187] und „über Straßenbau auf wenig tragfähigem Untergrund“ [L 191]
- den Normen DIN 1054 [L 30], DIN 4017 [L 38], DIN 4017 Beiblatt 1 [L 39], DIN 4084 [L 51], DIN 18196 [L 68], DIN EN 14475 [L 99], DIN EN 1992-1-1 [L 83], DIN EN 1992-1-1/NA [L 84], DIN EN 1997-1 [L 88] und DIN EN 1997-1/NA [L 89] sowie
- den ZTV E-StB 09 [L 265]

zu finden.

12.6.3 Allgemeines und Begriffe zum Bewehren mit Geokunststoffen

Das Bewehren (siehe auch Abschnitt 12.6.1) von Erdkörpern mit Geokunststoffen lehnt sich stark an die Baumethode „Bewehrte Erde“ an. Die Vielfalt der Einsatzgebiete geht ansatzweise aus Abb. 12-23 hervor (zu weiteren Beispielen aus dem Straßenbau siehe z. B. [L 188], Abschnitt 4.5).

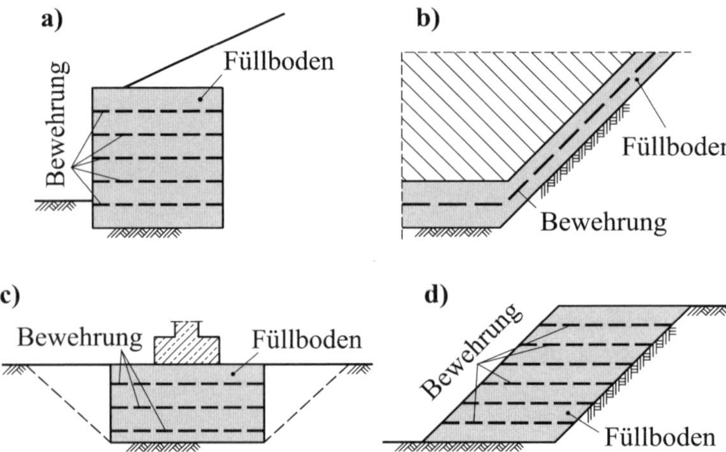

Abb. 12-23 Beispiele für bewehrte Erdkörper (nach EBGEO)
a) bewehrte Stützwand
b) bewehrte Stützwand im Deponiebau
c) bewehrtes Gründungspolster
d) bewehrte Böschung

Begriffe

Bewehrter Erdkörper: ein- oder mehrlagig bewehrter Verbundkörper aus Erdstoff und Geokunststoffen.

Bewehrung: lagenweise in den Erdkörper eingebaute gerichtete Bahnen oder Streifen, die vollflächig oder gitterförmig sein können.

Füllboden: Boden innerhalb eines bewehrten Erdkörpers.

Frontausbildung: luftseitige Verblendung eines bewehrten Erdkörpers zur Zurückhaltung und zum Erosionsschutz des Füllbodens zwischen den Bewehrungslagen.

Hinterfüllbereich: außerhalb eines bewehrten Erdkörpers liegender Teil des Bodens bis zur Oberkante dieses Körpers.

Überschüttbereich: oberhalb eines bewehrten Erdkörpers liegender Boden.

Stützkonstruktion: bewehrter Erdkörper zur vorübergehenden oder dauerhaften Sicherung eines Geländesprungs oder einer Böschung oder eines Hangs.

12.6.4 Anforderungen an das Material bewehrter Konstruktionen

Anforderungen an Füllboden (nach EBGEO)

Das für Füllböden verwendete Material muss von gleichbleibender Qualität und frei von schädlichen Bestandteilen sein. Es darf weder die Frontausbildung noch die Bewehrung und die Verbindungsmittel angreifen. Die bodenchemischen Eigenschaften dürfen weder kurz- noch langfristig verändert werden, z. B. durch Grundwasserschwankungen oder Einleitung schädlicher Stoffe.

Sollen Füllböden ohne weitergehende Nachweise für Dauerbauwerke verwendet werden, muss ihr pH-Wert der Bedingung $4 < \text{pH-Wert} < 9$ genügen.

Wird Niederschlags- oder Grundwasser nicht durch andere Maßnahmen gefasst, muss das Füllbodenmaterial genügend wasserdurchlässig, filterstabil und verwitterungsbeständig sein.

Bei vorwiegend statisch beanspruchten Bauwerken können die nach DIN 18196 eingestuften grobkörnigen Böden SW, SI, SE, GW, GI und GE, die gemischtkörnigen Böden SU, ST, GU GT, SU*, GT*, GU* und ST* sowie die feinkörnigen Böden UL, UM, TL und TM grundsätzlich als Füllboden verwendet werden, sofern das Größtkorn der Bedingung $\leq 2/3$ der Schüttlagenstärke genügt (vgl. EBGEO, 2.1.2.1.1).

Bei vorwiegend dynamisch beanspruchten Bauwerken (dynamische Bemessungsfälle 2 und 3 gemäß EBGEO, 12.5) müssen die schon genannten Bedingungen erfüllt werden. Außerdem muss u. a. die Kornzusammensetzung des Füllbodens < 7 Massen-% an Korn mit Korndurchmessern < 0,063 mm (Feinsand-Korngröße > 0,06 bis 0,2 mm), < 25 Gew.% an Korn mit Korndurchmessern < 100 mm und Größtkorn mit Korndurchmessern < 150 mm (Stein-Korngröße > 63 bis 200 mm) aufweisen (vgl. EBGEO 12.9.1).

Anforderungen an Geokunststoffe (nach EBGEO)

Geokunststoffe die als Bewehrung eingesetzt werden sollen, müssen die auf sie entfallenden Kräfte, bei Beachtung zulässiger Verformungen des Gesamtsystems, dauerhaft aufnehmen können. Dies erfordert, dass bei der Auswahl entsprechender Geokunststoffe außer dem Zug-Dehnungsverhalten auch die Zeitstandfestigkeit und das Kriechverhalten zu beachten sind.

Für die Übertragung der Zugkräfte vom Geokunststoff auf den ihn umgebenden Füllboden (mit dem charakteristischen effektiven Reibungswinkel φ'_k, der effektiven Kohäsion c'_k und der Kohäsion c_u des undränierten Bodens) können bei Vorbemessungen als Reibungsbeiwerte angesetzt werden

$$f_{sg,k} = 0{,}50 \cdot \tan \varphi'_k \qquad \text{(Geokunststoff/Füllboden)}$$
$$f_{cg,k} = 0{,}50 \cdot c'_k \text{ bzw. } c_u \qquad \text{(Geokunststoff/Füllboden)} \qquad \text{Gl. 12-34}$$
$$f_{gg,k} = 0{,}20 \qquad \text{(Geokunststoff/Geokunststoff)}$$

Zur genaueren Ermittlung der Reibungsbeiwerte siehe EBGEO, 2.2.4.11.

Die Geokunststoffe müssen im Weiteren beständig sein gegen mechanische Beschädigungen beim Transport und Einbau, ausreichende Durchlässigkeit zur Verhinderung des Aufstaus von

Wasser aufweisen, beständig sein gegen chemische und mikrobiologische Beanspruchungen (z. B. gegen den Einfluss von Pilzen und Bakterien) und hinreichende Witterungsbeständigkeit (UV-Beständigkeit) aufweisen.

Anforderungen an Hinterfüll- und Überschüttboden (nach EBGEO)

Böden, die zur Hinterfüllung und Überschüttung von Stützbauwerken verwendet werden, müssen den Anforderungen der ZTV E-StB 09 genügen.

12.6.5 Tragfähigkeit und Gebrauchstauglichkeit bei Stützkonstruktionen

Gemäß EBGEO, 7.3.1 muss für mit Geokunststoffen bewehrte Stützkonstruktionen die Tragfähigkeit (Grenzzustände STR, GEO-2 und GEO-3) und die Gebrauchstauglichkeit (Grenzzustand SLS) nachgewiesen werden.

Die im Grenzzustand SLS zu führenden Nachweise erfordern die Berücksichtigung der auftretenden Verformungen und Setzungen. Zu Einzelheiten dieser Nachweise ist auf EBGEO, 7.5 hinzuweisen.

Für den Nachweis der Standsicherheit sind alle die Bruchmechanismen und Gleitlinien zu untersuchen, die möglich sind. Dabei ist zu unterscheiden zwischen solchen (siehe Abb. 12-24)

- welche die Bewehrungslagen der Stützkonstruktion schneiden (früher beim Nachweis „innere Standsicherheit“ untersucht)
- welche die Bewehrungslagen der Stützkonstruktion nicht schneiden (früher beim Nachweis „äußere Standsicherheit“ untersucht)
- bei denen der Gleitkörper direkt auf einer Bewehrungslage der Stützkonstruktion abgleitet, ohne diese zu schneiden.

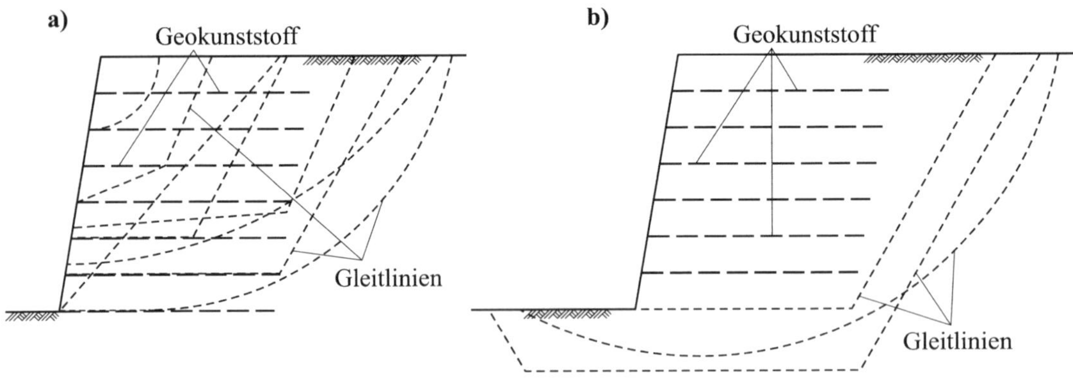

Abb. 12-24 Mögliche Gleitlinien (nach EBGEO, 7.3.2)
a) durch die Stützkonstruktion
b) um die Stützkonstruktion

Als „aktiver Bereich“ wird in EBGEO, 7.1 der beim Scherversagen abgleitende Bereich des bewehrten Erdkörpers bezeichnet. Er bewegt sich relativ zum „passiven Bereich“ (siehe Abb. 12-25).

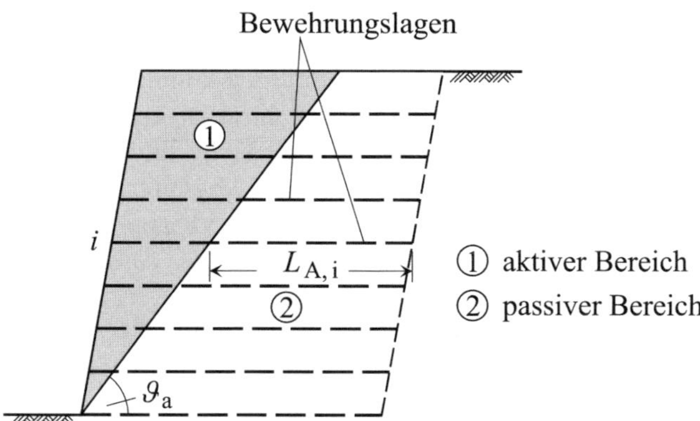

Abb. 12-25 Bewehrter Erdkörper mit möglichem aktiven und passiven Bereich und der Verankerungslänge $L_{A,i}$ der i-ten Bewehrungslage (nach EBGEO)

Mit den in den EBGEO beschriebenen Tragfähigkeitsnachweisen werden nur bewehrte Erdkörper behandelt, deren Bewehrungsenden sich durch eine Gerade verbinden lassen (vgl. auch DIN 1054, A 11.5.4.3). Damit kann im Berechnungsmodell eine „Rückwand“ angenommen werden, die geometrisch sinnvoll ist. Der so begrenzte Stützkörper wird bei den Nachweisen als quasi-monolithischer Körper behandelt (siehe Abb. 12-26).

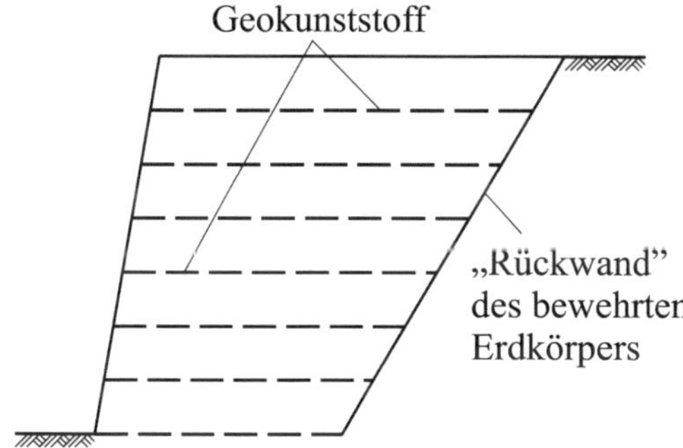

Abb. 12-26 Beispiel eines quasi-monolithischen Modellkörpers für Tragfähigkeitsnachweise (nach EBGEO)

12.6.6 Tragfähigkeitsnachweise (Gleitlinien um Stützkonstruktion)

Die Tragfähigkeitsnachweise für eine bewehrte Stützkonstruktion, die mit Gleitlinien verbunden sind, welche um die Konstruktion herum verlaufen und die früher beim Nachweis „äußere Standsicherheit“ untersucht wurden, betreffen die Nachweise der Sicherheit gegen

- Gleiten in der Sohlfuge des bewehrten Erdkörpers gemäß Abschnitt 6.5.3 von DIN EN 1997-1 und DIN 1054 (Grenzzustand GEO-2)
- Grundbruch gemäß DIN 4017 sowie Abschnitt 6.5.2 von DIN EN 1997-1 und DIN 1054 (Grenzzustand GEO-2)
- Kippen gemäß DIN EN 1997-1, 6.5.4 und 9.2 2(P) sowie DIN 1054, 6.5.4 (Grenzzustand EQU)
- Geländebruch gemäß DIN 4084 sowie Abschnitt 11.5.1 von DIN EN 1997-1 und DIN 1054 (Grenzzustand GEO-3).

12.6.7 Tragfähigkeitsnachweise (Gleitlinien durch Stützkonstruktion)

Ist davon auszugehen, dass die Stützkonstruktion auf einer Fläche abgleiten könnte, die durch den bewehrten Erdkörper verläuft und die Bewehrung schneidet, muss dieser Körper (in Abb. 12-27 mit „1" gekennzeichnet) durch Scherwiderstände in seiner Gleitfläche und ggf. auch durch die in den geschnittenen Bewehrungslagen wirkenden Zugkräfte am Abgleiten gehindert werden (diesbezüglicher Gleichgewichtszustand mit geschlossenem Krafteck). Ist ein möglicher Bruchmechanismus zu untersuchen, wie er in Abb. 12-27 gezeigt ist, muss, zusätzlich zu den schon genannten Kräften, auch die vom Bruchkörper 2 auf den Bruckörper 1 ausgeübte aktive Erddruckkraft E_a berücksichtigt werden. Im allgemeinen Fall ergibt sich diese Erddruckkraft aus der Bodeneigenlast und der Verkehrslast p. Nach EBGEO, 7.4.1 darf die mögliche Relativverschiebung zwischen den beiden Bruchkörpern als so groß angenommen werden, dass sich als maximaler Neigungswinkel der Erddruckkraft $\delta_a = \frac{2}{3} \cdot \varphi'$ einstellt.

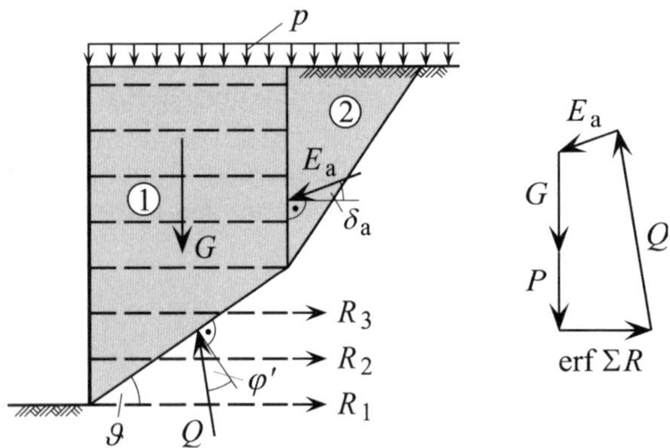

Abb. 12-27 Beispiel für einen aus zwei Teilkörpern zusammengesetzten Bruchmechanismus mit den auf den bewehrten Erdkörper (1) einwirkenden Kräften und dem zugehörigen Krafteck für den Gleichgewichtszustand (nach EBGEO)

Im Rahmen des Nachweises ausreichender Sicherheit gegen Materialversagen (Grenzzustand STR) bzw. gegen Herausziehen der Bewehrungselemente ist die zu dem Bruchmechanismus gehörende erforderliche Kraft der Bewehrungselemente erf ΣR (ergibt sich aus geschlossenem Krafteck, siehe Abb. 12-27) der mobilisierbaren Kraft mob ΣR gegenüberzustellen. Mit den für den endgültigen Tragfähigkeitsnachweis erforderlichen Dimensionierungswerten R_d ergibt sich die einzuhaltende Ungleichung (μ = Ausnutzungsgrad)

$$\text{erf} \sum R_d \le \text{mob} \sum R_d \qquad \text{bzw.} \qquad \mu = \frac{\text{mob} \sum R_d}{\text{erf} \sum R_d} \le 1 \qquad \text{Gl. 12-35}$$

Als mobilisierbare Kraft ist die kleinere der beiden Kräfte einzusetzen, die sich für die Widerstände der Geokunststoffe beim Versagen des Materials bzw. bei ihrem Herausziehen (Herausziehwiderstände gemäß DIN 1054, A 11.5.4.2) ergeben. Beim Herausziehwiderstand sind die Bemessungswerte aus den entsprechenden charakteristischen Werten zu berechnen, die mit den zum Grenzzustand GEO-3 gehörenden Teilsicherheitsbeiwerten abgemindert werden. Die Ungleichungen aus Gl. 12-35 sind bei allen Fällen einzuhalten, die ebenfalls zu untersuchen sind.

Bemessungsfestigkeit

Für die i-te Bewehrungslage wird die Materialfestigkeit des verwendeten Geokunststoffs durch den Bemessungswert seiner Zugfestigkeit $R_{B,i,d}$ erfasst (EBGEO, 3.3.1)

$$R_{B,i,d} = \frac{R_{B,i,k}}{\gamma_M} \quad \text{Gl. 12-36}$$

γ_M ist dabei der Teilsicherheitsbeiwert für den Materialwiderstand der Bewehrung. Nach EBGEO, 3.4 und DIN 1054, Tabelle A 2.3 sind für γ_M-Werte von 1,40 (Bemessungssituation BS-P), 1,30 (Bemessungssituation BS-T) und 1,20 (Bemessungssituation BS-A) zu verwenden. Der charakteristische Wert $R_{B,i,k}$ der Langzeitzugfestigkeit des verwendeten Geokunststoffs der i-ten Bewehrungslage ergibt sich aus

$$R_{B,i,k} = \frac{R_{B,i,k0}}{A_1 \cdot A_2 \cdot A_3 \cdot A_4 \cdot A_5} \quad \text{Gl. 12-37}$$

Die in der Gleichung verwendeten Gößen sind der charakteristische Wert der Kurzzeitzugfestigkeit $R_{B,i,k0}$ des Geokunststoffs (entspricht dem 5 %-Quantil) sowie die Abminderungsfaktoren A_1 bis A_5 zur Berücksichtigung

- der Kriechdehnung (liegen keine entsprechenden Herstellernachweise vor, gilt nach den EBGEO, 2.2.4.5.3 z. B. für Polyester: $A_1 \geq 3{,}5$; übliche Werte aus produktspezifischen Nachweisen: 1,5 bis 2,5)
- einer möglichen Beschädigung des Geokunststoffs bei Transport, Einbau und Verdichtung (wird feinkörniger Boden bzw. gemischt- und grobkörniger Boden mit rundem Korn verwendet, gilt nach EBGEO, 2.2.4.6.2 für Dauerbauwerke: $A_2 \geq 1{,}5$ bzw. $A_2 \geq 2{,}0$)
- der Verarbeitung (sind weder Fugen noch Nähte oder Verbindungen in Kraftrichtung vorhanden und sind keine Anschlüsse an andere Bauteile zu bemessen, darf der Parameter, nach EBGEO 2.2.4.7.2, mit $A_3 = 1{,}0$ verwendet werden)
- von Umgebungseinflüssen (Witterungsbeständigkeit, Beständigkeit gegen Chemikalien, Mikroorganismen und Tiere; beim Fehlen produktspezifischer Angaben gilt nach den EBGEO, 2.2.4.8.1 für Dauerbauwerke und z. B. Polyester: $A_4 \geq 2{,}0$)
- der Wirkung dynamischer Einwirkungen (vorwiegend ruhende Belastung: $A_5 = 1{,}0$; hinsichtlich vorwiegend nicht ruhender Einwirkungen siehe EBGEO, 12).

Herausziehwiderstand

Der Bemessungswert der mobilisierbaren Reibungskraft des Geokunststoffs im Bereich der verbleibenden Einbindelänge der i-ten Bewehrungslage ist nach EBGEO, 3.3.3 (bezogen auf 1 lfdm Stützkörperbreite) mit

$$R_{A,i,d} = \frac{R_{A,i,k}}{\gamma_a} = \frac{1}{\gamma_a} \cdot \sigma_{v,i,k} \cdot L_{A,i} \cdot f_{sg,k} \cdot 2 \quad \text{Gl. 12-38}$$

und

$$f_{\mathrm{sg,k}} = \lambda \cdot \tan\varphi_{\mathrm{k}} = \frac{\tan\delta}{\tan\varphi} \cdot \tan\varphi_{\mathrm{k}} \qquad \text{Gl. 12-39}$$

zu berechnen. Die Größen dieser Gleichungen sind

γ_a Teilsicherheitsbeiwert für den Herausziehwiderstand flexibler Bewehrungselemente im Grenzzustand GEO-3 (DIN 1054, Tabelle A 2.3)

$\sigma_{v,i,k}$ charakteristischer Wert der Normalspannung infolge Auflast auf der Bewehrungslage

$L_{A,i}$ Verankerungslänge der Bewehrung hinter der zu betrachtenden Bruchfuge (Abb. 12-25)

$f_{sg,k}$ charakteristischer Wert des mittleren Reibungskoeffizienten zwischen Füllboden und der vom Geokunststoff und dem dazwischenliegenden Erdreich gebildeten Fläche

$\tan\delta$ Reibungsbeiwert Geokunststoff/Füllboden (Messergebnis)

$\tan\varphi$ Reibungsbeiwert Füllboden (Messergebnis)

$\tan\varphi_k$ charakteristischer Reibungsbeiwert des Füllbodens

12.6.8 Nachweis der Frontausbildung

Der Nachweis der Frontausbildung hängt u. a. ab vom Typ des verwendeten Frontelements. EBGEO, 7.6 unterscheiden drei Varianten:

- nicht verformbare Frontelemente (Paneele mit voller oder teilweiser Bauhöhe sowie miteinander verbundene Blockelemente und Formsteine)
- bedingt verformbare Frontelemente (geschweißte Stahlgitter, Gabionen sowie gegeneinander verschiebliche Blockelemente und Formsteine) und
- verformbare Frontelemente (Umschlagmethode oder Polsterbauweise, vgl. Abb. 12-28).

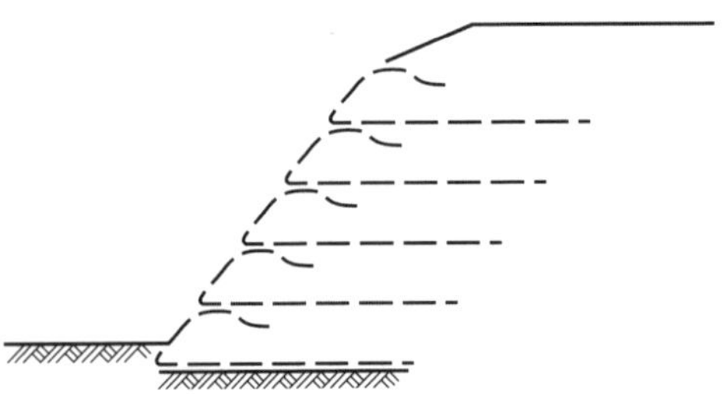

Abb. 12-28 In Polsterbauweise (Umschlagmethode) hergestellte Stützkonstruktion (nach EBGEO)

Die Nachweisführung geht von einem auf die Frontausbildung (Außenhaut) wirkenden aktiven Erddruck aus, welcher nach den Grundsätzen von DIN 4085 zu berechnen ist. Abhängig vom eingesetzten Frontelementtyp wird dieser Erddruck mit Anpassungsfaktoren η_g und η_q den Außenhautgegebenheiten angepasst (siehe EBGEO, 7.6).

12.6.9 Aufgaben mit Lösungen

Aufgabe 12-4

Wie sind aufgelöste Stützwände mit Geokunststoffen zu bewehren und in welcher Art kann sich die eingesetzte Bewehrung unterscheiden?

Zu benennen sind fünf Anforderungen, die an das Bewehrungsmaterial zu stellen sind!

Aufgabe 12-5 (Lösung Seite 437)

Bei einer geplanten Umgehungsstraße steht auf einem Teilstück eine 3 m mächtige Schicht aus weichem bindigem Boden an, die bis zu einer Tiefe von 1,00 m durch eine Pufferschicht aus sandigem Kies ersetzt werden soll.

Es ist die Problematik dieser Maßnahme darzustellen und ein Weg zu deren Lösung zu beschreiben. Der gewählte Lösungsweg ist zu begründen und es sind drei Punkte anzugeben, die bei der Ausführung der Maßnahmen besonders zu beachten sind.

Lösung zu Aufgabe 12-4

Die Bewehrung aus Geokunststoffen wird gerichtet und lagenweise in die Erdkörper aufgelöster Stützwände eingebaut. Sie kann in Form von Streifen oder auch Bahnen eingesetzt werden, wobei sowohl Geotextilien als auch Geogitter verwendet werden können.

Die als Bewehrung verwendeten Geokunststoffe müssen

- die auf sie entfallenden Kräfte bei Beachtung zulässiger Verformungen des Gesamtsystems dauerhaft aufnehmen können
- beständig sein gegen mechanische Beschädigungen beim Einbau
- eine ausreichende Durchlässigkeit zur Verhinderung des Aufstaus von Wasser aufweisen
- beständig sein gegen chemische und mikrobielle Beanspruchungen (z. B. gegen den Einfluss von Pilzen und Bakterien)
- hinreichende Witterungsbeständigkeit (UV-Beständigkeit) besitzen.

Lösung zu Aufgabe 12-5

Der Ersatz des weichen bindigen Materials durch grobkörniges Material führt zum Kontakt der beiden Bodenarten in Höhe der Aushubsohle. Da die beiden Schichten sowohl bei der Herstellung der Pufferschicht als auch danach statischen und dynamischen Belastungen unterliegen, besteht die Gefahr der mit der Zeit zunehmenden Durchmischung der beiden Bodenarten im Bereich ihrer Grenzfläche und der damit verbundenen Reduzierung des Porenvolumens im Durchmischungsbereich. Da dies in aller Regel mit Setzungen und entsprechenden Tragfähigkeitsverlusten der Pufferschicht einhergeht, besteht die Gefahr, dass als Folgeerscheinung Schäden in den Trag- und Deckschichten der Straße auftreten können.

Diese Schadensentwicklung kann verhindert werden, wenn die Möglichkeit der Durchmischung des Materials der beiden Schichten unterbunden wird. Um dies zu erreichen, können z. B. die Schichten durch ein Geotextil in Form eines Gewebes getrennt werden, das vor dem Einbau der Pufferschicht auf der Oberfläche der weichen bindigen Bodenschicht in Bahnen flächenhaft verlegt wird und das von keiner der beiden Bodenarten durchdrungen werden kann. Dabei ist u. a. dafür zu sorgen, dass

- der Aushub so erfolgt, dass eine möglichst ebene Oberfläche der verbleibenden weichen bindigen Schicht entsteht

- Auflockerungen des bindigen Materials infolge des Aushubs durch Wiederverdichtung beseitigt werden
- das Geotextil möglichst glatt und vor allem faltenfrei auf die ebene und verdichtete Oberfläche der bindigen Bodenschicht verlegt wird

da sonst die Gefahr besteht, dass sich die Trennfläche wellenförmig verformt, was wiederum zu unerwünschten Folgen führen kann wie sie oben beschrieben wurden.

Weiterhin ist darauf zu achten, dass
- die Geotextilbahnen mit hinreichender Überlappung verlegt werden
- der Einbau der Pufferschicht nach dem Aushub und der Verdichtung ohne nennenswerten Zeitverzug erfolgt.

12.7 Bodenvernagelung

12.7.1 Allgemeines

Die Baumethode „Bodenvernagelung“ dient vor allem zur Herstellung von Stützkonstruktionen oberhalb des Grundwasserspiegels, die als „Nagelwände“ bezeichnet werden. Die jeweilige Wand ist ein von oben nach unten hergestellter Verbundkörper
- aus gewachsenem Boden („Bodenvernagelung“) oder Fels („Felsvernagelung“)
- der mit Stahl- oder Kunststoffstäben („Bodennägeln“) schlaff bewehrt (vernagelt) ist
- der an der Luftseite der Wände durch eine Schutzschicht (Außenhaut bzw. Frontausbildung) gesichert wird (zu unterschiedlichen Möglichkeiten der Frontausbildung siehe z. B. DIN EN 14490, A.3 [L 100]),
- der sich unter äußerer Belastung ähnlich wie ein Monolith verhält, wenn eine ausreichende Nageldichte vorliegt.

Durch die Bodennägel, die mit ihrer nahezu horizontalen Anordnung günstig zur Hauptdehnungsrichtung von Geländesprüngen liegen, wird die Scherfestigkeit und die Schubsteifigkeit des anstehenden Bodens anisotrop erhöht (vgl. [L 134]).

Außer zur Sicherung von Hängen und Baugrubenwänden (vgl. Abb. 12-29) lässt sich diese Methode auch zur Verbesserung der Tragfähigkeit des Untergrunds einsetzen, da sich dessen Grundbruchsicherheit erhöhen sowie seine Setzungen und Setzungsunterschiede durch Einsatz dieser Methode verringern lassen. Ein weiteres Einsatzgebiet ist die Wiederherstellung der Standsicherheit alter Stützmauern aus Natursteinen, die sich im Laufe der Zeit infolge des Erddrucks stark verformt haben (vgl. hierzu SCHWING [L 237] und [L 238]); auch „Bewehrte Erde-Bauwerke“ deren Zugbänder versagt haben, wurden schon erfolgreich durch Bodenvernagelung saniert.

Nach STOCKER (in [L 125]) wurde 1977 als erstes Vernagelungsprojekt in Deutschland eine temporäre, 4,50 m hohe Baugrubenumschließung in München hergestellt.

Nach der inzwischen international verbreiteten Methode wurde in den vergangenen Jahren eine Vielzahl weiterer Nagelwände ausgeführt, die als Kies-, Sand-, Schluff- und Lösslehmwände mit Höhen von 3 m bis 18 m zur vorübergehenden oder dauerhaften Sicherung zum Einsatz kamen (vgl. hierzu [L 135], [L 156]). So wurden nach STOCKER (in [L 125]) allein in Deutschland bis 1992 ca. 250 Projekte mit etwa 140 000 m² verwirklicht.

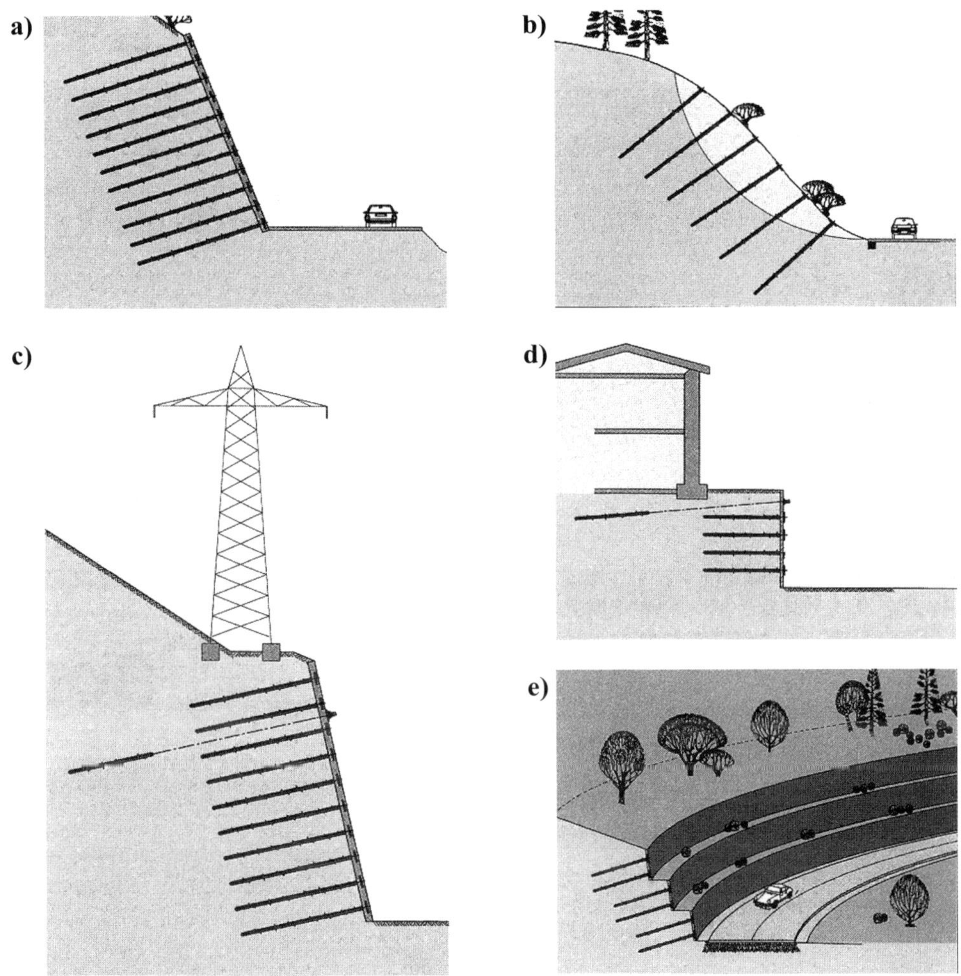

Abb. 12-29 Anwendungsbeispiele für Bodenvernagelungen (aus Firmenprospekt der Fa. *Bauer Spezialtiefbau* [F 1])
a) Vernagelung einer Böschung, b) Stabilisierung eines Rutschhangs,
c) Böschungsvernagelung mit Verankerung, d) verankerte Nagelwand als Baugrubensicherung, e) dauerhafte Sicherung eines Hanganschnitts mit Bermen zur Begrünung

12.7.2 Regelwerke

Hinsichtlich technischer Regelwerke zur Bodenvernagelung gilt, dass

- in Deutschland seit dem 2. Januar 1984 allgemeine technische Zulassungen (mit Angaben zur Herstellung und Güteüberwachung der Einzelnägel sowie zum Entwurf, zur Bemessung und zur Ausführung vernagelter Wände) existieren

- der Boden mit Stahl- oder Kunststoffstäben („Bodennägeln“) schlaff bewehrt (vernagelt) ist
- seit November 2010 die europäische Norm DIN EN 14490 [L 100] vorliegt, die allgemeine Grundsätze für die Bauausführung, Prüfung, Aufsicht und Überwachung von Bodenvernagelungen festlegt
- zur Standsicherheitsberechnung von Nagelwänden DIN 1054, A 11.1.1 und A 11.5.4 [L 30] als Grundlage herangezogen werden kann.

Die derzeit gültige allgemeine bauaufsichtliche Zulassung der Fa. *Bauer Spezialtiefbau* [F 1] (Auszug in Abb. 12-30) wurde 2006 erteilt und 2011 bis zum Jahr 2016 verlängert [L 26].

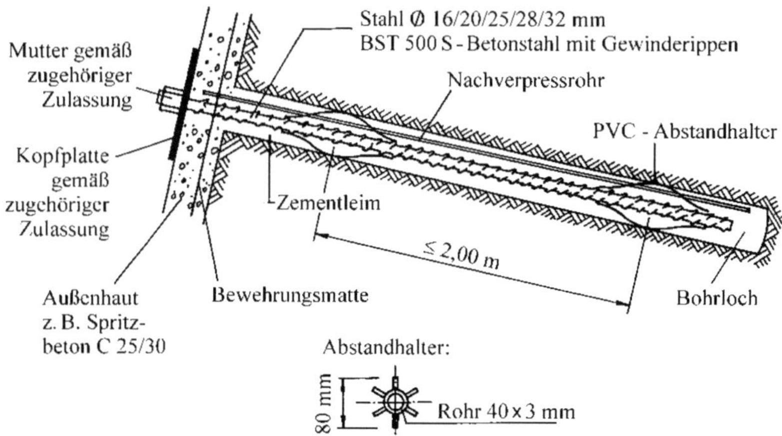

Abb. 12-30 Kurzzeitbodennagel (nach [L 26])

12.7.3 Konstruktionsprinzip und Herstellung

Bei Bodenvernagelungen werden die Verbundkörper in Abschnitten von oben nach unten hergestellt (vgl. Abb. 12-31). Gewachsener Boden oder sich wie Lockergestein verhaltender Fels wird dabei in einzelnen Etagen freigelegt, deren Höhen sich nach den Baugrundverhältnissen (kurzzeitige Standfestigkeit des Bodens) und den Nagelabständen richten und in der Regel 1 bis 2 m betragen. Wesentlich beeinflusst werden diese Höhen durch die Bodenkennwerte Reibungswinkel φ' und Kohäsion c' sowie, bei feuchten Sanden und Kiessanden, durch die von Kapillarkräften erzeugte Kapillarkohäsion.

Jede ausgehobene Lage ist möglichst bald durch eine Schutzschicht gegen Abböschen zu sichern, die in der Regel aus mit Baustahl bewehrtem Spritzbeton, ggf. aber auch aus Betonfertigteilen hergestellt wird. Bei dauerhaft eingesetzten Nagelwänden können die Schutzschichten auch aus normalem bewehrtem Ortbeton mit Schalung hergestellt werden. Die Dicke der Spritzbetonschicht beträgt ungefähr 10 bis 15 cm für vorübergehende Zwecke und ca. 15 bis 25 cm für bleibende Wände.

Nach dem Erhärten des Spritzbetons werden, annähernd senkrecht zur Wandfläche, Löcher in den Boden bzw. Fels gebohrt (mit Verrohrung, außer bei standfesten Bohrlöchern), in die die Nägel eingebaut werden; alternativ sind auch selbstbohrende Systeme einsetzbar (vgl. z. B. DIN EN 14490, A.2). Den Verbund zwischen den Nägeln und dem Boden stellt Zementmörtel her, mit dem die Ringräume zwischen den Bohrlochwänden und den Nägeln vollständig verfüllt bzw. verpresst (ggf. auch nachverpresst) werden. Die Verwendung von Abstandhaltern sorgt für eine Mindestdicke der Zementsteinüberdeckung der Nägel. Hat der abbindende Zementmörtel eine genügende Festigkeit erreicht, wird jeder Nagelkopf mit Hilfe einer Ankermutter und einer Unterlegplatte mit der Spritzbetonhaut kraftschlüssig, aber ohne Vorspannung verbunden. Danach kann mit dem Aushub einer neuen Lage begonnen werden.

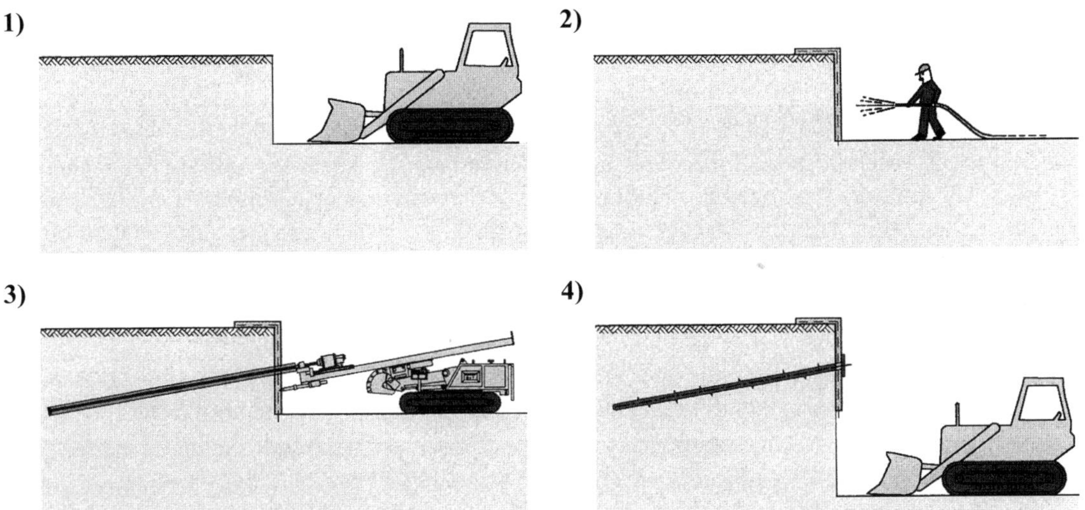

Abb. 12-31 Arbeitsphasen bei der Herstellung einer Nagelwand (aus Firmenprospekt der Fa. *Bauer Spezialtiefbau* [F 1])
1) Aushub der ersten Lage 2) Bewehren und Spritzen
3) Einbau der Bodennägel 4) Aushub der nächsten Lage

Die einzubauenden Bodennägel bestehen in der Regel aus Betonstabstahl BSt 500 S mit Gewinderippen und zwischen 16 und 32 mm liegenden Durchmessern. Gegen Korrosion werden sie durch eine Schutzschicht gesichert (bei temporärem Einsatz eine mindestens 15 mm dicke Zementsteinschicht). Die Nagellängen entsprechen meistens dem 0,5- bis 0,7fachen der Wandhöhe und sind abhängig von den Eigenschaften des zu stabilisierenden Bodens (bei rutschgefährdeten Hängen können ggf. wesentlich längere Nägel erforderlich werden), den geometrischen Gegebenheiten (z. B. Wandneigung, Neigung der Böschung oberhalb der Wand) und den Belastungsverhältnissen der Wand (bei hohen Wänden empfiehlt sich ggf. eine Abstufung der Nagellängen über die Wandhöhe). Pro m^2 Wandfläche werden meist 0,5 bis 1 Nägel in den Boden eingebaut (vgl. [L 134]); Nagelabstände > 1,5 m in horizontaler und vertikaler Richtung sind nach den Zulassungen nicht erlaubt, kommen aber in der Praxis vor. Die Festlegung der Nageldichte einer Wand wird von bodenmechanischen und wirtschaftlichen Aspekten beeinflusst. So führt der Einsatz von mehr Nägeln zwar einerseits zu höheren Einbaukosten, andererseits aber zu einer stärkeren Verbundwirkung, was aus der Sicht der Bodenmechanik vorteilhaft ist.

Bei der Herstellung von Nagelwänden mit langfristig zu gewährleistenden Gebrauchstauglichkeiten sind die Nägel gegen Korrosion zu schützen (z. B. werden in das Bohrloch eingebaute GEWI-Stähle werkmäßig mit zementmörtelverfüllten gerippten Hüllrohren der Wanddicke

≥ 1 mm überzogen, die im Bohrloch von ≥ 10 mm Zementmörtel überdeckt werden müssen). Die Köpfe dieser Nägel sind mit einer leicht bewehrten und ≥ 5 cm dicken Spritzbetonschicht zu überdecken.

12.7.4 Vorteile und Grenzen der Anwendung

Besonders bei langgestreckten Konstruktionen erweist sich der Einsatz des Verfahrens der Bodenvernagelung gegenüber herkömmlichen Stützkonstruktionen oft als vorteilhaft, da u. a.

- die Vernagelung eine Beteiligung des anstehenden gewachsenen Bodens an der Lastabtragung bewirkt; spezielles Schüttmaterial wird, im Gegensatz z. B. zu den Raumgitterwänden und dem System „Bewehrte Erde", als mitwirkendes Bodenmaterial nicht benötigt
- durch die abschnittsweise von oben nach unten erfolgende Wandherstellung ein tiefgehender Anschnitt des anstehenden Bodens vermieden wird und so, verbunden mit der stabilisierenden Wirkung von Vernagelung und Spritzbetonhaut, unerwünschte Entspannungsbewegungen eines zu stützenden Hanges weitgehend verhindert werden
- bei der Wandherstellung kein Bodenaushub hinter der Wand erforderlich ist
- die Wände an beliebig vorgegebene Grundrissgeometrien leicht angepasst werden können
- nur kleine, leichte Baugeräte zur Herstellung der Wände erforderlich sind (besonders günstig bei schlecht zugänglichen Baustellen oder beengten Arbeitsraumverhältnissen)
- die einzusetzenden Baugeräte geräuscharm und praktisch erschütterungsfrei arbeiten
- die Bodenvernagelung eine sehr „gutmütige" Bauweise ist (Nagelwände können ggf. auch größere Horizontalverschiebungen mitmachen, ohne dabei plötzlich zu versagen)
- auf ein Fundament bzw. auf eine Einbindung der Wand in den Baugrund unterhalb der Aushubsohle verzichtet werden kann
- die relativ kurze Nagellänge weniger Grunddienstbarkeitsrechte im Nachbargrund erforderlich macht als z. B. Anker und zu geringeren Problemen führt, wenn bei der Ausführung auf im Baugrund vorhandene Konstruktionen zu achten ist (etwa Rohrleitungen)
- die bisher vorliegenden Erfahrungen mit der Errichtung und der Dauerhaftigkeit der Nagelkonstruktionen nach Stocker (Beitrag in [L 125]) hervorragend sind und sich das Verfahren in der Praxis bestens bewährt hat
- die Wirtschaftlichkeit des Verfahrens bei jedem anstehenden Boden im Allgemeinen gegeben ist, wenn er vorübergehend in Tiefen von 1,0 bis 1,5 m freigelegt werden kann.

Zu den Nachteilen der klassischen Bodenvernagelung gehört die ästhetisch wenig ansprechende Spritzbetonhaut. Zur Behebung dieses Mangels wurden, nach dem Beitrag von Stocker [L 125], in den USA und in Japan stellenweise Fertigbetonplatten oder Mauerwerk vor die Spritzbetonhaut gestellt. In Frankreich wird der Spritzbeton durch sehr viele Fertigteilplatten ersetzt. Großrastrige Gitter aus Stahlbetonfertig- bzw. Ortbetonbalken wurden in Japan und Deutschland für geneigte Hangsicherungen verwendet, wobei die Nägel in den Kreuzungspunkten platziert wurden; die freie Fläche zwischen den Balken lässt sich begrünen. Eine weitere Variante zur raschen und vollständigen Begrünung der Wände mit Kletter- und Hängepflanzen wird in Deutschland in Form von abgestuften, mit Abständen von 0,5 bis 0,8 m nach rückwärts versetzten Nagelwänden zunehmend eingesetzt.

Für die technische Verwirklichung und die Wirtschaftlichkeit des Verfahrens ist vor allem die kurzzeitige Standfestigkeit des anstehenden Bodens beim Abgraben der einzelnen Lagen, die

Standfestigkeit und das Verfüllen der Bohrlöcher sowie die zu erwartende Wandverformung von Bedeutung. Dabei

- ist in steifen und noch mehr in halbfesten bindigen Böden sowohl das Abgraben bis zu Tiefen von ≥ 1,5 m als auch das unverrohrte Bohren mit Schnecke und die anschließende Ringraumverfüllung mit Zementleim bzw. -mörtel in der Regel vollkommen problemlos
- sind in mitteldichten und dichten Sanden und Kiessanden Abgrabungstiefen bis zu 1,5 m ausführbar, da diese Böden durch die Kapillarkohäsion hinreichend stabilisiert werden
- ist die Vernagelung flacher Böschungen bei geringem Andrang von Schichtwasser und dem Einsatz weit reichender Dränbohrungen durchaus möglich.

Die Nagelwandherstellung stößt an technische und wirtschaftliche Grenzen, wenn etwa

- der zu vernagelnde Boden im Grundwasser liegt (Herstellung ist unmöglich)
- im Boden oder im Grundwasser Stoffe enthalten sind, die nach DIN 4030-1 [L 50] als betonangreifend einzustufen sind
- Böden mit Schichtwasser anstehen, in denen steile oder sogar senkrechte Vernagelungen ausgeführt werden sollen
- Sande und Kiessande mit lockerer Lagerungsdichte ($I_D < 0,5$) anstehen, da beim Abgraben mit Ausbrüchen zu rechnen ist, die entsprechend geringe Aushubtiefen erzwingen
- grobe Kiese anstehen (sie rollen leicht aus und lassen nur geringe Abgrabungstiefen zu)
- lockergesteinsähnlicher Felsboden bzw. lockerer Fels ansteht, in dem das Injektionsgut durch offene Klüfte in größeren Mengen aus dem Bohrloch wegfließen kann
- die unverrohrten Bohrlöcher nicht auf ganzer Länge stehen bleiben und ein unvollständiger Verbund zwischen dem Boden und den Nägeln zu befürchten ist, was etwa in rolligen Böden mit lockerer Lagerung, geringer Kapillarkohäsion oder unzureichender Korngerüstverkittung der Fall sein kann.

Gebäude in Lockerböden, die nur durch Vernagelungen unterfangen werden sollen, können nach GÄSSLER [L 135] durch Wandverformungen gefährdet werden. Hier sind stets begleitende Maßnahmen wie Injektionen zur Untergrundstabilisierung oder zusätzliche vorgespannte Injektionsanker erforderlich. Außerdem ist der Baugrund gründlich zu erkunden und die Wandverformung sowie die Setzungsempfindlichkeit der bestehenden Bausubstanz realistisch abzuschätzen; messtechnische Kontrollen sind während und nach der Herstellung erforderlich. Probleme aus Wandverformungen kann es auch bei Vernagelungen geben, die in geringem Abstand zu bestehender Bebauung geplant sind, weshalb auch in diesem Fall vorbereitende Maßnahmen der Erkundung und Systemabschätzung erforderlich sind. Liegen ungünstige Bodenverhältnisse vor (z. B. lockere Auffüllungen), ist außerdem der Einbau vorgespannter Injektionsanker, möglichst in Höhe der 1. oder 2. Nagelreihe, dringend geboten.

Bezüglich einwirkender dynamischer Lasten infolge schweren Lkw-Verkehrs weist GÄSSLER in [L 135] darauf hin, dass diese bedenkenlos auch durch Vernagelungen mitteldichter und dichter Sande aufgenommen werden können.

12.7.5 Trag- und Verformungsverhalten

Im Gegensatz zu den Bewehrungsbändern bei „Bewehrte Erde"-Konstruktionen sind die Stahl- bzw. Kunststoffnägel in der Lage, außer den Zugkräften auch Scherkräfte und Biegemomente zu übernehmen. Die achsialen Nagelkräfte Z liegen meist zwischen 50 und 300 kN pro Nagel.

Das Verformungsverhalten der Wände im Bauzustand ist durch geringe Wandverformungen unter hohen Gebrauchslasten charakterisiert. Nach GÄSSLER [L 136] ist die Vorhersage der Verformungen im Gebrauchszustand derzeit nur empirisch möglich, wobei Messergebnisse an inzwischen ausgeführten Wänden als Grundlage heranzuziehen sind. So weisen z. B. vorliegende Ergebnisse von Großversuchen an einer 6 m hohen Nagelwand in Sand und unter Eigenlast maximale Verformungen von etwa 2,5 ‰ der Wandhöhe auf. Beim Erreichen der Bruchlast kommen Verformungen von etwa 4 ‰ der Wandhöhe hinzu (vgl. [L 134]).

12.7.6 Nachweis der äußeren Standsicherheit

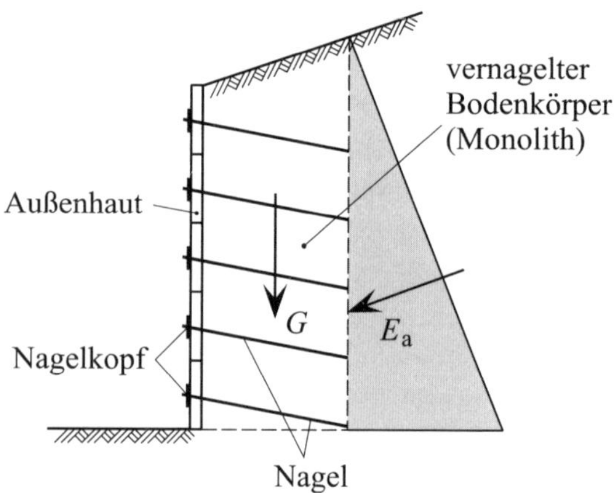

Abb. 12-32 Ansatz der Lasten für den Nachweis der Gleit-, Kipp- und Grundbruchsicherheit eines vernagelten Bodenkörpers in der Sohlfuge (nach [L 26])

Ziel der Vernagelung ist es u. a., die Zug- und Scherfestigkeit des natürlich anstehenden Bodens soweit zu erhöhen, dass das Verhalten des als Verbundkörper wirkenden vernagelten Bodenkörpers dem eines monolithischen Blocks möglichst nahe kommt. Dessen Lastabtragung lässt sich somit gleichsetzen mit der von herkömmlichen massiven Stützkonstruktionen, weshalb sich die Nachweise für seine äußere Standsicherheit in der gleichen Weise führen lassen wie z. B. für Schwergewichtsmauern. Abb. 12-32 zeigt den Querschnitt und die anzusetzenden Lasten eines vernagelten Bodenkörpers für die erforderlichen Nachweise der

- Gleitsicherheit in der Sohlfuge des vernagelten Erdkörpers gemäß Abschnitt 6.5.3 von DIN EN 1997-1 und DIN 1054 (Grenzzustand GEO-2)
- Grundbruchsicherheit gemäß DIN 4017, sowie Abschnitt 6.5.2 von DIN EN 1997-1 und DIN 1054 (Grenzzustand GEO-2)
- Kippsicherheit gemäß DIN EN 1997-1, 6.5.4 und 9.2 2(P) sowie DIN 1054, 6.5.4 (Grenzzustand EQU)
- Geländebruchsicherheit gemäß DIN 4084 sowie Abschnitt 11.5.1 von DIN EN 1997-1 und DIN 1054 (Grenzzustand GEO-3).

Die Nachweise zur Grundbruch-, Gleit- und Gesamtstandsicherheit des Stützbauwerks sind nach DIN 1054, A 11.5.4.3 (2) entbehrlich, wenn entsprechende belegbare Erfahrungen zur Standsicherheit des Stützbauwerks vorliegen.

Für die Nachweise in den Grenzzuständen GEO-2 und EQU ist auf der Stützkörperrückseite aktiver Erddruck gemäß DIN 4085 anzusetzen.

12.7.7 Nachweis der inneren Standsicherheit, Regelprofil

In [L 134] wird von GÄSSLER ein Regelprofil definiert (vgl. Abb. 12-33), an dem er verschiedene Bruchmechanismen, gekoppelt mit unterschiedlichen Sicherheitsdefinitionen, untersucht.

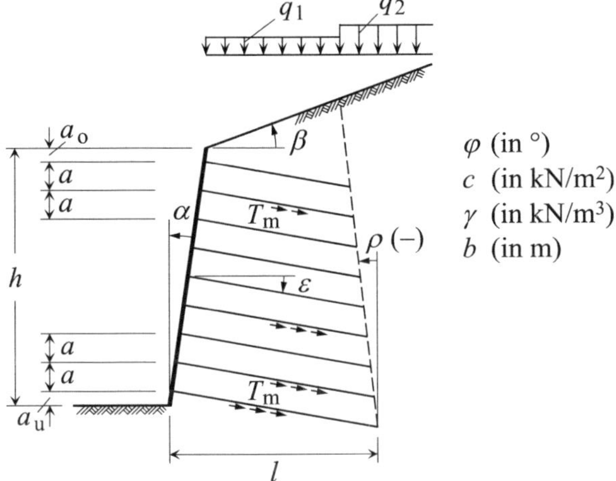

Abb. 12-33 Regelprofil für Standsicherheitsanalysen (nach GÄSSLER [L 134])

Die Geometrie der Wand wird beschrieben durch

- die Höhe h
- den Wandneigungswinkel α
- den Geländeneigungswinkel β.

Zur Angabe der Vernagelung dienen

- der Neigungswinkel ρ, den die bergseitige Randfläche des Vernagelungsbereichs mit der Vertikalen einschließt (Vorzeichen beachten; Winkel ρ in Abb. 12-33 ist negativ)
- die Neigung ε, mit der die Nägel zur Horizontalen eingebaut sind
- die auf die Horizontale projizierte Nagellänge l
- die auf die Vertikale projizierten Höhenabstände a_o (zwischen Wandkante und oberster Nagelreihe), a (zwischen den einzelnen Nagelreihen) und a_u (zwischen Wandfuß und unterster Nagelreihe)
- der Seitenabstand b der Nägel in der horizontalen Nagelreihe
- die durch Ausziehversuche (siehe hierzu DIN EN 14490, Anhang C) an 3 bis 5 % aller eingebauten Nägel (vgl. [L 26]) zu bestimmende axial wirkende Grenzschubkraft T_m (in kN/m) zwischen Nagel und Boden (pro Einheitslänge der Nägel).

Die auf die Wand einwirkenden Flächenlasten sind die vordere, im vernagelten Bereich wirksame Größe q_1 und die hintere, im unvernagelten Bereich eingeprägte Größe q_2.

Die Kennwerte des Bodenmaterials sind die Wichte γ des feuchten Bodens, der Reibungswinkel φ und die Kohäsion c.

12.7.8 Nachweis der inneren Standsicherheit mit zwei starren Bruchkörpern

Die Untersuchungen von GÄßLER in [L 134] zeigen, dass vernagelte Wände Versagensformen „bevorzugen", die

- durch Linien- und nicht durch Zonenbrüche gekennzeichnet sind
- sowohl einfache als auch zusammengesetzte Mechanismen verkörpern (ein einziger, für alle Untersuchungen geltender Versagenstyp ist nicht nachweisbar)
- eine Beschreibung mit der Starrkörpertheorie (vgl. z. B. [L 143]) zulassen.

Einer der von GÄßLER untersuchten Bruchmechanismen ist der aus zwei starren Bruchkörpern mit ebenen Gleitfugen aufgebaute Mechanismus, dessen Körper ausschließlich translatorische Bewegungen ausführen können (Translationsmechnismus). Seine zum Regelprofil aus Abb. 12-33 gehörende Form ist, für den Fall kohäsionslosen Materials, in Abb. 12-34 gezeigt. Die Lage der Gleitfuge zwischen dem ersten und zweiten Körper wird dabei so gewählt, dass sie mit dem hinteren Vernagelungsrand der Wand zusammenfällt (auch in DIN 1054, A 11.5.4.3 gefordert). Der sich so ergebende Versagensmechanismus nimmt damit eine Form an, wie sie sich auch in mehreren entsprechenden Modell- und Großversuchen eingestellt hat.

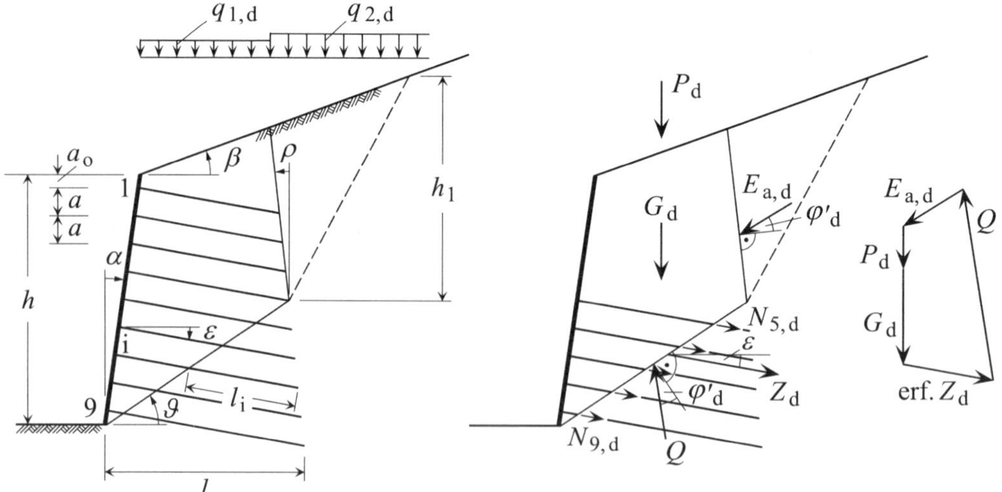

Abb. 12-34 Bruchmechanismus eines vernagelten Geländesprungs mit zwei starren Bruchkörpern (nach [L 137])

Die nachstehenden Ausführungen basieren auf einem Vorschlag von GÄßLER [L 137] für Standsicherheitsnachweise vernagelter Konstruktionen mit Teilsicherheitsbeiwerten auf der Basis der DIN 1054. Damit wird das Ziel verfolgt, unter bestimmten Vorgaben die wirtschaftlichste Lösung zu finden. Wäre z. B. die Konstruktion bis auf den Seitenabstand b der Nägel in der horizontalen Nagelreihe festgelegt, würde mit der auf der rechten Seite von Abb. 12-34 dargestellten Vorgehensweise die Größe des Winkels ϑ ermittelt, zu der der größte Wert für Z_d und damit der kleinste Wert für den Seitenabstand b gehört. Zur Lösung dieser Problemstellung gehört die Variation des Winkels ϑ.

Grundsätzliches Berechnungsziel ist der Sicherheitsnachweis für jeden Bodennagel gegen

- das Herausziehen (im Grenzzustand GEO-2) bzw.
- das Materialversagen (im Grenzzustand STR).

Im Weiteren wird ein lfdm Nagelwand mit vorgewählten Nagelabständen a und b sowie vorgewählten Nagellängen l betrachtet. Für eine solche in Abb. 12-34 dargestellte Wand ergeben sich die Bemessungswerte der Herausziehwiderstände $N_{i,d}$ der Nägel 5 bis 9 mit dem Bemessungswert der Grenzschubkraft des Nagels $T_{m,d}$ pro lfdm Nagel zu

$$N_{i,d} = T_{m,d} \cdot l_{i,ges} = T_{m,d} \cdot l_i \cdot \frac{1{,}0}{b_i} \qquad i = 5, 6, \ldots, 9 \qquad \text{Gl. 12-40}$$

($l_{i,ges}$ ist die Gesamtlänge der in der i-ten Nagelreihe vorhandenen Nägel pro lfdm Wand und b_i der Seitenabstand der Nägel in dieser Nagelreihe). Für die zu ihnen gehörende und aus dem Krafteck sich ergebende erforderliche Resultierende gilt

$$\text{erf}\,Z_d = \sum_{i=5}^{i=9} N_{i,d} = T_{m,d} \cdot \sum_{i=5}^{i=9} l_{i,ges} \qquad \text{bzw.} \qquad T_{m,d} = \frac{\text{erf}\,Z_d}{\sum_{i=5}^{i=9} l_{i,ges}} \qquad \text{Gl. 12-41}$$

und, bei gleich großem Seitenabstand b der Nägel in allen i Nagelreihen,

$$\text{erf}\,Z_d = \sum_{i=5}^{i=9} N_{i,d} = T_{m,d} \cdot \frac{1}{b} \cdot \sum_{i=5}^{i=9} l_i \qquad \text{bzw.} \qquad T_{m,d} = \frac{\text{erf}\,Z_d}{\frac{1}{b} \cdot \sum_{i=5}^{i=9} l_i} \qquad \text{Gl. 12-42}$$

Mit dem Teilsicherheitsbeiwert γ_a für Herausziehwiderstände von Bodennägeln im Grenzzustand GEO-2 (DIN 1054, Tabelle A 2.3 entnehmbar) definiert sich der charakteristische Wert der erforderlichen Grenzschubkraft der Nägel

$$\text{erf}\,T_{m,k} = \gamma_a \cdot T_{m,d} \qquad \text{Gl. 12-43}$$

Da erf $T_{m,k}$ auch von der Gleitfugenwinkelgröße abhängt, ist diese zu variieren, um so den maximalen erforderlichen Grenzwert der Schubkraft zu erhalten.

Wird die charakteristische Grenzschubkraft $T_{m,k}$ gemäß den Zulassungen für Bodenvernagelungen durch stichprobenartige Nagelprüfungen ermittelt, muss

$$\max \text{erf}\,T_{m,k} \le T_{m,k} \qquad \text{Gl. 12-44}$$

gelten. Für gerade ausreichende Vernagelungen sind beide Größen gleich. Ist $T_{m,k}$ erheblich größer als max erf $T_{m,k}$, wurde eine zu aufwändige Vernagelung gewählt; in einem solchen Fall ist z. B. die Nageldichte durch Vergrößerung der vorgewählten Nagelabstände a und/oder b zu reduzieren. Eine entsprechende Erhöhung der Nageldichte würde erforderlich, wenn $T_{m,k}$ kleiner wäre als max erf $T_{m,k}$. Der größte Seitenabstand b der Nägel, der für alle Nagelreihen gleich groß gewählt wird, zu einem vorgegebenen Nagelabstand a gehört und die wirtschaftlichste (kleinste) Nagelanzahl liefert, berechnet sich mit

$$\max b = \frac{T_{m,k} \cdot \sum_{i=5}^{i=9} l_i}{\gamma_a \cdot \max \text{erf } Z_d} \qquad \text{Gl. 12-45}$$

Neben dem Nachweis eines ausreichenden Herausziehwiderstands ist auch zu zeigen, dass kein Materialversagen der Nägel auftritt. Alle Nägel müssen also die auf sie entfallenden Herausziehwiderstände $N_{i,d}$ aufnehmen können, ohne dabei zu versagen. Nachgewiesen werden muss dies im Grenzzustand STR für den ungünstigsten Fall, der beim Beispiel von Abb. 12-34 zum Nagel 9 gehört, wenn gleiche Nagelquerschnitte vorliegen. Da es sich bei dem zum ungünstigsten Gleitfugenwinkel gehörenden Herausziehwiderstand max $N_{9,d}$ um eine Beanspruchung des Nagels handelt, die für alle Nägel den ungünstigsten Fall darstellt, wird die für sämtliche Nägel geltende Bemessungsgröße

$$E_{m,d} = \max N_{9,d} \qquad \text{Gl. 12-46}$$

eingeführt. Für sie muss mit dem Bemessungswert des Nagelwiderstands

$$R_{m,d} = \frac{R_{m,k}}{\gamma_M} \qquad \text{Gl. 12-47}$$

($R_{m,k}$ und γ_M sind der charakteristische Nagelwiderstand und der zum Grenzzustand STR gehörende Teilsicherheitsbeiwert des Nagelwiderstands, siehe hierzu DIN 1054, Tabelle A 2.3, Anmerkungen) gelten

$$E_{m,d} \le R_{m,d} \qquad \text{Gl. 12-48}$$

Der Nachweis nach Gl. 12-48 beruht auf der Nagelbeanspruchung, die sich aus der Gleichgewichtsforderung für den Gleitkörper im Grenzzustand GEO-2 ergibt. Nach DIN 1054, 12.4.2 (4) ist der Nachweis außerdem für die Nagelbeanspruchung zu führen, die sich aus dem Bemessungserddruck $e_{a,d}$ auf die Spritzbetonoberfläche ergibt. Für den einzelnen Nagel berechnet sich diese Beanspruchung aus der Erddruckgröße und der Größe der ihm zuzuordnenden Teilfläche ΔA_N der Spritzbetonaußenhaut; bei gleichmäßiger Nagelverteilung gilt

$$\Delta A_N = \frac{a \cdot b}{\cos\alpha} \qquad \text{Gl. 12-49}$$

Mit dem nach DIN 1054, 12.4.2 zu ermittelnden Bemessungserddruck $e_{a,d}$ und dem aus den Zulassungsbescheiden des DIBt [F 4] für Bodenvernagelungen entnehmbaren Abminderungsfaktor 0,85 ergibt sich die Bemessungsbeanspruchung des einzelnen Nagels zu

$$E_{N,d} = 0{,}85 \cdot e_{a,d} \cdot \Delta A_N = 0{,}85 \cdot e_{a,d} \cdot \frac{a \cdot b}{\cos\alpha} \qquad \text{Gl. 12-50}$$

Gilt $E_{n,d} > E_{m,d}$, ist für den Tragfähigkeitsnachweis nach Gl. 12-48 statt $E_{m,d}$ der Bemessungswert $E_{n,d}$ zu verwenden.

Es sei hier noch vermerkt, dass GÄßLER in [L 137] Bedenken äußert gegen die Ermittlung des Bemessungswerts $R_{m,d}$ gemäß Gl. 12-47 mit Teilsicherheitsbeiwerten $\gamma_M = 1{,}15$ (siehe DIN 1054, Tabelle A 2.3, Anmerkungen). Das damit verbundene Sicherheitsniveau für Fälle wie etwa den Totalausfall eines Nagels und die damit insbesondere einhergehenden anteiligen Zusatzbeanspruchungen der Nachbarnägel hält er für zu gering.

12.7.9 Bemessung der Spritzbetonschale

Die Bemessung der Spritzbetonschale ist nach den Regeln der DIN EN 1992-1-1 [L 83] und DIN EN 1992-1-1/NA [L 84] durchzuführen.

Als belastender Erddruck darf auf das 0,85fache verminderter und zum Erddruckneigungswinkel $\delta_a = 0$ gehörender aktiver Erddruck nach COULOMB angesetzt werden (vgl. Zulassungsbescheide des DIBt [F 4] für Bodenvernagelungen). Seine Verteilung darf, auch bei geschichtetem Boden, in Form eines Rechtecks angenommen werden.

Wasserdruck braucht nicht angesetzt zu werden, wenn durch eine ausreichende Drainage (Löcher oder Schlitze in, sowie Dränrohre oder -matten hinter der Spritzbetonwand) dafür gesorgt ist, dass sich hinter der Außenhaut kein Wasser anstauen kann.

Im Bereich der Nagelköpfe ist der Nachweis gegen Durchstanzen und der Teilflächenpressungen gemäß DIN EN 1992-1-1 [L 83] und DIN EN 1992-1-1/NA [L 84] zu erbringen.

13 Europäische Normung in der Geotechnik

13.1 Allgemeines

In den vergangenen Jahren war die deutsche Normung im Bauwesen geprägt durch

- den Übergang vom Globalsicherheitskonzept auf das Konzept der Teilsicherheiten
- die weitgehende Umstellung auf europäische Normen.

Der Wechsel des Sicherheitskonzepts wirkte sich auch auf die Liste der Technischen Baubestimmungen der einzelnen Bundesländer aus, in der, bzgl. des Sicherheitskonzepts, heute nur noch Normen zu finden sind, die auf dem Teilsicherheitskonzept beruhen.

Darüber hinaus stellen europäische Normen ein europäisches Regelwerk dar, das durch zugehörige nationale Normen und Nationale Anwendungsdokumente (NA) lediglich ergänzt wird. Durch Aufnahme in die Liste der Technischen Baubestimmungen und Bekanntmachung in den Amtsblättern der einzelnen Bundesländer werden solche Normen für den praktisch tätigen Ingenieur zu verbindlichen Mindestanforderungen (vgl. hierzu die im Internet gemäß Abschnitt **Fehler! Verweisquelle konnte nicht gefunden werden.** einsehbare Musterbauordnung, §3).

13.2 Deutsche und europäische Normung

Normung im technisch-wissenschaftlichen Bereich erfolgt in Deutschland über DIN-Normen. Für diese Normungsarbeit ist das Deutsches Institut für Normung e. V. (im Folgenden kurz DIN genannt) zuständig; das Bauwesen obliegt im DIN dem Normenausschuss Bauwesen (NABau).

Seit den 1970er Jahren laufen im Auftrag der Kommission der Europäischen Gemeinschaft (KEG) Bemühungen zur Schaffung eines einheitlichen und europaweit geltenden Normenwerks für den Entwurf sowie die Bemessung und Ausführung von Bauwerken. Getragen werden sie von der Gemeinsamen Europäischen Normeninstitution CEN/CENELEC (Europäisches Komitee für Normung/Europäisches Komitee für Elektrotechnische Normung), der als nationales deutsches Normungsinstitut das DIN angehört. Die Normung von Bauprodukten fällt dabei in den Zuständigkeitsbereich von CEN. Das Technische Komitee CEN/TC 250 ist für alle Eurocodes des Konstruktiven Ingenieurbaus zuständig, die eine Normengruppe bilden für den Entwurf, die Berechnung und die Bemessung von Tragwerken des Hoch- und Ingenieurbaus sowie für geotechnische Bemessungsregeln für bauliche Anlagen.

Für den konstruktiven Ingenieurbau wurden zehn Eurocodes, nämlich

EN 1990 Eurocode	Grundlagen der Tragwerksplanung
EN 1991 Eurocode 1	Einwirkungen auf Tragwerke
EN 1992 Eurocode 2	Entwurf, Berechnung und Bemessung von Stahlbetonbauten
EN 1993 Eurocode 3	Entwurf, Berechnung und Bemessung von Stahlbauten
EN 1994 Eurocode 4	Entwurf, Berechnung und Bemessung von Stahl-Beton-Verbundbauten
EN 1995 Eurocode 5	Entwurf, Berechnung und Bemessung von Holzbauten
EN 1996 Eurocode 6	Entwurf, Berechnung und Bemessung von Mauerwerksbauten
EN 1997 Eurocode 7	Entwurf, Berechnung und Bemessung in der Geotechnik

EN 1998 Eurocode 8 Auslegung von Bauwerken gegen Erdbeben

EN 1999 Eurocode 9 Entwurf, Berechnung und Bemessung von Aluminiumkonstruktionen

bearbeitet, von denen jeder in der Regel mehrere Teile umfasst.

Insgesamt bestehen die Eurocodes aus 58 einzelnen Normen mit einem Umfang von mehr als 5200 Seiten (ohne die Nationalen Anhänge). Zu ihnen gehören derzeit europäische Normen in deutscher Fassung wie

DIN EN 1991-3 [L 80]

DIN EN 1992-1-1 [L 83]

DIN EN 1993-1-1 [L 85]

DIN EN 1997-1 [L 88]

DIN EN 1997-2 [L 90].

Alle Eurocodes und alle ergänzende nationale Normen basieren auf dem Konzept der Teilsicherheiten, nach dem aus charakteristischen Werten F_k der Einwirkungen (z. B. Kräfte, Momente und Temperaturverformungen), und mit entsprechenden Teilsicherheitsbeiwerten γ_F, zugehörige Bemessungswerte der Einwirkungen mit Hilfe von

$$F_d = \gamma_F \cdot F_k \qquad \text{Gl. 13-1}$$

berechnet werden. In analoger Form können Bemessungswerte des Widerstands mit

$$R_d = \frac{R_k}{\gamma_R} \qquad \text{Gl. 13-2}$$

bestimmt werden (mit charakteristischem Widerstand R_k und Teilsicherheitsbeiwert γ_R). Für den einfachsten Fall mit jeweils einer Einwirkung und einem Widerstand ergibt sich für den Grenzzustand der Tragfähigkeit die Beziehung

$$F_d \le R_d \quad \Rightarrow \quad F_k \le \frac{R_k}{\gamma_F \cdot \gamma_R} \qquad \text{Gl. 13-3}$$

Grundsätzlich gilt, dass jeder Eurocode den Status einer nationalen Norm besitzt und von den nationalen Normungsinstituten (in Deutschland vom DIN) zu übernehmen ist.

Im Grundsatz gilt dieser Ersatz für alle Normenwerke der nationalen Normungsinstitute, da in der seit 1990 geltenden Geschäftsordnung der CEN/CENELEC festgelegt ist, dass bei der Annahme von CEN-Normen durch die dazu erforderliche qualifizierte Mehrheit der CEN-Mitglieder, alle Mitglieder, und damit auch das DIN, dazu verpflichtet sind, die bis dato geltenden nationalen Bestimmungen durch die angenommenen CEN-Normen nach einer angemessenen Übergangsfrist zu ersetzen. Während dieser Frist laufen die nationalen und die europäischen Bestimmungen parallel. Nationale Normen müssen nicht zurückgezogen werden, sofern es sich bei den angenommenen CEN-Normen um Europäische Vornormen (ENV) handelt.

Letztendlich sind von dem Ersatz nur die nationalen Normen betroffen, die mit europäischen Normen „konkurrieren". Weiterhin zulässig sind nationale Normen, wenn sie europäische Normen „ergänzen" und diesen nicht widersprechen.

13.3 Eurocode 7

Der Eurocode 7 gliedert sich in

Entwurf, Berechnung und Bemessung in der Geotechnik – Teil 1: Allgemeine Regeln,

Entwurf, Berechnung und Bemessung in der Geotechnik – Teil 2: Erkundung und Untersuchung des Baugrunds

zu denen als Nationale Anhänge

DIN EN 1997-1/NA [L 89] und

DIN EN 1997-2/NA [L 91]

gehören. Diese Normen stehen, verbunden mit entsprechenden nationalen Normen, auch in Form der beiden „Normen-Handbücher"

Handbuch Eurocode 7 Geotechnische Bemessung, Band 1: Allgemeine Regeln [L 200] (beinhaltet DIN EN 1997-1 [L 88], DIN EN 1997-1/NA [L 89] und DIN 1054 [L 30]),

Handbuch Eurocode 7 Geotechnische Bemessung, Band 2: Erkundung und Untersuchung [L 202] (beinhaltet DIN EN 1997-2 [L 90], DIN EN 1997-2/NA [L 91] und DIN 4020 [L 46])

zur Verfügung.

Im Jahre 2015 ist eine Neuauflage der beiden Handbücher erschienen ([L 201] und [L 203]). Der neue Band 1 [L 201] unterscheidet sich von der alten Version [L 200] durch die zusätzliche Berücksichtigung der in [L 32] und [L 33] zu findenden Ergänzungen zur DIN 1054 [L 30]. Die im März 2014 erschienene aktuelle Version von DIN EN 1997-1 [L 88] ist unberücksichtigt geblieben. Der Unterschied zwischen der alten [L 202] und der neuen [L 203] Version von Band 2 liegt in der ISBN-Nummer (**I**nternationale **S**tandard**b**uch**n**ummer).

13.3.1 Nationaler Anhang (NA)

Ein wesentliches Element der Eurocodes ist der jeweilige „Nationale Anhang" (NA), der ihre Anwendung auf nationaler Ebene überhaupt erst möglich macht, da die CEN-Mitglieder es sich vorbehalten haben, einzelne Sicherheitsaspekte in Abweichung vom Eurocode festzulegen.

Grundsätzlich gilt, dass ein Nationaler Anhang den Inhalt eines EN Eurocodes in keiner Weise ändern darf. Für den Nationalen Anhang der DIN EN 1997-1 [L 88] bedeutet das z. B., dass nur

- Zahlenwerte für Teilsicherheitsbeiwerte
- die Entscheidung für ein Bemessungsverfahren (wenn der Eurocode mehrere Verfahren zur Wahl stellt)
- die Entscheidungen hinsichtlich der Anwendung informativer Anhänge
- länderspezifische Angaben (geografischer, klimatischer Art …)
- Verweise auf den Eurocode nicht widersprechende zusätzliche Angaben, die dem Anwender beim Umgang mit dem Eurocode helfen

aufgenommen werden dürfen.

13.3.2 Deutsche Normen und Empfehlungen, die DIN EN 1997-1 ergänzen

Zu den deutschen Normen, die DIN EN 1997-1 ergänzen und deshalb als nationale Ergänzung in die normativen Verweisungen von DIN EN 1997-1/NA aufgenommen wurden gehört vor allem die DIN 1054, die inzwischen durch die Änderungen DIN 1054/A1 [L 32] und DIN 1054/A2 [L 33]. Entsprechendes gilt aber auch für die deutschen Berechnungsnormen

DIN 4017 [L 38]	(Grundbruchwiderstand von Flachgründungen)
DIN 4019 [L 43]	(Baugrund – Setzungsberechnungen)
DIN 4019-1 Bbl 1 [L 44]	(Setzungsberechnungen bei lotrechter, mittiger Belastung; Erläuterungen und Berechnungsbeispiele),
DIN 4019-2 Bbl 1 [L 45]	(Setzungsberechnungen bei schräg und bei außermittig wirkender Belastung; Erläuterungen und Berechnungsbeispiele),
DIN 4084 [L 51]	(Gelände- und Böschungsbruchberechnungen)
DIN 4085 [L 53]	(Berechnung des Erddrucks)

sowie für die EAB [L 118].

13.4 Europäische geotechnische Ausführungsnormen

Europäische Normen (EN) auf dem Gebiet der Geotechnik, die in den Bereich der Ausführung gehören, werden von dem Technischen Komitee CEN/TC 288 „Ausführung von besonderen geotechnischen Arbeiten im Spezialtiefbau“ erarbeitet. Als Ergebnisse liegen derzeit vor

DIN EN 1536 [L 76]	(Bohrpfähle)
DIN EN 1537 [L 77]	(Verpressanker)
DIN EN 1538 [L 79]	(Schlitzwände)
DIN EN 12063 [L 92]	(Spundwandkonstruktionen)
DIN EN 12699 [L 93]	(Verdrängungspfähle)
DIN EN 12715 [L 94]	(Injektionen)
DIN EN 12716 [L 95]	(Düsenstrahlverfahren)
DIN EN 14199 [L 98]	(Mikropfähle)
DIN EN 14475 [L 99]	(Bewehrte Schüttkörper)
DIN EN 14490 [L 100]	(Bodenvernagelung)
DIN EN 14679 [L 101]	(Tiefreichende Bodenstabilisierung)
DIN EN 14731 [L 102]	(Baugrundverbesserung durch Tiefenrüttelverfahren)
DIN EN 15237 [L 103]	(Vertikaldräns)

Zur DIN EN 1536 [L 76] gehört der DIN-Fachbericht 129 [L 112] als Richtlinie zu ihrer Anwendung. Als weitere Fachberichte im Bereich der Geotechnik stehen derzeit zur Verfügung:

DIN-Fachbericht 86 [L 111]
DIN-Fachbericht 130 [L 113]
DIN-Fachbericht CEN/TR 15019 [L 114]

Weitere Fachberichte zu den Ausführungsnormen sind derzeit nicht in Arbeit. Normen zu weiteren Themen sind vorgesehen.

13.5 Bauaufsichtliche Einführung

Gemäß § 3, Absatz 3 der Musterbauordnung (MBO; Text ist im Internet zu finden, siehe Ausführungen am Ende dieses Abschnitts) sind die zu beachtenden technischen Regeln in den deutschen Bundesländern von deren obersten Baubehörden durch öffentliche Bekanntmachung als Technische Baubestimmungen einzuführen. Für den praktisch tätigen Ingenieur stellen diese Regeln verbindliche Mindestanforderungen dar, von denen nur dann abgewichen werden darf, wenn mit anderen Lösungen in gleichem Maße die allgemeinen Anforderungen von §3 der Musterbauordnung erfüllt werden.

In jedem einzelnen Bundesland erfolgt die öffentliche Bekanntmachung der Technischen Baubestimmungen in Form der Veröffentlichung der „Liste der Technischen Baubestimmungen" im Amtsblatt der Bundeslandes. Erst dann sind die Baubestimmungen als bauaufsichtlich eingeführt zu betrachten. Rechtskräftig ist das der Fall, wenn

- die Aufnahme, ggf. mit Ergänzungen, empfohlen wurde von der „Fachkommission Baunormung", die als eine Kommission der ARGEBAU (Arbeitsgemeinschaft der für das Bau-, Wohnungs- und Siedlungswesen zuständigen Minister der Länder) tätig ist
- diese Empfehlung in die Form eines Einführungserlasses der obersten Bauaufsichtsbehörde des jeweiligen Bundeslandes umgesetzt wurde
- dieser Erlass im Amtsblatt des entsprechenden Bundeslandes veröffentlicht wurde.

Die Liste gliedert sich in die Teile I (Technische Regeln für die Planung, Bemessung und Konstruktion baulicher Anlagen und ihrer Teile) und II (Anwendungsregeln für Bauprodukte und Bausätze nach europäischen technischen Zulassungen und harmonisierten Normen nach der Bauproduktenrichtlinie) sowie die Anlagen. Dabei umfasst der Teil I Technische Regeln zu Lastannahmen und Grundlagen der Tragwerksplanung, zur Bemessung und zur Ausführung, zum Brandschutz, zum Wärme- und zum Schallschutz, zum Bautenschutz, zum Gesundheitsschutz und als Planungsgrundlagen. Die Technischen Regeln zur Bemessung und Ausführung beinhalten dabei

- Grundbau
- Mauerwerksbau
- Beton-, Stahlbeton- und Spannbetonbau
- Metallbau
- Holzbau
- Bauteile
- Sonderkonstruktionen

In die Liste werden nur die technischen Regeln eingeführt, die unerlässlich sind zur Erfüllung der Grundsatzforderungen des Bauordnungsrechts. Als Orientierungsrahmen für die Auswahl der in die Liste des jeweiligen Bundeslandes aufzunehmenden Bestimmungen dient eine von der ARGEBAU fortzuschreibende „Musterliste". Sie wurde erstellt, um deutschlandweit eine möglichst weitgehende Vereinheitlichung der in den einzelnen Bundesländern geltenden Listen zu initiieren. Die aktuelle Liste des jeweiligen Bundeslands kann auf der Internetseite der obersten Baubehörde eingesehen werden. Der Zugang kann z. B. über die Internetadresse http://www.is-argebau.de, verbunden mit dem Mausklick auf den Button „Länder" hergestellt werden; über diesen Zugang sind auch die entsprechenden Informationen der übrigen Bundesländer erreichbar. Gleichzeitig kann über diese Adresse auch der aktuelle Stand der „Muster-Liste der Technischen Baubestimmungen“ und der Musterbauordnung (MBO) eingesehen und heruntergeladen werden. Zugänglich sind die Dokumente mit den aufeinanderfolgenden Mausklicks auf den Button „Mustervorschriften/Mustererlasse“ und den Button „Bauaufsicht/Bautechnik“.

Literaturverzeichnis

L 1 **Achterberg, G.:** Frostschäden am Rohbau und ihre Verhütung.
Architekt + Ingenieur (1959), August-Heft, Seite VIII/134 – VIII/140.

L 2 **Agatz, A.; Lackner, E.:** Erfahrungen mit Grundbauwerken.
2. Auflage, Springer-Verlag, Berlin 1977.

L 3 **Arz, P.; Miller, Ch.:** Ungewöhnlicher Bodenaustausch für die kombinierte Stahlspundwand beim Bau der 650 m langen Kaimauer Reiherstieg Süd in Hamburg.
Vorträge der Baugrundtagung 1988 in Hamburg, Seite 5 – 18, Deutsche Gesellschaft für Erd- und Grundbau e. V., Essen.

L 4 **Baldauf, H.; Timm, U.:** Betonkonstruktionen im Tiefbau.
Ernst & Sohn, Berlin 1988.

L 5 **Bedingungen für die Anwendung des Bauverfahrens „Bewehrte Erde".**
Ausgabe 1985, Aufgestellt von der Bundesanstalt für Straßenwesen, der Bundesminister für Verkehr, Abteilung Straßenbau, Verkehrsblatt-Verlag.

L 6 **Beskow, G.:** Soil freezing and frost heaving with special application to roads and railroads.
Swedish Geological Society, Ser. C., Nr. 375, 26th Yearbook, Nr. 3 (1935). With a special supplement for the English translation of progress from 1935 to 1946.
Evanston, III.: Northwestern University, Technical Institute, Nov. 1947 (Translation by J. O. Osterberg).

L 7 **Blum, H.:** Beitrag zur Berechnung von Bohlwerken.
Bautechnik 27 (1950), Heft 2, Seite 45 – 52.

L 8 **Böhme, M.:** Wasserwirtschaftliche Konsequenzen der Neubebauung des Potsdamer Platzes in Berlin.
gwf Wasser Abwasser 135 (1994), Nr. 10, Seite 565 – 572.

L 9 **Bonarens, R.:** Baugrubensicherung und Sohlplatte des BfG-Hochhauses in Frankfurt.
Bauingenieur 49 (1974), Heft 6, Seite 214 – 218.

L 10 **Bongartz, W.:** Erste deutsche Stützwand nach dem Bauverfahren „Bewehrte Erde" bei Raunheim.
Straße und Autobahn 27 (1976), Heft 5, Seite 190 – 197.

L 11 **Borowicka, H.:** Druckverteilung unter elastischen Platten.
Ingenieur-Archiv 10 (1939), Heft 2, Seite 113 – 125.

L 12 **Borowicka, H.:** Über ausmittig belastete, starre Platten auf elastisch-isotropem Untergrund.
Ingenieur-Archiv 14 (1943), Heft 1, Seite 1 – 8.

L 13 **Brandl, H.:** Tragverhalten und Dimensionierung von Raumgitterstützmauern (Krainerwänden).
Bundesministerium für Bauten und Technik, Schriftenreihe „Straßenforschung", Heft 141. Forschungsgesellschaft für das Straßenwesen im Österreichischen Ingenieur- und Architektenverein, Wien 1980.

L 14 **Brandl, H.:** Schadensfälle an Raumgitter-Stützmauern.
Bundesministerium für Bauten und Technik, Schriftenreihe „Straßenforschung", Heft 251 Teil 2. Forschungsgesellschaft für das Straßenwesen im Österreichischen Ingenieur- und Architektenverein, Wien 1984.

L 15 **Brauns, J.:** Die Anfangstraglast von Schottersäulen im bindigen Untergrund.
Bautechnik 55 (1978), Heft 8, Seite 263 – 271.

L 16 **Brauns, J.:** Untergrundverbesserung mittels Sandpfählen oder Schottersäulen.
Tiefbau Ingenieurbau Straßenbau 22 (1980), Heft 8, Seite 678 – 683.

L 17 **Briske, R.:** Anwendung von Erddruckumlagerungen bei Spundwandbauwerken.
Bautechnik 34 (1957), Heft 7, Seite 264 – 271.

L 18 **Briske, R.:** Anwendung von Erddruckumlagerungen bei Spundwandbauwerken.
Bautechnik 34 (1957), Heft 10, Seite 376 – 380.

L 19 **Briske, R.:** Anwendung von Druckumlagerungen bei Baugrubenumschließungen.
Bautechnik 35 (1958), Heft 6, Seite 242 – 244.

L 20 **Briske, R.:** Anwendung von Druckumlagerungen bei Baugrubenumschließungen.
Bautechnik 35 (1958), Heft 7, Seite 279 – 281.

L 21 **Busch, K.-F.; Luckner, L.; Tiemer, K.:** Geohydraulik.
3. Auflage, Lehrbuch der Hydrogeologie, Band 3.
Gebrüder Borntraeger, Berlin 1993.

L 22 **Dachroth, W. R.:** Baugeologie.
2. Auflage, Springer-Verlag, Berlin 1992.

L 23 **Davidenkoff, R.:** Angenäherte Ermittlung des Grundwasserzuflusses zu einer in einem durchlässigen Boden ausgehobenen Grube.
Mitteilungsblatt der Bundesanstalt für Wasserbau, Nr. 7, Karlsruhe 1956.

L 24 **Davidenkoff, R.:** Zur Berechnung des hydraulischen Grundbruches.
Wasserwirtschaft 46 (1956), Heft 9, Seite 230 – 235.

L 25 **Deutscher Ausschuss für Stahlbeton DAfStb** (Herausgeber)**:** Erläuterungen zur DIN 1045-1.
Deutscher Ausschuss für Stahlbeton (DAfStb), H. 525, Beuth Verlag, Berlin 2003.

L 26 **Deutsches Institut für Bautechnik:** Allgemeine bauaufsichtliche Zulassung für die Bodenvernagelung System „Bauer".
Zulassung Z-20.1-101, Berlin 2006.

L 27 **Dieterle, H.:** Zur Bemessung quadratischer Stützenfundamente aus Stahlbeton unter zentrischer Belastung mit Hilfe von Bemessungsdiagrammen.
Deutscher Ausschuß für Stahlbeton (DAfStb), Heft 387, Beuth Verlag, Berlin 1987.

L 28 **Dieterle, H.; Rostásy, F. S.:** Tragverhalten quadratischer Einzelfundamente aus Stahlbeton.
Deutscher Ausschuß für Stahlbeton (DAfStb), Heft 387, Beuth Verlag, Berlin 1987.

L 29 **DIN 1045-3:2012-03** Tragwerke aus Beton, Stahlbeton und Spannbeton – Teil 3: Bauausführung – Anwendungsregeln zu DIN EN 13670. DIN 1045-3 Berichtigung 1:2013-07

L 30 **DIN 1054:2010-12** Baugrund – Sicherheitsnachweise im Erd- und Grundbau – Ergänzende Regelungen zu DIN EN 1997-1.

L 31 **DIN 1054:1976-11** Baugrund; Zulässige Belastung des Baugrunds.

L 32 **DIN 1054/A1:2012-08** Baugrund – Sicherheitsnachweise im Erd- und Grundbau – Ergänzende Regelungen zu DIN EN 1997-1:2010; Änderung A1:2012.

L 33 **DIN 1054/A2:2015-11** Baugrund – Sicherheitsnachweise im Erd- und Grundbau – Ergänzende Regelungen zu DIN EN 1997; Änderung A2.

L 34 **DIN 1054 Beiblatt:1976-11** Baugrund; Zulässige Belastung des Baugrunds; Erläuterungen.

L 35 **DIN 1054:2005-01** Baugrund – Sicherheitsnachweise im Erd- und Grundbau.

L 36 **DIN 1055-2:2010-11** Einwirkungen auf Tragwerke – Teil 2: Bodenkenngrößen.

L 37 **DIN 4014:1990-03** Bohrpfähle; Herstellung, Bemessung und Tragverhalten. ersetzt durch L 30, L 76, L 88, L 89

L 38 **DIN 4017:2006-03** Baugrund – Berechnung des Grundbruchwiderstands von Flachgründungen.

L 39 **DIN 4017 Beiblatt 1:2006-11** Baugrund – Berechnung des Grundbruchwiderstands von Flachgründungen – Berechnungsbeispiele.

L 40 **DIN 4017-2 Beiblatt 1:1979-08** Baugrund; Grundbruchberechnungen von schräg und außermittig belasteten Flachgründungen; Erläuterungen und Berechnungsbeispiele.

L 41 **DIN 4018:1974-09** Baugrund; Berechnung der Sohldruckverteilung unter Flächengründungen.

L 42 **DIN 4018 Beiblatt 1:1981-05** Baugrund; Berechnung der Sohldruckverteilung unter Flächengründungen; Erläuterungen und Berechnungsbeispiele.

L 43 **DIN 4019:2015-05** Baugrund – Setzungsberechnungen.

L 44 **DIN 4019-1 Beiblatt 1:1979-04** Baugrund; Setzungsberechnungen bei lotrechter, mittiger Belastung; Erläuterungen und Berechnungsbeispiele. ersatzlos zurückgezogen

L 45 **DIN 4019-2 Beiblatt 1:1981-02** Baugrund; Setzungsberechnungen bei schräg und bei außermittig wirkender Belastung; Erläuterungen und Berechnungsbeispiele. ersatzlos zurückgezogen

L 46 **DIN 4020:2010-12** Geotechnische Untersuchungen für bautechnische Zwecke – Ergänzende Regelungen zu DIN EN 19972-2.

L 47 **DIN 4020 Beiblatt 1:2003-10** Geotechnische Untersuchungen für bautechnische Zwecke – Anwendungshilfen, Erklärungen.

L 48 **DIN 4026:1975-08** Rammpfähle; Herstellung, Bemessung und zulässige Belastung. ersetzt durch L 30, L 88, L 89

L 49 **DIN 4026 Beiblatt:1975-08** Rammpfähle; Herstellung, Bemessung und zulässige Belastung; Erläuterungen. ersetzt durch L 30, L 88, L 89

L 50 **DIN 4030-1:2008-06** Beurteilung betonangreifender Wässer, Böden und Gase – Teil 1: Grundlagen und Grenzwerte. E DIN 4085:2016-10

L 51 **DIN 4084:2009-01** Baugrund – Geländebruchberechnungen.

L 52 **DIN 4084 Beiblatt 1:2012-07** Baugrund – Geländebruchberechnungen – Beiblatt 1: Berechnungsbeispiele.

L 53 **DIN 4085:2011-05** Baugrund – Berechnung des Erddrucks. E DIN 4085:2016-10

L 54 **DIN 4093:2015-11** Bemessung von verfestigten Bodenkörpern – Hergestellt mit Düsenstrahl-, Deep-Mixing- oder Injektions-Verfahren.

L 55 **DIN 4093:1987-09** Baugrund; Einpressen in den Untergrund; Planung, Ausführung, Prüfung.

L 56 **DIN 4094-2:2003-05** Baugrund – Felduntersuchungen – Teil 2: Bohrlochrammsondierung.

L 57 **DIN 4094-3:2002-01** Baugrund – Felduntersuchungen – Teil 3: Rammsondierungen. ersetzt durch DIN EN ISO 22476-2:2012-03

L 58 **DIN 4094-4:2002-01** Baugrund – Felduntersuchungen – Teil 4: Flügelscherversuche.

L 59 **DIN 4123:2013-04** Ausschachtungen, Gründungen und Unterfangungen im Bereich bestehender Gebäude.

L 60 **DIN 4124:2012-01** Baugruben und Gräben – Böschungen, Verbau, Arbeitsraumbreiten.

L 61 **DIN 4125:1990-11** Verpreßanker; Kurzzeitanker und Daueranker; Bemessung, Ausführung und Prüfung. ersetzt durch L 30, L 77, L 88, L 89

L 62 **DIN 4126:2013-09** Nachweis der Standsicherheit von Schlitzwänden.

L 63 **DIN 4126:1986-08** Ortbeton-Schlitzwände; Konstruktion und Ausführung.

L 64 **DIN 4126 Beiblatt 1:2013-09** Nachweis der Standsicherheit von Schlitzwänden – Beiblatt 1: Erläuterungen.

L 65 **DIN 4127:2014-02** Erd- und Grundbau – Prüfverfahren für Stützflüssigkeiten im Schlitzwandbau und für deren Ausgangsstoffe.

L 66 **DIN 4127:1986-08** Erd- und Grundbau; Schlitzwandtone für stützende Flüssigkeiten; Anforderungen, Prüfverfahren, Lieferung, Güteüberwachung.

L 67 **DIN 18130-1:1998-05** Baugrund, Untersuchung von Bodenproben; Bestimmung des Wasserdurchlässigkeitsbeiwerts; Teil 1: Laborversuche.

L 68 **DIN 18196:2011-05** Erd- und Grundbau – Bodenklassifikation für bautechnische Zwecke.

L 69 **DIN 18301:2016-09** VOB Vergabe- und Vertragsordnung für Bauleistungen – Teil C: Allgemeine Technische Vertragsbedingungen für Bauleistungen (ATV) – Bohrarbeiten.

L 70 **DIN 18302:2016-09** VOB Vergabe- und Vertragsordnung für Bauleistungen – Teil C: Allgemeine Technische Vertragsbedingungen für Bauleistungen (ATV) – Arbeiten zum Ausbau von Bohrungen.

L 71 **DIN 18305:2016-09** Vergabe- und Vertragsordnung für Bauleistungen – Teil C: Allgemeine Technische Vertragsbedingungen für Bauleistungen (ATV); Wasserhaltungsarbeiten.

L 72 **DIN 18313:2016-09** VOB Vergabe- und Vertragsordnung für Bauleistungen – Teil C: Allgemeine Technische Vertragsbedingungen für Bauleistungen (ATV) – Schlitzwandarbeiten mit stützenden Flüssigkeiten.

L 73 **DIN 18915:2002-08** Vegetationstechnik im Landschaftsbau – Bodenarbeiten.

L 74 **DIN 21521-1:1990-07** Gebirgsanker für den Bergbau und den Tunnelbau; Begriffe.

L 75 **DIN 21521-2:1993-02** Gebirgsanker für den Bergbau und den Tunnelbau; Allgemeine Anforderungen für Gebirgsanker aus Stahl; Prüfungen, Prüfverfahren.

L 76 **DIN EN 1536:2015-10** Ausführung von Arbeiten im Spezialtiefbau – Bohrpfähle; Deutsche Fassung EN 1536:2010+A1:2015.

L 77 **DIN EN 1537:2014-07** Ausführung von Arbeiten im Spezialtiefbau – Verpressanker; Deutsche Fassung EN 1537:2013.

L 78 **DIN EN 1537:2001-01** Ausführung von besonderen geotechnischen Arbeiten (Spezialtiefbau) – Verpressanker; Deutsche Fassung EN 1537:1999 + AC:2000.

L 79 **DIN EN 1538:2015-10** Ausführung von Arbeiten im Spezialtiefbau – Schlitzwände; Deutsche Fassung EN 1538:2010+A1:2015.

L 80 **DIN EN 1991-3:2010-12** Eurocode 1: Einwirkungen auf Tragwerke – Teil 3: Einwirkungen infolge von Kranen und Maschinen; Deutsche Fassung EN 1991-3:2006.
DIN EN 1991-3 Berichtigung 1:2013-08

L 81 **DIN EN 1991-4:2010-12** Eurocode 1: Einwirkungen auf Tragwerke – Teil 4: Einwirkungen auf Silos und Flüssigkeitsbehälter; Deutsche Fassung EN 1991-4:2006.
DIN EN 1991-4 Berichtigung 1:2013-08

L 82 **DIN EN 1991-4:2010-12**/Nationaler Anhang – National festgelegte Parameter – Eurocode 1: Einwirkungen auf Tragwerke – Teil 4: Einwirkungen auf Silos und Flüssigkeitsbehälter.

L 83 **DIN EN 1992-1-1:2011-01** Eurocode 2: Bemessung und Konstruktion von Stahlbeton- und Spannbetontragwerken – Teil 1-1: Allgemeine Bemessungsregeln und Regeln für den Hochbau; Deutsche Fassung EN 1992-1-1:2004 + AC:2010. DIN EN 1992-1-1/A1:2015-03

L 84 **DIN EN 1992-1-1:2013-04**/Nationaler Anhang – National festgelegte Parameter – Eurocode 2: Bemessung und Konstruktion von Stahlbeton- und Spannbetontragwerken – Teil 1-1: Allgemeine Bemessungsregeln und Regeln für den Hochbau. DIN EN 1992-1-1/NA/A1:2015-03

L 85 **DIN EN 1993-1-1:2010-12** Eurocode 3: Bemessung und Konstruktion von Stahlbauten – Teil 1-1: Allgemeine Bemessungsregeln und Regeln für den Hochbau; Deutsche Fassung EN 1993-1-1:2005 + AC:2009. DIN EN 1993-1-1/A1:2014-07

L 86 **DIN EN 1993-5:2010-12** Eurocode 3 – Bemessung und Konstruktion von Stahlbauten – Teil 5: Pfähle und Spundwände; Deutsche Fassung EN 1993-5:2007 + AC:2009.

L 87 **DIN EN 1993-5:2010-12**/Nationaler Anhang – National festgelegte Parameter – Eurocode 3: Bemessung und Konstruktion von Stahlbauten – Teil 5: Pfähle und Spundwände.

L 88 **DIN EN 1997-1:2014-03** Eurocode 7 – Entwurf, Berechnung und Bemessung in der Geotechnik – Teil 1: Allgemeine Regeln; Deutsche Fassung EN 1997-1:2004 + AC:2009 + A1:2013.

L 89 **DIN EN 1997-1:2010-12**/Nationaler Anhang – National festgelegte Parameter – Eurocode 7: Entwurf, Berechnung und Bemessung in der Geotechnik – Teil 1: Allgemeine Regeln.

L 90 **DIN EN 1997-2:2010-10** Eurocode 7: Entwurf, Berechnung und Bemessung in der Geotechnik – Teil 2: Erkundung und Untersuchung des Baugrunds; Deutsche Fassung EN 1997-2:2007 + AC:2010.

L 91 **DIN EN 1997-2:2010-12**/Nationaler Anhang – National festgelegte Parameter – Eurocode 7: Entwurf, Berechnung und Bemessung in der Geotechnik – Teil 2: Erkundung und Untersuchung des Baugrunds.

L 92 **DIN EN 12063:1999-05** Ausführung von besonderen geotechnischen Arbeiten (Spezialtiefbau) – Spundwandkonstruktionen; Deutsche Fassung EN 12063:1999.

L 93 **DIN EN 12699:2015-07** Ausführung von Arbeiten im Spezialtiefbau – Verdrängungspfähle; Deutsche Fassung EN 12699:2015.

L 94 **DIN EN 12715:2000-10** Ausführung von besonderen geotechnischen Arbeiten (Spezialtiefbau) – Injektionen; Deutsche Fassung EN 12715:2000.

L 95 **DIN EN 12716:2001-12** Ausführung von besonderen geotechnischen Arbeiten (Spezialtiefbau) – Düsenstrahlverfahren (Hochdruckinjektion, Hochdruckbodenvermörtelung, Jetting); Deutsche Fassung EN 12716:2001.

L 96 **DIN EN 12794:2007-08** Betonfertigteile – Gründungspfähle; Deutsche Fassung EN 12794: 2005 + A1:2007. DIN EN 12794 Berichtigung 1:2009-04

L 97 **DIN EN 13670:2011-03** Ausführung von Tragwerken aus Beton; Deutsche Fassung EN 13670:2009.

L 98 **DIN EN 14199:2015-07** Ausführung von Arbeiten im Spezialtiefbau – Mikropfähle; Deutsche Fassung EN 14199:2015. DIN EN 14199 Berichtigung 1:2016-09

L 99 **DIN EN 14475:2006-04** Ausführung von besonderen geotechnischen Arbeiten (Spezialtiefbau) – Bewehrte Schüttkörper; Deutsche Fassung EN 14475:2006. DIN EN 14475 Berichtigung 1:2006-12

L 100 **DIN EN 14490:2010-11** Ausführung von Arbeiten Spezialtiefbau – Bodenvernagelung; Deutsche Fassung EN 14490:2010.

L 101 **DIN EN 14679:2005-06** Ausführung von besonderen geotechnischen Arbeiten (Spezialtiefbau) – Tiefreichende Bodenstabilisierung; Deutsche Fassung EN 14679:2005. DIN EN 14679 Berichtigung 1:2006-09

L 102 **DIN EN 14731:2005-12** Ausführung von besonderen geotechnischen Arbeiten (Spezialtiefbau) – Baugrundverbesserung durch Tiefenrüttelverfahren; Deutsche Fassung EN 14731:2005.

L 103 **DIN EN 15237:2007-06** Ausführung von besonderen geotechnischen Arbeiten (Spezialtiefbau) – Vertikaldräns; Deutsche Fassung EN 15237:2007.

L 104 **DIN EN ISO 12956:2010-04** Geotextilien und geotextilverwandte Produkte – Bestimmung der charakteristischen Öffnungsweite (ISO 12956:2010).

L 105 E **DIN EN ISO 22477-5:2016-10** Geotechnische Erkundung und Untersuchung – Prüfung von geotechnischen Bauwerken und Bauwerksteilen – Teil 5: Prüfung von Verpressankern (ISO/DIS 22477-5:2016); Deutsche und Englische Fassung prEN ISO 22477-5:2016.

L 106 **DIN SPEC 18140:2012-02** Ergänzende Festlegungen zu DIN EN 1536:2010-12, Ausführung von Arbeiten im Spezialtiefbau – Bohrpfähle.

L 107 **DIN SPEC 18537:2012-02** Ergänzende Festlegungen zu DIN EN 1537:2001-01, Ausführung von besonderen geotechnischen Arbeiten (Spezialtiefbau) – Verpressanker.

L 108 E **DIN SPEC 18537:2016-09** Ergänzende Festlegungen zu DIN EN 1537:2014-07, Ausführung von Arbeiten im Spezialtiefbau – Verpressanker.

L 109 **DIN SPEC 18538:2012-02** Ergänzende Festlegungen zu DIN EN 12699:2001-05, Ausführung spezieller geotechnischer Arbeiten (Spezialtiefbau) – Verdrängungspfähle.

L 110 **DIN SPEC 18539:2012-02** Ergänzende Festlegungen zu DIN EN 14199:2012-01, Ausführung von besonderen geotechnischen Arbeiten (Spezialtiefbau) – Pfähle mit kleinen Durchmessern (Mikropfähle).

L 111 **DIN-Fachbericht 86 (2000):** Geotextilien und geotextilverwandte Produkte – Leitfaden zur Beständigkeit (CEN-Bericht 13434).

L 112 **DIN-Fachbericht 129:** Nationales Anwendungsdokument (NAD) – Richtlinie zur Anwendung von DIN EN 1536:1999-06, Ausführung von besonderen geotechnischen Arbeiten (Spezialtiefbau) – Bohrpfähle, Ausgabe:2003.

L 113 **DIN-Fachbericht 130 (2003):** Wechselwirkung Baugrund/Bauwerk bei Flachgründungen.

L 114 **DIN-Fachbericht CEN/TR 15019 (April 2005):** Geotextilien und geotextilverwandte Produkte – Baustellenkontrolle; Deutsche Fassung CEN/TR 15019:2005.

L 115 **Döhl, G.; Roth, S.:** Einbringen von Stahlspundbohlen.
Geotechnik 12 (1989), Heft 3, Seite 117–126.

L 116 **Donel, M.:** Bodeninjektionstechnik.
3. Auflage, Studienunterlagen für das Fachgebiet Grundbau und Bodenmechanik, herausgegeben von Prof. Dr.-Ing. W. Richwien, Universität-Gesamthochschule Essen, Verlag Glückauf GmbH, Essen 1995.

L 117 **Ehl, G.:** Gezieltes Nachverpressen zur Erhöhung der Tragfähigkeit von Verpreßankern in bindigen Böden.
Bautechnik 63 (1986), Heft 8, Seite 278–282.

L 118 **Empfehlungen des Arbeitskreises „Baugruben“: EAB.**
Herausgegeben von der Deutschen Gesellschaft für Geotechnik e. V.
1. Nachdruck der 4. Auflage, Ernst & Sohn, Berlin 2007.

L 119 **Empfehlungen des Arbeitskreises „Baugruben“ auf der Grundlage des Teilsicherheitskonzeptes: EAB–100.**
Herausgegeben von der Deutschen Gesellschaft für Geotechnik e. V.
Ernst & Sohn, Berlin 1996.

L 120 **Empfehlungen des Arbeitskreises „Pfähle“: EA-Pfähle.**
Herausgegeben von der Deutschen Gesellschaft für Geotechnik e. V.
2. Auflage, Ernst & Sohn, Berlin 2012.

L 121 **Empfehlungen des Arbeitsausschusses „Ufereinfassungen“ Häfen und Wasserstraßen: EAU 1996.**
Herausgegeben vom Arbeitsausschuss „Ufereinfassungen“ der Hafenbautechnischen Gesellschaft e. V. und der Deutschen Gesellschaft für Geotechnik e. V.
9. Auflage, Ernst & Sohn, Berlin 1997.

L 122 **Empfehlungen des Arbeitsausschusses „Ufereinfassungen“ Häfen und Wasserstraßen: EAU 2012.**
Herausgegeben vom Arbeitsausschuss „Ufereinfassungen“ der Hafenbautechnischen Gesellschaft e. V. und der Deutschen Gesellschaft für Geotechnik e. V.
11. Auflage, Ernst & Sohn, Berlin 2012.

L 123 **Empfehlungen für den Entwurf und die Berechnung von Erdkörpern mit Bewehrungen aus Geokunststoffen – EBGEO.**
Herausgegeben von der Deutschen Gesellschaft für Geotechnik e. V. (DGGT),
Ernst & Sohn, Berlin 2010.

L 124 **Englert, K.; Bauer, K.:** Rechtsfragen zum Baugrund.
Baurechtliche Schriften (Hrsg.: Korbion, H.; Locher, H.)
2. Auflage, Werner-Verlag, Düsseldorf 1991.

L 125 **Englert, K.; Stocker, M. (Hrsg.):** 40 Jahre Spezialtiefbau 1953–1993.
Werner-Verlag GmbH, Düsseldorf 1993.

L 126 **Entstehung und Verhütung von Frostschäden an Straßen.**
Forschungsarbeiten aus dem Straßenwesen, herausgegeben von der Forschungsgesellschaft für Straßen- und Verkehrswesen e. V. Köln, Heft 105, Kirschbaum Verlag, Bonn 1994.

L 127 **Fedders, H.:** Seitendruck auf Pfähle durch Bewegungen von weichen, bindigen Böden; Empfehlungen für Entwurf und Bemessung.
Geotechnik 1 (1978), Seite 100–104.

L 128 **Fischer, K.:** Beispiele zur Bodenmechanik; Aufsätze mit Formeln, Tafeln und Schaubildern.
Verlag von Wilhelm Ernst & Sohn, Berlin 1965.

L 129 **Floss, R.:** ZTVE-StB 94, Kommentar mit Kompendium Erd- und Felsbau.
Kirschbaum Verlag, Bonn 1997.

L 130 **Forchheimer, P.:** Grundwasserspiegel bei Brunnenanlagen.
Zeitschrift des österr. Ingenieur- und Architekten-Vereines, L. Jahrgang (1898) Nr. 44, Seite 629–635 und Nr. 45, Seite 645–648.

L 131 **Frank, A.; Varaksin, S.:** Verdichtung von Böden durch dynamische Einwirkung mit Fallgewichten über und unter Wasser.
Baumaschine und Bautechnik 24 (1977), Heft 9, Seite 531–539.

L 132 **Franke, E.; Heibaum, M.:** Ein Beitrag zum Nachweis der Standsicherheit auf der tiefen Gleitfuge.
Bauingenieur 63 (1988), Seite 391–398.

L 133 **Franke, E.; Seitz, J. M.:** Empfehlungen des Arbeitskreises 5 der DGEG für dynamische Pfahlprüfungen.
Geotechnik 14 (1991), Heft 3, Seite 139–153.

L 134 **Gäßler, G.:** Vernagelte Geländesprünge – Tragverhalten und Standsicherheit.
Veröffentlichungen des Institutes für Bodenmechanik und Felsmechanik der Universität Fridericiana in Karlsruhe, Herausgeber: G. Gudehus und O. Natau, Heft 108, Karlsruhe 1987.

L 135 **Gäßler, G.:** Planung, Ausschreibung und Überwachung von Vernagelungsprojekten.
Tiefbau Ingenieurbau Straßenbau 31 (1989), Heft 10, Seite 626–640.

L 136 **Gäßler, G.:** Trag- und Bruchverhalten vernagelter Wände und Böschungen.
In: Seminar über „Bodenvernagelung – Entwurf und Ausführung", Haus der Technik e. V., München 1998.

L 137 **Gäßler, G.:** Standsicherheitsnachweise bei Bodenvernagelungen.
In: Geotechnik-Seminar München, veranstaltet am 17. 10. 2003 von der Technischen Universität München, der Universität der Bundeswehr München und der Fachhochschule München (FHM).

L 138 **GDA-Empfehlungen Geotechnik der Deponien und Altlasten.**
Herausgegeben von der Deutschen Gesellschaft für Geotechnik e. V. (DGGT), 3. Auflage, Ernst & Sohn, Berlin 1997.

L 139 **Gipperich, Ch.; Triantafyllidis, Th.:** Entwicklung eines rückbaubaren Ankers.
Bauingenieur 72 (1997), Heft 5, Seite 221–234.

L 140 **Girnau, G.; Klawa, N.:** Fugen und Fugenbänder.
Forschung + Praxis, U-Verkehr und unterirdisches Bauen, Band 13, Herausgegeben von der Studiengesellschaft für unterirdische Verkehrsanlagen e. V. (STUVA), Alba-Buchverlag, Düsseldorf 1972.

L 141 **Girnau, G.; Klawa, N.:** Empfehlungen zur Fugengestaltung im unterirdischen Bauen.
Bautechnik 50 (1973), Heft 10, Seite 325 – 332.

L 142 **Gödecke, H.-J.:** Der gezielte Einsatz der Dynamischen Konsolidation zur Baugrundverdichtung.
Bautechnik 57 (1980), Heft 4, Seite 109 – 116.

L 143 **Goldscheider, M.; Gudehus, G.:** Verbesserte Standsicherheitsnachweise.
Vorträge der Baugrundtagung 1974 in Frankfurt/Main-Höchst, Seite 99 – 118, Deutsche Gesellschaft für Erd- und Grundbau e. V., Essen.

L 144 **Grasser, E.; Thielen, G.:** Hilfsmittel zur Berechnung der Schnittgrößen und Formänderungen von Stahlbetontragwerken.
Deutscher Ausschuß für Stahlbeton (DAfStb), Heft 240
3. Auflage, Beuth Verlag GmbH, Berlin 1991.

L 145 **Graßhoff, H.:** Einflußlinien für Flächengründungen.
Verlag von Wilhelm Ernst & Sohn, Berlin 1978.

L 146 **Grundbau-Taschenbuch** (Herausgeber und Schriftleiter: Ulrich Smoltczyk).
Teil 1, 6. Auflage, Ernst & Sohn, Berlin 2001.

L 147 **Grundbau-Taschenbuch** (Herausgeber und Schriftleiter: Ulrich Smoltczyk).
Teil 2, 5. Auflage, Ernst & Sohn, Berlin 1996.

L 148 **Grundbau-Taschenbuch** (Herausgeber und Schriftleiter: Ulrich Smoltczyk).
Teil 3, 5. Auflage, Ernst & Sohn, Berlin 1997.

L 149 **Grundbau-Taschenbuch** (Herausgeber und Schriftleiter: Ulrich Smoltczyk).
Teil 2, 6. Auflage, Ernst & Sohn, Berlin 2001.

L 150 **Grundbau-Taschenbuch** (Herausgeber und Schriftleiter: Karl Josef Witt).
Teil 2, 7. Auflage, Ernst & Sohn, Berlin 2009.

L 151 **Grundbau-Taschenbuch** (Herausgeber und Schriftleiter: Karl Josef Witt).
Teil 3, 7. Auflage, Ernst & Sohn, Berlin 2009.

L 152 **Haugwitz, H.-G.; Itzeck, H.:** Herstellung von gefrästen Einphasen-Dichtwänden mit der Schlitzfräse.
In: Vorträge zum 2. Darmstädter Geotechnik-Kolloquium am 30. März 1995; Mitteilungen des Institutes und der Versuchsanstalt für Geotechnik der Technischen Hochschule Darmstadt, Heft 34, Darmstadt 1995.

L 153 **Hellenschmidt, H.:** Der Bau einer Kaianlage für große Seeschiffe in der Elbe bei Brunsbüttelkoog.
Bauingenieur 44 (1969), Heft 9, Seite 313 – 321.

L 154 **Herth, W.; Arndts, E.:** Theorie und Praxis der Grundwasserabsenkung.
3. Auflage, Ernst & Sohn, Berlin 1994.

L 155 **Hettler, A.; Meiniger, W.:** Einige Sonderprobleme bei Verpreßankern.
Bauingenieur 65 (1990), Heft 9, Seite 407 – 412.

L 156 **Hilmer, K.; Knappe, M.; Nowack, F.:** Kontrollmessungen an einer vernagelten Wand. Bautechnik 64 (1987), Heft 2, Seite 37–40.

L 157 **Hohwiller, F.; Apostolopoulos, C.:** STYROPOR-Hartschaumplatten als Frostschutzschicht im Fahrbahnbau. Straßenbau-Technik 26 (1973), Heft 3, Seite 31–41.

L 158 **HSP Hoesch Spundwand und Profil GmbH.:** Spundwand-Handbuch; Berechnung. Firmenbroschüre; zu beziehen bei HSP Hoesch Spundwand und Profil GmbH, Alte Radstraße 27, D-44147 Dortmund.

L 159 **Jelinek, R.; Ostermayer, H.:** Zur Berechnung von Fangedämmen und verankerten Stützwänden. Bautechnik 44 (1967), Heft 5, Seite 167–171.

L 160 **Jessberger, H. L.:** Bodenverfestigung durch Einpressung und Vereisung. In: Grundbau-Taschenbuch Teil 2, 3. Auflage, Seite 175–210, Verlag von Wilhelm Ernst & Sohn, Berlin 1982.

L 161 **Jörger, R.; Wieners, A.:** Wasserdichter Baugrubenverbau mit eingestellter Stahlspundwand für eine Tiefgarage in Wiesbaden. Tiefbau Berufsgenossenschaft 105 (1993), Heft 11, Seite 816–819.

L 162 **Jundt, E.; Lege, K.-H.; Poetsch, D.:** Hotelhochhaus Maritim in Travemünde. Beton- und Stahlbetonbau (1974), Heft 4.

L 163 **Kany, M.:** Berechnung von Flächengründungen. 1. Band, 2. Auflage, Verlag von Wilhelm Ernst & Sohn, Berlin 1974.

L 164 **Kany, M.:** Berechnung von Flächengründungen. 2. Band, 2. Auflage, Verlag von Wilhelm Ernst & Sohn, Berlin 1974.

L 165 **Kempfert, H.-G.:** Bemessung und Ausführung von Pfahlgründungen nach DIN 1054 und Europäischen Normen. Referatesammlung – Bemessung und Erkundung in der Geotechnik, neue Entwicklungen im Zuge der Neuauflage der DIN 1054 und DIN 4020 sowie der europäischen Normung. S. 4-1 bis 4-20, DIN Deutsches Institut für Normung e. V., Berlin 2003.

L 166 **Kilchert, M.; Karstedt, J.:** Schlitzwände als Trag- und Dichtungswände. Band 2: Standsicherheitsberechnung von Schlitzwänden nach DIN 4126. 1. Auflage, Beuth Verlag GmbH, Berlin 1984.

L 167 **Kirsch, K.:** Erfahrungen mit der Baugrundverbesserung durch Tiefenrüttler. Geotechnik 2 (1979), Heft 1, Seite 21–32.

L 168 **Klawa, N.; Haack, A.:** Tiefbaufugen: Fugen- und Fugenkonstruktionen im Beton- und Stahlbetonbau. Herausgeber: Hauptverband der Deutschen Bauindustrie und Studiengesellschaft für Unterirdische Verkehrsanlagen e. V., STUVA; Ernst & Sohn, Berlin 1990.

L 169 **Kleinsang, J.:** Stahlbetonrammpfähle. Tiefbau Ingenieurbau Straßenbau 13 (1971), Heft 8, Seite 756–758.

L 170 **Klingmüller, O.:** Dynamische Integritätsprüfung und Qualitätssicherung bei Bohrpfählen. Geotechnik 16 (1993), Heft 2, Seite 72–80.

L 171 **Klöckner, W.; Arz, P.; Schmidt, H. G.; Ziese, H.:** Grundbau. In: Beton-Kalender 1987, Teil II, Seite 429–640, Ernst & Sohn, Berlin 1987.

L 172 **Kluckert, K. D.:** 20 Jahre HDI in Deutschland – Von den Fehlerquellen über die Schäden zur Qualitätssicherung.
Vorträge der Baugrundtagung 1996 in Berlin, Seite 235–258, Deutsche Gesellschaft für Geotechnik e. V., Essen.

L 173 **Kranz, E.:** Über die Verankerung von Spundwänden.
Mitteilungen aus dem Gebiet des Wasserbaues und der Baugrundforschung, Heft 11.
2. Auflage, Verlag von Wilhelm Ernst & Sohn, Berlin 1953.

L 174 **Krubasik, K.:** Maßnahmen zur Tragkrafterhöhung an Großbohrpfählen.
Baumaschine und Bautechnik 32 (1985), Heft 7/8, Seite 299–303.

L 175 **Kutzner, C.:** Injektionen im Baugrund.
Ferdinand Enke Verlag, Stuttgart 1991.

L 176 **Kyrieleis, W.:** Grundwasserabsenkung bei Fundierungsarbeiten.
2. Auflage, neubearbeitet von W. Sichardt, Verlag von Julius Springer, Berlin 1930.

L 177 **Leonhardt, F.; Mönnig, E.:** Vorlesungen über Massivbau.
Dritter Teil, 3. Auflage, Springer-Verlag, Berlin 1977.

L 178 **Litzner, H.-U.:** Grundlagen der Bemessung nach Eurocode 2 – Vergleich mit DIN 1054 und DIN 4227.
In: Beton-Kalender 1996, Teil I, Ernst & Sohn, Berlin 1996.

L 179 **Lorenz, W.:** Die Dichtungsschürze des Staudammes am Sylvenstein.
Baumaschine und Bautechnik 6 (1959), Heft 10, Seite 366–371.

L 180 **Ludewig, M.:** Die Gültigkeitsgrenzen des Darcyschen Gesetzes bei Sanden und Kiesen.
Wasserwirtschaft-Wassertechnik 15 (1965), Heft 12, Seite 415–421.

L 181 **MathSoft Inc.:** Mathcad, Benutzerhandbuch *Mathcad 8* und *Mathcad Plus 8*.

L 182 **Merkblatt für Bodenverfestigungen und Bodenverbesserungen mit Bindemitteln.**
Ausgabe 2004, Forschungsgesellschaft für Straßen- und Verkehrswesen e. V., Arbeitsgruppe Erd- und Grundbau, FGSV Verlag, Köln 2004.

L 183 **Merkblatt für die Untergrundverbesserung durch Tiefenrüttler.**
Ausgabe 1979, Forschungsgesellschaft für das Straßenwesen, Arbeitsgruppe Untergrund-Unterbau, Köln.

L 184 **Merkblatt für die Untersuchung von Bodenverdichtern (Standard-Gerätetest).**
Ausgabe 1974, Forschungsgesellschaft für das Straßenwesen, Arbeitsgruppe Untergrund-Unterbau, Köln.

L 185 **Merkblatt für die Verdichtung des Untergrundes und Unterbaues im Straßenbau.**
Ausgabe 2003, Forschungsgesellschaft für Straßen- und Verkehrswesen, Arbeitsgruppe Erd- und Grundbau, Köln 2003.

L 186 **Merkblatt für Raumgitterkonstruktionen.**
Ausgabe 2006, Forschungsgesellschaft für Straßen- und Verkehrswesen e. V., Arbeitsgruppe Erd- und Grundbau, FGSV Verlag, Köln 2006.

L 187 **Merkblatt über den Einfluß der Hinterfüllung auf Bauwerke.**
Ausgabe 1994, Forschungsgesellschaft für Straßen- und Verkehrswesen, Arbeitsgruppe Erd- und Grundbau, Köln.

L 188 **Merkblatt über die Anwendung von Geokunststoffen im Erdbau des Straßenbaus.** Ausgabe 2016, Forschungsgesellschaft für Straßen- und Verkehrswesen e. V., Arbeitsgruppe Erd- und Grundbau, FGSV Verlag, Köln 2005.

L 189 **Merkblatt über die Verhütung von Frostschäden an Straßen.** Ausgabe 2013, Forschungsgesellschaft für Straßen- und Verkehrswesen, Arbeitsgruppe „Erd- und Grundbau", Köln 2013.

L 190 **Merkblatt über flächendeckende dynamische Verfahren zur Prüfung der Verdichtung im Erdbau.** Ausgabe 2014, Forschungsgesellschaft für Straßen- und Verkehrswesen, Arbeitsgruppe Erd- und Grundbau, FGSV Verlag, Köln 2014.

L 191 **Merkblatt über Straßenbau auf wenig tragfähigem Untergrund.** Ausgabe 1988, Forschungsgesellschaft für Straßen- und Verkehrswesen e.V., Arbeitsgruppe Erd- und Grundbau, Köln.

L 192 **Merkblatt über Stützkonstruktionen aus stahlbewehrten Erdkörpern.** Ausgabe 2010, Forschungsgesellschaft für Straßen- und Verkehrswesen e.V., Arbeitsgruppe Erd- und Grundbau, FGSV Verlag, Köln 2010.

L 193 **MEYER, M.; TIETJE, T.:** Möglichkeiten der Wasserhaltung mit dem HORI-Dränverfahren. Tiefbau Ingenieurbau Straßenbau 34 (1992), Heft 3, Seite 172 – 177.

L 194 **MÖLLER, G.:** Geotechnik. In: Entwurfs- und Berechnungstafeln für Bauingenieure, Bauwerk, Berlin 2005.

L 195 **MÖLLER, G.:** Geotechnik kompakt – Bodenmechanik. 5 Auflage, Bauwerk, Berlin 2016.

L 196 **MÖLLER, G.:** Geotechnik kompakt – Grundbau. 4. Auflage, Bauwerk, Berlin 2012.

L 197 **MÖLLER, G.:** Geotechnik Bodenmechanik. 3. Auflage, Ernst & Sohn, Berlin 2016.

L 198 **MÖLLER, G.:** Geotechnik Grundbau. 3. Auflage, Ernst & Sohn, Berlin 2016.

L 199 **NENDZA, H.; PLACZEK, D.:** Die Erhöhung der Pfahltragfähigkeit durch gezieltes Nachverpressen – Stand der Erfahrungen. Vorträge der Baugrundtagung 1988 in Hamburg, Seite 323 – 339, Deutsche Gesellschaft für Erd- und Grundbau e. V., Essen.

L 200 **Normen-Handbuch Eurocodes, Handbuch Eurocode 7**, Geotechnische Bemessung, Band 1: Allgemeine Regeln. Beuth Verlag, Berlin 2011.

L 201 **Normen-Handbuch Eurocodes, Handbuch Eurocode 7**, Geotechnische Bemessung, Band 1: Allgemeine Regeln. Beuth Verlag, Berlin 2015.

L 202 **Normen-Handbuch Eurocodes, Handbuch Eurocode 7**, Geotechnische Bemessung, Band 2: Erkundung und Untersuchung. Beuth Verlag, Berlin 2011.

L 203 **Normen-Handbuch Eurocodes, Handbuch Eurocode 7**, Geotechnische Bemessung, Band 2: Erkundung und Untersuchung. Beuth Verlag, Berlin 2015.

L 204 **Ostermayer, H.; Werner, H.-U.:** Neue Erkenntnisse und Entwicklungstendenzen in der Verankerungstechnik.
Vorträge der Baugrundtagung 1972 in Stuttgart, Seite 235–267, Deutsche Gesellschaft für Erd- und Grundbau e. V., Essen.

L 205 **Petersen, G.; Schmidt, H.:** Untersuchungen über die Standsicherheit verankerter Baugrubenwände an Beispielen des Hamburger Schnellbahntunnelbaues.
Straße Brücke Tunnel 23 (1971), Heft 9, Seite 225–233.

L 206 **Potts, D. M.; Zdravković, L.:** Finite element analysis in geotechnical engineering: theory.
Thomas Telford, London 1999.

L 207 **Potts, D. M.; Zdravković, L.:** Finite element analysis in geotechnical engineering: application.
Thomas Telford, London 2001.

L 208 **Priebe, H.:** Abschätzung des Setzungsverhaltens eines durch Stopfverdichtung verbesserten Baugrundes.
Bautechnik 53 (1976), Heft 5, Seite 160–162.

L 209 **Priebe, H.:** Zur Abschätzung des Scherwiderstandes eines durch Stopfverdichtung verbesserten Baugrundes.
Bautechnik 55 (1978), Heft 8, Seite 281–284.

L 210 **Priebe, H.:** Zur Abschätzung des Setzungsverhaltens eines durch Stopfverdichtung verbesserten Baugrundes.
Bautechnik 65 (1988), Heft 1, Seite 23–26.

L 211 **Priebe, H.:** Die Bemessung von Rüttelstopfverdichtungen.
Bautechnik 72 (1995), Heft 3, Seite 183–191.

L 212 **Rammfibel für Stahlspundbohlen.**
Ausgabe 1994, Technical European Sheet Piling Association (TESPA); zu beziehen bei HSP Hoesch Spundwand und Profil GmbH, Alte Radstraße 27, D-44147 Dortmund.

L 213 **Ranke, A.; Ostermayer, H.:** Beitrag zur Stabilitätsuntersuchung mehrfach verankerter Baugrubenumschließungen.
Bautechnik 45 (1968), Heft 10, Seite 341–350.

L 214 **Rappert, C.:** Grundwasserströmung – Grundwasserhaltung.
In: Grundbau-Taschenbuch, Teil 2, 4. Auflage, Seite 357–414, Ernst & Sohn, Berlin 1991.

L 215 **Richtlinien für die Anlage von Straßen, Teil: Entwässerung (RAS-Ew).**
Ausgabe 1987, Forschungsgesellschaft für Straßen- und Verkehrswesen, Arbeitsgruppe Erd- und Grundbau, Köln.

L 216 **Richtlinien für die Standardisierung des Oberbaues von Verkehrsflächen, Ausgabe 2012 (RStO 12).**
Forschungsgesellschaft für Straßen- und Verkehrswesen e. V., Arbeitsgruppe Infrastrukturmanagement, FGSV Verlag, Köln 2012.

L 217 **Rieger, W.:** Ergänzende Auslegung der DIN 4124 für nicht verbaute Gräben bis 1,75 m Tiefe.
Tiefbau Berufsgenossenschaft 103 (1991), Heft 12, Seite 832–833.

L 218 **Rieß, R.:** Grundwasserströmung – Grundwasserhaltung.
In: Grundbau-Taschenbuch, Teil 2, 6. Auflage, Seite 359–481, Ernst & Sohn, Berlin 2001.

L 219 **Rizkallah, V.:** Entwicklungstendenzen bei Baugrundverbesserungen.
Bauingenieur 53 (1978), Heft 5, Seite 179–184.

L 220 **Rizkallah, V.; Hilmer, K.:** Bauwerksunterfangung und Baugrundinjektion mit hohen Drücken (Düsenstrahlinjektion).
Mitteilungen Institut für Grundbau, Bodenmechanik und Energiewasserbau (IGBE), Universität Hannover, Heft 26, 1989.

L 221 **Ruppert, F.-R.:** Bentonitsuspensionen für die Schlitzwandherstellung.
Tiefbau Ingenieurbau Straßenbau 22 (1980), Heft 8, Seite 684–686.

L 222 **Rust, H.:** Stahl im Wasserbau – ein Dauerthema im HTG-Ausschuß für Korrosionsfragen.
Geotechnik 35 (1992), Heft 4, Seite 215–217.

L 223 **Sadgorski, W.; Smoltczyk, U.:** Sicherheitsnachweise im Erd- und Grundbau; Kommentar u. a. zu DIN V ENV 1997-1: Eurocode 7.
Beuth Verlag GmbH, Berlin 1966.

L 224 **Schaible, L.:** Betonstraße und Untergrund.
Straßen- und Tiefbau 8 (1954), Heft 7, Seite 319–327.

L 225 **Schenck, W.; Smoltczyk, H.-U.:** Pfahlroste, Berechnung und Ausführung.
In: Grundbau-Taschenbuch, Band 1, 2. Auflage, Seite 658–715, Verlag von Wilhelm Ernst & Sohn, Berlin 1966.

L 226 **Schenck, W.; Smoltczyk, U.; Lächler, W.:** Pfahlroste, Berechnung und Konstruktion.
In: Grundbau-Taschenbuch, Teil 3, 4. Auflage, Seite 269–331, Verlag von Wilhelm Ernst & Sohn, Berlin 1992.

L 227 **Scheuch, G.:** Evergreen-Pflanzenwand/Stützmauer.
Bautechnik 56 (1979), Heft 6, Seite 212–213.

L 228 **Schildknecht, F.; Schneider, W.:** Über die Gültigkeit des Darcy-Gesetzes in bindigen Sedimenten bei kleinen hydraulischen Gradienten – Stand der wissenschaftlichen Diskussion.
In: Geologisches Jahrbuch, Reihe C, Heft 48, Seite 3–21, E. Schweitzerbart'sche Verlagsbuchhandlung, Hannover 1987.

L 229 **Schmidt, H. G. u. a.:** Empfehlungen für statische horizontale Pfahlprobebelastungen.
In: Empfehlungen für statische und dynamische Pfahlprüfungen.
Deutsche Gesellschaft für Geotechnik e. V. (DGGT), Arbeitskreis 2.1 „Pfähle“, 1998.

L 230 **Schmidt, H. G.:** Beitrag zur Ermittlung der horizontalen Bettungszahl für die Berechnung von Großbohrpfählen unter waagerechter Belastung.
Bauingenieur 46 (1971), Heft 7, Seite 233–237.

L 231 **Schmidt, H. G.; Seitz, J.:** Grundbau.
In: Beton-Kalender 1998, Teil II, Seite 469–719, Ernst & Sohn, Berlin 1998.

L 232 **Schmitt, A.:** Rechnerische Behandlung der Dichtigkeit von Spundwandbauwerken.
In: Dokumentation „Stahlspundwände – Planung und Anwendung“, herausgegeben vom Stahl-Informations-Zentrum, Breite Straße 69, 40213 Düsseldorf, 1. Auflage 1995, Seite 43–46.

L 233 **Schnell, W.:** Verfahrenstechnik zur Sicherung von Baugruben.
B. G. Teubner, Stuttgart 1990.

L 234 **Schnell, W.; Vahland, R.:** Verfahrenstechnik der Baugrundverbesserung.
B. G. Teubner, Stuttgart 1997.

L 235 **Schultze, E.:** Zur Definition der Steifigkeit des Bauwerks und des Baugrundes sowie der Systemsteifigkeit bei der Berechnung von Gründungsbalken und -platten.
Bauingenieur 39 (1964), Heft 6, Seite 222–227.

L 236 **Schulz, H.:** Überlegungen zur Führung des Nachweises der Standsicherheit in der tiefen Gleitfuge.
Mitteilungsblatt der Bundesanstalt für Wasserbau, Nr. 41, Seite 153–171, Karlsruhe 1977.

L 237 **Schwing, E.:** Standsicherheit historischer Stützwände.
Veröffentlichungen des Institutes für Bodenmechanik und Felsmechanik der Universität Fridericiana in Karlsruhe, Herausgeber: G. Gudehus und O. Natau, Heft 121, Karlsruhe 1991.

L 238 **Schwing, E.:** Sicherung von Gewichtsmauern aus Naturstein.
Geotechnik 16 (1993), Heft 4, Seite 170–177.

L 239 **Seitz, J. M.:** Low-Strain Integritätsprüfungen bei Bohrpfählen.
Bautechnik 69 (1992), Heft 10, Seite 551–557.

L 240 **Seitz, J. M.; Schmidt. H.-G.:** Bohrpfähle.
Ernst & Sohn, Berlin 2000.

L 241 **Sichardt, W.:** Das Fassungsvermögen von Rohrbrunnen und seine Bedeutung für die Grundwasserabsenkung, insbesondere für größere Absenkungstiefen.
Dissertation, Technische Hochschule zu Berlin, Verlagsbuchhandlung Julius Springer, Berlin 1927.

L 242 **Simmer, K.:** Grundbau.
Teil 2, 18. Auflage, Bearbeitet von Gerlach, J.; Pulsfort, M.; Walz, B., B. G. Teubner, Stuttgart 1999.

L 243 **Simons, H.; Krüger, P.:** Optimierung und Weiterentwicklung der Stützkonstruktionen aus „Bewehrte Erde".
Tiefbau Ingenieurbau Straßenbau 21 (1979), Heft 9, Seite 682–686.

L 244 **Stetza, G.:** Ein finnischer Flughafen baut frostunempfindliche Startbahnen.
Straße und Autobahn 23 (1972), Heft 6, Seite 273–274.

L 245 **Stötzer, E.; Schwank, S.:** Suspensionsbehandlung – Suspensionsentsorgung.
Vorträge der Baugrundtagung 1996 in Berlin, Seite 561–569, Deutsche Gesellschaft für Geotechnik e. V., Essen.

L 246 **Széchy, K.:** Der Grundbau.
2. Band/1. Teil: Die Baugrube.
Springer-Verlag, Wien 1965.

L 247 **Terzaghi, K.; Peck, R. B.:** Die Bodenmechanik in der Baupraxis.
Springer-Verlag, Berlin 1961.

L 248 **Thamm, B.:** Sicherung übersteiler Böschungen mit Raumgitterwänden.
Bautechnik 63 (1986), Heft 9, Seite 294–304.

L 249 **Trostel, R.:** Beitrag zum Thema Pfahlrostberechnung.
Bauingenieur 34 (1959), Heft 3, Seite 110–113.

L 250 **Varaksin, S.; Scherk, H.:** Bodenverbesserung durch Dynamische Intensivverdichtung. Tiefbau Berufsgenossenschaft 105 (1993), Heft 8, Seite 528–533.

L 251 **Veder, Ch.:** Beispiele neuzeitlicher Tiefgründungen. Bauingenieur 51 (1976), Heft 3, Seite 89–91.

L 252 **Walter, L.:** Vibrationstechnik im Graben- und Baugrubenverbau. Tiefbau Berufsgenossenschaft 103 (1991), Heft 6, Seite 386–392.

L 253 **Weber, H.:** Untersuchungen über die Reichweite von Grundwasserabsenkungen mittels Rohrbrunnen. Dissertation, Technische Hochschule zu Berlin, Verlagsbuchhandlung Julius Springer, Berlin 1928.

L 254 **Weber, H.; Rappert, C.:** Wasserhaltung. In: Grundbau-Taschenbuch, Band I, 2. Auflage, Seite 889–941, Verlag von Wilhelm Ernst & Sohn, Berlin 1966.

L 255 **Weiß, F.; Winter, K.:** Schlitzwände als Trag- und Dichtungswände. Band 1: Erläuterungen zu den Schlitzwandnormen DIN 4126, DIN 4127, DIN 18313. 1. Auflage, Beuth Verlag GmbH, Berlin 1985.

L 256 **Weißenbach, A.:** Baugruben. Teil II (Berechnungsgrundlagen), Ernst & Sohn, Berlin 1985.

L 257 **Weißenbach, A.:** Baugruben. Teil III (Berechnungsverfahren), Ernst & Sohn, Berlin 1977.

L 258 **Weißenbach, A.; Hettler, A.:** Berechnung von Baugrubenwänden nach der neuen DIN 1054. Bautechnik 80 (2003), H. 12, S. 857–874.

L 259 **Weißenbach, A.; Hettler, A.:** Baugruben, Berechnungsverfahren. 2. Auflage, Ernst & Sohn, Berlin 2010.

L 260 **Wieners, A.:** Vermeidung und Eingrenzung von Umweltschäden durch dauerhafte Einkapselung kontaminierter Bereiche mit Stahlspundbohlen. In: Dokumentation „Stahlspundwände – Planung und Anwendung“, herausgegeben vom Stahl-Informations-Zentrum, Breite Straße 69, 40213 Düsseldorf, 1. Auflage 1995, Seite 31–41.

L 261 **Wind, H.; Wieners, A.:** Stahlspundwände – Entwicklung und Anwendung. In: Dokumentation 542 „Stahlspundwände (2) – Planung und Anwendung“, herausgegeben vom Stahl-Informations-Zentrum, Breite Straße 69, 40213 Düsseldorf, 1. Auflage 1997, Seite 5–12.

L 262 **Wittke, W.:** Stand und Entwicklung der Geotechnik in Deutschland. Heritage Lecture, gehalten auf der 14. Internationalen Konferenz für Bodenmechnik und Grundbau. Sonderdruck der Geotechnik, vorgelegt anlässlich der 25. Baugrundtagung der DGGT, Stuttgart, 21. bis 24. September 1998.

L 263 **Wölfer, K.-H.:** Elastisch gebettete Balken und Platten, Zylinderschalen. 4. Auflage, Bauverlag GmbH, Wiesbaden 1978.

L 264 **Zusätzliche Technische Vertragsbedingungen für Kunstbauten (ZTV-K).** Ausgabe 1996, Herausgeber: Bundesministerium für Verkehr, Abteilung Straßenbau, Abteilung Binnenschifffahrt und Wasserstraßen, Verkehrsblatt-Verlag, Dortmund.

L 265 **Zusätzliche Technische Vertragsbedingungen und Richtlinien für Erdarbeiten im Straßenbau (ZTV E-StB 09).**
Ausgabe 2009, Herausgeber: Bundesministerium für Verkehr, Bau und Stadtentwicklung, Forschungsgesellschaft für Straßen- und Verkehrswesen, Köln.

L 266 **Zusätzliche Technische Vertragsbedingungen und Richtlinien für den Bau von Entwässerungseinrichtungen im Straßenbau (ZTV Ew-StB 14).**
Ausgabe 2014, Herausgeber: Der Bundesminister für Verkehr, Abteilung Straßenbau, Forschungsgesellschaft für Straßen- und Verkehrswesen, Arbeitsgruppe Erd- und Grundbau, Köln.

L 267 **Zusätzliche Technische Vertragsbedingungen und Richtlinien für die Ausführung von Bodenverfestigungen und Bodenverbesserungen im Straßenbau (ZTVV-StB 81).**
Ausgabe 1981, Herausgeber: Der Bundesminister für Verkehr, Forschungsgesellschaft für Straßen- und Verkehrswesen, Köln.

Firmenverzeichnis

F 1 Bauer Spezialtiefbau GmbH
BAUER-Straße 1
86529 Schrobenhausen
Telefon: 082 52/970
Telefax: 082 52/971 496
Homepage: http://www.bauer.de/bst/

F 2 Bewehrte Erde Ingenieurgesellschaft mbH
An der Strusbek 60-62
22926 Ahrensburg
Telefon: 041 02/457 220
Telefax: 041 02/457 221
Homepage: http://www.bewehrte-erde.de

F 3 Bilfinger SE
Carl-Reiß-Platz 1–5
68165 Mannheim
Telefon: 06 21/459 - 0
Homepage: http://www.bilfinger.com

F 4 Deutsches Institut für Bautechnik
Kolonnenstraße 30 L
10829 Berlin
Telefon: 030/787 300
Telefax: 030/787 303 20
Homepage: http://www.dibt.de

F 5 Franki Grundbau GmbH & Co. KG
Hittfelder Kirchweg 24–28
21220 Seevetal
Telefon: 041 05/869 0
Telefax: 041 05/869 299
Homepage: http://www.franki.de

F 6 GGU Gesellschaft für Grundbau und Umwelttechnik mbH
Am Hafen 22
38112 Braunschweig
Telefon: 05 31/312 895
Telefax: 05 31/313 074
Homepage: http://www.ggu.de

F 7 Spezialtiefbau Paul Hammers GmbH
Müggernburger Straße 26
20539 Hamburg
Telefon: 040/780 466 0
Telefax: 040/780 466 66

F 8 HSP Hoesch Spundwand und Profil GmbH
Alte Radstraße 27
44147 Dortmund
Telefon: 02 31/185 60
Telefax: 02 31/185 645 5
Homepage: http://www.spundwand.de

F 9 Keller Grundbau GmbH
Kaiserleistraße 8
63067 Offenbach
Telefon: 069/805 10
Telefax: 069/805 124 4
Homepage: http://www.kellergrundbau.com

F 10 MathSoft Engineering & Education Inc.
101 Main Street
Cambridge, Massachusetts 02142-1521
USA
Homepage: http://www.mathsoft.com

F 11 Peiner Träger GmbH
Gerhard-Lucas-Meyer-Straße 10
31226 Peine
Telefon: 057 71/910 1
Telefax: 051 71/919 262
Homepage: http://www.peiner-traeger.de

F 12 thyssenkrupp Infrastructure GmbH
Hollestraße 7a
45127 Essen
Telefon: 021 844/562 313
Homepage: http://www.thyssenkrupp-infrastructure.com

Stichwortverzeichnis

C

D

E

H

I

R

S

T

Z

Inserentenverzeichnis

Die inserierenden Firmen und die Aussagen in Inseraten stehen nicht notwendigerweise in einem Zusammenhang mit den in diesem Buch abgedruckten Normen. Aus dem Nebeneinander von Inseraten und redaktionellem Teil kann weder auf die Normgerechtheit der beworbenen Produkte oder Verfahren geschlossen werden, noch stehen die Inserenten notwendigerweise in einem besonderen Zusammenhang mit den wiedergegebenen Normen. Die Inserenten dieses Buches müssen auch nicht Mitarbeiter eines Normenausschusses oder Mitglied des DIN sein. Inhalt und Gestaltung der Inserate liegen außerhalb der Verantwortung des DIN.

Zuschriften bezüglich des Anzeigenteils
werden erbeten an:

Beuth Verlag GmbH
Anzeigenverwaltung
Am DIN-Platz
Burggrafenstraße 6
10787 Berlin